AF509035

DICTIONNAIRE

DES

SCIENCES NATURELLES.

TOME XXVI.

LEP = LIN.

DICTIONNAIRE

DES

SCIENCES NATURELLES,

DANS LEQUEL

ON TRAITE MÉTHODIQUEMENT DES DIFFÉRENS ÊTRES DE LA NATURE, CONSIDÉRÉS SOIT EN EUX-MÊMES, D'APRÈS L'ÉTAT ACTUEL DE NOS CONNOISSANCES, SOIT RELATIVEMENT A L'UTILITÉ QU'EN PEUVENT RETIRER LA MÉDECINE, L'AGRICULTURE, LE COMMERCE ET LES ARTS.

SUIVI D'UNE BIOGRAPHIE DES PLUS CÉLÈBRES NATURALISTES.

Ouvrage destiné aux médecins, aux agriculteurs, aux commerçans, aux artistes, aux manufacturiers, et à tous ceux qui ont intérêt à connoître les productions de la nature, leurs caractères génériques et spécifiques, leur lieu natal, leurs propriétés et leurs usages.

PAR

Plusieurs Professeurs du Jardin du Roi, et des principales Écoles de Paris.

TOME VINGT-SIXIÈME.

F. G. LEVRAULT, Éditeur, à STRASBOURG, et rue des Fossés M. le Prince, N.º 31, à PARIS.

LE NORMANT, rue de Seine, N.º 8, à PARIS.

1823.

Liste des Auteurs par ordre de Matières.

Physique générale.

M. LACROIX, membre de l'Académie des Sciences et professeur au Collége de France. (L.)

Chimie.

M. CHEVREUL, professeur au Collége royal de Charlemagne. (Cₑ.)

Minéralogie et Géologie.

M. BRONGNIART, membre de l'Académie des Sciences, professeur à la Faculté des Sciences. (B.)

M. BROCHANT DE VILLIERS, membre de l'Académie des Sciences. (B. ᴅᴇ V.)

M. DEFRANCE, membre de plusieurs Sociétés savantes. (D. F.)

Botanique.

M. DESFONTAINES, membre de l'Académie des Sciences. (Dᴇsꜰ.)

M. DE JUSSIEU, membre de l'Académie des Sciences, prof. au Jardin du Roi. (J.)

M. MIRBEL, membre de l'Académie des Sciences, professeur à la Faculté des Sciences. (B. M.)

M. HENRI CASSINI, membre de la Société philomatique de Paris. (H. Cᴀss.)

M. LEMAN, membre de la Société philomatique de Paris. (Lᴇᴍ.)

M. LOISELEUR DESLONGCHAMPS, Docteur en médecine, membre de plusieurs Sociétés savantes. (L. D.)

M. MASSEY. (Mᴀss.)

M. POIRET, membre de plusieurs Sociétés savantes et littéraires, continuateur de l'Encyclopédie botanique. (Poıʀ.)

M. DE TUSSAC, membre de plusieurs Sociétés savantes, auteur de la Flore des Antilles. (Dᴇ T.)

Zoologie générale, Anatomie et Physiologie.

M. G. CUVIER, membre et secrétaire perpétuel de l'Académie des Sciences, prof. au Jardin du Roi, etc. (G. C. ou CV. ou C.)

Mammifères.

M. GEOFFROY, membre de l'Académie des Sciences, professeur au Jardin du Roi, (G.)

Oiseaux.

M. DUMONT, membre de plusieurs Sociétés savantes. (Cʜ. D.)

Reptiles et Poissons.

M. DE LACÉPÈDE, membre de l'Académie des Sciences, professeur au Jardin du Roi. (L. L.)

M. DUMERIL, membre de l'Académie des Sciences, professeur à l'École de médecine. (C. D.)

M. CLOQUET, Docteur en médecine. (H. C.)

Insectes.

M. DUMERIL, membre de l'Académie des Sciences, professeur à l'École de medecine. (C. D.)

Crustacés.

M. W. E. LEACH, membre de la Société royale de Londres, Correspondant du Muséum d'histoire naturelle de France. (W. E. L.)

Mollusques, Vers et Zoophytes.

M. DE BLAINVILLE, professeur à la Faculté des Sciences. (Dᴇ B.)

M. TURPIN, naturaliste, est chargé de l'exécution des dessins et de la direction de la gravure.

MM. DE HUMBOLDT et RAMOND donneront quelques articles sur les objets nouveaux qu'ils ont observés dans leurs voyages, ou sur les sujets dont ils se sont plus particulièrement occupés. M. DE CANDOLLE nous a fait la même promesse.

M. F. CUVIER est chargé de la direction générale de l'ouvrage, et il coopérera aux articles généraux de zoologie et à l'histoire des mammifères. (F. C.)

DICTIONNAIRE

DES

SCIENCES NATURELLES.

***

LEP

Lᴇᴘᴀᴄʜʏs. (*Bot.*) Le Journal de Physique d'août 1819 contient un Mémoire de M. Rafinesque, intitulé Prodrome des nouveaux genres de plantes observés en 1817 et 1818, dans l'intérieur des Etats-Unis d'Amérique; et dans ce Mémoire nous trouvons un genre *Lepachys*, décrit de la manière suivante :

« Périanthe double, chacun 8-phylle. Phoranthe oblong,
« paléacé. Paillettes à base concave, trifides, lobe du milieu
« épais, trigone, tronqué, tomenteux. Calice entier, mem-
« braneux. Fleurons tubuleux, 5-dentés; cinq étamines
« courtes, stigmate bifide. Rayons neutres environ huit-
« bidentés. Semences obovées, comprimées, lisses, entières.
« Type *lepachys pinnatifida*, qui est la *rudbeckia pinnata*
« des auteurs. »

Nous avons copié très-servilement le texte même de M. Rafinesque, parce que nous avons rarement le bonheur de bien comprendre ses expressions, et qu'en traduisant son langage dans le nôtre nous risquerions de commettre des erreurs. Par exemple, ici, nous avouons ne pas comprendre ce que c'est que le *calice entier, membraneux*, et les *semences entières*.

Dans la *Florula Ludoviciana* du même auteur, publiée en

1817, c'est-à-dire, deux ans avant le Prodrome dont il s'agit, nous voyons qu'à cette époque M. Rafinesque nommoit autrement son genre *Lepachys;* car il disoit alors que toutes les espèces de *rudbeckia* ayant les semences nues, comme la *rudbeckia pinnata* et autres, devoient former son genre *Obelisteca.* Mais dans les *Annals of nature* (1er numéro de l'année 1820), il paroît que ce botaniste conserve l'*obelisteca* et le *lepachys,* et il semble ne plus attribuer des semences nues au *lepachys.* Nous laissons à d'autres le soin de concilier ces contradictions, si elles sont moins réelles qu'apparentes. Au reste, ce ne seroit pas le seul exemple des changemens successifs que M. Rafinesque fait subir à ses propres genres, et qui contribuent avec d'autres causes à les rendre fort énigmatiques.

Il peut être utile de décrire ici les caractères génériques que nous avons observés sur un individu vivant de *rudbeckia pinnata,* cultivé au Jardin du Roi.

Calathide radiée : disque multiflore, régulariflore, androgyniflore; couronne unisériée, liguliflore, neutriflore. Péricline supérieur aux fleurs du disque; formé de squames paucisériées, à peu près égales, diffuses, inappliquées, linéaires-subulées, foliacées. Clinanthe cylindrique, très-élevé; garni de squamelles inférieures aux fleurs, demi-embrassantes, élargies de bas en haut, arrondies et voûtées supérieurement, bordées sur chaque côté par un gros vaisseau plein de suc propre. *Fleurs du disque :* Ovaire obovale, comprimé, glabre, lisse, absolument privé d'aigrette; corolle à tube nul ou presque nul. *Fleurs de la couronne :* Faux ovaire stérile; style nul; des rudimens d'étamines avortées; corolle à tube très-court, à languette très-longue, bi-tridentée au sommet.

M. Rafinesque ayant dit, dans la *Florula Ludoviciana,* qu'il falloit rapporter à son genre *Ratibida* toutes les espèces de *rudbeckia* à périanthe simple, c'est-à-dire, à péricline unisérié, comme la *rudbeckia columnaris* de Pursh, nous ajoutons la description des caractères génériques que nous avons observés sur une plante vivante, cultivée au Jardin du Roi, où elle étoit étiquetée *rudbeckia amplexicaulis.*

Calathide radiée : disque multiflore, régulariflore, androgyniflore; couronne unisériée, liguliflore, neutriflore. Péricline orbiculaire, supérieur aux fleurs du disque; formé de squames unisériées, à peu près égales, linéaires-aiguës, foliacées. Clinanthe cylindrique, élevé; garni de squamelles inférieures aux fleurs, demi-embrassantes, élargies de bas en haut, voûtées, arrondies et apiculées au sommet, bordées sur chaque côté par un vaisseau plein de suc propre. *Fleurs du disque*: Ovaire oblong, un peu comprimé, subtétragone-arrondi, glabre, lisse, privé d'aigrette; corolle à tube assez long. *Fleurs de la couronne*: Faux ovaire privé d'ovule; style nul; corolle à tube très-court, à languette large, elliptique, tridentée au sommet.

En comparant cette seconde description générique avec la première, on ne trouve qu'une seule différence notable, c'est que le péricline est paucisérié dans la première plante, et unisérié dans la seconde, en sorte que cette dernière sembleroit devoir appartenir au genre *Ratibida* de M. Rafinesque, tandis que l'autre est son *lepachys*. Mais il est évident pour nous que les deux plantes sont congénères, et qu'il faut attribuer au genre qui les réunit un péricline unisérié ou paucisérié.

Nous pensons que le genre *Rudbeckia* peut être divisé en deux sous-genres: l'un, nommé *rudbeckia*, seroit caractérisé par la présence d'une petite aigrette stéphanoïde; l'autre nommé, si l'on veut, *lepachys* ou *obelisteca*, mais qu'il seroit mieux d'appeler *obeliscotheca* ou *obeliscaria*, différeroit de l'autre par l'absence de l'aigrette. (H. Cass.)

LEPADITE ou PATELLITE. (*Foss.*) Les oryctographes ont donné ce nom aux patelles fossiles. (Desm.)

LÉPADOGASTÈRE, *Lepadogasterus*. (*Ichthyol.*) On donne ce nom à un genre de poissons cartilagineux, à branchies complètes, de l'ordre des téléobranches et de la famille des plécoptères de M. Duméril, ou de celle des discoboles de M. Cuvier. On reconnoît les espèces qui le composent aux caractères suivans:

Nageoires pectorales doubles; catopes réunis en forme de disque concave; os de l'épaule formant en arrière une légère saillie, qui complète un second disque, à l'aide d'une membrane qui unit les nageoires pectorales.

Ce genre, créé par Gouan, et adopté depuis par tous les ichthyologistes, est très-facile à distinguer des cycloptères et des cyclogastères, qui appartiennent à la même famille que

lui, mais qui ont les nageoires pectorales simples. (Voyez Cy-
clogastère, Cycloptère, Discoboles et Plécoptères.)

Le nom de lépadogastère, par lequel on le désigne, est tiré
du grec λεπας (coquille), et γαστηρ (ventre), et indique la disposition des catopes qui forment une sorte de conque, à la
partie inférieure du corps.

Les espèces connues dans ce genre peuvent être partagées
en deux sections.

§. I. *Nageoires dorsale et anale distinctes de la caudale.*

Le Lépadogastère Gouan; *Lepadogasterus Gouanii*, Lacép.
Deux filamens déliés et noirâtres auprès des narines; corps verdâtre, couvert de petits tubercules bruns; tête plus large que le
corps, marquée de deux taches brunes en forme de croissant;
yeux gros, à iris verdâtre, à prunelle noire; museau pointu et
strié; mâchoire supérieure avancée; bouche ample, garnie
de deux sortes de dents, les unes mousses et comme granu-
leuses, les autres aiguës, bicuspidées et recourbées en arrière;
langue lisse; nageoire caudale arrondie. Taille de dix à douze
pouces.

On trouve ce poisson dans la mer Méditerranée, et surtout
sous les galets calcaires du rivage de Nice. Bonnaterre l'a figuré
sous le nom de *bouclier porte-écuelle*; on l'a aussi nommé *barbier*,
et dans le département des Alpes-Maritimes, on l'appelle *pei-
pourc*, suivant M. Risso. M. Cuvier le regarde comme étant le
même animal que le *lepadogaster rostratus* de M. Schneider.

Le Lépadogastère Balbis; *Lepadogasterus Balbis*, Risso. Museau prolongé et aplati, marqué de trois sillons longitudinaux;
bouche ample; mâchoires égales, garnies de petites dents
toutes aiguës; yeux grands, à prunelle rouge et à iris bleuâtre,
et garnis sur les côtés de deux appendices bruns; dos d'un
rouge violet, avec des taches foncées d'un rouge vif et des
points noirs; disque et abdomen d'une teinte aurore; nageoires
lisérées et tachetées de rouge; deux appendices aux narines.

Ce poisson habite la mer de Villefranche, aux environs de
Nice. Sa taille est de trois à quatre pouces. Il a été décrit
d'abord par M. Risso. M. Cuvier pense qu'il pourroit bien
être le même que le *cyclopterus cornubicus* de Shaw, ou que
le *jura sucher* de Pennant.

Le Lépadogastère Decandolle; *Lepadogasterus Candolii*, Risso. Tête très-large; museau alongé et arrondi; bouche ample, mâchoires égales, garnies de petites dents; yeux à iris doré, à prunelle améthyste; corps d'un brun roussâtre, couvert de points jaunes; opercules ornées de plusieurs raies et de taches rondes d'un rouge vif; nageoire dorsale obscure, tachetée de points blancs; anale rose; caudale pointillée de rouge; point d'appendices sur les narines.

On trouve ce poisson, de la taille de trois pouces environ aussi, dans les profondeurs sablonneuses de la mer du Saint-Hospice, encore auprès de Nice. Il offre plusieurs variétés, qui toutes, dans le pays, portent le nom de *pei S. Peire*. M. Risso l'a dédié au savant botaniste Decandolle, comme il a dédié le précédent au professeur Balbis de Turin.

§. II. *Nageoires dorsale, anale et caudale réunies.*

Le Lépadogastère Willdenow; *Lepadogasterus Willdenowii*, Risso. Museau arrondi, aussi large que la tête; bouche ample; dents aiguës; langue rude; yeux bruns, à prunelle noire. Dos d'une couleur feuille-morte, nuée de brunâtre avec des points rouges très-fins; taille de trois pouces à peu près; point d'appendices aux narines.

Ce lépadogastère est encore de la mer de Nice. M. Risso l'a dédié au botaniste Willdenow, et en a donné une bonne figure. (H. C.)

LÉPANTHE, *Lepanthes*. (*Bot.*) Genre de plantes monocotylédones, à fleurs irrégulières, de la famille des *orchidées*, de la *gynandrie monandrie* de Linnæus, offrant pour caractère essentiel : Une corolle à cinq pétales étalés; les extérieurs connivens à leur base; les intérieurs irréguliers; point de lèvre ou de sixième pétale, mais un style ailé à sa base ou à son sommet; point de calice; une anthère operculée et caduque.

Les espèces qui composent ce genre avoient été d'abord placées par Swartz, parmi les *epidendrum*. Depuis, le même auteur en a fait un genre particulier sous le nom de *lepanthes* : elles sont toutes originaires des contrées chaudes de l'Amérique, et croissent sur le tronc des arbres.

Lépanthe a pétales ronds : *Lepanthes concinna*, Swartz,

Nov. Ac. Ups., 6, p. 85 ; Willd., *Spec.*, 4 , p. 140 ; *Epidendrum ovale*, Sw., *Prodr.*, 125. Ses racines sont filiformes et rampantes ; ses tiges grêles, agrégées, garnies dans leur longueur de gaines distantes, concaves, obliques, étalées, ciliées à leurs bords ; une seule feuille ovale, un peu plane, obtuse, quelquefois purpurine ; les fleurs jaunes, petites, pédicellées ; une bractée en cœur sous chaque pédicelle ; les trois pétales extérieurs arrondis, jaunes, connivens à leur base ; les deux intérieurs plus petits, lancéolés, aigus, d'un rouge écarlate ; le style en forme de colonne droite, un peu cylindrique, muni, vers son sommet, de deux petites ailes linéaires, de couleur écarlate, soutenant une anthère ovale, à deux loges ; une capsule ronde, de la grosseur d'un poi., longuement pédicellée, à six angles saillans, membraneux.

Cette plante croît sur les hautes montagnes, à la Jamaïque.

LÉPANTHE ÉLÉGANT : *Lepanthes pulchella*, Swartz, *loc. cit.* ; *Epidendrum pulchellum*, Swartz, *Prodr.* On distingue cette plante de la précédente par ses feuilles plus arrondies, par ses grappes moins garnies , par ses fleurs plus grandes, subulées à leur sommet avant leur entier épanouissement, par les pétales ciliés. La corolle est entièrement jaune ; le style d'un rouge de sang, muni de deux petites ailes purpurines et ciliées ; les capsules médiocrement pédicellées, arrondies et trigones.

Cette plante croît à la Jamaïque , sur les montagnes.

LÉPANTHE TRIDENTÉ : *Lepanthes tridentata*, Swartz, *l. c.* ; *Epidendrum tridentatum*, Swartz, *Prodr.* Cette espèce a des tiges filiformes, longues de deux ou trois pouces, accompagnées à la base d'une seule feuille ovale, un peu alongée, aiguë à ses deux extrémités, souvent munie de trois dents au sommet. Les fleurs sont disposées en grappes capillaires , souvent solitaires, plus longues que les feuilles ; la corolle petite ; le pétale supérieur en cœur, acuminé ; les deux inférieurs aigus, point ciliés ; les intérieurs très-petits, courbés en faucille ; le style d'un rouge de sang, ailé à sa base ; la capsule pédicellée, arrondie, fort petite, à trois cannelures.

Cette plante croît à la Jamaïque , sur les hautes montagnes.

LÉPANTHE A FEUILLES DE COCHLEARIA : *Lepanthes cochlearifolia*, Swartz, *l. c.* ; *Epidendrum cochlearifolium* , Sw., *Prodr.* Très-belle espèce dont les racines sont filiformes, blanchâtres; les tiges nombreuses, cylindriques, longues de deux ou trois pouces, munies de gaînes rapprochées, hérissées et ciliées à leurs bords; une feuille inférieure orbiculaïre, concave, quelquefois purpurine. Les fleurs sont fort petites, d'un rouge de sang; les pédicelles très-courts; les pétales extérieurs ovales, concaves, élargis, étalés, acuminés, de couleur purpurine; les intérieurs très-petits, linéaires, d'un rouge de sang, capillaires à leurs deux extrémités, bidentés, ciliés; les capsules arrondies, fort petites.

Cette plante croît à la Jamaïque, sur les rochers et le tronc des arbres. (Poir.)

LEPARIS. (*Bot.*) Voyez Liparis. (L. D.)

LEPAS. (*Conchyl.*) Ce nom qui en grec veut dire *écaille*, est employé par quelques conchyliologistes, pour désigner, avec Aristote, les animaux que l'usage fait maintenant désigner sous la dénomination de patelles, parce que leur coquille a quelque chose de la forme d'une écaille, ou que les rochers, lorsqu'ils en sont couverts en grande quantité, semblent couverts d'écailles. Adanson est, par exemple, au nombre de ces auteurs, mais Linnæus, ayant, avec les traducteurs d'Aristote, appelé la coquille de ces animaux *patella*, à cause d'une sorte de ressemblance avec un petit plat, a transporté le nom de *lepas* à des animaux extrêmement différens, et chez lesquels, en effet, les pièces de la coquille sont disposées sur le corps de l'animal, à la manière des écailles. Ce sont les animaux que nous nommons en françois Anatifes. Voyez ce mot et Patelle. (De B.)

LEPAS EN BATEAU. (*Conchyl.*), nom marchand de la patelle rustique, *patella rustica*, Linn. (De B.)

LEPAS FENDU. (*Conchyl.*) Voyez Emarginule. (Desm.)

LEPAS DE MAGELLAN (*Conchyl.*), de Davila. C'est la fissurelle radiée de Lamarck. (Desm.)

LEPAS STRIÉ DE BRETAGNE. (*Conchyl.*) C'est la patelle granulaire, *patella granularia*, Linn. (De B.)

LEPAS EN TREILLIS. (*Conchyl.*) C'est la patelle grecque, *patella græca*, Linn. (De B.)

LEPAS TUILÉ ET ÉPINEUX (*Conchyl.*), *Patella granatina*, Linn. (De B.)

LEPÉCHIN. (*Ichthyol.*) On a donné le nom du voyageur Lepéchin à un poisson de Sibérie qui appartient au genre Saumon, et qui doit être placé près des truites. Voyez SAUMON et TRUITE. (H. C.)

LEPECHINIA. (*Bot.*) Genre de plantes monocotylédones, à fleurs complètes, monopétalées, irrégulières, de la famille des *labiées*, de la *didynamie gymnospermie* de Linnæus, offrant pour caractère essentiel : Un calice presque à deux lèvres, la supérieure tridentée, l'inférieure bifide : les divisions subulées, aristées; une corolle labiée, à peine plus longue que le calice; la lèvre supérieure échancrée, à deux lobes, l'inférieure trifide : la découpure du milieu plus grande; quatre étamines didynames, distantes; un ovaire supérieur; un style; quatre semences au fond du calice.

LEPECHINIA EN ÉPI : *Lepechinia spicata*, Willd., *Hort. Berol.*, tab. 21 ; *Horminum cauleseens*, Orteg., Dec., p. 63. Ses tiges sont herbacées, droites, glabres, quadrangulaires, hautes d'un demi-pied à un pied, garnies dans toute leur longueur de feuilles opposées, pétiolées, ovales-oblongues, obtuses, vertes, presque glabres, un peu crénelées ou dentées en scie, arrondies et presque tronquées à leur base, longues d'un pouce et plus. Les fleurs sont terminales, verticillées, d'un jaune pâle, accompagnées de bractées ovales-acuminées; les calices glabres, terminés par cinq pointes en forme d'épines. Cette plante croît au Mexique. On la cultive au Jardin du Roi. (POIR.)

LEPELAER. (*Ornith.*) Voyez LEEPELAER. (CH. D.)

LEPEL-GANZ (*Ornith.*), un des noms allemands du canard morillon, *anas fuligula*, Linn. (CH. D.)

LEPIA. (*Bot.*) Hill, botaniste anglois, nomme ainsi le *zizania* de Linnæus. Le même nom est donné par M. Desvaux à quelques *thlapsi*, qui sont des *lasioptera* de M. Andrews; et M. Decandolle l'emploie aussi pour désigner une des sections de son genre *Lepidium*. Voyez LASIOPTERA. (J.)

LÉPICAUNE, *Catonia*. (*Bot.*) [*Chicoracées*, Juss. = *Syngénésie polygamie égale*, Linn.] Ce genre de plantes appartient à l'ordre des synanthérées, à la tribu des lactucées, et à notre section naturelle des lactucées-crépidées, dans laquelle nous l'avons placé entre les deux genres *Barkhausia* et *Crepis*. Voici les caractères que nous proposons d'assigner au genre *Catonia*, et que nous avons observés sur la *catonia blattarioides*.

Calathide incouronnée, radiatiforme, multiflore, fissiflore, androgyniflore. Péricline inférieur aux fleurs extérieures, double : l'extérieur égal à l'intérieur, formé de squames égales, subunisériées, inappliquées, dressées, un peu arquées en dedans, oblongues, étroites, presque linéaires, aiguës, foliacées, uninervées, presque carénées, garnies de longs poils charnus sur la nervure et sur les bords; l'intérieur formé de squames égales, unisériées, appliquées, oblongues, obtuses au sommet, subfoliacées, un peu membraneuses sur les bords, carénées, très-épaissies en dehors à la base, hérissées sur la carène de longs poils charnus très-nombreux. Clinanthe plan, garni de courtes fimbrilles piliformes. Ovaires longs, minces, subcylindracés ou subtétragones, nullement amincis à la base, très peu amincis de bas en haut, privés de col, glabres, lisses, rayés longitudinalement, pourvus d'un bourrelet apicilaire; aigrette longue, blanche, composée de squamellules nombreuses, inégales, filiformes, grêles, très-peu barbellulées. Corolles glabres.

Lépicaune a feuilles de blattaire : *Catonia blattarioides*, H. Cass.; *Lepicaune multicaulis*, Lapeyr., Hist. abr. des Pl. des Pyr., pag. 478; *Catonia sagittata*, Mœnch, *Methodus*, p. 536; *Hieracium blattaroides*, Linn.. *Sp. pl.*, edit. 3, p. 1129; Decand., Fl. Fr., tom. IV, pag. 33. C'est une plante herbacée, à tiges hautes d'un pied et demi, dressées, rameuses, anguleuses, presque glabres ou garnies de quelques poils épars; les feuilles, longues d'environ quatre pouces, larges d'environ un pouce et demi, sont alternes, sessiles, embrassantes, lancéolées, sagittées à la base, inégalement et irrégulièrement dentées sur les bords, un peu poilues en dessus, très-poilues en dessous, vertes des deux côtés; les feuilles supérieures graduellement plus petites; les calathides, larges de quinze lignes, et composées de fleurs d'un beau jaune, sont paniculées en haut de chaque tige; mais chacune de ces calathides est solitaire au sommet d'un pédoncule axillaire, long de deux pouces, poilu, aphylle ou garni seulement de quelques petites feuilles. Nous avons fait cette description spécifique, et celle des caractères génériques, sur un individu vivant, cultivé au Jardin du

Roi, où il fleurissoit au mois de juin. Cette plante, vivace par sa racine, habite les prairies pierreuses des Alpes et des Pyrénées, où elle fleurit en juin et juillet.

Les *catonia* sont attribués par la plupart des botanistes au genre *Hieracium*, et par quelques uns au genre *Crepis*. Mœnch, en 1794, a proposé, dans sa *Methodus plantas describendi*, de faire pour ces plantes un genre particulier, dédié à Caton, auteur d'un traité d'agriculture. Le *catonia* placé par Mœnch entre le *Crepis* et le *Picris*, est, selon lui, caractérisé par le péricline oblong, double, l'intérieur à folioles lancéolées-linéaires, aiguës, un peu squarreuses, l'extérieur à folioles très-lâches, presque égales, les fruits oblongs, anguleux, lisses, l'aigrette persistante. L'auteur admet dans ce genre les *hieracium blattarioides* et *amplexicaule* de Linnæus, qu'il nomme *catonia sagittata* et *cordifolia*, et il remarque que ces deux plantes diffèrent des *hieracium* par le clinanthe et la figure du péricline, et des *crepis* par la figure du péricline et l'aigrette persistante. M. de Lapeyrouse, en 1813, dans son Histoire abrégée des plantes des Pyrénées, a reproduit, sous le nom de *lepicaune*, le genre *Catonia* de Mœnch, dont sans doute il ignoroit l'existence. Le nouveau nom générique est composé de deux mots grecs, qui signifient écailles lâches. L'auteur place le genre dont il s'agit entre l'*hieracium* et le *crepis*, et il lui attribue pour caractères, le péricline formé de squames lâches, larges, un peu carénées, les fruits acuminés aux deux bouts et striés, l'aigrette très-blanche, soyeuse, plus longue que le fruit et que le péricline. Aux deux espèces admises par Mœnch dans le *catonia*, M. de Lapeyrouse en adjoint sept autres, en sorte qu'il compte neuf espèces de *lepicaune*, savoir : 1.º *lepicaune balsamea*, qui est l'*hieracium amplexicaule* de Linnæus ; 2.º *lepicaune intybacea*, qui l'*hieracium albidum* de Villars ; 3.º *lepicaune grandiflora*, qui est l'*hieracium grandiflorum* d'Allioni ; 4.º *lepicaune multicaulis*, qui est l'*hieracium blattarioides* de Linnæus ; 5.º *lepicaune turbinata* ; 6.º *lepicaune spinulosa* ; 7.º *lepicaune prunellæfolia*, qui est l'*hieracium prunellæfolium* de Gouan ; 8.º *lepicaune albida*, qui est le *crepis albida* de Villars ; 9.º *lepicaune tomentosa*, que M. Decandolle soupçonne d'être une variété du *senecio doronicum*.

Nous avons soigneusement observé les *hieracium blattarioi-*

des, *grandiflorum*, *amplexicaule* (1), ainsi que le *crepis albida*; nous les avons comparés à plusieurs espèces des genres *Hieracium* et *Crepis*, et nous avons obtenu les résultats suivans.

Les *hieracium blattarioides* et *grandiflorum* sont parfaitement congénères; ils ont la plus grande affinité avec les *crepis*; ils appartiennent à la section naturelle des lactucées-crépidées; ils n'ont point d'affinité avec les *hieracium*, qui appartiennent à une autre section. (Voyez notre article LACTUCÉES.) L'*hieracium amplexicaule* n'est point congénère des deux autres; il n'a point d'affinité avec les *crepis*; il n'appartient point à la section des crépidées, mais à celle des hiéraciées, et il ne peut pas être séparé du genre *Hieracium*. Le *crepis albida* est un *barkhausia*.

L'*hieracium blattarioides* est le véritable type du genre *Catonia*, qui doit conserver ce nom, puisque celui de *lepicaune* est beaucoup plus moderne. Le seul caractère qui puisse distinguer ce genre du *crepis*, consiste en ce que le péricline extérieur est aussi long que le péricline intérieur, et que les squames dont il est composé sont égales entre elles, disposées sur un seul rang circulaire, dressées, un peu arquées en dedans. Le *crepis sibirica* (2) et même le *crepis biennis* offrent une disposition presque semblable, en sorte que nous étions fort tenté d'attribuer ces deux plantes au genre *Catonia*; et il n'est pas douteux qu'elles forment une nuance intermédiaire entre les vrais *catonia* et les vrais *crepis*. On pourroit donc très-bien, à l'aide de cette nuance, fondre ensemble les deux genres, en supprimant le *catonia*; et si on le conserve, ce ne doit être qu'à titre de sous-genre du *crepis*. Mais il faut bien se garder de le réunir, comme on a coutume de faire, au genre *Hieracium*, qui a le péricline imbriqué, les ovaires un peu amincis à la base, tronqués au sommet, l'aigrette roussâtre, de squamellules peu nombreuses, subunisériées, fortes, roides, cassantes, très-barbellulées. L'*hie-*

---

(1) Les trois plantes que nous désignons ainsi, sont bien certainement identiques avec celles qui se trouvent décrites sous les mêmes noms, dans la Flore Françoise de M. Decandolle.

(2) Si Willdenow et Persoon avoient eu quelque égard pour les affinités naturelles, ils ne se seroient point avisés de transférer le CREPIS SIBIRICA dans le genre HIERACIUM.

racium amplexicaule, adjoint mal à propos par Mœnch et Lapeyrouse, au *catonia* ou *lepicaune,* nous a offert tous ces caractères
du genre *Hieracium.* Il est vrai que les squames extérieures de
son péricline sont inappliquées : mais nous avons reconnu que
ce caractère n'a aucune importance chez les *hieracium,* et ne
peut servir tout au plus qu'à distinguer des espèces, parce
que les squames du péricline sont appliquées, demi - appliquées, ou inappliquées, chez des espèces évidemment insépa-
rables. C'est pourquoi il est impossible d'adopter le genre
Hieracioides de Mœnch, composé des *hieracium sabaudum* et
umbellatum, et distingué de l'*hieracium* par le péricline squar-
reux.

Le *crepis albida* de Villars, dont M. de Lapeyrouse fait un
lepicaune ou *catonia,* est rapporté par M. Decandolle au genre
Picridium. Les caractères génériques de cette plante paroissent
avoir été fort mal étudiés jusqu'à présent, et ils présentent
quelques difficultés, qui rendent assez problématique la détermination du genre auquel il convient d'attribuer la plante dont
il s'agit. Nous croyons donc faire une chose utile, en décrivant
ici les caractères génériques de cette plante, tels que nous
les avons observés sur un individu vivant, cultivé au Jardin
du Roi.

Barkhausia albida, H. Cass. (*Crepis albida,* Vill.) Calathide
incouronnée, radiatiforme, multiflore, fissiflore, androgyniflore. Péricline campanulé, inférieur aux fleurs extérieures,
double : l'extérieur formé de squames longues, inégales, plurisériées, comme imbriquées, presque entièrement appliquées,
ovales-lancéolées ; l'intérieur plus long, formé de squames
égales, unisériées, appliquées, oblongues-lancéolées. Clinanthe
plan, alvéolé, à cloisons épaisses, charnues, dentées, bordées
de poils courts. Ovaires oblongs, alongés, subcylindracés, striés ;
fruits mûrs cylindracés, striés, surmontés d'un col presque
aussi épais que la partie inférieure séminifère, et d'autant plus
long qu'il appartient à un fruit plus voisin du centre de la calathide ; aigrette longue, blanche, composée de squamellules
nombreuses, inégales, plurisériées, filiformes, menues, barbellulées. Corolles glabres.

Il est bien clair, d'après cette description, que notre plante
ne peut pas être un *picridium.* Il est moins évident que ce n'est

ni un *crepis*, ni un *catonia*, mais un *barkhausia*. Les caractères
ambigus, équivoques, du péricline et du fruit, peuvent inspi-
rer des doutes à cet égard. Au premier aperçu, le péricline
paroît imbriqué, parce que les squames formant la rangée
intérieure sont entourées d'autres squames longues , inégales,
disposées sur plusieurs rangs, presque entièrement appliquées,
et d'autant plus longues qu'elles sont moins extérieures. Ce
péricline, très-analogue à celui du *crepis sibirica*, est comme
lui intermédiaire entre le péricline imbriqué et le péricline
double ou accompagné de squames surnuméraires, et il prouve
qu'en certains cas, ces deux sortes de périclines peuvent se
confondre par des nuances. Mais l'analogie, à laquelle il faut
recourir dans les cas douteux, démontre qu'ici, de même que
chez toutes les autres crépidées, on doit considérer la rangée intérieure des squames comme formant un péricline intérieur, et
toutes les autres squames comme des squames surnuméraires
ou formant un péricline extérieur. La structure du fruit n'est
guère moins ambiguë que celle du péricline, parce que le col
formé par le prolongement de sa partie supérieure est presque
aussi épais que la partie inférieure séminifère, d'où il résulte
que ce col est peu distinct et peu reconnoissable extérieurement. Mais son existence n'en est pas moins certaine, et en
conséquence nous attribuons la plante dont il s'agit au genre
Barkhausia ou *Hostia*. (Voyez notre article HOSTIE, tom. XXI,
pag. 442.) La *barkhausia albida*, offrant un mélange des caractères propres au *barkhausia*, à l'*hostia*, au *catonia*, au *crepis*,
est un exemple de ces espèces qui forment la nuance entre les
genres voisins, qui déconcertent toutes les définitions génériques les mieux combinées, et qui prouvent que les genres,
comme tous les autres groupes improprement dits naturels,
sont réellement artificiels, et se réduisent à des abstractions
créées par l'esprit de l'homme. Il faudroit avoir bien peu de
philosophie pour en conclure qu'il faut renoncer à faire des
genres, ou qu'il faut en faire le moins possible, et que les
groupes dits naturels ne sont pas préférables aux groupes dits
artificiels. Il est plus philosophique d'en conclure qu'un genre
n'est pas nécessairement mauvais, par cela seul qu'il peut se
confondre avec d'autres genres au moyen de certaines espèces
ambiguës ; car il n'y a presque pas de genres qui ne soient dans

ce cas-là ; il faudroit donc les supprimer tous, c'est-à-dire, rendre impraticable l'étude des êtres naturels.

Les caractères équivoques du péricline, chez le *barkhausia albida* et le *crepis sibirica*, nous fournissent l'occasion de proposer quelques idées nouvelles sur la structure du péricline des synanthérées.

Selon nous, l'état naturel ou ordinaire de ce péricline est d'être imbriqué, c'est-à-dire, composé de squames disposées sur plusieurs rangées circulaires concentriques, immédiatement contiguës, et dont les bases, rapprochées jusqu'au contact, couvrent, sans aucun intervalle ni interruption, toute la surface de la partie inférieure ou extérieure du clinanthe. La coupe longitudinale d'une calathide de centaurée est très-propre à bien faire concevoir cette disposition. Maintenant, supposez que toutes les squames de ce péricline imbriqué avortent complétement, à l'exception de celles qui forment la rangée intérieure, vous aurez le péricline unisérié, dont notre *emilia flammea*, figurée dans l'Atlas de ce Dictionnaire, offre un exemple où l'on voit bien clairement que la partie extérieure ou inférieure du clinanthe est nue. Enfin, supposez un péricline imbriqué, dont vous laisserez subsister la rangée la plus intérieure, ainsi qu'une ou quelques unes des rangées extérieures, mais dont vous ferez avorter complétement les rangées intermédiaires ; vous obtiendrez de cette manière le péricline double ou accompagné de squamules surnuméraires, tel que celui des seneçons, jacobées, cacalies, etc., où l'on peut remarquer, sur la face extérieure ou inférieure du clinanthe, un intervalle nu, entre le péricline et les squamules surnuméraires. Remarquez qu'il n'y a aucune différence essentielle entre le péricline double et le péricline accompagné de squamules surnuméraires · nous disons le ᐧpéricline double, quand les squames extérieures sont grandes et disposées de manière à former un ensemble plus ou moins symétrique et régulier, comme dans le *catonia* ; nous disons le péricline accompagné de squamules surnuméraires, quand les squames extérieures sont petites et disposées sans aucune symétrie ni régularité, comme dans le seneçon. Il y a au contraire une différence essentielle entre le péricline bisérié et le péricline double ou accompagné de squamules ; car le péricline bisérié n'est autre chose qu'un péricline imbriqué réduit à deux rangées de squames immédiatement contiguës, et par conséquent il ne doit y avoir aucun intervalle à la base entre ces deux rangées, cet intervalle ne pouvant résulter, suivant notre hypothèse, que de l'avortement d'une ou plusieurs rangées intermédiaires. Nous ne parlons point ici de la distinction entre le péricline extérieur et l'involucre, parce que nous l'avons déjà clairement établie, tom. X, pag. 150. Il résulte de notre théorie que pour reconnoître, dans les cas douteux, si un péricline est imbriqué ou s'il est double, il faut couper la calathide longitudinalement, suivant son axe, et observer s'il n'y a pas le moindre intervalle à la base, entre l'origine de la rangée intérieure des squames et l'origine des autres rangées, auquel cas le péricline est imbriqué ; ou bien, au contraire, s'il y a un intervalle quelconque, auquel cas le péricline est double. (H. Cass.)

LÉPICÈNE (*Bot.*), **nom** que Richard donnoit à la glume des graminées. Voyez GLUME. (Mass.)

LEPIDAGATHIS. (*Bot.*) Genre de plantes dicotylédones, à fleurs complètes, monopétalées, irrégulières, de la famille des *acanthacées*, de la *didynamie angymnospermie* de Linnæus, offrant pour caractère essentiel : Un calice accompagné de plusieurs folioles imbriquées, en forme de bractées ; une corolle labiée ; la lèvre supérieure très-petite, l'inférieure à trois lobes ; quatre étamines didynames ; un ovaire supérieur ; un style ; une capsule à deux loges.

LEPIDAGATHIS A CRÊTES ; *Lepidagathis cristata*, Willd., *Spec.*, 2, p. 400. Cette plante a des racines dures, noueuses, tortueuses ; elles produisent des tiges ligneuses, diffuses, rameuses, hautes d'un à deux pieds, garnies de feuilles sessiles, opposées, roides, linéaires, obtuses, très-entières, glabres à leurs deux faces, rudes à leurs bords, longues d'un à deux pouces. Ses fleurs sont agglomérées, réunies en une tête de la grosseur du poing ; celles des rameaux éparses, beaucoup plus petites, de la grosseur d'une noisette ; les bractées imbriquées, en forme d'écailles mucronées, les intérieures pubescentes ; la corolle à deux lèvres très-inégales ; l'inférieure fort petite ; la supérieure trilobée. Les capsules se divisent en deux loges semblables à celles de l'acanthe. J'ai cru devoir donner le nom de bractées à la partie que Willdenow nomme calice : il est probable qu'il lui sera échappé, caché par ses bractées : c'est du moins ce qui est à croire, si l'on fait attention à l'analogie que ce genre doit avoir avec ceux de la famille à laquelle il appartient. Cette plante croît dans les Indes orientales. (Poir.)

LÉPIDAPLE, *Lepidaploa.* (*Bot.*) [*Corymbifères*, Juss. = *Syngénésie polygamie égale*, Linn.] C'est un sous-genre que nous avons proposé dans le Bulletin des Sciences d'avril 1817 (pag. 66); il appartient à l'ordre des synanthérées, à notre tribu naturelle des vernoniées, et au genre *Vernonia.* Voici ses caractères.

Calathide incouronnée, équaliflore, multiflore, régulariflore, androgyniflore. Péricline formé de squames régulièrement imbriquées, appliquées, subcoriaces, lancéolées, acuminées et presque spinescentes au sommet; les intérieures étrécies de bas en haut, terminées en pointe, nullement élargies, arrondies, ni colorées au sommet. Clinanthe plan, fovéolé. Ovaires cylindracés, striés, velus, pourvus d'un bourrelet basilaire cartilagineux; aigrette double : l'extérieure courte, composée de squamellules unisériées. plus ou moins laminées, linéaires ou subulées; l'intérieure longue, composée de squamellules filiformes, barbellulées.

Lépidaple scorpionne : *Lepidaploa scorpioides* , H. Cass.; *Vernonia scorpioides*, Pers., *Syn. pl.*, pars 2 , pag. 404. Cette espèce est remarquable par ses épis imitant la queue de scorpion. L'axe de l'épi est un rameau pédonculiforme, simple, dénué de feuilles et de bractées, grêle, velu, roulé en crosse vers le sommet; les calathides, presque immédiatement rapprochées les unes des autres, et absolument sessiles, sont disposées sur une seule rangée longitudinale, et elles sont toutes situées sur le côté convexe de leur support commun. Le péricline est velu, parsemé de glandes; ses squames extérieures sont ovales et un peu plus larges que les intérieures; le clinanthe est alvéolé, a cloisons membraneuses, découpées en lanières subulées; les aigrettes sont blanches, les corolles purpurines. Nous avons observé cette plante dans l'herbier de M. Desfontaines.

Lépidaple a épis feuillés : *Lepidaploa phyllostachya*, H. Cass.; *Vernonia arborescens*, Pers., *Syn. pl.*, pars 2, pag. 404. Les calathides sont disposées d'une manière analogue à celle qui a lieu dans l'espèce précédente; l'axe de l'épi est simple, grêle, velu, arqué, et il porte un seul rang de calathides sessiles sur son côté convexe : mais ces calathides sont écartées les unes des autres, et chacune d'elles est accompagnée d'une petite feuille presque sessile, ovale, très-entière, à face inférieure extrêmement velue, presque tomenteuse ou laineuse, à face supérieure parsemée de poils supportés chacun par un petit tubercule glanduliforme; chaque calathide est haute de trois lignes; les corolles sèches nous paroissent être jaunes; elles sont longues, grêles, droites, à limbe pas distinct du tube et divisé profondément en lanières linéaires; le péricline est glabre, cylindracé, presque égal aux fleurs, et ses squames sont intradilatées, c'est-à-dire que les intérieures sont notablement plus larges que les extérieures; les aigrettes sont roussâtres ou grisâtres. Nous avons observé cette plante dans les herbiers de M. de Jussieu, sur des échantillons recueillis dans l'île de Porto-Rico.

Lépidaple aristée : *Lepidaploa aristata*, H. Cass. Ses feuilles sont pétiolées, lancéolées, apiculées ou terminées au sommet par une pointe remarquable; leurs bords sont irréguliers, un peu sinués, munis de quelques dents spinuliformes; leur face supérieure est parsemée de longs poils à base glanduliforme; l'inférieure, d'un vert pâle, est parsemée de longs poils et de petites glandes jaunes brillantes. Les calathides sont disposées en épis composés, irréguliers; elles sont toutes dirigées d'un même côté de l'axe commun qui les porte; mais elles sont rassemblées en paquets de deux ou trois, les unes sessiles, les autres courtement pédonculées, et accompagnées de quelques feuilles inégales; le péricline est vert, très-pubescent, et ses squames extérieures surtout se prolongent au sommet en une longue arête subulée, presque filiforme, roide; les aigrettes sont blanches. Nous avons observé cette espèce dans l'herbier de M. Desfontaines, où elle est étiquetée *conyza arborescens*; mais elle est fort distincte de la précédente.

Lépidaple a tige blanche : *Lepidaploa albicaulis*, H. Cass.; *Vernonia albicaulis*, Pers., *Syn. pl.*, pars 2, pag. 404. Les feuilles sont pétiolées, ovales, obtuses, très-entières, minces, parsemées sur les deux faces de glandes et de petits poils; le

26.

2

péricline, très-inférieur aux fleurs, est velu, blanchâtre, comme tomenteux; les aigrettes sont blanches; les corolles purpurines, très-profondément divisées en cinq lanières très-longues, très-étroites, linéaires. Nous avons observé cette plante dans l'herbier de M. de Jussieu, sur un échantillon recueilli dans l'île de Saint-Thomas.

LÉPIDAPLE LANCÉOLÉE : *Lepidaploa lanceolata*, H. Cass.; *An? Vernonia longifolia*, Pers., *Syn. pl.*, pars 2, pag. 404. Tige droite, tomenteuse; feuilles alternes, courtement pétiolées, longues de trois pouces, larges d'un pouce, lancéolées, très-entières, parsemées sur les deux faces de petites glandes et de poils fins et courts; calathides en corymbe, terminant la tige et les branches. Chaque calathide est multiflore, haute de trois à quatre lignes, à corolles jaunes, très-profondément divisées en cinq lanières longues, étroites, linéaires, glanduleuses au sommet; le péricline est très-inférieur aux fleurs, arrondi, velu, formé de squames intradilatées; les ovaires sont très-velus; l'aigrette extérieure est blanchâtre, l'intérieure grisâtre. Nous avons observé cette espèce sur un échantillon innommé de l'herbier de M. Desfontaines.

LÉPIDAPLE BLANCHATRE: *Lepidaploa canescens*, H. Cass.; *Vernonia canescens*, Kunth, *Nov. Gen. et Sp. pl.*, tom. IV, pag. 35 (edit. in-4°), tab. 317. Cette plante, trouvée au Pérou par MM. de Humboldt et Bonpland, est herbacée ou ligneuse, volubile; à feuilles oblongues-lancéolées, acuminées, étrécies à la base, très-entières, un peu ridées, roides, pubescentes en dessus, poilues, soyeuses et blanchâtres en dessous; à calathides disposées à peu près unilatéralement en épis terminaux et axillaires, à corolles violettes.

LÉPIDAPLE A FEUILLES DE BUIS ; *Lepidaploa buxifolia*, H. Cass. Arbuste rameux, presque entièrement glabre; rameaux plus ou moins tortueux, cylindriques, un peu anguleux, un peu pubescens et grisâtres; feuilles alternes, très-courtement pétiolées, longues de six lignes, larges de quatre lignes, obovales, très-entières, roides, coriaces, glabres, lisses et luisantes en dessus, parsemées en dessous de petites glandes et de petits poils; calathides presque sessiles, rapprochées à l'extrémité des rameaux. Chaque calathide est haute d'environ cinq lignes, et composée d'au moins dix fleurs, à corolle rouge, grande, ayant les divisions longues. Le péricline turbiné, très-inférieur aux fleurs et aux aigrettes, est formé de squames régulièrement imbriquées, appliquées, coriaces, glabres, parsemées de glandes sur le dos de leur partie supérieure; les squames extérieures ovales, un peu obtuses; les intérieures lancéolées. Il y a immédiatement sous la base du péricline, un assemblage d'écailles courtes, arrondies, imbriquées, couvrant la sommité pédonculiforme du rameau qui porte la calathide. Le clinanthe est petit, plan et nu. Les ovaires sont cylindracés, cannelés, glabres, parsemés de glandes, pourvus d'un bourrelet basilaire cartilagineux; leur aigrette est roussâtre, double: l'extérieure courte, peu distincte, composée de squamellules inégales, filiformes-laminées, subulées, denticulées; l'intérieure longue, de squamellules filiformes, épaisses, très-barbellulées. Nous avons observé cette plante dans l'herbier de M. Desfontaines, sur un échantillon innommé, recueilli dans l'île de Saint-Domingue; elle s'éloigne un peu des *lepidaploa*, pour se rapprocher des *gymnanthemum*, et est intermédiaire entre ces deux genres.

Nous avions fort mal défini, dans le Bulletin des Sciences d'avril 1817 (pag. 66), les sous-genres *Vernonia* et *Lepidaploa*, en attribuant au premier le péricline formé de squames surmontées d'un appendice subulé, spinescent au sommet; et au second les squames non appendiculées. Le véritable caractère distinctif consiste en ce que, dans le sous-genre *Vernonia*, comprenant les *vernonia noveboracensis*, *prœalta*, etc., les squames intérieures du péricline ont le sommet large, arrondi, coloré; tandis que, dans le sous-genre *Lepidaploa*, les squames intérieures du péricline ont le sommet étréci, subulé, nullement coloré. Dans ces deux premiers sous-genres, l'aigrette intérieure est composée de squamellules inégales, mais filiformes, cylindracées, point laminées, barbellulées tout autour, et fort différentes de celles de l'aigrette intérieure, qui sont toujours beaucoup plus courtes, laminées et dentées sur les bords. L'*Ascaricida*, qui est un troisième sous genre, ayant pour type la *vernonia anthelmintica*, a l'aigrette intérieure composée de squamellules très-inégales, bisériées, laminées, linéaires, barbellulées sur les deux bords et sur la face extérieure convexe, et le péricline formé de squames régulièrement imbriquées, appliquées, oblongues, surmontées d'un appendice très-distinct, foliacé, largement linéaire, subspathulé, très-long sur les squames extérieures, presque nul sur les intérieures, et fort différent de l'appendice subulé, spinescent, plus ou moins long, qui existe chez quelques espèces des deux autres sous-genres. On pourroit encore, si l'on vouloit, considérer comme de simples sous-genres du *vernonia*, nos genres *Distephanus*, *Gymnanthemum*, *Centrapalus*, *Centratherum*.

Ce dernier, que nous avions d'abord proposé dans le Bulletin des Sciences de février 1817 (pag. 31), et que nous avons bientôt après plus amplement décrit dans le tome VII de ce Dictionnaire, publié en mai 1817, a été reproduit beaucoup plus tard par M. Kunth, sous le nom d'*ampherephis*, dans le 4ᵉ volume de ses *Nova Genera et Species plantarum*, publié en 1820. M. Kunth prétend (pag. 308, édit. in-4°) qu'il avoit anciennement écrit avec du crayon le nom générique d'*ampherephis*, dans l'herbier de M. de Jussieu, sur l'étiquette de la plante à laquelle nous avons donné le nom générique de *centratherum*. Nous affirmons sur notre honneur, qu'à l'époque où nous avons étudié cette plante dans l'herbier de M. de Jussieu, et même à l'époque où nous avons publié sa description en la proposant comme un nouveau genre, elle n'étoit accompagnée que d'une seule étiquette, qui ne portoit aucun autre nom que celui de *jacea panamensis*.

Des vingt espèces de *vernonia* décrites par M. Kunth, dans l'ouvrage que nous venons de citer, il n'en est guère plus que sept qui nous semblent, d'après les descriptions, devoir appartenir à notre sous-genre *Vernonia* : ce sont celles nommées par ce botaniste *serratuloides*, *rubricaulis*, *suaveolens*, *floribunda*, *affinis*, *baccharoides*, *odoratissima*, auxquelles il faut peut-être ajouter l'*elœagnoides*. Celles que M. Kunth a désignées par les noms de *gracilis*, *Tournefortioides*, *canescens*, *geminata*, *mollis*, *pellita*, *micrantha*, *frangulæfolia*, sont pour nous des *lepidaploa* presque indubitables. La *vernonia triflosculosa* du même auteur est bien certainement notre *gymnanthemum congestum*, décrit dans ce Dictionnaire, tom. XX, pag. 110, et qui, ayant l'aigrette composée de squamellules toutes filiformes, ne peut appartenir au *vernonia*, mais bien au *gymnanthemum*.

Les espèces offrant un caractère précisément inverse de celui qui est propre aux *gymnanthemum*, c'est-à-dire, ayant l'aigrette composée de squamellules toutes laminées, ne peuvent pas non plus être attribuées avec exactitude au *vernonia*, mais bien à l'*ascaricida*, au *distephanus*, ou à l'*achyrocoma*. Ce dernier sous-genre, que nous n'avions point encore publié, a pour type une plante, dont un échantillon sec en très-mauvais état, nous a été donné par Palisot de Beauvois, et dont voici la description.

Achyrocoma tomentosa, H. Cass. Plante herbacée. Tige droite, rameuse, épaisse, striée, tomenteuse. Feuilles alternes, presque sessiles, longues de plus de trois pouces, larges d'environ un pouce, oblongues ou lancéolées, étrécies vers la base qui est presque pétioliforme, tantôt aiguës, tantôt obtuses au sommet, dentées en scie sur les bords, à face inférieure extrêmement tomenteuse et roussâtre, à face supérieure glabre, mais paroissant avoir été, dans le premier âge, munie d'un duvet laineux, blanchâtre, caduc. Calathides pédonculées, à pédoncule long, grêle, cylindrique, tomenteux, pourvu d'une bractée squamiforme. Chaque calathide composée d'environ dix-sept fleurs. Péricline en partie tomenteux ou laineux, formé de squames régulièrement imbriquées, appliquées, coriaces, interdilatées, parsemées de glandes vers le sommet : les extérieures étroites, lancéolées; les intermédiaires larges, ovales, à sommet arrondi, un peu scarieux, roussâtre ; les intérieures oblongues, arrondies au sommet. Clinanthe plan, absolument nu. Ovaires oblongs, cylindracés, striés, velus, pourvus d'un très-petit bourrelet basilaire ; aigrette roussâtre, luisante, composée de squamellules plurisériées, nombreuses, très-inégales, toutes laminées, linéaires, presque membraneuses, lisses sur les deux faces, finement denticulées en scie sur les deux bords, et paroissant munies d'une nervure médiaire peu manifeste, les extérieures plus courtes, étrécies et subulées vers le sommet, les intérieures plus longues, à sommet un peu élargi et presque arrondi. Corolles à divisions couvertes de glandes au sommet. Nous n'avons pas pu reconnoître leur couleur altérée par la dessiccation : il nous est également impossible de décrire la disposition des calathides, qui sont détachées de leur support dans notre échantillon incomplet et brisé. Palisot de Beauvois croyoit, sans pouvoir l'affirmer, que cet échantillon avoit été recueilli dans l'Amérique septentrionale.

Si l'on compare les caractéres génériques de l'*achyrocoma*, avec ceux du *distephanus*, décrits dans le tome XIII de ce Dictionnaire (pag. 361), on reconnoîtra qu'indépendamment de quelques différences dans la structure du péricline, dont les squames sont appendiculées chez le *distephanus*, inappendiculées chez l'*achyrocoma*, et dans le clinanthe hérissé de papilles chez l'un, absolument nu chez l'autre, il existe des différences plus notables dans les aigrettes des deux plantes. Celle du *distephanus* est vraiment double, composée de squamellules coriaces, très-régulièrement disposées, et en nombre déterminé, les extérieures larges, les intérieures longuement barbellulées. L'aigrette de l'*achyrocoma* n'est point, à proprement parler, double, ses squamellules étant très-inégales et disposées sur plusieurs rangs, sans symétrie ni régularité ; elles sont en nombre indéfini, presque membraneuses, les extérieures étroites, les intérieures finement denticulées en scie et uninervées. L'*achyrocoma* diffère très-peu de l'*ascaricida* par l'aigrette ; mais il s'en distingue bien suffisamment par le péricline.

Dans notre Mémoire sur une monstruosité de *cirsium tricephalodes*, inséré dans le Journal de Physique de décembre 1819, nous avons démontré (pag. 411) l'analogie qui existe entre l'aigrette et le péricline, sous le rapport de la structure. Nous ne craignons donc pas d'appliquer à l'aigrette la théorie que nous avons exposée, dans notre article LÉPICAUNE, sur la structure du péricline. Ainsi, nous disons que l'état naturel ou ordinaire de l'aigrette est d'être imbriquée, c'est-à-dire composée de squamellules disposées sur plusieurs rangs circulaires concentriques. L'aigrette de beaucoup de centaurées offre cette disposition de la manière la plus manifeste. Cela posé, l'aigrette unisériée résulteroit de l'avortement de toutes les squamellules, à l'exception de celles formant la rangée intérieure ; et l'aigrette double seroit celle dont la rangée intérieure et l'extérieure subsisteroient seules, tandis que la rangée intermédiaire seroit complétement avortée. Remarquez que, dans l'aigrette imbriquée, comme dans le péricline imbriqué, il y a presque toujours une différence plus ou moins sensible, mais graduelle, entre les squamellules des diverses rangées, sous le rapport de leur longueur et de leur largeur. Quant à la longueur, les extérieures sont les plus courtes, les intérieures sont les plus longues, et les intermédiaires sont d'une longueur moyenne : cette disposition très-habituelle constitue ce que nous nommons l'imbrication régulière. Quant à la largeur, on peut observer trois dispositions différentes, selon que les squames du péricline, ou les squamellules de l'aigrette, sont plus larges dans la rangée extérieure, ou dans une rangée intermédiaire, ou dans la rangée intérieure. C'est ce que nous exprimons en disant que les squames ou les squamellules sont extradilatées, ou interdilatées, ou intradilatées. Ces remarques donnent le moyen de distinguer bien nettement l'aigrette double de l'aigrette imbriquée, et de résoudre les difficultés que présentent certains cas douteux. En effet, puisqu'il y a une différence graduelle de longueur et de largeur entre les squamellules des diverses rangées composant une aigrette régulièrement imbriquée, il s'ensuit que si les rangées intermédiaires viennent à manquer, ce qui constitue l'aigrette double, on observera une différence non pas graduelle ou nuancée, mais brusque, subite, bien tranchée, entre les squamellules extérieures et les intérieures. Si, au contraire, la différence entre les extérieures et les intérieures ne se manifeste que par une suite non interrompue de nuances, on ne peut pas admettre que l'aigrette soit double, ce qui supposeroit qu'il y manque les squamellules de degrés intermédiaires; mais il faut dire que cette aigrette est bisériée ou imbriquée, selon qu'elle est composée de deux ou d'un plus grand nombre de rangées concentriques. En appliquant ces principes aux genres ou sous-genres dont il a été traité dans cet article, on reconnoît facilement que l'aigrette est double chez les *vernonia*, *lepidaploa*, *distephanus*, et qu'elle est imbriquée chez les *gymnanthemum*, *achyrocoma*, *ascaricida*.

Nous avons remarqué que les calathides, composant l'épi du *lepidaploa scorpioides*, et celui du *lepidaploa phyllostachya*, s'épanouissoient très-régulièrement l'une après l'autre, de bas en haut, c'est-à-dire, en commençant par la plus inférieure. Cela est contraire à la loi de M. R. Brown, sur l'ordre d'épanouissement des épis composés ; car chaque calathide étant un épi simple, l'épi de nos deux *lepidaploa*, qui est formé de la réunion de plusieurs calathides, est un épi composé, et par conséquent cet épi devroit, selon la loi de M. Brown, suivre un ordre d'épanouissement absolument inverse de celui que nous avons observé sur ces plantes. Dans notre premier Mémoire sur la Graminologie, publié dans le Journal de Physique de novembre et décembre 1820, nous avons osé dire (page 423): *En botanique, la seule règle sans exception, est qu'il n'y a point de règle sans exceptions.* Ce principe ainsi énoncé a beaucoup scandalisé certains botanistes, et pourtant il se trouve confirmé à chaque instant par toutes nos observations. (H. Cass.)

LÉPIDIE, *Lepidia.* (*Entomoz.*) M. Savigny, dans son Système général des Annelides, a indiqué, comme pouvant former un genre distinct, le *nereis stellifera* de Muller, et il lui a préparé le nom de lépidie : malheureusement il n'a pas vu cet animal, en sorte qu'il n'ose même assurer dans quelle famille il devra être rangé ; il lui trouve cependant quelque ressemblance extérieure avec les aphrodites. Voyez Néréide. (De B.)

LÉPIDIER ou PASSERAGE (*Bot.*), *Lepidium*, Linn. Genre de plantes dicotylédones, de la famille des *crucifères*, Juss., et de la *tétradynamie siliculeuse*, Linn., dont les principaux caractères sont les suivans : Calice de quatre folioles ovales, concaves, ouvertes, caduques ; corolle de quatre pétales égaux, opposés en croix ; six étamines, dont deux plus courtes ; il y en a quelquefois deux ou quatre qui avortent ; un ovaire supérieur, ovale, surmonté d'un style assez court, ou terminé par un stigmate sessile ; silicule ovale, entière au sommet, s'ouvrant en deux valves carénées dont la grande largeur est opposée à la cloison, et divisée en deux loges qui ne contiennent ordinairement qu'une à deux graines.

Les lépidiers sont des plantes herbacées, à feuilles entières ou découpées, et à fleurs petites, disposées en corymbe ou en grappe au sommet de la tige ou des rameaux. On en connoît vingt et quelques espèces, parmi lesquelles huit croissent naturellement en France. Nous nous bornerons à parler des suivantes :

Lépidier des pierres: *Lepidium petræum*, Linn., *Spec.*, 899 ; Jacq., *Fl. Aust.*, t. 131. Sa racine est menue, annuelle ; elle produit une tige rarement simple et droite, le plus souvent divisée dès sa base en plusieurs rameaux étalés, feuillés, glabres comme toute la plante, s'élevant à deux ou quatre pouces ou un peu plus. Ses feuilles sont toutes pinnatifides, composées de plusieurs paires de pinnules ovales ou oblongues, et même lancéolées-linéaires. Ses fleurs sont blanches, très-petites, pédonculées, terminales, disposées d'abord en corymbe, et s'alongeant ensuite en grappe; leurs pétales sont très-étroits, à peine aussi longs que le calice. Cette plante fleurit en février, mars et avril; elle croît dans les lieux incultes et pierreux.

Lépidier des Alpes : *Lepidium alpinum*, Linn., *Spec.*, 898; Jacq., *Fl. Aust.*, t. 137. Sa racine est demi-ligneuse, vivace; elle produit plusieurs tiges courtes, étalées sur la terre et formant un gazon irrégulier. Ses feuilles sont pinnatifides, glabres comme toute la plante, rassemblées en rosette à la base des rameaux florifères qui sont redressés, nus, hauts d'un à trois pouces, terminés à leur sommet par une grappe de douze à vingt fleurs assez grandes pour la petitesse de la plante, et dont les pétales sont blancs, entiers, arrondis, moitié plus grands que le calice. Cette espèce fleurit en juin, juillet et août; elle croît sur les sommets des Alpes, des Pyrénées, des montagnes d'Auvergne, etc., aux lieux arrosés par les neiges fondantes.

Lépidier a feuilles larges : vulgairement Grande passerage; *Lepidium latifolium*, Linn., *Spec.*, 899; *Fl. Dan.*, t. 557. Sa racine est alongée, rampante, vivace; elle produit une tige glabre ainsi que toute la plante, droite, rameuse, haute d'un à deux pieds ou plus, garnie de feuilles ovales-lancéolées, d'un vert pâle et même glauque, un peu denticulées en leurs bords. Ses fleurs sont blanches, petites, très-nombreuses, disposées dans la partie supérieure des rameaux en grappes rameuses, formant dans leur ensemble une large panicule. Cette espèce croît dans les lieux un peu humides, ombragés, et sur les bords des rivières; elle fleurit en mai, juin et juillet. Toutes ses parties ont une saveur âcre et aromatique. Dans quelques pays ses feuilles sont employées comme assaisonnement, et leur suc, mêlé avec du vinaigre, sert pour mettre dans les sauces.

Le nom vulgaire que porte cette plante paroît indiquer qu'on en faisoit autrefois usage contre la rage. Avec plus de raison on l'a employée comme antiscorbutique, mais aujourd'hui elle est peu usitée même sous ce dernier rapport, quoiqu'elle soit une des espèces de la famille des crucifères dans laquelle les propriétés paroissent être le plus développées.

Lépidier ibéride: vulgairement Petite passerage, Chasserage, Nasitort sauvage; *Lepidium iberis*, Linn., *Spec.*, 900; *Iberis*, Dod., *Pempt.*, 714. Sa racine est pivotante, demi-ligneuse, vivace; elle produit une tige droite, roide, haute d'un à deux pieds, très-rameuse dans sa partie supérieure. Ses feuilles radicales sont pétiolées, lancéolées; dentées et même incisées-pinnatifides; celles de la tige sont linéaires, très-entières. Les fleurs sont très-petites, blanches, avec le calice un peu rougeâtre; elles forment, à l'extrémité des rameaux, des grappes qui s'alongent beaucoup. Cette plante croît dans les décombres et sur les bords des chemins; elle fleurit en été. Toutes ses parties ont une forte odeur de cresson, et la plante est antiscorbutique comme la précédente, mais elle est de même à peu près hors d'usage. Sa racine fraîche et pillée s'appliquoit autrefois pour rubéfier la peau comme on fait aujourd'hui plus communément avec la farine de moutarde. En Espagne on associe, suivant Peyrilhe, l'infusion de cette plante au quinquina dans le traitement des fièvres intermittentes.

Le *lepidium sativum* de Linnæus, n'ayant pas les caractères du genre, doit être reporté aux *thlalpi* ou tabourets. Voyez Tabouret cultivé. (L. D.)

LÉPIDION. (*Ichthyol.*) M. Risso a donné ce nom à une nouvelle espèce de poisson du grand genre des gades. Voyez Gade et Morue. (H. C.)

LÉPIDIOPTÈRES. (*Entom.*) M. Clairville, dans son Entomologie Helvétique, avoit proposé de substituer ce nom à celui de lépidoptères. Il n'en donne pas de bonnes raisons. On est même étonné qu'il ait fait cette faute d'étymologie. (C. D.)

LÉPIDIUM. (*Bot.*) Quelques auteurs ont cru, suivant C. Bauhin, que la plante nommée ainsi par Dioscoride étoit le coq des jardins, *tanacetum balsamita* de Linnæus, *balsamita suaveolens* de M. Desfontaines; mais il ajoute que ce *balsamita* est plutôt, selon Césalpin, le mélilot de Dioscoride, de Pline et d'Avicenne. Cordus, dans ses Commentaires sur Dioscoride, assimile ce *lepidium* au *cardamine pratensis*. Matthiole, Daléchamps,

Césalpin croient que ce nom ancien appartient à la passe-rage, qui l'a conservé jusqu'à présent. On est étonné de voir que C. Bauhin ait rapporté à ce dernier genre, d'après Ægineta, la dentelaire, *plumbago*, qui en diffère par des caractères très-tranchés. Voyez Lépidier. (J.)

LEPIDOCARPODENDRUM. (*Bot.*) Le genre fait sous ce nom par Boerhaave, et ensuite sous celui de *lepidocarpus* par Adanson, avoit été réuni par Linnæus à son *protea*, genre très-nombreux en espèces, qui présentent des différences suffisantes pour en former plusieurs genres très-distincts. Cette séparation a été faite par M. R. Brown dans son beau travail sur les Protéacées, et il a donné au genre de Boerhaave le nom de Leucospermum. (Voyez ce mot.) Celui de *leucadendrum*, donné par M. Salisbury, a été employé par M. Brown pour un autre genre de la même famille. (J.)

LÉPIDOKROKITE. (*Min.*) Nous n'avions de notions sur le minéral désigné par ce nom que par ce qu'en avoit dit Ullman dans ses Tables minéralogiques, publiées à Cassel et à Marburg, en 1814, et par l'extrait que M. Léonhard en a donné dans son *Taschenbuch*.

C'est Ullman qui lui a assigné le nom de lépidokrokite ; il en fait une espèce particulière, et cependant on ne voit dans les descriptions qui en ont été données successivement et jusque dans ces derniers temps, que des caractères vagues, qui peuvent convenir à bien des variétés de minerai de fer, mais qui ne présentent aucune propriété physique, chimique ou géométrique propre à établir une espèce, d'après des principes admis.

Premièrement, point de forme régulière et particulière qui fasse connoître, qui fasse même soupçonner son caractère cristallographique ; mais de nombreux et insignifians caractères extérieurs. C'est, suivant l'auteur de ce nom singulier, un minerai solide, d'un brun tirant sur le mordoré, se présentant en masse réniforme, quelquefois même uviforme, avec un éclat demi-métallique, une structure fibreuse, rayonnée, une rayure brun-rougeàtre, et enfin une pesanteur spécifique de 3,025.

Secondement, point d'analyse complète, ce qui étoit cependant le seul moyen d'établir une espèce minéralogique, au défaut de la forme; mais quelques caractères chimiques qui en disoient assez, quoique présentés d'une manière absolue, pour faire voir que c'étoit un minerai de fer oxidé, qu'il tenoit le milieu entre le fer oxidé rouge et le fer oxidé brun ou hydraté, comme c'est le cas de tant de minerais mélangés; mais aucun de ces caractères ne faisoit voir en quoi ce minerai différoit essentiellement des autres oxides de fer.

On a cru néanmoins assez bien connoître ce minéral pour lui assigner un nom particulier, et pour lui donner une place dans la série des espèces, entre le stilpnosidérite et la terre d'ombre. MM. Haussman, Blöde, etc. ont suivi cette détermination, et c'est tout ce que nous avons su sur ce minéral, jusqu'au moment où M. John a mis en doute son titre comme espèce particulière, et où M. Nöggerath, rassemblant tout ce qui a été fait sur ce minerai de fer, nous a présenté en 1822 une Histoire complète du lépidokrokite, en appuyant sa spécification sur l'analyse chimique faite par M. Brandes, et discutée savamment par M. Bischof.

C'est par ce caractère que nous devons commencer; car c'est la composition qui en fera une espèce particulière, si elle y montre des principes ou des proportions fixes qu'on n'ait encore reconnus dans aucun autre minerai de fer.

D'après les observations et les travaux de M. Brandes, le lépidokrokite est composé de

Fer oxidé	88,00
Manganèse oxidée	0,50
Silice	0,50
Eau	10,75
	99,75

M. Brandes donne pour formule de composition de ce minerai $\ddot{F}$ + aq., et M. Bischof $2\ddot{F}$ + 3 aq.

Or, je demande si la petite différence dans la proportion de l'eau entre ce minerai et le fer oxidé hydraté, dit hématite brune, différence qu'un dessèchement antérieur plus ou moins complet, qu'un mélange si ordinaire de fer oxidé rouge, peut rendre beaucoup plus grande, je demanderai, dis-je, avec M. John, et peut-être avec M. Bischof, si une telle différence peut suffire pour élever au rang d'espèce un minéral qui n'a d'ailleurs aucune forme cristalline propre, et pour lui mériter un nom distinctif. Je crains que cet abus dans la *multiplication nominale* des espèces ne retarde les progrès de la minéralogie, en lui faisant suivre une route incertaine, embarrassée, et dont les ramifications n'ont plus de bornes.

J'insiste sur ces principes, à l'occasion du lépidokrokite, parce qu'on a déjà écrit sept à huit articles sur cette variété presque indistincte de fer oxidé hydraté, parce que, probablement ébloui par un nom si remarquable, on a cru devoir en discuter et en étendre l'histoire, et que M. Nöggerath lui a consacré quinze pages dans son recueil intitulé : *Das Gebirge in Rheinland-Westphalien*, etc.

On cite un grand nombre de lieux où s'est trouvé ce minerai de fer.

Ullman avoit déjà indiqué la mine d'Euel d'Hollerterzug, dans le canton de Sayn, au pays de Nassau ; celle de Knorrenberg, à deux lieues de Kirchen ; les mines d'Eisenzeche et de Hirzhorn, près d'Eiserfeld et d'Altebirke, dans le pays de Nassau-Siegen. M. Nöggerath l'a reconnu dans la mine de Nordhelle, près Silbach, dans le duché de Westphalie.

On le trouve tantôt dans les filons, tantôt dans des couches ou dépôts d'autres minerais de fer.

Il se présente comme minerai de fer oxidé hydraté, dit M. Schmidt, dans les cavités drusiques des filons où l'eau a influé et influe encore sur sa formation (nous rapportons cette opinion de M. Schmidt sans oser la partager), et ce naturaliste en conclut que le lépidokrokite est de formation nouvelle. Il est accompagné dans les cavités, ou druses de filons, de minerai noir de fer et de minerais divers de manganèse.

On l'a trouvé dans des couches de minerai de fer accompagné de manganèse et de zinc interposés dans un calcaire de sédiment moyen, près d'Oberkaltenbach, dans le grand-duché de Berg ; avec des minerais de fer brun, à Bieber, dans le pays d'Hanau ; dans des lits de minerai de fer, qui forment des amas dans un calcaire de transition, près de Marmagen, dans l'Eifel, etc. (B.)

LEPIDOKROLITE. (*Min.*) Voyez Lepidokrokite. (B.)

LÉPIDOLÈPRE, *Lepidoleprus.* (*Ichthyol.*) M. Risso a donné ce nom à un nouveau genre de poissons voisins des gades, et qui appartiendroient, comme eux, à la famille des auchénoptères de M. Duméril, si leurs catopes n'étoient point un peu thoraciques.

Le genre Lépidolèpre se reconnoît aux caractères suivans :

Corps et tête couverts d'écailles carénées et rudes ; museau déprimé, s'avançant au-dessus de la bouche, et formé par la réunion des sous-orbitaires et des os du nez; catopes petits, autant jugulaires que thoraciques; deux nageoires dorsales; la seconde de celles-ci unie en pointe avec l'anale à la caudale; dents très-fines et très-courtes.

La position des catopes suffit pour distinguer ce genre de tous ceux avec lesquels on le pourroit confondre. (Voyez Auchénoptères.)

M. Cuvier a nommé *grenadiers* les lépidolèpres, dont le nom, tiré du grec λεπις (*écaille*), et λεπρος (*rude*), indique la nature des écailles. (Voyez Grenadier.)

Deux espèces composent ce genre.

Le Lépidolèpre trachyrinque : *Lepidoleprus trachyrinchus,* Risso. Corps très-prolongé, et comprimé en arrière en lame de sabre ; écailles rudes, osseuses, hérissées de tubercules, formant sur la tête des crêtes à plusieurs pointes qui se prolongent sur un museau terminé en pointe triangulaire ; tête grosse, déprimée ; bouche ample, arquée en dessous ; dents très-fines, courbées, aiguës, sur plusieurs rangs ; trois osselets garnis de pointes de chaque côté du pharynx ; langue et palais lisses, d'un bleu noirâtre ; yeux grands, ovales, argentés, avec des points rouges, et comme couverts par une membrane transparente, iris doré ; prunelles bleues ; narines arrondies, à deux orifices chacune ; ouverture des branchies semi-lunaire et surmontée d'une sorte d'évent ; nageoires du dos et de l'anus reçues dans un sillon garni de chaque côté d'un rang de forts piquans dentelés à leur base ; dos d'un gris blanchâtre, qui passe au violet vers la queue ; première dorsale noirâtre, la seconde grise, lisérée de noir ; catopes très-étroits, à premier rayon très-délié et prolongé en une sorte de filament ; taille d'un pied à dix-huit pouces.

On pêche ce poisson dans les mers de Nice, vers les mois de juillet et d'août.

M. Giorna l'a décrit et figuré dans les Mémoires de l'Académie de Turin, mais d'après un exemplaire mutilé. C'est à M. Risso qu'on en doit la première description complète.

Le Lépidolèpre cœlorhinque; *Lepidoleprus cœlorhinchus,* Risso. Museau festonné et surmonté d'une protubérance; nuque enfoncée; préopercule portant une longue protubérance osseuse; opercule finement dentelée; première dorsale très-haute, en forme de harpe; caudale pointue; teinte générale grise, nuancée de rouge violâtre; nageoire anale, lisérée de noir; taille de six à neuf pouces.

Il est plus rare que le précédent, mais il habite les mêmes lieux. (H. C.)

LÉPIDOLITHE ou LILALITHE. (*Min.*) Ce minéral ne s'est présenté pendant long-temps qu'en masses composées d'une infinité de lamelles ou paillettes disposées en tout sens et qui brillent d'un éclat argentin, à travers une teinte de lilas ou de citron, qui passent, en se dégradant, au blanc verdâtre et au blanc nacré. Telles sont les variétés de Suède et de Moravie. Depuis lors, on a rencontré la lépidolithe en lames plus larges et moins confuses, et enfin en cristaux foliacés hexagones.

La lépidolithe en masses est translucide et assez tendre pour se laisser couper avec le couteau; mais, quand elle est laminaire, elle peut rayer le verre par le tranchant de ses lames, et cela, comme le mica, qui se laisse attaquer sur sa grande face par une pointe de fer, et dont les bords rayent également le verre, et même le quarz.

Soumise à l'épreuve du chalumeau, la lépidolithe se boursoufle et se réduit en un émail d'un blanc de cire. Klaproth ajoute que, placée sur un simple charbon ardent, elle y devient opaque, d'un blanc terne, et se boursoufle aussi en forme de branche. M. de Bournon insiste sur cette grande fusibilité, et dit en propres termes : « J'ai fait souvent fondre la lépido-« lithe, en la plaçant simplement dans mon feu; en la reti-« rant, elle couloit en produisant de petites fibres de verre « capillaire, analogues aux filets vitreux du volcan de l'île de « Bourbon. » Observation qui avoit déjà été faite par de Born.

La pesanteur spécifique de ce minéral varie de 2,816 à 2,859. Voici les résultats de deux analyses faites par

	Klaproth	et	Vauquelin.
Silice..............	54,50	....	54,00
Alumine..........	38,25	....	20,co
Oxide de fer.......⎫		....	1,00
Oxide de manganèse.⎬ 0,75		....	3,00
Potasse...........	4,00	....	18,00
Perte.............	2,50	Fluate de chaux.	4,00
	100,00		100,00

J'ajoute ici, pour terme de comparaison, l'analyse de mica foliacé, par Klaproth.

Silice...........................	48,00
Alumine........................	34,25
Oxide de fer.....................	4,50
Oxide de manganèse..............	0,50
Potasse.........................	8,75
Magnésie.......................	0,50
Perte..........................	3,50
	100,00

Les principales variétés de lépidolithe sont, pour la couleur :
Le rouge ou *violet vineux.*
Le *lilas vif.*
Le *lilas tendre.*
Le *citron.*
Le *jaune verdâtre.*
Le *blanc nacré*, etc.
Quant à ses variétés de contexture, nous citerons
La *lépidolithe cristallisée* en lames hexagonales qui donnent naissance à des prismes d'une à deux lignes de hauteur.

La *lépidolithe laminaire*, qui se présente en lames ou paillettes d'une certaine étendue, qui se séparent facilement, mais qui n'affectent aucune forme régulière. Leur couleur est ordinairement d'une belle nuance fleur de pêcher ou lilas.

La *lépidolithe amorphe aventurinée*. Elle se présente le plus souvent sous la couleur lilas ; c'est même elle qui est susceptible de recevoir le poli et d'être taillée en bijoux ou en plaques d'ornement; mais, outre cette nuance, elle se rencontre aussi avec les couleurs et les teintes qui sont désignées ci-dessus.

Enfin M. de Bournon cite une variété de lépidolithe compacte, sans aucune apparence de lames ou d'écailles, et d'un violet brun foncé.

On doit la découverte de la lépidolithe à l'abbé Pona, qui la rencontra près de Rozena, en Moravie, dans le granite de la montagne de Hradisko, où elle forme des masses compactes et volumineuses du poids de cent livres et plus. Elles appartenoient à la variété amorphe aventurinée, mais depuis, on a reconnu ce minéral dans une foule d'autres lieux, et toujours dans une roche primordiale, qui renferme assez ordinairement des aiguilles ou des cristaux de tourmaline, de chaux phosphatée, du mica, du felspath laminaire, du quarz, etc. La lépidolithe paroit entrer dans la composition de notre pegmatite. M. Tondi, dans son Oréognosie, fait une roche distincte de la lépidolithe qu'il considère comme étant subordonnée au gneiss, ce qui ne doit s'entendre que relativement à la lépidolithe amorphe.

Les principaux lieux où l'on cite cette substance sont donc les environs de Rozena en Moravie, de Uton en Suède, le Riesengebirge en Silésie, les environs d'Ekatherinebourg en Sibérie, de Pœning en Saxe, les îles de Corse, d'Elbe et del Giglio, le Tyrol et enfin les environs de Chanteloup près Limoges, où M. Alluaud en a fait la découverte, il y a quelques années.

On avoit confondu la lépidolithe avec le gypse, la zéolithe et enfin avec la tourmaline de Uton; mais il n'est pas encore certain qu'elle doive constituer une espèce séparée; il y a même de fortes raisons en faveur de sa réunion au mica; cependant il nous paroit prudent de la tenir encore à l'écart, jusqu'à ce que l'on soit tout-à-fait fixé sur les limites peu tranchées qui séparent certaines variétés de talc de quelques variétés du mica lui-même.

Tout porte à croire qu'il se fera entre ces deux vieilles espèces, le mica et le talc, quelques mutations parmi leurs variétés respectives, et c'est alors seulement que l'on pourra présenter la lépidolithe avec plus d'assurance, et la rapprocher peut-être du nacrite de M. Brongniart.

Nous devons cependant faire remarquer dès à présent, en faveur de l'opinion de M. Cordier, qui fut entièrement adoptée par Haüy (1), que la lépidolithe a offert dans l'analyse une certaine quantité d'acide fluorique, et que M. Rose de Berlin a retrouvé ce même acide dans tous les micas qu'il a pu se procurer (2).

M. de Bournon ne partage point cet avis. La facilité avec laquelle la lépidolithe se boursoufle et se fond au feu le plus modéré, quelques raisons cristallographiques même lui font regarder ce minéral comme devant former une espèce et non une simple variété de mica. Tel est l'état de la question; et, en attendant son entière solution, nous trouvons moins d'inconvénient à laisser la lépidolithe comme espèce douteuse que de la réunir trop tôt à une espèce qui est menacée elle-même de quelques changemens notables. (P. Brard.)

LEPIDOMA. (*Bot.*) Ce genre, établi par Link, est le même que le *rhizocarpon* de Decandolle, dont les espèces sont disséminées par Acharius dans son genre *Lecidea*, lequel offre cependant une section qui a conservé le nom de *lepidoma*. Voyez Rhizocarpon. (Lem.)

LEPIDON. (*Bot.*) Nom cité par Belon, d'une herbe qui croît sur les rivage de l'Hellespont, et dont les habitans font leurs balais; il ajoute seulement qu'elle est connue chez les Grecs sous celui de *sarapidi*. (J.)

LÉPIDONOTE, *Lepidonota*. (*Entomoz.*) M. le d.' Leach a proposé de séparer des aphrodites de Linnæus les espèces qui ont les écailles dorsales parfaitement à découvert, ce en quoi elles diffèrent de l'aphrodite hérissée, qui les a recouvertes par une espèce de feutre formé par les soies fines et longues des appendices. Le type de ce genre est l'*aphrodita squamata*. M. Savigny a donné à ce genre, qu'il a également établi, et dans lequel il a décrit un assez grand nombre d'espèces nouvelles, le nom de Polynoe. Voyez ce mot et Néréide. (De B.)

---

(1) Traité des Caractères physiques.
(2) Annales de Chimie, tom. XIV, pag. 190.

LÉPIDOPE, *Lepidopus*. (*Ichthyol.*) On donne ce nom à un genre de poissons osseux, holobranches, de la famille des pétalosomes de M. Duméril, et de celle des tænioïdes de M. Cuvier. Ce genre, qui a d'abord été formé par Gouan, se reconnoît aux caractères suivans :

Corps alongé, aplati, mince, en forme de lame; catopes remplacés par deux petites écailles pointues et mobiles; nageoire dorsale très-longue; point de barbillons à la bouche; mâchoires pointues; dents fortes et aiguës; nageoire anale courte et basse.

Le genre Lépidope a tiré son nom de la forme de ses catopes, λεπὶς et πᴕ̃ς étant des mots grecs qui rappellent l'idée de pieds écailleux. Il est facile, à ce seul caractère, de le distinguer de tous les autres genres de la famille des PÉTALOSOMES. (Voyez ce mot.)

On ne connoît encore que deux espèces de lépidopes.

1.° Le LÉPIDOPE GOUANIEN; *Lepidopus Gouanianus*, Lacép. Mâchoire inférieure plus avancée que la supérieure; tête grosse et comprimée latéralement; nuque terminée par une arête; museau pointu; de petites dents égales à la mâchoire inférieure : trois longues dents crochues à la supérieure; ligne latérale droite et enfoncée; anus vers le milieu du corps; nageoire dorsale très-basse; catopes en forme de cuillerons ovales et pointus; anale peu relevée et précédée d'une longue écaille arrondie; caudale un peu fourchue; couleur générale argentée, nuancée de légers reflets azurés; nuque d'un bleu d'azur; yeux argentés; une belle tache noire sur les premiers rayons de la nageoire dorsale; taille d'un pied à quinze pouces.

Ce poisson a été décrit d'abord par le célèbre naturaliste de Montpellier dont il porte le nom. Sa chair est molle et peu agréable. On le prend en janvier et en février, dans les parages de Nice.

2.° Le LÉPIDOPE PÉRON; *Lepidopus Peronii*, Risso. Corps très-comprimé, recouvert d'une poussière argentée, avec des reflets dorés, roses et azurés; tête oblongue et terminée derrière les yeux par une éminence; mâchoire inférieure aiguë, avancée, garnie à son extrémité d'un tubercule dur, hérissée sur le devant de deux grosses dents crochues, et armée ensuite d'une rangée de dents plus petites, droites et allant toujours en augmentant ; deux longues dents aiguës sur le devant de la mâchoire supérieure ; trois autres dents plus grandes, mobiles, crochues et adhérentes au palais ; nuque sillonnée ; yeux grands, argentés, très-rapprochés du sommet de la tête, à iris doré ; narines orbiculaires ; opercules membraneuses ; anus plus près de la tête que de la queue ; ligne latérale relevée ; nageoire dorsale d'un jaune transparent ; pectorales horizontales ; anale commençant par des protubérances osseuses ; caudale en croissant. Taille de trois à quatre pieds et plus.

On prend ce poisson au printemps, dans la mer de Nice. Sa chair est ferme et délicate.

Il a été décrit plusieurs fois, et chaque fois regardé comme une espèce nouvelle. C'est, par exemple, le *trichiurus caudatus* dont a parlé Euphrasen, dans les Nouveaux Actes de Stockholm (tom. IX) ; le *trichiurus ensiformis* de Vandelli ; le *vandellius lusitanicus* de Shaw ; le *ziphotheca tetradens* de Montagu.

Sous le nom de lépidope diaphane, *lepidopus pellucidus*, M. Risso a décrit, dans ce genre, une troisième espèce, que M. Cuvier regarde comme une véritable anguille: (H. C.)

LEPIDOPHORUM. (*Bot.*) Necker distribue les *anthemis* de Linnæus en trois genres, qu'il nomme *lepidophorum*, *anthemis*, *chamœmelum*. Il attribue au premier le péricline globuleux, les fruits tous fertiles, anguleux, et pourvus d'une aigrette composée de quatre squamellules paléiformes. Nous ne devinons pas quelles sont les espèces linnéennes d'*anthemis* qui ont pu lui offrir ces caractères. (H. Cass.)

LÉPIDOPHYLLE, *Lepidophyllum*. (*Bot.*) [*Corymbifères*, Juss. = *Syngénésie polygamie superflue*, Linn.] Ce genre de plantes, que nous avons proposé, dans le Bulletin des Sciences de décembre 1816 (pag. 199), appartient à l'ordre des synanthérées, et à notre tribu naturelle des astérées, dans laquelle il est voisin des genres *Brachyris*, *Gutierrezia*, *Pteronia*. (Voyez notre article GUTIERREZE, tom. XX, pag. 100.) Le genre *Lepidophyllum* nous a offert les caractères suivans.

Calathide oblongue, cylindracée, courtement radiée : disque pauciflore (4-6), régulariflore, androgyniflore ; couronne irrégulière, unisériée, interrompue, pauciflore (2-3),

liguliflore, féminiflore. Péricline oblong, subcylindracé, inférieur aux fleurs du disque; formé de squames imbriquées,
appliquées, les extérieures ovales, les intérieures oblongues,
toutes larges, très-obtuses ou arrondies au sommet, coriaces,
à bords latéraux membraneux, un peu ciliés ou frangés.
Clinanthe petit, plan, nu. Ovaires oblongs, striés, glabrius-
cules; aigrette longue, irrégulière, composée de squamellules
multisériées, très-nombreuses, très-inégales, dissemblables,
laminées, larges, linéaires, membraneuses, frangées sur les
bords. Corolles de la couronne, à languette souvent irrégulière.
Corolles du disque, à cinq divisions oblongues, munies de
nervures surnuméraires. Styles d'astérée.

Nous ne connoissons jusqu'à présent qu'une seule espèce de
lepidophyllum.

LÉPIDOPHYLLE FAUX-CYPRÈS : *Lepidophyllum cupressiforme*,
H. Cass.; *Baccharis cupressiformis*, Pers., *Syn. pl.*, pars 2,
pag. 425; *Conyza cupressiformis*, Lamk., Encycl.; *Athanasia?
cupressiformis*, Commers., *Ined.* C'est un arbuste entièrement
glabre; sa tige est ligneuse, épaisse, cylindrique, raboteuse,
rameuse; ses rameaux sont très-rapprochés, dressés, tout couverts de feuilles d'un bout à l'autre; les feuilles sont opposées,
rapprochées, comme imbriquées, disposées sur quatre rangées
longitudinales; chaque feuille, longue de moins d'une ligne,
est sessile, ovale-oblongue, arrondie au sommet, très-épaisse,
coriace-charnue, et paroît, sur l'échantillon sec que nous décrivons, avoir été enduite d'une résine jaune; sa face inférieure
est très-convexe; la supérieure, qui est appliquée contre la
tige ou la feuille d'au-dessus, est comme concave par la
saillie de ses bords; les calathides, longues de trois à quatre
lignes, et composées de fleurs jaunes, sont solitaires et sessiles au sommet des rameaux couverts de feuilles jusqu'à la
base du péricline; le disque contient quatre, cinq ou six
fleurs, et la couronne en a deux ou trois; les corolles sont
analogues à celles des *solidago.* Nous avons fait cette description spécifique, et celle des caractères génériques, sur un
échantillon sec de l'herbier de Commerson, faisant partie de
celui de M. de Jussieu.

Commerson, dans une courte description manuscrite de
cette espèce, qu'il rapportoit avec doute au genre *Athanasia*,

dit que c'est un sous-arbrisseau, de deux à trois pieds, toujours vert ; que le péricline est à peu près quarré, parce que ses squames sont disposées sur quatre rangs, comme les feuilles ; que la calathide n'est point du tout radiée, mais flosculeuse, et composée ordinairement de cinq ou six fleurs ; que toute la plante est couverte d'une substance visqueuse, résineuse, luisante, fort tenace, et d'une odeur balsamique. Ce naturaliste voyageur nous apprend qu'il a trouvé l'arbuste dont il s'agit, sur les collines voisines de la baie Boucaut, à la côte des Patagons.

Nous affirmons, malgré l'assertion contraire de Commerson, que la calathide du *lepidophyllum* est radiée, et nous ajoutons que ses feuilles sont opposées, ce qui n'avoit point été aperçu jusqu'ici. Cette plante remarquable, fort ma attribuée avant nous à l'*athanasia*, au *conyza*, au *baccharis*, devoit constituer un genre particulier, que nous avons nommé *lepidophyllum*, pour exprimer que les feuilles ressemblent à des écailles. Notre genre a, il est vrai, beaucoup d'affinité naturelle avec le *baccharis*, qui est, comme lui, de la tribu des astérées ; mais il n'en a point du tout avec l'*athanasia*, qui appartient à la tribu des anthémidées, ni avec le *conyza*, qui appartient à celle des inulées.

Quelques botanistes voudront peut-être réunir en un seul et même genre notre *lepidophyllum* et le *brachyris* de M. Nuttal, quoique, selon nous, ils diffèrent assez pour être distingués génériquement. Dans ce cas, il sera juste de conserver le premier de ces deux noms génériques, et de supprimer le second, car le *lepidophyllum* a été publié à Paris en 1816 , et le *brachyris* a été publié à Philadelphie en 1818. (H. Cass.)

LEPIDOPILUM. (*Bot.*) C'est le nom d'une division du genre Pilotrichum. Voyez ce mot. (Lem.)

LÉPIDOPOMES. (*Ichthyol.*) Ce mot est tiré du grec, λεπὶς (écaille), et πῶμα (opercule). M. Duméril s'en est servi pour désigner une famille de poissons osseux, holobranches, de l'ordre des abdominaux et correspondant aux genres Mugil et Exocet de Linnæus.

Tous les genres qui composent cette famille ont les opercules écailleuses et la bouche sans dents. Le tableau suivant donnera une idée de leurs caractères respectifs.

Famille des lépidopomes.

Genres.

Nageoires pectorales : très-prolongées ; atteignant la queue ; ventre à deux carènes. .... Exocet,

non prolongées ; dorsale unique : avec des appendices à chaque rayon............ ... ... Mucilomore.

sans appendices ; queue à appendices membraneuses. Cuanos.

sans appendices. .... Mugiloïde,

double ; les écailles du corps striées................ .... Muce.

Voyez ces différens noms de genres et Abdominaux, dans le Supplément du premier volume de ce Dictionnaire. (H. C.)

LÉPIDOPTÈRES. *Lepidoptera.* (*Entom.*) Nom sous lequel Linnæus a désigné l'une des principales divisions, ou l'un des grands ordres de la classe des insectes ; c'est-à-dire cette grande sous-classe qui comprend les insectes dont la bouche est formée par une sorte de langue roulée en spirale, entre deux palpes, et qui ont quatre ailes couvertes d'une poussière ordinairement colorée, composée de petites écailles placées les unes au-dessus des autres, en recouvrement. C'est de cette particularité que leur nom a été emprunté. Il est en effet composé de deux mots grecs, dont l'un λεπὶσ-ίδοσ, signifie écailles, et l'autre πτερ'α, ailes. Fabricius, qui a adopté cette classification, en a changé seulement le nom, qu'il a tiré de la conformation des parties de la bouche, et il en a fait une classe sous la dénomination de *glossates*, c'est-à-dire qui ont une langue : ce sont les papillons de jour et de nuit.

L'ordre des lépidoptères est des plus naturels ; il comprend des insectes qui diffèrent de tous les autres par un grand nombre de particularités tirées de leur conformation, sous l'état parfait, et surtout de la ressemblance dans les mœurs et dans les transformations. Voici ses caractères principaux, présentés d'une manière isolée, pour les mettre en comparaison avec ceux que peuvent offrir les insectes des autres ordres.

Insectes à corps velu ; à quatre ailes écailleuses ; à bouche sans mâchoires, qui sont transformées en une sorte de langue ou de trompe de deux pièces roulées en spirale, cachées dans l'état de repos, entre deux palpes velus ; à tête munie d'antennes alongées ; et privés le plus souvent de stemmates, ou d'yeux lisses.

Tous les lépidoptères proviennent d'œufs dont il sort des

larves qu'on nomme *chenilles*, et qui sont absolument différentes de l'insecte parfait qu'elles doivent produire. Ces larves
ont le corps alongé, ras ou velu, formé de douze articulations
ou anneaux, sans compter la tête. Neuf de ces anneaux sont
percés latéralement d'une paire de trous qui sont les orifices
des trachées ou des vaisseaux à air, destinés à l'acte de la respiration : on les nomme stigmates. On remarque dans toutes
ces chenilles trois paires de pattes courtes, mais articulées et
à crochets simples, situées sur les trois anneaux qui suivent la
tête, et qui correspondent aux véritables pattes que doit avoir
par la suite l'insecte dans son état de perfection. Les chenilles
ont en outre, pour la plupart, un nombre variable d'autres
fausses pattes qui servent également au transport du corps.
Ce sont des tubercules munis de cercles ou de couronnes de
crochets rétractiles, avec lesquels l'insecte s'accroche et adhère
sur les plantes qui font sa nourriture principale.

Ce nombre des fausses pattes varie beaucoup dans les chenilles. Cependant il est à peu près constant dans chacun des
groupes qui doivent donner des insectes parfaits semblables.
Jamais d'ailleurs il ne dépasse le nombre de seize. C'est ainsi,
par exemple, que dans les phalènes dites géomètres, ou ar-
penteuses, ces tubercules sont placés à de grands intervalles
les uns des autres, de manière que l'insecte, lorsqu'il se meut,
semble mesurer l'espace qu'il parcourt. D'autres chenilles,
telles que celles qui doivent produire les teignes, et qui se
filent des étuis auxquels elles attachent des corps étrangers,
ou les débris des matières dont elles font leur nourriture,
n'ont que deux de ces fausses pattes, dont l'animal se sert pour
s'accrocher dans l'intérieur de sa demeure portative.

Nous avons indiqué à l'article Chenilles, tome VIII,
pages 430 et suivantes, les principales différences que les
larves des lépidoptères présentent, relativement à leurs formes
variées, à leur nourriture, à leurs mœurs, à leur changement de peau et de couleur, dans leurs diverses mues, et à
leurs habitudes, soit qu'elles vivent isolées dans toutes les
époques de leur existence sous cette première forme, soit
qu'elles restent constamment réunies en société, comme cela
arrive à un très-grand nombre.

Il en est à peu près de même de ce que nous aurions à dire

sur les nymphes des lépidoptères ; car ces insectes subissent une métamorphose complète ; et, lorsque la chenille a changé huit à douze fois de peau, elle finit par se métamorphoser en chrysalide, après avoir pris ses précautions pour mettre son corps à l'abri de tout danger, soit en se retirant dans un lieu commode pour s'y suspendre ou s'y accrocher solidement à l'aide de fils entrelacés, soit en se filant un follicule ou cocon disposé avec plus ou moins d'art et d'astuce.

Ces CHRYSALIDES (voyez ce mot tome IX, page 148) sont pour la plupart immobiles, à moins qu'on ne les touche ou qu'on ne les irrite ; elles sont aussi plus grosses du côté de la tête, et pointues à l'extrémité opposée. Elles représentent à peu près les formes de l'insecte parfait qu'elles renferment ; mais toutes les parties en sont resserrées, rapprochées les unes des autres, dans une sorte de contraction, recouvertes d'une peau solide qui semble comme les emmaillotter.

En examinant les diverses parties du corps des lépidoptères sous l'état parfait, voici les conformations les plus remarquables qu'elles nous offrent, si nous les comparons avec les autres insectes.

D'abord on ne distingue bien, au premier aperçu, que la tête, le corselet, l'abdomen, les ailes et les pattes ; et toutes ces parties sont plus ou moins velues, ou couvertes de poils aplatis, ou d'écailles qui se détachent facilement.

La tête est en général petite, relativement au corselet ; elle est velue ou poilue, presque sessile et accolée au tronc chez le plus grand nombre. Les yeux sont en général fort gros, convexes, taillés à facettes nombreuses, brillans, surtout dans les espèces qui volent la nuit ; la bouche consiste, comme nous l'avons dit, en deux machoires excessivement prolongées dans un grand nombre de genres, formant une sorte de langue ou de trompe qui se roule en spirale sur elle-même, de manière que l'extrémité libre est dans l'intérieur de la spire, et que la base l'enveloppe. On voit sur les côtés les rudimens des mandibules, et deux palpes fort développés et velus, entre lesquels cette trompe se trouve cachée, dans l'état de repos. Les antennes varient beaucoup pour la forme, et c'est d'après les diverses conformations qu'elles présentent, que nous avons divisé cet ordre des lépidoptères en quatre familles principales, comme nous le dirons plus bas. En général les antennes sont alongées et composées d'une série nombreuse de petits articles souvent fort composés.

On ne distingue pas facilement dans le corselet de ces insectes, les trois pièces qui composent le thorax, à cause des poils qui les recouvrent.

L'abdomen, qui est aussi composé de six ou sept anneaux, ne semble cependant former qu'une pièce unique, qui, dans les femelles de quelques espèces, se prolonge par des bouquets de poils, ou par une sorte d'oviducte protractile dont l'insecte se sert pour arranger, disposer et déposer ses œufs en lieux convenables.

Les ailes, au nombre de quatre, varient pour la forme, l'étendue et la disposition dans les différens genres. On remarque, par exemple, dans les sphinx et dans beaucoup de phalènes et de noctuelles, sur le bord externe de l'aile inférieure, une sorte de cil ou de soie roide, pointue, qui s'accroche dans une espèce d'anneau, de boucle ou de crochet, qui se voit sous le bord mince, postérieur ou interne de l'aile de dessus, pour former ainsi un seul et même plan inflexible dans l'action de voler.

Dépouillées des écailles ou des petits poils aplatis qui les recouvrent, ces ailes offrent des nervures longitudinales plus ou moins apparentes, et qui, dans certaines espèces, sont très-visibles par la rareté des écailles, comme dans les papillons dits le *gazé*, l'*apollon*, etc.

Les pattes, au nombre de six, offrent dans quelques espèces de papillons, par exemple, une telle brièveté et si peu de développemens dans les tarses, au moins dans la partie antérieure, qu'on les a nommés papillons à quatre pattes (*tetrapi*). Les deux pattes antérieures sont alors très-velues: aussi Geoffroy les a-t-il comparées à une sorte de fourrure que les dames portoient de son temps, et qu'on nommoit palatine, telle que l'insecte en présente une en effet au-dessous du col. La plupart des lépidoptères ont cinq articles aux tarses. Beaucoup d'espèces, comme les phalènes, les ptérophores, les pyrales, les teignes, les alucites, ont les jambes et les tarses garnis d'épines ou de soies roides colorées diversement.

Pour la commodité de l'étude, on a divisé les lépidoptères,

d'après la conformation des antennes, en quatre familles naturelles, qui comprennent en effet des genres d'insectes fort différens sous leur dernière forme, et sous celle de larves ou de chenilles, comme nous allons l'indiquer.

On a remarqué d'abord que les antennes des lépidoptères offroient cette grande différence que tantôt elles étoient renflées ou plus grosses, soit à l'extrémité, soit dans la partie moyenne, et que tantôt, au contraire, elles n'offroient pas de renflemens, soit qu'elles ressemblassent à une soie de cochon, c'est-à-dire qu'elles fussent plus grêles à l'extrémité libre qu'à la base, soit que les articles, à peu près égaux dans toute la longueur, fussent simples ou en fil, ou garnis chacun de barbes ou de plumes latérales, ce qui leur donne la forme de peignes simples ou doubles : on les dit alors plumeuses ou pectinées.

Il résulte de là cette sorte de tableau synoptique que présente l'analyse.

SIXIEME ORDRE. — Lépidoptères.

Insectes à quatre ailes écailleuses, à bouche munie d'une trompe roulée en spire entre des palpes velus ou écailleux.

Antennes
- renflées ou plus grosses
  - à l'extrémité, en masse. Ropalocères.
  - au milieu ou en fuseau. Clostérocères.
- non renflées et en.....
  - fil, souvent pectinées. Nématocères.
  - soie, grêles à l'extrémité. Chétocères.

Les *ropalocères* ou *globulicornes* comprennent les espèces que Linnæus avoit rangées dans son genre Papillon ; mais ce groupe étoit si nombreux qu'il a fallu le subdiviser et considérer la forme des antennes et des ailes chez les insectes parfaits, et parce qu'on a reconnu qu'avec ces particularités il s'en réunissoit d'autres tirées de la considération, des habitudes et de la conformation des chenilles. C'est ainsi qu'on a établi d'abord les genres *papillon*, *hespérie* et *hétéroptère* ; que le premier genre a été subdivisé ensuite, d'après Linnæus, en groupes ou sous-genres, sous les noms de *nymphales*, de *danaïdes*, d'*héliconiens*, de *parnassiens*, de *piérides;* que les *hespéries* ont été partagés en *polyommates* et en *uranies.*

Les *closlérocères* ou *fusicornes* correspondent aux sphinx de Linnæus, qu'on a encore nommés les crépusculaires, parce que la plupart ne volent que le soir, ou dès le grand matin. Ils comprennent les *sphinx*, les *smérinthes*, les *sésies* et les *zygènes.*

Sous les noms de *nématocères*, ou *filicornes*, sont rapprochés les genres que Linnæu. avoit compris sous le nom de *bombyces*, et que l'on a depuis subdivisés en *cossus* et en *hépiales.*

Enfin on a appelé *chétocères* ou *séticornes* la dernière famille qui comprend tous les autres genres des lépidoptères, tels que les *noctuelles*, les *lithosies*, les *crambes*, les *galléries*, les *pyrales*, ou *chappes*, les *phalènes*, les *alucites*, les *yponomeutes* et les *teignes.* Voyez chacun des articles correspondans aux familles et aux genres dont les noms sont en italique. (C. D.)

LÉPIDOSPERME, *Lepidosperma.* (*Bot.*) Genre de plantes monocotylédones, à fleurs glumacées, de la famille des *cypéracées*, de la *triandrie monogynie* de Linnæus, offrant pour caractère essentiel : Des paillettes simples, diversement imbriquées, les inférieures stériles; les supérieures contenant chacune trois étamines; un ovaire supérieur; un style trigone, quelquefois trifide, à trois stigmates; une semence osseuse, accompagnée d'une écaille subéreuse, médullaire, à cinq ou six découpures.

Ce genre a été établi par M. de Labillardière pour quelques plantes de la Nouvelle-Hollande, très-rapprochées des *schœnus*, dont elles diffèrent principalement par l'écaille particulière située à la base de la semence, d'où lui vient son nom composé de deux mots grecs, *lepidotos*, écailleux, et *sperma*, semence. Il comprend des herbes à tiges cylindriques, ou comprimées, anguleuses; les feuilles graminiformes; les fleurs disposées en une panicule terminale, quelquefois en épi.

Lépidosperme a haute tige: *Lepidosperma elatior*, Labill., *Nov. Holl.*, 1, pag. 15, tab. 11; Vaginelle, Encycl. Cette plante a des tiges hautes de trois à quatre pieds, épaisses, comprimées, munies, à leur partie inférieure, de longues feuilles larges, linéaires, aiguës, finement dentées en scie, vaginales à leur base : les fleurs disposées en une panicule terminale, un peu

lâche, longue d'environ un pied, composée de grappes partielles, sortant de plusieurs spathes très-inégales ; les épillets
alternes, ovales, acuminés, composés de cinq à six écailles ;
les deux supérieures seules fertiles ; l'ovaire ovale ; le style trifide. Le fruit est une noix osseuse, roussâtre, à une loge, accompagnée d'une écaille blanchâtre, à cinq ou six découpures
acuminées. Cette plante a été découverte par M. de Labillardière au cap Van-Dièmen.

LÉPIDOSPERME ÉCAILLEUSE : *Lepidosperma squamata*, Labill., *l. c.*,
tab. 16 ; Poir., *Ill. gen.*, *Suppl.*, tab. 905, fig. 1. La racine de
cette plante est composée de fibres épaisses, charnues, à peine
rameuses ; il en sort plusieurs rejets couverts d'écailles ovales,
scarieuses. Les tiges sont hautes de sept à huit pouces, droites,
comprimées, garnies à leur base de feuilles nombreuses, assez
semblables aux tiges, étroites, linéaires, finement dentées ;
les fleurs disposées en panicules très-courtes, épaisses, formées
de grappes inégales, fasciculées ; huit à dix paillettes sur les
épillets. Cette plante croît à la Nouvelle-Hollande.

LÉPIDOSPERME TÉTRAGONE : *Lepidosperma tetragona*, Labill.,
l. c., tab. 17 ; Poir., *Ill. gen.*, *Suppl.*, tab. 905, fig. 2. Ses
tiges sont droites, grêles, un peu tétragones, enveloppées à
leur base de plusieurs gaînes alongées, concaves, aiguës ; les
feuilles étroites, linéaires, à quatre angles, longues d'un pied.
Les fleurs sont réunies en une petite panicule terminale, composée de grappes touffues, fasciculées ; les épillets munis de
six paillettes. Le fruit est une noix ovale, rétrécie et accompagnée à sa base d'une très-petite écaille subéreuse, médullaire,
à cinq ou six découpures. Cette plante croît dans la Nouvelle-
Hollande, au cap Van-Diémen.

LÉPIDOSPERME EN GLAIVE ; *Lepidosperma gladiata*, Labill., *l.
c.*, tab. 12. Cette espèce, rapprochée du *lepidosperma elatior*,
en diffère par sa panicule plus serrée, plus courte, et par
ses feuilles non dentées, très-longues, en forme de lame
d'épée. Les tiges sont hautes d'un à deux pieds, comprimées ;
une spathe d'une seule pièce enveloppe la tige, et y forme
deux angles courans et opposés ; la panicule est composée de
grappes nombreuses, inégales ; les épillets sont ovales, oblongs,
chargés de huit paillettes scarieuses ; les inférieurs stériles.
Cette plante croit au cap de Van-Diémen.

Lépidosperme globuleux ; *Lepidosperma globosa* Labill., *l. c.*, tab. 14. Espèce remarquable par la forme presque globuleuse de ses épillets, par ses feuilles étroites, longues, très-aiguës, finement denticulées ; les tiges sont comprimées, hautes d'un pied et plus ; les fleurs terminales, sortant par petits paquets de l'aisselle des spathes ; les épillets munis de quatre ou six paillettes un peu lâches, ovales, concaves, aiguës ; les stigmates tomenteux. Cette plante croît à la Nouvelle-Hollande.

M. de Labillardière cite encore du même pays le *lepidosperma filiformis*, tab. 15. Ses tiges sont filiformes, cylindriques, un peu comprimées ; quelques unes terminées par des filets sétacés ; les fleurs disposées en un épi terminal, très-court. Le *lepidosperma longitudinalis*, tab. 13, dont les feuilles linéaires sont remplies d'une moelle renfermée dans six ou huit cloisons longitudinales. Les fleurs forment une panicule lâche, étroite, alongée ; le fruit est triangulaire. (Poir.)

LÉPIDOTE, *Lepidotus*. (*Ichthyol.*) Les anciens Grecs, au rapport d'Athénée, nommoient λεπιδωτὸς un poisson d'eau douce remarquable par la beauté de ses écailles, et qui passoit pour sacré dans l'ancienne Egypte. Il paroît évident que c'est le binny du Nil. Voyez Barbeau, dans le Supplément du IVe volume de ce Dictionnaire. (H. C.)

LÉPIDOTES ou LÉPIDOTIS. (*Min.*) Pierre mentionnée par Pline, par cette unique phrase : *Lepidotes squamas piscium variis coloribus imitatur.* On peut, sur une telle indication, se livrer à bien des conjectures. M. Delaunay suppose que cela pouvoit être un felspath, pierre à structure *laminaire*, mais non *écailleuse*. M. Léman présume que l'auteur a voulu désigner un mica en masse, ou un quarz aventuriné. On peut aussi y rapporter la lumachelle opalissante, dans laquelle des écailles de coquilles imitent assez bien par leur forme et par leur couleur les écailles des poissons, mais n'est-ce pas perdre un temps précieux en vaines conjectures que de vouloir trouver le mot d'une énigme qui peut convenir à tant de choses? (B.)

LEPIDOTIS, *Lépidote.* (*Bot.*) Le caractère essentiel de ce genre, établi aux dépens des *lycopodium*, par Palisot-Beauvois, est donné par les fleurs mâles ; elles sont réniformes, sessiles, bivalves, éparses dans des épis distincts et terminaux, et cachées sous des bractées jaunâtres, différentes des feuilles.

Un très-grand nombre d'espèces de *lycopodium* rentre dans ce genre : les tiges sont couchées, traçantes ou rampantes, simples, dichotomes ou rameuses; les feuilles éparses, les épis sessiles ou pédonculés, simples ou géminés, à bractées lancéolées, ovales, aiguës, souvent finement dentelées en scie. Les fleurs femelles sont inconnues.

Les espèces se partagent en quatre sections :

I. Épis sessiles, simples. Exemples : *Lycopodium annotinum, cernuum* et *obscurum*, Linn., et *lepidotis diaphana* et *convoluta*, P. B.

II. Épis sessiles, divisés. Exemples : *Lycopodium flegmaria*, Linn.; *lepidotis longifolia* et *obtusifolia*, P. B.

III. Épis pédonculés, simples. Exemples : *Lycopodium carolinianum* et *radicans*, Linn., et *lepidotis magellanica* et *repens*, P. B.

IV. Épis pédonculés, doubles ou géminés. Exemples : *Lycopodium, clavatum, alpinum, complanatum*, Linn.; *lepidotis, triquetra, ciliata, inflexa*, P. B., et *lycopodium funiculosum*, Lamarck. Ce genre n'a pas été adopté. Voyez LYCOPODIUM. (LEM.)

LEPIMPHIS, *Lepimphis*. (*Ichthyol.*) M. Rafinesque Schmaltz a donné ce nom à un genre de poissons voisin des coryphènes, et remarquable par les caractères suivans :

Corps conique et comprimé; tête comprimée et anguleuse en dessus ; une seule nageoire dorsale; catopes falciformes et réunis à leur base par une lame écailleuse.

L'auteur place deux espèces dans ce genre.

Le LEPIMPHIS HIPPUROÏDE, *Lepimphis hippuroides*, R. S. Nageoire dorsale commençant sur la tête; corps tacheté de bleu; ligne latérale courbe à sa base; nageoire caudale fourchue; teinte générale argentée. Taille de dix-huit pouces.

Ce poisson s'appelle vulgairement en Sicile, *pesce Capone*, et paroit fort abondant dans le golfe de Palerme, vers la fin de l'été et en automne, nageant en troupes nombreuses, à la surface de la mer.

Le LEPIMPHIS ROUGE, *Lepimphis ruber*, R. S. Nageoire dorsale commençant derrière la tête; corps roux et sans taches; nageoire caudale entière. Taille d'un pied au plus.

Les pêcheurs de Palerme appellent ce poisson *munacada mascula*. Le genre Lepimphis n'est point encore adopté par les ichthyologistes. (H. C.)

LEPIOTA. (*Bot.*) Nom de la onzième section du genre *Agaricus*. (Voyez Fonge.) Cette dénomination a été introduite par Hill, pour désigner le genre *Agaricus* lui-même, et par Pierre Browne. (Lem.)

LÉPIRONIE , *Lepironia*. (*Bot.*) Genre de plantes monocotylédones , à fleurs glumacées, de la famille des *cypéracées* , de la *triandrie monogynie* de Linnæus, offrant pour caractère essentiel : Des épillets composés d'écailles orbiculaires, cartilagineuses ; quatre à six étamines ; un ovaire supérieur ; un style ; la semence enveloppée d'un involucre composé de seize paillettes.

Ce genre , très-rapproché des *fuirena*, a été établi par M. Persoon (*Synops. plant.*, 1, pag. 70), pour une plante de Madagascar , *lepironia mucronata*, dont les tiges sont noueuses, herbacées , mucronées , dépourvues de feuilles, soutenant, un peu au-dessous de leur sommet, des fleurs hermaphrodites , réunies en un seul épi ovale, alongé. (Poir.)

LÉPISACANTHE, *Lepisacanthus*. (*Ichthyol.*) M. de Lacépède a créé, sous ce nom, un genre de poissons qui appartient à la famille des atractosomes de M. Duméril , et que M. Cuvier place dans la troisième tribu de celle des persèques.

Les caractères de ce genre, qui répond au genre *Monocentris* de M. Schneider, sont les suivans :

Corps épais, court, gros, entièrement cuirassé d'énormes écailles anguleuses, âpres et carénées ; une seule nageoire dorsale, précédée de quatre ou cinq grosses épines libres ; catopes remplacés chacun par une énorme épine, dans l'angle de laquelle se cachent quelques rayons mous, presque imperceptibles ; quelques dentelures au préopercule ; point de fausses nageoires à la queue.

Le mot Lépisacanthe, tiré du grec λεπις (*écaille*), et ακανθη (*épine*), indique le caractère le plus évident de ce genre, que l'on ne confondra point avec les Gastérostées, qui ont les écailles lisses ; avec les Scombres, les Scombéroïdes, les Trachinotes et les Scombéromores, qui ont de fausses nageoires derrière celles du dos et de l'anus ; avec les Pomatomes, les Centropodes, qui ont deux nageoires dorsales. Voyez ces différens mots, et

Atractosomes, dans le Supplément du tome IIIe de ce Dictionnaire.

On ne connoît encore qu'une espèce de lépisacanthe.

Le Lépisacanthe japonois : *Lepisacanthus japonicus*, Lacép.; *Gasterosteus japonicus*, Houttuyn et Gmel.; *Monocentris carinata*, Schneider. Ecailles du dos grandes, ciliées, terminées par un aiguillon; opercules alépidotes; tête grosse, cuirassée; front bombé; bouche grande; mâchoires garnies seulement d'un velours très-ras; teinte générale jaune. Taille de six à sept pouces.

Houttuyn, le premier, a fait connoître ce poisson, qui vit dans les mers du Japon, et que l'on a plus d'une fois rangé parmi les gastérostées. (H. C.)

LÉPISCLINE, *Lepiscline.* (*Bot.*) [*Corymbifères*, Juss. = *Syngénésie polygamie égale*, Linn.] Ce genre de plantes, que nous avons proposé, dans le Bulletin des Sciences de février 1818 (pag. 31), appartient à l'ordre des synanthérées, à notre tribu naturelle des inulées, et à la section des inulées-gnaphaliées, dans laquelle nous l'avons placé entre les deux genres *Ixodia* et *Anaxeton*. Voici les caractères du genre *Lepiscline*.

Calathide oblongue , subincouronnée , équaliflore , pluriflore, régulariflore, androgyniflore; offrant très-souvent à la circonférence une ou deux fleurs femelles à corolle plus grêle. Péricline ovoïde-cylindracé, à peu près égal aux fleurs; formé de squames imbriquées, appliquées, les extérieures ovales, scarieuses, les intérieures ayant la partie inférieure oblongue, coriace, et la partie supérieure appendiciforme, dressée, oblongue, arrondie , concave, scarieuse , colorée. Clinanthe petit, plan, garni d'appendices irréguliers, supérieurs aux ovaires, squamelliformes, oblongs, larges, obtus, tronqués ou dentés au sommet. Ovaires oblongs , glabres , pourvus d'un bourrelet basilaire; aigrette composée de squamellules égales, unisériées, contiguës, libres, caduques, filiformes, à partie inférieure très-barbellulée, à partie supérieure presque nue et point épaissie. Corolles à cinq divisions. Anthères munies d'appendices basilaires longs , filiformes-subulés. Styles d'inulée-gnaphaliée.

Lépiscline en cyme : *Lepiscline cymosa*, H. Cass.; *Gnaphalium cymosum*, Linn., *Sp. pl.*, edit. 3, pag. 1195; Pers., *Syn. pl.*, pars 2 , pag. 418. C'est un arbuste haut de deux à cinq pieds, à tiges ligneuses , rameuses ; ses rameaux sont cylindriques , plus ou moins tomenteux , blanchâtres , très-garnis de feuilles ; celles-ci sont rapprochées, alternes , étalées , sessiles , semi-amplexicaules, paroissant un peu décurrentes, longues de six à douze lignes , larges d'environ deux lignes , oblongues-lancéolées, trinervées, un peu coriaces, à bords très-entiers , à sommet terminé par une petite pointe roide, à face supérieure glabre et verte, à face inférieure plus ou moins tomenteuse et blanchâtre ; la partie supérieure des rameaux est garnie de feuilles moins rapprochées et plus petites, et leur sommet porte une cyme, ou fausse ombelle corymbée, arrondie, composée de calathides très-nombreuses ; tous les rayons de cette cyme naissent à peu près du même point , puis se divisent et se subdivisent irrégulièrement en plusieurs pédoncules ; la base de la cyme est entourée d'une sorte d'involucre, formé par environ cinq petites feuilles verticillées, inégales , lancéolées ; et il y a de petites bractées lancéolées à la base des ramifications de la cyme ; chaque calathide est haute de près de deux lignes, et composée de huit ou dix fleurs, dont quelquefois une ou deux sont des fleurs femelles ; le péricline est inférieur aux fleurs, et d'un jaune doré ; les corolles sont vertes à la base, rougeâtres en leur partie moyenne, jaunes au sommet.

Nous avons fait cette description spécifique et celle des caractères génériques sur deux individus vivans, cultivés au Jardin du Roi. Ils avoient l'un et l'autre la tige parfaitement ligneuse, et l'un d'eux s'élevoit à près de cinq pieds. Cependant Linnæus attribue expressément à cette plante la tige herbacée.

La lépiscline en cyme habite le cap de Bonne-Espérance.

Lépiscline a feuilles nues : *Lepiscline? nudifolia* , H. Cass. ; *Gnaphalium nudifolium* , Linn. , *Sp. pl.* , edit. 3, p. 1196 ; Berg., *Descr. pl. ex. cap. B. Sp.* , pag. 247 ; *Anaxeton nudifolium* , Gærtn. , *De fruct. et sem. pl.* , vol. 2 , pag. 407. Plante herbacée, du cap de Bonne-Espérance , à racine vivace ; ses feuilles radicales sont lancéolées-ovales, trinervées, nullement tomenteuses, mais tout-à fait nues, scabres sur les bords, munies de veines réticulées ; la tige est simple, haute d'un pied ; sa partie inférieure est pourvue de feuilles plus petites que les radicales, et plus lancéolées; sa partie supérieure est nue; les calathides forment un corymbe composé; leur péricline est d'un jaune doré; le clinanthe est, suivant Bergius, garni d'appendices lancéolés, comme échancrés, scarieux, un peu plus longs que les ovaires. Nous n'avons point vu cette seconde espèce, que nous attribuons avec quelque doute à notre genre *Lepiscline*, parce que Linnæus dit qu'elle a le clinanthe nu.

Nous avons lieu de croire que l'on confond, sous le nom de *gnaphalium cymosum*, plusieurs espèces de *lepiscline*. En effet, nous avons remarqué, dans l'herbier de M. de Jussieu, deux échantillons qui nous ont paru différer notablement l'un de l'autre. L'un a les calathides épaisses, longues d'une ligne, composées chacune de douze à quinze fleurs, dont deux sont ordinairement femelles, le péricline égal ou même un peu supérieur aux fleurs, et d'un jaune doré très-foncé. L'autre a les calathides minces, longues de deux lignes, composées chacune de cinq fleurs, dont une est ordinairement femelle, le péricline presque égal ou un peu inférieur aux fleurs, et d'un jaune très-pâle. Les deux individus vivans que nous avons observés, nous ont offert aussi quelques différences assez notables.

On peut nous demander pourquoi, dans notre tableau des inulées-gnaphaliées (tom. XXIII, pag. 560), le genre *Lepiscline* ne se trouve point compris dans le petit groupe des gnaphaliées à clinanthe squamellifère. Nous répondons que les appendices, garnissant le clinanthe du *lepiscline*, ne sont point, malgré les apparences, de véritables squamelles, c'est-à-dire, des bractées analogues aux squames du péricline, et dont chacune accompagne extérieurement une fleur. (Voyez tom. X, p. 146.) Les appendices en question sont analogues à ceux de nos *edmondia* (tom. XIV, pag. 252), et à ceux des *leysera* et *leptophytus*, que nous nommons paléoles, car leur concavité est souvent tournée en dehors. Il ne seroit point inexact de considérer le clinanthe du *lepiscline* comme étant très-profondément alvéolé, les cloisons des alvéoles s'élevant plus haut que les ovaires, et se trouvant presque entièrement disjointes.

Comme on pourroit nous reprocher d'avoir reproduit, sous le nom de *lepiscline*, un genre établi long-temps avant nous par

Gærtner, sous le nom d'*anaxeton*, nous devons donner là-dessus quelques explications.

Gærtner attribue à son genre *Anaxeton* le clinanthe velu, ou paléacé au moins vers la circonférence : et il présente comme type de ce genre le *gnaphalium fœtidum* de Linnæus, en avouant que cette plante n'appartient pourtant pas au genre *Anaxeton*, mais qu'elle lui en a offert par hasard les caractères, sur un individu affecté d'une sorte de monstruosité accidentelle, et dont le clinanthe étoit parsemé, vers la circonférence, de quelques paillettes linéaires. Il nous semble que cette manière d'établir un nouveau genre, est très-bizarre et peu digne de l'illustre auteur. Quoi qu'il en soit, Gærtner admet dans son genre *Anaxeton*, à la suite du faux type de ce genre, trois espèces qu'il n'a point vues, et dont les caractères génériques, qu'il emprunte à Bergius, lui paroissent plus ou moins douteux. La première (*anaxeton arboreum*) a le clinanthe laineux ; la seconde (*anaxeton crispum*) a le clinanthe nu, à l'exception de ses bords qui portent des squamelles analogues aux squames intérieures du péricline, et son aigrette est crépue ; la troisième (*anaxeton nudifolium*) a, selon Bergius, le clinanthe garni de paillettes lancéolées, presque échancrées, scarieuses, un peu plus longues que les ovaires ; mais Gærtner observe que Linnæus attribue expressément à cette plante le clinanthe nu. Des quatre *anaxeton* de Gærtner, il faut nécessairement exclure le premier, puisqu'il est évidemment et de son aveu, étranger à ce genre. Les trois autres doivent, selon nous, d'après les caractères qu'on leur attribue, appartenir indubitablement a trois genres différens ; et il nous semble parfaitement convenable, sous tous les rapports, de conserver le nom générique d'*anaxeton* au premier (*anaxeton arboreum*), qui deviendroit ainsi le vrai type d'un genre nommé *anaxeton*, et caractérisé par la calathide composée de cinq fleurs hermaphrodites, le péricline petit, presque turbiné, le clinanthe laineux, l'aigrette composée de squamellules peu nombreuses, filiformes. L'*anaxeton crispum* de Gærtner, qui n'est assurément congénère ni du précédent ni du suivant, deviendra sans doute par la suite, le type d'un genre particulier, lorsque ses caractères génériques auront été mieux étudiés. Enfin, l'*anaxeton nudifolium*, dont Gærtner avoit fait la dernière espéce de son genre, comme étant à ses yeux la plus douteuse, devient, avec peu de doute, la seconde espèce de notre genre *Lepiscline*, malgré l'observation de Linnæus, qui nous inspire moins de confiance que celle de Bergius.

C'est en considérant l'*anaxeton arboreum* comme le type du genre *Anaxeton*, que nous avons placé ce genre entre le *lepiscline* et l'*edmondia*, dans la sixième division des gnaphaliées. Mais il faudroit sans doute le placer dans la cinquième division, caractérisée par le clinanthe vraiment squamellifère, si l'on se décidoit à prendre l'*anaxeton crispum* pour type du genre. Nous faisons cette remarque, parce que Necker ayant publié, en même temps que Gærtner, un genre qui paroît avoir pour type l'*anaxeton arboreum*, on jugera peut-être plus convenable de choisir l'*anaxeton crispum* pour le véritable type du genre *Anaxeton*. Dans ce dernier cas, les quatre *anaxeton* de Gærtner se trouveroient employés de la manière suivante : 1.° l'*anaxeton fœtidum* est notre *helichrysum fœtidum*, décrit dans l'article LEONTONYX; 2.° l'*anaxeton arboreum* seroit le type du genre *Argyranthus* de Necker, qu'il faudroit adopter sous ce nom, en le limitant et le caractérisant avec plus d'exactitude; 3.° l'*anaxeton crispum* deviendroit le type du genre *Anaxeton* de Gærtner; 4.° l'*anaxeton nudifolium* est une espèce douteuse de notre genre *Lepiscline*, lequel genre a pour type le *gnaphalium cymosum*.

Le nom générique de *lepiscline* est composé de deux mots grecs qui signifient écaille et lit, parce que le clinanthe, ou le lit des fleurs, est écailleux, c'est-à-dire, garni d'appendices imitant des écailles. (H. Cass.)

LÉPISME, *Labrus lepisma* (*Ichthyol.*), nom d'une espèce de labre décrite dans ce Dictionnaire, tom. XXV, pag. 56. (H. C.)

LÉPISME. *Lepisma*. (*Entom.*) Nom donné, par Fabricius, à un genre d'insectes déjà établi par Geoffroy sous le nom de *Forbicine*. Ce sont des insectes aptères, de la famille des NÉMATOURES, ou *séticaudes*. Ce nom de lépisme, tiré du grec λεπὶς, écaille, indique en effet une particularité des espèces de ce genre dont le corps est couvert d'écailles semblables à celles des papillons. Telle est en particulier la *lingère* ou la *forbicine plate argentée*, que l'on trouve souvent dans nos habitations. Nous avons décrit les lépismes à l'article FORBICINE, et dans la zoologie analytique nous avions proposé de conserver cette dénomination pour désigner un genre dans lequel devoit entrer, entre autres espèces, celle que Geoffroy a nommée la sauteuse, ou la polypode. M. Latreille en ayant fait le genre MACHILE, pour éviter la confusion, nous adopterons ce nom. (C. D.)

LEPISMÈNES, *Lepismenæ.* (*Entom.*) M. Latreille a désigné sous ce nom de famille les genres d'insectes de son ordre des thysanoures, qui correspondent à la famille que nous avons nommée NÉMATOURES, ou séticaudes, parce que ce sont des insectes aptères, à machoires, à six pattes, dont l'abdomen distinct du corselet est terminé par des soies. Voyez NÉMATOURES. (C. D.)

. LÉPISOSTÉE, *Lepisosteus.* (*Ichthyol.*) Depuis M. de Lacépède, les ichthyologistes donnent ce nom à un genre de poissons holobranches abdominaux, de la famille des siagonotes de M. Duméril, et de celle des clupés de M. Cuvier. Ce genre est reconnoissable aux caractères suivans:

Mâchoires très-prolongées, ponctuées; nageoire dorsale unique, et très-portée en arrière; écailles osseuses, d'une dureté pierreuse, et comme articulées; nageoire anale au-dessous de la dorsale, et ayant, comme les autres nageoires, son premier rayon hérissé de petites écailles.

Les lépisostées ont, d'ailleurs, le corps et la queue très-alongés; la bouche grande, dépourvue de barbillons, mais armée de dents en râpe sur toute la surface intérieure des mâchoires, et d'une série de longues dents pointues sur le bord de celles-ci. Leur estomac se continue avec un intestin mince, deux fois replié, et est garni, au pylore, d'un grand nombre de cœcums courts. Leur vessie natatoire est celluleuse, et occupe la longueur de l'abdomen. Leurs ouïes sont réunies sous la gorge par une membrane commune et à trois rayons de chaque côté.

On les distinguera facilement des POLYPTÈRES, des SPHYRÈNES et des SCOMBRÉSOCES, qui ont plus d'une nageoire dorsale; des ESOCES et des MÉGALOPES, dont les écailles sont simplement cornées. (Voyez ces mots, et SIAGONOTES.)

Le LÉPISOSTÉE GAVIAL: *Lepisosteus gavial*, Lacép.; *Esox osseus*, Linn. Premier rayon de chaque nageoire et le dernier de la caudale très-forts et dentelés; mâchoire supérieure plus avancée que l'inférieure; longueur de la tête à peu près égale à celle du corps; quelques unes des dents plus fortes, plus longues, plus pointues que les autres, et crochues. Taille de trois pieds environ.

Ce poisson a les plus grands rapports de ressemblance extérieure avec le reptile saurien dont on lui a donné le nom, et que rappellent immédiatement à l'esprit de l'observateur la forme de sa tête, le très-grand alongement de ses mâchoires, leur peu de largeur, le sillon longitudinal creusé de chaque côté de la mâchoire d'en haut, les pièces osseuses irrégulières, ciselées, rayonnées, et fortement articulées les unes avec les autres, qui enveloppent sa tête, ou composent ses opercules; la quantité, la figure, l'inégalité des dents; la position des orifices des narines, au bout du museau; la situation des yeux très-près de l'angle de la bouche; les écailles osseuses qui constituent sur tout le corps une cuirasse impénétrable à la dent des autres habitans des eaux, et contre laquelle vient échouer le choc des balles de fusil elles-mêmes. Ces écailles forment d'ailleurs des séries obliques, et sont taillées en losanges, striées, relevées dans leur centre, et comme composées chacune de quatre pièces articulées et triangulaires. L'anus est deux fois plus voisin de la nageoire caudale que de la tête.

Le lépisostée gavial a une teinte générale verte; son ventre est d'un violet clair; ses nageoires sont rougeâtres, sans taches, ou avec des taches foncées; la caudale est obliquement arrondie.

On le trouve dans les lacs et les rivières des parties chaudes de l'Amérique seulement; car il paroît bien démontré, ainsi que le pense M. Cuvier, contradictoirement à Bloch, que le poisson des Indes orientales figuré par Renard (VIII, 56) est plutôt une espèce d'orphie que l'*esox osseus* du naturaliste suédois.

La chair de ce lépisostée est grasse, et d'une saveur très-agréable.

Le Lépisostée spatule : *Lepisosteus spatula*, Lacép. ; *Esox chilensis*, Gmel. Bout du museau plus large que le reste des mâchoires; longueur de la tête égale, ou à peu près, à la longueur de la moitié du corps; opercules rayonnées, et composées de trois pièces; deux orifices à chaque narine; palais hérissé de petites dents; mâchoires garnies de deux rangées de dents courtes, inégales, crochues et serrées; œil très-près de l'angle de la bouche. ·

Indépendamment des deux rangs de dents que nous avons indiqués pour chacune des mâchoires de ce poisson, on observe que celle d'en haut est armée de deux séries de dents longues, sillonnées, aiguës, éloignées les unes des autres, et distribuées irrégulièrement. L'inférieure n'offre qu'une seule de ces séries, laquelle répond à l'intervalle longitudinal qui sépare les deux séries supérieures. Toutes ces dents, plus longues, sont reçues dans une cavité de la mâchoire opposée à celle dans laquelle elles sont implantées. En outre, au-devant des orifices des narines, deux de ces dents de la mâchoire inférieure traversent la supérieure, lorsque la bouche est fermée, et montrent leur pointe au-dessus du museau.

Les écailles du lépisostée spatule sont losangiques, rayonnées et dentelées.

Il est également d'Amérique.

Le Robolo; *Lepisosteus robolo*, Lacép. Mâchoires égales; dents très-petites et serrées; langue et palais lisses; nageoires courtes; écailles anguleuses, osseuses, mais foiblement attachées, dorées en dessus, argentées en dessous; ligne latérale bleue; yeux grands. Taille de trois pieds.

On pêche ce poisson dans la mer qui arrose le Chili, et l'on estime particulièrement, dans le pays, les robolos de la côte des Arauques, qui pèsent quelquefois jusqu'à huit livres. Leur chair est blanche, transparente, un peu lamelleuse, et d'une saveur des plus agréables.

Les insulaires de l'Archipel de Chiloé font sécher à la fumée une grande quantité de ces robolos, et en font un commerce étendu.

Le mot *lépisostée*, par lequel on désigne génériquement les poissons dont nous venons de faire l'histoire, est tiré du grec λεπις (*écaille*), et οσ]εον (*os*), et indique un des principaux caractères qui les distinguent. (H. C.)

LÉPISURE (*Ichthyol.*), nom spécifique d'un poisson que M. de Lacépède a rangé parmi les spares, et que nous avons décrit dans ce Dictionnaire, tom. XIII, p. 136, sous le nom de *Diacope lépisure*. (H. C.)

LÉPOCÈRE, *Lepocera*. (*Polyp.*) Genre de polypiers fossiles, très-voisin, à ce qu'il paroît, des caryophyllées, et qui en diffère parce qu'il a une écorce très-distincte, et que l'ouverture, et par conséquent l'intérieur, sont à peine radiés. M. Rafinesque, qui a proposé ce genre, dans le LXXXVIII.ᵉ volume du Journal de Physique, paroît connoître déjà quatre espèces de lépocères qu'il nomme *ambulacra, xylopris, rugosa, lœvigata,* mais qu'il ne caractérise nullement. (De B.)

LEPODE, *Lepodus.* (*Ichthyol.*) M. Rafinesque-Schmaltz a donné ce nom à un genre de poissons voisin de celui des leiognathes de M. de Lacépède, et reconnoisable aux caractéres suivans :

Corps comprimé, deux fois seulement aussi long que haut, recouvert de grandes écailles ; nageoires dorsale et anale charnues, falciformes, sans rayons épineux ; un appendice écailleux à la base des catopes.

Le Lépode saragu, *Lepodus saragus.* Corps noirâtre ; mâchoire inférieure plus longue ; nageoires pectorales très-alongées ; caudale en croissant ; dents aiguës, écartées. Taille de deux à quatre pieds.

Ce poisson est très-estimé, et a une chair fort délicate. Les Siciliens l'appellent *saragu impiriali.* C'est la seule espèce connue dans ce genre, qui n'est pas encore adopté généralement. (H. C.)

LEPORARIA. (*Bot.*) Nom donné du temps de Gallien à un trèfle qui est le *trifolium arvense* des botanistes. (Lem.)

LEPRA (*Bot.*) Ce genre, de la famille des lichens, établi par Wiggers et Ehrardh, a été adopté par les botanistes. Decandolle lui conserve ce nom, mais Acharius lui a d'abord substitué celui de *lepraria* créé par Hoffmann, et qu'il a fait prévaloir. C'est aussi le genre *Pulina* d'Adanson, dont le nom auroit dû être conservé comme plus ancien. Il comprend des lichens qui tirent leurs caractéres de leur forme semblable à celle d'une croûte étalée, irrégulière, composée de petits globules pulvérulens. Il n'offre point d'organes qui puissent être pris pour les réceptacles fructifères.

Ces lichens forment sur les roches, les pierres et les écorces d'arbres des plaques pulvérulentes de diverses couleurs, grises ou blanches, jaunes ou rougeâtres, etc. Il est aisé de les confondre avec des lichens naissant d'autres genres ; ce sont eux que Linnæus avoit considérés comme des byssus pulvérulens. On en connoît quinze espèces; elles sont toutes d'Europe; les deux tiers croissent en France; nous ferons remarquer les suivantes:

LEPRA VERT-JAUNATRE; *Lepraria chlorina*, Decand., Fl. Fr., n.° 878; *Lepraria chlorina*, Ach., *Syn.*; *Pulveraria chlorina*, *ejusd.*, *Meth. lich.*, tab. 1, fig. 1; Sow., *Engl. Bot.*, n.° 2038. Croûte épaisse, pulvérulente, d'un vert-jaunâtre, formée par une agglomération de petits globules un peu velus. On la trouve aux environs de Paris, et partout sur les roches et dans leurs fentes, en large plaque d'un beau jaune citron.

LEPRA JAUNE: *Lepraria flava*, Ach.; *Lichen flavus*, *Engl. Bot.*, n.° 1350; et *Fl. Dan.*, tab. 899, fig. 2. D'un jaune vif, croûte mince, grenue, souvent gercée, formée de petits globules nus et agglomérés. Cette espèce, très-facile à distinguer de la précédente, s'en éloigne encore parce qu'elle croît sur les écorces des arbres et sur les vieilles planches; elle est commune, et se confond souvent avec le *patellaria flavescens* naissant, qui en diffère toutefois par sa couleur orangée.

LEPRA BOTRYOÏDE: *Lepra botryoides*, Ach.; *Lichen botryoides*, Hoffm., *Enum.*, t. 1, fig. 2; *Byssus botryoides*, Linn.; Dillen., *Musc.*, tabl. 1, fig. 5. Croûte mince, irrégulière, pulvérulente, d'un vert plus ou moins foncé, ou jaunâtre, selon l'âge et la saison; composée, selon Acharius, de globules disposés presque en forme de chapelet. Cette espèce forme sur la terre, au bas des murs et au pied des arbres, des plaques vertes, quelquefois très-étendues. Il est possible qu'elle doive être rejetée de la famille des lichens, pour être reportée dans celle des algues, et placée dans l'un de ces genres, si peu connus de cette famille, tels que les *conferva* et les *oscillatoria*. Déjà le *byssus jolithus* de Linnæus, voisin du *lepra odorata*, Wiggers, est réuni, ainsi que ce dernier, au genre *Conferva* des botanistes actuels. On doit dire cependant que M. Persoon croit avoir vu et observé des scutelles sur le *lepra botryoides* qui, par conséquent, resteroit dans la famille des lichens, et changeroit seulement de genre: au reste, les espèces de *lepra* peuvent fort bien être des lichens dont la fructification n'est pas connue, et qui rentreront dans d'autres genres lorsque celle-ci aura été observée. C'est ainsi que déjà le *byssus antiqui-*

tatis, Linn., ou *lepra antiquitatis*, Decand., a été reconnu pour être le *collema nigrum*, Ach.; que le *byssus incana*, Linn., ou *lepra incana*, Ach., *Lich.*, est une espèce de *lecidea*, ayant offert des scutelles de couleur brune; que le *lepra lactea* est aussi du même genre; que le *lepra obscura* d'Ehrarhd, est un *isidium* (*isidium coccodes*), etc. Ces exemples suffisent pour démontrer que le genre *Lepraria* pourra un jour être supprimé. Voyez PULVERARIA. (LEM.)

LEPRARIA. (*Bot.*) Voyez LEPRA. (LEM.)

LEPRE. (*Mamm.*) Nom italien du lièvre. (F. C.)

LEPRONCUS. (*Bot.*) Ce nom, dérivé du grec, signifie tubercules lépreux ; il est celui d'un genre de la famille des lichens, établi par Ventenat, sur une des divisions du genre Lichen de Linnæus, qu'il caractérise ainsi : Poussière éparse sur une croûte lépreuse (organe mâle, selon quelques naturalistes); tubercules ordinairement convexes-sphéroïdes, rarement linéaires-oblongs (organes femelles). Ventenat cite pour exemples les lichens représentés pl. 18, fig. 1, 2, 3, 4, 5, 8, 9, 11, 14, etc. de l'*Historia muscorum* de Dillenius, qui sont des espèces des genres *Opegrapha*, *Graphis*, *Patellaria*, *Variolaria*, *Verrucaria*, *Rhizocarpon*, etc., ce qui démontre combien le genre *Leproncus* est artificiel. (LEM.)

LEPROPINACIA. (*Bot.*) C'est le nom d'un genre de la famille des lichens, établi par Ventenat. Il est dérivé de deux mots grecs qui signifient *lèpre* et *scutelle*. Les lichens qui le composent sont formés d'une croûte lépreuse qui porte des scutelles en forme d'écusson, munies d'un rebord rarement entier. Ils rentrent dans le genre *Patellaria*. Le plus remarquable est le *patellaria parella*. (LEM.)

LEPTA. (*Bot.*) Ce genre de plantes de Loureiro paroît avoir à peu près les caractères du *skimmia* de M. Thunberg, le même nombre et la même disposition des parties de la fructification. Willdenow lui trouve plus d'affinité avec l'*othera* de Thunberg, que quelques personnes confondent avec l'*orixa* : d'où résulteroit entre ces quatre genres une affinité qui a besoin cependant d'un nouvel examen pour être confirmée. (J.)

LEPTADENIA (*Bot.*) Genre de plantes dicotyledones de la famille des asclépiadées, et de la *pentandrie monogynie* de Linnæus, établi par Robert Brown, et caractérisé ainsi par lui :

Corolle presqu'en roue; à tube court, et à gorge munie d'é-
cailles placées aux échancrures d'un limbe barbu; couronne
staminifère nulle; anthères libres, à sommets simples : masses
du pollen droites, fixées par la base et rétrécies à l'extrémité
supérieure; stigmate mutique; follicules inconnus.

Ce genre contient trois espèces couvertes d'un duvet cendré
très-fin, à tiges volubles, garnies de feuilles planes opposées, et
portant des fleurs disposées en ombelles ou corymbes inter-
pétiolaires. Elles croissent en Afrique ou dans les Indes orientales. (Lem.)

LEPTALEUM. (*Bot.*) Genre de plantes dicotylédones, à
fleurs complètes, polypétalées, régulières, de la famille des
crucifères, de la *tétradynamie siliqueuse* de Linnæus, offrant
pour caractère essentiel : Un calice fermé, sans renflement à
sa base, à quatre folioles linéaires; quatre pétales une fois
plus longs que le calice; quatre étamines alternes avec les
pétales; dont deux plus longues, quelquefois soudées et n'en
formant qu'une; un ovaire supérieur, alongé; deux stigmates
aigus, connivens; une silique presque cylindrique, un peu
dure, à deux loges, à deux valves; la cloison étroite; plusieurs semences placées sur un seul rang.

Genre établi par M. Decandolle, très-rapproché des *sisymbrium*, qui en est distingué par son port, par ses étamines et
ses stigmates. Il renferme de petites plantes grêles, herbacées;
les feuilles glauques, presque filiformes, simples ou un peu
ailées; les fleurs peu nombreuses, disposées en grappes terminales.

Leptaleum a feuilles filiformes : *Leptaleum filifolium*, Decand., *Syst. Veg.*, 2, pag. 511; *Sisymbrium filifolium*, Willd.,
Sp., 3, pag. 496. Plante herbacée, fort petite, dont les tiges
sont à peine longues de deux ou trois pouces; les feuilles
simples, alternes, presque sessiles, filiformes, longues d'environ un pouce, munies quelquefois d'un ou deux lobes latéraux. Les fleurs sont fort petites, axillaires, presque sessiles;
à corolle blanche, et à pétales linéaires, obtus; les siliques
sont un peu dressées, couvertes de poils courts, courbées en
crochet, longues de huit à dix lignes. Cette plante croît dans
la Sibérie, sur les bords du fleuve Kuma.

Leptaleum pygmé, *Leptaleum pygmæum*. Decand., *Syst. Veg.*,

2 , pag. 511. Très-rapprochée de l'espèce précédente ; en diffère par ses tiges presque nulles, par ses feuilles presque pinnatifides, divisées en deux ou trois paires de folioles distantes, filiformes ; par les siliques glabres, presque rabattues, légèrement hérissées. Cette plante a été découverte dans la Perse, par André Michaux. (Poir.)

LEPTANDRA. (*Bot.*) Nuttal (*Amer. Sept.*, 1, pag. 7) a proposé ce genre pour séparer des véroniques les *veronica virginica* et *sibirica* de Linnæus. Il le caractérise par un calice à cinq divisions acuminées ; une corolle tubuleuse, campanulée, presque ringente, à quatre lobes inégaux, dont deux plus petits, plus étroits ; deux étamines plus longues que le pistil ; le tube de la corolle et les filamens pubescens à leur base ; une capsule ovale, acuminée, polysperme.

Il est douteux que ces caractères soient regardés comme suffisans pour retrancher d'un genre très-naturel les deux plantes ci-dessus mentionnées. Voyez Véronique. (Poir.)

LEPTANTHUS. (*Bot.*) Genre de plantes monocotylédones, de la *triandrie monogynie*, qui offre pour caractères : Spathe uniflore ; corolle monopétale, à tube long, grêle, et à limbe partagé en six divisions oblongues ; trois étamines fixées sur la gorge de la corolle ; un ovaire supérieur surmonté d'un style de la longueur du tube, et terminé par un stigmate frangé ; une capsule oblongue, trigone, triloculaire, polysperme, s'ouvrant par les angles, et close dans la spathe. Voyez Hétéranthère. (Lem.)

LEPTASPIS. (*Bot.*) Genre de plantes monocotylédones, de la famille des *graminées*. Ses caractères sont ceux-ci :

Épillets dissemblables, uniflores, unisexuels. *Mâles :* balle calicinale de deux valves courtes, membraneuses ; l'inférieure ovale, concave ; la supérieure linéaire, plane. *Femelles :* balle calicinale comme dans les épillets mâles ; balle florale à deux valves ; l'inférieure ventrue, presque globuleuse ; la supérieure très-petite et linéaire.

Ce genre ne contient qu'une seule espèce, le *leptaspis Banksii*, qui croit à la Nouvelle-Hollande. (Lem.)

LEPTEMON (*Bot.*), nom proposé par Rafinesque pour désigner le genre *Crotonopsis* de Michaux. (Lem.)

LEPTE, *Leptus.* (*Entom.*) M. Latreille a désigné sous ce nom de genre une très-petite mitte qui n'a que six pattes, dont la couleur est rouge, et qui est très-commune dans les environs de Paris et dans presque toute la France où on la connoît sous le nom de rouget, de bête-d'août, bec-d'août, pique-août, à cause des démangeaisons insupportables que sa présence détermine sur la peau, à l'endroit où l'insecte se fixe, et ordinairement vers le mois d'août.

Ce nom de lepte est évidemment tiré du mot grec λεπτος, *tenuis*, *subtilis*, *minutus*, comme pour indiquer son extrême petitesse; car il faut avoir l'œil bien exercé pour l'apercevoir à la vue simple, à moins qu'il n'y en ait plusieurs réunis dans un même point, comme autour d'un poil, ce qui arrive souvent.

Cet insecte sans ailes appartient à la famille des rhinaptères, car sa bouche consiste en une sorte de bec ou de suçoir, et il n'a pas de mâchoires. Ses pattes, qui sont au nombre de six, l'éloignent du genre des mittes, des smaridies, des ixodes; et comme ces pattes sont de longueur inégale, il diffère par là du genre des poux avec lesquels il paroitroit que Scopoli auroit rangé cette espèce.

Nous avons fait dessiner avec soin cet insecte dont la figure se trouve à la planche 10 de la dix-huitième livraison de l'Atlas de ce Dictionnaire, sous les n.° 2, 2 a, 2 b. Cette figure est la meilleure que nous connoissions. Shaw en a donné une à la planche 42 du second volume de ses *Naturalist Miscellany*. Elle représente peut-être mieux, ou plutôt elle indique les plis du dessus du corps, mais les pattes sont grossièrement exprimées. Les palpes y sont étendus parce que l'insecte a été dessiné vivant, et que ceux que nous avons procurés à M. Prêtre, notre habile dessinateur, étoient morts lorsqu'il les a observés à la loupe pour les peindre.

Notre ami, M. Defrance, qui a observé cet insecte avec nous, a remarqué que les rougets commencent à paroître, ou plutôt à faire sentir leur présence sur la peau, vers la mi-juillet, qu'ils paroissent cesser d'exister vers la mi-septembre, et qu'ils sont plus communs dans les années de sécheresse et de grandes chaleurs.

Il les a souvent observés dans les jardins, au sommet des mottes de terre, au haut des échalas, sur les coins arrondis ou sur les pommes des caisses d'oranger, probablement dans l'attente de l'occasion de pouvoir s'accrocher, comme les ixodes, aux poils ou aux autres parties des animaux qui passeront près d'eux.

Le même M. Defrance a observé qu'ils s'attachent par paquets aux oreilles des chiens, dans leurs sourcils, sous le ventre; qu'ils attaquent également les chats, mais qu'ils ne paroissent pas occasionner à ces animaux de vives démangeaisons, car ils n'en semblent pas affectés, quoiqu'ils en soient couverts.

C'est ce qui n'a pas lieu pour les hommes. J'en ai été moi-même fort souvent atteint, et j'ai un jour trouvé, à la base d'un cheveu d'un petit enfant, plus de douze de ces rougets que j'en ai détachés, et qui tous étoient vivans. Il faut qu'ils cheminent très-vite sur la peau, car on les voit monter des jambes vers la tête. Ils se trouvent souvent arrêtés sur la route par les jarretières, les ceintures des caleçons ou des autres vêtemens, autour du cou, et là ils s'arrêtent et s'accrochent, le plus souvent en formant ainsi des ceintures d'ampoules, qui cessent si on n'y touche pas, mais qui s'écorchent et suppurent, et durent ainsi plusieurs jours, si on les irrite en grattant la place. J'ai remarqué que l'alcool pur très-concentré, le vinaigre très-fort, comme l'acide acétique tiré du bois, font périr bientôt ces insectes, et je me suis préservé de leur piqûre par ce procédé qu'il ne faut employer que quand la peau n'est pas entamée.

Je présume que cet insecte produit un effet semblable à celui que détermine le sarcopte ou ciron de la gale ; qu'il se fixe par les ongles, qu'il insinue sa trompe sous l'épiderme, mais que ce sont principalement les mouvemens des pattes et des ongles qui appellent l'irritation, et par suite l'inflammation.

Shaw a pris les deux palpes pour deux pattes, puisqu'il cite le caractère que Linnæus a assigné au genre *Acarus*, qui est : *Pedes octo; tentacula duo articulata pediformia; oculi duo ad latera capitis.* Cependant la figure qu'il donne ne présente que six pattes, avec les deux palpes ou tentacules articulés. Il a indiqué, dans sa description que le suçoir ou bec, *rostrum*, est protractile, ou, ce qui revient au même, rétractile. Il cite la figure que Backer en a donnée dans son ouvrage sur l'usage du microscope ; nous ne l'y avons pas trouvée. Degéer ne l'a pas décrit ; de Villers, dans son Entomologie, indique, sous le n.° 84, tom. IV, pag. 77, une espèce d'*acarus*, ou de ciron, qu'il nomme l'écarlate, dont le caractère conviendroit à notre lepte, car le voici : *Ovatus, coccineus; pedibus sex; corpore simplici;* et il cite comme synonyme le *pediculus coccineus* de Scopoli, n.° 1053 de l'Entomologie de la Carniole, qui vit, ou se trouve sur les autres insectes.

Ce nombre de pattes ne seroit-il dépendant que du jeune âge de l'insecte ? On sait que les mittes n'ont pas huit pattes dans les premiers temps de leur existence, et le sarcopte lui-même est dans ce cas. (C. D.)

LEPTÉRANTHE, *Lepteranthus*. (*Bot.*) [*Cinarocéphales*, Juss. = *Syngénésie polygamie frustranée*, Linn.] Ce genre de plantes, proposé par Necker, en 1791, dans ses *Elementa Botanica*, appartient à l'ordre des synanthérées, à la tribu naturelle des centauriées, et à la section des centauriées-prototypes, dans laquelle il est voisin du genre *Jacea*. Voici les caractères que nous lui attribuons, d'après nos propres observations sur le *lepteranthus hygrometricus*, et sur quelques autres espèces du même genre.

Calathide radiée : disque pluri-multiflore, subrégulariflore, androgyniflore ; couronne unisériée, anomaliflore, neutriflore. Péricline ovoïde, inférieur aux fleurs du disque ; formé de squames régulièrement imbriquées, appliquées, coriaces ; les intermédiaires ovales-oblongues, surmontées d'un long appendice coriace-scarieux, hygrométrique, linéaire-subulé, muni sur les deux côtés de longs filets distancés, subulés, pourvus de petites spinules. Clinanthe épais, charnu, planiuscule, garni de fimbrilles nombreuses, inégales, libres, filiformes-laminées. *Fleurs du disque :* ovaire garni de poils capillaires ; aigrette semi-avortée, ou quelquefois nulle ; corolle un peu obringente ; étamines à filet velu, à anthère pourvue d'un long appendice apicilaire. *Fleurs de la couronne :* faux-ovaire grêle, inaigretté ; corolle anomale, à limbe quinquélobé, comme pinnatifide, ou à deux languettes, l'extérieure plus longue et plus large, profondément trilobée, l'intérieure bifide jusqu'à la base.

On connoît environ douze espèces de *lepteranthus*, dont trois ou quatre sont indigènes en France. Nous allons décrire celle qu'on peut considérer comme le type du genre.

Leptéranthe hygrométrique : *Lepteranthus hygrometricus*, H. Cass.; *Centaurea phrygia*, Linn., *Sp. pl.*, edit. 3, pag. 1287. C'est une plante herbacée, à racine vivace; ses tiges, hautes d'un pied et demi, sont dressées, anguleuses, striées, pubescentes, presque simples ou un peu rameuses vers le sommet; les feuilles radicales sont longues, ovales-lancéolées, étrécies en pétiole à la base, dentelées sur les bords, un peu rudes au toucher, munies d'une nervure médiaire blanche; les feuilles de la tige sont courtes, embrassantes, dentées et comme oreillées à la base; les calathides peu nombreuses sont terminales, et composées de fleurs purpurines ou quelquefois blanches; les appendices de leur péricline, fortement arqués en dehors tant que l'atmosphère est plus ou moins sèche, se redressent quand elle devient très-humide. Cette espèce habite les prairies des hautes montagnes de France, où elle fleurit en juillet et août. MM. Thuillier et Loiseleur-Deslongchamps prétendent qu'on la trouve aux environs de Paris, dans le parc de Versailles, du côté de Saint-Cyr : mais MM. Decandolle et Mérat n'admettent point cette plante au nombre de celles qui composent la Flore Parisienne.

Les *lepteranthus* étoient attribués par Linnæus à la seconde section, intitulée *Cyani*, de son grand genre *Centaurea*. M. de Jussieu les confondoit dans son genre *Jacea*. Necker a proposé de distinguer, sous le titre de *lepteranthus*, les espèces linnéennes de centaurées, dont les squames du péricline sont recourbées, plumeuses des deux côtés, et dont les graines fertiles sont pourvues d'une aigrette sétacée. M. Persoon a un sous-genre *Phrygia*, qui semble, au premier aperçu, correspondre au *lepteranthus* de Necker, mais qui est autrement défini et beaucoup moins restreint. M. Decandolle, dans son premier Mémoire sur les Composées, publié dans le tome XVI des Annales du Muséum d'Histoire naturelle, admet le *lepteranthus* de Necker, mais seulement comme sous-genre, ou section, d'un genre nommé *Cyanus*.

Si l'on compare les caractères génériques du *lepteranthus* avec ceux que nous avons attribués au *Jacea* (tom. XXIV,

26.

5

pag. 89), on reconnoîtra que ces deux groupes ne diffèrent que par la structure de l'appendice des squames du péricline. Dans le *Jacea*, cet appendice est arrondi ou ovale, concave, découpé sur les bords. Dans le *lepteranthus*, il est long, linéaire-subulé, arqué en dehors, et muni sur les deux côtés de filets distancés. Sans doute ces différences peuvent très-bien être considérées comme se réduisant à des modifications en plus ou en moins : mais il en est à peu près de même de toutes les différences qui existent entre les êtres organisés; et nous pensons que le grand nombre des espèces doit déterminer à admettre le *lepteranthus* et le *jacea*, comme deux genres immédiatement voisins et suffisamment distincts, quoique peu différens.

Il paroît qu'il existe dans le genre *Lepteranthus*, comme dans le genre *Jacea*, une espèce absolument privée de la couronne neutriflore propre à presque toutes les centauriées : cette espèce est la *centaurea flosculosa* de Willdenow, qu'il faudroit nommer *lepteranthus incoronatus*. (H. Cass.)

LEPTÈRE, *Lepterus*. (*Ichthyol.*) M. Rafinesque-Schmaltz a donné ce nom à un genre voisin de celui des holocentres, et reconnoissable aux caractères suivans :

Tête tronquée, alépidote; des dents à la mâchoire inférieure seulement; deux pièces à l'opercule; l'externe épineuse, l'interne dentelée seulement; base des nageoires dorsale, anale et caudale recouverte d'écailles.

Le LEPTÈRE FÉTULE, *Lepterus fetula*. Noir en dessus, blanc en dessous; ligne latérale courbée au milieu; nageoire caudale fourchue. Taille de six pouces.

Ce poisson est rare et peu estimé. Il habite la mer de Sicile, où les pêcheurs le nomment *fetula*. (H. C.)

LEPTINELLE, *Leptinella*. (*Bot.*) [*Corymbifères*, Juss. = *Syngénésie polygamie nécessaire*, Linn.] Ce genre de plantes, que nous avons proposé dans le Bulletin des Sciences d'août 1822 (pag. 127), et que nous avons nommé *leptinella*, parce que les deux espèces qui le composent sont des plantes très-menues, appartient à l'ordre des synanthérées, et à notre tribu naturelle des anthémidées, dans laquelle il est voisin des genres *Hippia*, *Cotula* et *Gymnostyles*. Voici ses caractères.

Calathide tantôt unisexuelle, tantôt bisexuelle et discoïde :

disque multiflore, régulariflore, masculiflore; couronne pau-
cisériée, liguliflore, féminiflore, nullement radiante. Péricline
hémisphérique, égal aux fleurs; formé d'environ dix squames
à peu près égales, bi-trisériées, appliquées, très-larges, suborbiculaires, presque membraneuses, veinées, scarieuses sur
le bord supérieur. Clinanthe nu, subconoïdal. *Fleurs mâles:*
faux ovaire petit, oblong, inaigretté; corolle continue au
faux ovaire, élargie de bas en haut, à quatre divisions grandes,
semi-ovales, divergentes; anthères entre-greffées, exsertes;
style long, simple, terminé au sommet par une troncature
orbiculaire. *Fleurs femelles :* ovaire grand, obcomprimé, obovale, inaigretté, pourvu d'une bordure sur ses deux côtés;
corolle articulée sur l'ovaire, à tube très-large, enflé, ovoïde,
à limbe très-court, étroit, fendu sur la face intérieure et tridenté au sommet; style long, à deux stigmatophores très-
courts, très-larges, divergens.

Leptinelle scarieuse; *Leptinella scariosa*, H. Cass., Bull. des
Sc., août 1824, pag. 127. Petite plante herbacée, probablement dioïque. Tige couchée, cylindrique, glabre, produisant
çà et là de longues racines filiformes, et des touffes irrégulières de feuilles rapprochées, inégales, portées par un rameau
raccourci, velu, et accompagnées d'une hampe. Feuilles longues
de près d'un pouce, larges de deux ou trois lignes, oblongues-
obovales, presque glabres, ou parsemées de quelques poils; à
partie inférieure pétioliforme, linéaire, très-élargie et membraneuse à la base; à partie supérieure élargie de bas en haut,
pinnatifide, comme lyrée, à divisions ovales, entières, ou
quelquefois tridentées. Hampe, ou pédoncule radical, long
de sept lignes, grêle, cylindrique, velu, pourvu près de sa
base d'une feuille bractéiforme, longue, très-étroite, linéaire,
obtuse, et terminé au sommet par une calathide subglobuleuse, de deux ou trois lignes de diamètre, à corolles jaunes.

Nous ne possédons qu'un seul échantillon sec de cette espèce,
et il ne porte qu'une calathide, dont les fleurs, extrêmement
petites et défigurées ou altérées par la dessiccation et la compression, sont difficiles à observer. Nous avons trouvé dans
cette calathide, qui paroît être unisexuelle, vingt-deux
fleurs toutes femelles, car aucune ne nous a offert des étamines. Leur ovaire est obcomprimé, obovale-oblong, inai-

gretté, parsemé de glandes, et pourvu sur ses deux côtés d'une petite bordure linéaire, membraneuse. La corolle est articulée sur l'ovaire, parsemée de glandes, à tube long, très-large, enflé, à languette tubuliforme, très-courte, plus étroite que le tube et tridentée. Le péricline est glabre, hémisphérique, égal aux fleurs, formé d'environ dix squames à peu près égales, bi-trisériées, appliquées, très-larges, suborbiculaires, membraneuses, parsemées de glandes, munies d'une nervure médiaire très-ramifiée latéralement, et pourvues au sommet d'une bordure scarieuse, colorée, brune, irrégulièrement et inégalement denticulée. Le clinanthe est subhémisphérique, et ne porte point de stipes, comme celui des vrais *cotula*.

LEPTINELLE PINNÉE; *Leptinella pinnata*, H. Cass., Bull. des Sc., août 1822, pag. 128. Très-petite plante herbacée. Tige très-courte, presque dressée, couverte de feuilles très-rapprochées, alternes, longues d'environ six lignes, larges de deux lignes, parsemées de longs poils; pétiole long, extrêmement élargi en sa partie inférieure qui est engaînante, ovale, membraneuse; limbe pinné, à folioles distantes, dont la plupart sont divisées profondément en trois lobes ou lanières lancéolées, et dont quelques unes sont pinnatifides. Pédoncule axillaire, long de huit ou neuf lignes, grêle, glabriuscule, pourvu près de sa base d'une petite feuille bractéiforme, subulée, et terminé au sommet par une calathide globuleuse, de deux lignes de diamètre, à corolles probablement jaunes.

La calathide de l'échantillon incomplet que nous possédons est bisexuelle et discoïde : son disque est composé de trente fleurs mâles; sa couronne est composée d'environ dix-sept fleurs femelles, qui paroissent disposées à peu près sur deux rangs concentriques, et qui ont la corolle anomale, ambiguë, un peu articulée sur l'ovaire, très-courte, très-large, enflée, subconoïdale, à peine ou point fendue sur la face intérieure, à peine bi-tridentée au sommet. L'ovaire est très-grand, obcomprimé, obcordiforme, échancré au sommet, paroissant muni sur chaque côté d'une bordure épaisse, peu distincte. Le clinanthe est subconoïdal. Le péricline est glabriuscule, hémisphérique, égal aux fleurs, formé d'environ dix squames à peu près égales, trisériées, appliquées, très-larges, suborbiculaires, submembraneuses, un peu coriaces, veinées en réseau , un peu scarieuses sur le bord supérieur , qui n'est point coloré comme dans l'espèce précédente.

Nous ignorons l'origine des deux plantes que nous venons de décrire , et que nous avons trouvées parmi d'autres plantes sèches qui nous ont été données par M. Godefroy.

Le genre *Leptinella* diffère du *cotula* par les fleurs du disque qui sont mâles au lieu d'être hermaphrodites, par les fleurs de la couronne pourvues d'une corolle manifeste et distincte de l'ovaire , par le péricline membraneux , et par le clinanthe dépourvu de stipes. Il diffère du *gymnostyles* par les fleurs de la couronne pourvues d'une corolle, par la forme des squames du péricline , par le clinanthe dépourvu de fimbrilles et de stipes, et par la structure du style féminin. Il diffère de l'*hippia* par ses corolles femelles articulées sur l'ovaire , et ligulées , c'est-à-dire , fendues supérieurement sur la face intérieure , par les squames du péricline , et par les corolles mâles à quatre divisions. Cependant la *leptinella pinnata* se rapproche de l'*hippia* par ses caractères , mais la *leptinella scariosa* s'en éloigne beaucoup. (Voyez nos articles Cotule, tom. XI, p. 67; Gymnostyle, tom. XX, pag. 152; Hippie, tom. XXI, pag. 173.)

Les *hippia peduncularis* et *bogotensis* de M. Kunth appartiennent peut-être à notre genre *Leptinella*. (H. Cáss.)

LEPTIS. (*Entom.*) M. Fabricius a cru devoir adopter ce nom, au lieu de celui de *rhagio* qu'il avoit d'abord employé pour indiquer un genre de diptères, de la famille des aplocères ou simplicicornes, afin d'éviter, dit-il, la méprise que cette dénomination pourroit occasionner entre les rhagies, en latin *rhagium*, qui sont des coléoptères lignivores, et les rhagions, en latin *rhagio*. Nous ne voyons pas cet inconvénient en françois, et nous conserverons le nom de Rhagion. Voyez ce mot. (C. D.)

LEPTOCARPE, *Leptocarpus*. (*Bot.*) Genre de plantes monocotylédones, à fleurs glumacées, de la famille des *restiacées* , de la *dioécie triandrie* de Linnæus, dont le caractère essentiel consiste dans des fleurs dioïques; le calice à six valves; point de corolle; trois étamines; les anthères simples, peltées : dans les fleurs femelles , un ovaire monosperme ; un style; deux ou trois stigmates; une noix crustacée couronnée par le style.

Plusieurs espèces de *restio* doivent rentrer dans ce genre , établi par M. Rob. Brown, telles que le *restio imbricatus* de Thunberg, le *restio distachios* de Roth, et le *schœnodum tenax* de Labillardière.

LEPTOCARPE TÉNACE : *Leptocarpus tenax*, Rob. Brown, *Nov. Holl.*, 1, pag. 250; *Schœnodum tenax*, Labill., *Nov. Holl.*, 2, tab. 229; VIRAGINE, Encycl. Plante découverte par M. de Labillardière, au cap Van-Diémen, dont les racines sont simples, entourées d'une écorce fongueuse, médullaire, d'où sortent des tiges très-simples, cylindriques, dépourvues de feuilles, garnies dans toute leur longueur de gaînes ovales-oblongues, obtuses, brunes, coriaces, terminées par une pointe roide. Les fleurs sont dioïques; les mâles disposées en un épi terminal, simple, long de trois pouces, composé d'épillets elliptiques, sortant d'une spathe concave ; chaque épillet contenant six à huit fleurs fasciculées, chacune d'elles séparée par une écaille plus longue que le calice; les trois filamens des étamines réunis en un seul corps, soutenant des anthères vacillantes, à deux loges, fendues à leurs deux bouts. Selon M. Brown, cet individu mâle appartient à un autre genre qu'il nomme *lyginia*.

Les fleurs femelles sont disposées en une panicule terminale, resserrée, longue de trois ou quatre pouces; les épillets oblongs, sessiles ou pédonculés, munis d'écailles mucronées entre chaque fleur; le calice à six folioles inégales; l'ovaire oblong; le style trifide, papilleux à sa partie supérieure ; les stigmates obtus. Le fruit est une noix membraneuse, contenant une semence ovale.

LEPTOCARPE SIMPLE : *Leptocarpus simplex*, Brown, *Nov. Holl.*, l. c.; *Restio simplex*, Forst., *Prodr.*, n.° 367. Ses racines produisent plusieurs tiges simples, filiformes, très-grêles, striées, articulées, garnies de trois gaînes, terminées au sommet par une feuille filiforme, canaliculée, à peine longue d'un demi-pouce. Les fleurs sont disposées en épis composés de trois à cinq grappes courtes, alternes, dont une terminale; les autres inférieures, distantes; les supérieures sessiles, l'inférieure pédonculée; les écailles glabres, ovales, concaves, en carène, acuminées au sommet; les divisions du calice lancéolées, très-profondes. Cette plante croît à la Nouvelle-Zélande.

LEPTOCARPE ARISTÉ; *Leptocarpus aristatus*, Brown, *Nov. Holl.*, *l. c.* Cette plante a des tiges très-simples ;.elles se terminent par des épis composés de grappes fasciculées, alternes ; les supérieures agrégées ; sous chaque écaille existent deux fleurs, rarement une seule ; le calice de la fleur femelle a les trois divisions extérieures subulées, cartilagineuses ; les trois intérieures plus courtes, mutiques, oblongues, linéaires. Cette plante croît sur les côtes de la Nouvelle-Hollande.

LEPTOCARPE ÉLEVÉ; *Leptocarpus elatior*, Brown, *l. c.* Les tiges de cette espèce sont simples, cylindriques; elles se terminent par des fleurs disposées en une panicule dont les ramifications sont divisées, portant des épis fasciculés, en tête, accompagnés de bractées ovales, acuminées; le calice, dans les fleurs femelles, est profondément divisé en six découpures presque égales, un peu pubescentes à leur contour. Dans le *leptocarpus ramosus*, Brown, *l. c.*, la tige est rameuse; les divisions intérieures du calice très-lanugineuses à leurs bords.

LEPTOCARPE SPATHACÉ; *Leptocarpus spathaceus*, Brown, *l. c.* Cette plante a des tiges médiocrement rameuses, un peu cylindriques, dépourvues de feuilles, garnies, dans leur longueur, de gaînes subulées, mucronées. Les fleurs sont disposées en épis un peu rameux ou paniculés; les divisions du calice profondes, nues, glabres, mucronées. Le *leptocarpus scariosus*, Brown, *l. c.*, se distingue par ses tiges simples, portant une panicule simple, resserrée, composée d'épis en forme de chatons ovales, presque imbriqués, munis d'écailles amincies, barbues dans leur aisselle ; les divisions intérieures du calice lanugineuses à leurs bords. Ces plantes croissent sur les côtes de la Nouvelle-Hollande. (POIR.)

LEPTOCÉPHALE, *Leptocephalus*. (*Ichthyol.*) Gronow, le premier en 1754, a donné ce nom à un genre de poissons de la famille des péroptères de M. Duméril, et de celle des anguilliformes de M. Cuvier.

On reconnoît les leptocéphales aux caractères génériques suivans :

Point de catopes, ni de nageoires pectorales et caudale ; ouverture des branchies située de chaque côté en partie sous la gorge ; nageoires dorsale et anale à peine visibles, et s'unissant à la pointe de la queue ; corps comprimé comme un ruban ; tête extrêmement petite ; museau pointu.

On distinguera facilement ce genre de celui des APTÉRICHTHES, qui n'ont point de nageoires du tout; de ceux des NOTOPTÈRES, des OPHISURES, des TRICHIURES, des GYMNONOTES, des APTÉRONOTES, qui ont des nageoires pectorales; de celui enfin des MONOPTÈRES, qui ont une nageoire caudale. (Voyez ces différens mots et PÉ-ROPTÈRES.)

On ne connoît encore qu'une espèce dans ce genre.

Le LEPTOCÉPHALE MORRISIEN; *Leptocephalus Morrisii*, Gmel. Nageoires dorsale et anale très-longues, très-étroites, l'une occupant presque toute la partie supérieure de l'animal, l'autre s'étendant de l'anus à l'extrémité de la queue. Corps demi-transparent, à cause de son peu d'épaisseur; yeux gros; dents très-petites. Taille de cinq pouces au plus.

Ce poisson, qu'on appelle vulgairement *hameçon de mer*, a été pris auprès de la côte de Holyhead, dans la Grande-Bretagne, et dédié par les naturalistes au savant Anglois Morris, qui l'a observé avec soin.

Le LEPTOCÉPHALE SPALLANZANI, *Leptocephalus Spallanzani* de M. Risso, est un véritable SPHAGEBRANCHE. (Voyez ce mot.)

On a encore donné ce nom de *leptocéphale* à une espèce de cyprin, décrite par Pallas. (H. C.)

LEPTOCHLOA. (*Bot.*) Genre de plantes monocotylé-dones, de la famille des *graminées*, et de la *triandrie mono-gynie*, établi par Palisot de Beauvois. Il est voisin des genres *Chloris*, *Cynosurus*, *Poa* et *Festuca*, dans lesquels on avoit placé les espèces qui le composent. Ses caractères génériques sont:

Epillets latéraux; balle calicinale; 3-5 flore à deux valves lancéolées, presque de la longueur des fleurs; chaque fleur mu-nie d'une balle florale à deux valves, l'intérieure naviculaire, aiguë, la supérieure bidentée.

Ce genre contient quatre à cinq espèces à épillets disposés en panicule simple, à ramifications alternes. Les plus remar-quables sont les trois suivantes:

Leptochloa cynosuroides, Roem., *Syst. Veg.*, 2, pag. 579; *Leptochloa filiformis*, P. Bauv.; *Chloris filiformis*, Poir., Encycl. Ses épillets forment un épi solitaire, distique, et contiennent chacun trois fleurs, dont la terminale est stérile et mutique. Les balles calicinales sont subulées. Cette petite graminée rampante et très-rameuse, croît dans l'Inde. Roemers et

Schultes jugent qu'on ne doit pas la confondre avec l'*eleusine filiformis*, Pers., ni le *festuca filiformis*, Lamk., qui seroient des espèces différentes contre l'opinion de Beauvois, mais que le *cynosurus filiformis* de Vahl et de Willdenow est la même plante.

Leptochloa filiformis, Roem.; *Eleusine filiformis*, Pers., *Syn.*; Jacq., *Eclog. Gram. Fasc.*, tab. 4. La panicule est très-rameuse, recourbée, à rameaux simples, filiformes, à épillets alternes, purpurins, à deux ou trois fleurs. Cette espèce croît dans l'Amérique méridionale.

Leptochloa virgata, P. Bauv.; *Cynosurus virgatus*, Linn.; *Festuca virgata*, Lamk.; *Eleusine virgata*, Pers., *Syn.*; *Chloris pœformis*, Humb. et Bonpl., *Nov. Gen. et Sp.*, 1, p. 136. La panicule est rameuse, à rameaux simples. Les épillets contiennent six fleurs, dont une terminale, stérile, et les inférieures un peu aristées. Cette plante annuelle, haute de deux pieds et plus, croît à la Jamaïque, à Guayaquil. (Lem.)

LEPTOCARPOIDES. (*Bot.*) Suivant M. Bosc, ce genre a été établi par Rob. Brown pour placer une plante de la Nouvelle Hollande. Ce genre appartient à la *dioécie* et à la famille des joncs. Ses caractères consistent en ses fleurs femelles munies, 1° d'un calice de six valves dont les trois intérieures paléacées, très-courtes; 2° d'un ovaire surmonté d'un style. Le fruit est une noix environnée du calice qui s'est accru. (Lem.)

LEPTOCARYA. (*Bot.*) Nom grec sous lequel Dioscoride désigne le noisetier ou son fruit. (J.)

LEPTOCERAS. (*Bot.*) Voyez Caladénie. (Poir.)

LEPTOCRAMBE. (*Bot.*) Nom donné par M. Decandolle à une section du genre *Crambe*, caractérisée par l'articulation inférieure de la silicule, qui est alongée et cylindrique: le *crambe hispanica* fait partie de cette section. (J.)

LEPTODON. (*Bot.*) Voyez Lasia. (Lem.)

LEPTOGASTRE, *Leptogaster*. (*Entom.*) On a proposé ce nom pour désigner le genre *Fœne* ou *Gasteruption*, parmi les hyménoptères de la famille des entomotilles. Cette dénomination, tirée des mots grecs γαςἡρ, ventre, et λεπἸος, aminci, étoit propre en effet à indiquer que l'abdomen de ces insectes est excessivement mince, alongé, étroit et comme porté à l'extrémité d'un pétiole. Le nom de *fœne*, employé par l'abricius, n'a aucun sens. Celui de *gasteruption*, inventé par M. Latreille, signifie ventre recourbé, *venter resupinus*. (Voyez Fœne.)

M. Meigen a aussi employé le nom de leptogastre pour désigner un genre d'insectes diptères qui comprend en particulier les *gonypes* de M. Latreille, ou l'Asile à pattes fauves alongées de Geoffroy. Voyez dans ce Dictionnaire les mots Gonype, tome XIX, et Asile tipuloïde, tom. III, pag. 209, n.° 6. (C. D.)

LEPTOGIUM. (*Bot.*), nom d'une des sections du genre Collema. (Lem.)

LEPTOLÈNE, *Leptolæna*. (*Bot.*) Genre de plantes dicotylédones, à fleurs complètes, polypétalées, régulières, de la famille des *clénacées*, de la *décandrie monogynie* de Linnæus, offrant pour caractère essentiel : Une enveloppe charnue, urcéolée; un calice à trois folioles; cinq pétales réunis en tube à leur base; dix étamines insérées à la base d'un tube intérieur; un ovaire supérieur ; un style ; un stigmate à trois lobes, une capsule à trois loges, réduites à une seule par avortement; renfermée dans l'enveloppe extérieure et charnue.

Leptolène a fleurs nombreuses; *Leptolæna multiflora*, Petit-Thouars, Végét. des îles d'Afrique, p. 41. tab. 11. Arbrisseau de forme élégante qui s'élève à la hauteur de huit à douze pieds sur un tronc d'un demi-pied de diamètre, surmonté d'une cime touffue. Les rameaux sont grêles, raboteux, garnis de feuilles éparses, pétiolées, alternes, glabres, ovales, très-entières, ondulées à leur surface, terminées par une pointe mousse, longues d'environ trois pouces; les fleurs réunies en une panicule terminale et touffue, presque en corymbe; les pédoncules trois et quatre fois bifurqués; les pédicelles uniflores; un involucre plus court que le calice, persistant, en forme de baie avec les fruits; le calice a trois folioles concaves et velues; les pétales sont lancéolés; l'ovaire est velu; le style épais, plus long que les étamines; le stigmate en tête, à trois lobes. Le fruit est une capsule renfermée dans l'involucre, ordinairement à une seule loge et une semence ridée, un peu comprimée, attachée latéralement, munie d'un périsperme corné, d'un embryon renversé, d'une radicule cylindrique, et de cotylédons plans, minces, courbés à leur sommet. (Poir.)

LEPTOMÈRE. (*Crust.*) Voyez Proto. (Desm.)

LEPTOMÉRIE, *Leptomeria* (*Bot.*) Genre de plantes dicotylédones, à fleurs incomplètes, de la famille des *éléagnées*, Juss., des *santalacées*, Brow., de la *tétrandrie monogynie* de Linnæus, offrant pour caractère essentiel : Un calice persistant, presque en roue, à quatre ou cinq divisions; point de corolle; quatre ou cinq étamines; un ovaire inférieur, placé sur un disque à quatre ou cinq lobes; un stigmate à divisions ou à deux lobes échancrés, un drupe ou une baie couronnée par le calice.

** Drupe en baie ; un stigmate à cinq rayons, les fleurs en épi, à cinq divisions; bractées caduques.*

LEPTOMÉRIE DE LABILLARDIÈRE: *Leptomeria Billardieri*, R. Brown, *Nov. Holl.*, 1, pag. 553; *Thesium drupaceum*, Labill., *Nov. Holl.*, 2, tab. 93. Arbrisseau de cinq à six pieds de haut, dont les branches sont droites, cylindriques; les rameaux striés, anguleux; dépourvus de feuilles que remplacent quelques petites écailles ovales, alternes, appliquées contre les rameaux. Les fleurs sont disposées en épis latéraux et terminaux, munies de petites bractées ovales, lancéolées, caduques; les découpures du calice ovales, épaissies au sommet; dix étamines, dont cinq stériles, alternes avec les divisions du calice; cinq autres opposées et fertiles; les anthères globuleuses, à deux loges; l'ovaire ovale; le style à peine sensible; le stigmate pelté, à cinq rayons. Le fruit est un drupe ovale, à une seule loge monosperme, l'embryon fort petit, placé à la base d'un périsperme charnu; la radicule supérieure; les cotylédons très-courts.

Cette plante croît au cap Van-Diémen.

Dans le *leptomeria acida*, Brown, *l. c.*, les rameaux sont anguleux, presque sans feuilles; les fleurs en épis; les bractées lancéolées; les divisions du calice munies d'une dent à chaque bord ; les lobes du disque à demi-adhérens. Le *leptomeria aphylla*, Brown, *l. c.*, a ses branches et ses rameaux cylindriques, entièrement privés de feuilles; les bractées en ovale renversé; les lobes du disque totalement adhérens.

*** Drupe en baie; stigmate à deux lobes obtus; fleurs à quatre divisions.*

Cette division ne renferme qu'une seule espèce, qui est le *leptomeria acerba*, Rob. Brown, *l. c.* Ses branches et ses rameaux sont striés, cylindriques, tout-à-fait privés de feuilles; les fleurs agglomérées ou solitaires; elles se divisent en quatre et non en cinq parties; le stigmate est à deux lobes.

**** Drupe sec; stigmate échancré, obtus; fleurs à cinq divisions.*

M. Robert Brown cite, pour cette division, les espèces suivantes: 1.° *leptomeria scrobiculata.* Ses épis sont filiformes, chargés d'un grand nombre de fleurs, accompagnées de bractées caduques; les épillets sessiles, à demi enfoncés dans les fossettes du rachis. 2.° *Leptomeria pauciflora.* Ses épis sont peu garnis de fleurs; les branches caduques; les épillets sessiles; point enfoncés. 3.° *Leptomeria squarrulosa.* Les bractées et les rameaux sont roides; les feuilles petites, étalées, en forme de dents; les fleurs axillaires, plus longues que les feuilles. 4.° *Leptomeria axillaris.* Les rameaux sont un peu lâches; les feuilles subulées; les fleurs pédicellées, axillaires, une fois plus courtes que les feuilles.

Toutes ces plantes croissent sur les côtes de la Nouvelle-Hollande. (Poir.)

LEPTON. (*Bot.*) Pline parle d'une plante de ce nom appelée aussi *libadion*, parce qu'elle habite le voisinage des fontaines. Il la regarde comme une espèce de centaurée, ayant le port de l'origan, les feuilles plus étroites et plus longues, la tige anguleuse, les fleurs du *lychnis*, la racine menue. Il ajoute qu'on la nomme fiel de terre, à cause de sa grande amertume. Ces diverses indications paroissent s'appliquer à la petite centaurée, nommée maintenant *erythræa.* (J.)

LEPTONIA. (*Bot.*) C'est, dans le *Systema Mycologicum* de Fries, le nom qu'il donne à la quinzième division ou tribu de son genre *Agaricus*; elle rentre dans la division des *gymnopus* de Persoon. Fries la caractérise ainsi : Stipe distinct du chapeau, floconneux intérieurement dans sa jeunesse, ensuite creux, égal, fluet, assez ferme bleuissant? Chapeau charnu-membraneux, campanulé ou convexe et dilaté, sec, jamais strié, à surface fibrillifère ou écailleuse, se creusant avec l'âge. Chair mince, mais assez ferme; feuillets presque obtus en arrière, libres ou adhérens, point décurrens, inégaux, assez larges et incarnats; couleur habituelle le bleuâtre ou le gris.

La plupart des espèces sont petites, comme on a voulu l'indiquer par le nom de *leptonia* (*leptos*, petit, en grec). Fries n'en indique que neuf espèces; on les trouve à la fin de l'été; on ne les mange pas. (Lem.)

LEPTOPE, *Leptopus*. (*Entom.*) M. Latreille désigne, sous ce nom, un petit genre d'hémiptères, qui comprend les saldes de Fabricius, dont le bec est court et arqué, et dont les antennes sont en soie, par conséquent de la famille des zoadelges. Voyez Salde. (C. D.)

LEPTOPHYTE, *Leptophytus*. (*Bot.*) C'est un sous-genre, que nous avons proposé, dans le Bulletin des Sciences de janvier 1817 (pag. 11): il appartient à l'ordre des synanthérées, à notre tribu naturelle des inulées, à la section des inulées-gnaphaliées, et au genre *Leysera*.

Voici ses caractères.

Calathide oblongue, cylindracée, discoïde : disque multi-flore, régulariflore, androgyniflore; couronne unisériée, liguliflore, féminiflore. Péricline oblong, cylindracé, supérieur aux fleurs du disque et de la couronne; formé de squames plurisériées, imbriquées, dressées, entièrement appliquées, membraneuses-scarieuses, diaphanes, à l'exception du milieu de leur partie inférieure qui est coriace et vert : les squames extérieures ovales, très-aiguës; les intermédiaires oblongues-lancéolées, submucronées; les intérieures oblongues, aiguës, un peu colorées vers le sommet. Clinanthe plan, pourvu d'une seule rangée circulaire de paléoles situées entre le disque et la couronne, courtes, larges, dentées, concaves en dehors, chaque paléole accompagnant intérieurement la base d'une fleur femelle. *Fleurs du disque :* Ovaire pédicellulé, long, grêle, cylindrique, hispide; aigrette composée de cinq squamellules longues, égales, filiformes, barbellulées inférieurement, barbées supérieurement, et de plusieurs squamellules très-courtes, inégales, irrégulières, paléiformes-laminées, linéaires, alternant avec les autres; corolle à tube long, hispide, à limbe court, quinquédenté; filet des étamines jaune; article anthérifère blanc, très-long, filiforme; tube anthéral pourvu d'appendices apicilaires larges, très-obtus, arrondis ou presque tronqués au sommet, et d'appendices basilaires très-peu manifestes; style d'inulée-gnaphaliée. *Fleurs de la couronne*: Ovaire pareil à ceux du disque; aigrette très-courte, composée de squamellules unisériées, inégales, laminées, linéaires, souvent entre-greffées à la base; corolle très-peu plus longue que celles du disque, à tube très-long, hispide, à languette entière ou bidentée au sommet, longue au plus comme la moitié du tube, ordinairement dressée et cachée par le péricline.

Leptophyte fausse-leysère: *Leptophytus leyseroides*, H. Cass.; *Gnaphalium leyseroides*, Desf., *Flor. Atlant.* Plante herbacée, annuelle, basse, à tige grêle, roide, cylindrique, pubescente, très-rameuse dès la base, à rameaux très-divergens, étalés horizontalement, garnis de poils capités; feuilles très-irrégulièrement et diversement disposées, alternes, opposées, verticillées ou fasciculées, sessiles, semi-amplexicaules, longues de cinq à dix lignes, très-étroites, linéaires-subulées, épaisses, un peu charnues, vertes, très-peu laineuses en dessous, garnies de poils capités sur les bords et la face supérieure; calathides longues de quatre lignes, étroites, solitaires au sommet de pédoncules terminaux et latéraux, longs d'environ un pouce et demi, nus, très-grêles, très-roides, très-glabres et lisses, rougeâtres ou bruns, criniformes; péricline glabre et lisse, roussâtre vers le sommet; corolles jaunes; celles de la couronne au nombre de quinze environ, dont souvent quelques unes ont la languette dégagée du péricline et arquée en dehors. Nous avons fait cette description spécifique et celle des caractères génériques, sur des individus vivans, cultivés au Jardin du Roi, où ils fleurissent en juin. M. Desfontaines a découvert cette plante dans le royaume de Tunis.

Il est bien évident que le *gnaphalium leyseroides* de M. Desfontaines ne peut pas rester dans le genre *gnaphalium*, et qu'il doit être transféré dans le genre *Leysera*. (Voyez notre article

Leysère.) Mais on peut douter s'il y a lieu de considérer cette plante comme formant un sous-genre particulier dans le genre *Leysera*, ainsi que nous le proposons. Il nous semble que cette distinction sous-générique est fondée sur des différences suffisantes : car la calathide est radiée chez les vrais *leysera*, discoïde chez le *leptophytus*; le péricline des vrais *leysera* est campaniforme, et ses squames sont surmontées d'un appendice inappliqué, arrondi au sommet, tandis que le péricline du *leptophytus* est oblong, cylindracé, et formé de squames dressées, entièrement appliquées, non appendiculées, très-aiguës au sommet. Ajoutons que la tige des vrais *leysera* est ligneuse, et que celle du *leptophytus* est herbacée. Les botanistes qui ne jugeront pas ces différences suffisantes pour autoriser une distinction sous-générique, devront nommer la plante dont il s'agit *leysera discoidea*. Cette même dénomination sera encore admise par ceux qui, en adoptant notre sous-genre *leptophytus*, soutiendroient l'usage très-abusif de joindre le nom spécifique à celui du genre principal, au lieu de le joindre au nom du genre secondaire, suivant l'ordre naturel des idées.

Il faut bien se garder de prendre pour des squamelles les appendices qui se trouvent sur le clinanthe du *leptophytus*, et que nous nommons paléoles. Une squamelle est une véritable bractée, qui accompagne extérieurement une fleur, et dont par conséquent la concavité est en dedans; une paléole n'est qu'une alvéole dimidiée, qui accompagne intérieurement une fleur, et dont par conséquent la concavité est en dehors. (Voyez tome X, pages 146 et 147.)

Le nom de *leptophytus* est composé de deux mots grecs, qui signifient menue plante. (H. Cass.)

LEPTOPODE, *Leptopoda*. (*Bot.*) Ce genre de plantes, établi, en 1818, par M. Nuttal, dans ses *Genera of north American Plants*, appartient à l'ordre des synanthérées, à la tribu naturelle des hélianthées, et à notre section des hélianthées-héléniées. Voici ses caractères, que nous n'avons point observés, mais que nous empruntons à l'auteur.

Calathide radiée : disque multiflore, régulariflore, androgyniflore : couronne unisériée, multiflore, liguliflore, neutriflore. Péricline court, formé de squames unisériées, foliacées,

aiguës. Clinanthe hémisphérique, nu. *Fleurs du disque :*
Ovaire cylindracé, glabre; aigrette composée de huit à dix
squamellules paléiformes, oblongues, obtuses, un peu découpées; corolle à tube petit, à limbe garni de glandes visqueuses,
et à quatre ou cinq dents; stigmatophores obtus. *Fleurs de la
couronne :* corolle à languette semi-trifide, élargie vers le
sommet.

M. Nuttal n'attribue qu'une seule espèce à ce genre.

Leptopode faux-hélénion : *Leptopoda helenioïdes; Leptopoda
helenium*, Nutt., *the Gen. of north Am. Pl.*, vol. 2 *; Galardia
fimbriata?* Mich., *Fl. bor. Am.* C'est une plante herbacée, très-
glabre sur toutes ses parties, à racine vivace : sa tige est
simple, haute d'environ trois pieds, grêle, striée, garnie de
feuilles peu nombreuses sur ses deux tiers inférieurs, nue et
pédonculiforme en son tiers supérieur, un peu épaissie au
sommet : les feuilles sont alternes, décurrentes; les inférieures
longues de six à huit pouces, larges de trois à quatre lignes,
linéaires-lancéolées, étrécies vers la base, entières sur les
bords, parsemées d'une multitude de petits points; les feuilles
supérieures sessiles, linéaires, longues de deux pouces : la calathide, composée de fleurs jaunes, est unique et solitaire au
sommet de la partie supérieure pédonculiforme de la tige; les
languettes de la couronne sont au moins au nombre de vingt.
Cette plante, que nous n'avons point vue, et que nous décrivons d'après M. Nuttal, habite les terrains marécageux et
découverts de la Caroline et de la Géorgie; ses feuilles ont un
goût un peu douceâtre.

L'auteur du genre *Leptopoda* remarque que ce genre est
intermédiaire entre l'*helenium* et le *gaillardia*, et qu'il a surtout beaucoup d'affinité avec l'*helenium*. Ce botaniste propose de former, sous le titre de *galardiæ*, un petit groupe
naturel composé des cinq genres *Helenium, Leptopoda, Acti-
nella, Gaillardia, Balduina.* Ce groupe, qui nous paroît beaucoup trop restreint dans ses caractères et dans sa composition,
fait partie de notre section des hélianthées-héléniées, dont
les limites sont bien plus étendues. (Voyez nos articles
Galardies, tom. XVIII, pag. 48, et Héléniées, tom. XX.
pag. 346.)

Si l'on compare les caractères génériques du *leptopoda* avec ceux de l'*helenium*, que nous avons décrits tom. XX, pag. 348, on reconnoîtra que ces deux genres sont immédiatement voisins, et qu'ils ne diffèrent que par la couronne, féminiflore chez l'*helenium*, neutriflore chez le *leptopoda*, et par le péricline, double chez l'*helenium*, simple chez le *leptopoda*. Les caractères génériques du *leptopoda* diffèrent de ceux du *gaillardia*, que nous avons décrits tome XVIII, page 17, par le péricline imbriqué chez le *gaillardia*, unisérié chez le *leptopoda*, par le clinanthe fimbrillifère chez le *gaillardia*, nu chez le *leptopoda*, par les stigmatophores appendiculés chez le *gaillardia*, inappendiculés chez le *leptopoda*, par les squamellules de l'aigrette surmontées chez le *gaillardia* d'une longue arête qui paroît ne point exister chez le *leptopoda*.

Le genre *Balduina* de M. Nuttal est très-remarquable par son clinanthe analogue à celui de plusieurs arctotidées; ce clinanthe est hémisphérique, corné, et creusé de cellules profondes dans lesquelles les fruits sont totalement enchâssés. Mais, du reste, les *balduina* ne diffèrent presque point des *gaillardia* par leurs caractères génériques; et nous considérons leur clinanthe comme étant garni de fimbrilles analogues à celles des *gaillardia*, mais entièrement entre-greffées, et formant ainsi les cloisons d'où résultent les alvéoles ou cellules engaînant les fruits. Une *balduina* n'est donc à nos yeux qu'une *gaillardia* dont les fimbrilles du clinanthe sont entre-greffées.

En général, le clinanthe alvéolé n'a point d'affinité avec le clinanthe squamellifère, mais il en a beaucoup avec le clinanthe fimbrillifère, et les cloisons des alvéoles doivent être considérées comme des assemblages de fimbrilles entre-greffées, à moins qu'on ne préfère considérer les fimbrilles comme résultant de la division des cloisons en lanières. (H. Cass.)

LEPTOPODE, *Leptopodus*. (*Ichthyol.*) M. Cuvier a fait, sous ce nom, un genre de poissons avec une espèce qui avoit été rapportée, par M. Risso, aux oligopodes. Ce genre, qui doit appartenir à la famille des auchénoptères de M. Duméril, est placé, par M. Cuvier, entre les coryphènes et les centrolophes, et se reconnoît aux caractères suivans :

Catopes jugulaires et formés d'un seul rayon; des proéminences

26.   6

*sensibles au doit en avant de la nageoire dorsale qui, ainsi que
l'anale, s'unit à la caudale, qu'une pointe termine.*

Ce genre ne contient encore qu'une espèce; c'est le

Leptopode noir; *Leptopodus niger.* — *Oligopodus ater*, Risso.
Museau arrondi; bouche ample; mâchoire inférieure un peu
plus longue que la supérieure, et garnie, comme elle, d'une
rangée de dents fortes et aiguës; quatre grosses dents au palais;
langue blanche et libre; yeux petits, noirâtres, à iris doré;
narines arrondies; écailles petites et fort adhérentes à la peau;
ligne latérale double; nageoires comme cartilagineuses; rayon
unique de chaque catope soyeux, court et délié. Teinte générale d'un noir d'ébène avec des reflets d'un rouge violet. Taille
de cinq à six pouces.

Ce poisson a été découvert dans le golfe du Saint-Hospice,
près de Nice, par M. Risso. Foible et timide, il paroît relégué
toute l'année dans les antres profonds, et ne s'approche jamais
des rivages. Vers le mois d'août, la femelle dépose sous les
rochers, des œufs d'un bleu foncé, liés par un réseau blanc.
Sa chair est molle et d'une saveur fade. (H. C.)

LEPTOPORA. (*Bot.*) Rafinesque-Schmaltz, auteur de ce
genre, y ramène les bolets qui ont leurs pores en dessus, et
dont la substance est d'une nature particulière, différente de
celle des bolets sessiles. Il cite plusieurs nouvelles espèces de
ce nouveau genre peu caractérisé : ce sont ses *leptora nivea,
stercoraria* et *difformis* qu'il a observés en différens lieux de
l'Amérique boréale. (Lem.)

LEPTOPSEPHOS. (*Min.*) C'est l'épithète qu'on donnoit à la
roche polissable comme du marbre, qu'on nommoit *porphyrites*, à cause des points ou taches blanches, qu'on y remar-
quoit. C'est ainsi qu'on peut rendre cette phrase de Pline,
liv. 36, chap. 7 : *Rubet porphyrites in eâdem Ægypto : ex eo
candidis intetvenientibus punctis leptopsephos vocatur.* Et c'est
cette version qu'a adoptée M. Poinsinet de Sivry dans sa traduction de Pline. Par cette manière de rendre ce passage, il n'y
a plus de difficulté pour savoir quelle différence il pouvoit y
avoir entre le *porphyrites* et le *leptopsephos*. Ce n'étoit qu'un
synonyme grec de cette roche. Le *leucopsephos* et le *leucosticos*
sont, suivant Delaunay, qui s'appuie de l'autorité de Sau-
maise, des variantes du mot *leptopsephos*. Tous mots qui in-

diquent les taches ou points blancs disséminés dans le fond purpurin de cette roche. (B.)

LEPTORAMPHES. (*Ornith.*) Dénomination grecque des ténuirostres, employée par M. Duméril, Zool. analyt., p, 47, pour désigner les passereaux à bec long, étroit, sans échancrure et souvent flexible. (Cn. D.)

LEPTORIMA. (*Bot.*) C'est dans famille des algues que Rafinesque-Schmaltz place ce genre voisin de son *phytelis*, voïci ses caractères : Corps parasite plan, irrégulier, coriacé, crustacé ou friable, poreux en dessus. Il en signale trois espèces qui vivent dans la mer, sur les feuilles de *zostères* et sur d'autres corps étrangers; elles s'appliquent exactement par leur face inférieure.

Le *leptorima undulata* est rose, lobé, ondulé, à pores rouges, très-petits et égaux.

Le *leptorima nivea* est blanc, lisse, à pores petits et inégaux. C'est le plus commun sur les plantes marines.

Le *leptorima oculata* est rougeâtre, lisse, à bords convexes, et sans pores; garni au milieu de grands pores inégaux, dont plusieurs, plus grands, sont entourés par un cercle blanc.

Ces espèces ont été observées sur les côtes de Sicile; elles demandent à être examinées de nouveau avant de décider si elles appartiennent au règne végétal. (Lem.)

LEPTORKIS. (*Bot.*) Ce genre de plantes orchidées, établi par M. Aubert du Petit-Thouars, ne diffère pas essentiellement du *malaxis*, avec lequel il est maintenant réuni. (Lem.)

LEPTORMUS (*Bot.*), nom donné par M. Decandolle à une des huit sections de son genre *Heliophila*. (J.)

LEPTOSOMES. (*Ichthyol.*) M. Duméril a établi, sous ce nom, dans l'ordre des poissons holobranches-thoraciques, une famille qui correspond aux genres Chétodon et Zée des auteurs. Les poissons qui la composent ont les branchies complètes, les catopes situées sous les nageoires pectorales; le corps très-mince et presque aussi haut que long; les yeux latéraux.

Le tableau suivant donnera une idée des caractères des genres qu'elle doit renfermer.

6.

FAMILLE DES LEPTOSOMES.

GENRES.

Dents
- **distinctes**
  - rondes, minces; opercules
    - à piquans et
      - à dentelures: nageoire dorsale........
        - unique; dents sur
          - plusieurs rangs.. HOLACANTHE.
          - un seul rang... PREMNADE.
        - double.................... ENOPLOSE.
      - sans dentelures........................ POMACANTHE.
    - sans piquans et
      - à dentelures; dorsale...
        - unique; sous-orbitaires
          - dentelés et préopercules..
            - non dentelés..: ANABAS.
            - dentelés....... AMPHIPRION.
          - lisses.................... POMACENTRE.
        - double...................... POMADASYS.
      - lisses; dorsale
        - unique
          - à aiguillons et à premières épines
            - courtes et
              - continue....... ACANTHINION.
              - échancrée..... EPHIPPUS.
            - très-prolongées................ HENIOCHUS.
          - sans aiguillons; museau
            - ovale........... CHÉTODON.
            - court; corps
              - plus haut que long.......... PLATAX.
            - prolongé................ CHELMON.
        - double.................... CHÉTODIPTÈRE.
  - larges
    - crénelées; à queue
      - garnie......
        - de boucliers.............. ASPISURE:
        - d'épines..............
          - en grand nombre.......... PRIONURE.
          - en petit nombre.......... ACANTHURE.
      - non armée, nageoires pectorales
        - très-distinctes; dents....
          - sur un seul rang............. GLYPHISODON.
          - en lime douce............... ARCHER.
        - remplacées par des épines........... ACANTHOPODI.
    - non crénelées; bouche
      - à membrane ou à soupape; dorsale
        - unique
          - sans aiguillons; dents en velours; dorsale {sur un seul rang, tête}
            - armée d'épines. NASON.
            - ordinaire...... SIDJAN.
            - échancrée.... ZÉE.
            - entière........ POULAIN.
          - des aiguillons.................. ARGYRÉIOSE.
        - double; la première....
          - courte.................... GAL.
          - remplacée par des épines...... CILIAIRE.
      - sans soupape ou membrane; nageoires...
        - très-apparentes............ SÉLÈNE.
        - peu apparentes............ VOMER.
- **nulles; nageoire du dos.......**
  - unique.................... CHRYSOSTOSE.
  - double.................... CAPROS.

Voyez ces différens noms de genres et THORACIQUES. (H. C.)

LEPTOSOMUS. (*Ornith.*) M. Vieillot, en faisant un genre du coucou de Madagascar, appelé *vouroudriou*, lui a appliqué ce nom, que M. Duméril avoit déjà employé pour désigner une famille nombreuse.de poissons. (CH. D.)

LEPTOSPERME, *Leptospermum*. (*Bot.*) Genre de plantes dicotylédones, à fleurs complètes, polypétalées, régulières, de la famille des *myrtées*, de l'*icosandrie monogynie*, dont le caractère essentiel consiste : Dans un calice à cinq dents ; cinq pétales ; des étamines nombreuses, libres, attachées au calice ; un ovaire à demi inférieur ; un style ; une capsule ombiliquée, à trois, quatre ou cinq loges contenant des semences nombreuses.

Ce genre comprend des arbres ou arbrisseaux très-voisins des *melaleuca* et des *metrosideros*, d'un port élégant, d'un aspect très-agréable, lorsqu'ils sont en fleurs. Tous exhalent, pendant les chaleurs, ou lorsqu'on les froisse entre les doigts, une odeur aromatique. Leurs feuilles sont simples, persistantes, nombreuses, opposées ou alternes ; les fleurs communément latérales et presque sessiles. Ils sont presque tous originaires de la Nouvelle-Hollande. On en cultive un assez grand nombre d'espèces dans les jardins ; ils réussissent bien dans du terreau de bruyère mélangé avec de la terre franche. Leurs fleurs s'épanouissent au printemps et en été. Quoique ces plantes craignent peu le froid, elles exigent d'en être abritées pendant l'hiver. On les renferme alors dans une serre d'orangerie ; l'humidité, un air stagnant, trop concentré, leur sont funestes. On les multiplie de graines qui ne sont bien mûres qu'après être restées environ dix-huit mois sur l'arbre. Comme elles sont très-fines, on les répand à la surface du terreau, et on les y enterre par un simple arrosement. On les multiplie encore par marcottes qui prennent toujours racine dans l'année, ou par boutures placées dans des pots sous châssis et sur couche. L'automne est la saison la plus favorable pour leur réussite.

LEPTOSPERME A BALAIS : *Leptospermum scoparium*, Forst., *Gen.*, tab. 36 ; Cook, *Itin.*, 2, pag. 100, *Icon.*; Andr., *Bot. Repos.*, tab. 622 ; *Melaleuca scoparia*, Linn., *Supp.*, 543. Arbrisseau très-rameux, de trois à quatre pieds de haut. Les feuilles sont petites, alternes, presque semblables à celles du myrte, planes, ovales-oblongues, aiguës, longues au moins de trois lignes, parsemées de points résineux à leur face inférieure : les fleurs blanches, terminales, solitaires et sessiles ; les étamines nombreuses, à peine plus longues que les pétales. La capsule est hémisphérique, à cinq loges. Cette plante croît à la Nouvelle-Zélande. On la cultive au Jardin du Roi. On soupçonne que le *leptospermum squarrosum*, Gœrt., et Lamk., *Ill. gen.*, tab. 423, fig. 2, est une variété de l'espèce précédente.

Les feuilles de cette plante, ainsi que celles du *leptospermum thea*, se prennent en infusion comme le thé. Le capitaine Cook, dans son voyage à la Nouvelle-Zélande, fit prendre à son équipage les jeunes feuilles et les sommités fleuries de cet arbrisseau en infusion théiforme : cette boisson, qui est aromatique avec un peu d'amertume, et d'une odeur agréable, fut très-utile pour rétablir la santé et les forces de ceux qui étoient attaqués du scorbut : il les employa également en guise de houblon, à la fabrication de la bière, et s'en trouva très-bien.

LEPTOSPERME THÉ : *Leptospermum thea*, Willd., *Spec.*, 4, pag. 949 ; Poir., Encycl., *Suppl.*; *Melaleuca thea*, Wendl. et Schrad., *Sert. Hann.*, pag. 24, tab. 14. Cet arbrisseau a des rameaux grêles, élancés, glabres, cendrés, souvent renversés, garnis de feuilles nombreuses, sessiles, éparses, très-rapprochées, linéaires-lancéolées, un peu rétrécies à leur base, glabres, entières, longues d'un demi-pouce, un peu mucronées au sommet. Les fleurs sont solitaires, latérales, à peine pédonculées ; les calices glabres ; à cinq dents membraneuses et colorées. Cette plante croît à la Nouvelle-Hollande. On la cultive au Jardin du Roi : elle jouit des mêmes propriétés que la précédente.

LEPTOSPERME LANUGINEUX : *Leptospermum lanigerum*, Smith, *Trans. Linn.*, 3, pag. 263 ; *Leptospermum trinerve*, White, *Itin.*, pag. 229, *Icon.* Ses rameaux sont nombreux, cylindriques, divisés en beaucoup d'autres plus courts, un peu rougeâtres, glabres ou légèrement pubescens, garnis de feuilles presque sessiles, petites, ovales, un peu lancéolées, presque glabres en dessus, velues et cendrées en dessous, quelquefois entièrement glabres. Les fleurs sont sessiles, solitaires, axillaires. Les fruits sont des capsules globuleuses, de la grosseur d'un pois, environnées par le calice qui est chargé d'un duvet laineux très-abondant et à divisions assez grandes, presque foliacées; l'intérieur des capsules est à cinq loges contenant des semences très-petites, roussâtres, entourées d'un rebord épais. Cette plante, originaire de la Nouvelle-Hollande, est cultivée au Jardin du Roi, ainsi que le *leptospermum pubescens*, Willd., qui en est très-rapproché, qui en diffère par ses feuilles lancéolées, oblongues, pileuses, un peu obliques, réfléchies à leur sommet.

LEPTOSPERME A FEUILLES DE GENÉVRIER : *Leptospermum juniperinum*, Vent., *Hort. Malm.*, tab. 89; Cavan., *Icon. rar.*, 4, tab. 351, fig. 2; *Melaleuca tenuifolia*, Wendl., *Obs.*, 50. Cette espèce a des tiges droites, rameuses; ses rameaux sont un peu anguleux, soyeux et blanchâtres ; ses feuilles éparses, sessiles, très-étroites, linéaires-lancéolées, piquantes à leur sommet, parsemées en dessous de quelques poils, longues d'un demi-pouce et plus; les fleurs sont sessiles, solitaires, d'un blanc de lait, entourées de bractées ovales, pubescentes, membraneuses; les pétales arrondis, deux fois plus longs que le calice glabre, blanchâtre, à divisions arrondies. Il y a trente étamines opposées quatre à quatre aux divisions du calice, et deux à deux à celles de la corolle. La capsule est d'un brun cendré, à cinq loges. Cette plante croît à la Nouvelle-Hollande : on la cultive au Jardin du Roi. Le *leptospermum arachnoideum*, Smith; Lamk., *Ill. gen.*, tab. 423, fig. 5 ; Gært., *de Fruct.*, tab. 35, o distingue de l'espèce précédente par ses feuilles en alène, très piquantes, par ses rameaux hérissés, par les calices velus ainsi que leurs divisions.

LEPTOSPERME A TROIS LOGES; *Leptospermum triloculare*, Vent., *Hort. Malm.*, 2, tab. 88. Cette plante, malgré ses rapports avec le *leptospermum arachnoideum*, s'en distingue par ses étamines au nombre de quinze, par ses capsules à trois loges. Ses tiges sont hautes de trois pieds; ses rameaux velus, de couleur purpurine; ses feuilles semblables à celles du genévrier, rougeâtres à leur sommet, bordées de cils rares; le calice est soyeux, de couleur purpurine; les pétales sont d'un blanc de lait, arrondis; la capsule est globuleuse, velue, de couleur cendrée. Cette plante croît à la Nouvelle-Hollande : on la cultive au Jardin du Roi.

LEPTOSPERME SOYEUX ; *Leptospermum sericeum*, Labill., *Nov.*

Holl., 2, tab. 147. Arbrisseau de cinq à six pieds, dont les rameaux sont soyeux; les feuilles très-peu pétiolées, ovales, pileuses, un peu mucronées, parsemées de points glanduleux; les fleurs solitaires, axillaires, terminales, à peine pédonculées; le calice turbiné et soyeux, à divisions un peu aiguës, persistantes; les pétales orbiculaires, un peu mucronées, soyeux en dehors à leur base; les étamines nombreuses; les anthères globuleuses, à deux loges. L'ovaire est soyeux et globuleux; la capsule à cinq loges, à semences oblongues, comprimées, anguleuses. Cette plante croît au cap Van-Diémen.

Leptosperme bordé; *Leptospermum marginatum*, Labill., *Nov. Holl.*, 2, tab. 148. Cet arbrisseau s'élève à la hauteur de cinq à six pieds. Ses rameaux sont cylindriques et pileux; ses feuilles à peine pétiolées, un peu alongées, en ovale renversé, longues de six à huit lignes, à trois ou cinq nervures, un peu pileuses, bordées de poils blancs. Les fleurs sont agglomérées le long des rameaux, sessiles, munies chacune de trois à cinq bractées en écailles, ciliées; d'un calice tomenteux, à découpures aiguës; de pétales presque orbiculaires; de dix étamines; d'un ovaire tomenteux. Les capsules sont turbinées, à trois loges, réunies en une tête globuleuse; contenant quelques semences anguleuses. Cette plante croît à la terre Van-Leuwin, dans la Nouvelle-Hollande.

Leptosperme étoilé, *Leptospermum stellatum*, Cavan., *Icon. rar.*, 4, tab. 330, fig. 1. Cette espèce a des tiges très-rameuses, hautes de sept à huit pieds, très-glabres; les feuilles petites, sessiles, glabres, ovales, alongées, aiguës, à trois nervures, ponctuées en dessous. Les fleurs sont solitaires, axillaires; à pédoncules très-courts; à calice glabre, campanulé, à cinq découpures ovales, persistantes; à corolle jaune et pétales arrondis; vingt étamines et plus. Les capsules à cinq loges, s'ouvrant au sommet, offrent alors une étoile à cinq rayons. Cette plante croît au port Jackson.

Leptosperme a grandes feuilles: *Leptospermum grandifolium*, Smith, *Trans. Linn.*, 5, pag. 299.; *Botan. Magaz.*, tab. 1810. Arbrisseau remarquable par ses feuilles grandes et larges, lancéolées, entières, un peu rudes à leurs bords, épaisses, ponctuées, mucronées au sommet, pâles en dessus, pubescentes à leur face inférieure, marquées de cinq nervures. Les fleurs sont sessiles, solitaires, terminales, accompagnées de quelques petites folioles; leur calice est velu, à dents membraneuses, colorées; l'ovaire à cinq loges. Cette plante croit à la Nouvelle-Hollande.

LEPTOSPERME A FEUILLES POREUSES; *Leptospermum porophyllum*, Cavan., *Icon. rar.*, 4, tab. 33o, fig. 2. Ses tiges sont hautes de six pieds et plus; ses rameaux garnis de feuilles presque sessiles, ovales, alongées, obtuses, rétrécies à leur base, longues d'un demi-pouce, larges d'une ligne, glabres, couvertes en dessous de points noirâtres. Les fleurs sont solitaires, terminales, presque sesiles; le limbe du calice est caduc; la capsule globuleuse, comprimée au sommet, à cinq valves rudes en dehors; les semences sont roussâtres, linéaires, semblables à de petites paillettes. Cette plante croit au port Jackson.

LEPTOSPERME A FLEURS NOMBREUSES; *Leptospermum multiflorum*, Cavan., *Icon. rar.*, 4, tab. 33i, fig. 1. Arbrisseau de sept à huit pieds; ses rameaux sont ascendans; ses feuilles nombreuses, sessiles, ovales, linéaires, oblongues, un peu concaves, aiguës, mucronées, rétrécies à leur base, longues d'un demi-pouce. Les fleurs sont nombreuses, solitaires, axillaires, presque sessiles; les divisions du calice caduques; le style est court; le stigmate globuleux; la capsule globuleuse, à cinq loges, à cinq valves. Cette plante croit au port Jackson. (POIR.)

LEPTOSTACHYA. (*Bot.*) Mittchell, et après lui Adanson, nommoient ainsi le *phryma*, genre de plante labiée. (J.)

LEPTOSTOMUM, *Leptostome et Porte-Poil*. (*Bot.*) Genre de la famille des mousses, établi par Robert Brown sur des plantes qui croissent à Nouvelle-Hollande ou dans les iles au-delà de l'Amérique méridionale. Il est caractérisé par sa capsule oblongue, lisse, à opercule hémisphérique, obtus; par son péristome simple, membraneux, annulaire, plane, entier, prenant naissance de la membrane interne de la capsule. La capsule est amincie à sa base en une sorte d'apophyse conoïde; sa coiffe est glabre, lisse et caduque.

Ce genre, remarquable et naturel, est voisin des *gymnostomum*; il établit le passage des mousses sans péristome aux mousses qui en sont pourvues. Robert Brown en fait connoître quatre espèces auxquelles on en a ajouté une cinquième: elles ont le port des *bryum* et des *gymnostomum*, croissent en touffes ou gazons serrés, à terre ou sur les rochers; leurs tiges sont rameuses, les feuilles pilifères, et les capsules pédicellées.

§. I. *Feuilles terminées par un poil simple.*

1. Leptostomum incliné: *Leptostomum inclinans*, R. Brown, *Act. Soc. Linn. Lond.*, 10, pag. 320, pl. 23, fig. 2; Pal. Beauv., *Mem. Soc. Linn. Par.*, 1821, pl. 2, fig. 5. Feuilles ovales oblongues, obtuses, terminées par un poil simple; capsule inclinée, ovale, oblongue. Cette mousse, d'un beau vert, a deux ou trois pouces; elle croit sur les roches et les pierres, à la partie orientale, et près du sommet de la montagne de la Table, à 3000—3500 pieds de hauteur, dans l'île de Van-Diémen.

2. Leptostomum droit, *Leptostomum erectum*, R. Brown, *l. c.* Feuilles oblongues, paraboliques, obtuses, à poil simple; capsules droites et oblongues: cette mousse est de même grandeur que la précédente. Elle a été trouvée sur les rochers, au bord des rivières de Hawkesbury et de Grose, situées dans la partie orientale et montagneuse de la Nouvelle-Hollande.

§. II. *Feuilles terminées par des poils rameux.*

Leptostomum a gros fruit, *Leptostomum macrocarpon*, Bach. de la Pilaye, *in Journ. Bot.* 1814, pag. 143; Bridel, *Musc.*, Suppl. 4, pag. 25. Feuilles ovales, lancéolées, concaves, roulées en leurs bords, terminées par un poil rameux; capsule grosse, droite, ovale, à opercule obtus: cette mousse n'a guère plus d'un pouce de hauteur; elle croit dans les Terres Australes. C'est le *bryum macrocarpon*, d'Hedwig, *Musc. Frond.*, 3, tab. 10, sur la nature duquel il avoit conservé des doutes. Mais, sur les nouvelles observations de R. Brown, MM. Bachelot de la Pilaye et Bridel ne balancent point à placer cette plante avec les *leptostomum*. P. Beauvois l'avoit placée dans son genre *Orthopyxis*, mais depuis il a adopté le genre *Leptostomum*. Voyez *Mém. Soc. Linn. Paris.* 1821. (Lem.)

LEPTOSTROMA. (*Bot.*) Ce genre, établi par Fries, ne diffère de l'*hysterium* qu'en ce que le conceptacle est sans ouverture, et ne contient point de liquide gélatineux. Fries décrit les espèces suivantes:

Leptostroma sphærioides, qui forme sur les tiges du cerfeuil bulbeux, des taches orbiculaires, minces, dilatées, un peu bombées et lisses; ces taches ont une ligne et demie au plus de diamètre. Il a du rapport avec un *sphæria*.

Leptostroma hysterioides, qui croît sur les tiges d'euphorbe et de pivoine. Il ressemble à des taches oblongues, noires, variables, à disque un peu charnu et strié; il a de l'analogie avec les *hysterium*.

Leptostroma xylomoides, qui est arrondi, variable, noir, à disque comme chagriné. Il croît sur les tiges du scirpe des étangs (*scirpus lacustris*); il ressemble à un *xyloma*.

Leptostroma filicinum, en taches alongées, difformes, à disque mince, un peu lisse. Il croît sur la tige de l'*osmunda regalis*, l'une de nos plus belles fougères.

Leptostroma scriptum, il est en taches alongées, linéaires, flexueuses ou arrondies, très-minces, à disque ridé. Il croît sur les branches mortes de l'érable à feuilles de frêne (*acer negundo*). Cette espèce est très-douteuse, même comme végétal.

Fries pense que le *leptostroma* d'Ehrenberg n'est pas le sien, et même que les plantes qu'il décrit comme espèces de *leptostroma*, ne sont pas des végétaux; il propose néanmoins de nommer ce genre *Ectostroma*. Le même botaniste reconnoît son genre *Leptostroma* dans le *schizoderma* d'Ehrenberg, que cet auteur ne fait différer du *xyloma* que par les conceptacles distincts; effectivement, Ehrenberg décrit comme exemple le *leptostroma filicinum*, Fries, qu'il a observé sur la fougère femelle (*athyrium filix fœmina*), et une autre espèce *schizoderma scirpinum*. (Voyez Ehrenb. *Sylv. Mycol.*, pag. 15 et 27.)

Ce genre rentre dans la famille des hypoxylés; Nées le place tout près de l'*hypoderma* de Decandolle, et après le *xyloma*. Selon lui, il comprend les espèces de *xyloma* qui croissent sur les végétaux morts. Nées compare le *cryptosporium* de Kunze à un *leptostroma*, dont les sporidies ou conceptacles sont alongés et séparés.

L'*ectostroma* seroit caractérisé, suivant Fries (*Novit. Suet.*), par ses conceptacles contigus. (LEM.)

LEPTOTHRION (*Bot.*), de Kunth. Voyez ISÓCHILE. (LEM.)

LEPTUBERIA. (*Bot.*) Genre de la famille des lichens, établi par Rafinesque-Schmaltz, et dont les caractères nous sont inconnus. Il paroît comprendre les espèces crustacées. (L**EM.**)

LEPTURE, *Lepturus*. (*Bot.*) Genre de plantes monocotylédones, à fleurs glumacées, de la famille des *graminées*, de la *triandrie digynie* de Linnæus, offrant pour caractère essentiel : Un calice à une seule valve, contenant une ou deux fleurs ; le rudiment d'une troisième fleur pédicellé ; deux valves corollaires mutiques ; trois étamines ; deux styles.

Ce genre, peu distinct du *rottbollia*, en diffère par une fleur stérile pédicellée, réunie à une ou deux fleurs hermaphrodites. Les fleurs sont disposées en un épi simple, cylindrique ; le rachis articulé et denté ; chaque épillet à demi enfoncé dans les cavités du rachis. Peut-être si ce genre, assez foible, est conservé, faudroit-il y ajouter le *rottbollia incurvata* et *filiformis*.

LEPTURE RAMPANTE : *Lepturus repens*, R. Brown, *Nov. Holl.*, 1, pag. 207 ; *Rottbollia repens*, Forst., *Prodr.*, n.° 151. Ses tiges sont rampantes, rameuses, articulées ; ses rameaux ascendans ; ses feuilles disposées presque sur deux rangs opposés, roides, linéaires, un peu roulées à leurs bords, velues à l'orifice de leur gaine, munies d'une petite membrane peu apparente. Les épis sont filiformes, glabres, cylindriques, se séparant facilement à leurs articulations, ne recevant dans chaque cavité qu'un seul épillet fort petit ; la valve calicinale acuminée, plus longue que l'articulation, renferme une ou deux fleurs hermaphrodites ; une troisième stérile, pédicellée, est placée entre les fleurs hermaphrodites, ou latérale lorsqu'il n'y qu'une seule fleur hermaphrodite ; les valves corollaires sont membraneuses, mutiques, renfermées dans la valve calicinale ; deux petites écailles sont à la base de l'ovaire. Cette plante croit sur les côtes maritimes et sablonneuses de la Nouvelle-Hollande. (P**OIR.**)

LEPTURE, *Leptura*. (*Entom.*) On a désigné, sous ce nom, depuis Linnæus, un genre d'insectes coléoptères, à quatre articles à tous les tarses et à antennes en forme de soie, par conséquent du sous-ordre de ceux que l'on dit tétramérés, et que l'on a rangés dans la famille des mange-bois, appelés lignivores ou xylophages.

Cette dénomination de lepture, empruntée du grec, indique la forme particulière de ces insectes, dont en général les parties postérieures des élytres et de l'abdomen sont amincies et se terminent en pointe, de deux mots grecs, λεπτος, aminci, rétréci, et de ᾖρα, queue, ou partie postérieure. A la vérité, ce genre n'est plus maintenant aussi nombreux en espèces, que Linnæus l'avoit indiqué; car il y comprenoit les stencores, les rhagies, les molorques, les callidies, et même les donacies; on l'a beaucoup plus circonscrit maintenant par les caractères que l'on a assignés au genre Lepture, tels que nous allons les faire connoître dans cet article.

Les leptures sont de très-jolis insectes à longues antennes, en forme de soie, dont les articulations sont alongées et bien distinctes, au nombre de onze, rapprochées à leur insertion qui a lieu sur le front, entre les yeux : leurs élytres sont en général beaucoup plus larges à la base que le corselet où il est un peu conique et plus étroit à sa partie antérieure qui reçoit la tête, qui, malgré la saillie que font les yeux sur les côtés, se trouve cependant encore plus étroite que la base du corselet. En général, le corps sur sa longueur paroît comme arqué ou voûté, plus étroit et caréné en dessous, plat en dessus, arrondi sur les flancs. Les pattes sont alongées; les cuisses plus grosses vers l'articulation jambière; les tibias portent ordinairement deux épines tarsiennes. Des quatre articles des tarses, ceux qui composent les pattes postérieures sont presque constamment plus alongés que ceux des deux paires antérieures; en général, le second article est plus grêle, le pénultième a deux lobes, et le dernier alongé, courbé, plus gros à son extrémité libre, porte une paire de crochets simples et courbés.

En comparant les espèces de ce genre avec celles qu'on peut rapporter à la même famille, voici comment, à l'aide de l'analyse, on parvient aisément à les rapprocher. D'abord les élytres, quoique rétrécies, recouvrent presque toute la partie supérieure de l'abdomen et cachent les ailes en entier, ce qui n'a pas lieu dans les molorques; ensuite ces élytres sont sensiblement plus étroites et amincies à leur extrémité libre, ce qui ne s'observe dans aucun des autres genres, excepté parmi les rhagies, qui ont le corselet épineux sur les côtés, tandis que dans les leptures les bords du thorax sont arrondis comme dans les callidies et les saperdes, dont les étuis des ailes sont d'ailleurs arrondis et à peu près de même largeur dans toute leur étendue. Enfin les capricornes, les priones et les lamies, dont les leptures se distinguent par plusieurs autres caractères, diffèrent essentiellement de ce dernier genre parce que leur corselet est muni sur ses côtés d'une ou plusieurs pointes ou épines distinctes.

Sous l'état parfait, on trouve les leptures sur les fleurs, principalement sur celles des ombellifères, des rosacées, des liliacées, et surtout des orchidées. Elles volent de jour, même à l'ardeur du soleil; mais leur vol est lourd et lent. Elles courent mieux en général qu'elles ne volent; aussi, quand on les surprend, préfèrent-elles ou s'enfuir promptement, ou se laisser choir en contractant leurs membres et en simulant, par leur immobilité, une mort subite. Quand elles sont saisies, elles produisent, comme la plupart des xylophages, un petit bruit, en faisant vibrer toute la masse de leur corps et en communiquant même ce mouvement à ceux des objets sur lesquels elles adhèrent. On voit que ce mouvement est principalement déterminé par un frottement que l'insecte produit entre le corselet et la base des élytres.

La plupart des leptures ont le corps légèrement velu et coloré; leurs élytres varient pour la teinte. Il est quelquefois d'une seule couleur jaune, rougeàtre ou bleue; mais, le plus souvent, le fond en est d'un jaune testacé, avec des taches, des traits ou des points noirs.

On trouve les larves des leptures dans le bois qu'elles rongent; la plupart attaquent les racines ou les branches, sous l'écorce desquelles elles se creusent des galeries ou des sinuosités dans chacune desquelles on ne trouve qu'un seul individu dont la croissance successive est indiquée par le diamètre du canal dans lequel on observe cette larve qui s'y transforme en nymphe, le plus ordinairement à la fin de l'automne, pour passer l'hiver sous cette apparence de sommeil léthargique : aussi la plupart des leptures se font-elles remarquer dans les premières quinzaines du printemps. Ces larves ont à peu près la forme que nous offrent celles de la plupart des coléoptères lignivores. Elles sont blanches-jaunâtres, à tête brune, à peu près quadrangulaires, plus grosses du côté de la tête, à pattes très-courtes, munies sur le dos de tubercules, sortes de mamelons dont l'insecte se sert pour s'appuyer dans les galeries ou cheminées qu'il se creuse en pourvoyant à sa nourriture.

Les leptures forment un genre très-nombreux et fort naturel. Fabricius, dans son Système des Eleuthérates, y a inscrit plus de soixante-dix espèces, et Olivier avoit figuré cinquante espèces dans sa grande Entomologie, en y consacrant quatre planches. Il seroit commode, pour l'étude, de distribuer ces espèces en groupes, d'après la disposition des couleurs sur les élytres; mais ce travail n'a pas encore été fait, et il seroit déplacé dans ce Dictionnaire où nous ne voulons indiquer que quelques espèces seulement, et non en faire une monographie. Nous allons donc nous contenter d'indiquer celles qui sont les plus connues aux environs de Paris.

Nous rappellerons d'abord que nous avons fait figurer dans l'atlas de ce Dictionnaire, sous le n.° 2 de la planche XI, de la VIIIe livraison, famille des Xylophages, parmi les coléoptères tétramérés, l'espèce qne l'on nomme cotonneuse ou tomenteuse, dont nous allons de suite donner la description.

1. LEPTURE COTONNEUSE; *Leptura tomentosa.*

Car. *Corps noir; corselet à duvet jaune doré; élytres d'un jaune rougeâtre testacé, noires à l'extrémité.*

C'est le stencore noir à etuis jaunes, de Geoffroy, tom. I, pag. 227, n.° 8. Elle est figurée dans Olivier, n.° 73, pl. 11, fig. 13, c.

2. LEPTURE TESTACÉE; *Leptura testacea.*

Car. *Noire; à palpes, jambes, tarses de couleur pâle; élytres entièrement d'un rouge testacé.* Geoffroy en a donné la figure tom. I, pl. 4, fig. 1, sous le nom de stencore à étuis rougeâtres.

On la trouve communément sur les fleurs de la ronce; elle est un peu plus grosse que la précédente : peut-être n'est-elle qu'une variété de sexe; c'est l'opinion de Geoffroy.

3. LEPTURE SAPEUR; *Leptura hastata.*

Car. *Noire; à élytres rouges, noires à la pointe et offrant une grande tache triangulaire noire formée en commun sur la suture.*

Olivier l'a figurée pl. 73, n.° 1, fig. 5, c. b. c.

C'est le stencore bedeau de Geoffroy, qui l'a très-bien décrit. La couleur rouge des élytres pâlit beaucoup par la dessiccation. Quelques auteurs l'ont décrit sous le nom de *stencorus lamed.*

4. LEPTURE QUEUE NOIRE; *Leptura melanura.*

Car. *Noire; élytres soyeuses d'un jaune rougeâtre, à suture et extremité noires.*

C'est une petite espèce commune au printemps sur les fleurs de la carotte, du sureau et autres ombellifères.

5. LEPTURE ÉCUSONNÉE; *Leptura scutellata.*

Car. *Toute noire avec l'écusson blanc.* Elle est figurée dans Panzer, cah. LXIX, pl. 15.

Nous l'avons trouvée sur les fleurs d'un rosier sauvage à Fontainebleau.

6. LEPTURE ÉPERONNÉE; *Leptura calcarata.*

Stencore jaune à bandes noires de Geoffroy, pag. 224, n.° 5.

Car. *Noire; à élytres jaunes avec quatre bandes noires : la première ponctuée, la deuxième interrompue; jambes postérieures à longues épines; les cuisses postérieures dans les mâles ont aussi une sorte d'épine.*

Cette espèce est très-commune, dans les bois, sur les fleurs de ronce.

7. LEPTURE A QUATRE BANDES; *Leptura quadrifasciata.*

Car. *Noire; à élytres jaunes avec quatre bandes ondulées ou dentelées en travers; une tache jaune sur le corselet; pattes noires.*

8. LEPTURE AMINCIE; *Leptura attenuata.*

Car. *Noire; élytres très-alongées et rétrécies, de couleur fauve avec quatre bandes noires; pattes pâles.*

Schæffer la figure dans ses *Icones,* pl. XXXIX, fig. 6.

9. LEPTURE NOIRE; *Leptura nigra.*

C'est le stencore noir à ventre rougeâtre de Geoffroy, n.° 9.

Car. *Noire; très-amincie, à abdomen rougeâtre.* Elle n'a guères que quatre lignes de long.

Ou l'observe fréquemment sur les fleurs de l'aubépine.

10. LEPTURE A COLLIER, *Leptura collaris,* Linn.

C'est aussi le stencore à corselet rouge de Geoffroy, pag. 228 du tome XI, n.° 11.

Car. *Noire; élytres d'un bleu foncé; abdomen et corselet rougeâtres.*

11. LEPTURE SIX GOUTTES; *Leptura sex guttata.*

Car. *Toute noire; trois taches jaunes arrondies sur chaque élytre.*

12. LEPTURE LIVIDE ; *Leptura livida.*

Car. *Noire; élytres d'un jaune très-pâle; pattes noires.* (C. D.)

LEPTURUS. (*Ornith.*) Brisson a donné ce nom, comme générique, au paille-en-queue ou phaéton, *phaeton œthereus*, Linn. (C. D.)

LEPTYNITE. (*Min.*) M. Haüy a senti la nécessité de désigner par des noms univoques les masses minérales qui couvrent de grandes étendues de terrain, qui entrent pour une grande portion dans la structure de l'écorce de la terre, et qui, lorsqu'elles sont hétérogènes, sont composées assez constamment des mêmes minéraux mélangés dans des proportions toujours à peu près les mêmes.

Ces masses doivent recevoir des noms distinctifs, être considérées d'une manière particulière et absolument indépendante, et des espèces minérales qui y sont quelquefois dominantes, et de l'époque d'origine des terrains dans lesquels on les trouve.

M. Haüy n'a pas toujours adopté ces principes dans toute leur rigueur, et c'est en cela seulement que nous avons différé un peu de l'opinion de ce célèbre minéralogiste. C'est néanmoins d'après eux qu'il a établi, dans les galeries du Muséum royal de minéralogie, l'espèce de roche composée à laquelle il a donné le nom de leptinite : espèce et nom que nous nous sommes empressé d'adopter dans notre Essai de classification des roches mélangées, publié en 1813.

Le leptynite est une roche de cristallisation, dont la base est du felspath grenu, et dont les parties constituantes essentielles sont du mica et du quarz disséminés.

Sa structure est grenue.

Il est entièrement fusible en émail blanc, picoté de points roussâtres.

Cette roche a beaucoup de rapports avec le granite, le gneiss, l'eurite, l'hyalomicte, et même quelques psammites. Voici en quoi elle s'en distingue. Elle diffère,

Du granite : parce que les parties de celui-ci sont en proportions à peu près égales, qu'il n'y en a aucune d'essentiellement dominante, et que le felspath est en cristaux à structure laminaire.

26.

Du gneiss : parce que les parties y sont disposées par lits ou feuillets minces d'une épaisseur à peu près égale, et que le mica est presque dominant.

De l'hyalomicte : parce que c'est le quarz qui est dominant dans cette roche ; à peine y a-t-il quelquefois un peu de felspath. Aussi est-elle infusible.

Du psammite granitoïde, et micacé : parce que, dans le premier, les parties sont très-distinctes, et qu'aucun des deux n'est grenu ; et que, dans tous deux, la structure, examinée avec l'attention convenable, indique une formation principale par voie mécanique, et non pas une roche de complète cristallisation.

C'est de l'eurite qu'il est le plus difficile de distinguer le leptynite, et nous convenons même que, si de nouvelles observations ne contribuent pas à établir d'une manière bien nette la distinction de ces deux sortes de roches, il faudra les réunir sous un seul nom.

Pour nous, la base des eurites est un felspath compacte, ou un pétrosilex, ou, ce qui n'est pas tout-à-fait la même chose, une roche qui ne présente pas une ressemblance assez évidente et assez complète avec le felspath, pour la regarder comme cette espèce minérale en masse. (Voyez l'article Eu-RITE, où ces caractères sont très-développés.)

Le leptynite ne différeroit donc de l'eurite, roche composée, que par la texture de sa base, différence qui n'est peut-être pas suffisante pour établir deux sortes de roches. Aussi est-il assez difficile de donner des exemples nombreux et tranchés de la roche qui fait le sujet de cet article. Elle admet comme parties accessoires les mêmes minéraux que l'eurite, c'est-à-dire, des grenats et du disthène.

Elle paroit offrir à peu près les mêmes variétés principales de structure en grand : il y a des *leptynites compactes* et des *leptynites schistoïdes*.

Enfin, il paroît qu'elle fait partie des mêmes terrains que certains eurites, mais non pas que tous ; car les eurites porphyroïdes et phonolites appartiennent quelquefois à des terrains d'origine probablement volcanique, et nous ne connoissons pas encore de leptynite qu'on puisse rapporter à cette origine. Aussi cette roche doit-elle recevoir la même indication de synonymie. Elle offre une subdivision, ou plutôt elle fait partie, comme les eurites, des terrains composés de *weisstein*, d'*hornfels*, etc.

Ces roches viennent d'être encore divisées, et de recevoir des noms nouveaux, par M. Gerhard. Il subdivise les *weisstein* de l'école de Werner en *amausite*, *granulite* et *felsite*. Mais ces divisions sont fondées sur des principes différens de ceux que nous avons adoptés pour la spécification des roches mélangées, puisque l'époque de formation y entre comme caractère. Il est assez difficile de faire coïncider ces espèces avec celles que nous avons établies sur des caractères purement minéralogiques. Nous reviendrons sur ces considérations et sur ces nouvelles spécifications au mot Roche. (B.)

LEPUS (*Mamm.*), nom latin du lièvre. (F. C.)

LEPUS AQUEUS. (*Ornith.*) L'oiseau auquel ce nom est donné par Niéremberg, est le grèbe cornu, *colymbus cornutus*, Gmel. : *podiceps cornutus*, Lath. (Ch. D.)

LEPYRODIA. (*Bot.*) Genre de plantes monocotylédones, hermaphrodites ou dioïques, de la famille des *restiacées*, de la *dioécie triandrie* de Linnæus, offrant pour caractère essentiel : Un calice à six folioles glumacées, accompagnées à la base d'une ou de deux écailles en forme de bractées; point de corolle; trois étamines; les anthères peltées; un rudiment d'ovaire. Le fruit, dans les fleurs femelles, est une capsule à trois lobes, s'ouvrant par ses angles; les semences sont solitaires.

Ce genre renferme des espèces jusqu'à présent peu connues, toutes découvertes sur les côtes de la Nouvelle-Hollande; elles se rapprochent beaucoup du *restio*, et surtout du *calorophus* de Labillardière, parmi lesquelles M. Rob. Brown en a décrit plusieurs espèces.

1.° LEPYRODIA GRACILIS; R. Brown, *Prodr. Nov. Holl.*, 1, pag. 247. Ses tiges sont médiocrement rameuses, munies de gaines serrées; les fleurs disposées en épis rameux; les ramifications inférieures un peu distantes; les folioles extérieures du calice plus courtes que les intérieures.

2.° LEPYRODIA STRICTA, Brown, *l. c.* Ses tiges sont très-simples; les gaines roides; les fleurs disposées en épis, dont les rameaux sont un peu rapprochés; les folioles du calice presque égales. (Poir.)

LÉQUÉE, LECHEA ou LEKEA. (*Bot.*) Genre de plantes dicotylédones, à fleurs complètes, polypétalées, de la famille des *cariophyllées*, de la *triandrie trigynie* de Linnæus, offrant pour caractère essentiel : Un calice persistant, à trois folioles; trois pétales linéaires; trois étamines (quelquefois quatre ou cinq); un ovaire supérieur; point de style; trois stigmates. Le fruit est une capsule à trois loges, à trois valves, à trois semences. Les cloisons, en se désunissant quand la capsule s'ouvre, forment comme trois autres valves intérieures.

LÉQUÉE A FEUILLES OVALES : *Lechea major*, Linn., *Amœn. acad.*, 3, pag. 10, tab. 1, fig. 4; Mich., *Amer.*, 1, pag. 76. Ses tiges sont droites, fermes, un peu rougeâtres, hautes de deux ou trois pieds, rameuses, très-velues; les rameaux nombreux, paniculés, chargés de poils blanchâtres; les feuilles alternes, médiocrement pétiolées, ovales, un peu lancéolées et pubescentes, velues à leurs bords, longues de six à huit lignes; celles des rameaux presque sessiles, plus petites; les fleurs petites, nombreuses, un peu velues, pédicellées, presque fasciculées, disposées en petites grappes courtes le long des rameaux. Cette plante croît en larges touffes épaisses, dans le sable et aux lieux arides, dans la Caroline.

LÉQUÉE A FEUILLES DE THYM: *Lechea thymifolia*, Mich., *Amer.*, *l. c.*; *an Lechea minor?* Linn., *Amœn.*, *l. c.* Ses tiges sont droites, cylindriques, un peu rudes, d'un brun pourpre; les rameaux droits, paniculés à leur sommet et un peu pubescens; les feuilles alternes, presque sessiles, linéaires, quelquefois presque opposées ou ternées, glabres, un peu aiguës, légèrement pubescentes à leurs bords. Les fleurs sont très-petites, pédicellées, presque fasciculées en petites grappes axillaires et terminales. Cette plante croît en gazon, aux lieux stériles et arides, dans la Caroline. (POIR.)

LEQUILLA. (*Ornith.*) Ce nom napolitain, qui s'écrit aussi avec une seule *l*, désigne le venturon, *fringilla citrinella*, Linn. (CH. D.)

LERCHEA. (*Bot.*) Il ne faut pas confondre avec le genre fait par Linnæus sous ce nom, un autre fait par Haller, dont les caractères sont très-différens, et que Linnæus lui-même réunit à son genre *Salsola*. (J.)

LERE (*Mamm.*), nom que Marcgrave donne à une espèce de chauve-souris du Brésil. (F. C.)

LEREAMOUCAIRI (*Bot.*), nom galibi du *paullinia fibulata* de M. Richard, que nous avons cité dans les Ann. du Mus. d'Hist. nat., vol. IV, p. 349. (J.)

LEREOU. (*Mamm.*) Les Nègres Jolofs donnent ce nom au Lamantin du Sénégal. (Desm.)

LERIA. (*Bot.*) C'est sous ce nom qu'Adanson cite les espèces de *marrubiastrum* de Tournefort, réunies par Linnæus à son genre *Sideritis*, dont elles se distinguent par une corolle qui ne déborde pas le calice. (J.)

LÉRIE, *Leria*. (*Bot.*) Ce genre de plantes, publié en 1812, dans le Mémoire de M. De Candolle sur les labiatiflores, appartient à l'ordre des synanthérées, et à notre tribu naturelle des mutisiées, dans laquelle il est voisin des genres *Chaptalia* et *Leibnitzia*. Voici les caractères génériques du *Leria*, tels qu'ils résultent de nos propres observations, faites sur la *leria lyrata* et sur la *leria integrifolia*.

Calathide bicouronnée, discoïde-radiée : disque multiflore, équaliflore, diversiflore, androgyniflore ; couronne intérieure non radiante, plurisériée, multiflore, tubuliflore, féminiflore ; couronne extérieure radiante, subunisériée, multiflore, liguliflore, féminiflore. Péricline subcampaniforme, ou subcylindracé, tantôt un peu supérieur aux fleurs radiantes, tantôt égal aux fleurs du disque ; formé de squames nombreuses, plurisériées, inégales, régulièrement ou irrégulièrement imbriquées, étroites, linéaires-aiguës, membraneuses sur les bords et au sommet. Clinanthe plan, absolument nu. Fruits pédicellulés, oblongs, amincis aux deux bouts, parsemés de petits poils papilliformes, munis de cinq nervures, et surmontés d'un col très-long, très-grêle, filiforme, glabre et lisse ; aigrette composée de squamellules nombreuses, inégales, filiformes, très-fines, à peine barbellulées. *Fleurs du disque* : Corolle variable, à cinq incisions inégalement profondes, formant ordinairement deux lèvres plus ou moins distinctes, l'intérieure bifide jusqu'à la base, l'extérieure inégalement et irrégulièrement tridentée, trilobée ou trifide ; tube anthéral pourvu de cinq appendices apicilaires entregreffés, longs, linéaires, arrondis ou tronqués et quelquefois comme denticulés au sommet, et de dix appendices basilaires libres, très-longs, filiformes; style de mutisiée. *Fleurs de la couronne intérieure :* Corolle très-inférieure au style, courte, très-grêle, tubuleuse, irrégulièrement et variablement terminée au sommet, qui est ordinairement oblique et simule fort souvent une très-petite languette; point de fausses étamines. *Fleurs de la couronne extérieure :* Corolle très-supérieure aux stigmatophores, à tube long, étroit, à languette longue, étroite, linéaire, irrégulièrement tridentée au sommet; point de languette intérieure, ni de fausses étamines.

Lérie a feuilles lyrées : *Leria lyrata,* H. Cass.; *An ? Leria nutans,* Kunth, *Nov. gen. et Sp. pl.,* tom. IV, pag. 5 (édit. in-4.°); *An ? Tussilago (Chaptalia) lyrata,* Pers., *Syn. pl.,* pars 2, pag. 456; *An ? Tussilago nutans,* Swartz, *Obs. bot.,* pag. 305. Une racine oblique, presque horizontale, probablement vivace, produit une multitude de fibres très-longues, verticales, descendantes, et son extrémité supérieure porte un assemblage de feuilles et de hampes. Les feuilles sont inégales, les plus grandes longues d'environ neuf pouces, y compris le pétiole, larges d'environ deux pouces, glabres et vertes en-dessus, tomenteuses et blanchâtres, grisâtres ou rougeâtres en-dessous; leur pétiole est long et bordé; le limbe est lyré : sa partie supérieure est large, ovale-oblongue, sinuée ou bordée de très-larges crénelures arrondies, et de très-petites dents spinuliformes ou tuberculiformes, irrégulièrement éparses, distantes, saillantes, dirigées un peu en arrière; sa partie inférieure, qui dégénère insensiblement en pétiole, est étroite, sinuée, découpée sur les deux côtés, à lobes arrondis, et à petites dents spinuliformes. Les hampes, longues d'environ un pied à l'époque de la fleuraison, longues d'environ deux pieds à l'époque de la dissémination, sont simples, grêles, cylindriques, absolument privées de feuilles et de bractées, tomenteuses ou laineuses, grisâtres, et chacune d'elles se termine par une calathide, dont le péricline est laineux, subcampaniforme, un peu supérieur aux fleurs radiantes, et dont toutes les corolles sont jaunes, mais souvent plus ou moins colorées en rouge au sommet; les squames du péricline ont souvent aussi le sommet rougeâtre. Une de ces calathides nous a offert environ trente fleurs hermaphrodites, environ trente fleurs femelles radiantes, et plus de deux cent cinquante fleurs femelles non radiantes! mais, dans une autre calathide, nous n'avons trouvé qu'environ seize fleurs hermaphrodites, et environ vingt fleurs femelles radiantes, outre les fleurs femelles non radiantes, dont nous avons négligé de compter le nombre.

Nous avons fait cette description sur plusieurs échantillons secs de l'herbier de M. Desfontaines, recueillis, les uns dans l'île de Saint-Domingue par M. Poiteau, les autres dans l'île de Porto-Rico par M. Riedlé.

Lérie a feuilles entières : *Leria integrifolia*, H. Cass.; *An? Tussilago albicans*, Swartz, *Fl. Ind. occ.*, tom. 3, pag. 1348. Les racines sont filiformes. Les feuilles, toutes radicales, sont inégales, longues d'environ trois pouces, larges d'environ dix lignes, un peu coriaces, étrécies inférieurement en pétiole; leur limbe est ovale-lancéolé, un peu aigu, presque entier, ou bordé seulement de denticules spinuliformes ou tuberculiformes, un peu dirigés en arrière; la face inférieure est tomenteuse et blanche; la supérieure est d'abord laineuse, puis glabre et verte. La hampe, haute de six à huit pouces, est simple, nue, cylindrique, tomenteuse, blanche, terminée par une calathide qui paroît être penchée, et composée de fleurs jaunes; le péricline est tomenteux, subcylindracé, égal aux fleurs du disque; les appendices apicilaires du tube anthéral sont tronqués et comme denticulés au sommet.

Nous avons fait cette description sur deux échantillons secs de l'herbier de M. de Jussieu, recueillis par Commerson dans les environs de Montevideo; l'un de ces deux échantillons porte des fleurs, et l'autre des fruits mûrs : ce dernier, étant plus grand que l'autre dans toutes ses parties, nous fait présumer que la plante acquiert de l'accroissement après la fleuraison.

Le genre *Tussilago* avoit été fort bien défini et limité par Tournefort, qui n'y admettoit que le *Tussilago farfara*, et qui lui attribuoit pour caractères la calathide radiée et le péricline unisérié. Vaillant a gâté ce genre, en associant à l'espèce qui en est le type primitif, d'autres espèces non congénères, appartenant au *Gerberia*, et en supposant que le péricline des *tussilago* pouvoit être imbriqué. Linné a mal à propos réuni au genre *Tussilago* les *petasites* de Tournefort et de Vaillant; et, par une bizarrerie singulière, il a placé à la tête du genre quatre espèces qui n'appartiennent réellement ni au vrai *Tussilago* ni au vrai *Petasites* : la première (*Tussilago anandria*) est une *Leibnitzia*; la seconde (*Tussilago nutans*) est une *Leria*; la troisième (*Tussilago dentata*) est une *Chaptalia*[1]; la quatrième (*Tussilago alpina*) est une *Homogyne*. Un genre ainsi composé d'espèces hétérogènes ne pouvoit être que fort mal caractérisé. Linné, dans son *Genera plantarum*, attribue au genre *Tussilago* le péricline formé de squames égales, le disque androgyniflore, et l'aigrette stipitée, c'est-à-dire, le fruit collifère. Aucune des espèces linnéennes de *Tussilago* ne réunit ces trois caractères, dont l'auteur n'a pu concevoir le monstrueux assemblage qu'en forgeant un type imaginaire, auquel il a gratuitement accordé le péricline du vrai *Tussilago*, du *Petasites*, de l'*Homogyne*, le disque de l'*Homogyne*, du *Leria*, du *Leibnitzia*, et les fruits du *Leria*. Le péricline est formé de squames inégales, plurisériées, imbriquées, chez les *Leibnitzia*, *Leria*, *Chaptalia*; le disque est masculiflore chez les vrais *Tussilago* et *Petasites*, androgyni-masculiflore chez le *Chaptalia*; l'aigrette est sessile, ou plutôt le fruit est privé de col, chez les vrais *Tussilago*, *Petasites*, *Homogyne*, *Chaptalia*. Adanson a rétabli les deux genres *Tussilago* et *Petasites* de Tournefort. M. de Jussieu, réunissant, comme Linné, les *Petasites* au vrai *Tussilago*, a aussi, comme lui, admis pour caractères de ce genre le péricline de squames égales, unisériées, et les fruits collifères. Gærtner a distingué de nouveau les *Petasites* du vrai *Tussilago*, et il a reconnu, avec son exactitude accoutumée, que, dans ces deux genres, les fruits étoient privés de col, et que le péricline étoit unisérié; mais il est tombé dans la même erreur que Linné et tous les autres botanistes, à l'égard du sexe des fleurs du disque. Necker

---

[1] Nous avons très-soigneusement analysé la calathide d'une plante sèche, étiquetée *tussilago dentata*, Linn., dans l'herbier de M. de Jussieu, et cette calathide nous a offert tous les caractères propres au genre *Chaptalia* de Ventenat. Si donc l'étiquette est exacte, il est certain que le *tussilago dentata* de Linnæus est une véritable espèce de *chaptalia*, qu'il faut nommer *chaptalia dentata*.

a divisé le genre *Tussilago* de Linné en quatre genres, qu'il a nommés *Thyrsanthema*, *Petasites*, *Atasites*, *Tussilago*. Il est assez vraisemblable que son *Thyrsanthema* correspond au *Leria* de M. De Candolle; il est plus douteux que son *Atasites* corresponde à notre *Gerberia*; et l'on doit croire que les *Petasites* et *Tussilago* de Necker sont en concordance avec les *Petasites* et *Tussilago* de Tournefort et Gærtner. Mais, ce qu'il y a de plus clair, c'est que les quatre genres de Necker sont des énigmes impossibles à deviner avec certitude, parce que l'auteur, suivant sa coutume, n'a indiqué aucune des espèces qui les composent, et que les descriptions caractéristiques de ces genres contiennent les plus grossières absurdités. Pour justifier une critique aussi dure, il nous suffira de dire que, d'après les descriptions de Necker, le caractère unique distinguant le *Thyrsanthema* de l'*Atasites* et le *Petasites* du *Tussilago* consisteroit en ce que la calathide du *Thyrsanthema* et celle du *Petasites* sont composées de fleurs nombreuses, tandis que la calathide des deux autres genres ne contient qu'une seule fleur! et ce qu'il y a de plus curieux, c'est que ces calathides, dites uniflores, de l'*Atasites* et du *Tussilago* ont pourtant, selon Necker, un disque composé de plusieurs fleurons et une couronne composée de plusieurs demi-fleurons. La calathide multiflore du *Thyrsanthema* et la calathide uniflore de l'*Atasites* ont le péricline imbriqué; tandis que la calathide multiflore du *Petasites* et la calathide uniflore du *Tussilago* ont le péricline unisérié. Mœnch a suivi l'exemple de Gærtner, en adoptant le *Tussilago* et le *Petasites* de Tournefort. Ventenat, dans sa Description du jardin de Cels, a établi le genre *Chaptalia* sur une seule espèce, que Willdenow et Michaux attribuent au genre *Tussilago*, dont elle est pourtant bien distincte. Ce genre *Chaptalia* revendique aussi, selon nous, le *Tussilago dentata* de Linné. M. De Candolle, dans la Flore françoise, distribue les espèces indigènes du genre *Tussilago* de Linné en trois sections qui, selon lui, doivent peut-être former trois genres distincts. La première section, qu'il intitule *Farfara*, est le vrai *Tussilago* de Tournefort et Gærtner; la seconde, qu'il intitule *Tussilago*, correspond à notre genre *Homogyne*; la troisième, intitulée *Petasites*, correspond au

Petasites de Tournefort et de Gærtner. M. Persoon, dans son *Synopsis plantarum*, admet dans le genre *Tussilago* un sous-genre, qu'il intitule *Chaptalia*, et à la tête duquel il place l'espèce sur laquelle Ventenat a fondé le genre ainsi nommé : mais, au lieu d'attribuer à ce groupe l'aigrette sessile, expressément assignée par Ventenat à son *Chaptalia*, M. Persoon lui attribue, en général et sauf exceptions, l'aigrette stipitée. Les sept espèces qu'il comprend dans ce groupe doivent, selon lui, être séparées du genre *Tussilago*, pour être réunies au genre *Perdicium*, ou pour former un genre particulier, distingué par le port et surtout par l'aigrette stipitée. La première de ces sept espèces est le type du vrai genre *Chaptalia* de Ventenat, qui a l'aigrette sessile ; les deux suivantes appartiennent au genre *Leria* de M. De Candolle, qui a l'aigrette stipitée ; la quatrième est une véritable *Chaptalia* ; les cinquième et sixième nous ont offert certains caractères qui nous paroissent suffisans pour constituer deux genres ou sous-genres distincts ; la septième et dernière est le type de notre genre *Chevreulia*.

M. De Candolle a proposé le genre *Leria* dans son Mémoire sur les Labiatiflores, publié d'abord, en 1812, dans le tome 19 des Annales du Muséum d'histoire naturelle. Ce genre, dédié à Léri, ancien voyageur françois, qui visita, dès le quinzième siècle, l'Amérique méridionale, est placé par M. De Candolle à la fin de ses Labiatiflores douteuses et fort loin du *Chaptalia* de Ventenat. L'auteur du *Leria* le caractérise ainsi : Involucre à folioles disposées sur un seul rang ; fleurons très-menus ; les extérieurs ligulés, probablement femelles ; les intérieurs hermaphrodites, probablement bilabiés ; aigrette pileuse, stipitée ; réceptacle nu ; herbes à feuilles radicales, entières, ou sinuées-lyrées, à hampes uniflores. M. De Candolle attribue à ce genre le *Tussilago nutans* de Linnæus, les *Tussilago pumila*, *albicans* et *lyrata* de Swartz, et avec doute les *Tussilago exseapa* et *sarmentosa* de Persoon. Enfin, il remarque que son *Leria* est certainement distinct du *Tussilago* par le port et l'aigrette stipitée ; mais il avoue n'avoir pu reconnoître sur le sec la véritable structure des fleurons.

Le genre *Leria* de M. De Candolle n'est donc pas autre

chose que le sous-genre *Chaptalia*, antérieurement publié par M. Persoon, et dont M. De Candolle a éliminé deux espèces qui, ayant l'aigrette sessile, appartiennent au genre *Chaptalia* de Ventenat. Mais il y a beaucoup moins d'erreurs dans la description caractéristique de M. Persoon, que dans celle de M. De Candolle. Ce dernier, en attribuant au *Leria* le péricline unisérié et l'aigrette stipitée, semble avoir calqué les caractères attribués par Linné au *Tussilago*. Ce qui n'est pas moins étonnant, c'est que M. De Candolle paroît n'avoir pas même soupçonné l'affinité si intime et si évidente qui existe entre son *Leria* et le *Chaptalia* de Ventenat, quoiqu'elle lui fût indiquée par M. Persoon, qui avoit réuni les deux genres sous le titre commun de *Chaptalia*. Des six espèces admises par M. De Candolle dans le genre *Leria*, il n'y en a, selon nous, que deux qui lui appartiennent bien certainement: ce sont les *Tussilago nutans* de Linné et *albicans* de Swartz. Nous nous sommes déjà expliqué sur les *Tussilago pumila, exscapa* et *sarmentosa*. Quant à la citation faite par M. De Candolle d'un *Tussilago lyrata* de Swartz, c'est sans doute une erreur; car nous ne trouvons dans les *Observationes botanicæ* de Swartz que le *Tussilago nutans*, et dans sa *Flora Indiæ occidentalis* que les *Tussilago albicans* et *pumila*. Il est probable que M. De Candolle a voulu parler du *Tussilago* (*Chaptalia*) *lyrata* de M. Persoon; mais alors c'est un double emploi, car cette espèce est la même que le *Tussilago nutans*. Cela nous fournit l'occasion de faire remarquer que M. Persoon a, par inadvertance, admis le même nom spécifique de *lyrata* pour deux espèces bien différentes de son genre *Tussilago* : l'une, numérotée 2, est notre *Leibnitzia phœnogama*; l'autre, numérotée 18, est notre *Leria lyrata*. Le même auteur a commis une faute semblable dans le genre *Conyza*, où il admet deux fois le nom spécifique de *Chinensis*.

M. Kunth a décrit, dans ses *Nova genera et species plantarum*, sous le nom de *Leria nutans*, une plante qu'il croit être le *Tussilago nutans* de Linné, et qui est peut-être aussi notre *Leria lyrata*. Cependant nous remarquons entre sa description et la nôtre plusieurs différences qui nous inspirent des doutes. En effet, ce botaniste ne trouve, dans la calathide de son *Leria*, que deux sortes de fleurs, dont vingt ou trente femelles, à corolle presque biligulée, forment une couronne radiante; toutes les autres, en très-grand nombre, sont hermaphrodites, à corolle presque labiée, et forment le disque; les corolles de la couronne sont purpurines, et ont deux languettes, dont l'intérieure est peu manifeste, très-petite et bipartie; les corolles du disque sont très-grêles, élargies supérieurement, et elles ont deux lèvres, l'extérieure tridentée, l'intérieure bifide; les ovaires et les fruits mûrs sont glabres. Si la plante décrite par M. Kunth étoit de même espèce que celle décrite par nous, on ne concevroit pas comment un aussi habile observateur auroit pu ne pas apercevoir dans la calathide du *Leria* la couronne intérieure non radiante, disposée sur plusieurs rangs, et composée de plus de deux cent cinquante fleurs femelles, à corolle tubuleuse. Ajoutons que, dans notre plante, les corolles de la couronne radiante ne sont point purpurines, mais jaunes, avec le sommet quelquefois plus ou moins rougeàtre, et surtout qu'il n'y a aucun vestige de languette intérieure; enfin, les ovaires sont hérissés de poils courts, et les fruits mûrs eux-mêmes ne sont point glabres. Quoi qu'il en soit sur l'identité ou la diversité des deux plantes, les caractères génériques attribués par nous aux *Leria* ne s'accordent ni avec ceux décrits en détail par M. Kunth, ni avec ceux légèrement esquissés par M. De Candolle. Nous ne pouvons pas prétendre que nos observations soient préférées à celles de deux savans infiniment supérieurs à nous par le crédit dont ils jouissent; mais il nous sera permis de dire que nous avons apporté l'attention la plus scrupuleuse dans l'étude assez difficile des caractères en question.

Maintenant, si nous comparons notre description de la *Leria lyrata* avec celle du *Tussilago nutans*, faite par Swartz dans ses *Observationes botanicæ*, nous trouvons aussi plusieurs différences; car, selon Swartz, sa plante est annuelle, le péricline est plus court que les fleurs radiantes, et ses squames sont lancéolées-ovales, les corolles du disque sont blanches, celles de la couronne radiante sont bifides et purpurines.

La description du *Tussilago albicans*, faite par le même botaniste, dans sa *Flora Indiæ occidentalis*, ne s'accorde pas

non plus entièrement avec notre description de la *Leria integrifolia*, puisque Swartz attribue à sa plante une racine
simple, verticale, la hampe de couleur rouge, ordinairement haute d'un pied, et les corolles blanches.

Quant à la couleur des corolles, nous devons faire remarquer que nous n'avons étudié nos deux espèces de *Leria*
que sur des échantillons secs, où cette couleur pouvoit être
altérée. Tout ce que nous pouvons affirmer à cet égard,
c'est que, dans l'état sec, les corolles sont très-manifeste-
ment jaunes chez les deux espèces.

Au reste, quand même il seroit bien prouvé que nos *Leria
lyrata* et *integrifolia* sont parfaitement identiques avec les
Tussilago nutans et *albicans* de Swartz, il n'en seroit pas moins
évident que les noms spécifiques de *lyrata* et *integrifolia*, qui
caractérisent exactement les deux espèces, sont très-préféra-
bles à ceux de *nutans* et *albicans*, qui ne les distinguent point
du tout.

Le genre *Leria* est, comme notre *Lasiopus* et plusieurs
autres genres de la tribu des mutisiées, remarquable par la
diversité des corolles de la calathide. Les corolles de la couronne extérieure radiante sont un peu inégales et un peu
dissemblables; celles de la couronne intérieure non radiante
sont encore plus variées, quelques-unes d'elles étant ambiguës et imitant plus ou moins, soit les corolles de la couronne extérieure, soit les corolles du disque. Enfin, le disque
offre toutes les nuances qu'on peut concevoir entre la corolle
labiée et la corolle régulière. Il ne faut pas en conclure,
comme M. Kunth, que la labiation de la corolle mérite peu
d'attention, et qu'une tribu fondée sur ce caractère ne peut
pas être naturelle; mais il faut dire que, la labiation de la
corolle étant souvent peu manifeste et quelquefois même
entièrement effacée, il faut fortifier ce caractère par l'ad-
jonction de ceux que peuvent fournir les autres organes floraux. C'est ce que MM. Lagasca et De Candolle avoient im-
prudemment négligé de faire pour leurs Chénantophores ou
Labiatiflores; mais nous avons eu grand soin de procurer cet
avantage à nos Mutisiées et Nassauviées. (Voyez tom. XX,
pag. 378 et 379.) Au surplus, toutes les anomalies de la labiation, dans le disque des *Leria*, résultent de ce que les

deux incisions qui forment les trois divisions de la lèvre extérieure sont très-souvent profondes et inégales.

Le col qui surmonte l'ovaire des *Leria*, est déjà bien manifeste et d'une longueur remarquable à l'époque de la
fleuraison; mais il est alors épais, cylindrique : c'est en mû-
rissant qu'il devient filiforme en s'alongeant et s'amincissant
considérablement.

Les squames du péricline, chez la *Leria lyrata*, sont-elles
entièrement appliquées, ou bien leur partie supérieure est-
elle inappliquée et appendiciforme? N'ayant vu que des
échantillons secs, nous ne pouvons rien affirmer sur cette
question : cependant nous soupçonnons que la partie supérieure des squames est appendiciforme et inappliquée, parce
que nous avons remarqué que cette partie supérieure avoit,
comme le limbe de la feuille, une seule nervure ramifiée
sur les côtés, tandis que la partie inférieure avoit, comme
le pétiole, plusieurs nervures simples. Or, nous avons établi
(tom. X, pag. 148) que la squame proprement dite est un
rudiment de pétiole, et que son appendice est un rudiment
du limbe de la feuille.

Il paroît, d'après les descriptions de Swartz, que son *Tussilago nutans*, qui est probablement notre *Leria lyrata*, n'a
la calathide penchée que durant la fleuraison; tandis qu'au
contraire son *Tussilago albicans*, qui est probablement notre
Leria integrifolia, n'a la calathide penchée qu'après la fleuraison. On peut trouver quelque intérêt à comparer ces observations de Swartz avec celles que nous avons faites sur le
Tussilago farfara, et qui se trouvent consignées dans notre
Mémoire sur la dissémination des Synanthérées, inséré au
Bulletin des Sciences de 1821, pag. 92. Dans l'état de préfleu-
raison et dans l'état de fleuraison, la hampe monocalathide du
Tussilago farfara est parfaitement droite d'un bout à l'autre :
mais, après la fleuraison, la partie supérieure de cette hampe
se courbe peu à peu avec rigidité, jusqu'à ce qu'elle devienne
parallèle à la partie inférieure, en sorte que la base de la
calathide se trouve tournée vers le ciel, et son sommet vers
la terre; en même temps la hampe s'alonge considérablement.
Nous avons remarqué que sa courbure étoit hygrométrique,
de manière que la calathide se redressoit presque horizonta-

lement pendant la nuit et dans les temps humides, et qu'elle s'abaissoit complétement pendant le jour et quand le temps étoit sec. Au bout d'un assez long temps, la hampe cesse d'être courbe et reprend sa rectitude primitive; et quelque temps après cette révolution le péricline se renverse ou se réfléchit parallèlement à son support; le clinanthe, de plan qu'il étoit, devient convexe; les aigrettes s'étalent par la divergence de leurs rayons et forment ensemble un globe, comme dans le pissenlit. Nous avouons franchement que nous ne pouvons expliquer ni la cause efficiente ni la cause finale de la courbure de la hampe, qui suit la fleuraison et qui précède la dissémination; mais l'élongation de cette hampe a un but facile à comprendre, puisqu'en élevant la calathide au-dessus du sol, elle l'expose d'autant plus à l'action de l'air et des vents.

Avant de finir cet article, nous devons noter les différences qui distinguent le genre *Leria* du genre *Chaptalia* de Ventenat, et celles qui le distinguent de notre genre *Leibnitzia*. (Voyez nos articles CHAPTALIE, tom. VIII, p. 161; et LEIBNITZIE, tom. XXV, pag. 420.) Le *Leria* diffère du *Chaptalia* en ce que le disque est androgyniflore, que la couronne intérieure non radiante est plurisériée, et que les fruits sont collifères, chez le *Leria;* au lieu que le disque est androgynimasculiflore, que la couronne intérieure non radiante est unisériée, et que les fruits ne sont point collifères, chez le *Chaptalia*. Le *Leria* diffère du *Leibnitzia*, en ce qu'il y a deux couronnes féminiflores, distinctes par la situation et par la structure des fleurs qui les composent, que les corolles radiantes n'ont point de languette intérieure, que le clinanthe est absolument nu, que les fruits ont un col très-long, très-grêle, filiforme, que les appendices apicilaires du tube anthéral sont arrondis ou tronqués au sommet, et que ses appendices basilaires sont très-longs, chez le *Leria;* tandis qu'il n'y a qu'une seule couronne féminiflore, que les corolles radiantes ont une très-petite languette intérieure, que le clinanthe est profondément fovéolé, que la partie supérieure des fruits forme un large col vide, peu distinct extérieurement de la partie inférieure séminifère, que les appendices apicilaires du tube anthéral sont aigus, et que ses appendices basilaires sont courts, chez le *Leibnitzia.*

Les *Leria*, *Chaptalia*, *Leibnitzia* démontrent l'affinité qui existe entre les Mutisiées et les Tussilaginées, ce qui justifie le rapprochement immédiat de ces deux tribus naturelles, et la place que nous leur avons assignée dans notre classification.

Le genre *Leria* appartient aux *corymbifères* de M. de Jussieu, et à la *syngénésie polygamie superflue* de Linné. (H. Cass.)

LERLICHIROLLO. (*Ornith.*) L'oiseau qu'on nomme ainsi à Bellinzone, est le merle d'eau ou cincle, *sturnus cinclus*, Linn., *turdus cinclus*, Lath. (Ch. D.)

LER-MUR (*Bot.*), nom arabe de la myrrhe, selon Daléchamps. (J.)

LERNÉE, *Lernæa.* (*Entomoz.*) Genre d'animaux tellement bizarres, au premier aspect, que les zoologistes sont encore fort peu d'accord sur la place qu'ils doivent assigner à ce groupe dans la série animale. Linnæus, qui le premier l'a établi, en faisoit des animaux mollusques, quoique la définition qu'il donne de cette classe, ne lui convienne guère : ce qu'ont imité successivement Bruguière, dans les Tableaux de l'Encyclopédie méthodique, MM. Blumenbach, G. Cuvier et de Lamarck, dans la première édition de leur ouvrage sur le règne animal, et tous les éditeurs et continuateurs de Linnæus. M. Bosc avoit admis le même rapprochement, mais en faisant l'observation que, par leurs habitudes, les lernées se rapprochoient des vers intestinaux. M. Duméril, ne sachant probablement qu'en faire, les a passées sous silence. En 1809, M. de Lamarck, dans la distribution générale des animaux qui fait partie de sa Philosophie zoologique, fut le premier qui eut l'idée de rapprocher les lernées des sangsues, des lombrics : en effet, il les plaça dans son premier ordre des annelides. Plus tard, dans le Prodrome de son cours, il crut devoir en former une classe distincte sous la dénomination d'*épizoaires*. M. Ocken, qui le premier a senti la nécessité de mettre un peu d'ordre dans ce groupe en le partageant en plusieurs petits genres, et qui en outre a aperçu ses rapports avec les caliges, en fait cependant encore une famille de sa classe des mollusques, et il la place entre celle qui renferme les térébratules et celle des balanes. Dès 1814, pendant mon voyage en Angleterre, j'étois arrivé presque aux mêmes résultats que M. Ocken. c'est-à-dire, à l'établissement de plusieurs petites coupes génériques, et aux mêmes rapprochemens avec les caliges et genres voisins; mais j'en concluois que ces animaux devoient être rangés dans le type des entomozoaires ou animaux articulés, et non dans celui des malacozoaires, avec lesquels ils n'ont en effet aucune sorte de rapports. C'est ce que j'indiquai dans mon Prodrome d'une nouvelle classification du règne animal, publié en 1816, époque à laquelle j'étois bien loin de connoître le Traité de zoologie de M. Ocken, qui venoit de paroître. C'étoit dans ma manière de voir un groupe de vers anomal, intermédiaire aux hétéropodes et aux tétradécapodes, mais devenu tel par une habitude constante de l'espèce, et peut-être même des individus. Cependant M. de Lamarck, dans la même année, publioit la nouvelle édition de ses Animaux sans vertèbres, où, sans circonscrire aussi rigoureusement la classe des épizoaires qu'il avoit établie précédemment, il l'adoptoit cependant, comme l'indication provisoire d'une coupe existant dans la nature, et qui doit servir à lier les vers et les insectes. Il établit une petite section générique pour les espèces qui offrent des rudimens d'appendices, sous le nom d'entomode ; mais il n'eut pas l'idée de rapprocher ces singuliers animaux des caliges ; et cependant il range parmi les entomodes la lernée péctorale de Muller, qui en est si voisine. C'est ce qu'a justement senti M. G. Cuvier dans son Règne animal, du moins dans une note supplémentaire du dernier volume de son ouvrage publié en 1817. Aussi range-t-il les véritables lernées parmi les vers intestinaux cavitaires, pensant que les autres doivent aller dans celle des crustacés branchiopodes. Quoi qu'il en soit de ces différens rapprochemens, aucun des auteurs que nous venons de citer n'a cherché à résoudre la question par des recherches approfondies et en s'aidant de l'anatomie, aucun même n'a caractérisé les espèces. Je vais donner l'extrait de mon travail au point où il est parvenu en ce moment.

Nous savons encore assez peu de choses sur l'organisation

des lernées. Leur enveloppe extérieure, ordinairement d'un blanc jaunâtre transparent, est aussi quelquefois d'un brun rougeâtre foncé. Elle est le plus souvent molle et flexible, en-dessous surtout : mais il arrive aussi quelquefois qu'elle est dure, comme cartilagineuse, dans différens points de son étendue, et surtout à la partie supérieure de la première division du corps. Le corps des lernées, constamment bien symétrique, mais du reste de forme assez variable, quelquefois très-alongé, d'autres fois large, ovale et aplati, est souvent divisé dans sa longueur, par un étranglement plus ou moins profond, en deux parties. L'une, antérieure, plus petite, plus étroite, qui réunit la tête et le thorax, est quelquefois un peu subdivisée, de manière que la tête est aussi un peu distincte : c'est cette partie qui offre les premières traces de véritables appendices dans les crochets dont la bouche paroît constamment armée, et même dans des rudimens d'antennes. L'autre partie du corps est l'abdomen ; presque toujours plus large que la première, sa forme varie également beaucoup : c'est celle dont la peau est la moins dure, la moins cornée ; elle offre assez souvent des prolongemens appendiculaires, paires, placés de chaque côté, mais inarticulés ou immobiles, et quelquefois de simples incisures. Quelques espèces m'ont offert des traces d'yeux sessiles ou de stemmates ; plus souvent on trouve des indices d'antennes, même quelquefois subarticulées. Quant aux appendices, dans toutes les espèces que j'ai pu examiner avec soin, j'ai trouvé que la bouche étoit constamment pourvue d'une paire de crochets mobiles convergens, quelquefois de deux, et même d'une sorte de lèvre inférieure. Quant aux appendices véritables qui se joignent au thorax, ils sont généralement peu nombreux. Dans les espèces que leur grandeur m'a permis de disséquer, j'ai trouvé que la couche musculaire qui double l'enveloppe extérieure, le plus ordinairement fort simple et composée de fibres longitudinales soyeuses, se subdivise en portions latérales pour les subappendices et les appendices. Le canal intestinal est complet, c'est-à-dire, étendu de la bouche à l'anus ; il paroît même qu'il fait quelquefois des replis ou circonvolutions. La bouche, médiocre, située ordinairement à la partie inférieure du céphalo-thorax, est au milieu d'un espace dont la peau est molle : elle est constamment accompagnée, à droite et à gauche, d'un crochet court, aigu et corné; mais on ne le voit souvent qu'à l'aide d'une très-forte loupe. Le canal intestinal se termine en arrière dans un tubercule ou mamelon plus ou moins saillant et médian. Je n'ai jamais pu disséquer le système circulatoire; mais il est certain qu'il existe, ou du moins les auteurs qui ont observé ces animaux vivans, en parlent d'une manière certaine. On ne peut cependant pas dire qu'il y ait d'autres organes de respiration que les subappendices de la peau. Les organes de la génération ne me sont peut-être pas connus complétement. On sait seulement que, dans toutes les espèces de ce groupe, il existe de chaque côté du tubercule anal une sorte de sac, de forme un peu variable, et qui est rempli par une infinité de corpuscules quelquefois ronds, d'autres fois subanguleux et même discoïdes, qui sont indubitablement des œufs, comme nous l'apprend une observation curieuse du docteur Surriray, du Hâvre. D'après cette observation, ces animaux naissent sous une forme qu'ils perdent par la suite en avançant en âge; et cette forme est beaucoup plus parfaite, moins anomale que celle qu'ils acquièrent, en sorte que c'est une métamorphose en sens inverse de ce qui a lieu ordinairement. Nous ignorons du reste s'il existe des sexes distincts dans ces animaux. La place que nous croyons devoir leur assigner dans la série porte à le croire, tandis que leur adhérence parasite conduit à une opinion contraire. On trouve quelquefois des individus qui ne sont pas pourvus de sacs ovifères. Cela tiendroit-il à ce que ce sont des individus mâles, ou à ce que ces organes sont tombés par accident? c'est ce que je n'oserois affirmer. Je ne puis non plus rien dire sur le système nerveux des lernées; mais il paroît qu'il doit exister, puisqu'il y a des muscles distincts, et sa place ne peut être ailleurs qu'à la partie inférieure du corps.

Si l'organisation des lernées est encore si incomplétement connue, il en est à peu près de même de leurs mœurs, de leurs habitudes. Jusqu'ici on ne les a trouvées que sur des poissons de mer ou d'eau douce, quelquefois sur toutes les parties du corps, entre les écailles; mais surtout autour des yeux, au pli des nageoires, où la peau est plus fine, dans la bouche et la cavité branchiale. C'est dans cette partie du corps qu'on les rencontre plus fréquemment, et souvent plusieurs individus à la fois. Ces animaux s'enfoncent plus ou moins dans le tissu des parties, et quelquefois assez pour que l'on n'aperçoive presque plus de l'animal autre chose que les filamens ovifères. Ils adhèrent soit par la bouche, au moyen des crochets dont elle est pourvue, soit par quelque autre partie de leur corps, et souvent au point qu'il est plus aisé de les rompre que de les détacher, surtout lorsqu'il y a quelque renflement en forme d'arrêt de la partie antérieure du corps. D'après cela il est difficile de concevoir comment les animaux sortis des œufs sont fixés sur les poissons, à moins que d'admettre que dans leur jeune âge ils peuvent se mouvoir un peu : ce qu'il y a de certain, c'est que chaque espèce n'appartient pas nécessairement à une seule espèce de poisson.

Passons maintenant à l'exposition des genres et des espèces que je crois pouvoir établir dans cette famille, en les disposant suivant la gradation de l'organisation et le plus de rapprochement des caliges.

Genre LERNÉOCÈRE ; *Lerneocera*, Bv.

Car. Corps plus ou moins alongé, renflé dans son milieu ou ventru, droit ou contourné, couvert d'une peau lisse et presque corné antérieurement ; terminé en avant, à la suite d'un long cou, par un renflement céphalique bien distinct, armé de trois cornes immobiles, branchues à l'extrémité, deux latérales et une supérieure. Trois petits yeux lisses à la partie antérieure de la tête ; bouche inférieure en suçoir ; aucune trace d'appendices au corps.

1.° La L. BRANCHIALE ; *L. branchialis*, Linn., Gmel. : de la grosseur d'une plume d'oie ; le corps courbé de manière que le ventre est inférieur ; les sacs ovifères naissant bien avant l'extrémité postérieure du corps et très-entortillés.

Cette espèce, dont la couleur est d'un blanc sale, quelquefois d'un brun rougeâtre, à cause du sang contenu dans l'estomac, se trouve implantée dans les lames branchiales de plusieurs espèces de gades, et entre autres des *gadus barbatus* et *œglefinus*, à l'aide des cornes de sa tête. Cette implantation est quelquefois si forte, que l'on ne peut enlever l'animal sans le mutiler.

Les Groënlandois, dans la mer desquels elle est assez commune, la mangent volontiers.

2.º La L. CYCLOPTÉRINE; *L. cyclopterina*, Mull. Cette espèce, que je n'ai pas vue, paroît ne différer de la précédente qu'en ce que le cou filiforme se recourbe en haut, et qu'à l'extrémité du museau, en-dessus, il y a deux orifices tubuleux, courts et opposés. La queue est aussi plus grêle; son extrémité n'est pas courbée; l'anus est transversal, et de chaque côté il y a deux lobes convexes.

Elle se trouve, dit O. Fabricius, dans les branchies du cycloptère épineux, et une variété plus petite, à ovaires verdâtres, dans celles du cycloptère liparis.

3.º La L. DE SURRIRAY; *L. surrirensis*, Bv. Corps droit, subcylindrique, appointi en arrière et surtout en avant, où il se joint, par une sorte de cou distinct, avec un rétrécissement postérieur du renflement céphalique; celui-ci armé de trois cornes simples; la bouche inférieure, pourvue de trois espèces de dents disposées en triangle, et au milieu d'une sorte de bourrelet labial; les ovaires cylindriques et tout-à-fait droits, naissant à peu de distance de l'extrémité postérieure.

On doit la découverte de cette espèce à M. le docteur Surriray, du Hâvre, qui a eu la complaisance de m'en envoyer un individu trouvé sous la nageoire pectorale d'un petit poisson, qu'il ne nomme pas, avec des observations faites sur le vivant. Le viscère dorsal, de la forme de l'abdomen, se contractoit fréquemment et par ondulations, et ces contractions se propageoient jusqu'à la tête. Au moment où l'animal fut détaché, ce viscère étoit rempli d'un liquide très-rouge; mais le lendemain il ne contenoit plus qu'un liquide grisâtre, balloté par les mêmes contractions. Les autres parties du ventre étoient devenues rouges, de grises qu'elles étoient auparavant. L'animal n'exécuta plus aucun mouvement après qu'il fut détaché; cependant l'organe dorsal continuoit encore ses contractions vingt-cinq heures après sa mort apparente. M. Surriray, qui regarde cet organe comme un estomac, dit qu'en outre on voyoit quelque apparence d'intestins sur les côtés. Les ovaires craquoient sous la pointe d'un instrument; mais il ne put y reconnoître de traces de fœtus : ils n'étoient pas assez avancés. Il fut plus heureux dans un autre individu, trouvé dans l'œil et la cavité orbitaire de petits poissons dont il ne désigne pas l'espèce. Il observa que les ovaires extérieurs ressembloient à certaines antennes filiformes des crevettes, et qu'ils contenoient une série d'un grand nombre d'œufs rangés à la suite l'un de l'autre. En extrayant quelques-uns de ces fœtus qui lui parurent enveloppés par une membrane transparente, il y reconnut une espèce de monocle (ce sont ses termes), ayant six pattes très-larges, et sur le dos trois taches noires, dont une longitudinale en avant et deux en arrière ; en sorte, ajoute-t-il, que ces fœtus ne ressemblent pas plus à leur mère que ceux du calige alongé.

4.° Le L. des cyprins ; *L. cyprinacea*, Linn., *Faun. Suec.*, tab. 11, fig. 1. Corps subcylindrique, droit, pellucide, divisé par un étranglement en un abdomen claviforme avec trois tubercules dont un est plus grand, et en céphalo-thorax cylindrique dont l'extrémité est pourvue de trois espèces de cornes molles, chacune en forme de croissant.

Je n'ai vu de cette espèce, dont on doit la découverte à Linnæus, que la figure qu'il en donne et qui a été copiée partout. Il ajoute que l'abdomen est pourvu à sa base d'une tunique blanche, formant comme une espèce de prépuce. Le céphalo-thorax est aussi couvert d'une tunique blanche. Comme Linnæus ne parle pas de sacs ovifères, il faut penser ou qu'ils étoient tombés, ou qu'ils n'étoient pas sortis et qu'ils étoient représentés par les tubercules accompagnant l'anus, ou enfin que c'étoit un individu mâle.

Elle a été trouvée sur une espèce de cyprin (*cyprinus carassus*).

Genre Lernéopenne ; *Lerneopenna*, Bv.

Corps alongé, cylindrique, subcartilagineux, terminé antérieurement par un renflement céphalique, circulaire, tronqué, garni dans sa circonférence d'un grand nombre de mamelons, au milieu desquels est probablement la bouche, et pourvu d'une paire de cornes courtes, obliques en arrière ; postérieurement appointi et ayant de chaque côté des filets coniques creux, bien rangés et imitant les barbes d'une plume, à la partie antérieure et supérieure de la série des-

quels sont deux filamens très-fins et très-alongés, servant
probablement d'ovaires.

1.° La *L.* de Boccone, *L. Bocconica* : *Pennatula*, Lamartin.,
Voy. de Lapeyrouse, t. IV, pl. 20; Cop., dans l'Enc. méth.,
sous le nom de Lern. sétifère. Ce singulier animal paroît
avoir été décrit pour la première fois par Paul Boccone, dans
les Trans. phil., n.° 99, art. 111, et depuis dans un petit
recueil de ses observations, imprimé à Amsterdam, en 1674.
Il l'avoit observé sur l'épée de mer, poisson si commun dans
les mers de Sicile, dans la chair duquel il se tient, dit-il,
aussi ferme qu'une tarière dans un morceau de bois. Boccone
en faisoit une sorte de sangsue, car il le nommoit *hirudo
sive acus cauda utrinque pennata*. Depuis ce temps, il paroît
que Lamartinière a observé la même espèce ou une espèce
fort voisine dans des mers fort éloignées, aux environs de
Nootka, implantée à plus d'un pouce et demi dans le corps
d'un diodon. Voici la description qu'il en donne sous le
nom de *pennatula*, que M. Ocken a contracté en celui de
pennella. Le corps, de substance cartilagineuse, est cylindrique ; la tête, bien distincte et plus large que le corps, est
pourvue en arrière de deux petites cornes de même substance ; elle est aplatie à son extrémité et couverte de petits
mamelons, qui sont, dit-il, autant de suçoirs, ce qui n'est
pas probable. L'extrémité postérieure du corps a la forme
d'une lame de plume ; les barbes, qui sont de la même substance que le reste du corps, servent de filets excréteurs :
en effet, en pressant légèrement le corps de l'animal, la
plupart lancent une liqueur très-limpide et fluide par
filets ; à leur base, c'est-à-dire, en avant et sur le dos,
sont deux grands filets cartilagineux, qui n'existent pas dans
tous les individus, et dont il ignore l'usage. P. Boccone dit
qu'ils servent à l'animal pour se cramponner aux pierres et
même sur le corps du poisson auquel il s'attache. Je suppose plus volontiers que ces organes sont analogues aux longs
filamens du genre précédent, et l'observation de Lamartinière prouveroit que les sexes sont séparés. Il ajoute que l'on
aperçoit bien la circulation dans cet animal.

MM. de Chamisso et Eysenhardt, dans le tome X des
Nouveaux Actes des Curieux de la nature, pl. 24, fig. 3,

ont donné une bien meilleure figure de cette espèce de lernéide, qu'ils regardent comme devant être placée parmi les
annelides de M. de Lamarck. L'individu figuré avoit été
trouvé par M. Eschscholz dans les branchies d'un *diodon mola*,
pris dans la mer Pacifique. La moitié antérieure du corps
étoit enfoncée dans le poisson, et sur la partie caudale libre
adhéroit un anatife. Les observateurs que nous venons de
citer, trouvent du reste que la figure de Lamartinière est
très-grossière. Ils n'ont pas vu à la bouche les espèces de mamelons tentaculaires dont parle celui-ci, et le corps est moins
rigide et sub-annelé.

2.º La L. D'HOLTEN : *L. Holteni; Lern. exocœti*, Holten., *Acta
Danica, Holm.*, 1802. Cette espèce, dont je n'ai vu ni la
description ni la figure, est citée par MM. de Chamisso et
Eysenhardt; elle diffère de celle de Lamartinière par l'absence des tentacules de la bouche et des cirrhes plus longs
de la tête.

3.º La L. FLÈCHE ; *L. sagitta*, Ellis, Trans. phil., ann. 1763,
tom. 53, fig. 16. Corps filiforme, d'un pouce de long, à peu
près cylindrique, coriace, terminé antérieurement par la
bouche et postérieurement par une double série de seize
espèces de plumules presque égales, renflées et percées à
leur extrémité.

Cet animal, que je rapproche de la lernée de Lamartinière,
sans être absolument certain que ce rapprochement soit juste,
a été trouvé implanté assez profondément dans la peau d'une
espèce de lophie, dans les mers de la Chine. Linnæus en
faisoit une espèce de pennatule, sous le nom de *pennatula
sagitta*, ce qu'ont imité Ellis, Solander, Esper et même M.
de Lamarck. M. G. Cuvier pense qu'il doit être considéré
comme appartenant au genre Calige, et qu'il tient en partie
de ces animaux et en partie des lernées. Enfin tout récemment, M. Dekay, dans le Journal des sciences américain,
ayant eu l'occasion d'observer un individu trouvé adhérent
à la peau du *diodon pilosus* de Mitchill, critique ces différentes manières de voir, et propose de regarder cet animal
comme appartenant à l'ordre des polypes tubifères, ce qui
me semble bien hasardé. Quoi qu'il en soit, car M. Dekay
pense lui-même que ce rapprochement ne sera certain que

lorsqu'on connoîtra son organisation, nous en avons extrait
les caractéres de l'espèce. Nous devons cependant ajouter
que, d'après la figure et la description que M. Dekay donne
de cet animal, il est évident qu'il ne l'a pas observé tout entier, et que la partie antérieure est restée dans le poisson. Il
dit en effet que la bouche étoit irrégulière et présentoit un
aspect granuleux, avec plusieurs petits trous, ce que sa figure
fait encore mieux apercevoir. Il ajoute que toute la partie
du corps hors de la peau du poisson étoit de couleur pourpre,
tandis que ce qui étoit intérieur avoit une couleur blanche.
Les tégumens étoient composés de deux membranes, l'extérieure pourpre, épaisse et coriace, l'intérieure pâle et mince.
Du reste il n'a pu apercevoir à l'intérieur ni estomac ni
ovaires, mais seulement quelques fibres blanchâtres conver-
gentes vers l'extrémité supérieure.

La figure donnée par Ellis dans les Transactions philosophiques me paroît appartenir à la même espéce que celle de
M. Dekay.

Genre LERNÉE, *Lernea.*

Corps peu alongé, subcylindrique ou déprimé, sans trace
de divisions ou de rudimens d'appendices sur les côtés ; un
renflement céphalique plus ou moins distinct; la bouche inférieure pourvue d'une paire de crochets; l'abdomen terminé par deux sacs ovifères plus ou moins prolongés.

Je conserve sous ce nom les espèces de lernées qui n'ont
aucune trace d'appendices ni au corps ni à la tête, c'est-à-
dire, les espèces les plus informes.

1.° La L. EN MASSUE ; *L. clavata*, Mull., *Z. D.*, t. 1, p. 33.
Corps cylindrique, terminé antérieurement par une sorte de
rostre crochu, ayant en-dessous une bouche à trois plis; les
deux sacs ovifères cylindriques et de la longueur du corps.

Cette espéce, observée par Muller sur les nageoires, les
yeux, dans la bouche et les branchies de la perche de Norwége, paroît avoir une organisation assez semblable à celle
de nos lernéocères. Muller dit en effet avoir observé le canal
intestinal et une circulation.

2.° La L. DE BASTER ; *L. Basteri*, Bast., *Opusc. subs.*, II, p. 138,
t. 8, fig. 2. Le corps blanc, séparé en deux par un étranglement ; l'abdomen beaucoup plus gros, ovale ; le renflement

céphalique globuleux; bouche inférieure et pourvue d'une double paire de crochets, au moyen desquels l'animal adhère.

Je ne connois cette espèce que d'après Baster, qui fait observer que cet animal a beaucoup de rapports avec celui que Gisler a figuré, *Acta Holm.*, 1751, p. 90, tab. 6, fig. 1—5, et que Gmelin cite à l'article de sa *L. salmonea*: il ne parle pas de sac ovifère.

3.° La L. CYCLOPHORE; *L. cyclophora*, Bv. Corps fusiforme, portant à son extrémité antérieure un renflement discoïde, au milieu duquel est la bouche. Les sacs ovifères sont longs et cylindriques.

Je ne connois cette espèce, qui me paroît bien distincte, que d'après une figure manuscrite du Voyage des Anglois au Congo.

Genre LERNÉOMYZE; *Lerneomyzon*, Bv.

Corps ovoïde ou déprimé, avec une sorte de céphalothorax en forme de cou étroit, cylindrique, terminé antérieurement par une bouche bilabiée, pourvue en effet de mandibules en crochets et d'une lèvre inférieure; un suçoir plus ou moins protractile à la racine inférieure de l'abdomen; deux sacs ovifères peu alongés.

Ces espèces de lernées n'ont aucun appendice au corps, mais seulement à la bouche. Elles adhèrent aux poissons au moyen d'une espèce de suçoir, en sorte que l'on peut concevoir qu'elles peuvent, sinon cesser leur adhérence à volonté, du moins tourner sur cette espèce de pivot, pour porter la bouche à différens endroits.

1.° La L. A CROCHET; *L. uncinata*, Muller, *Z. D.*, tab. XXXIII, fig. 2. Corps oblong, subdéprimé, mou, blanchâtre, avec un sillon longitudinal sur le milieu du dos et deux latéraux se réunissant sous le ventre; la bouche terminale et bifide; la ventouse abdominale très-peu saillante; les ovaires claviformes.

Cette espèce, qui paroît être assez peu vivace, a été trouvée par Othon Fabricius sur les branchies et les nageoires de plusieurs espèces de gades. Muller a pu observer, même à l'œil nu, dans cette espèce, la marche du sang, qu'il dit se faire le plus souvent d'arrière en avant et quelquefois en sens inverse. Il dit aussi avoir vu un autre intestin dans un mou-

vement péristaltique, et en outre deux filets dans la partie
cylindrique, où l'on pouvoit aussi apercevoir un mouvement
de fluide.

2.° La L. des nageoires ; *L. pinnarum*, S. Ch. Fab. , *Iter
Norweg.*, p. 282. Corps déprimé, plan, charnu, arrondi,
le dos (?) canaliculé ; un appendice médian à sa partie antérieure, et pouvant se loger dans ce canal ; la tête cylindrique, terminée par un rostre avec deux tentacules linéaires-
bifides à l'extrémité ; deux sacs ovifères alongés, cylindriques.

Je rapporte cette espèce, que je n'ai pas vue, à cette section avec quelque doute ; en effet, Fabricius dit que l'organe
dont je fais le suçoir est au dos, ce qui seroit fort singulier.
Il ajoute en outre qu'elle s'attache aux nageoires, en faisant
entrer sous leur peau toute la partie antérieure du corps,
ce qui diffère des véritables lernéomyzes.

3.° La L. pyriforme ; *L. pyriformis*, Bv.

Abdomen renflé, pyriforme, terminé en avant par un suçoir conique fort saillant à la racine du céphalo-thorax, qui
est arqué, cylindrique et recouvert en avant d'une sorte de
plaque ovale écailleuse ; bouche bilabiée ; la lèvre supérieure
plus longue et pourvue de mandibules cornées ; l'inférieure
avec une paire de palpes ; le tubercule anal fort saillant.

Cette espèce, dont je ne me rappelle pas l'origine , existe
dans ma collection. J'ai pu y reconnoître aisément que le
canal intestinal fait quelques inflexions dans l'abdomen , et
que les ovaires situés au dos de l'animal se continuent avec
les sacs ovifères. L'adhérence du suçoir se fait d'une manière
si intime, qu'il semble qu'il y ait continuité de l'animal parasite avec celui sur lequel il vit. Les œufs contenus dans le
sac sont gros et arrondis.

Je joindrai à cette section deux espèces un peu différentes
des précédentes, en ce que tout le corps est cylindrique et
pourvu de quelques rudimens d'appendices, et entre autres
d'espèces de corps alongés, mous, flexibles, formant en arrière
un faisceau avec les ovaires (peut-être sont-ce des rudimens
d'organes respiratoires analogues aux fausses-pattes des
cyames), mais qui adhèrent toujours par une sorte de filament ventral. Ce sont :

4.° La L. de Pernetty ; *L. Pernettiana*, Pernetty, Voy. aux îles Malouines, tom. 1, p. 93, pl. 1, fig. 5, 6. Corps cylindrique dans toute son étendue, et terminé en arrière par une paire de longs appendices qui accompagnent les sacs ovifères; deux paires d'appendices au milieu du corps, et dont l'inférieure, beaucoup plus grosse, sert à attacher l'animal; deux petits points noirs au-dessus de la bouche, et que Pernetty dit être des yeux.

Trouvé sur les opercules d'un thon.

5.° La L. ALONGÉE; *L. elongata*, Bv. Dans cette espèce, comme dans la précédente, le corps en totalité est étroit, alongé, presque cylindrique; la tête, à peine un peu plus renflée que le reste, est subécailleuse en-dessus, et offre en-dessous une bouche bordée en avant d'une paire de crochets cornés et bien mobiles (ce sont de véritables mandibules), et en arrière d'une lèvre inférieure avec une paire de palpes ou d'appendices en crochet, également mobiles. Au point de jonction du thorax avec l'abdomen est le filet médian d'attache dans le tissu animal; et en arrière de celui-ci, les sacs ovifères, qui sont cylindriques et fort gros, sont accompagnés d'un faisceau de deux paires d'appendices inégaux, mous, flexibles, peut-être subbranchiaux, et d'une pièce médiane supérieure plus courte.

J'ai observé cette espèce vivante, attachée à des masses celluleuses contenant des vers intestinaux, dans un cheilodiptère-aigle au Hàvre.

Genre LERNENTOME : *Lernentoma*, Bv.; *Entomode*, Lam.

Corps en général carré, subdéprimé, avec des espèces de bras ou d'appendices de forme variable et inarticulés de chaque côté; la tête plus ou moins distincte, pourvue de cornes et de crochets à la bouche; les sacs ovifères le plus souvent claviformes.

C'est un groupe fort rapproché du suivant, et qui renferme les espèces les plus bizarres sous le rapport des singuliers appendices qui hérissent le corps. Ils servent à fixer l'animal d'une manière presque' immobile.

1.° La L. RAYONNÉE; *L. radiata*, Muller, *Z. D.*, 1, tab. 38, fig. 4. Corps carré, déprimé, convexe et garni d'espèces de plaques dures en-dessus, concave en-dessous; trois paires de bras, dont un à chaque angle et deux en-dessous; la tête distincte, armée de deux paires de cornes molles; des crochets à la bouche.

Cette espèce, qui a un pouce de longueur sur trois lignes de largeur, a été trouvée dans la cavité buccale du *coryphæna rupestris*.

2.° La L. GOBIEN ; *L. gobina*, Muller, *Zool. Dan.*, 1, p. 39, tab. 35, fig. 5.

Corps déprimé, rhomboïdal, ayant à chaque angle une sorte de bras noueux et coudé à l'extrémité ; tête très-distincte, avec une paire de cornes arquées en dedans; la bouche à trois lèvres ; les appendices ovifères cirrheux et entortillés.

On l'a trouvée sur les branchies du cotte-gobie.

3.° La L. NOUEUSE; *L. nodosa*, Mull., *Z. D.*, 1, p. 123, t. 35, fig. 5.

Le corps subcarré, convexe en-dessus, concave en-dessous, avec cinq dents de chaque côté, dont la première se prolonge en-dessous et forme un bras très-court ; la tête assez distincte, avec deux tubercules de chaque côté; les ovaires claviformes; la bouche armée de crochets.

Elle se tient à l'entrée de la bouche de la perche de Norwége.

4.° La L. ASELLINE ; *L. asellina*, Linn., *Iter Westrog.*, 171, t. 3, fig. 4.

Abdomen déprimé, cordiforme, séparé du thorax, qui est semi-lunaire ; la tête à l'extrémité d'une sorte de cou, et pourvue d'une paire d'appendices obtus ; une autre paire au-dessous, à la racine de l'abdomen ; les ovaires courts, claviformes.

On l'a trouvée sur les branchies de plusieurs espèces de gades de la Mer du Nord.

5.° La L. DU TRIGLE ; *L. Triglæ*, Bv.

Abdomen aplati, carré, surtout en avant, convexe en-dessus, concave en-dessous, bordé en avant d'une paire d'appendices transversaux, digités, et sur les bords de quatre dents, dont la postérieure est la plus longue. La tête élargie transversalement et portée sur une sorte de cou long et cylindrique. Les sacs ovifères cylindriques et médiocres. Deux paires de crochets très-petits à la bouche.

Cette espèce, sans doute voisine de la précédente, dont

elle est cependant bien distincte, a déjà été trouvée deux fois enfoncée dans les branchies du trigle ordinaire, jusqu'à la racine de l'abdomen, et fixée par les crochets de la bouche.

6.° La L. cornue : *L. cornuta*, Mull., Z. D., pag. 124 ; Zoëga, tab. 33, fig. 6.

Corps oblong ; le thorax avec deux paires d'appendices droits et bifides à l'extrémité ; la tête subovale et pourvue de trois cornes, dont une frontale ; deux crochets à la bouche ; les sacs ovifères cylindriques et arqués.

Elle vit sur les branchies des *pleuronectes platessa* et *linguatula*.

7.° La L. de Dufresne ; *L. Dufresnii*, Bv.

Corps blanc, mou, assez alongé, comme formé de quatre divisions ayant chacune une paire d'appendices rudimentaires ou de bras, les antérieurs et inférieurs doubles ; tête distincte, à quatre petites cornes ; bouche inférieure ronde, armée de crochets ; les ovaires fort longs, cylindriques et entortillés.

Cette espèce, dont M. G. Cuvier fait un chondracanthe, est molle, quoique un peu hérissée de tubercules comme le chondracanthe, mais qui sont obtus, sans divisions, et extrêmement mous. En général, l'animal semble n'être formé que d'une peau molle, transparente, remplie d'un tissu comme hépatique. Les œufs sont ronds et excessivement nombreux.

Genre Lernacanthe : *Lernacantha*, Bv. ; Chondracanthe, Delaroche.

Corps gros, court, assez déprimé, pourvu de chaque côté d'appendices rudimentaires, aplatis, digités et cartilagineux ; la tête séparée du thorax par un sillon, et portant de chaque côté un rudiment d'antennes ; bouche inférieure accompagnée d'une paire de mâchoires ou de palpes ; les sacs ovifères gros, courts et aplatis.

1.° La L. de Delaroche : *L. Delarochiana* ; le Chondracanthe du Thon, Delaroche, Bull. des sc. par la soc. phil.

Le corps formé de quatre zones hérissées de tubercules pointus en-dessus, et pourvues en-dessous d'appendices d'autant plus larges et digités qu'ils sont plus postérieurs.

Cette espèce, qui est le type de cette petite section générique, a été trouvée pour la première fois dans la Méditerranée par Delaroche, sur les branchies du thon. Depuis, elle a été rencontrée sur celles de squales et d'autres poissons. L'adhérence n'a lieu que par les crochets de la bouche.

Genre LERNÉOPODE ; *Lerneopoda*, Bv.

Corps lisse, assez alongé, divisé en abdomen ovale et en céphalo-thorax aplati et couvert d'un bouclier crustacé ; une paire de palpes courts, gros, coniques et subarticulés, accompagnant la bouche ; deux paires de pieds articulés, subonguiculés sous le thorax ; des sacs ovifères courts et subcylindriques.

1.° La L. DE BRONGNIART ; *L. Brongniartii*, Bv.

Des deux paires de pieds, l'antérieure courte est formée de deux articulations et d'un crochet ; la postérieure, beaucoup plus longue, grêle, cylindrique, avec un crochet terminal.

J'ai observé cette espèce dans la collection de M. Brongniart, qui ignoroit où et sur quel poisson elle avoit été trouvée. Son corps, d'un demi-pouce de long à peu près, est couvert d'une peau d'un brun rougeâtre, assez épaisse, surtout sur le céphalo-thorax, qui ressemble assez bien au bouclier de quelques insectes. Coupé carrément en avant, on y voit très-bien deux espèces d'antennes ou de palpés coniques, avec des traces de cinq articles accompagnant la bouche. L'article basilaire m'a paru denticulé à son côté interne. Sous le milieu du thorax est une première paire de pattes, qu'on ne sauroit mieux comparer qu'à celles des cyames : elle est courte, forte, et courbée en dedans ; le crochet terminal est aigu. L'autre paire de pattes est formée de chaque côté par un long article grêle, cylindrique, un peu renflé à son extrémité, et terminé par un petit crochet aplati triangulaire. Dans la séparation du thorax et de l'abdomen, en-dessous et dans la ligne médiane, est un orifice évident. L'abdomen n'offre rien de remarquable ; il est ovale, un peu aplati. Les deux sacs par lesquels il se termine en arrière, sont couverts d'une enveloppe cornée, un peu transparente, ce qui permettoit de voir que leur intérieur étoit rempli d'une substance comme hépatique, et entièrement semblable à celle qui étoit dans l'abdomen. Les longs pieds étoient composés à peu près de même.

2.° La L. DU SAUMON, *L. salmonea*.

La bouche pourvue de deux lèvres horizontales, dont la

supérieure est armée de deux crochets mobiles et durs, l'inférieure bifide. Le thorax plus large que la tête, et ayant à sa base deux appendices linéaires, cylindriques, assez longs, réunis à leur sommet par un cartilage orbiculaire ; une éminence transversale entre eux. L'abdomen ovale, plus large et plus convexe, avec un sillon orbiculaire en-dessus et deux longitudinaux en-dessous. Les ovaires droits et longs.

Cette espèce, que je n'ai pas vue, n'appartient peut-être pas à ce genre. Elle se trouve sur les branchies du *salmo carpionis* et sur le corps des gades. La figure qu'en donne l'Encyclopédie, d'après Baster, est si grossière, qu'on peut difficilement se faire une idée des rapports de cette espèce.

Genre LERNANTHROPE ; *Lernanthropus*, Bv.

Corps ovale, assez peu alongé, divisé en deux parties ; un bouclier céphalo-thoracique, et un abdomen prolongé en arrière par une large écaille débordant l'extrémité du tronc ; deux très-forts crochets verticaux sous le front ; trois paires de très-petits appendices crochus et transverses sous le thorax proprement dit ; une paire de bras simples, renflés, et une seconde bifide et comme branchiale sous l'abdomen. Les sacs ovifères longs et cylindriques.

J'ai établi cette petite coupe générique pour une espèce de lernée qui se rapproche encore plus que les autres des caliges et des branchiopodes, et que je nomme LERNANTHROPE MOUCHE, *L. musca*, parce qu'elle a une ressemblance grossière avec le corps de l'homme, et avec une mouche dont les ailes seroient réunies sur le dos. La phrase caractéristique du genre suffira pour la faire reconnoître, en ajoutant que sa couleur est d'un blanc jaunâtre, si ce n'est l'extrémité des crochets qui est brune, et un globule saillant, d'un beau noir, de chaque côté de la pointe de l'abdomen.

Dans un individu des deux tiers plus petit que les quatre autres que j'ai trouvés enfoncés dans la peau d'un petit diodon de Manille, les crochets frontaux étoient proportionnellement beaucoup plus forts : il en étoit de même des appendices de la partie postérieure du bouclier thoracique, qui étoient beaucoup plus larges ; ceux de la première paire de l'abdomen étoient aussi plus longs, mais bien plus grêles. Il n'y avoit ni ovaires ni points noirs. En général, l'animal étoit évidemment moins difforme.

On arrive ainsi par une gradation pour ainsi dire insensible, et au moyen des genres Dichelestion d'Hermann, Anthosome et Cécrops de Leach, aux Caliges et genres voisins, dont chaque espèce offre une disposition d'appendices particulière, et qui ont une telle ressemblance avec certaines lernées, que l'une d'elles, la *Lernea pectoralis* de Muller, adoptée comme telle par Gmelin, MM. Bosc, de Lamarck, Ocken, etc., appartient indubitablement à la famille des caliges. De celle-ci on passe ensuite par les argules aux branchiopodes; ainsi il nous semble que la place que nous assignons au singulier groupe d'animaux que Linnæus a désignés sous le nom de Lernées, n'est pas aussi *mauvaise* que M. le docteur Leach veut bien nous l'accorder *franchement* dans son excellent article ENTROMOSTRACÉS, auquel, du reste, je renvoie pour les mots que je viens de citer, DICHELESTION, ANTHOSOME et CÉCROPS, et qui sont pour nous des lernéides et peut-être même des caligides.

Dans cette division des espèces de lernées, je n'ose parler des suivantes, parce qu'elles me sont beaucoup trop incomplètement connues : 1.° la L. DU HUCHON, *L. huchonis*, dont le corps, très-blanc, cartilagineux et noueux, a, dit-on, deux tentacules, et qui a été trouvée par Schrank (*Iter Bavar.*, p. 99, tab. 2, fig. *A, D*) en grande quantité sur les branchies du *salmo hucho* : 2.° la L. DE LA LOTE, *L. lota*, Herm. (*Naturf.*, 19, p. 44, t. 2, fig. 6), qui a deux petits crochets à la bouche et quatre ovaires inégaux; il est probable qu'on confond quelque appendice avec les véritables ovaires : 3.° la L. CROCHUE, *L. adunca*, Ström. (*Sönderm.*, 1, p. 167, t. 1, fig. 7, 8), qui a le corps ovale et dont la corne du rostre descend en arrière. Elle a été trouvée sur le *gadus callarius*.

J'ai encore moins osé assigner une place déterminée à un animal trouvé sur les branchies de l'orphie (*Esox bellone*, L.), et dont M. Ocken a fait un genre de lernéide sous le nom d'Axine. Voici cependant les caractères qu'il lui assigne : Corps cylindrique, terminé en arrière par un élargissement cutané, bordé d'un double rang de nœuds; deux nodosités à la bouche. Le corps de cette *axine bellonis* a un demi-pouce de long et est courbé vers l'extrémité antérieure.

Je ne sais non plus trop que faire de l'animal que Gesner a

26.   9

décrit et figuré sous le nom d'*Œstrus sive asellus* (*Aqual.*, lib. V, cap. 8). Il me semble cependant encore appartenir à la famille des lernéides, et devoir y former une petite coupe distincte. C'est à tort évidemment que Linnæus en a fait un *oniscus asellus*, d'où il a passé parmi les cymothoadées des auteurs modernes ; car la description, et encore moins la figure, ne rappellent un tétradécapode véritable : ce ne peut être non plus un cyame.

L'animal dont Baker a donné une description probablement erronée, et une mauvaise figure, dans les Transactions philosophiques pour l'année 1744, sous le nom de *suçoir de l'œil*, est encore un de ces êtres qui, peut-être, appartiennent à la famille des lernéides ; mais cela ne m'a point paru certain. Pallas pense cependant que cet animal doit être très-voisin de la sangsue de Boccone (*Pennatula filosa*, Linn.), que nous avons rangée au nombre des lernées. (De B.)

LEROT (*Mamm.*), nom d'une espèce du genre Loir, tirant son origine du vieux nom françois *liron*, donné à cette espèce et au loir. (F. C.)

LEROT A QUEUE DORÉE. (*Mamm.*) Nom d'une espèce de rongeur qui avoit été réuni aux rats proprement dits par Boddaërt, sous le nom de *mus chrysuros*, et dont M Geoffroy Saint-Hilaire a fait le genre *Echimis*.

Nous ferons connoître les caractères de ce genre au mot Rat épineux, qui est la traduction d'*echimis*. (F. C.)

LEROT VOLANT. (*Mamm.*) Daubenton donne ce nom, dans l'Encyclopédie, à une espèce de chéiroptère. V. Taphien. (F. C.)

LEROUXIE, *Lerouxia*. (*Bot.*) M. Mérat, dans sa Flore des environs de Paris, a établi un nouveau genre sous ce nom avec la lisimaque des bois : ce genre n'a pas été adopté. (L. D.)

LERQUE, *Lerchea*. (*Bot.*) Genre de plantes dicotylédones, à fleurs complètes, monopétalées, régulières, dont la famille n'est pas encore reconnue, qui appartient à la *monadelphie pentandrie* de Linnæus, offrant pour caractère essentiel : Un calice persistant, tubulé, à cinq dents; une corolle infundibuliforme, le limbe à cinq divisions ; cinq étamines monadelphes; un ovaire supérieur; un style terminé par deux ou trois stigmates. Le fruit est une capsule à deux ou trois loges, renfermant, dans chaque loge, des semences nombreuses.

LERQUE A LONGUE QUEUE; *Lerchea longicauda*, Linn., *Mant.*, 256. Arbrisseau des Indes orientales, d'un port rustique, dont les rameaux sont diffus, comme articulés, garnis de feuilles opposées, pétiolées, lisses, lancéolées, très-entières, longues d'un pied, accompagnées de stipules ensiformes, plus courtes que les pétioles. Les fleurs sont disposées en un épi terminal, très-long, filiforme, toutes ces fleurs petites, éparses, distantes entre elles; leur calice est d'une seule pièce, à cinq dents; la corolle monopétale, en forme d'entonnoir : le tube plus long que le calice ; le limbe droit, à cinq divisions; les filamens des étamines réunis en un tube soutenu par l'ovaire, portant cinq anthères oblongues et sessiles; un ovaire supérieur, presque ovale, muni d'un style renfermé dans le tube des filamens, terminé par deux ou trois stigmates obtus. Le fruit est une capsule presque globuleuse, toruleuse, à deux ou trois loges avec des semences nombreuses. (POIR.)

LERVÉE. (*Mamm.*) Shaw le voyageur parle sous ce nom d'une espèce d'antilope de Barbarie, dans laquelle Pallas a cru reconnoître le kob de Buffon ; mais l'exactitude de ce rapprochement est douteuse. (F. C.)

LESAN-ALHAMEL. (*Bot.*) Voyez LISEN. (J.)

LESAN-EL-A'SFOUR. (*Bot.*) Suivant Delile, on donne ce nom, au Caire, aux fruits du frêne à la manne (*fraxinus ornus*). (LEM.)

LESAN-EL-TOUR. (*Bot.*) Nom arabe signifiant langue de bœuf, donné à la bourrache ordinaire, suivant M. Delile. Cette plante est, dans Daléchamps, sous le nom de *lesan-althaur*, dans Forskal sous celui de *lissan-ettor*, dans Mentzel sous celui de *lagenaga*. (J.)

LÉSARD. (*Erpét.*) Voyez LÉZARD. (DESM.)

LESCARINA (*Ornith.*), nom de la fauvette effarvate, *sylvia strepera*, Vieill., à Turin. (CH. D.)

LESCEN (*Bot.*), nom africain du *geranium*, suivant Ruellius, commentateur de Dioscoride. (J.)

LESKE. (*Ornith.*) L'oiseau ainsi nommé en Silésie, est le gros bec, *loxia coccothraustes*. (CH. D.)

LESKEA ; *Leskia*, Bridel. (*Bot.*) Genre de plantes cryptogames, de la famille des mousses, institué par Hedwig et adopté par les botanistes. Il a beaucoup d'affinité avec le genre *Hypnum*, avec lequel il avoit été confondu. Il est caractérisé par son péristome double : l'extérieur à seize dents subulées ; l'intérieur membraneux, divisé en seize lanières égales, entre lesquelles on ne voit pas de cils, comme dans le genre *Hypnum ;* coiffe lisse, cuculiforme.

Les espèces de *leskea* sont assez nombreuses : on en compte une cinquantaine ; mais on peut en compter davantage, si l'on n'admet pas le genre *Pterigophyllum* de Bridel, qui répond à l'*hookeria* de Smith, et au *cyatophorum* de Palisot-Beauvois, et si l'on y laisse réuni le *chætophora* de Bridel, fondé sur le *leskea cristata* d'Hedwig, qui diffère par sa coiffe en forme de mitre velue et filamenteuse. Le *climacium* a aussi fait partie des *leskea*, ayant été formé sur le *leskea dendroides*, Vahl., ou *hypnum dendroides*, Linn.

Ces plantes ont le port des hypnum ; elles offrent aussi les mêmes habitudes : elles croissent presque toutes en Europe ou dans l'Amérique septentrionale.

Ces mousses sont monoïques ou dioïques, et leurs fleurs sont latérales, comme dans les hypnum. Les lanières du péristome externe se replient en dedans ; c'est le contraire dans les hypnum. L'urne ou la capsule est toujours libre ; elle n'est jamais cachée par le *perichætium*, comme cela s'observe dans l'urne du neckera, dont les *leskea* diffèrent encore par la présence d'un anneau, et par la coiffe, qui se fend toujours de côté et se détache obliquement. Nous ferons remarquer les espèces suivantes.

§. 1.er *Feuilles distiques, rameaux aplatis.*

LESKEA APLATIE : *L. complanata*, Brid. ; Decand., Fl. fr. ; *Hypnum complanatum*, Linn. ; Hook., *Musc. Brit.*, tab. 24 ; Dillen., *Musc.*, tab. 34, fig. 7. Tige couchée, filiforme, divisée en ramifications divergentes, disposées sur deux rangs opposés, et une ou plusieurs fois ailées, filiformes à leur extrémité ; feuilles d'un vert clair, distiques, ovales-oblongues, terminées par une pointe, les supérieures lancéolées-aiguës : capsule ovale, droite, portée sur un pédicelle rougeàtre, long de huit à douze lignes; opercules coniques, légèrement obliques. Cette plante croit partout en Europe, sur les arbres, ou plus rarement sur les pierres et à terre. On l'a rencontrée également à la Guiane, où, sans doute, elle aura été transportée.

Leskea trichomane : *L. trichomanoides*, Bridel, *Musc.*; *Hypnum trichomanoides*, Linn.; Hook., *Musc. Brit.*, tab. 24; Dillen., *Musc.*, tab. 34, fig. 8; Vaill., *Bot.*, tab. 23, fig. 4. Tige couchée, rameuse; rameaux concaves en-dessous; feuilles distiques, oblongues, arrondies, munies d'une nervure; capsules droites, ovales, garnies d'un opercule long et courbé. Cette espèce ressemble beaucoup à la précédente, avec laquelle elle est souvent confondue; elle s'en distingue principalement par ses rameaux plus courts et concaves en-dessous, à cause de l'inflexion des feuilles. Elle est extrêmement commune partout en Europe, sur le tronc des arbres, les arbrisseaux, et même quelquefois sur les terres en pente. Elle ressemble à une *jungermannia* par son feuillage aplati, et à une espèce de *trichomanes* par la transparence de ce même feuillage.

§. 2. *Feuilles imbriquées, distiques; rameaux comprimés.*

Leskea comprimée; *L. compressa*, Hedw., *Sp. musc.*, tab. 56, fig. 1, 7. Tige couchée, rameuse; rameaux lâches, les derniers plus courts, comprimés, arqués, disposés sur deux rangs opposés. Feuilles imbriquées, les unes appliquées sur la tige, les autres étalées presque sur deux rangs, ovales, lancéolées, sans nervures, très-entières; capsule oblongue, droite, à opercule conique, oblique. Cette espèce, comme toutes celles de cette division, croît en Amérique. Elle se trouve en Pensylvanie, sur les troncs d'arbres.

§. 3. *Feuilles imbriquées, éparses; rameaux cylindriques.*

Leskea soyeuse : *L. sericea*, Hedw., *Musc. frond.*, 4, tab. 17; *Hypnum sericeum*, Linn.; Hook., *Musc. Brit.*, tab. 25; Dill., *Musc.*, tab. 42, fig. 59; Vaill., *Bot.*, tab. 27, fig. 5. Tige rampante, rameuse : rameaux simples ou divisés, redressés, rapprochés, souvent courbés, garnis de feuilles nombreuses, d'un vert jaunâtre ou soyeux, imbriquées, lancéolées, pointues, marquées de trois nervures à leur base; capsules droites, presque cylindriques; opercules coniques, pointus, un peu crochus. Cette mousse est commune partout en Europe : elle se rencontre aussi en Asie et sur la côte d'Afrique. Forskal l'a recueillie dans l'île d'Imros, l'une des îles de l'Archipel, et Seezen sur les monts Hémus et Olympe. Elle croît sur les troncs d'arbres, les rochers et la terre, et forme des gazons qui fructifient au printemps. Les pédicelles ont huit à dix lignes environ de longueur; ils sont axillaires, rougeâtres, brillans : les capsules sont brunes. Il ne faut pas confondre cette plante avec l'*hypnum lutescens*, Linn. (Voyez Hypnum, vol. 22, p. 360.)

§. 4. *Feuilles lâches; rameaux filiformes.*

Leskea déliée; *L. subtilis*, Hedw., *Musc. frond.*, 4, tab. 9. Tige grêle, rampante, rameuse; rameaux simples, filiformes, un peu redressés et rapprochés, en touffes; feuilles lâches, écartées, linéaires, lancéolées; pédicelles droits, longs de quatre à huit lignes; capsules un peu penchées ou droites, cylindriques, à opercules coniques, pointus. Cette espèce, remarquable par ses rameaux capillacés, se trouve dans les parties tempérées et septentrionales de l'Europe. Haller en fit le premier la découverte en Suisse; puis elle a été trouvée dans diverses parties des Alpes, de l'Allemagne, en Zélande, en Écosse et en Angleterre. Elle naît sur les troncs des arbres et fructifie en été.

§. 5. *Feuilles rejetées ou presque rejetées d'un seul côté; rameaux crochus à leur extrémité.*

Leskea multiflore : *L. polyantha*, Hedw.. *Musc. frond.*, 4, tab. 2; Dillen.. *Musc.*, tab. 42, fig. 62. Tige rampante, rameuse; rameaux simples, grêles, un peu courbés, rapprochés, en touffes; feuilles imbriquées dans l'état sec, étalées dans l'état humide, lancéolées, pointues, sans nervures, d'un vert clair; pédicelles nombreux, droits, d'un rouge pâle, longs de huit à douze lignes; capsules ovoïdes, rouges ou brunes, droites, ovales; opercules coniques, aigus, d'un rouge vif, un peu courbés. On trouve cette mousse partout en Europe, au pied des arbres. Elle fructifie au printemps.

Leskea a plusieurs fruits; *L. polycarpa*, Brid., *Musc.*, 3, tab. 3, fig. 5, et tab. 6, fig. 3. Tige rameuse, rampante; rameaux simples, entrelacés; feuilles ovales - lancéolées, aiguës, nerveuses; pédicelles nombreux; capsules droites, cylindriques; opercules coniques. Cette mousse croît dans les vergers, les bois, les prés ombragés, au pied des arbres et à terre. On la rencontre partout en Europe et dans l'Amérique septentrionale. Elle est indiquée aux environs de Paris. (Lem.)

LESNYI BYK (*Mamm.*), nom russe de l'aurochs. (F. C.)

LESPEDEZA. (*Bot.*) Genre de plantes dicotylédones, à fleurs complètes, papillonacées, de la famille des *légumineuses*, de la *diadelphie décandrie* de Linnæus, dont le caractère essentiel consiste dans un calice à cinq divisions presque égales, linéaires-lancéolées ou subulées; une corolle papillonacée ; la carène obtuse ; dix étamines diadelphes; un ovaire supérieur, médiocrement pédicellé; un style; un stigmate en *tête* conique; une gousse non articulée, à une seule loge, monosperme.

Ce genre, dédié par Michaux à M. Lespédéze, gouverneur de la Floride, est distingué des *hedysarum* (sainfoin) particulièrement par le caractère de ses fruits. Il devient une subdivision de ce genre très-nombreux en espèces. On peut ajouter que ses feuilles, rarement simples, sont composées de trois folioles. Les tiges sont plus ou moins ligneuses.

Lespedeza a fleurs sessiles : *Lespedeza sessiliflora*, Mich., *Fl. Bor. Amer.*, 2, pag., 70; *Medicago virginica?* Linn. Cette plante a des tiges très-rameuses, un peu ligneuses : ses rameaux sont droits, alternes, garnis de feuilles pétiolées, composées de trois folioles oblongues, elliptiques, vertes, glabres, réticulées, munies de bractées sétacées. Les fleurs sont nombreuses, disposées par fascicules sessiles dans l'aisselle des feuilles : le calice petit, velu, caduc, à cinq dents profondes, preque égales, aigues; les gousses petites, ovales, à une seule semence. Cette plante croît dans la Caroline et la Virginie.

Lespedeza effilé : *Lespedeza juncea*, Poir. ; *Hedysarum junceum*, Linn., *Dec.*, 1, tab. 4. Cette espèce a le port d'un genêt ; ses rameaux sont souples, alongés, pubescens, striés ; les feuilles alternes, à trois folioles linéaires, oblongues, obtuses, pubescentes et réticulées en-dessous ; le pétiole velu ; les stipules sétacées. Les fleurs sont nombreuses, disposées en petites grappes axillaires, presque en petites ombelles ; les pédoncules pubescens ; de petites bractées courtes, ovales ; le calice velu ou cendré ; la corolle blanche ; l'étendard marqué de lignes purpurines ; les gousses petites, monospermes, à peine de la longueur du calice. Cette plante croît dans la Sibérie et la Tartarie.

Lespedeza tombant ; *Lespedeza procumbens*, Mich., *l. c.*, pag. 71, tab. 39. Ses tiges sont couchées : elles produisent des rameaux presque simples, pubescens, filiformes, garnis de feuilles ternées ; les folioles petites, ovales, glabres, entières, un peu pileuses en-dessous, réticulées, mucronées ; les stipules sétacées. Les pédoncules sont capillaires, axillaires, très-longs, soutenant deux ou trois petits épis de fleurs presque sessiles ; leur calice est blanchâtre et pubescent ; la corolle petite, purpurine ; les gousses glabres, ovales, petites, non recouvertes par le calice, un peu aiguës, ne renfermant qu'une seule semence. Cette plante croît dans la Caroline et la Virginie.

Lespedeza a fleurs violettes : *Lespedeza violacea*, Poir. ; *Hedysarum violaceum*, Linn., *Spec.* Ses rameaux sont presque filiformes, pubescens, garnis de feuilles ternées, composées de trois folioles presque égales, à peine pédicellées, arrondies à leurs deux extrémités, glabres en-dessus, un peu pubescentes en-dessous ; les stipules sétacées. Les pédoncules sont axillaires, sétacés, très-longs, soutenant environ deux fleurs presque sessiles, plus nombreuses aux pédoncules inférieurs ; leur calice pubescent, fort petit ; la corolle violette ; les gousses deux ou trois fois plus longues que le calice, glabres, comprimées, rhomboïdales. Cette plante croît dans la Caroline et la Virginie.

Lespedeza a plusieurs épis : *Lespedeza polystachia*, Mich. *l. c.*, tab. 40 ; *Hedysarum hirtum*, Linn., *Spec.* Arbrisseau dont les tiges se divisent en rameaux cylindriques, un peu angu-

leux, légèrement pubescens, garnis de feuilles à trois folioles elliptiques, velues dans leur jeunesse, longues d'environ un pouce, larges d'un demi-pouce; les deux folioles
latérales plus courtes, un peu pédicellées : les fleurs disposées en plusieurs épis axillaires, simples ou rameux; leur
calice est blanchâtre ou de couleur purpurine, velu, à
cinq découpures roides, très-aiguës; la corolle blanche, au
moins une fois aussi longue que le calice; les gousses ovales, comprimées, aiguës, couvertes de poils blanchâtres,
renfermées dans le calice persistant. Cette plante croît dans
les contrées septentrionales de l'Amérique.

LESPEDEZA PIED-DE-LIÈVRE : *Lespedeza lagopodioides*, Poir. ;
Hedysarum lagopodioides, Linn., *Syst. veg.*; Burm., *Fl. Ind.*,
pag. 68, tab. 53. Ses rameaux sont velus et tomenteux;
ses feuilles composées de trois folioles inégales, ovales, obtuses, presque sessiles, pubescentes en-dessous : les fleurs
disposées en un épi terminal, ovale-obtus, muni à sa base
d'une bractée ovale, subulée; les calices très-courts, abondamment velus; la corolle fort petite; les gousses monospermes. Cette plante croît dans les Indes orientales. (Poir.)

LESSERTIA. (*Bot.*) Genre de plantes dicotylédones, à
fleurs complètes, papillonacées, de la famille des *légumineuses*, de la *diadelphie décandrie* de Linnæus, offrant pour
caractère essentiel : Un calice campanulé, un peu pédicellé,
à cinq dents courtes ; une corolle papillonacée ; la carène
obtuse; dix étamines diadelphes; un ovaire supérieur, oblong, pédicellé; le style courbé en arc; le stigmate en tête.
Le fruit est une gousse membraneuse, comprimée, point vésiculeuse.

Ce genre faisoit partie des *colutea* de Linnæus, mais il
s'en distingue par son port, par une tige herbacée, par une
gousse non vésiculeuse ; ces caractères ont déterminé M.
De Candolle à en former un genre particulier, qu'il a dédié
à M. De Lessert, sous le nom de *Lessertia*.

LESSERTIA ANNUEL: *Lessertia annua*, Decand., *Astrag.*, p. 43 ;
Colutea herbacea, Linn., *Spec.* ; Lamk., *Ill. gen.*, tab. 624,
fig. 5 ; Commel., *Hort.*, 2, tab. 44. Cette plante a des tiges
herbacées, rameuses, hautes d'un à deux pieds, chargées
de poils fort courts. Les feuilles sont ailées avec une im-

paire, composées de quinze à dix-sept folioles verdâtres, linéaires, presque glabres, obtuses ou échancrées : les fleurs petites, d'un violet-brun à l'extrémité de leur carène et de leurs ailes, finement rayées sur leur étendard, disposées en grappes axillaires sur des pédoncules plus longs que les feuilles ; elles produisent des gousses comprimées latéralement, plus larges et un peu arrondies vers leur sommet, terminées par une petite pointe en crochet. Cette plante croît au cap de Bonne-Espérance; on la cultive au Jardin du Roi.

Lessertia vivace : *Lessertia perennans*, Decand., *Astrag.*, pag. 43; *Colutea perennans*, Jacq., *Vind.* et *Hort.*, 3, tab. 3. Ses tiges sont droites, médiocrement rameuses, à peine pubescentes, striées; ses feuilles ailées, composées de six à huit paires de folioles petites, ovales-oblongues, pédicellées, pubescentes, obtuses à leurs deux extrémités. Les fleurs sont blanches ou légèrement purpurines, presque unilatérales, disposées en grappes simples, alongées; le calice campanulé, à cinq dents aiguës, inégales; la corolle petite; les ailes onguiculées; les gousses petites, glabres, ovales, comprimées, renfermant quatre à cinq semences réniformes. Cette plante croît au cap de Bonne-Espérance; on la cultive au Jardin du Roi. (Poir.)

LESSIVE, LAVAGE, LESSIVER, LAVER. (*Chim.*) Dans le langage vulgaire, la lessive est de l'eau qui a digéré sur la cendre du bois, et qui en a dissous la potasse. Dans les laboratoires de chimie on applique quelquefois le même mot à un liquide quelconque qu'on a mis en contact avec une matière solide, dans le dessein d'en séparer un ou plusieurs corps que le liquide dissout à l'exclusion d'une autre portion de la matière : plus souvent on emploie dans le même sens le mot *lavage*. Quant aux verbes *lessiver* et *laver*, qui expriment l'acte de faire une *lessive*, un *lavage*, on les emploie l'un pour l'autre; cependant le second nous paroît être plus usité. (Ch.)

LESTES. (*Ichthyol.*) Chez les Lettes, on donne ce nom au Flez. (H. C.)

LESTEVE, *Lesteva*. (*Entom.*) Dénomination employée par M. Latreille pour désigner un petit genre d'insectes de la famille des brachélytres ou brévipennes de l'ordre des coléoptères et du sous-ordre des pentamérés.

Ce nom, qui ne nous paroit ni grec ni latin, à moins qu'il ne soit pris du mot *leste*, en grec λεσ7ες, un voleur habile, *prædo, grassator*, avoit été employé, comme nous venons de le dire, avant que M. Gravenhorst publiât son Histoire des microptères, où il établit le même genre sous le nom d'*anthophagus*, qui signifie mangeur de fleurs; et on trouve en effet ces insectes sur les fleurs, et non sur les matières animales comme la plupart des staphylins.

Voici les caractères assignés à ce genre par M. Latreille, qui le range dans sa troisième section des staphylins, qu'il nomme aplatis, dont la tête est découverte, la lèvre supérieure entière, non échancrée, les palpes plus courts que la tête : division dans laquelle il range aussi les *oxytèles*, les *omalies*, les *protéines* et les *aléochares*, d'après l'insertion des antennes et la forme des pattes.

D'après l'analyse, ce genre se distingue de celui des *stènes*, parce que ces insectes ont les yeux globuleux et la tête très-large ; des *oxypores*, des *pædères* et des *fongivores*, parce que ces derniers ont les palpes alongés, renflés, avancés ; et enfin de la plupart de ces insectes brachélytres, parce que les élytres recouvrent au moins la moitié ou les trois quarts de l'abdomen, circonstance qui a fait placer la plupart des espèces avec les petits carabes : tel est en particulier le *carabus dimidiatus* de Panzer.

Olivier a figuré plusieurs espèces de ce genre, entre autres n.° XLII, pl. 2, fig. 12, *a*, *b*, *c*, *d*, une espèce de lestève sous le nom de *staphylin échancré* : nous avons donné nous-mêmes un dessin très-exact de l'espèce que nous avons indiquée sous le nom de LESTÈVE CIMICIFORME, ou semblable à une punaise. (Voyez Atlas de ce Dictionnaire, 4.ᵉ livraison, n.° XI, 5.)

1.° LESTÈVE ALPINE; *Lesteva alpina.* Olivier, Coléopt., n.° 42, pl. VI, n.° 55, *a*, *b*.

Car. Noirâtre; à élytres, corselet et pattes testacés.

2.° LESTÈVE ÉCHANCRÉE; *Lesteva emarginata.*

Car. D'un fauve obscur; corselet rebordé; élytres échancrés testacés; tête noire.

3.º Lestève cimiciforme ; *Lesteva cimiciformis.*

C'est l'espèce que nous avons fait peindre. Elle a à peu près trois lignes de longueur et ressemble beaucoup à l'insecte précédent, excepté que sa tête et ses élytres sont de la même couleur que le corps, d'un brun ferrugineux. (C. D.)

LESTIBOUDOISE, *Lestibudesia.* (*Bot.*) Genre de plantes dicotylédones, à fleurs incomplètes, hermaphrodites, de la famille des *amaranthacées* et de la *pentandrie tétragynie* de Linnæus, offrant pour caractère essentiel : Un calice à cinq folioles concaves; point de corolle; cinq étamines réunies en un urcéole à cinq dents; un ovaire à quatre lobes; quatre stigmates sessiles; une capsule à une loge polysperme.

Ce genre, établi par M. Du Petit-Thouars, est tellement rapproché des *celosia*, que quelques auteurs l'y ont réuni. Il s'en distingue principalement par ses quatre stigmates sessiles.

Lestiboudoise en épi ; *Lestibudesia spicata*, Petit-Thouars, Vég. des îles d'Afrique, pag. 55, tab. 16. Arbrisseau découvert par M. Du Petit-Thouars à l'île de Madagascar, dont les tiges ligneuses se divisent en rameaux foibles, herbacés, étalés, garnis de feuilles pétiolées, alternes, glabres, distantes, ovales, entières, aiguës ou acuminées, longues d'un à deux pouces et plus, larges d'un pouce. Les fleurs sont petites, herbacées, disposées en petits groupes sessiles le long d'un épi grêle, alongé, terminal; leur calice est persistant, accompagné à sa base de trois petites écailles; il n'y a point de corolle; les étamines sont réunies en un urcéole à cinq dents opposées aux folioles du calice, portant chacune, à leur sommet, une anthère qui s'ouvre latéralement : l'ovaire est supérieur, presque tétragone, comprimé, surmonté de quatre stigmates sessiles, tomenteux. Le fruit consiste en une capsule uniloculaire, un peu renflée, renfermant des semences fort petites, noires, très-lisses, presque réniformes, attachées au fond de la capsule par un cordon ombilical ; l'embryon courbé autour d'un périsperme farineux. (Poir.)

LESTIBUDÆA. (*Bot.*) Necker sépare du genre *calendula*, sous ce nom, le *calendula graminifolia*, qui a des hampes uniflores, des graines comprimées ou anguleuses, bordées sur le côté. Ce genre, de la famille des corymbifères, qui n'a pas été adopté, ne doit point être confondu avec le *lestibudesia* de M. du Petit-Thouars, qui appartient aux amaranthacées. (J.)

LESTRIS (*Ornith.*), nom générique donné par Illiger au labbe ou stercoraire. (Cн. D.)

LETAGA (*Mamm.*), nom moscovite du polatouche, écureuil volant de ces contrées. (F. C.)

LET-CHI. (*Bot.*) Voyez Lɪт-снɪ. (J.)

LÈTHRE, *Lethrus.* (*Entom.*) Nom d'un genre d'insectes coléoptères, à cinq articles aux tarses, établi par Scopoli pour y ranger une espèce de scarabée, voisine des bousiers, mais dont les antennes, au lieu d'être en masse feuilletée, sont au contraire terminées par une sorte de bulbe tronquée, ce qui l'a fait nommer aussi *bulbocerus.* Olivier croit que ce nom, qui a l'apparence d'être tiré du grec, λη9η, signifie *oubli,* et par suite *mort,* le fleuve *Lethe.* Il cite aussi Pline et Jonston, qui emploient le nom de *cantharolethrus* pour indiquer un endroit de la Thrace, près d'Olynthe, où les scarabées meurent.

Ce genre d'insectes est tout-à-fait anomal : voilà pourquoi, dans la méthode qui a présidé à la confection de nos tableaux analytiques, nous avons été obligés de placer cet insecte dans une autre famille que celle des pétalocères, avec lesquels il a cependant les plus grands rapports pour les formes et les habitudes, et nous l'avons rangé, à cause de la forme de ses antennes, dans celle des stéréocères, auprès des anthrènes et des escarbots. (Voyez dans la sixième livraison de l'Atlas de ce Dictionnaire, planche 10, n.° 1.)

Le genre Lèthre ne renferme encore qu'une seule espèce, qui se trouve en Autriche, en Hongrie, dans les champs incultes de la Tartarie et de la Russie méridionale. Le mâle et la femelle se rencontrent souvent ensemble, d'après l'obvation de Scopoli, et elles se creusent, dans la terre, à l'aide des pattes antérieures qui sont dentelées, des trous verticaux et cylindriques probablement pour y déposer leurs œufs, comme les géotrupes et les bousiers.

Le caractère distinctif de ce genre consiste dans la forme

singulière du neuvième article des antennes, creusé en une sorte de petit cône qui reçoit les deux derniers.

L'espèce décrite par Scopoli, par Pallas, et depuis par un grand nombre d'auteurs, est nommée

LETHRE GROSSE TÊTE, *Lethrus cephalotes* : semblable à un bousier, d'un noir mat et comme de la poix. Sa tête aplatie est presque de la longueur du corselet, à chaperon dilaté en croissant, à corselet plus large que les élytres, et à tête un peu bossue, échancrée en devant fortement. Il n'y a pas d'écusson ; les élytres sont soudés et enveloppent l'abdomen. L'insecte est aptère ou sans ailes membraneuses. Tout le reste du corps ressemble à un bousier. Les mâles ont les mandibules beaucoup plus développées que les femelles (c'est une de celles-ci que notre dessin représente); elles sont arquées et fourchues à l'extrémité : c'est probablement à cause de cette particularité que Pallas et Haxman ont placé cet insecte dans le genre Lucane ou Cerf-volant. Il y a d'autres espèces rapportées à ce genre. Voyez LAMPRIME et STÉRÉOCÈRES. (C. D.)

LETSCH. (*Ichthyol.*) Nom russe de la BRÊME. Voyez ce mot dans le supplément du cinquième volume de notre Dictionnaire. (H. C.)

LETTRE HÉBRAÏQUE VERTE. (*Entom.*) Geoffroy a désigné sous ce nom une espèce de mouche à scie dont le corselet est marqué de lignes noires transversales sur une raie longitudinale, ce qui imite un caractère hébreux. C'est la tenthrède verte, *tenthredo viridis* de Linnæus et de Fabricius. (C. D.)

LETTRES. (*Bot.*) Voyez BOIS DE LETTRES. (J.)

LETTSOMIA. (*Bot.*) Genre de plantes dicotylédones, à fleurs complètes, polypétalées, de la *polyandrie monogynie* de Linnæus, offrant pour caractère essentiel : Un calice divisé en sept folioles ; une corolle composée de plusieurs pétales qui se recouvrent à leurs bords ; les pétales intérieurs plus étroits ; un grand nombre d'étamines insérées sur le réceptacle ; un style ; trois à cinq stigmates. Le fruit est une baie ou une capsule à trois ou à cinq loges polyspermes.

Ce genre a été établi par les auteurs de la *Flore du Pérou*, pour quelques arbrisseaux du même pays. encore peu connus. Ils en ont mentionné deux espèces : 1.° *Lett-somia tomentosa*, Ruiz et Pav., *Prod. Syst. veget. Fl. Per.*, pag. 135. Arbrisseau de quinze à dix-huit pieds, dont les feuilles sont lancéolées, très-entières, tomenteuses et soyeuses à leur face inférieure. Le fruit consiste en une baie à cinq loges polyspermes. 2.° *Lettsomia lanata.* Cet arbrisseau se distingue du précédent par ses feuilles lancéolées, un peu dentées en scie à leur contour, et par ses baies à trois loges. Ces deux plantes croissent dans les grandes forêts du Pérou. (Poir.)

LEUCACANTHA. (*Bot.*) Ce nom, qui signifie épine blanche, a été donné à plusieurs chardons, tels que le *carduus tuberosus*, une espèce de carline, l'*onopordum*; le chardon-marie, *carduus marianus*, maintenant établi genre sous le nom de *silybum*, et le *centaurea solstitialis*, faisant partie du *calcitrapa*. (J.)

LEUCADENDRON, *Leucadendrum.* (*Bot.*) Genre de plantes dicotylédones, à fleurs souvent dioïques, de la famille des *protéacées*, de la *tétrandrie monogynie* de Linnæus, offrant pour caractère essentiel : Des fleurs réunies en tête, dans un involucre commun, écailleux; une corolle à quatre pétales connivens (calice, Juss.); point de calice; quatre étamines placées dans la concavité supérieure des pétales; un ovaire supérieur; un style filiforme; un stigmate en massue, oblique, échancré, un peu hispide ; une noix monosperme, renfermée dans les écailles de l'involucre.

Ce genre, réuni d'abord par Linnæus au genre très-étendu des *Protea*, en a été séparé par M. Robert Brown, d'après les caractères particuliers que je viens d'exposer. Il renferme des arbres ou arbrisseaux souvent tomenteux et soyeux ; les feuilles sont entières; les têtes de fleurs solitaires, terminales, entourées d'un involucre composé de bractées imbriquées, ou de feuilles verticillées, quelquefois colorées. La plupart des espèces sont très-élégantes par le soyeux brillant et argenté répandu presque sur toutes leurs parties. On en cultive quelques espèces dans les jardins botaniques de l'Europe. Elles ne craignent pas beaucoup le froid, et il suffit de les abriter dans la serre tempérée pendant l'hiver ; mais leur culture exige beaucoup de précautions : elles veulent un terreau léger, et réussissent assez bien dans celui de bruyère qu'il faut tenir un peu à l'ombre, parce que l'ardeur du soleil leur est nuisible. Dumont-Courset conseille de ne les dépoter que quand leurs racines ont tapissé la surface intérieure du vase où elles sont plantées, et lorsqu'on les met dans un autre, il faut que sa dimension soit telle que les racines puissent en atteindre les parois l'année suivante. Si, par exemple, on transporte le *leucadendron* argenté dans une caisse ou dans un vase d'une trop grande capacité, il pousse vigoureusement pendant l'été, et périt l'hiver. On sème les graines sur couche, dans du terreau de bruyère; plusieurs ne lèvent que la seconde ou la troisième année. Ces arbrisseaux se multiplient très-difficilement de marcottes, et il ne faut pas les arroser beaucoup. (Desfont. Arbr.)

LEUCADENDRON ARGENTÉ : *Leucadendrum argenteum*, Rob. Brown, *Trans. Linn.*, 10, pag. 52 ; *Protea argentea*, Linn., *Spec.* ; Lamk., *Ill. gen.*, tab. 54, fig. 1 ; Commel., *Hort.*, 2, tab. 26 ; Pluken., *Almag.*, tab. 200, fig. 1 : vulgairement ARBRE D'ARGENT. Arbrisseau d'une grande beauté, remarquable par ses feuilles soyeuses d'un blanc argenté très-brillant, et par ses têtes de fleurs globuleuses, également soyeuses, de la grosseur d'une orange; il s'élève à la hauteur de sept à huit pieds. Ses tiges se divisent en rameaux noueux, un peu velus et flexueux dans leur jeunesse, garnis de feuilles très-nombreuses, éparses, sessiles, assez grandes, lancéolées, aiguës, semblables à celles du saule, calleuses à leur sommet. Les fleurs sont réunies en une tête arrondie, composée de larges écailles imbriquées, obtuses, presque ligneuses, tomenteuses et argentées; les corolles également tomenteuses; les noix environnées de poils en aigrette. Cette plante croit au cap de Bonne-Espérance; les habitans de ce pays forment avec cet arbrisseau des bosquets très-agréables sous lesquels ils vont chercher l'ombre et la fraîcheur, si désirables surtout dans des contrées où les grands arbres sont rares.

LEUCADENDRON PLUMEUX : *Leucadendrum plumosum*, Brown, *l. c.*; *Protea parviflora*, Thunb., *Diss. de Prot.*, tab. 4, fig. 1 (mas); *Protea obliqua*, Thunb., *l. c.* (fœmina). Arbrisseau de deux ou trois pieds, dont les rameaux sont épars, flexueux, divisés en d'autres beaucoup plus nombreux, garnis de feuilles alternes, sessiles, lancéolées, quelquefois un peu obliques, glanduleuses et obtuses à leur sommet, longues de cinq à six pouces, un peu tomenteuses dans leur jeunesse. Les fleurs sont dioïques; les mâles forment de petites têtes, de la grosseur d'un grain de poivre, solitaires et terminales sur chaque rameau; les femelles sont sessiles, globuleuses, composées d'écailles imbriquées, courtes, glabres, ovales, aiguës; les intérieures plus alongées. Cette plante croît au cap de Bonne-Espérance.

LEUCADENDRON LÉVISAN : *Leucadendrum levisanus*, Brown, *l. c.*; *Protea levisanus*, Willd., *Spec.*; Burm., *Afr.?* tab. 100, fig. 2. Petit arbrisseau, d'un port agréable, qui s'élève à la hauteur d'un pied sur une tige grêle, pubescente ou presque glabre, dont les rameaux sont nombreux, presque verticillés, quelquefois prolifères, garnis de feuilles lisses, éparses, charnues, sans nervures, ovales, obtuses, un peu mucronées, rétrécies à leur base, longues de deux ou trois lignes. Les fleurs forment de petites têtes terminales, solitaires et sessiles, très-velues; les écailles de l'involucre sont linéaires, lanugineuses, un peu plus courtes que la corolle. Cette plante croît dans les plaines sablonneuses au cap de Bonne-Espérance; elle est cultivée au Jardin du Roi.

LEUCADENDRON A CORYMBES : *Leucadendrum corymbosum*, Brown, *l. c.*; Andr., *Botan. repos.*, tab. 495 (fœmina); *Protea corymbosa*, Thunb., *l. c.*, tab. 2, fig. 1. Arbrisseau à tiges droites, rameuses, hautes de quatre à cinq pieds : les rameaux courts, inégaux, distans, presque verticillés, garnis de feuilles droites, imbriquées, convexes, linéaires, subulées, longues de quatre à six lignes; chaque rameau est terminé par une petite tête de fleurs, dont l'ensemble forme à chaque verticille une sorte de corymbe. Le calice est composé de plusieurs petites écailles, plus courtes que la corolle, quelquefois tomenteuses. La corolle est jaune, fort petite; les noix ovales, comprimées, anguleuses à leurs bords, velues, obtuses à leur sommet, rétrécies en pointe à leur base. Cette plante croît au cap de Bonne-Espérance, dans les plaines arides et sablonneuses.

Leucadendron a fruits coniques : *Leucadendrum conocarpum,* Brown, *loc. cit.; Protea conocarpa,* Thunb., *loc. cit.;* Lamk., *Ill. gen.,* tab. 53, fig. 3. Dans cette espèce, les tiges sont épaisses, velues, rameuses, hautes de trois à quatre pieds; les feuilles sessiles, imbriquées, épaisses, ovales-oblongues, aiguës ou munies au sommet de deux à cinq dents calleuses, velues à leur insertion, les supérieures ciliées à leurs bords; les fleurs réunies en une tête conique, terminale, de la grosseur d'une poire; les écailles courtes, ovales, ciliées, acuminées ; la corolle longue de plus d'un pouce, filiforme, hérissée de poils roussâtres et lanugineux; le style glabre, fistuleux; le stigmate ovale, aigu; le réceptacle garni d'un duvet tomenteux. Cette plante croît au cap de Bonne-Espérance; on la cultive au Jardin du Roi.

Leucadendron a feuilles de saule : *Leucadendrum salignum,* Brown, *loc. cit.; Protea saligna,* Thunb., *loc. cit.;* Boerhaav., *Ind. Plant.,* tab. 204. Ses tiges sont droites, purpurines, striées, hautes d'environ quatre pieds, munies de rameaux alternes, inégaux, effilés, garnis de feuilles sessiles, étroites, lancéolées, aiguës, glanduleuses au sommet, médiocrement blanchâtres et soyeuses à leurs deux faces, longues d'environ deux pouces; les fleurs sont terminales, environnées de feuilles colorées, réunies en une tête ovale, de la grosseur d'une prune, munies d'écailles larges, obtuses, imbriquées, noirâtres à leur sommet, couvertes d'un duvet fin, argenté. Cette plante croît au cap de Bonne-Espérance; on la cultive au Jardin du Roi.

Leucadendron conifère : *Leucadendrum coniferum,* Brown, *l. c.; Protea conifera,* Linn.; Andr., *Bot. Repos.,* tab. 541 (mas). Arbrisseau de trois à quatre pieds, muni de rameaux un peu flexueux, glabres, presque verticillés, garnis de feuilles éparses, sessiles, glabres, étroites, lancéolées, concaves, coriaces, ridées ou striées, aiguës et calleuses à leur sommet, longues d'environ deux pouces; les fleurs disposées en un cône solitaire, terminal, ovale, tomenteux, de la grosseur d'une noisette. environné de longues et larges feuilles en forme de bractées glabres, colorées; les écailles de l'involucre élargies, pubescentes, obtuses, de la longueur de la corolle; les noix et le réceptacles nus. Cette plante, cultivée au Jardin du Roi, est originaire du cap de Bonne-Espérance.

LEUCADENDRON DE WENDLAND : *Leucadendrum Wendlandi*, Brown, *l. c.; Protea imbricata*, Wendl., *Hort. Her.*, tab. 14, *excl. Synon.* Arbrisseau très-rameux, à tige droite, dont les rameaux sont tomenteux, disposés en ombelle, garnis de feuilles nombreuses, sessiles, imbriquées, redressées, un peu concaves, ovales, lancéolées, épaisses, longues de trois lignes; les supérieures un peu pubescentes; les florales plus étroites; les fleurs mâles, réunies en une tête sessile, de la grosseur d'un pois; la corolle soyeuse à sa base; quatre écailles linéaires sur le réceptacle; la tête des fleurs femelles un peu plus grosse, la corolle entièrement soyeuse; point d'écailles sur le réceptacle; celles de l'involucre soyeuses, dilatées, cunéiformes; les noix ovales, très-velues, mucronées par la base du style. Cette plante croît au cap de Bonne-Espérance.

LEUCADENDRON POLYSPERME ; *Leucadendrum polyspermum*, Brown, *l. c.* Arbrisseau glabre sur toutes ses parties : ses feuilles inférieures filiformes, canaliculées, longues d'un pouce et demi; les supérieures planes, linéaires-spatulées, obtuses, calleuses à leur sommet; le chaton des fleurs mâles ovale; les bractées soyeuses, lancéolées; le limbe de la corolle glabre; le cône des fleurs femelles alongé ; les écailles glabres, conniventes, tracées de lignes a demi circulaires; le stigmate oblique, dilaté, mamelonné; la corolle velue sur ses onglets, glabre sur le limbe; les noix ou samares lisses, cendrées, une fois plus larges que longues. Cette plante croît au cap de Bonne-Espérance.

LEUCADENDRON A FEUILLES DE BRUYÈRE ; *Leucadendrum ericifolium*, Brown, *l. c.* Ses tiges sont droites, très-rameuses ; les rameaux rougeâtres, légèrement tomenteux dans leur jeunesse; les feuilles glabres, nombreuses, imbriquées, acérées, un peu concaves, mutiques, longues de trois lignes; les têtes de fleurs un peu pédonculées, en corymbes peu garnis; l'involucre court et soyeux ; la corolle tomenteuse; le tube grêle ; point d'écailles entre les corolles ; point d'ovaire ; un style glabre ; un stigmate en massue. Cette plante croît naturellement au cap de Bonne-Espérance.

Leucadendron rétréci ; *Leucadendrum angustatum*, Brown, *l. c.* Arbrisseau dont les tiges se divisent en rameaux glabres, droits, ramifiés, garnis de feuilles nombreuses, éparses, droites, linéaires, spatulées, longues de huit à neuf lignes, très-obtuses, à peine calleuses au sommet. Les fleurs forment un cône presque globuleux, muni d'écailles ovales, conniventes, les extérieures plus larges. Le fruit consiste en une noix de la grosseur d'une graine de vesce, un peu comprimée, pubescente, recouverte par la corolle plumeuse, partagée en quatre jusqu'à sa base. Cette plante croît au cap de Bonne-Espérance.

Leucadendron paré ; *Leucadendrum coccineum*, Brown, *l. c.* Arbrisseau d'environ dix pieds de haut, dont les rameaux sont roides, très-glabres ; les feuilles droites, nombreuses, un peu imbriquées, très-glabres, alongées, lancéolées, un peu obtuses, longues d'un pouce, calleuses au sommet ; les feuilles florales de moitié plus courtes, à demi colorées ; les écailles du cône ovales, tomenteuses, argentées ; les fruits ailés, échancrés. Cette plante croît au cap de Bonne-Espérance.

Beaucoup d'autres espèces sont mentionnées par les auteurs modernes, particulièrement par M. Rob. Brown, dans les Transactions de la société linnéenne de Londres. (Poir.)

LEUCAERIA. (*Bot.*) Voyez Leuchérie. (H. Cass.)

LEUCANTHEMUM. (*Bot.*) Ce nom, qui signifie fleur blanche, avoit été donné, par quelques auteurs anciens, à la camomille romaine. Tournefort l'avoit adopté pour désigner la marguerite des prés et ses congénères, dont les demi-fleurons blancs lui servoient à distinguer ce genre du *chrysanthemum*, ainsi nommé parce que ses demi-fleurons sont jaunes ou dorés. Linnæus, trouvant insuffisantes ces distinctions génériques tirées de la couleur des fleurs, les a réunies sous le nom du dernier, sans songer que l'expression *chrysanthemum* ne peut s'appliquer aux espèces du premier, et qu'il eût mieux valu choisir un nom nouveau, applicable aux deux. Ce genre a été réduit plus récemment aux espèces dont la graine est nue, non couronnée par un rebord denté propre au *pyrethrum* ; et quoique les espèces à graines nues aient la plupart des demi-fleurons blancs, on leur a encore conservé le nom de *chrysanthemum*, qui n'est pas heureusement choisi. (J.)

LEUCAS. (*Bot.*) Ce nom a été donné à diverses plantes. Le *leucas montana* de Césalpin est une plante labiée, *galeopsis galeobdolon*; un autre *leucas* du même est le *lamium lævigatum*. C. Bauhin cite, comme synonyme du *potentilla acaulis*, une plante que Lobel soupçonne être le *leucas* de Dioscoride. On trouve dans le *Flora Danica* d'Œder, sous le nom de *leucas*, le *dryas octopetala*, qui, comme la précédente, est dans les rosacées; et le même nom est donné par Burmann, dans son *Thes. Zeyl.*, au *nepeta indica*, autre labiée. (J.)

LEUCAS. (*Bot.*) Genre de plantes dicotylédones, à fleurs complètes, monopétalées, irrégulières, de la famille des *labiées*, de la *didynamie gymnospermie* de Linnæus, offrant pour caractère essentiel : Un calice tubulé, à dix stries; l'orifice quelquefois oblique, à huit ou dix dents : une corolle labiée; la lèvre supérieure en casque, entière, barbue; l'inférieure à trois lobes, celui du milieu plus grand; quatre étamines didynames; les anthères à deux lobes divergens; quatre ovaires supérieurs; un style; quatre semences au fond du calice.

Ce genre est composé d'espèces placées d'abord parmi les *phlomis*, et dont M. Robert Brown a fait un genre particulier.

Leucas indica : *Leucas des Indes*, Rob. Brown, *Nov. Holl.*, 1, pag. 504; *Phlomis indica*, Linn., *Spec.* Plante des Indes orientales, dont les tiges sont tétragones, un peu pubescentes; les feuilles ovales, pileuses, dentées en scie, rétrécies à leur base; les rameaux sont terminés par deux ou trois verticilles rapprochés, épais, munis de bractées linéaires, un peu velues; les calices oblongs, tubulés; l'orifice oblique, à dents très-courtes, terminées par une petite pointe spinuliforme : la corolle blanchâtre, un peu purpurine; la lèvre supérieure alongée, creusée en casque, chargée de poils blancs et tomenteux; l'inférieure à trois divisions, celle du milieu du double plus longue que les deux latérales.

Leucas de la Martinique : *Leucas Martinicensis*, Brown, *l. c.*; *Phlomis Martinicensis*, Willd., *Spec.*; *Phlomis Caribæa*, Jacq., *Icon. rar.*, 1, tab. 110. Ses tiges sont pubescentes, divisées en longs rameaux garnis de feuilles ovales-oblongues, presque en cœur à leur base, un peu pubescentes, crénelées en dents obtuses; les supérieures lancéolées, plus étroites, à crénelures distantes. Les fleurs sont disposées en verticilles globuleux, très-serrés, gros et velus, placés le long des tiges et des rameaux; les involucres sétacés, velus, spinuliformes; le calice tubulé, velu, fortement recourbé à sa partie supérieure, garni de huit dents à son orifice : la corolle petite, blanchâtre ou un peu purpurine; la lèvre supérieure couverte d'un duvet blanc. Cette plante, originaire de la Martinique et de plusieurs autres contrées de l'Amérique, est cultivée au Jardin du Roi.

Leucas de Ceylan : *Leucas Zeylanica*, Brown, *l. c.*; *Phlomis Zeylanica*, Linn., *Spec.*; Jacq., *Icon. rar.*, 1, tab. 111; Pluken., *Almag.*, tab., 118, fig. 4; *Herba admirationis*, Rumph, *Amb.*, 6, tab. 16, fig. 1. Cette plante a des tiges hautes d'environ deux pieds; des rameaux un peu hispides; les feuilles sont étroites, lancéolées, légèrement tomenteuses en-dessous, entières ou médiocrement crénelées; deux ou trois verticilles terminaux épais, serrés; les involucres composés de bractées subulées, ciliées, un peu aiguës; le calice un peu pubescent, à huit petites dents aiguës : la corolle petite et blanchâtre; la lèvre supérieure tomenteuse et fermée; l'inférieure plus grande, à trois divisions; celle du milieu ample, plissée, presque à trois lobes; les anthères noirâtres; le stigmate à deux découpures filiformes, inégales.

Cette plante croît dans les Indes orientales; on la cultive au Jardin du Roi. Parmi les propriétés dont elle jouit chez les naturels des contrées où elle croît, Rumph rapporte entre autres, que son suc, mêlé à l'eau, apaise l'ardeur de la fièvre, lorsqu'on s'en lave les yeux; que son odeur forte pénètre jusque dans le cerveau et le soulage : les soldats s'en frottent les yeux pour exalter leur courage. Malgré son âcreté et son amertume, on la mêle quelquefois aux légumes comme assaisonnement; le suc vert de ses feuilles, respiré par le nez, en fait couler des eaux, excite la pituite et provoque la salivation. Les femmes envoient cette plante, comme témoignage de leur admiration, aux personnes qui excitent en elles ce sentiment.

Leucas a dix dents : *Leucas decemdendata*, Brown, *l. c.;* *Phlomis decemdentata*, Willd., *Spec.;* *Stachys decemdentata*, Forst., *Prodr.*, n.º 526. Ses tiges sont herbacées, pubescentes; ses rameaux garnis de feuilles oblongues, aiguës à leurs deux extrémités, dentées en scie; les fleurs réunies en verticilles dépourvus d'involucre; le calice pubescent, marqué de dix stries, terminé par dix dents subulées, alternativement plus petites; le tube de la corolle un peu plus long que le calice; la lèvre supérieure droite, en casque, très-velue; l'inférieure glabre, à trois lobes. Cette plante croit dans les îles de la Société.

Leucas biflore : *Leucas biflora*, Brown, *l. c.;* *Phlomis biflora*, Vahl, *Symb.*, 3, pag. 77; Burm., *Zeyl.*, t. 63, fig. 1. Ses tiges sont profondément canaliculées à chacune de leurs faces, un peu rudes, rameuses; les feuilles pétiolées, courtes, ovales, un peu arrondies, glabres, dentées en scie. Les fleurs sont axillaires, opposées deux à deux ou solitaires, peu pédonculées; leur calice tubulé, à dix dents courtes ; la corolle blanche; la lèvre supérieure redressée; l'inférieure assez petite, à trois lobes. Cette plante croit dans les Indes orientales.

M. Rob. Brown ajoute à ce genre le *Leucas flaccida*, de la Nouvelle-Hollande, à feuilles ovales, membraneuses, très-glabres; les calices un peu glabres, à dix dents égales; les fleurs nombreuses à chaque verticille. Il faut encore rapporter à ce genre le *phlomis urticifolia*, Vahl; le *phlomis sinensis*, Retz; le *phlomis glabrata*, Vahl, etc. Voyez Leonotis. (Poir.)

LEUCENA. (*Bot.*) Nom donné, suivant Daléchamps, au châtaignier, à cause d'un canton de ce nom sur le mont Ida, en Crète, où cet arbre fournit de bons fruits. Il dit encore qu'on le nomme ailleurs *lopima*, à cause de son écorce épaisse, que l'on peut enlever, comme l'exprime le mot grec *lopimos*. (J.)

LEUCEORUM. (*Bot.*) Voyez Dorypetron. (J.)

LEUCHÉRIE, *Leucheria*. (*Bot.*) Ce genre de plantes, publié, en 1811, dans la Dissertation de M. Lagasca sur les Chénanthophores, appartient à l'ordre des synanthérées et à notre tribu naturelle des nassauviées. Voici ses caractères, tels qu'ils nous paroissent résulter de la description faite par l'auteur.

Calathide incouronnée, radiatiforme, multiflore, labiatiflore, androgyniflore. Péricline subhémisphérique, formé de squames probablement subunisériées. Clinanthe plan, ponctué, un peu fovéolé, portant près de ses bords une rangée circulaire de squamelles analogues aux squames du péricline, et séparant les fleurs marginales des autres fleurs. Fruits non collifères, pourvus d'une aigrette molle, composée de squamellules filiformes, barbellulées. Corolles à deux lèvres, l'intérieure bipartie et roulée en spirale.

Les leuchéries sont des plantes herbacées, ordinairement tomenteuses, blanchâtres, à feuilles alternes, sessiles, pinnatifides, à calathides pédonculées, terminales, souvent corymbées, composées de fleurs purpurines ou jaunâtres.

M. Lagasca n'a indiqué ni le nombre, ni les noms, ni les caractères, ni les habitations des espèces qu'il attribue à son genre *Leucheria*. Il place ce genre entre le *Perezia* et le *Lasiorrhiza*, dans une section caractérisée par le clinanthe nu, parce qu'il considère les squamelles du clinanthe comme étant les squames intérieures du péricline.

M. De Candolle, dans son Mémoire sur les Labiatiflores, publié en 1812, a présenté, sous le nom de *Leucaeria*, le genre *Leucheria* de M. Lagasca, et il l'a placé entre le *Clarionea* et le *Chaptalia*.

Nous avons déjà plusieurs fois fait remarquer que, bien que les squames du péricline et les squamelles du clinanthe soient absolument de même nature, et qu'elles doivent être confondues ensemble par le physiologiste sous la dénomination commune de bractées, il est néanmoins indispensable pour la botanique descriptive de les distinguer nettement; et que le seul moyen d'établir convenablement cette distinction, c'est de nommer squames du péricline toutes les bractées qui se trouvent situées plus en dehors que les fleurs les plus extérieures de la calathide, et squamelles du clinanthe toutes les bractées qui se trouvent situées plus en dedans que ces mêmes fleurs. C'est pour nous conformer à cette règle que nous avons présenté la description générique du *Leucheria* tout autrement, en apparence, que l'auteur de ce genre.

Le nom générique est composé de deux mots grecs qui signifient laine blanche, parce que les leuchéries sont tomenteuses et blanchâtres. (H. Cass.)

LEUCICHTHE (*Ichthyol.*), nom spécifique d'un corégone, que nous avons décrit dans ce Dictionnaire, t. X, p. 564. (H. C.)

LEUCISCUS. (*Ichthyol.*) Nom latin du genre ou du sous-genre des Ables. Voyez Able, dans le supplément du premier volume de ce Dictionnaire. (H. C.)

LEUCITE. (*Min.*) C'est le nom univoque que les minéralogistes de l'école de Werner ont donné au minéral sans couleur ou quelquefois blanc, ayant la forme d'une variété de grenat, et qu'on trouve si abondamment dans les produits des volcans d'Italie. On l'a appelé d'abord, et pendant assez long-temps, grenat blanc; mais, ayant remarqué qu'il constituoit une espèce différente du grenat, on lui a donné un nom univoque, mal choisi, nous en convenons, puisqu'il désignoit une propriété commune à presque toutes les pierres pures; mais enfin il falloit oublier ce que ce nom vouloit dire, le lui laisser, et non pas lui donner celui d'amphigène, qui, consacré par un des pères de la science, a prévalu. Voyez Amphigène. (B.)

LEUCOCHRYSOS. (*Min.*) Il n'y a rien d'assez caractéristique dans ce que Pline dit des leucochryses à veine blanche (*interveniente candida vena*), et des leucochryses enfumées (*leucochrysos capnias*), pour qu'on puisse indiquer avec quelque probabilité la pierre dont il a voulu parler. La plupart des minéralogistes qui ont examiné cette question, et M. de Launay principalement, croient que le naturaliste romain a eu en vue des variétés, jaune d'or et enfumées, de quarz hyalin. Cela peut être; mais le quarz jaune d'or, si commun au Brésil, est bien rare en Europe, si même on l'y trouve : la leucochryse auroit donc pu être tout aussi bien ou une topaze, comme de Born l'a soupçonné, d'autant plus que Pline paroît la regarder comme une variété de la chrysolithe qui est elle-même considérée comme étant une de nos topazes, ou le silex résinite blanc à reflets dorés, qu'on nomme girasol; c'est du moins l'opinion de M. Dutens. D'autres, enfin, croient que c'est l'hyacinthe (probablement le zircon hyacinthe) d'un jaune clair. (B.)

LEUCODON [Blanchette]. (*Bot.*) Genre de la famille des mousses, établi par Schwægrichen et adopté par Bridel. Voici ses caractères : Péristome simple, externe, membraneux, à seize dents fendues en deux ; coiffe cuculiforme.

Ce genre, voisin des *Pterigynandrum* et *Neckera*, renferme un petit nombre d'espèces, dont plusieurs même sont douteuses. Ce sont des mousses rameuses, à rameaux cylindriques, qui se courbent par la sécheresse. Les folioles du *périchætium* sont longues, engainantes ; la capsule est droite, pédicellée ; le péristome est remarquable par ses dents blanches : c'est ce qu'on a voulu rappeler par le nom de *leucodon* (*dent blanche*, en grec) donné à ce genre.

Ces espèces croissent sur les arbres, en Europe, aux Canaries et dans l'île Bourbon. Elles faisoient partie des genres *Dicranum*, *Hypnum*, *Pterigynandrum* et *Neckera*.

L'espèce la plus importante à connoître est la suivante.

Leucodon a queue d'écureuil : *L. sciuroides*, Schwægr., *Suppl.*; Brid., *Musc. suppl.*, 4, p. 134 ; *Dicranum sciuroides*, Decand., Fl. fr., n.° 1254 ; *Fissidens sciuroides*, Hedw., *Fund.*, 2, tab. 8, fig. 45, 46 ; *Hypnum sciuroides*, Linn. ; *Trichostomum sciuroides*, Schkuhr, *Deuts. Moos.*, tab. 34 ; *Pterogonium sciuroides*, *Engl. Bot.*, fig. 1903. Tige rampante, rameuse ; rameaux alongés, fasciculés, redressés et arqués ; feuilles imbriquées, très-serrées, dirigées d'un seul côté, ovales-pointues ; capsules ovales-oblongues.

Cette mousse est commune en Europe sur les troncs d'arbres : elle est plus rare dans les pays froids et dans le Nord, en Laponie, où jamais elle n'a été vue en fructification ; mais, en France, en Suisse, en Hongrie et en Italie, où la température est plus douce, on la rencontre très-souvent en fructification, et ordinairement au printemps.

On peut juger, par la synonymie que nous avons rapportée, de l'embarras qu'éprouvent les botanistes dans le placement de cette mousse, qui a avec d'autres genres des rapports que d'autres caractères modifient. Les capsules sont portées sur des pédicelles latéraux, orangés et tortillés, d'abord orangés, puis bruns ; l'opercule est conique, rouge-clair, et la coiffe blanche, brune au sommet ; les dents du péristome sont perforées. On observe dans les aisselles des feuilles de petits bourgeons solitaires ou agrégés, très-petits, bruns, verdâtres ou roussâtres, et remarquables par leur base presque charnue.

Il y a encore le *Leucodon canariensis*, Sw. ; le *Leucodon alopecurus*, Brid. ; le *Leucodon morense*, Schw., et le *Leucodon Ramondi*, Brid., qui est le *Pterigynandrum Ramondi*, Dec. (Lem.)

LEUCODRABA (*Bot.*), nom donné, par M. De Candolle, à une des cinq sections de son genre *Draba* (J.)

LEUCOGRAPHIS. (*Bot.*) La plante que Pline nommoit ainsi, à cause de ses taches blanches, est, selon Anguillara, une espèce de verge d'or, *solidago*; selon Daléchamps, avec plus de raison, c'est le chardon-marie, *carduus marianus* de Linnæus, *sylibum* de Vaillant et des auteurs récens, remarquable par les taches blanches de son feuillage. On trouve encore les mêmes taches sur le *carduus leucographus* de Linnæus, maintenant rapporté au *cirsium*. (J.)

LEUCOGRAPHIS (*Min.*), et aussi MARACUS et GALAXIE dans Dioscoride. C'est, suivant cet auteur, une terre à foulon, qui forme, avec l'eau, un lait ou une bouillie dont on vantoit les propriétés médicinales. (B.)

LEUCOIUM. (*Bot.*) Ce nom étoit donné, par Théophraste, à une plante bulbeuse, que d'autres après lui ont nommée *leucoium bulbosum*, *viola alba*, *narcissus candidus*, *leuco-narcisso-lirion*. C'étoit le *narcisso-leucoium* de Tournefort, dont les espèces ont été réparties par Linnæus entre deux genres, *Galanthus* et *Leucoium*, tous deux, surtout le premier, connus sous le nom françois de perce-neige, appartenant à la famille des narcissées.

Dioscoride a nommé *leucoium* d'autres plantes de la famille des crucifères, la plupart du genre de la giroflée, à laquelle Tournefort avoit conservé ce nom. Il lui étoit donné, non à cause de la couleur blanche des fleurs d'une espèce cultivée, mais, suivant C. Bauhin, à cause du duvet blanc ou cendré qui couvre les feuilles de plusieurs espèces. On les distinguoit anciennement des perce-neiges sous le nom de *leucoium non bulbosum*. L'espèce la plus ordinaire, la giroflée jaune, nommée *keiri* ou *cheiri*, a déterminé Linnæus à donner au genre entier le nom de *cheiranthus*, fleur de cheiri, sous lequel il est maintenant désigné. C. Bauhin avoit réuni par erreur, à ce *leucoïum*, des *alysson* qui appartiennent à une autre section de la même famille, et même un *verbassum* de la famille des solanées. (J.)

LEUCOIUM. (*Bot.*) Voyez NIVÉOLE. (L. D.)

LEUCOLITHE. (*Min.*) Ce nom a eu quatre applications différentes.

1.° Les auteurs grecs, dit M. Mongez, appellent *leucolithe* une pyrite blanche qui, étant calcinée, fournissoit un remède contre les maux d'yeux. Étoit-ce un sulfure de zinc, ou un autre minérai de ce métal?

2.° M. Napione a donné le nom de *leucolithe*, au lieu de celui de LEUCITE, à l'AMPHIGÈNE. (Voyez ces deux mots.)

3.° On a nommé pendant long-temps, et on nomme encore dans beaucoup d'ouvrages de minéralogie étrangers, *leucolithe d'Altenberg*, le minéral auquel M. Haüy a trouvé des caractères assez tranchés pour en faire une espèce sous le nom de pycnite, et qui a été reconnu depuis pour n'être qu'une variété de TOPAZE. (Voyez ce mot.)

4.° De la Métherie appliqua, par un faux rapprochement, le nom de *leucolithe de Mauléon* à l'espèce que nous avons décrite sous le nom de *dipyre*, et qui s'est trouvée pour la première fois à Mauléon dans les hautes Pyrénées. Voyez DIPYRE. (B.)

LEUCO-NARCISSO-LIRION. (*Bot.*) Voyez LEUCOIUM. (J.)

LEUCO-NARCISSUS. (*Bot.*) C. Bauhin, dans son *Prodromus*, nomme ainsi l'*anthericum serotinum* (J.)

LEUCO-NYMPHÆA. (*Bot.*) Boerhaave nommoit ainsi le nénuphar blanc, dont il faisoit un genre distinct du jaune. Des auteurs modernes, adoptant cette distinction, ont laissé au blanc le nom de *nymphæa*, et le jaune a été nommé *nymphosanthus* par Richard, *nuphar* par MM. Smith, Aitone, Pursh et De Candolle. (J.)

LEUCOPÆCILOS. (*Min.*) C'est une de ces pierres que Pline traite encore plus superficiellement que les autres. Il dit simplement qu'elle se distingue par une blancheur relevée par des lignes couleur d'or. Il nous est impossible de présumer à quelle espèce connue on peut rapporter cette citation. (B.)

LEUCOPHRE, *Leucophra*. (*Amorphoz.*) Genre d'animaux

microscopiques, infusoires, établi par Muller et adopté par presque tous les zoologistes subséquens. pour un assez grand nombre de petits corps, de forme variable, transparens et hérissés partout de cils. On les trouve dans les eaux douces ou salées, pures ou putréfiées, dans les infusions végétales. On dit qu'ils nagent avec rapidité, en décrivant des lignes circulaires. Muller en décrit et figure vingt-six espèces, qui ont été toutes adoptées dans l'Encyclopédie méthodique, pl. 10 et 11. La L. CONSPIRATRICE, *L. constrictor*, est sphérique, presque opaque, avec des molécules internes, très-mobiles : elle se trouve dans l'eau des fumiers. On trouve dans l'eau des marais la L. ÉTINCELANTE, *L. scintillans*, qui est ovale-arrondie, opaque et verte; la L. GLOBULIFÈRE, *L. globulifera*, qui est ovale-cristalline, avec trois globules dans l'intérieur; la L. PUSTU-LEUSE, *L. pustulata*, dont la forme est la même, mais qui est tronquée obliquement à une extrémité; la L. TRIANGULAIRE, *L. triangularis*, épaisse, anguleuse et jaune : quelquefois elle n'est pas ciliée. Dans l'eau des moules Muller en a observé trois espèces : la première, qui est cylindrique ou courbée en forme d'anneau, et qu'il nomme à cause de cela L. BRA-CELET, *L. armilla*; la seconde, qui est sinueuse, jaunâtre et réniforme, c'est la L. VERSANTE, *L. fluxa*; et la troisième, qui est en général ventrue, mais qui est très-variable de forme, d'où le nom de L. FLUIDE, *L. fluida*, sous lequel elle est désignée. Dans l'eau de mer, la plus commune est la L. SIGNALÉE, *L. signata*, oblongue, comprimée, noire sur les bords; la L. MARQUÉE, *L. notata*, ainsi nommée, parce qu'elle est marquée d'un point noir près de l'extrémité antérieure; la L. TURBINÉE, *L. turbinata*, en forme de cône renversé; la L. DILATÉE, *L. dilatata*, qui est membraneuse, très-variable, sinueuse, et pourroit bien être une espèce de planaire marine. La L. DORÉE, *L. aurea*, qui est ovale et fauve, est aussi marine, ainsi que la L. PERCÉE, *L. pertusa;* VERTE, *viridis;* VERDATRE, *viridiscens;* MAMELLE, *mamilla*, dont le nom indique le caractère le plus saillant. (DE B.)

LEUCOPHTHALMOS. (*Min.*) Cette pierre est rousse, dit Pline, et renferme une espèce d'œil noir et blanc. Tous les érudits qui ont examiné ce passage, s'accordent à rapporter cette description à une calcédoine œillée. Nous adoptons cette opinion, en la spécifiant même davantage et en rapportant le leucophthalme de Pline à une sardoine œillée, pierre à fond roussâtre, dans laquelle nous avons en effet eu occasion de voir des cercles blancs concentriques à un point noir. (B.)

LEUCOPHYLLE, *Leucophyllum*. (*Bot.*) Genre de plantes dicotylédones, à fleurs complètes, monopétalées, irrégulières, de la famille des *personnées*, de la *didynamie angiospermie* de Linnæus; offrant pour caractère essentiel : Un calice à cinq divisions égales; une corolle alongée, campanulée, à deux lèvres, la supérieure à deux lobes, l'inférieure à trois divisions, celle du milieu plus large; quatre étamines didynames; les anthères à deux loges écartées; un ovaire supérieur; un style; un stigmate en tête; une capsule à deux loges polyspermes.

Ce genre, établi par MM. de Humboldt et Bonpland, a des rapports avec le *maurandia*. La grande blancheur des feuilles a donné lieu à son nom, composé de deux mots grecs, *leucos* (blanc), *phullos* (feuilles). Il renferme des arbrisseaux entièrement blancs et tomenteux, à feuilles alternes; à fleurs axillaires, solitaires : on n'en cite qu'une seule espèce.

LEUCOPHYLLE AMBIGU : *Leucophyllum ambiguum*, Humb. et Bonpl., *Pl. æquin.*, 2. pag. 95, tab. 109; Kunth *in* Humb., *Nov. gen.*, 2, pag. 361; Poir., *Ill. gen.*, *Suppl.*, *Cent.* 10. Arbrisseau de huit à quinze pieds, un peu tortueux, chargé de rameaux diffus, blancs et tomenteux, garnis vers leur extrémité de feuilles alternes, médiocrement pétiolées, ovales ou arrondies, à peine longues d'un pouce, très-entières, blanches et tomenteuses à leurs deux faces. Les fleurs sont solitaires, axillaires, à peine pédonculées ; le calice tomenteux, à cinq découpures lancéolées, aiguës; la corolle violette, trois fois plus longue que le calice ; les étamines plus courtes que la corolle ; les anthères à deux loges ovales, divergentes à leur extrémité inférieure; le style un peu arqué; le stigmate entier. Le fruit consiste en une capsule ovale, à deux loges séparées par un réceptacle central, chargé de semences nombreuses, fort petites. Cette plante croît à la Nouvelle-Espagne. (POIR.)

LEUCOPHYTE, *Leucophyta*. (*Bot.*) Ce genre de plantes,

indiqué, en 1817, par M. Robert Brown, dans ses Observations sur les Composées, appartient à l'ordre des synanthérées, à notre tribu naturelle des inulées, et à la section des inulées-gnaphaliées. Voici ses caractères, tels qu'ils résultent de nos propres observations.

Calathide oblongue, obovoïde, incouronnée, équaliflore, triflore, régulariflore, androgyniflore. Péricline à peu près égal aux fleurs; formé d'environ dix squames paucisériées, à peu près égales, appliquées, obovales-oblongues, membraneuses-scarieuses, non colorées, coriaces dans le milieu de leur largeur, laineuses au sommet sur leur face externe. Clinanthe ponctiforme et nu. Ovaires pédicellulés, obovoïdes, couverts de glandes; aigrette longue, égale à la corolle, blanche, composée de squamellules unisériées, égales, libres ou entregreffées à la base, filiformes-laminées, linéaires, flexueuses, nues à la base, garnies du reste sur les deux côtés de longues barbes épaisses. Corolles à cinq divisions. Anthères pourvues de longs appendices basilaires subulés. Styles de gnaphaliée. = Capitule globuleux, composé de calathides nombreuses, sessiles. Involucre court, composé de bractées foliiformes, subunisériées, à peu près égales, appliquées. Calathiphore conoïdal ou ovoïde, nu.

Leucophyte de Brown; *Leucophyta Brownii*, H. Cass. Arbuste entièrement tomenteux et blanc ou blanchâtre. Tige ligneuse, haute d'un pied (dans l'échantillon incomplet que nous décrivons), très-rameuse, très-garnie de feuilles, ainsi que ses branches. Feuilles rapprochées, alternes, sessiles, dressées, longues de quatre lignes, larges de deux tiers de ligne, linéaires, obtuses, un peu spatulées, très-entières, épaisses. Capitules terminaux, globuleux, ayant trois ou quatre lignes de diamètre. Corolles jaunes.

Nous avons fait cette description spécifique, et celle des caractères génériques, sur plusieurs échantillons secs qui se trouvent dans l'herbier de M. de Jussieu. Ces échantillons, recueillis sur la côte occidentale de la Nouvelle-Hollande, près le port du Roi George, et sur la côte australe, près le détroit de Bass, nous ont offert quelques différences : en effet, il y a des échantillons qui sont verdâtres, au lieu d'être blancs ; il y en a dont les feuilles sont courtes, squamiformes, étrécies de bas en haut ; il y en a dont les feuilles sont distantes les unes des autres. Si, comme nous le croyons, toutes ces différences ne constituent que de simples variétés, il faut en conclure que la *Leucophyta Brownii* est une espèce très-variable.

M. Rob. Brown, dans ses Observations sur les Composées, après avoir parlé du genre *Craspedia* ou *Richea*, ajoute ce qui suit : « J'ai trouvé à la Nouvelle-Hollande un genre voi-
« sin (*Calocephalus*), qui diffère du *Craspedia* ou *Richea*
« par l'absence des bractées, par les réceptacles partiels dé-
« nués de paillettes, et par les rayons de l'aigrette plumeux
« seulement dans la partie supérieure. J'ai aussi un autre
« genre (*Leucophyta*), de la même tribu et de la même
« contrée, qui diffère du *Calocephalus*, parce qu'il y a un
« involucre général composé d'un petit nombre de bractées
« courtes, que les écailles des involucres partiels sont con-
« caves et barbues au sommet, et que les rayons de l'aigrette
« sont plumeux d'un bout à l'autre, comme dans le *Craspe-*
« *dia*, dont le *Leucophyta* diffère par l'absence des paillettes
« sur les réceptacles partiels et par un port très-remarqua-
« ble. » (Voy. le Journal de physique de Juin 1818, p. 409.)

Nous n'avons pas connoissance que M. Brown ait publié depuis, dans quelque autre ouvrage, une description plus complète de son genre *Leucophyta ;* et nous n'avions point encore observé cette plante[1] à l'époque où nous avons rédigé l'article Inulées pour le tome XXIII de ce Dictionnaire. Les notions très-superficielles, données par M. Brown sur le *Leucophyta*, n'étoient pas à beaucoup près suffisantes pour nous révéler les véritables affinités naturelles de ce genre, et nous avons dû présumer, d'après les expressions de l'auteur, que le *Leucophyta* étoit immédiatement voisin du *Richea* et du *Calocephalus :* c'est pourquoi nous l'avons placé entre ces deux genres, dans notre tableau des inulées (tome XXIII, pag. 563). Mais, depuis la rédaction de cet article, qui a été terminée en Septembre 1821, ayant observé nous-même avec

---

1 C'est par erreur que, dans notre tableau des inulées (tom. XXIII, pag. 563) le nom du genre *Leucophyta* se trouve précédé d'un astérisque, au lieu d'une croix.

soin tous les caractères du *Leucophyta*, nous avons reconnu que sa tige n'étoit point herbacée, mais ligneuse, et qu'il avoit beaucoup plus d'affinité avec le genre *Stæbe* qu'avec le genre *Richea* : d'où il suit qu'il doit être retiré de la place où nous l'avions mis, pour être plus convenablement rangé entre les deux genres *Stæbe* et *Disparago*, dans le groupe des inulées-gnaphaliées, à calathides rassemblées en capitule et à tige ligneuse. Nous prions nos lecteurs de vouloir bien faire eux-mêmes, dans notre tableau des inulées, la rectification que nous leur indiquons ici. Ils pourront se convaincre, en consultant notre article CRASPÉDIE (tom. XI, p. 355), que le genre *Leucophyta* étoit mal placé auprès du genre *Richea*. La principale différence qui distingue le *Leucophyta* des véritables *Stæbe*, nous paroît consister en ce que la calathide du *Leucophyta* est composée constamment de trois fleurs, tandis que celle des *Stæbe* n'en contient qu'une seule.

Le genre *Leucophyta* appartient aux *corymbifères* de M. de Jussieu, et à la *syngénésie polygamie séparée* de Linné. Le nom générique est composé de deux mots grecs qui signifient *plante blanche*. (H. CASS.)

LEUCOPOGON. (*Bot.*) Genre de plantes dicotylédones, à fleurs complètes, monopétalées, régulières, de la famille des *épacridées*, de la *pentandrie monogynie* de Linnæus, offrant pour caractère essentiel : Un calice à cinq divisions, accompagné de deux bractées : une corolle infundibuliforme ; le limbe étalé, barbu dans sa longueur ; cinq étamines non saillantes ; un ovaire supérieur, entouré d'un disque, un peu lobé, à deux ou cinq loges ; un style. Le fruit est un drupe sec ou presque en baie, quelquefois crustacé.

Il n'y a que le très-grand nombre d'espèces des *Styphelia* qui puisse avoir déterminé l'établissement de ce genre entièrement artificiel, quoique la corolle paroisse un peu différente, et que le calice ne soit accompagné que de deux bractées. Comme les loges du fruit avortent en partie, leur nombre ne peut fournir un caractère constant. M. Rob. Brown, auteur de ce genre, a établi plusieurs subdivisions pour les espèces nombreuses qu'il renferme.

* *Épis ou grappes axillaires, multiflores ; drupe en baie.*

Leucopogon lancéolé: *Leucopogon lanceolatus*, Rob. Brown, *Nov. Holl.*, 1, pag. 541; *Styphelia lanceolata*, Smith, *Nov. Holl.*, 49, *exclus. Synon.*; *Styphelia parviflora*, Andr., *Bot. Rep.*, tab. 287, *Icon mala; Styphelia gnidium*, Vent., *Malm.*, 1, tab. 13. Petit arbrissean d'un port agréable, qui conserve ses feuilles toute l'année. Ses tiges s'élèvent à la hauteur de trois pieds; ses rameaux sont grêles, étalés, un peu pubescens; ses feuilles éparses, sessiles, alternes, glabres, linéaires-lancéolées, étroites, très-entières, un peu aiguës et d'un vert glauque. Les fleurs sont odorantes, disposées en petites grappes courtes, axillaires, au sommet des rameaux; le pédoncule pubescent, chargé d'écailles blanchâtres, ovales, imbriquées; deux autres écailles, opposées, concaves à la base du calice; la corolle fort petite, d'un blanc de lait; le tube renflé; le limbe à cinq lobes obtus, réfléchis, velus en-dessus; les anthères couleur de rose; l'ovaire à trois loges. Cette plante croît à Botany-Bay. Elle se perpétue de graines, de drageons et de boutures; on l'élève dans du terreau de bruyère, et on l'abrite dans l'orangerie : elle fleurit au printemps.

Leucopogon de Riche : *Leucopogon Richei*, Brown, *l. c.; Styphelia Richei*, Labill., *Nov. Holl.*, 1, pag. 44, tab. 60. Arbrisseau d'environ cinq à six pieds, chargé de rameaux alternes, garnis de feuilles sessiles, alternes, oblongues-lancéolées, glabres, entières, aiguës à leurs deux extrémités, marquées de trois ou cinq nervures. Les fleurs sont en grappes axillaires, un peu plus courtes que les feuilles; les pédoncules très-courts, écailleux à leur base ; les divisions du calice ovales-oblongues, membraneuses à leurs bords; le tube de la corolle a peine de la longueur du calice. Le fruit est un petit drupe ovale, environné d'une pulpe nutritive, contenant un noyau à cinq loges; les semences solitaires dans chaque loge, suspendues à un axe central. Cet arbuste croît à la Nouvelle-Hollande. Ses petits drupes, au rapport de M. De Labillardière, ont servi de nourriture à M. Riche, l'un de ses compagnons de voyage.

qui s'étoit égaré de son chemin, et qui éprouvoit une faim dévorante.

LEUCOPOGON VERTICILLÉ ; *Leucopogon verticillatus*, Brown , *l. c.* Ses feuilles sont oblongues, lancéolées, rétrécies à leur sommet, longues de deux à quatre pouces, rangées par verticilles interrompus ; les fleurs disposées en épis agrégés, presque terminaux, inclinés après la floraison. Le fruit est un drupe presque pentagone, à cinq loges. Dans le *Leucopogon interruptus*, Brown, *l. c.*, les feuilles sont elliptiques, étalées, à plusieurs nervures, longues d'un pouce et demi, rapprochées en verticilles au sommet des rameaux. Le *Leucopogon affinis*, Brown, *l. c.*, a ses épis dressés; ses drupes ovales, à deux ou trois loges ; les feuilles sont planes, alongées, lancéolées, d'un pouce et plus de longueur. Ces plantes croissent toutes sur les côtes de la Nouvelle-Hollande.

** *Épis axillaires ou terminaux, à trois fleurs et plus ; bractées et calice colorés ; drupe presque sec.*

LEUCOPOGON A FEUILLES OVALES : *Leucopogon obovatus*, Brown, *l. c.*; *Styphelia obovata*, Labill., *Nov. Holl.*, 1, p. 48, tab. 67. Arbuste haut d'un pied, dont les rameaux sont alternes, ramifiés, garnis de feuilles sessiles, petites, alternes, en ovale renversé, obtuses, entières, un peu mucronées. Les fleurs sont disposées en petites grappes simples, quelquefois divisées; les divisions du calice dressées, égales, un peu aiguës, avec deux écailles à la base; le limbe de la corolle à cinq lobes réfléchis, velus en-dessus; l'ovaire globuleux, entouré à sa base d'un anneau à cinq lobes. Le fruit est un petit drupe glabre, sphérique, à cinq loges. Cette plante croît à la terre Van-Leuwin.

LEUCOPOGON A FRUITS VELUS : *Leucopogon trichocarpus*, Brown, *l. c.*; *Styphelia leucocarpa*, Labill., *Nov. Höll.*, 1, pag. 46, tab. 46. Ses tiges sont hautes de trois ou quatre pieds, glabres, cylindriques; les rameaux garnis de feuilles sessiles, ovales-oblongues, obtuses, rétrécies à leur base ; les grappes très-grêles, axillaires, de la longueur des feuilles, à deux ou quatre fleurs; le pédoncule pileux, écailleux; les divisions du calice un peu ciliées; la corolle petite, velue sur le limbe; les anthères pendantes; l'ovaire pileux, entouré d'un anneau à cinq lobes profonds. Le fruit est un petit drupe pileux, pentagone, à cinq loges. Cette plante croît au cap Van-Diémen.

Leucopogon éricoïde : *Leucopogon ericoides*, Brown, *l. c.*; *Styphelia ericoides*, Smith, *Nov. Holl.*, 1, pag. 48; *Epacris spuria*, Cavan., *Ic. rar.*, 4, tab. 347, fig. 1. Ses rameaux sont glabres, garnis de feuilles éparses, alternes, glabres à leurs deux faces, sessiles, assez semblables à celles de la bruyère, elliptiques ou lancéolées, mucronées, un peu roulées à leurs bords; les grappes axillaires, très-rapprochées, courtes, très-petites, à trois ou quatre fleurs; les divisions du calice courtes, un peu membraneuses; la face extérieure du limbe de la corolle très-velu; les bractées mutiques; les drupes secs, anguleux. Cette plante croît dans la Nouvelle-Hollande.

Leucopogon effilé : *Leucopogon virgatus*, Brown, *l. c.*; *Styphelia virgata*, Labill., *Nov. Holl.*, 1, pag. 46, tab. 64. Arbrisseau d'un à deux pieds, dont les rameaux sont glabres, effilés, garnis de feuilles éparses ou alternes, petites, à peine pétiolées, linéaires-lancéolées, très-aiguës, concaves, ciliées à leurs bords, étalées ou imbriquées; les grappes axillaires et terminales, presque agrégées, très-peu garnies; les divisions du calice un peu ciliées; la corolle courte, tubulée; les lobes du limbe oblongs, obtus; l'ovaire à cinq stries; le style court; le stigmate globuleux. Le fruit est un drupe ovale, obtus, à cinq loges. Cette plante croît au cap Van-Diémen.

Leucopogon des collines : *Leucopogon collinus*, Brown, *l. c.*; *Styphelia collina*, Labill., *Nov. Holl.*, 1, p. 47, tab. 65. Cette espèce, très-rapprochée de la précédente, s'en distingue par ses feuilles planes, sessiles, oblongues, linéaires, droites, un peu aiguës, courbées et denticulées à leurs bords; les tiges sont hautes d'un pied; les rameaux grêles, un peu ramifiés; les grappes ou épis terminaux; les bractées inférieures foliacées, de la longueur du calice; l'ovaire entouré d'un anneau écailleux; le drupe ovale, oblong, à cinq loges, dont souvent plusieurs avortent. Cette plante croît au cap Van-Diémen.

Leucopogon roulé ; *Leucopogon revolutus* , Brown, *l. c.*
Les rameaux, dans leur jeunesse, sont légèrement pubescens, garnis de feuilles un peu étalées, linéaires oblongues,
obtuses, mutiques avec une pointe calleuse, rudes et convexes en-dessus, glabres et rayées en-dessous, nues et roulées à leurs bords ; les épis presque terminaux , agrégés,
à quatre ou cinq fleurs ; les calices et les bractées légèrement pubescentes ; les drupes secs, à cinq loges, en ovale
renversé. Dans le *leucopogon margarodes*, Brown, *l. c.*, les
feuilles sont linéaires, oblongues, obtuses et mutiques, lisses
et roulées à leurs bords ; les épis axillaires, presque à trois
fleurs ; les drupes à deux loges, en baie à leur base, sèches
et comprimées à leur partie supérieure. Ces plantes croissent à la Nouvelle-Hollande.

❊❊❊ *Épis axillaires ou terminaux ; bractées et divi-*
sions du calice membraneuses ou foliacées ; feuilles
en cœur.

Leucopogon amplexicaule : *Leucopogon amplexicaulis*, Brown ,
l. c. ; *Styphelia amplexicaulis* , Rudge *in Linn. Transact.*, 8 ,
pag. 292, tab. 8, *Icon bona.* Arbrisseau dont les rameaux
sont velus dans leur jeunesse , garnis de feuilles sessiles , en
cœur, amplexicaules, mucronées au sommet, légèrement
pubescentes en-dessous, recourbées et velues à leurs bords ;
les épis étalés, pédonculés, axillaires et terminaux, plus
longs que les feuilles ; les bractées et les divisions du calice
membraneuses ; les drupes lenticulaires, à deux loges. Cette
plante croît à la Nouvelle-Hollande.

Leucopogon a feuilles alternes ; *Leucopogon alternifolius*,
Brown, *l. c.* Dans cette plante les rameaux sont glabres ;
les feuilles alternes , réniformes, amplexicaules, aiguës,
point mucronées, longues d'une ligne et demie ; les épis axillaires et terminaux, peu garnis ; les drupes crustacés, lenticulaires, à deux loges. Dans le *Leucopogon distans*, Brown,
l. c., les épis sont agrégés, flexueux ; les fleurs distantes,
les feuilles ovales, presque en cœur, très-ouvertes, mutiques, longues d'une ligne, convexes en-dessus, pubescentes
en-dessous ; les drupes crustacés, déprimés, presque ovales,
à cinq loges. Ces plantes croissent à la Nouvelle-Hollande.

Leucopogon réfléchi ; *Leucopogon reflexus* , Brown , *l. c.* Ses rameaux sont garnis de feuilles ovales, alternes, presque en cœur, mutiques, réfléchies, très-ouvertes, convexes en-dessus, concaves en-dessous, pileuses et rayées; les épis sont terminaux, agrégés et denses, peu garnis de fleurs imbriquées; les drupes crustacés, à cinq loges. Cette plante croît sur les côtes de la Nouvelle-Hollande.

✳✳✳✳ *Épis terminaux ; calices, bractées presque foliacées ; feuilles point en cœur ; un drupe sec.*

Leucopogon a petites feuilles : *Leucopogon microphyllus* , Brown , *l. c.*; *Pérojoa microphylla* , Cavan. , *Ic. rar.*, 4 , tab. 349 , fig. 2. Arbrisseau garni de feuilles planes, imbriquées, ovales, obtuses, mutiques, vertes à leurs deux faces; les fleurs terminales, peu nombreuses, réunies en petits épis rapprochés, peu garnis; leur calice partagé en cinq découpures presque foliacées, acuminées ; les bractées nerveuses, foliacées ; la corolle hypocratériforme; le limbe à cinq lobes aigus, tomenteux; l'ovaire ovale, dépourvu d'écailles; le stigmate simple; les drupes sont crustacés, ordinairement à une, quelquefois à deux loges. Cette plante est très-abondante à la Nouvelle-Hollande, entre le port Jackson et Botany-Bay.

Leucopogon a feuilles de tamarisque; *Leucopogon tamariscinus*, Brown, *l. c.* Cette espèce a des tiges chargées de rameaux glabres, garnis de feuilles imbriquées, serrées contre les rameaux, ovales, mutiques, concaves d'un côté, convexes de l'autre, glabres, rayées en-dessous, assez semblables à celles du *tamarix ;* les épis solitaires ou agrégés; les fleurs nombreuses ; les calices et les bractées glabres, foliacés. Cette plante croît sur les côtes de la Nouvelle-Hollande.

Leucopogon grêle; *Leucopogon gracilis*, Brown, *Nov. Holl.*, *l. c.* Ses tiges se divisent en rameaux glabres, filiformes, garnis de feuilles droites, presque imbriquées, lancéolées, linéaires, concaves d'un côté, convexes de l'autre, mutiques, nerveuses en-dessous, longues de trois lignes, glabres à leurs deux faces; les épis terminaux, serrés, agrégés, composés de quatre à six fleurs; les calices et les bractées glabres, presque foliacés. Dans le *leucopogon striatus*, Brown,

l. c., les feuilles sont elliptiques, mutiques, concaves en-
dessus, nerveuses et convexes en-dessous ; les épis agrégés ;
les drupes crustacés, à deux loges. Ces plantes croissent à
la Nouvelle-Hollande.

❀❀❀❀❀ *Pédoncules axillaires à deux, quelquefois à
une seule fleur par avortement (le calice est alors
accompagné de plus de deux bractées) ; drupe
presque sec.*

Leucopogon pendant; *Leucopogon pendulus*, Brown, *l. c.*
Ses rameaux sont garnis de feuilles droites, un peu étalées,
oblongues, linéaires, terminées par une pointe non piquante, lisses, recourbées à leurs bords ; les pédoncules sont
axillaires, recourbés, presque chargés de deux fleurs ; le
tube de la corolle plus long que le calice ; les drupes presque secs, en forme de massue, glabres, lisses et ventrus.
Le *Leucopogon biflorus*, Brown, *l. c.*, diffère de l'espèce
précédente par le tube de la corolle de la longueur du
calice, par les feuilles très-étalées, planes, linéaires-lancéolées, marquées de trois lignes, terminées par une pointe piquante. Ces plantes croissent à la Nouvelle-Hollande.

Leucopogon a feuilles de genévrier; *Leucopogon juniperi-
folius*, Brown, *l. c.* Arbrisseau de la Nouvelle-Hollande, dont
les tiges se divisent en rameaux alternes, garnis de feuilles
très-étalées, linéaires-lancéolées, mucronées au sommet par
une pointe sétacée, recourbées à leurs bords et médiocrement denticulées. Les fleurs sont presque sessiles, solitaires,
quelquefois deux à deux ; les calices mucronés, accompagnés de trois ou cinq bractées également mucronées. Le *Leucopogon deformis*, Brown, *l. c.*, originaire des mêmes contrées que le précédent, n'en diffère que par ses feuilles un
peu concaves, redressées, médiocrement étalées, mucronées
au sommet ; les fleurs solitaires, à peine pédonculées, munies de plusieurs bractées ; l'ovaire à trois loges.

LEUCOPSEPHOS. (*Min.*) Voyez Leptopsephos. (B.)

LEUCOPSIS. (*Entom.*) Nom d'un genre d'insectes hyménoptères, de la famille des néottocryptes, établi par Fabricius, mais avec une faute typographique qui s'est depuis con-

servée chez tous les auteurs et qui consiste dans la transposition d'une lettre, ce qui change tout-à-fait l'étymologie du nom; car le mot *leucospis* n'a aucun sens, au lieu que celui de *leucopsis* ou de *leucopis* (de λευχος. *blanc*, et de οψις, *vue, œil*), ou en un mot λευχωψις, signifie *qui a les yeux blancs* (*habens oculos albos*).

Ce n'est pas, au reste, la seule faute de ce genre que nous trouvons dans les auteurs : Geoffroy en a laissé une semblable se glisser dans le premier volume de son Histoire des insectes, pour le scorpion aquatique, qu'il a décrit sous le nom de genre *Hepa*, au lieu de *Nepa*, que Linnæus avoit adopté.

Quoi qu'il en soit, le genre *Leucopsis* est établi sur de très-bons caractères, comme nous allons le faire connoître.

Il comprend des espèces qui offrent un abdomen court, gros, comprimé et pédiculé, dont les mâchoires ne sont pas prolongées, dont les antennes sont un peu renflées de l'extrémité libre jusqu'à la racine ou l'insertion, qui est plus grêle ; les cuisses sont renflées, et les femelles portent un aiguillon recourbé par-dessus le ventre. Au reste, nous avons fait dessiner une de ces femelles sous le n.° 1.er de la planche des *néottocryptes*.

Ces diverses particularités distinguent les leucopsides de tous les autres hyménoptères : d'abord des mouches à scie, et surtout des siréces, parce que tous les uropristes ont l'abdomen sessile ; puis des mellites ou des abeilles, parce que, dans celles-ci, les mâchoires sont très-alongées et font l'office d'une langue ; des ichneumons et des sphéges, par la brièveté des antennes ; des chrysides, par la forme de l'abdomen, ainsi que des guêpes, des fourmis et des crabrons, qui ont tous l'abdomen conique.

On connoît peu les mœurs de ces insectes : cependant on présume que les larves vivent en parasites, soit dans les nids des abeilles maçonnes, où, après avoir détruit la véritable larve, elles seroient nourries de la pâtée déposée par la mère, à peu près comme le font les coucous ; soit qu'elles se développent dans l'intérieur du corps de ces mêmes larves d'abeilles.

Ce sont des insectes très-curieux à étudier par les diverses particularités que nous offrent leurs articulations : ainsi, leur tête est sessile; la première pièce de leur corselet se montre en avant, et du côté du dos, comme une plaque carrée; le premier anneau de leur abdomen s'articule avec le second, de manière à permettre une sorte de redressement de tout l'abdomen; enfin, le ventre supporte à son extrémité, chez les femelles, un très-long aiguillon ou plutôt un oviducte externe, un pondoir, dans lequel on observe une sorte de gaine ou de fourreau dont la pièce moyenne peut se détacher.

M. de Latourrette a fait connoître à Linnæus, et a consigné dans les Mémoires de l'académie des sciences (tom. 9, pag. 750 des savans étrangers), la première espèce sous le nom de *cynips*, mais en la caractérisant par cette note : *Femoribus globosis, margine interiore dentatis, aculeo triplici super abdomen recurvato.*

Fabricius a rapporté six espèces à ce genre.

1.° LEUCOPSIDE GÉANT; *Leucopsis gigas.*

Car. noir, à deux taches jaunes sur le dessus du corselet, et quatre bandes jaunes sur le ventre.

Cette espèce pond dans les guêpiers.

2.° LEUCOPSIDE DORSIGÈRE; *Leucopsis dorsigera.*

Il est noir aussi; mais il est plus petit, et il n'y a à l'abdomen que deux bandes avec un point jaune.

Cet insecte a été trouvé dans le nid des abeilles maçonnes, par Allioni.

Les autres espèces ont été observées ou rapportées de l'Afrique ou des Indes orientales. M. Jurine a fait connoître et figuré dans son ouvrage sur les hyménoptères une nouvelle espèce, qu'il nomme Biguetine. (C. D.)

LEUCORODIAS. (*Ornith.*) Nom grec de la spatule, *platalea leucorodia*, Linn. (CH. D.)

LEUCORYX. (*Mamm.*) Pallas a donné ce nom à une antilope des Indes, qui paroît très-voisine, par ses formes, de l'antilope pasan de Buffon (*antilope oryx*, Linn.). Voyez ANTILOPE. (DESM.)

LEUCOSCEPTRE, *Leucosceptrum* (*Bot.*) Genre de plantes dicotylédones, à fleurs complètes, monopétalées, irrégulières, de la famille des *verbénacées*, de la *didynamie gymnospermie* de Linnæus; offrant pour caractère essentiel : Un calice à cinq découpures; une corolle tubulée, à cinq lobes inégaux; le tube court; quatre étamines didynames, inclinées, très-longues; un ovaire supérieur, à quatre lobes; un stigmate bifide; quatre semences au fond du calice.

Leucosceptre a fleurs blanches; *Leucosceptrum canum*, Smith, *Exot. bot.*, 2, pag. 113, tab 116. Cette plante a des tiges divisées en rameaux comprimés, à quatre angles mousses, chargés d'un duvet blanc, tomenteux; les feuilles sont opposées, médiocrement pétiolées, oblongues, elliptiques, presque lancéolées, aiguës à leur sommet, dentées en scie à leur contour, glabres, veinées, nerveuses, vertes en-dessus, plus pâles et un peu blanchâtres en-dessous, point de stipules, longues de six pouces et plus, larges de trois ou quatre; les fleurs sont disposées en un bel épi terminal, presque sessile, simple, droit, touffu, cylindrique, un peu plus court que les feuilles, muni de petites bractées blanchâtres, disposées sur quatre rangs; le calice court, tubulé, à cinq découpures obtuses, inégales; la corolle blanche, plus longue que le calice; le tube court; le limbe presque à deux lèvres, à cinq lobes inégaux, obtus; les étamines très-longues, inclinées; les anthères arrondies, à deux lobes; le style plus court que les étamines; quatre semences luisantes et tronquées au fond du calice. Cette plante croît dans les forêts du Haut-Népal, où elle est appelée par les Nawars, *mutsola.* (Poir.)

LEUCOSIA. (*Bot.*) Arbrisseau de l'île de Madagascar, dont M. Du Petit-Thouars a fait un genre particulier de la famille des *térébintacées*, de la *pentandrie monogynie* de Linnæus. Ses tiges sont foibles; les feuilles rudes, alternes, blanches et tomenteuses à leur face inférieure, traversées par quelques nervures: les fleurs sont composées d'un calice campanulé, à cinq découpures; la corolle à cinq pétales; autant d'étamines alternes avec les pétales; un ovaire inférieur, surmonté d'un seul style, de la longueur des étamines; le fruit trigone, à trois semences, dont une ou deux avortent; un noyau ridé et osseux; l'embryon dépourvu de périsperme. (Poir.)

LEUCOSIE, *Leucosia*. (*Crust.*) Genre de crustacés décapodes brachyures. Voyez l'article Malacostracés. (Desm.)

LEUCOSIE. (*Foss.*) On a trouvé à l'état fossile plusieurs espèces de ce genre, qui ont été décrites par M. Desmarest dans l'Histoire naturelle des crustacés fossiles, savoir:

Leucosie crane; *Leucosia cranium*, Desm., *loc. cit.*, pl. IX, fig. 10 et 11. Carapace lisse, à peu près orbiculaire, légèrement déprimée, ayant son prolongement antérieur peu saillant; région cordiale seule distincte; bord postérieur étant indiqué par une ligne assez saillante.

Cette espèce se rapproche de la leucosie graveleuse de Fabricius; mais elle n'est pas couverte de rugosités comme elle. Sa carapace est finement ponctuée, ou à peu près lisse, et présente seulement de légères dépressions en devant vers le point où les deux bords latéraux se rapprochent pour former un rostre court, dans lequel se trouvent deux petites loges pour les yeux. Postérieurement on remarque deux lignes longitudinales enfoncées, entre lesquelles est la région du cœur, et le test est fortement creusé en-dessous dans les femelles. Longueur, deux décimètres; largeur à peu près égale.

Le test de cette espèce, qui se trouve dans ma collection, est d'un brun clair, et le mode de sa conservation est le même que celui que présentent les espèces qui viennent des Indes orientales.

Leucosie subrhomboïdale; *Leucosia subrhomboidalis*, Desm., *loc. cit.*, pl. IX, fig. 12. Carapace lisse, luisante, très-bombée, presque rhomboïdale, assez prolongée en avant; fossettes des yeux placées sur le prolongement, et séparées l'une de l'autre par une même cloison; aucune des régions de la carapace distincte.

Le test de cette petite espèce, qui a dix-huit millimètres de largeur sur dix-neuf millimètres de longueur, est d'un brun noir luisant; sa carapace présente antérieurement de chaque côté une impression qui en relève le milieu pour former le petit prolongement qu'on remarque en cette partie. De ce prolongement, le bord se porte de chaque côté, jusque vers le milieu de la carapace, où se trouve un pli qui n'est visible que latéralement ou en-dessous.

On ne peut distinguer aucune région. Deux très-légères saillies, qu'on remarque en arrière du rostre, l'une à droite et l'autre à gauche, pourroient cependant correspondre aux deux lobes antérieurs de la région stomacale.

Cette espèce se rapproche beaucoup de la *leucosie craniolaire* de Fabricius; mais elle porte un rostre plus court, et son corps est généralement plus alongé.

Un individu de cette espèce se trouve dans la collection de M. Brongniart, mais ses parties inférieures manquent complétement.

Leucosie de Prévost; *Leucosia Prevotina*, Desm., *loc. cit.*, pl. IX, fig. 14. Carapace orbiculaire, plus large que longue, très-granuleuse, avec des lignes profondes qui séparent nettement toutes ses régions.

Cette espèce se rencontre dans une marne calcaire jaunâtre de la troisième masse gypseuse de Montmartre, avec beaucoup d'autres fossiles semblables à ceux de Grignon. Le test a disparu, ce qui est commun à tous les fossiles de la couche de marne dans laquelle elle se rencontre; mais son moule extérieur est parfaitement net, et sa conservation si parfaite, qu'on peut considérer ce moule comme étant le test lui-même.

Sa forme est bien celle des leucosies; mais les principaux caractères, tels que ceux qu'offrent le rostre et la disposition des yeux, manquent, pour la rapporter a ce genre avec certitude.

La division très-prononcée des régions par des sillons profonds, rapproche aussi ce crustacé de ceux qui composent le genre *Myctiris* de M. Latreille. La région de l'estomac, confondue avec celle qui recouvroit les organes préparateurs de la génération, est très-grande; ses contours deviennent à peu près un rhombe dont les angles sont arrondis, et l'on y remarque trois tubercules principaux, placés vers les deux angles latéraux et vers l'angle postérieur. Les deux régions hépatiques antérieures sont presque confondues avec les régions des branchies; celles-ci ont deux tubercules assez voisins l'un de l'autre. La région du cœur est distincte, tout-à-fait postérieure et présente une saillie très-marquée dans son milieu. Longueur onze millimètres; largeur quinze millimètres. Les pattes manquent dans tous les crustacés de cette espèce que l'on a rencontrés jusqu'à ce jour. (D. F.)

LEUCO-SINAPIS. (*Bot.*) M. De Candolle donne ce nom à une de ses cinq sections du genre *Sinapis*, dans laquelle est le *sinapis alba*. (J.)

LEUCOSPERME, *Leucospermum*. (*Bot.*) Genre de plantes dicotylédones, à fleurs incomplètes, monopétalées, de la famille des *protéacées*, de la *tétrandrie monogynie* de Linnæus ; offrant pour caractère essentiel : Des fleurs réunies dans un involucre commun, à plusieurs folioles imbriquées ; point de calice ; une corolle (*calice*, Brown), à deux lèvres, à quatre divisions, dont trois, rarement quatre, soudées à leur partie inférieure, puis libres et recevant les étamines ; un ovaire supérieur ; un style caduc ; le stigmate glabre, épais, souvent à côtés inégaux ; une noix lisse, sessile et ventrue.

Ce genre renferme plusieurs espèces placées d'abord parmi les *protea*, avec lesquels il a de très-grands rapports, et qu'on pourroit regarder rigoureusement comme une de ses subdivisions. Il comprend des arbrisseaux, tous originaires du cap de Bonne-Espérance, la plupart peu élevés, souvent velus ou tomenteux ; les feuilles calleuses et dentées à leur sommet ; les fleurs réunies en une tête terminale, tantôt séparées par des bractées ou des écailles imbriquées, dures et persistantes, tantôt fastigiées sur un réceptacle presque plan, garni de paillettes étroites, presque caduques.

Leucosperme linéaire : *Leucospermum lineare*, Rob. Brown, *Trans. Linn.*, vol. 10, pag. 96 ; *Protea linearis*, Thunb., *Diss. de Prot.*, 33, tab. 4, fig. 2. Arbrisseau d'environ quatre pieds de haut, dont les tiges se divisent en rameaux presque simples, glabres, striés, alongés, garnis de feuilles éparses, sessiles, linéaires, un peu roulées à leurs bords, calleuses tant à leur base qu'à leur sommet, longues d'un à deux pouces, un peu concaves ; les fleurs réunies en une tête terminale, conique, solitaire, de la grosseur d'une orange ; l'involucre composé d'écailles larges, ovales, aiguës, pubescentes en dehors, tomenteuses à leur base ; le réceptacle chargé de poils blancs et touffus ; la corolle velue, à deux découpures linéaires, l'une entière, fort étroite, l'autre plus large, à trois lobes au sommet ; le style une fois plus long que la corolle.

Leucosperme a calice court : *Leucospermum totta*, Brown,

l. c.; Protea totta, Linn., *Mant.*, 191. Arbrisseau dont les tiges sont lisses ou pubescentes, rameuses, purpurines, garnies de feuilles glabres, alternes, sessiles, ovales-lancéolées, obtuses, longues d'environ un pouce ; les fleurs réunies en une tête souvent solitaire, terminale, de la grosseur d'une noix ; l'involucre composé d'écailles glabres, imbriquées, lancéolées, acuminées, ciliées à leurs bords ; la corolle filiforme, velue, jaunâtre, pubescente, longue d'un pouce ; le réceptacle velu et globuleux ; le stigmate en tête, presque bifide.

LEUCOSPERME CONOCARPE : *Leucospermum conocarpum*, Brown, *l. c.; Protea conocarpa*, Linn., Lamk., *Ill. gen.*, tab. 53, fig. 3. Ses tiges sont velues, hautes de trois à quatre pieds ; ses feuilles sessiles, imbriquées, épaisses, ovales-oblongues, munies à leur sommet de deux à cinq dents calleuses ; les fleurs réunies en une tête terminale, de la grosseur d'une poire ; l'involucre composé d'écailles courtes, ovales, ciliées ,à peine velues ; la corolle filiforme, hérissée de poils roussâtres ; le réceptacle garni d'un duvet tomenteux. Cette plante, originaire du cap de Bonne-Espérance, est cultivée au Jardin du Roi.

LEUCOSPERME PUBESCENT : *Leucospermum puberum*, Brown, *l. c.; Protea pubera*, Linn., *Mant.*, 192. Ses tiges sont pubescentes, d'un pourpre foncé, hautes d'environ deux pieds, garnies de feuilles éparses, imbriquées, sessiles, épaisses, ovales, presque elliptiques, tomenteuses, longues d'environ un pouce ; les têtes de fleurs solitaires ou agrégées, très-velues, de la grosseur d'une noix ; les écailles de l'involucre lancéolées, ciliées, aiguës, chargées de poils roussâtres ; les corolles filiformes, très-velues ; le réceptacle velu. Le *Leucospermum tomentosum*, Brown, *l. c., seu Protea tomentosa*, Linn., Suppl., se distingue par le duvet tomenteux qui recouvre toutes ses parties ; ses feuilles sont linéaires, planes ou quelquefois canaliculées. Le *Protea candicans* d'Andrews, *Bot. repos.*, tab. 294, n'en est qu'une variété, à feuilles planes, un peu cunéiformes à leur base.

LEUCOSPERME HYPOPHYLLE : *Leucospermum hypophyllum*, Brown, *l. c.; Protea hypophylla*, Linn., *Syst. veg.*; Wein., *Phytog.*, 4, tab. 901, fig. *a*. Arbrisseau qui s'élève à la hauteur de deux pieds, et qui varie par ses feuilles glabres, pubescentes ou soyeuses, tomenteuses, entières ou à trois et cinq dents, planes ou canaliculées; les rameaux nus, ou velus, tomenteux; les têtes de fleurs pédonculées ou presque sessiles; les folioles de l'involucre larges, ovales-aiguës ou orbiculaires; la corolle filiforme, longue d'un pouce; les noix environnées d'un duvet épais et roussâtre.

LEUCOSPERME CHEVELU : *Leucospermum crinitum*, Brown, *l. c.*; *Protea crinita*, Linn., Suppl.; Thunb., *Diss. de prot.*, pag. 21. Ses tiges s'élèvent à la hauteur de deux pieds : elles sont velues, à peine rameuses; les feuilles éparses, sessiles, ovales, très-obtuses, velues à leur base, à trois ou cinq dents à leur sommet, longues d'un pouce et plus; les têtes de fleurs médiocrement pédonculées; les écailles de l'involucre lancéolées, un peu velues; la corolle purpurine, velue, longue de cinq à six lignes. Le *Leucospermum oleæfolium*, Brown, *l. c.*; *Protea criniflora*, Linn., se distingue de la précédente par ses feuilles rétrécies à leur base. Il en existe deux variétés : l'une à feuilles ovales, alongées, obtuses; les folioles de l'involucre presque glabres, barbues à leur sommet : l'autre à feuilles linéaires, alongées, un peu aiguës; toutes les folioles de l'involucre velues.

LEUCOSPERME A FEUILLES RÉTRÉCIES; *Leucospermum alternatum*, Brown, *l. c.* Arbrisseau de trois pieds, dont les tiges sont droites; les rameaux roides, blanchâtres et tomenteux; les feuilles glabres, épaisses, lisses, linéaires, cunéiformes, à trois ou cinq dents à leur sommet, rétrécies à leur base, longues d'un pouce et demi et plus, sans nervures; les têtes de fleurs solitaires ou géminées, un peu pédonculées, en ovale renversé, de la grosseur d'une forte prune; les folioles de l'involucre ovales, acuminées, tomenteuses; le style quatre fois plus long que la corolle.

LEUCOSPERME MITOYEN : *Leucospermum medium*, Brown, *l. c.*; *Protea formosa*, Andr., *Bot. repos.*, tab. 17? Ses rameaux sont garnis de feuilles linéaires-alongées, entières, obtuses à leur base, à deux ou trois dents calleuses au sommet; les folioles de l'involucre pubescentes et ciliées; la corolle velue; le style hérissé; le stigmate en bosse d'un côté. Dans la plante d'Andrews, les feuilles sont plus longues; la corolle à une seule lèvre; ses divisions soudées dans toute leur longueur ; les folioles de l'involucre scarieuses ; le stigmate ovale, alongé.

Leucosperme a grandes fleurs : *Leucospermum grandiflorum*, Brown, *l. c.*; *Protea villosa*, Poir., Encycl., Suppl., 566. Cette espèce se rapproche du *Leucospermum conocarpum* par plusieurs de ses caractères, surtout par ses rameaux et ses corolles très-velues ; elle en diffère par ses feuilles alongées, lancéolées, non ovales, à peine longues d'un pouce, quelquefois à trois dents au sommet ; les folioles de l'involucre glabres, ciliées à leurs bords ; la corolle très-velue ; le style plus long que la corolle.

Leucosperme a feuilles de buis ; *Leucospermum buxifolium*, Brown, *l. c.* Il est à présumer que Thunberg avoit confondu cette plante avec le *Protea pubera*, auquel elle ressemble beaucoup ; elle s'en distingue particulièrement par les folioles de son involucre, ovales, presque orbiculaires, un peu acuminées, presque glabres, ciliées à leurs bords : les rameaux sont hérissés ; les feuilles ovales, obtuses, pubescentes, entières, longues de six lignes ; la corolle velue ; le style saillant.

Leucosperme spatulé ; *Leucospermum spathulatum*, Brown, *l. c.* Arbrisseau bas, très-rameux ; les rameaux chargés d'un duvet cendré ; les feuilles elliptiques, spatulées, longues d'un pouce, terminées par une callosité obtuse ; les folioles de l'involucre ovales, tomenteuses ; la corolle longue d'un pouce, pileuse, tomenteuse. (Poir.)

LEUCOSPIS. (*Entom.*) Voyez Leucopsis. (C. D.)

LEUCOSPORUS. (*Bot.*) C'est le nom de la première série du genre *Agaricus* de Fries ; elle comprend les espèces privées de voile, ou chez lesquelles il est variable, dont les feuilles ne changent pas, et dont les sporidies ou séminules sont blanches.

Leucosporus est aussi, dans le même auteur, le nom de la quatrième division de son genre Bolet, qui renferme des espèces privées de voile, dont le stipe est creux, rempli d'une moelle spongieuse, et dont les tubes sont blancs ou citrins, et les sporidies blanches. (Lem.)

LEUCOSTICOS. (*Min.*) Voyez Leptopsephos. (B.)

LEUCOSTINE. (*Min.*) De la Métherie a, le premier,

donné ce nom au minéral compacte, mais homogène, différent de toutes les espèces déterminées, qui forme la base
du porphyre rouge, parce qu'il a appliqué, comme nous
venons de le faire au mot *Leptosephos*, ce nom de Pline à
notre porphyre.

Nous avons regardé pendant long-temps cette pierre, base
du porphyre, comme une variété de pétrosilex, et nous
l'avons employée comme telle; mais les différences dans la
composition, et par conséquent dans la nature de ces deux
substances, sont probablement assez considérables, à en juger
d'après leurs caractères extérieurs, pour les séparer, et alors
l'opinion de La Métherie et le nom qu'il a donné doivent prévaloir. Mais ce n'est pas le porphyre rouge que de la Métherie
a nommé *leucostine*, c'est sa base. Il dit très-clairement, t. 11,
p. 95, de sa Minéralogie, édition de 1811, que le *leucostine
est la base du leuchostichos de Pline, ou porphyre rouge*. Nous
n'avons donc nullement étendu la signification ou l'application de ce mot, en l'appliquant à la pâte de pétrosilex rouge
ou rougeâtre des porphyres. [1]

Il est vrai que M. Cordier, tout en ayant l'air de res-
pecter le nom donné par de la Métherie, en a tout-à-fait
changé l'acception, en le donnant à des roches qui ont coulé
à la manière des laves, et dont la pâte fusible, grisâtre ou
rosâtre, translucide et comme écailleuse, est un vrai pétrosilex. Nous avons adopté cette détermination et cette dénomination à l'article LAVE (voyez ce mot), parce qu'il est
probable qu'elle sera généralement admise, et qu'il nous a
semblé qu'en voulant être, dans ce cas-ci, par trop fidèle
aux principes de l'adoption des noms par ordre d'antério-
rité, nous jetterions une nouvelle confusion dans la science.

Mais nous n'avons pu y laisser la domite pour les motifs
que nous avons donnés à l'article LAVE.

La leucostine sera donc maintenant une roche volcanique,
à base de pétrosilex, renfermant des cristaux de felspath,
etc.; et s'il est prouvé que la base du porphyre rouge est
une masse compacte homogène, d'une nature particulière et

---

[1] Al. Brongniart, Essai d'une classification des roches mélangées
(Journ. des min., tom. 34, p. 41).

différente de tous les minéraux dejà dénommés, il faudra lui donner un nom particulier, et abandonner celui de leu-costine, appliqué maintenant à une roche mélangée tout-à-fait différente. (B.)

LEUCOTHOË, *Leucothoe*. (*Crust.*) Genre de crustacés am-phipodes, formé par M. Leach et composé seulement du *cancer articulosus* de Montagu. Il a pour caractères : Première paire de pattes terminée en pince à deux doigts; quatre antennes, dont les supérieures sont les plus longues, et formées d'un pédoncule biarticulé et d'une tige multiarticulée. (Desm.)

LEUCOXYLUM. (*Bot.*) Ce nom, qui signifie bois blanc, a été donné par Plukenet à une bignone, *bignonia leucoxylum* de Linnæus; par Boerhaave, selon Adanson, à un arbrisseau maintenant réuni au genre *Myrsine*. (J.)

LEUCUS (*Ornith.*), nom latin du héron blanc, Buff., *ardea alba*, Linn., *ardea egretta*, Temm. (Ch. D.)

LEUGE. (*Bot.*) Dans quelques cantons du Midi de la France le chêne-liége porte ce nom. (L. D.)

LEUNINKG (*Ornith.*), un des noms du moineau franc, *fringilla domestica*, Linn. (Ch. D.)

LEURE (*Mamm.*), nom de la loutre en Savoie. (F. C.)

LEURICK. (*Ornith.*) Voyez Leeurick. (Ch. D.)

LEURRE. (*Ornith.*) On nommoit ainsi une sorte de man-nequin, fait avec de la peau peinte, représentant grossière-ment un oiseau de proie, qui s'employoit pour rappeler ou réclamer les oiseaux de vol, en y attachant un morceau de viande. Cette opération s'appeloit *leurrer*. (Ch. D.)

LEURY. (*Ornith.*) Les fauconniers, suivant La Chesnaye des Bois (voyez Faucon), appeloient ainsi une espèce de sacre qui prenoit les daims et les chevreuils; mais, comme le sacre lui-même, *falco sacer*, Lath., est devenu une espèce douteuse, il seroit difficile de désigner positivement le leury, qui toutefois devoit être un faucon dans toute la force de l'âge, d'après celle des animaux qu'il attaquoit. Cet oiseau étoit la seconde espèce de sacre des fauconniers, lesquels en reconnoissoient trois, dont la première, qui habitoit l'Égypte et se nommoit *saph*, prenoit les lièvres et les biches, et dont la troisième, appelée *sinaire et pélerin*, étoit de passage vers les Indes, et se trouvoit dans les îles du Levant, en Chypre, etc. (Ch. D.)

LEUTRITE. (*Min.*) C'est un nom de lieu (Leutra, près d'Iéna en Saxe), que M. Lenz a donné à une marne calcaire et sablonneuse, d'un blanc grisâtre ou jaunâtre, remplie de cavités tapissées de cristaux de calcaire spathique, et qui a la propriété remarquable de répandre dans l'obscurité une lumière phosphorique très-vive par le plus léger frottement.

On l'emploie, dans les environs d'Iéna, comme engrais d'amendement. (B.)

LEU - TZE. (*Ornith.*) Ce nom est donné par les Chinois à leur cormoran, *pelecanus sinensis*, Lath. (Cн. D.)

LEUWENHŒCK. (*Entom.*) Linnæus a décrit sous le nom de *Leuwenhæckella*, dans le *Systema naturæ*, n.° 437, une espèce de *Phalæna tinea*. (C. D.)

LEUZ (*Bot.*), nom arabe du noyer, suivant Daléchamps. (Voyez Gɪᴀɴᴢɪ.) La noix vomique est nommée *leuz-alkei*. (J.)

LEUZÉE, *Leuzea*. (*Bot.*) Ce genre de plantes, établi, en 1805, par M. De Candolle, dans la Flore françoise, et dédié par l'auteur à M. Deleuze, appartient à l'ordre des synanthérées, et à notre tribu naturelle des carduinées, dans laquelle il faut le placer entre les deux genres *Rhaponticum* et *Fornicium*. Voici les caractères génériques du *Leuzea*, que nous n'avons point observés, mais que nous empruntons aux deux ou trois descriptions publiées par M. De Candolle, et à la figure qui accompagne l'une d'elles.

Calathide incouronnée, équaliflore, multiflore, régulariflore, androgyniflore. Péricline ovoïde-subglobuleux, presque égal aux fleurs; formé de squames régulièrement imbriquées, dressées, grandes, scarieuses, non épineuses, les extérieures arrondies et un peu déchirées au sommet, les intérieures plus longues, aiguës et entières. Clinanthe planiuscule, peu charnu, garni de longues fimbrilles sétiformes, entregreffées à la base. Fruits obovoïdes-oblongs, tuberculeux, ayant l'aréole basilaire non-oblique; aigrette longue, composée de squamellules plurisériées, égales, filiformes, barbées, adhérentes à un anneau caduc. Stigmatophores entregreffés.

Lᴇᴜᴢᴇ́ᴇ ᴄᴏɴɪꜰᴇ̀ʀᴇ: *Leuzea conifera*, Decand., Fl. fr., tome 4, p. 109: Ann. du Mus. d'hist. nat., tome 16; *Centaurea conifera*, Linn., *Sp. pl.*, édit. 3, p. 1294. C'est une plante herbacée, bisannuelle ou vivace, dont la tige, haute à peine de sept ou huit pouces, est simple, droite, cotonneuse; ses feuilles sont verdâtres en-dessus, cotonneuses et très-blanches en-dessous; les radicales pétiolées, ovales-lancéolées, presque simples, n'ayant qu'une ou deux découpures à leur base; celles de la tige plus étroites et profondément pinnatifides; la calathide, composée de fleurs purpurines, est terminale, très-grande, environnée de quelques bractées presque simples; son péricline est glabre, scarieux, luisant, roussâtre en sa partie supérieure : Caspar Bauhin le comparoit à un cône de pin, et c'est pour cela que Linnæus a donné à cette plante le nom spécifique de *conifera*. La leuzée habite les lieux montueux, stériles et découverts de la Provence méridionale, les montagnes du Dauphiné, les environs de Montpellier; elle fleurit en Juin et Juillet.

M. De Candolle a indiqué avec doute une seconde espèce, nommée *Leuzea ? carthamoides*, et distinguée de la première par le péricline pubescent. C'est une plante de Sibérie, décrite par Willdenow sous le nom de *Cnicus carthamoides*.

Linnæus attribuoit la leuzée à son grand genre *Centaurea*, auquel elle est étrangère tant par ses caractères techniques que par ses rapports naturels. Dillen avoit déjà précédemment observé que les aigrettes de cette plante étoient plumeuses. Adanson a fait un genre *Rhacoma*, dont les caractères s'accordent très-exactement avec ceux du *Leuzea*; mais il paroît admettre dans ce genre non-seulement le *Leuzea*, qui devoit seul y être compris, mais encore le vrai *Rhaponticum* et la *Centaurea glastifolia* de Linnæus. Le genre *Hookia* de Necker correspondroit, au moins en partie, au genre *Leuzea*, selon M. De Candolle; mais nous croyons que ce botaniste se trompe, et il nous semble que l'*Hookia* de Necker se rapporte beaucoup mieux à notre genre *Alfredia*. On pourroit aussi, d'après ses caractères, le rapporter au genre *Rhaponticum*. (Voyez nos articles ALFREDIA, tome I.er, suppl., page 115, et HOOKIA, tome XXI, page 421.) Le genre *Rhacoma* de Linnæus étant aujourd'hui réuni au *Myginda*, M. De Candolle auroit pu et peut-être dû s'abstenir de donner un nouveau nom au genre *Rhacoma* d'Adanson, fort bien caractérisé par cet auteur, et dont il falloit seulement exclure deux espèces non congénères du vrai type de ce genre et qu'il y avoit mal à propos réunies. Quoi qu'il en soit, M. De Candolle, dans son premier Mémoire sur les Composées, a placé le *Leuzea* entre les deux genres *Saussurea* et *Cynara*, fort loin du *Rhaponticum*, qu'il range dans une autre section de ses Carduacées. Cela suffiroit pour prouver combien est contraire à l'ordre naturel cette distribution qui sépare les genres à aigrette plumeuse, c'est-à-dire barbée, des genres à aigrette pileuse, c'est-à-dire barbellulée.

Selon nous, le genre *Leuzea* est exactement intermédiaire entre le vrai *Rhaponticum* (*Centaurea rhapontica*, Linn.) et notre *Fornicium*. En effet, le *Leuzea* ressemble au *Rhaponticum* par son péricline, et il en diffère par son aigrette plumeuse; tandis qu'il ressemble au *Fornicium* par son aigrette plumeuse, et qu'il en diffère par son péricline : en sorte qu'il est vrai de dire que le *Leuzea* offre le péricline du *Rhaponticum* et l'aigrette du *Fornicium*.

Nous profitons de l'occasion qui se présente, pour indiquer à nos lecteurs deux fautes d'impression qui se trouvent dans notre article Fornicion (tome XVII, page 249), et qu'il importe de corriger. La première est dans la description des caractères génériques, où l'imprimeur nous a fait dire que les squamellules de l'aigrette sont hérissées de barbes *médiocrement inégales, longues,* lorsque notre manuscrit disoit *médiocrement longues, inégales.* La seconde faute est dans la description des caractères spécifiques, où on lit que les feuilles sont *pulvérulentes* sur les deux faces, et où il faut lire *pubérulentes,* c'est-à-dire, un peu pubescentes.

Le genre *Leuzea* appartient aux Cinarocéphales de M. de Jussieu, et à la syngénésie polygamie égale de Linnæus. (Cass.)

LEVAIN. (*Chim.*) C'est la pâte de *froment levée.* V. Ferment et Fermentation, tom. XVI, pag. 432. (Ch.)

LEVANTINE. (*Conchyl.*) On donnoit anciennement ce nom à plusieurs coquilles du genre *Venus* de Linnæus. (Desm.)

LEVAR-JO (*Ornith.*), un des noms que porte en Norwége le strunt-jager, ou *larus parasiticus*, Linn. (Ch. D.)

LEVÈCHE ET LEVESCHE. (*Bot.*) Voyez Livèche. (L. D.)

LÉVÉNAGATTE. (*Ichthyol.*) Un des noms vulgaires d'une espèce de gade, *gadus pollachius*, Linn. Voyez Merlan. (H. C.)

LEVENHOOKIA. (*Bot.*) Genre de plantes dicotylédones, à fleurs complètes, monopétalées, irrégulières, de la famille des *stylidiées*, de la *gynandrie digynie* de Linnæus; offrant pour caractère essentiel : un calice à deux lèvres, à cinq découpures; une corolle monopétale, à cinq lobes irréguliers, le cinquième creusé en voûte; deux anthères adhérentes au style en colonne; deux stigmates; une capsule à une seule loge.

LEVENHOOKIA FLUET; *Levenhookia pusilla*, Rob. Brown, *Nov. Holl.*, 1, pag. 572. Fort petite plante, glabre sur toutes ses parties, ayant presque le port et la grandeur du *linum radiola* : ses tiges sont fluettes, rameuses; les rameaux capillaires; les feuilles petites, alternes, glabres, pétiolées, ovales, très-entières, situées et rapprochées à l'extrémité des rameaux; les fleurs sont fasciculées, composées d'un calice presque à deux lèvres, à cinq divisions; la corolle divisée à son limbe en cinq lobes irréguliers; le cinquième en forme de lèvre concave, plus long que le style, mobile, articulé; les organes sexuels réunis en une colonne droite, adhérant latéralement à la partie inférieure du tube de la corolle, au même point que le lobe inférieur : celui-ci, rabattu au moment où la fleur s'épanouit, se redresse ensuite avec élasticité, s'applique et se roule autour de la colonne; les anthères sont à deux lobes distincts, placés l'un au-dessus de l'autre; deux stigmates capillaires; une capsule à une seule loge. Cette plante croît sur les côtes de la Nouvelle-Hollande. (POIR.)

LEVER. (*Astron.*) C'est l'apparition d'un astre au-dessus de l'horizon, comme le *coucher* est sa disparition. L'instant de ces phénomènes produits par le mouvement de rotation de la terre, change suivant les lieux et les temps, puisqu'il dépend de la position de l'horizon et de celle de l'astre par rapport à la terre. Quand il s'agit des astres qui sont effacés par la lumière du soleil, comme les étoiles, on distingue plusieurs sortes de lever.

Le *lever héliaque*, lorsque l'apparition de l'astre sur l'horizon précède assez celle du soleil pour que l'astre puisse être aperçu le matin. Le *coucher héliaque* est celui qui a lieu quand l'astre cesse de paroître après le coucher du soleil. (Voyez l'article ÉTOILE, tome XV, p. 494.)

On dit encore *lever cosmique*, lorsque l'astre se dégage de l'horizon en même temps que le soleil ; *coucher cosmique*, celui qui coïncide avec le coucher du soleil : enfin, *lever* et *coucher achroniques*, ceux qui arrivent avec le coucher et le lever du soleil, c'est-à-dire, en ordre inverse.

Ces derniers sont peu intéressans, puisque l'astre, enveloppé alors dans les rayons du soleil, ne peut être aperçu. (L.C.)

LEVIATHAN. (*Mamm.*) Nom d'un animal mentionné dans le livre de Job, et que des auteurs ont rapporté à quelque espèce de cétacé. Le fait est qu'on ne peut rien conclure de raisonnable, en fait d'histoire naturelle, des paroles vagues et insignifiantes de l'écrivain arabe. (F. C.)

LÉVIGATION. (*Chim.*) Ancien mot qui désignoit l'opération par laquelle on réduit un corps dur en poudre très-fine, en le broyant sur un plan de porphyre. (Сн.)

LEVINA. (*Bot.*) Adanson donnoit ce nom au genre *Prasium* de Linnæus. (J.)

LEVISANUS. (*Bot.*) Petiver donnoit ce nom à un arbrisseau dont Linnæus a fait son *brunia abrotanoides*, et qu'Adanson a nommé *barreria*, en lui attribuant cinq styles, que Linnæus réduit à un seul échancré. Linnæus nomme une autre espèce *brunia levisanus*. Il avoit ensuite rapporté au même genre deux plantes, *brunia radiata* et *glutinosa*, remarquables par la réunion de plusieurs fleurs dans un calice commun ou involucre, dont les écailles intérieures, plus longues et colorées, imitent les demi-fleurons d'une fleur radiée. Dahi les a séparées sous le nom de *stavia*, qui leur est resté, malgré Schreber, qui lui avoit substitué celui de *levisanus*. (J.)

LÉVISILEX. (*Min.*) C'est encore un de ces noms dont De la Métherie (Journ. de phys., tom. 55) a voulu surcharger la nomenclature de la minéralogie, sans motifs, comme si le nom de quarz nectique, donné avant lui par M. Haüy à la pierre légère, poreuse et entièrement siliceuse, qu'on trouve à Saint-Ouen près Paris et dans d'autres lieux, n'étoit pas suffisant et bon. Il paroît cependant qu'il a abandonné ce nom dans l'édition de sa Minéralogie de 1811. Voyez SILEX NECTIQUE. (B.)

LEVISTICUM. (*Bot.*) Brunsfels, Lobel et Morison donnoient ce nom et celui de *ligusticum* à une ombellifère, qui est la livêche : c'est maintenant le *ligusticum levisticum* de Linnæus, que C. Bauhin regarde avec doute comme un des *libanotis* de Théophraste. (J.)

LEVISTONA. (*Bot.*) Voyez LIVISTONE. (POIR.)

LEVRATIN. (*Ornith.*) On donne, en Piémont, ce nom et celui de *levraseul* au pluvier gris, qui est le vanneau suisse, *tringa helvetica*, Lath., en habit d'hiver. (CH. D.)

LEVRAUT (*Mamm.*), nom françois du jeune lièvre. (F. C.)

LÈVRE, *Labium*. (*Entom.*) On nomme ainsi dans les insectes les pièces uniques et impaires qui ferment la bouche en devant et en arrière, du côté du front et de la ganache. La lèvre supérieure prend le plus souvent le nom de LABRE, *labrum*, *labium superius*, et l'inférieure garde le nom de LÈVRE, *labium inferius*. Nous avons décrit à l'article BOUCHE dans les insectes, et au mot INSECTE, en parlant de la structure, le mode d'articulation et la nature des mouvemens et des usages de ces parties : qu'il nous suffise de rappeler ici, que les lèvres ne s'observent que dans les insectes mâcheurs; qu'elles sont surtout très-distinctes dans quelques orthoptères, et particulièrement chez les grylliformes; que la lèvre supérieure ne porte pas de palpes, et que l'inférieure en présente ordinairement deux; que celle-ci porte sur la ganache, qu'on nomme aussi le menton, et que la portion libre et la plus mobile se nomme quelquefois la *languette* (*ligula*). (C. D.)

LÈVRE DE VÉNUS (*Bot.*), un des noms vulgaires de la cardère cultivée. (L. D.)

LÈVRES. (*Bot.*) On donne ce nom au limbe des corolles labiées et personnées, parce qu'il se divise en deux lobes principaux, disposés de manière à former deux espèces de lèvres, l'une supérieure et l'autre inférieure, comme les lèvres des animaux (sauge, mufle de veau, etc.). (MASS.)

LEVRETTE. (*Entom.*) Geoffroy décrit sous le n.° 1.er une espèce de coléoptère de son genre *Becmare* ou *Rhinomacre*, qu'il est fort difficile de déterminer, soit comme un attélabe, soit comme un anthribe : il est noir, avec les élytres striés, marqués de quatre lignes blanches formées par des poils. (C. D.)

LEVRETTE (*Mamm.*), nom de la femelle du chien levrier. (F. C.)

LEVRIER (*Mamm.*), nom que l'on donne à une race de l'espèce du chien, à cause de ses formes élancées et de sa

légèreté, qui la rendent particulièrement propre à la chasse
du lièvre; elle peut être aussi dressée à la chasse du loup.
En effet, les levriers sont très-musculeux, très-agiles, et
leur machoire est très-forte. Ils attaquent le loup avec courage, et le mettent en pièces; mais ils ne suivent point leur
proie à la piste : sans avoir l'odorat grossier, ils ne chassent
qu'à la vue, qu'ils ont excellente; ils aperçoivent les objets
dans le plus grand éloignement, et ils voient même très-dis-
tinctement la nuit.

Il est une variété du levrier, très-petite, qui ne sert point
à la chasse : ces petits chiens, remarquables par leur élé-
gance et leur grace, nommés plus particulièrement levrons,
ne sont que des animaux de fantaisie. Voyez CHIEN. (F. C.)

LEVRON (*Mamm.*), nom particulier des levriers de petite
race. (F. C.)

LEVURE DE BIÈRE. (*Chim.*) Matière qui se sépare, pendant la fermentation du moût de bière, sous la forme d'écume
ou de sédiment, et qui a la propriété de convertir le sucre
en alcool. Elle est insoluble dans l'eau, et formée d'oxigène,
d'azote, de carbone et d'hydrogène. Voyez FERMENT et FER-
MENTATION ALCOOLIQUE, tom. XVI, pag. 440 et suivantes. (CH.)

LEWISIA. (*Bot.*) Ce genre a été établi par Pursh (*Trans.*
Linn., vol. 11, et *Flor. Amer.*, 2, pag. 568) pour une
plante de l'Amérique septentrionale, à laquelle il assigne
pour caractère essentiel : Un calice raboteux, à sept ou neuf
folioles; une corolle composée de quatorze à dix-huit pétales; un grand nombre d'étamines insérées sur le réceptacle;
un style; une capsule à trois loges polyspermes; les semences
luisantes. Cette plante appartient à la *polyandrie monogynie*
de Linnæus. Pursh n'en a mentionné qu'une seule espèce,
sous le nom de *lewisia rediviva.* (POIR.)

LEYMOUN (*Bot.*), nom arabe du limon, *citrus medica.* (J.)

LEYON. (*Mamm.*) Lion en suédois. (F. C.)

LEYSÈRE, *Leysera.* (*Bot.*) Ce genre de plantes appartient
à l'ordre des synanthérées ; à notre tribu naturelle des inulées, et à la section des inulées-gnaphaliées. Voici ses caractères, tels que nous les avons observés sur la *Leysera gnaphalodes.*

Calathide radiée ; disque multiflore, régulariflore, androgyniflore ; couronne subunisériée , liguliflore , féminiflore. Péricline campanulé , presque égal aux fleurs du disque ; formé de squames nombreuses, multisériées, régulièrement imbriquées , appliquées , ovales ou oblongues, coriaces , uninervées, vertes seulement auprès de la nervure , pourvues d'une bordure membraneuse, et d'un appendice confluent avec la bordure, inappliqué, membraneux-scarieux, incolore : l'appendice des squames extérieures ovale, obtus au sommet; l'appendice des squames intérieures oblong, arrondi au sommet, roussâtre sur les bords. Clinanthe large, plan, pourvu d'une seule rangée circulaire de paléoles situées entre le disque et la couronne, courtes, inégales, irrégulières, laciniées, membraneuses, concaves en dehors, chaque paléole accompagnant intérieurement la base d'une fleur femelle. *Fleurs du disque :* ovaire longuement pédicellulé, long, grêle, cylindrique, glabriuscule ; aigrette composé de dix squamellules subunisériées, libres, dont cinq très-longues, arquées en dehors, un peu laminées et inappendiculées inférieurement, filiformes et barbées supérieurement, les cinq autres courtes, inégales, irrégulières, laminées ou paléiformes, oblongues, variablement découpées, alternant avec les précédentes ; corolle à tube hérissé de poils spinuliformes ; anthères pourvues de longs appendices basilaires ; style de gnaphaliée, à stigmatophores comme tronqués au sommet, qui est garni d'une touffe de collecteurs. *Fleurs de la couronne :* ovaire long, grêle, cylindrique, velu ; aigrette courte, stéphanoïde, divisée presque jusqu'à sa base en lanières inégales et irrégulières ; corolle à tube hérissé de poils spinuliformes, à languette elliptique-oblongue, tridentée au sommet.

Leysère faux-gnaphale ; *Leysera gnaphalodes*, Linn., *Sp.*, *pl.*, édit. 3, page 1249. Les tiges de l'individu que nous décrivons sont hautes de dix pouces, peu épaisses, ligneuses, rameuses, plus ou moins tomenteuses et blanchâtres, entièrement couvertes depuis la base, ainsi que les rameaux, de feuilles très-rapprochées ; chaque tige ou branche se ramifie autour de la base du pédoncule qui la termine. Les feuilles sont alternes, sessiles, longues de neuf lignes , extrêmement étroites, presque filiformes, linéaires, un peu charnues,

uninervées, blanchâtres et laineuses dans leur jeunesse, ciliées sur les bords et velues en dessous dans un âge avancé.
Chaque tige ou branche se termine par un pédoncule nu,
long d'un à deux pouces, très-grêle, roide, un peu tortueux, rougeâtre ou brun, un peu laineux, portant au
sommet une calathide solitaire, haute de quatre à cinq
lignes, large de huit à neuf lignes, et composée de fleurs
jaunes; son disque est large de près de cinq lignes; les languettes formant sa couronne sont longues de deux à trois
lignes, et pâles en-dessous.

Nous avons fait cette description spécifique, et celle des
caractères génériques, sur un individu vivant, cultivé au
Jardin du Roi, où il fleurissoit vers la fin du mois d'Août.
Ce petit arbuste est indigène au cap de Bonne-Espérance.

La *Leysera gnaphalodes* étoit confondue par Tournefort
dans son genre *Aster*. Vaillant, toujours plus exact, a considéré cette espèce comme le type d'un genre particulier,
qu'il a nommé *Asteropterus*, et qui, selon lui, ne diffère des
genres *Aster* et *Inula* que par les aigrettes plumeuses. Linnæus,
en adoptant le genre de Vaillant, a eu le tort de changer
son nom en celui de *Leysera;* mais il a décrit les caractères
génériques bien plus complétement et plus exactement que
Vaillant ne l'avoit fait. Linnæus n'admettoit alors dans ce
genre que la *Leysera gnaphalodes.* Burmann décrivit ensuite
une seconde espèce, dont il crut pouvoir faire un genre
nouveau, sous le titre de *Callicornia*, mais que Linnæus réunit
avec raison au genre *Leysera*, en la nommant *Leysera callicornia.* Enfin, Linnæus ajouta encore au genre *Leysera* une
troisième espèce, nommée *Leysera paleacea*, mais qui n'est
point du tout congénère des deux autres, et qui est devenue l'une des espèces composant le genre *Relhania* de l'Héritier. Adanson avoit déjà voulu rendre au genre *Leysera*
son ancien nom d'*Asteropterus*. Gærtner, ayant le même désir,
nomme aussi *Asteropterus* le vrai genre *Leysera* de Linnæus, et
il applique exclusivement le nom générique de *Leysera* à la
Leysera paleacea dont nous avons déjà parlé. Cet arrangement
ne nous paroît pas admissible, 1.ᵉ parce que, malgré la justice qui sembleroit souvent l'exiger, l'ancienne nomenclature ne peut plus être substituée à la nomenclature lin-

néenne, sans de trop graves inconvéniens ; 2.° parce que la *Leysera paleacea* fait partie du genre *Relhania* de l'Héritier, publié avant l'ouvrage de Gærtner, et que celui-ci a mal à propos divisé en deux genres, nommés *Leysera* et *Eclopes*. Necker, dont l'ouvrage a été publié en même temps que celui de Gærtner, conserve le nom de *Leysera* aux vrais *Leysera* de Linnæus, et il nomme *Michauxia* la *Leysera paleacea*, qui est une *Relhania* de l'Héritier et la *Leysera* de Gærtner. Thunberg a introduit plusieurs nouvelles espèces dans le genre *Leysera* de Linnæus ; mais ce botaniste, en général peu exact, mérite ici d'autant moins de confiance qu'il attribue au *Leysera* une plante connue depuis long-temps, qui n'a point du tout les caractères de ce genre, et dont M. De Candolle a fait son genre *Syncarpha*. Nous ne pouvons donc jusqu'à présent rapporter avec certitude au vrai genre *Leysera* que deux espèces, savoir : 1.° la *Leysera gnaphalodes*, qui est le type primitif du genre, et que nous avons observée nous-même ; 2.° la *Leysera callicornia*, que nous n'avons point vue, mais dont les caractères génériques ont été décrits et figurés par l'excellent observateur Gærtner, qui cependant n'a pas clairement exprimé, dans la description ni dans la figure, la véritable disposition des paléoles du clinanthe.

Nous connoissons une troisième espèce de *Leysera* ; c'est le *gnaphalium leyseroides* de M. Desfontaines, qui seroit très-bien nommé *Leysera discoidea*. Mais nous avons cru pouvoir considérer cette plante comme le type d'un sous-genre particulier, nommé *Leptophytus*, et appartenant au genre *Leysera*. Nous renvoyons sur ce point le lecteur à notre article LEPTOPHYTE, dans lequel il trouvera de plus quelques remarques, que nous ne répétons pas ici, concernant les paléoles du clinanthe.

Les *Leysera* et *Leptophytus* ont de l'affinité avec nos *Phagnalon* ; néanmoins, d'autres considérations prépondérantes nous ont forcé de les éloigner un peu de ce dernier genre, dans notre tableau des Inulées-gnaphaliées (tom. XXIII, p. 560), où le genre *Leysera* se trouve au centre d'un petit groupe naturel, caractérisé par la structure de l'aigrette.

Le genre *Leysera* appartient aux corymbifères de M. de Jussieu, et à la syngénésie polygamie superflue de Linnæus.

Nous ignorons l'étymologie de ce nom générique. Celui d'*Asteropterus* vouloit dire Aster à plumes, parce que Vaillant croyoit que ce genre étoit immédiatement voisin de l'*Aster*, et qu'il n'en différoit que par l'aigrette plumeuse ; ce qui est une erreur sur les affinités, car l'*Aster* et le *Leysera* ne sont point de la même tribu naturelle. (H. Cass.)

LEYTUN. (*Bot.*) Rumph cite sous ce nom un arbre des Moluques qui a le port et le fruit d'un laurier, et qu'il nomme pour cette raison *lauraster ;* mais, comme il ne décrit pas la fleur, on ne peut déterminer son genre avec certitude. (J.)

LÉZARD, *Lacerta.* (*Erpétol.*) On donne ce nom à un genre de reptiles sauriens, de la famille des *eumérodes* de M. Duméril, et de celle des *lacertiens* de M. Cuvier. On reconnoît les animaux qui le composent aux caractères suivans :

Langue mince, extensible, terminée en deux longs filets ; palais armé de deux rangées de dents ; un collier sous le cou, formé par une rangée transversale de larges écailles, séparées de celles du ventre par un espace où il n'y en a que de petites comme sous la gorge ; corps alongé, sans ailes ; pas de goitre ; tous les pieds munis de cinq doigts armés d'ongles, non opposables, séparés, arrondis, inégaux ; écailles disposées par bandes parallèles et transversales sous le ventre et autour de la queue, qui est au moins aussi longue que le corps, grosse, cylindrique, sans crête ni carène en-dessus ; anus en fente transversale ; une partie des os du crâne s'avançant sur les tempes et sur les orbites, en sorte que tout le dessus de la tête est muni d'un bouclier osseux, ou couvert de grandes écailles ; tympan à fleur de tête et membraneux ; paupière d'une seule pièce, fendue longitudinalement et formée par un sphincter ; sous chaque cuisse, une rangée de petits grains ou de tubercules formés d'écailles, rudes au toucher et poreux ; des plaques transversales sous le ventre ; des écailles carenées, mais non imbriquées sur le dos.

A l'aide de ces notes et du tableau que nous avons donné à l'article EUMÉRODES, on distinguera facilement les lézards proprement dits des TACHYDROMES, qui n'ont point une rangée de pores sous chaque cuisse ; des CAMÉLÉONS, dont les doigts sont opposables ; des ANOLIS et des GECKOS, qui ont les doigts aplatis en-dessous ; des AGAMES qui, au lieu de plaques, ont des écailles sur la tête ; des DRAGONS, qui ont les flancs garnis d'ailes; des Iguanes, qui ont un goître dentelé sous la gorge; des Améiva et des Sauvegardes, qui n'ont point sous celle-ci un collier d'écailles; des Monitors et des Dragones, qui ont le palais sans dents; des Stellions et des Cordyles, qui ont la queue épineuse; des Basilics et des Lophyres, qui ont une crête sur la queue. (Voyez ces différens mots, qui indiquent des genres dont la plupart rentrent dans celui des Lézards de Linnæus; voyez aussi Eumérodes, Erpétologie, Reptiles et Sauriens.)

La queue des lézards est composée d'articulations qui se séparent au moindre effort, et est susceptible de se reproduire lorsqu'elle a été rompue par quelque violence extérieure; phénomène que nous ferons connoître en détail aux articles Reptiles et Sauriens, en traitant de l'organisation de ces animaux.

Tous ont la vie très-dure, et peuvent passer un long temps sans manger.

Il paroît aussi prouvé qu'ils vivent un grand nombre d'années.

Aucun d'eux n'est venimeux; mais il en est plusieurs qui mordent avec violence quand on les attaque.

Les lézards sont très-nombreux, et habitent les diverses parties des deux continens, se plaisant à peu près également dans les régions chaudes et dans les contrées tempérées. Leurs mouvemens sont vifs et légers, et ils s'engourdissent durant l'hiver au fond de leurs retraites. Ils sont monogames et ne vivent que par paires. Jamais ils ne vont dans l'eau, comme plusieurs autres reptiles appartenant, comme eux, à l'ordre des sauriens.

Le genre des lézards est loin de renfermer aujourd'hui toutes les espèces que Linnæus et la plupart des auteurs systématiques y ont fait entrer. Laurenti, le premier, mais sans beaucoup de succès, a tenté de le réformer; entreprise qu'ont plus heureusement exécutée nos contemporains, MM. de Lacépède, Alexandre Brongniart, Cuvier, Daudin. Duméril, etc., dont les travaux nous guideront dans la rédaction de cet article.

Notre pays en fournit plusieurs espèces, qui paroissent avoir été confondues par Linnæus sous le nom de *Lacerta agilis*.

Nous citerons, parmi les lézards indigènes ou exotiques, les espèces suivantes.

Le GRAND LÉZARD VERT OCELLÉ; *Lacerta ocellata*, Daudin, tom. III, pl. XXXIII. Dos, dessus du cou et des membres, noirs, parsemés de lignes en zigzag, de points et de petits cercles d'un beau vert et irrégulièrement disposés; ventre d'un jaune clair, sans taches; flancs verts, luisans, avec huit à dix bandes transversales noirâtres et doubles; corps et membres gros et trapus; doigts courts; ongles petits; quinze grains poreux, brunâtres et assez volumineux sous chaque cuisse : taille d'un pied à dix-huit pouces.

Ce reptile est un des plus brillans, des plus éclatans de ceux de l'ordre des sauriens; il est d'ailleurs le plus gros des lézards connus. On le trouve dans le Midi de la France, dans l'Espagne, l'Italie et les autres contrées méridionales de l'Europe, dans les lieux arides, parmi les rochers exposés au soleil et sur la lisière des bois. Nombre de fois, autour de Montpellier, je l'ai vu fréquenter les buissons et les haies, grimper même sur les arbustes, sur les grosses pierres, pour y faire la chasse aux insectes. Notre collaborateur, M. Poiret, l'a rencontré plusieurs fois en Afrique, vers les bords de la Méditerranée.

Il paroît que ce n'est pas seulement dans les climats chauds qu'on trouve ce saurien. Selon Ray et Linnæus, il habite aussi des contrées fort septentrionales, comme la Suède et le Kamtschatka. Dans ce dernier pays même il inspire l'effroi, et passe pour un envoyé des puissances infernales, ainsi que Cook a pu s'en convaincre pendant son séjour dans cette contrée reculée.

On assure que ce reptile ne se nourrit pas seulement d'insectes, mais qu'il avale aussi des grenouilles, des souris, des musaraignes et d'autres petits animaux vertébrés. Il recherche les vers, se jette avec avidité sur la salive que l'on vient de cracher, et s'empare également des œufs des passereaux. M. Poiret a trouvé dans l'estomac d'un lézard vert, qu'il a disséqué sur les côtes de l'ancienne Numidie, un petit lézard tout entier.

Suivant M. de Lacépède, on le voit même souvent attaquer des serpens; mais il ne sort que bien rarement vainqueur de ce combat. Il n'a point l'air de redouter beaucoup la présence de l'homme, et, en Languedoc, j'en ai vu un mordre avec une sorte d'acharnement le bout d'un bâton avec lequel je le harcelois. Il ne court pas seulement avec vîtesse, il saute aussi très-haut, et, plus hardi que le lézard gris, il se défend contre les chiens qui l'attaquent, se jetant à leur museau, et aimant mieux se laisser tuer que de lâcher prise.

C'est à tort, au reste, qu'on a regardé les morsures du lézard vert comme venimeuses et mortelles. Laurenti a fait à cet égard des expériences tout-à-fait concluantes.

Si l'on en croit Gesner, les Africains mangent la chair des lézards verts, que la plupart des naturalistes ont d'ailleurs regardés comme une variété du *lacerta agilis* de Linnæus. MM. de Lacépède et Latreille, les premiers, ont su les en distinguer.

Le Lézard vert piqueté : *Lacerta viridis*, Daudin, III, pl. 34 ; *Seps varius*, Laur. Teinte générale d'un beau vert brillant ; dessus du cou, du corps, de la base de la queue, des membres et même des flancs, couvert d'un nombre égal de petites écailles vertes et d'un noir brunâtre, toutes mélangées sans aucun ordre entre elles et disposées sur des lignes transversales ; joues et crâne couverts de plaques brunâtres, marquées chacune d'un à trois points d'un vert clair ; une grande partie de la queue d'un gris légèrement brunâtre ; quinze ou seize grains poreux sous chaque cuisse et disposés sur une série longitudinale : taille de huit à neuf pouces au plus.

Le lézard vert piqueté se rencontre dans toutes les parties tempérées de l'Europe. Il fréquente les bois peu élevés et exposés au soleil.

Laurenti en a fait un seps, sous le nom de *seps varius*, et M. Latreille le considère comme une variété de son lézard vert.

Le Lézard vert de la Jamaïque ; *Lacerta jamaicensis*, Daud. Tête, jambes, flancs et dessous du corps d'un beau vert ; tout le dos jusqu'à la base de la queue brunâtre, avec un réseau large, irrégulier, jaunâtre et marqué d'un point jaune au milieu de chaque maille ; sur chaque flanc deux rangées longitudinales de taches ovales d'un beau bleu clair, entourées par une teinte noirâtre ; queue d'un brun verdâtre ; langue noire et très-fourchue : taille d'environ un pied.

George Edwards, dans l'ouvrage sur l'histoire naturelle des oiseaux (pl. 202), a figuré ce lézard, qui a les plus grands rapports avec l'améiva par la forme de sa tête et de son corps, et qu'il a vu vivant a Londres. où il avoit été apporté de la Jamaïque. Dans son *Gazophyllacium* (pl. 92, fig. 1) Pétiver l'a également représenté, mais sous le nom de *lézard de Gibraltar*.

Le Lézard vert a deux raies; *Lacerta bilineata*, Daudin. Queue deux fois aussi longue que le reste du corps, quadrangulaire à sa base. ensuite cylindrique, et composée de quatre-vingt-seize anneaux formés d'écailles carenées, carrées et oblongues; taille svelte; tête amincie; teinte générale d'un beau vert brillant, plus clair sous le ventre et même un peu bleuâtre sur la gorge; de chaque côté du corps et de la base de la queue, une ligne longitudinale blanche, bordée en-dessus de taches brunes presque contiguës entre elles; plusieurs autres petites taches brunes, irrégulières et transversales, et une rangée longitudinale de points blancs écartés sur les côtés du cou et les flancs; treize ou quatorze grains poreux sous chaque cuisse : taille de neuf pouces environ.

Ce saurien a été trouvé aux environs de Paris par M. Alexandre Brongniart ; M. Latreille paroît l'avoir regardé comme une variété du lézard vert.

Le Lézard des souches, *Lacerta stirpium*, Daudin, III, pl. 35, fig. 2. Dessus de la tête couvert de onze plaques écailleuses à quatre ou cinq angles: des plaques plus petites sur les joues et autour des mâchoires; museau court et obtus; écailles de la nuque, du dos et du dessus des membres petites, hexagonales ou arrondies et comme réticulées; sous chaque cuisse. une rangée de quatorze grains rudes, roussâtres et rapprochés; anus très-fendu ; queue cylindrique, verticillée ou annelée. pointue et un peu plus longue que le reste de l'animal; ongles pointus : taille de six pouces.

Ce lézard habite dans les bois, sous les souches, en France et en Allemagne. Il est assez commun, en particulier, dans les bois de Boulogne et de Vincennes près Paris. Il a le dessus de la tête, le dos et la queue bruns, avec les flancs et le ventre d'un vert clair; les côtés du dos et de la queue cendrés et marqués de quelques points blanchâtres ; sur chaque flanc, deux rangées longitudinales de taches noirâtres, marquées d'un point blanc et comme ocellées ; toutes les écailles du dessous du corps et de la queue marquées d'un point noir.

Il est très-agile, peu craintif, et se glisse parmi les feuilles sèches lorsqu'on veut le prendre. Pendant les jours les plus chauds du printemps et de l'été, il quitte sa retraite et va se promener au soleil, faisant la chasse aux moucherons, aux fourmis et aux autres petits insectes.

Il vit ordinairement par paires.

Presque tous les naturalistes ont regardé le lézard des souches comme une variété du *lacerta agilis* de Linnæus, et M. Latreille en a fait une variété du lézard vert de M. de Lacépède. Il paroît assez que c'est celui qui a été décrit par Séba (tom. 1, tab. 97, fig. 1) sous les noms de *taletec* et de *tamacolin de la Nouvelle-Espagne*.

M. Ruiz de Xelva a trouvé dans les bois de la Toscane une variété de ce reptile qui ne diffère de celui des environs de Paris que par sa taille un peu plus grande, et par la couleur de son ventre et de ses flancs, qui sont d'un vert plus vif et dépourvus de points noirs.

Auprès de Paris il en existe encore une autre variété, ayant seize tubercules calleux sous chaque cuisse, le dos d'un vert bleuâtre, avec des lignes blanches longitudinales et des taches noirâtres.

Razoumowski, dans son *Histoire naturelle du Jorat*, en a décrit une troisième, qui vient de Suisse, et qui a le dessous de la queue couleur de chair ; les côtés du corps verts, tachés de noir ; une bande de taches brunes le long du dos et de la queue.

Enfin, Daudin en a pris, dans le bois de Boulogne, une quatrième variété, dont le dos est entièrement d'un roux brunâtre et sans taches, et qui est évidemment, selon lui, le même animal que le *seps rouge* de Laurenti.

Le Lézard verdelet ; *Lacerta viridula*, Latreille. Dessus de la tête couvert de sept plaques ; corps d'un vert clair en-dessus, tirant sur le jaune en-dessous ; queue verticillée, trois fois plus longue que le corps et à extrémité noire : taille de cinq pouces, en y comprenant la queue.

Ce lézard ressemble beaucoup par sa forme au lézard des souches. Il a été découvert, par le naturaliste espagnol Ruiz de Xelva, dans la partie du Mexique la plus voisine de l'isthme de Panama, où il vit dans les fentes des rochers et au milieu des tas de pierres près des bois.

On peut distinguer le mâle à une tache orangée, entourée de noirâtre, qu'il porte sur l'occiput et le cou.

Le Lézard tiliguerta; *Lacerta tiliguerta*, Gmelin. D'un vert éclatant, relevé par des taches noires et par des raies de la même couleur qui s'étendent le long du dos; queue deux fois aussi longue que le corps et verticillée : longueur totale de sept à huit pouces.

Ce saurien n'a été décrit encore d'après nature que par le naturaliste Cetti. On le trouve en tout temps parmi les gazons, dans les champs et sur les murs en Sardaigne, où on le connoit sous les noms de *tiliguerta* et de *caliscertula*.

M. de Lacépède regarde le tiliguerta plutôt comme une simple variété du lézard vert ocellé que comme une espèce distincte, et M. Cuvier pense qu'il n'est qu'un mélange d'un améiva d'Amérique avec le lézard vert de Sardaigne, mal décrit par Cetti.

Le Lézard des buissons; *Lacerta dumetorum*, Daudin. Tête alongée en pyramide à quatre faces; museau obtus; yeux un peu saillans; écailles du collier faisant de petites dentelures en scie; anus recouvert en devant par trois écailles demi-circulaires, imbriquées latéralement l'une sur l'autre; queue à peine aussi longue que le reste du corps; onze tubercules poreux sous chaque cuisse : taille de quatre à cinq pouces.

Ce lézard, d'un beau vert clair et brillant en-dessus, est d'un gris d'acier en-dessous. Il a le dessus du cou et de la queue, ainsi que son collier écailleux, d'un beau violet à reflets bleus. Sa forme svelte et agréable se rapproche de celle du lézard des souches.

Il vient de Surinam, d'où il a été envoyé à Daudin par le médecin Marin de Bèze.

Le Lézard véloce; *Lacerta velox*, Pallas. Cendré en-dessus, avec cinq lignes longitudinales un peu plus pâles, mélangées de petits atomes bruns et nombreux; ligne du milieu moins prolongée que les autres; sur les flancs, des taches noires, longitudinales, assez grandes, et des points d'un bleuâtre luisant; des auréoles arrondies et pâles sur les pieds postérieurs.

Ce lézard est beaucoup plus petit et plus mince que le lézard gris, auquel il ressemble d'ailleurs beaucoup. Pallas, le premier, nous l'a fait connoître, et nous apprend qu'il vit parmi les rochers autour du lac Juderskoï et dans les lieux les plus chauds du désert voisin. Il y est vagabond, et a la vitesse d'une flèche. M. Marcel de Serres croit l'avoir trouvé dans les environs de Montpellier.

M. de Lacépède le regarde comme une simple variété du lézard gris, et M. Latreille le place à côté du tiliguerta de Sardaigne.

Le Lézard Bosquien; *Lacerta Boskiana*, Daudin, III, pl. 36, fig. 2. Vingt grains poreux sous chaque cuisse, où ils sont disposés sur un seul rang; queue deux fois au moins aussi longue que le corps: longueur totale de trois à quatre pouces.

M. Bosc a reçu ce saurien de l'île de Saint-Domingue; c'est lui qui l'a communiqué à Daudin.

M. Cuvier pense qu'il faut le rapporter au lézard véloce de Pallas.

Le Lézard teyou; *Lacerta teyou*, Daudin. Museau un peu aminci et recourbé; cinq doigts aux pieds de devant, quatre seulement à ceux de derrière; ongles forts et aigus, côtés et dessus de la tête d'un vert terne; une raie verte le long de la partie moyenne du dos qui est violet, et qui présente de chaque côté six autres lignes blanches; jambes violettes; ventre d'un blanc argentin : taille de neuf à dix pouces.

Félix d'Azara prétend que ce saurien est commun entre les buissons et les chacras du Paraguay, où on le nomme *téyou hobi*, ce qui signifie lézard vert.

Il se cache dans les trous pendant l'hiver, et court du reste avec une grande vélocité.

Le Lézard du désert; *Lacerta deserti*, Gmelin. Noir en-dessus, avec six lignes ou bandes blanches, longitudinales, un peu en zigzag et interrompues; ventre blanc sans taches; tête et mâchoires couvertes de plaques : longueur totale de deux pouces et demi.

Ivan Lépéchin a trouvé ce lézard dans le Pérémiot en Russie.

Le Lézard gentil; *Lacerta lepida*, Daudin, III, pl. 31, fig. 1.

Des points blancs et ronds, larges comme une tête d'épingle, et disposés au nombre de huit à douze sur neuf ou dix bandes noires étroites, transversales, irrégulières et placées sur le cou et le corps ; couleur principale d'un bleu verdâtre, légèrement ardoisé et très-luisant ; ventre d'un blanc légèrement verdâtre ; un point noir sur la paupière supérieure ; quatorze grains poreux sous chaque cuisse ; queue verticillée et un peu plus longue que le reste de l'animal : taille de trois pouces environ.

M. Marcel de Serres a découvert ce lézard aux environs de Montpellier, où on le nomme *petit langrola*.

Il a, par sa forme et par sa taille, beaucoup de ressemblance avec le lézard gris des murailles ; sa tête est seulement un peu plus grosse et son corps plus cylindrique.

Le Lézard tacheté ; *Lacerta maculata*, Daudin. Tête courte, museau aminci ; dessus du corps et des membres d'un noir bleuâtre foncé, marqué d'un grand nombre de petites taches arrondies, violettes sur le dos ou d'un gris verdâtre sur les flancs ; queue verticillée, une fois et demie aussi longue que le corps, bleuâtre, ardoisée, avec quelques petites taches noires à sa base en-dessus ; dessous du corps, des membres et de la queue d'un blanc assez pur ; vingt-deux grains poreux sur un seul rang sous chaque cuisse : taille de cinq pouces.

M. Bosc a trouvé en Espagne ce lézard, qu'il a regardé comme une simple variété du *lacerta agilis* de Linnæus, et que M. Cuvier considère comme n'étant peut-être aussi qu'une variété de l'espèce précédente.

Le Lézard gris des murailles ; *Lacerta agilis*, Linnæus. Tête triangulaire, déprimée ; museau obtus ; mâchoires armées de petites dents fines, un peu crochues et tournées vers le gosier ; cou presque aussi gros que le corps et, de même que celui-ci, aplati sur ses quatre côtés ; queue cylindrique, verticillée, prolongée en pointe et un peu plus longue que le reste de l'animal ; écailles de la partie supérieure et des flancs très-petites, hexagonales, non imbriquées et carrelées ; dix-sept tubercules poreux sous chaque cuisse ; ongles recourbés ; six rangs de plaques sous le ventre.

Ce saurien a le dessus de la tête d'un gris cendré ; il en est de même du dos, qui est en outre régulièrement marqué de points et de traits brunâtres. Il présente sur les flancs, depuis l'angle postérieur de chaque œil jusqu'à la base des cuisses, une large bande brune, formée de traits réticulés et finement dentelée sur ses bords, qui sont blanchâtres ; son ventre et le dessous de sa queue sont d'un blanc luisant verdâtre, et quelquefois piquetés de noir. Sa taille est de cinq à six pouces.

Le lézard gris des murailles est le reptile saurien le plus commun en France et dans toutes les parties tempérées de l'Europe, où il habite les murs des jardins, sur lesquels il grimpe avec une agilité surprenante. On le trouve aussi dans une partie de l'Asie et de l'Afrique. Il se nourrit de mouches, de fourmis et d'autres insectes.

La vivacité de ses mouvemens, la grâce de sa démarche rapide, sa forme agréable et déliée, le font généralement remarquer. Il est susceptible de s'apprivoiser, et beaucoup de personnes le considèrent comme *l'ami de l'homme*.

Il est tellement commun aux environs de Vienne en Autriche, qu'il pourroit, dit Laurenti, servir, durant tout l'été, à la nourriture d'un grand nombre de pauvres ; car sa chair, saine et appétissante, suivant cet observateur, pourroit être cuite ou frite, comme celle des petits poissons.

Autrefois on a aussi beaucoup vanté les propriétés de cette chair contre les maladies cutanées et lymphatiques, contre les cancers, la syphilis, etc.; mais l'usage en est aujourd'hui abandonné sous ce rapport.

Cet animal passe l'hiver au fond de sa retraite dans un état d'engourdissement, et s'accouple dès les premiers beaux jours du printemps. Il est monogame et ne vit que par paires. Le mâle et la femelle demeurent dans une parfaite union pendant plusieurs années, se partageant l'arrangement du ménage, le soin de faire éclore des œufs nombreux, de les porter au soleil, de les mettre à l'abri du froid et de l'humidité. Ces œufs sont, du reste, arrondis, du diamètre de trois à quatre lignes et recouverts d'une enveloppe calcaire.

Le lézard gris des murailles est sujet à varier dans ses couleurs, suivant l'âge, le sexe, et surtout le pays qu'il habite, ce qui n'a rien d'étonnant, puisqu'on le rencontre à la fois dans le Nord et dans le Midi de l'Europe.

Le Lézard de Brongniart ; *Lacerta Brongniartii*, Daudin. D'un cendré bleu-clair en-dessus, presque blanchâtre en-dessous ; de petites taches noires, oblongues, irrégulières sur le dos et la base de la queue ; un gros point noir arrondi sur chacune des plaques latérales du ventre ; trois rangées longitudinales de petites taches noires à la région supérieure de chaque flanc ; dix-huit grains poreux sous chaque cuisse ; queue un peu plus longue que le reste du corps.

Cet animal a été découvert à Fontainebleau par M. Alexandre Brongniart.

Le Lézard soyeux : *Lacerta sericea*, Daudin ; *Seps sericeus*, Laurenti. Queue deux fois aussi longue que le corps, cylindrique et très-amincie ; occiput dépourvu d'écailles ; thorax garni d'une peau très-mince et légèrement écailleuse ; dos d'un brun foncé ; collier et ventre rougeâtres, avec des reflets verts ou argentins, comme ceux des étoffes de soie ; dix-huit grains poreux, sur deux rangs, sous chaque cuisse : taille de trois pouces et demi.

Ce saurien a été découvert par Laurenti, en Allemagne, dans des tas de pierres auprès des eaux. M. Brongniart l'a retrouvé depuis sur les Pyrénées.

La description de Laurenti est du reste assez inexacte pour que son *seps sericeus* nous paroisse encore une espèce douteuse.

Le Lézard arénicole : *Lacerta arenicola*, Daudin ; *Seps cœrulescens*, Laurenti ; *Lacertus pardus*, Razoumowski. Tête en pyramide à quatre faces régulières ; quinze grains poreux sous chaque cuisse ; queue verticillée, deux fois plus longue que le reste de l'animal ; teinte générale d'un gris jaunâtre uniforme, plus pâle et sans taches sous la tête, le corps et la queue, plus foncé et brunâtre en-dessus, avec une double rangée longitudinale de petites taches brunes bordées de blanc jaunâtre sur le dos et la base de la queue, et une rangée de points blanchâtres sur chaque flanc : taille de six à sept pouces.

Ce lézard vit en Europe, loin des lieux habités, au fond des bois, dans des trous assez profonds qu'il se creuse dans le sable durci. Il est assez commun aux environs de Paris, de Vienne en Autriche, et de Lausanne.

Le lézard arénicole est très-vif, très-alerte, très-sauvage et difficile à apprivoiser; le moindre bruit l'épouvante, et lorsqu'il est poursuivi, il cherche à mordre. Il se nourrit principalement de fourmis. La femelle pond jusqu'à seize œufs blancs dans un trou particulier.

Le Lézard de Laurenti : *Lacerta Laurentii*, Daudin ; *Seps argus*, Laurenti. D'un cendré brunâtre, avec de petites taches ocellées, jaunes dans le centre et noires à la circonférence ; queue verticillée, un peu plus longue que le reste de l'animal : longueur totale de trois pouces seulement.

Ce reptile est le plus petit des lézards connus; il a, par sa forme et par ses habitudes, beaucoup d'analogie avec le lézard gris ordinaire ; de même que lui, il grimpe sur les murailles verticales et est très-familier.

Cette espèce est encore douteuse et réclame une description plus exacte que celle que nous en avons. Il en est de même de la suivante.

Le Lézard brun : *Lacerta fusca*, Daudin ; *Seps terrestris*, Laurenti. Queue verticillée, couverte en-dessous d'écailles aiguës et en-dessus d'écailles linéaires ; corps alongé; forme élancée; toutes les parties supérieures d'une couleur brune, plus pâle sur les flancs ; ventre d'un blanc jaunâtre ; collier nacré ; au-dessus de chaque flanc une rangée longitudinale de taches noires, comme effacées.

Le lézard brun est très-agile, et d'un naturel craintif et farouche. On le trouve en Allemagne, dans les terrains plats et pierreux. (H. C.)

LÉZARD AMÉIVA. (*Erpétol.*) Voyez Monitor et Sauvegarde. (H. C.)

LÉZARD ARGUS D'AMÉRIQUE. (*Erpét.*) Daudin, d'après Séba, a décrit sous ce nom un reptile qui n'est que le monitor cépédien. Voyez Monitor. (H. C.)

LÉZARD DRAGON. (*Erpét.*) Voyez Dragon. (H. C.)

LÉZARD D'EAU. (*Erpét.*) Voyez Salamandre. (H. C.)

LÉZARD ÉCAILLEUX. (*Mamm.*) Nom par lequel on a quelquefois désigné les pangolins. (F. C.)

LÉZARD ÉVANTHÈME. (*Erpét.*) Voyez Tupinambis. (H. C.)

LÉZARD GALONNÉ, *Lacerta lemniscata*. (*Erpét.*) Voyez Monitor et Sauvegarde. (H. C.)

LÉZARD GOITREUX. (*Erpét.*) Voyez Anolis et Lézard vert a traits noirs. (H. C.)

LÉZARD GRAPHIQUE. (*Erpétol.*) Le reptile décrit par Daudin sous ce nom est le monitor piqueté. Voyez Monitor. (H. C.)

LÉZARD DE MER. (*Ichthyol.*) Un des noms vulgaires du callionyme dragonneau. Voyez Callionyme; voyez aussi Élope et Saure. (H. C.)

LÉZARD A CINQ RAIES. (*Erpét.*) Le reptile décrit par Daudin sous ce nom est un améiva. Voyez Monitor et Sauvegarde. (H. C.)

LÉZARD A SIX RAIES. (*Erpét.*) Ce reptile, figuré dans Catesby, est un Seps. Voyez ce mot. (H. C.)

LÉZARD TARAGUIRA. (*Erpét.*) Voyez Marbré. (H. C.)

LÉZARD TEGUIXIN. (*Erpét.*) Voyez Sauvegarde. (H.C.)

LÉZARD A TÊTE BLEUE, *Lacerta cæruleocephala.* (*Erpét.*) C'est encore un améiva. Voyez Monitor et Sauvegarde. (H. C.)

LÉZARD TUPINAMBIS. (*Erpét.*) Voyez Monitor. (H. C.)

LÉZARD VERT A TRAITS NOIRS, *Lacerta litterata.* (*Erpét.*) Daudin, sous ce nom, a décrit, comme venant d'Allemagne, un reptile d'Amérique qui est un améiva, et qui ne diffère nullement de son lézard goitreux. Voyez Monitor et Sauvegarde. (H. C.)

LÉZARDE. (*Erpét.*) Nom vulgaire de la femelle du lézard. (H. C.)

LÉZARDELLE, *Saururus.* (*Bot.*) Genre de plantes mono-cotylédones, à fleurs incomplètes, de la famille des *saururées*, de l'*heptandrie tétragynie* de Linnæus; offrant pour caractère essentiel : Un chaton en forme d'épi, garni d'écailles à une seule fleur ; point de corolle ; six ou sept étamines sous chaque écaille ; quatre ovaires surmontés de quatre stigmates sessiles, adnés vers le sommet des ovaires à leur côté intérieur ; quatre baies monospermes.

Lézardelle inclinée : *Saururus cernuus,* Linn.; Lamk., *Ill. gen.*, tab. 276; Pluken., *Almag.*, tab. 117, fig. 3 et 4; *Mattuschkia aquatica,* Walth., *Carol.*, 129. Plante aquatique, dont les racines sont fibreuses, très-traçantes, qui produisent plusieurs tiges redressées, grêles, herbacées, longues d'un à deux pieds, un peu anguleuses, flexueuses, légère-

ment velues vers leur sommet; les feuilles sont alternes, pétiolées, ovales en cœur, glabres, vertes, un peu velues sur
leurs nervures; leur pétiole presque ailé ou membraneux,
embrassant la tige par sa base; les fleurs sont disposées en
un chaton ou épi pédonculé, solitaire, axillaire, long de
six à sept pouces, cylindrique, un peu subulé, courbé vers
son sommet, chargé d'un grand nombre de petites fleurs
sessiles d'un blanc jaunâtre; à étamines saillantes. Il n'y a
point de corolle; le calice est remplacé par une écaille ovale-
oblongue, latérale, persistante, un peu velue et colorée; les
étamines sont au nombre de six ou sept; les filamens capillaires, plus longs que l'écaille florale; les anthères droites,
oblongues; quatre ovaires ovales, dépourvus de styles,
chargés chacun d'un stigmate acuminé, adné au côté intérieur
du sommet. Le fruit consiste en quatre baies petites, ovales-
arrondies, uniloculaires; chaque loge renfermant une semence ovale.

Cette plante croît à l'ombre aux lieux humides ou inondés de la Virginie, de la Caroline, etc. On la cultive au
Jardin du Roi : on la multiplie par graines, ou par le déchirement des vieux pieds : les graines doivent être mises en
terre aussitôt qu'elles sont mûres, et les vieux pieds déchirés
pendant l'hiver. Dans les fortes gelées il faut ou rentrer
dans l'orangerie les pots qui contiennent cette plante, ou
les enfoncer dans l'eau bien profondément, et au printemps
les rapprocher de sa surface, à peine recouverts de six
pouces d'eau. Quelques pieds de cette plante, sur le bord
des lacs, dans les jardins paysagers, produisent un effet assez
agréable à la fin de l'été, époque de leur floraison. Il leur
faut une terre très-substantielle, que l'on renouvelle tous les
ans en automne. (POIR.)

LÉZARDET. (*Erpét.*) Voyez SAUVEGARDE. (H. C.)

LÉZARDS. (*Erpét.*) Voyez LACERTIENS. (H. C.)

LHAMA (*Mamm.*), une des manières d'écrire le nom du
lama. (F. C.)

LHERZOLITE. (*Min.*) M. de la Métherie a cru établir une
espèce, parce qu'il a donné le nom de *lherzolite* à un minéral
que M. Le Lièvre rapporta, en 1787, de la vallée de Lherz
dans les Pyrénées. Les caractères des échantillons rapportés

alors, n'étant point assez tranchés et assez nets pour qu'on pût reconnoître si c'étoit la variété d'une espèce connue ou une nouvelle espèce, il eût fallu s'abstenir de la nommer.

C'est Mr J. de Charpentier qui a fait réellement connoître ce minéral, et si quelqu'un devoit lui donner un nom particulier, c'étoit lui seul qui avoit le droit de le faire, puisque c'est lui qui nous a appris que ce minéral n'étoit que du pyroxène en masse, qu'il en avoit les caractères essentiels, ceux qui sont tirés du clivage, de la dureté, de la pesanteur spécifique, etc. M. de Charpentier l'a désigné sous le nom de pyroxène en roche. Nous parlerons de cette variété de pyroxène à l'article de cette espèce minérale. Voyez Pyroxène. (B.)

LIA VERT. (*Bot.*) Un des noms vulgaires de l'*iris pseudoacorus* dans quelques cantons. (L. D.)

LIABON, *Liabum*. (*Bot.*) Ce genre de plantes, proposé en 1763 par Adanson, appartient à l'ordre des synanthérées, et à notre tribu naturelle des vernoniées. Voici ses caractères, tels qu'ils résultent de nos propres observations sur les *Liabum Brownei* et *Jussiei*.

Calathide radiée : disque multiflore, régulariflore, androgyniflore; couronne unisériée, liguliflore, féminiflore. Péricline égal ou inférieur aux fleurs du disque; formé de squames imbriquées, ovales ou subulées. Clinanthe hérissé de fimbrilles subulées, membraneuses. Fruits cylindracés, striés, pourvus d'un bourrelet basilaire; aigrette longue, composée de squamellules nombreuses, inégales, filiformes, barbellulées. Corolles de la couronne a languette très-longue, linéaire. Corolles du disque à cinq lanières longues, linéaires. Styles de vernoniée.

Liabon de Browne : *Liabum Brownei*, H. Cass., Dict.; *Andromachia Poiteavi*, H. Cass., Bull. des sc., Novembre 1817, pag. 184; *Starkea umbellata*, Willd.; Pers., *Syn. pl.*, pars 2, pag. 470; *Liabum*, Adans., Fam. des pl., 2.e partie, pag. 131; *Amellus ? umbellatus*, Linn., *Sp. pl.*, édit. 3, pag. 1276; Swartz, *Obs. bot.*, pag. 510; *Solidago villosa*, *incana*, etc., Browne, *Jam.*, pag. 320, tab. 33, fig. 2. C'est une plante herbacée, probablement vivace par sa racine. La tige, haute de deux pieds, est dressée, presque simple ou peu rameuse, droite, cylindrique, striée, tomenteuse ou laineuse, blanchâtre. Sa partie inférieure est garnie de feuilles rapprochées, comme radicales, opposées, privées de stipules, longues d'environ huit pouces; leur pétiole, long d'environ quatre pouces, est ailé en sa partie supérieure par la décurrence de la base du limbe; ce limbe est long de quatre pouces, large d'environ deux pouces, ovale-oblong ou ovale-lancéolé, aigu au sommet, inégalement et irrégulièrement sinué-denticulé sur les bords, à dents spinuliformes, vert et parsemé de poils en-dessus, tomenteux et blanchâtre en-dessous. La partie supérieure de la tige est scapiforme, et elle porte seulement, vers le milieu de sa hauteur, deux petites feuilles opposées, pétiolées, non stipulées, et deux rameaux simples nés dans les aisselles de ces feuilles. Le sommet de la tige se ramifie en une fausse ombelle corymbée, ou cyme, composée d'environ six pédoncules longs de quatre pouces, simples ou bifurqués, rarement trifurqués, laineux et blanchâtres : la base de cette ombelle est entourée d'une sorte d'involucre formé de bractées subulées; les calathides, qui terminent les pédoncules de l'ombelle, sont larges d'environ un pouce, et composées de fleurs jaunes très-nombreuses. Leur péricline, tomenteux et blanchâtre, est égal aux fleurs du disque, et formé de squames nombreuses, plurisériées, irrégulièrement imbriquées, subulées, foliacées, un peu lâches; le clinanthe est hérissé de fimbrilles subulées, membraneuses, plus courtes que les fruits; ceux-ci sont cylindracés, multistriés, hispidules, pourvus d'un bourrelet basilaire cartilagineux, annulaire; leur aigrette est longue, et composée de squamellules un peu nombreuses, inégales, filiformes, à peine barbellulées; les fleurs de la couronne sont très-nombreuses; la languette de leur corolle est très-longue, très-étroite, linéaire, aiguë et indivise au sommet; les corolles du disque sont droites, à tube très-long, très-grêle, subfiliforme, à limbe notablement plus large, cylindracé, profondément divisé en cinq lanières longues, étroites, linéaires, hérissées de poils au sommet; les appendices apicilaires du tube anthéral sont arrondis au sommet; le style, peu garni de collecteurs piliformes, est divisé en deux stigmatophores très-longs et très-grêles.

Nous avons fait cette description sur un échantillon sec recueilli dans l'île de Saint-Domingue par M. Poiteau, et qui se trouve dans l'herbier de M. Desfontaines, où il étoit innommé.

LIABON DE JUSSIEU : *Liabum Jussiei*, H. Cass., Dict.; *Andromachia Jussievi*, H. Cass., Bull. des sc., Novembre 1817, pag. 184; *Conyza stipulata*, Vahl, *Mss. in Herb. Juss.* Tige herbacée, haute de plus d'un pied (dans l'échantillon très-incomplet que nous décrivons), épaisse, un peu anguleuse, glabriuscule, très-ramifiée supérieurement en une grande panicule ; jeunes rameaux subtomenteux, à poils frisés, roussâtres, probablement glutineux. Feuilles opposées, pétiolées, à limbe long d'environ quatre pouces, large d'environ deux pouces, ovale, glabre en-dessus, tomenteux en-dessous, comme triplinervé, irrégulièrement et inégalement denté ou lobé, à dents ou lobes terminés chacun par une callosité, à sinus arrondis ; chaque feuille accompagnée à sa base de deux petites stipules ou oreillettes libres, arrondies, très-entières ; les feuilles supérieures graduellement plus petites. Calathides larges probablement d'environ un pouce, très-nombreuses, disposées en une très-grande panicule corymbiforme, étalée, terminale, dont les ramifications sont privées de feuilles, et pourvues seulement de petites bractées squamiformes, situées à la base de ces ramifications. Péricline oblong, inférieur aux fleurs du disque, formé de squames imbriquées, ovales, subtomenteuses, parsemées de quelques glandes; clinanthe hérissé d'une multitude de fimbrilles plus courtes que les fleurs, inégales, irrégulières, linéaires-subulées, laminées, membraneuses, entregreffées à la base; fruits cylindriques, striés, pourvus d'un bourrelet basilaire ; aigrette longue, composée de squamellules nombreuses, inégales, fortes, filiformes, barbellulées; corolles probablement jaunes; celles de la couronne à languette extrêmement longue, linéaire ; celles du disque très-profondément et inégalement divisées en cinq lanières longues, linéaires; styles de la couronne glabres, à deux stigmatophores très-longs.

Nous avons fait cette description sur un échantillon sec, en très-mauvais état, recueilli au Pérou par Joseph de Jus-

sieu, et qui se trouve dans l'herbier de son illustre neveu ;
il y porte le nom de *Conyza stipulata*, que Vahl lui a donné,
et qui prouve que ce botaniste ne l'a examiné que bien superficiellement et avec peu d'attention.

Liabon de Bonpland : *Liabum Bonplandi*, H. Cass.; *Andromachia igniaria*, Bonpl., *Pl. æq.* 2, p. 104, t. 112; Kunth,
Nov. gen. et sp. pl., t. IV, p. 100 (édit. in-4.°). Cette plante,
découverte par MM. de Humboldt et Bonpland, près la
ville de Quito, a la racine vivace, la tige herbacée, haute
de trois à cinq pieds, rameuse, les rameaux un peu hexagones et couverts d'une laine blanche très-épaisse ; les
feuilles sont opposées ; leur pétiole, long d'un pouce ou d'un
pouce et demi, est cylindrique, laineux, pourvu à sa base
d'oreillettes connées, grandes, arrondies, denticulées, ondulées, laineuses en-dessous ; le limbe est long de cinq à six
pouces, large d'environ trois pouces et demi, ovale, denticulé, triplinervé, glabre et vert en-dessus, laineux et
blanc en-dessous ; les calathides, longuement pédicellées,
fasciculées, sont disposées en corymbes terminaux, trifides,
et leurs corolles, de couleur jaune, exhalent une odeur
agréable ; le disque contient un grand nombre de fleurs, et
la couronne en a environ vingt ; le péricline est hémisphérique, formé de squames nombreuses, imbriquées, appliquées, ovales-lancéolées, aiguës, coriaces-scarieuses, uninervées, pubescentes, rougeâtres ou brunâtres ; le clinanthe
est plan, fovéolé, et les bords des fossettes sont irrégulièrement laciniés, scarieux.

Cette description, calquée sur celle de M. Kunth, n'a point
été vérifiée par nous.

La première espèce du genre *Liabum* fut découverte dans
l'île de la Jamaïque, par Patrice Browne, qui l'attribua au
genre *Solidago*, et qui publia, en 1756, une description et
une figure de cette plante, dans son Histoire civile et naturelle de la Jamaïque. La même plante fut ensuite attribuée
par Linnæus, mais avec doute, à son genre *Ame'lus*, qu'il avoit
fondé sur l'*Amellus lychnitis*, et qu'il avoit caractérisé par le
clinanthe paléacé, c'est-à-dire squamellifère. Ce botaniste,
reconnoissant que les deux espèces n'ont aucune analogie,
mais ne remarquant point la très-grande différence qui

existe entre les squamelles et les fimbrilles, s'excuse de rapporter au genre *Amellus* la plante de Browne, en alléguant qu'elle a le clinanthe paléacé, comme l'*Amellus lychnitis*, ce qui est inexact, et que d'ailleurs il n'aime point à multiplier les genres, ce qui est, selon nous, un bien mauvais prétexte. La réunion des deux *Amellus* de Linnæus en un seul et même genre est une association monstrueuse, comme on peut facilement s'en convaincre en comparant nos caractères génériques du *Liabum* avec ceux des vrais *Amellus*, que nous décrirons à la fin du présent article. Adanson, dans ses Familles des plantes, a considéré la plante de Browne comme le vrai type d'un genre qu'il a nommé *Liabum*, et qu'il a caractérisé ainsi : Feuilles opposées, entières ; calathides tantôt solitaires et terminales, tantôt disposées en corymbe ; péricline formé de squames imbriquées, menues ; clinanthe garni de poils courts; aigrette longue, barbellulée ; corolles du disque à cinq dents; corolles de la couronne à deux ou trois dents ; styles du disque et de la couronne à deux stigmatophores. Adanson croyoit que l'*Amellus lychnitis* pouvoit être associé génériquement avec son *Liabum*, et c'est par suite de cette supposition erronée qu'il a dit que le genre *Liabum* avoit les calathides tantôt solitaires et terminales, tantôt disposées en corymbe. Il n'en faut point conclure que le genre *Liabum* d'Adanson n'est pas autre chose que le genre *Amellus* de Linnæus : car l'*Amellus* a pour type l'*Amellus lychnitis*, sur lequel Linnæus a décrit les caractères du genre ; tandis que le *Liabum* a pour type la plante de Browne, sur laquelle Adanson a décrit les caractères génériques. Ainsi, l'*Amellus* et le *Liabum* sont deux genres bien distincts, et qui doivent subsister tous les deux, en conservant les noms d'*Amellus* et de *Liabum* ; mais il faut exclure du genre *Amellus* l'*Amellus umbellatus*, et il faut exclure du genre *Liabum* l'*Amellus lychnitis*. Adanson plaçoit le *Liabum* dans sa section des bidents, entre le *detris*, qui correspond à notre *agathœa*, et le *seala*, qui correspond au *pectis* ou à notre *chthonia*. Il seroit difficile d'imaginer une disposition qui fût plus contraire aux affinités naturelles.

Swartz, en 1791, a donné, dans ses *Observationes botanicœ*, une description complète et détaillée du *Liabum Brownei*.

qu'il nomme, comme Linnæus, *Amellus umbellatus*. En comparant cette description avec la nôtre, nous trouvons quelques différences ; car Swartz dit que les feuilles sont obtuses, que les pédoncules sont longs d'un pouce, que les languettes de la couronne sont obtuses, bifides, que les fruits sont obconiques. Malgré cela, nous ne pensons pas que sa plante diffère spécifiquement de la nôtre.

Willdenow, ignorant sans doute l'existence déjà ancienne du genre *Liabum*, a reproduit ce même genre, comme nouveau, sous le nom de *Starkea*, en le distinguant de l'*Amellus* par le clinanthe hérissé au lieu d'être paléacé, et en ne lui attribuant que le seul *Amellus umbellatus*. Le genre *Liabum* d'Adanson, ou *Starkea* de Willdenow, a été reproduit plus tard, sous un troisième nom, par M. Bonpland, qui, dans sa description des plantes équinoxiales, l'a présenté encore comme un nouveau genre, et l'a nommé *Andromachia*. Cette fois, à la vérité, il ne s'agissoit plus de la même espèce, mais d'une espèce nouvelle, évidemment congénère de la plante de Browne : c'est notre *Liabum Bonplandi*. M. Bonpland l'offrit comme type, et même, en apparence, comme espèce unique, de son genre *Andromachia*, auquel il attribua les caractères suivans : Péricline coloré, formé d'environ soixante squames imbriquées, linéaires-subulées, foliacées ; calathide radiée ; disque composé de nombreuses fleurs hermaphrodites, à corolle régulière, divisée en cinq lanières linéaires ; couronne composée de plus de vingt fleurs femelles, à corolle ligulée, un peu plus longue que le péricline, recourbée, terminée par trois petites dents ; fruits obovoïdes, à aigrette simple ; clinanthe paléacé, à paillettes très-nombreuses, courtes, scarieuses. Nous avions négligé, comme M. Bonpland, de porter notre attention sur le *Liabum* d'Adanson et sur le *Starkea* de Willdenow, lorsque nous publiâmes, dans le Bulletin des sciences, de Novembre 1817 (pag. 183), la description du *Liabum Brownei*, sous le nom d'*Andromachia Poiteavi*, et celle du *Liabum Jussiei* sous le nom d'*Andromachia Jussievi*.

Dans le quatrième volume des *Nova genera et species plantarum*, publié en 1820, M. Kunth place le genre *Andromachia* entre son *Diplostephium*, qui est notre *Dipl. pappus*, et le

Solidago, dans un groupe intitulé Astérées, et faisant partie
d'un groupe plus étendu, intitulé Carduacées. Cette disposition, très-peu conforme, selon nous, aux véritables affinités, paroît si naturelle à M. Kunth, qu'il déclare ne connoître aucun caractère qui puisse distinguer les *Andromachia* des *Solidago*. Ensuite il caractérise le genre *Andromachia*
de cette manière : Péricline hémisphérique, polyphylle, imbriqué ; clinanthe scrobiculé, alvéolé ou écailleux ; fleurs
du disque tubuleuses, hermaphrodites ; celles de la couronne ligulées, femelles ; fruits subcylindracés ; aigrette
pileuse, sessile, les poils extérieurs ordinairement très-
courts. M. Kunth décrit dix espèces d'*Andromachia*, qu'il
distribue en trois sous-genres : le premier, nommé *Chrysac-
tinium*, comprend deux espèces herbacées, ayant le port
des *hieracium*, les feuilles laineuses en-dessous, les pédoncules très-longs, monocalathides, les fleurs de la couronne
nombreuses, d'un jaune doré ; le second, intitulé Andro-
machies vraies, comprend cinq espèces herbacées, rameuses,
à feuilles opposées, tomenteuses et blanches en-dessous, à
calathides corymbées, multiflores, à languettes nombreuses,
d'un jaune peu foncé ; le troisième sous-genre, nommé
Oligactis, comprend trois espèces ligneuses, à feuilles opposées, tomenteuses et blanches en-dessous, à corymbes ou
panicules terminaux ou axillaires, à calathides pauciflores,
à couronne de trois à sept languettes blanchâtres. La juste
crainte de trop alonger cet article nous défend d'établir
ici une discussion sur la fausse affinité de l'*Andromachia* avec
le *Solidago* et les autres Astérées, sur les caractères génériques attribués par M. Kunth à l'*Andromachia*, sur les trois
sous-genres qu'il y a formés, et sur quelques-unes des espèces
qu'il y comprend. Bornons-nous à dire que la troisième section de M. Kunth, intitulée *Oligactis*, nous paroit devoir
former un genre particulier, bien distinct de l'*Andromachia*.
Dans notre Analyse critique et raisonnée, publiée dans le
Journal de physique de Juillet 1819, nous avons remarqué
(page 26) que le genre *Andromachia* de Bonpland ne différoit
point du genre *Starkea* de Willdenow, qui étoit lui-même
identique avec le genre *Liabum* d'Adanson : d'où nous avons
conclu que le genre dont il s'agit n'appartient légitimement ni

26.   14

à Bonpland ni à Willdenow, qu'Adanson en est le véritable auteur, et que le nom générique de *Liabum* doit seul être conservé. Nous avons en même temps annoncé que notre *Andromachia Poiteavi* étoit le *Starkea umbellata* de Willdenow. On a substitué le nom de *Tolpis* à celui de *Drepania*, par le seul motif que le genre d'Adanson est plus ancien que celui de M. de Jussieu ; et cela est extrêmement injuste, parce que le *Tolpis* d'Adanson est caractérisé et désigné d'une manière tellement inexacte et tellement obscure, qu'il est même très-douteux qu'il corresponde au *Drepania*, comme on le croit beaucoup trop légèrement. Nous pourrions en dire autant sur le nom de *Detris*, qu'on veut substituer à celui d'*Agathœa*, dans le seul but de nous enlever nos droits sur ce genre. Mais, à l'égard du *Liabum*, tous les motifs de raison et de justice, toutes les règles applicables à cette matière, se réunissent en faveur d'Adanson : d'où nous concluons qu'infaillible-ment, et malgré nos réclamations, ou peut-être à cause d'elles, le nom d'*Andromachia* continuera d'être préféré par tous les autres botanistes. Il est vrai que le nom de *Liabum*, dont nous ignorons l'étymologie, n'a peut-être pas d'autre origine que la fantaisie de l'auteur, qui assembloit presque au hasard des lettres et des syllabes pour former la plupart de ses noms génériques. Cette méthode, condamnée on ne sait pourquoi, est, à notre avis, aussi bonne et souvent meilleure que toute autre.

Le genre *Liabum* se rapporte aux corymbifères de M. de Jussieu, et à la syngénésie polygamie superflue de Linnæus.

Le genre *Amellus*, dans lequel le *Liabum* a été si long-temps confondu, n'appartient pourtant pas à la même tribu natu-relle, mais à celle des astérées ; et il résulte de nos obser-vations sur des échantillons secs d'*Amellus lychnitis* et d'*A-mellus annuus*, que les vrais caractères de ce genre, mé-connus en partie jusqu'à présent, doivent être décrits de la manière suivante.

Calathide radiée : disque multiflore, régulariflore, andro-gyni-masculiflore ; couronne unisériée, liguliflore, fémini-flore. Péricline hémisphérique, à peu près égal aux fleurs du disque ; formé de squames paucisériées, inégales, irré-gulièrement imbriquées, appliquées, linéaires-aiguës, fo-

liacées. Clinanthe large , conique, peu élevé , garni de squamelles analogues aux squames du péricline, à peu près
égales aux fleurs , demi-enveloppantes, linéaires-aiguës,
membraneuses, uninervées, glandulifères. Fruits comprimés
bilatéralement, obovales, hispidules, bordés d'un bourrelet
sur chacune des deux arêtes extérieure et intérieure ; aigrette double : l'extérieure très-courte, stéphanoïde, membraneuse , irrégulière, interrompue , découpée ; l'intérieure
composée de deux à cinq squamellules courtes, variablement
disposées, ordinairement distancées, caduques, filiformes-
laminées, submembraneuses, épaisses , un peu difformes,
aiguës, longuement et irrégulièrement barbellulées, blanches.
Corolles de la couronne à languette longue, largement linéaire , un peu tridentée au sommet. Corolles du disque à
limbe pourvu de grosses glandes alongées, et à cinq divisions très-courtes. Anthères exertes. Style d'astérée, inclus.

Le lecteur trouvera , dans notre article CHILIOTRICHUM
(tome VIII , page 576), le complément des notions qu'il
peut désirer d'acquérir sur le genre *Amellus*. (H. CASS.)

LIAGORE , *Liagora*. (*Polyp.?*) Genre établi par M. Lamouroux pour des corps organisés, sur la nature végétale ou
animale desquels les auteurs ne sont pas d'accord ; les uns,
et c'est la plus grande partie, en faisant des espèces de fucus,
et les autres des polypiers. J'avoue que, ne les ayant observés
qu'incomplétement, je suis bien loin d'avoir une opinion
arrêtée à ce sujet : je me bornerai à dire que les personnes
qui en ont fait des thalassiophytes, les ont observés frais et
vivans, comme MM. Forskal, Desfontaines, Poiret, etc.;
tandis que celles qui en font des polypiers, comme MM. de
Lamarck et Lamouroux, et avant eux Gmelin et Esper, ne
les ont vus que desséchés et conservés depuis un temps plus
ou moins long dans les herbiers. Il est bien vrai que M. Lamouroux dit positivement que les polypes sont situés à l'extrémité des rameaux et de leurs subdivisions ; mais il est probable que c'est par analogie qu'il avance ce fait. M. de
Lamarck, qui range ces corps sous la dénomination de dichotomaires, dit, au contraire, que les polypes, qu'il avoue ne
pas connoître, ne sortent pas par les extrémités, même de
celles qui sont éminemment fistuleuses. Quoi qu'il en soit,

les caractères que M. Lamouroux assigne à ce genre, qu'il place dans sa famille des tubulariées, sont les suivans : Poly-pier phytoïde, rameux, fistuleux, lichénoïde, encroûté d'une légère croûte de matière crétacée. Il diffère donc des sertulaires par l'absence totale de cellules; des corallines, parce qu'il n'est pas articulé, et, enfin, des tubulaires, par la résistance du tube. En général, il paroît que les liagores ont beaucoup de ressemblance de forme, de *facies* et de couleur avec certaines espèces de lichens. Leur substance est membraneuse, un peu ridée ou rugueuse par la dessic-cation, et quelquefois couverte d'une légère croûte crétacée. Les tiges et les rameaux sont creux, et leur couleur est ex-trêmement variée. On trouve des liagores dans les mers équatoriales, et surtout dans la Méditerranée.

M. Lamouroux compte sept espèces dans ce genre.

1.º La L. A PLUSIEURS COULEURS : *L. versicolor*, Lamx.; *Fucus lichenoides* (*auctorum*); Esper, *Icon. fucorum*, p. 102, tab. 50. Dans cette espèce, dont la couleur varie beaucoup du blanc au jaune, au rouge et au vert, la tige est très-rameuse, les rameaux comprimés, divergens et simples ou bifurqués au sommet. Elle offre trois variétés, déterminées par la disposi-tion des rameaux, qui sont épars dans la première, compri-més, très-flexibles et souvent dichotomes dans la seconde, et constamment dichotomes, assez roides et presque cylin-driques dans la troisième. Toutes viennent des mers d'Europe. M. de Lamarck la nomme DICHOTOMAIRE CORNICULÉE, *D. cor-niculata.*

2.º La L. CÉRANOÏDE; *L. ceranoides*, Lamx. Tige composée d'un grand nombre de subdivisions dichotomiques, très-rap-prochées, de la grosseur d'une soie de sanglier et bifurquées à l'extrémité. Des côtes de l'île Saint-Thomas.

3.º La L. PHYSCIOÏDE; *L. physcioides*, Lamx. Rameuse, lisse, brune; les rameaux épars et peu nombreux. De la Méditerranée.

4.º La L. ORANGÉE; *L. aurantiaca*, Lamx. Couleur oran-gée; les rameaux nombreux, épars et garnis de petits fila-mens subépineux. De la Méditerranée.

5.º La L. FARINEUSE; *L. farinosa*, Lamx. Tige très-rameuse, comme épineuse; les petits rameaux de couleur olivâtre et

couverts d'une poussière blanchâtre. Cette poudre ne pro-
viendroit-elle pas de la dessiccation ? De la mer Rouge.

6.° La L. BLANCHATRE; *L. albicans*, Lamx., Polyp. flex.,
pl. 7, fig. 7. Tige avec des rameaux épars et d'un blanc
grisàtre uniforme. Indes orientales. C'est la dichotomaire
alterne, *D. alterna*, de M. de Lamarck.

7.° La L. ÉTALÉE : *L. distenta*, Lamx.; *Fucus distentus*, Roth,
Cat. bot., III, p. 103, tab. 2. Tige cylindrique, filiforme,
très-rameuse ; les ramifications étalées et à sommet bifurqué.
Baie de Cadix.

M. de Lamarck n'adopte pas ce genre; il met les espèces
que M. Lamouroux lui rapporte dans la seconde section de celui
qu'il nomme dichotomaire, et sur lequel il sera sans doute
convenable de dire quelque chose, n'ayant pu en parler à
son article, la nouvelle édition des animaux sans vertèbres
n'ayant pas encore paru lorsque la lettre D a été imprimée.
M. de Lamarck définit ce genre : Polypier phytoïde, à tiges
tubuleuses, subarticulées, dichotomes, enduites d'un encroû-
tement calcaire ; les cellules des polypes non apparentes ; et
il le place assez loin des tubulaires. Il subdivise ensuite les
espèces de dichotomaires en deux sections : dans la première
sont celles qui sont subarticulées et tubuleuses, comme les
corallina tubulosa de Pallas, *obtusata*, *rugosa* et *lapidescens*
de Solander et Ellis; dans la seconde, qui correspond au
genre Liagore de M. Lamouroux, il place les espèces liché-
noïdes non articulées, qui sont au nombre de huit, savoir :
les *D. alterna* et *corniculata*, dont il a été parlé plus haut;
les *D. marginata* et *fruticulosa*, qui sont les *corallina marginata* et *fruticulosa* de Solander et Ellis; enfin, les six autres
sont nouvelles. (DE B.)

LIAIS [PIERRE DE]. (*Min.*) C'est le nom que les carriers,
les tailleurs de pierre et les autres artisans qui concourent
aux constructions, à Paris et dans ses environs, donnent à
une qualité de calcaire grossier remarquable par sa compacité, sa dureté, la finesse de son grain, et surtout par son
homogénéité et sa solidité, ce qui permet d'y produire par
la taille des moulures nettes et des arêtes vives et assez du-
rables.

Elle forme, dans le terrain de calcaire grossier du bassin

de Paris, des bancs de moyenne puissance, qui dépendent ordinairement des assises supérieures et voisines de celle qu'on nomme *la roche*. (B.)

LIAMA. (*Mamm.*) Voyez Lama. (Desm.)

LIAMAHEU. (*Bot.*) Nom caraïbe du pignon d'Inde ou ricin, cité par Nicolson. (J.)

LIANE. (*Bot.*) Dans les colonies françoises de l'Amérique, et par suite dans celles de l'Inde, on donne ce nom à des plantes dont les tiges longues et flexibles, grimpant sur les arbres ou rampant sur terre, sont souvent employées pour faire des cordes et des liens. Semblables à la clématite, elles peuvent, jetées d'un arbre à un autre, former des guirlandes plus ou moins agréables. S'élevant autour d'un tronc, elles le serrent étroitement, à mesure qu'elles grossissent, et finissent par le comprimer tellement qu'elles empêchent son accroissement, interceptent le cours de la séve, et font mourir cet arbre, qui leur servoit de support. Les genres *Bignonia*, *Banisteria*, *Paullinia*, *Serjania*, *Aristolochia*, *Cissampelos*, etc., sont ceux qui fournissent beaucoup de lianes, distinguées les unes des autres par des surnoms particuliers : nous en citerons quelques-unes des plus connues. (J.)

LIANE A L'AIL. (*Bot.*) Le *bignonia alliacea* est ainsi nommé dans les Antilles et la Guiane, parce qu'il exhale une odeur d'ail. (J.)

LIANE AMÈRE. (*Bot.*) Nom de l'*abuta candicans* à Cayenne, suivant M. Richard. (J.)

LIANE A L'ANSE, LIANE PAPAYE. (*Bot.*) On connoît à Cayenne sous ces noms l'*omphalea diandra*, suivant Aublet. (J.)

LIANE D'ASIE JAUNE. (*Bot.*) Voyez Liane vulnéraire. (J.)

LIANE AVANCARÉ. (*Bot.*) Voyez Avancaré. (J.)

LIANE A BARRIQUE. (*Bot.*) Nicolson cite ce nom comme employé à Saint-Domingue pour le *rivinia octandra*, dont les rameaux flexibles servent à lier les barriques. A la Martinique on nomme de même l'*ecastaphyllum*, auparavant réuni au *pterocarpus*. (J.)

LIANE A BATATE. (*Bot.*) Voyez Liane a patate. (J.)

LIANE A BAUDUIT. (*Bot.*) Voyez Liane purgative. (J.)

LIANE BLANCHE. (*Bot.*) A la Martinique c'est un *rivinia* qui porte ce nom, suivant Chanvallon (J.)

LIANE A BOITE A SAVONNETTE. (*Bot.*) Voyez LIANE CONTRE-POISON. (J.)

LIANE A BŒUF. (*Bot.*) Nom vulgaire de l'acacia cœur de Saint-Thomas, *acacia scandens*, dont la gousse, bien figurée dans l'*Hort. Malabar.*, est longue de trois pieds et large de deux à trois pouces. (J.)

LIANE A BOUTON. (*Bot.*) C'est le *bonda-garçon* des Caraïbes, nommé aussi *castor*, suivant Nicolson, qui dit que son fruit noir et luisant est semblable à un bouton d'habit. C'est peut-être le *duranta* de Linnæus, nommé auparavant *castorea* par Plumier. (J.)

LIANE BRULANTE. (*Bot.*) Elle est ainsi nommée, parce que son suc âcre, reçu sur la peau, y occasionne une sensation très-vive et peut l'entamer. Il paroît que c'est un *dracontium*, ou quelque autre plante de la famille des aroïdes. (J.)

Aux îles on donne le nom de LIANE BRULANTE à la tragie grimpante. (LEM.)

LIANE BRULÉE. (*Bot.*) Nom vulgaire du *gouania domingensis* dans les îles d'Amérique. (J.)

LIANE A CABRIT. (*Bot.*) Nicolson dit qu'un *tabernæmontana* est ainsi nommé à Saint-Domingue. (J.)

LIANE A CACONE. (*Bot.*) A Saint-Domingue, suivant Nicolson, c'est le grand pois pouilleux, *dolichos urens*, qui est ainsi nommé ; selon M. Turpin, c'est le *passiflora maliformis*. (J.)

LIANE A CALEÇONS. (*Bot.*) Ce nom est donné à deux plantes, dont les feuilles sont partagées en deux lobes alongés, l'*aristolochia bilobata*, et le *passiflora rubra*. Desportes cite aussi le *passiflora murucuia* de Linnæus. (J.)

LIANE CARRÉE ou SILLONNÉE. (*Bot.*) Le *paullinia pinnata* est ainsi nommé à Cayenne, suivant Aublet, et à Saint-Domingue, suivant Nicolson. Desportes cite aussi un *serjania* sous ces noms. (J.)

LIANE A CERCLES. (*Bot.*) Nom du *petræa volubilis* à Cayenne, suivant M. Richard. Voyez aussi LIANE VULNÉRAIRE. (J.)

LIANE A CHAT. (*Bot.*) Voyez LIANE GRIFFE-DE-CHAT. (J.)

LIANE A CHIQUES. (*Bot.*) C'est, suivant Nicolson, la même plante, à Saint-Domingue, que l'herbe à chiques, *tournefortia nitida*. (J.)

LIANE A CITRON. (*Bot.*) Suivant Adanson, les Nègres du Sénégal donnent le nom de *tobl* à une plante grimpante, qu'il désigne par liane à citron, dont le fruit, très-voisin de celui du manguier de l'Inde, a la forme et le goût acide du citron. (Lem.)

LIANE A COCHON. (*Bot.*) Nicolson désigne ainsi une plante de Saint-Domingue, qui ne nous est pas connue. (Lem.)

LIANE A CŒUR. (*Bot.*) La plante de Saint-Domingue citée sous ce nom par Nicolson et Desportes est le *cissampelos pareira*, suivant M. Poiteau. (J.)

LIANE CONTRE-POISON. (*Bot.*) Le *fevillea scandens* est ainsi nommé à Saint-Domingue, suivant Nicolson. M. Turpin dit qu'on la nomme aussi *liane à savonnette*, ou *liane à boite à savonnette*. (J.)

LIANE CORAIL. (*Bot.*) Surian, dans son herbier des Antilles, nomme ainsi un *cissus*, figuré par Plumier sous le nom de *vitis cyclaminis folio*. (J.)

LIANE A CORDES, LIANE JAUNE. (*Bot.*) Nicolson et Desportes citent sous ce nom un *bignonia* grimpant, à siliques très-longues. (J.)

LIANE A COULEUVRE. (*Bot.*) C'est, aux îles, la même plante que la Liane contre-poison. Voyez ce nom. (Lem.)

LIANE COUPANTE. (*Bot.*) Les habitans de Cayenne nomment ainsi un roseau, qui est l'*arundo farcta* d'Aublet. Il dit que ses feuilles sont très-coupantes, et que lui-même l'a éprouvé. (J.)

LIANE A COUREUX. (*Bot.*) On lit dans le premier volume des Mémoires de la Société royale de médecine, p. 341, que la racine d'une plante portant à Saint-Domingue ce nom et celui de *timac* a été employée avec succès pour le traitement des hydropisies. On soupçonne que cette plante ligneuse appartient à la famille des térébintacées, ou à celle des aurantiacées. (J.)

LIANE A CRABES. (*Bot.*) C'est le *bignonia œquinoctialis*. Voyez Herbe a malingres. (J.)

LIANE A CRÊTE DE COQ. (*Bot.*) Le *besleria cristata* est sous ce nom dans l'herbier de Surian. (J.)

LIANE A CROC DE CHIEN. (*Bot.*) Nom d'un jujubier, *ziziphus iguaneus*, à Saint-Domingue, suivant Nicolson. (J.)

LIANE A CROCHETS. (*Bot.*) C'est à Cayenne l'*ourouparia* d'Aublet, arbrisseau sarmenteux, remarquable par des crochets sortant de la tige au-dessus des feuilles. Il est réuni au *nauclea* de Linnæus parmi les rubiacées, ainsi que le *funis uncatus* de Rumph, qui, dans l'Inde, mériteroit le même nom. (J.)

LIANE A EAU. (*Bot.*) Nicolson se contente de dire qu'elle croit dans les bois, qu'elle est remplie d'une eau très-limpide, et que les chasseurs la·sucent pour se désaltérer. Il est aisé de reconnoître que c'est la même plante que la vigne des boucaniers, *cissus cordifolia*, employée par eux au même usage. Barrère cite à Cayenne, sous le même nom, un *arum* grimpant, dont la tige coupée rend beaucoup d'eau propre à désaltérer les voyageurs. Il est nommé *akatate* par les Galibis. (J.)

LIANE A ENIVRER LE POISSON. (*Bot.*) Aublet dit qu'on nomme ainsi à Cayenne son *robinia nicou*. (J.)

LIANE ÉPINEUSE. (*Bot.*) Surian, dans son herbier, nomme ainsi le *pisonia aculeata*. (J.)

LIANE FRANCHE. (*Bot.*) A la Martinique, suivant un manuscrit de Chanvallon, ce nom est donné au *securidaca volubilis*. A Cayenne c'est une plante aroïde grimpante, telle que le *dracontium pertusum*, ou une espèce du *carludoviea* de la Flore du Pérou. Dans la même colonie, suivant Barrère, c'est le *kereré* des Galibis, *bignonia kerere* d'Aublet, dont on fait des liens et des paniers. (J.)

LIANE A GELÉE, LIANE A GLACER L'EAU. (*Bot.*) Une espèce de pareire, *cissampelos*, porte ces noms aux iles. (Lem.)

LIANE A GRAND BOIS. (*Bot.*) Voyez Liane vulnéraire. (J.)

LIANE A GRAND CERF. (*Bot.*) Le *pavonia spicata* de Cavanilles est inscrit sous ce nom et sous celui de *petit mahot* dans l'herbier de Surian. (J.)

LIANE A GRIFFE DE CHAT. (*Bot.*) Nom du *bignonia unguis cati* à Saint-Domingue et à Cayenne, suivant Nicolson et Aublet. (J.)

LIANE JAUNE. (*Bot.*) L'*ipomœa tuberosa* est indiquée sous ce nom dans l'herbier de Vaillant. Voyez aussi LIANE A CORDES. (J.)

LIANE A LAIT. (*Bot.*) C'est sous ce nom qu'est connu à Cayenne, suivant Barrère, son *echinus scandens*, qui est l'*orelia* d'Aublet, l'*allamanda* de Linnæus, et qui rend un suc laiteux abondant lorsqu'on l'entame. (J.)

LIANE LAITEUSE. (*Bot.*) Nom donné à des arbrisseaux grimpans, desquels découle un suc laiteux lorsqu'on les coupe : tels sont aux Antilles les *cynanchum hirtum* et *suberosum*, une espèce d'apocin et quelques autres plantes de la même famille. (J.)

LIANE MANGLE. (*Bot.*) Nom donné dans les Antilles, suivant Jacquin, à son *echites biflora*. (J.)

LIANE A MÉDECINE. (*Bot.*) Voyez LIANE PURGATIVE. (J.)

LIANE MIBIBAL. (*Bot.*) Nom du *banisteria convolvulifolia*, dans les Antilles, cité dans l'herbier de Surian. (J.)

LIANE MIBIPI ou MIBI. (*Bot.*) La plante citée sous ce nom par Nicolson, est peut-être le MIBIPI de Surian. Voyez ce mot. (J.)

LIANE MINCE. (*Bot.*) Le *rajania scandens* est ainsi nommé à Saint-Domingue, suivant Nicolson. (J.)

LIANE A MINGUET. (*Bot.*) La plante de Saint-Domingue citée sous ce nom par Nicolson est le *cissus sicyoides*, suivant M. Turpin. (J.)

LIANE A OUARIT. (*Bot.*) C'est la même que la LIANE A MINGUET. Voyez ce nom. (LEM.)

LIANE PALETUVIER. (*Bot.*) Nom de l'*echites biflora* à Cayenne, suivant M. Richard. (J.)

LIANE A PANIER. (*Bot.*) Ce sont celles dont les jeunes rameaux sont employés à faire des paniers à Cayenne : suivant Barrère, c'est le *bignonia æquinoctialis*. (J.)

LIANE PAPAYE. (*Bot.*) Voyez LIANE A L'ANSE. (J.)

LIANE DE PAQUES. (*Bot.*) Le *securidaca volubilis* porte ce nom à la Martinique. (LEM.)

LIANE A PATATES. (*Bot.*) Surian, dans son herbier, inscrit sous ce nom, soit un igname, *dioscorea*, soit un liseron nommé liane à batate. (J.)

LIANE PERCÉE. (*Bot.*) Nicolson dit que les feuilles de

cette plante de Saint-Domingue sont percées de deux trous ovales aux deux côtés de la côte moyenne. Ce caractère se retrouve dans celles du *dracontium pertusum*. (J.)

LIANE A PERSIL. (*Bot.*) La plante citée sous ce nom par Nicolson, et sous ceux de *mammarou* et *coulaboulé* chez les Caraïbes, est le *serjania triternata*, de la famille des sapindées. Dans un herbier de la Martinique le même nom est donné au *kolreutera triphylla*. (J.)

LIANE PIQUANTE. (*Bot.*) Plumier, dans ses Plantes inédites des Antilles, figure sous ce nom une plante grimpante à feuilles alternes, simples, ovales, couvertes en-dessous de poils blancs nombreux, fourchus et très-piquans. Les pédoncules dichotomes supportent des fleurs qu'il ne décrit pas, et il paroît n'avoir pas vu le fruit; la racine est longue, charnue et très-grosse. Il a trouvé cette plante dans l'île de la Tortue. (J.)

LIANE A PISSER. (*Bot.*) Surian cite sous ce nom un *rivinia*. (J.)

LIANE A PUNAISES. (*Bot.*) Plante de la Guyane qui n'est pas encore déterminée. (LEM.)

LIANE PURGATIVE, LIANE A MÉDECINE. (*Bot.*) Nicolson cite à Saint-Domingue, sous ce nom, une espèce de liseron, qu'il nomme simplement *convolvulus americanus*. Il dit qu'on la nomme aussi *liane à Bauduit*, et chez les Caraïbes *arepeca*. Il cite encore un autre liseron, *convolvulus*, sous le nom de *liane purgative du bord de la mer*, que M. Poiteau dit être le *convolvulus brasiliensis*. (J.)

LIANE QUINZE-JOURS. (*Bot.*) Ce nom se donne, à la Martinique, au *cissampelos carapeba*. (LEM.)

LIANE A RAISIN. (*Bot.*) La plante de Saint-Domingue citée sous ce nom par Nicolson paroît, d'après la description de ses feuilles et de son fruit, devoir être une espèce de raisinier, *coccoloba*, dont la réunion des fruits ressemble à une grappe de raisin. (J.)

LIANE RAPE. (*Bot.*) A Cayenne on donne ce nom, suivant M. Richard, au *bignonia echinata*, dont le fruit est chargé d'aspérités comme une râpe. (J.)

LIANE A RAVES. (*Bot.*) Nom donné dans les Antilles, suivant Surian, à l'igname cultivé, *dioscorea sativa*, probablement à cause de sa racine, qui a la forme et le volume d'une rave. Il l'indique aussi pour un *banisteria*. (J.)

LIANE A RÉGLISSE. (*Bot.*) Nicolson cite sous ce nom, à Saint-Domingue, l'*abrus precatorius*, nommé aussi réglisse des îles. (J.)

LIANE ROUGE. (*Bot.*) Desportes et Barrère donnent ce nom à un *bignonia* qui se trouve à Cayenne et à Saint-Domingue, et qui est, selon eux, grimpant, flexible et rougeâtre. Nicolson cite le même, et ajoute une description incomplète, qui fait présumer que celui-ci a beaucoup de rapport avec le *bignonia alliacea*. On trouve à la Louisiane une autre liane rouge, dite du Mississipi, qui est le *ziziphus volubilis* de Willdenow. Une troisième liane rouge, citée à Cayenne par Aublet, est son *tigarea aspera*, maintenant réuni au *tetracera*, dans la famille des dilléniacées. (J.)

LIANE RUDE. (*Bot.*) Voyez Fleur de Paques. (J.)

LIANE SAINT-JEAN. (*Bot.*) C'est, aux Isles, la pétrée grimpante. (Lem.)

LIANE A SANG. (*Bot.*) Nicolson parle d'une plante de ce nom à Saint-Domingue, qui croît dans les montagnes, et qui est remplie d'un suc rouge comme du sang. C'est peut-être un millepertuis, approchant de la toute-saine, *androsœmum*, qui contient un suc pareil, ou quelque plante de la famille des guttifères, ou quelque sangdragon. (J.)

LIANE A SAVON. (*Bot.*) C'est, à Saint-Domingue, le *momordica operculata*, suivant M. Turpin; le *gouania Domingensis*, suivant M. Poiteau; un *banisteria*, suivant Desportes. (J.)

LIANE A SAVONNETTE. (*Bot.*) Voyez Liane contre-poison. (J.)

LIANE A SCIE. (*Bot.*) Desportes cite, à Saint-Domingue, sous ce nom, le *paullinia curassavica*, en ajoutant qu'il peut également être donné aux autres espèces du même genre. (J.)

LIANE A SERPENT. (*Bot.*) Barrère, dans son Histoire naturelle de la Guiane, cite sous ce nom l'*aristolochia trifida*, dont il dit que les habitans de cette contrée usent contre la morsure des serpens, et dans les cours de ventre invétérés. Une autre aristoloche, observée par Jacquin à Carthagène en Amérique, est nommée par lui *aristolochia anguicida*, parce que plusieurs gouttes de son suc, versées dans la bouche d'un serpent, le tuent promptement, et qu'une seule goutte l'étourdit pour quelques heures, au point qu'on peut, pendant ce temps, le manier sans danger. Il ajoute que les charlatans et bateleurs de ce pays savent en tirer avantage pour tromper le public. Le CAAPEBA (voyez ce mot) est une autre liane, réputée bonne pour guérir la morsure des serpens. (J.)

LIANE SILLONNÉE. (*Bot.*) Voyez LIANE CARRÉE. (J.)

LIANE A TÊTE DE SERPENT. (*Bot.*) C'est une espèce de pareire, *cissampelos*. (LEM.)

LIANE TIMBO ou TUE-POISSON. (*Bot.*) Cette plante du Brésil est probablement aussi la liane à enivrer. (LEM.)

LIANE TOCOYENNE. (*Bot.*) C'est à la Guyane le nom d'une liane employée par les Toçoyens, tribu indigène, pour faire des paniers, etc. : c'est sans doute le *biguenia æquinoctialis*. (LEM.)

LIANE A TONNELLES. (*Bot.*) C'est aux Antilles l'*ipomœa tuberosa*, employé à couvrir des tonnelles. (J.)

LIANE A VERS. (*Bot.*) C'est une espèce de cierge ou cacte, *cactus triangularis*, nommé aussi cierge lézard, qui grimpe le long des arbres les plus élevés; il produit une fleur blanche très-grande, d'une odeur très-agréable, laquelle se fane très-promptement. Nicolson dit qu'à Saint-Domingue on emploie comme vermifuge le suc blanchâtre qui découle de ses branches coupées. Suivant Beauvois, ce nom est donné, dans la même île, à la plante qui porte la vanille, et que l'on emploie pour les chevaux. (J.)

LIANE VULNÉRAIRE, LIANE D'ASIE JAUNE. (*Bot.*) Surian, dans son herbier des Antilles, inscrit le *tetrapteris inœqualis* de Cavanilles sous ces noms, et sous les noms caraïbes *bimeti* et *patamibi*; celle qu'il nomme ailleurs *liane à grand bois, liane à cercle*, paroît être la même. L'herbier de Surian offre une autre liane vulnéraire, qui est une espèce de *mikania*, ayant quelque rapport avec l'*ayapanna* célébré il y a quelque temps. (J.)

LIANE AUX YEUX. (*Bot.*) Cette plante des îles n'est pas encore déterminée. (LEM.)

LIARD. (*Bot.*) Dans quelques cantons on donne vulgairement ce nom au peuplier noir. (L. D.)

LIAS. (*Min.*) C'est pour les géologues anglois le nom par-

ticulier d'une sous-formation qui a une position assez bien
déterminée, et des caractères minéralogiques et zoologiques
assez constans et assez tranchés. Ce n'est pas ici le lieu de
les développer ; nous nous contenterons d'en indiquer la position principale et les caractères les plus saillans.

Le lias est un terrain généralement calcaréo-argileux, appartenant à la série de roches que nous avons réunies sous le
nom de terrain de sédiment moyen, et faisant pour ainsi
dire le passage inférieur de ce terrain au terrain de sédiment inférieur. Tous les géologues anglois, françois et allemands, qui admettent cette sous-formation, la placent au-
dessus des terrains houilliers et même des terrains alpins,
au-dessus des psammites rougeàtres qui recouvrent ces terrains,
mais au-dessous du calcaire oolithique du Jura. Les uns la
regardent comme formant la base de ce calcaire, et appartenant par conséquent à la formation jurassique, et bien certainement alors au terrain de sédiment moyen ; les autres,
comme offrant une époque de formation distincte, plutôt liée
avec les inférieures qu'avec les supérieures, comme appartenant au calcaire alpin, dont elle constitue les dernières
assises, et comme faisant alors partie de la formation de
sédiment inférieur.

Le lias est principalement composé de roches calcaréo-
argileuses, d'une couleur gris-bleuàtre : les roches calcaires
sont compactes et dures ; les argileuses ou plutôt la marne
argileuse qui les sépare ou les enveloppe, est aussi bleuàtre, tendre, très-désagrégeable et très-délayable par l'eau.

Il renferme quelques métaux, notamment, et souvent en
grande abondance, du fer sulfuré soit en nodules soit disséminé, et aussi du plomb et du zinc sulfurés, de la baryte et
de la strontiane sulfatées, etc. Il y a quelques concrétions siliceuses, quelques restes organiques silicifiés ; mais, en général, la silice à l'état de silex en bancs ou en nodules, de
quarzite, de grès ou de sable, y est peu abondante. Enfin,
on y voit du lignite terne et solide en morceaux épars, rarement en amas notables.

C'est un des terrains les plus riches en débris organiques
de beaucoup de classes différentes, depuis les animaux vertébrés, reptiles et poissons, jusqu'aux mollusques conchylifères.

Parmi les reptiles on remarque les genres singuliers nommés par les zoologistes angⁱois *Ichthyosaurus* et *Plesiosaurus*; les poissons ne sont pas distingués d'une manière assez remarquable pour être indiqués ici.

Parmi les mollusques conchylifères on y voit un nombre considérable d'espèces d'ammonites, beaucoup de bélemnites particulières à ce terrain et distinctes de celles de la craie; des trochus, des modioles; beaucoup de térébratules, d'huîtres, de gryphées, de *plagiostoma gigantea*, de pernes, un assez grand nombre d'espèces d'encrinites, mais très-peu de coraux ou de madrépores.

Si nous n'avions considéré le mot de *lias* que comme le nom local d'une formation bien déterminée ailleurs, nous ne nous y serions pas arrêtés; mais, quoiqu'il s'applique à un terrain bien caractérisé par tous les moyens que donne la géognosie, il n'a reçu de nom *certain* dans aucune langue. Le nom de lias est court, *insignifiant*, assez facile à prononcer (quoique nous l'altérions dans notre prononciation françoise, car les Anglois disent *layasse*). Nous l'adopterons donc dans la série générale des terrains, comme désignant une sous-formation que nous croyons avoir reconnue dans le Jura et dans diverses parties de la Bourgogne (notamment aux environs d'Autun et d'Avalon). Enfin il nous semble que cette formation se rapporte à celle que les géologues allemands ont désignée sous le nom de *Muschelkalk*; nom impossible à introduire dans le langage universel de la science, à cause de sa contexture et de sa signification tout-à-fait erronée pour nous, si on vouloit le traduire.

Nous examinerons cette question dans un autre lieu, et lorsque nous reviendrons sur la série générale des formations et sur leurs caractères essentiels ou comparatifs, au mot Terrains (Géognosie). (B.)

LIATRIDÉES. (*Bot.*) Louis-Claude Richard donnoit ce titre à une sous-division formée par lui dans l'ordre des synanthérées.

Le catalogue des plantes du Jardin médical de Paris, publié par le jardinier Marthe, en l'an IX, est, je crois, le seul livre où M. Richard ait consigné sa méthode de classification des synanthérées: mais on n'y trouve que des notions incomplètes et insuffisantes sur cette méthode. Nous avons assisté, en 1810, aux leçons de botanique du savant professeur, et nous avons, à la même époque, rédigé pour notre usage l'analyse exacte de toute sa doctrine, d'après les notes recueillies par nous pendant les leçons. Cela nous procure le moyen de bien faire connoître ici la méthode de M. Richard.

Il nomme *synanthérie* une classe de plantes ayant pour caractères essentiels, les étamines réunies par les anthères seulement, et l'ovaire infère, monosperme. Il divise ensuite la classe de la synanthérie en deux ordres, qui sont 1.º la *monostigmatie*, 2.º la *distigmatie*. La monostigmatie est caractérisée par l'unité du stigmate; et l'auteur fait observer que, dans cet ordre, tantôt le style est terminé au sommet par un stigmate absolument indivis, comme dans beaucoup de carduacées; tantôt le stigmate est échancré, ou fendu au sommet, ou même profondément biparti, comme dans le *liatris* : mais, dans tous les cas, la substance glanduleuse du stigmate se prolongeant plus bas que l'incision dénote toujours l'unité du stigmate. La distigmatie, caractérisée par la duplicité du stigmate, n'a lieu que quand l'incision dépasse, ou au moins atteint, le sommet du style dépourvu de glandes. S'il faut en croire M. Richard, cette division ordinale de la classe des synanthérées a l'avantage de ne rompre nullement les affinités naturelles. Quoi qu'il en soit, le premier ordre, ou la monostigmatie, comprend trois sections : 1.º les *échinopsidées*, 2.º les *carduacées*, 3.º les *liatridées*. Les échinopsidées sont la polygamie séparée de Linnæus : leur caractère est d'avoir chaque fleur entourée d'un petit involucre propre, ou bien quelques fleurs réunies dans un même involucre, et tous ces involucres rapprochés les uns des autres en un seul et même groupe. Les carduacés sont les cinarocéphales de M. de Jussieu; leurs caractères essentiels sont : 1.º toutes les fleurs flosculeuses; 2.º le réceptacle commun couvert de soies roides, beaucoup plus nombreuses que les fleurs. Les liatridées, présentées par M. Richard comme une famille toute nouvelle, ont pour caractères : 1.º un seul stigmate, 2.º toutes les fleurs flosculeuses, 3.º le réceptacle commun nu. Le second ordre, ou la distigmatie, comprend deux sections : 1.º les *corymbifères*, 2.º les *chicoracées*. Les corymbifères comprennent : 1.° toutes les synanthérées ayant la fleur radiée; 2.° toutes les synanthérées à fleur flosculeuse, ayant le réceptacle commun chargé de paillettes en nombre égal à celui des fleurs; 3.° toutes les synanthérées distigmatiques, à fleurs flosculeuses, ayant le réceptacle nu. Il est bon aussi de remarquer, ajoute M. Richard, que ce n'est que chez les corymbifères qu'on trouve des fleurs flosculeuses ayant à la circonférence des fleurons femelles filiformes, dont le limbe de la corolle est indivis. La section des corymbifères se divise en deux sous-sections, dont l'une est caractérisée par le réceptacle nu, et l'autre par le réceptacle paléacé. Les chicoracées ont pour caractère d'avoir toutes les fleurs demi-fleuronnées et hermaphrodites.

Nous affirmons que ce qu'on vient de lire est un extrait fidèle de la leçon sur les synanthérées, faite publiquement par M. Richard, à l'amphithéâtre de l'École de médecine, le 2 Août 1810. Cependant ce botaniste, dans son Mémoire sur les calycérées, publié, en 1820, dans le sixième volume des Mémoires du muséum d'histoire naturelle, se plaint de ce que nous l'aurions, suivant lui, faussement supposé l'auteur d'un caractère des échinopsidées, qu'il n'a, dit-il, établi ni publié nulle part. Ce reproche, qui inculpe notre bonne foi, peut heureusement être repoussé par un témoignage non suspect. En effet, M. Desvaux, dans ses Observations sur le genre *Lagasca*, publiées, en 1808, dans le tome I.ᵉʳ du Journal de botanique, dit que le *lagasca* appartient à la monostigmatie de M. Richard, parce que les glandes stigmatiques recouvrent une partie du style jusqu'au-dessous de l'incision ; et qu'il appartient aux échinopsidées du même auteur, ayant les fleurs distinctes les unes des autres par des involucelles.

Le catalogue du Jardin médical atteste (page 89) que Richard attribuoit à ses liatridées les trois genres *Tarchonanthus*, *Vernonia* et *Liatris*. Nous ne voulons produire ici aucun des argumens par lesquels on peut, selon nous, démontrer avec évidence que tout le système de ce botaniste sur la classification des synanthérées est fondé sur une erreur capitale, et que ses liatridées surtout sont absolument inadmissibles. Cela nous entraîneroit dans une trop longue discussion, et d'ailleurs nous avons déjà plusieurs fois réfuté le système dont il s'agit. (Voyez tom. VII, pag. 149; tom. X, pag. 154; tom. XIII, pag. 363 ; tom. XIV, pag. 203.) Au reste, il n'est pas douteux que M. Richard avoit fini par condamner lui-même le système en question ; car, dans son Mémoire sur les calycérées, il propose un autre système de classification des synanthérées, lequel seroit fondé sur la présence ou l'absence du nectaire et sur la structure de cet organe. Nous démontrerons ailleurs que ce second système de M. Richard est encore moins soutenable que le premier.

Le nom de liatridées a reçu de nous un autre emploi que celui auquel feu M. Richard l'avoit destiné ; car il nous sert à désigner une section de notre tribu naturelle des eupatoriées. Il faut profiter de cette occasion pour présenter le tableau méthodique des genres de cette tribu, qui auroit dû se trouver dans notre article Eupatoriées, tom. XVI, pag. 9 ; et nous offrirons en même temps le tableau des genres d'une autre tribu immédiatement voisine de celle-ci.

XVIII.ᵉ *Tribu.* Les Adénostylées (*Adenostyleæ*).
(Voyez les caractères de cette tribu, tome XX, page 582.)

I. Calathide radiée.

1. † P Senecillis. = *Solidaginis sp.* Gmel. — *Cinerariæ sp.* Lin. — *Senecillis.* Gærtn. (1791).

2. * Ligularia. = *Jacobææ sp.* Tourn. — *Jacobæoidis sp.* Vaill. — *Jacobæastrum.* Amman. — *Othonnæ sp.* Lin. (1748) — *Solidaginis sp.* Gmel. — *Cinerariæ sp.* Lin. (1753) — *Ligularia.* H. Cass. Bull. déc. 1816. p. 198. Dict.

3. * Celmisia. = *Celmisia.* H. Cass. Bull. févr. 1817. p. 32. Dict. v. 7. p. 356.

II. Calathide discoïde.

4. * Homogyne. = *Tussilaginis sp.* Lin. — Jacq. — *Tussilago.* Decand. Fl. fr. v. 4. p. 158 — *Homogyne.* H. Cass. Bull. déc. 1816. p. 198. Dict. v. 21. p. 412.

III. Calathide incouronnée.

5. * Adenostyles. = *Cacalia.* Tourn. — Vaill. — Adans. — *Cacaliæ sp.* Lin. — Willd. — *Adenostyles.* H. Cass. (1816) Dict. v. 1. suppl. p. 59. Bull. déc. 1816. p. 198.

6. * Paleolaria. = *Ageratum lineare.* Cavan. (1794) — *Stevia*

linearis. Cavan. (1802) — *Paleolaria.* H. Cass. (1816) Dict. v. 1. suppl. p. 59. 60. Bull. déc. 1816. p. 198. Bull. mars 1818. p. 47. — *Palafoxia.* Lag. (1816).

XIX.ᵉ *Tribu.* Les EUPATORIÉES (*Eupatorieæ*).

An? Eupatoria. Juss. (1789 et 1806) — Les Eupatoires. H. Cass. (1812) — Les Eupatoriées. H. Cass. (1814) — *Eupatorieæ.* H. Cass. (1819) — *Eupatoreæ.* Kunth (1820). (Voyez les caractères de la tribu des Eupatoriées, tome XX, page 383.)

Première Section.

EUPATORIÉES-AGÉRATÉES (*Eupatorieæ - Agerateæ*).

Caractères ordinaires. Fruit pentagone ou à peu près pentagone, glabre ou presque glabre; aigrette tantôt composée de squamellules paléiformes ou laminées, tantôt stéphanoïde, tantôt nulle. Feuilles ordinairement opposées.

1.* STEVIA. = *Steviæ sp.* Cavan. (1797) — *Agerati sp.* Ortega. — Jacq. — *Mustelia.* Spreng. — *Stevia.* Lag. (1816) — Kunth (1820).

2.* AGERATUM. = *Carelia.* Ponted. (1720) — Adans. — *Ageratum.* Lin. (1737).

3.* CŒLESTINA. = ? *Ageratum corymbosum.* Pers. — *Cælestina.* H. Cass. Bull. janv. 1817. p. 10. Dict. v. 6. suppl. p. 8. atl. cah. 3. pl. 4 — Kunth (1820).

4.† ALOMIA. = *Alomia.* Kunth (1820).

5.* SCLEROLEPIS. = *Ethuliæ sp.* Walt. — Willd. — *Sparganophorus verticillatus.* Michaux. — Pers. — Nuttal — *Sclerolepis.* H. Cass. Bull. déc. 1816. p. 198. Dict. v. 25. p. 365.

6.* ADENOSTEMMA. = *Eupatoriophalacri sp.* Vaill. — *Verbesinæ et Cotulæ sp.* Lin. — *Adenostemma.* Forst. (1776. benè.) — Juss. — H. Cass. Dict. v. 25. p. 360 — *Lavenia.* Soland. inéd. — Swartz (1788) — Schreb. — *Spilanthi sp.* Lour. — *Lavenia et Verbesinæ sp.* Pers.

7.* PIQUERIA. = *Flaveriæ sp.* Juss. (1789) — *Piqueria.* Cavan. (1794) — H. Cass. Bull. août 1819. p. 127 — Kunth (1820).

Deuxième Section.

EUPATORIÉES-PROTOTYPES (*Eupatorieæ - Archetypæ*).

Caractères ordinaires. Fruit pentagone ou à peu près pentagone, glabre ou presque glabre; aigrette composée de squamellules filiformes, barbellulées. Feuilles ordinairement opposées.

8. † ? Arnoglossum. = *Arnoglossum.* Rafin. (1817) Flor. ludov.

9. * Mikania. = *Eupatorii sp.* Lin. — ? *Willugbœya.* Neck. (1791) — *Mikaniæ sp.* Willd. (1803) — *Mikania.* H. Cass. Dict. v. 16. p. 3. — Kunth.

10. * Batschia. = *Eupatorii sp.* Lin. (1737 et 1748) — Lin. fil. (1781) — *Agerati sp.* Gronov. (1743) — Lin. (1753) — ? *Kyrstenia.* Neck. (1791) — *Batschia.* Mœnch (1794) — H. Cass. Dict. v. 4. suppl. p. 49. v. 16. p. 3.

11. * Gyptis. = *Gyptis.* H. Cass. Bull. sept. 1818. p. 139. Dict. v. 20. p. 177.

12. * Eupatorium. = *Eupatorii sp.* Tourn. (1694. benè.) — Vaill. (1719. malè.) — Lin. (1737. malè.) — Juss. (1789. malè.) — Gærtn. (1791. benè.) — ? *Dalea aut Critonia.* P. Browne (1756) — *Eupatorium.* Adans. (1763. benè.) — Neck. (1791. malè.) — Mœnch (1794. benè.) — H. Cass. Dict. v. 16. p. 2. v. 25. p. 432.

Troisième Section.
Eupatoriées-Liatridées (Eupatorieæ-Liatrideæ).

Caractères ordinaires. Fruit cylindracé ou à peu près cylindracé, plus ou moins poilu, muni d'environ dix nervures; aigrette composée de squamellules filiformes, barbées, barbellées, ou barbellulées. Feuilles ordinairement alternes.

13. * Coleosanthus. = *Eupatorii sp.* Plum. — Tourn. — Lin. — Vahl — *Conyza?* Cavan. mss. — *Coleosanthus.* H. Cass. Bull. avr. 1817. p. 67. Dict. v. 10. p. 36. Bull. oct. 1819. p. 157. Dict. v. 24. p. 519.

14. * Kuhnia. = *Kuhnia.* Lin. (1763) — Lin. fil. (1763) — Venten. — H. Cass. Dict. v. 24. p. 515 — *Critonia.* Gærtn. (1791) — Michaux — (non *Critonia.* Browne) — *Eupatorii sp.* Ortega — ? *Kuhnia.* Kunth.

15. * Carphephorus. = *Carphephorus.* H. Cass. Bull. déc. 1816. p. 198. Dict. v. 7. p. 148.

16. * Trilisa. = *Liatridis sp.* Willd. — *Trilisa.* H. Cass. Bull. sept. 1818. p. 140.

17. * Suprago. = *Serratulæ sp.* Lin. — *Supraginis sp.* Gærtn. (1791) — *Liatridis sp.* Schreb. (1791) — Willd. — Michaux — Pers. — *Suprago.* H. Cass. Dict.

18. * LIATRIS. = *Serratulæ sp.* Lin. — Ait. — *Stæhelinæ sp.* Walt. — *Supraginis sp.* Gærtn. (1791) — *Liatridis sp.* Schreb. (1791) — Willd. — Mich. — Pers. — *Psilosanthus.* Neck. (1791) — *Eupatorii sp.* Vent. — *Kuhniæ sp.* Juss. (1806) Ann. du mús. v. 7. p. 580. — *Liatris.* H. Cass. Dict.

Remarques sur les tableaux précédens.

I. La petite tribu des adénostylées a été instituée par nous, en 1816, dans le Supplément du premier volume de ce Dictionnaire, page 59. Elle est exactement intermédiaire entre celle des tussilaginées qui la précède, et celle des eupatoriées qui la suit. Nous avons presque uniquement fondé cette tribu sur les caractères fournis par la structure du style, ce qui n'empêche pas qu'elle ne soit très-naturelle.

N'ayant point vu le *senecillis* de Gærtner, nous ignorons si son style offre les caractères propres aux adénostylées : cependant nous le présumons, à cause de la ressemblance extérieure de cette plante avec le *ligularia.* C'est ce qui nous a fait risquer d'admettre ce genre, mais avec le signe du doute, dans la tribu dont il s'agit. Si notre conjecture étoit erronée, il faudroit le transférer dans la tribu des sénécionées.

Le genre *Paleolaria*, qui s'éloigne des autres adénostylées par son port et par la structure de son aigrette, et qui se rapproche par là des eupatoriées-agératées, se trouve très-bien placé sur la limite des deux groupes.

On peut remarquer que cette tribu naturelle, composée de six genres seulement, offre des calathides radiées, des calathides discoïdes, des calathides incouronnées; tandis que la tribu suivante, composée de dix-huit genres, n'a que des calathides incouronnées. Cela prouve, 1.º que les mêmes caractères n'ont pas la même valeur chez les différens groupes naturels ; 2.º qu'en général les tribus naturelles des synanthérées ne peuvent pas être caractérisées par la composition de la calathide, et qu'il faut recourir à la structure de la fleur proprement dite.

II. M. de Jussieu, en 1789, dans son *Genera plantarum*, a présenté (pag. 192), sous la forme d'une question très-problématique et très-douteuse, la possibilité de distribuer naturellement ses corymbifères en quatre groupes, intitulés *Eu-*

patoires, *Asters*, *Matricaires*, *Hélianthes*, en attribuant à chaque
groupe les genres ayant de l'affinité avec celui qui serviroit
de titre, et en définissant ces groupes par des caractères qu'il
faudroit chercher. Le même botaniste, en 1806, dans son
second Mémoire sur les composées, publié dans le tome VII
des Annales du muséum d'histoire naturelle, a reproduit son
ancienne proposition, en disant que les corymbifères paroissoient pouvoir former quatre familles ayant pour types l'eu-
patoire, l'aster, l'achillée, l'hélianthe; que la première et la
quatrième étoient peut-être susceptibles d'être établies avec
précision, mais que la démarcation des deux autres seroit plus
incertaine. M. de Jussieu n'ayant jamais indiqué nulle part
ni les caractères de ces quatre groupes, ni les genres qui les
composent, on ne pourroit pas, sans une injustice évidente,
le considérer comme inventeur de nos tribus naturelles inti-
tulées Eupatoriées, Astérées, Anthémidées, Hélianthées, que
nous avons caractérisées et composées d'après nos propres
observations, et qui d'ailleurs diffèrent beaucoup des groupes
entrevus par M. de Jussieu, puisque ceux-ci comprendroient
la totalité des corymbifères, tandis que nos eupatoriées, astérées, anthémidées, hélianthées ne comprennent qu'environ le
tiers ou le quart des corymbifères de M. de Jussieu. Aussi
ce grand botaniste, chez qui les sentimens de justice et de
bienveillance égalent le génie, n'élève aucune prétention à
cet égard.

La tribu naturelle des eupatoriées a été d'abord établie par
nous, sous le nom de section des eupatoires, dans notre premier Mémoire sur les synanthérées, lu à l'Institut le 6 Avril
1812, publié par extrait dans le Bulletin des sciences de Décembre 1812, en totalité dans le Journal de physique de
Février, Mars, Avril 1813, et en abrégé dans le Journal de
botanique d'Avril 1813. Dans ce premier Mémoire, où l'on
trouve déja les plus solides fondemens de presque toute notre
classification, nous avons rapporté à la tribu dont il s'agit les
quatre genres *Eupatorium*, *Stevia*, *Ageratum*, *Piqueria*, et nous
avons en outre assigné à cette même tribu ses véritables caractères distinctifs fournis par la structure du style. Depuis cette
première époque, nous avons fait connoître successivement
les caractères fournis par les autres organes floraux, et nous

avons aussi successivement augmenté la liste des genres, en rapportant à notre tribu des eupatoriées, outre les quatre genres précédemment indiqués, les *Kuhnia, Liatris, Mikania, Adenostemma, Sclerolepis, Batschia, Cælestina, Carphephorus, Coleosanthus, Gyptis, Trilisa.* Tous ces complémens ont été successivement publiés depuis 1812 jusqu'en 1818, soit dans ce Dictionnaire, soit dans les Bulletins de la société philomatique, soit dans le Journal de physique.

Ayant ainsi fait connoître, avant aucun autre botaniste, tous les caractères de la tribu des eupatoriées et tous les genres dont elle se compose, nous avions la simplicité de croire que nous étions le véritable auteur de ce groupe naturel. Mais M. Kunth nous a démontré d'une manière évidente, que sur ce point, comme sur tout autre, nous étions plongé dans l'erreur la plus grossière.

Dans le quatrième volume des *Nova genera et species plantarum,* qui n'a été publié qu'en 1820, mais qui étoit déjà imprimé dans le format in-folio vers la fin de 1818, l'auteur nous apprend qu'il est le premier et jusque-là le seul qui ait entrepris d'établir une classification naturelle dans l'ordre des synanthérées; que son entreprise a été couronnée d'un plein succès ; que notre classification, tout-à-fait artificielle, ne peut soutenir aucune comparaison avec la sienne, et qu'elle ne mérite pas la plus légère mention ni la moindre attention, non plus que tous nos autres travaux sur les synanthérées, lesquels doivent être considérés, ainsi que notre classification, comme n'ayant jamais existé. Cela posé, M. Kunth n'a fait qu'un acte de justice, en se disant l'auteur de ce qu'il appelle sa section des eupatorées, à laquelle il n'assigne aucun caractère, non plus qu'à ses autres sections, et dans laquelle il range les genres *Kuhnia, Eupatorium, Mikania, Stevia, Ageratum, Cælestina, Alomia, Piqueria.* Dans le Journal de physique de Juillet 1819 (pag. 21) nous avions eu la téméraire audace d'écrire : « Concluons que ce botaniste, en déclarant,
« dans son préambule, que la méthode qu'il croit avoir inventée est très-bonne, et que la mienne est très-mauvaise,
« auroit dû au moins faire quelques exceptions, notamment
« en faveur de ma tribu des eupatoriées, qu'il a trouvé bon
« d'adopter sans me citer, et en prenant le soin de changer

« un peu la terminaison du nom que j'avois donné à ce
« groupe. » Mais toutes nos réclamations ont été réfutées si
victorieusement par M. Kunth, dans le Journal de physique
d'Octobre 1819 (pag. 278), que l'évidence de la vérité nous
force enfin aujourd'hui de reconnoître que ce botaniste n'a
commis aucune injustice envers nous, et même qu'il nous a
traité avec beaucoup trop d'indulgence.

III. Notre tribu des eupatoriées est intermédiaire entre
celle des adénostylées qui la précède, et celle des vernoniées
qui la suit. Elle comprend dix-huit genres ou sous-genres,
distribués en trois sections, qui nous paroissent être naturelles et suffisamment caractérisées. La section des liatridées,
qui est la dernière, se trouve ainsi voisine de la tribu des
vernoniées, avec laquelle elle a de l'affinité.

IV. Le genre *Piqueria* possède aujourd'hui quatre espèces:
1.º la *piqueria trinervia*, sur laquelle Cavanilles a fondé le genre ;
2.º la *piqueria pilosa* de M. Kunth ; 5.º notre *piqueria quinque-
flora*, décrite dans le Bulletin des sciences d'Août 1819 (pag.
127); 4.º la *piqueria artemisioides* de M. Kunth, qui est sans
doute la *flaveria peruviana* de M. de Jussieu. Nous nous souve-
nons très-bien d'avoir autrefois observé cette prétendue *flaveria* dans l'herbier de l'auteur, et d'avoir reconnu que c'étoit
une vraie *piqueria*. M. de Jussieu lui-même, en 1806, dans un
de ses Mémoires sur les composées, insérés dans les Annales
du muséum, avoit dit qu'il faudroit peut-être réunir sa *flaveria peruviana* au genre *Piqueria* de Cavanilles.

Le genre *Arnoglossum* de M. Rafinesque est-il suffisamment
distinct du *Mikania*, dont il diffère, suivant l'auteur, par la
forme du péricline et de la corolle ? ou bien appartient-il à
la section des liatridées, comme on pourroit être tenté de le
croire d'après la forme de ses feuilles ? Ces questions sont,
quant à présent, insolubles, parce que M. Rafinesque a négligé de nous apprendre si le fruit est pentagone ou cylindracé, et si les feuilles sont opposées ou alternes. Nous ne
comprenons pas ce que l'auteur veut dire par ces mots *perian-
thus periphyllus* : si, comme nous le soupçonnons, cela signifie
que le péricline est plécolépide, c'est-à-dire, formé de squames
entregreffées, l'*arnoglossum* n'est certainement point un *mikania*, ni peut-être même une eupatoriée. Seroit-ce une adé-

nostylée ou une sénécionée ? Tous ces doutes peuvent servir à démontrer la nécessité de faire des descriptions très-exactes, complètes, et même minutieuses, si l'on veut faciliter l'étude des affinités naturelles et assurer les progrès de cette importante partie de la science.

Le genre *Mikania* offre un exemple des erreurs graves et fréquentes qu'on ne peut manquer de commettre relativement aux affinités, dans l'ordre des synanthérées, lorsqu'on ne consulte que les caractères techniques généralement admis par les botanistes, et qu'on néglige la considération des organes floraux et surtout celle du style. Willdenow a compris dans son genre *Mikania* des espèces à feuilles alternes, telles que la *tomentosa*, l'*auriculata*, etc., qui n'appartiennent pas à la tribu des eupatoriées, mais à celle des sénécionées, et qui sont de vraies *cacalia*.

Notre genre *Sclerolepis* peut donner lieu à une remarque analogue, car il étoit confondu dans un genre appartenant à la tribu des vernoniées, et c'est la considération du style et des autres organes floraux qui nous a fait connoître que la plante dont il s'agit n'étoit point du tout une vernoniée, mais bien certainement une eupatoriée.

Le genre *Batschia* de Mœnch, fondé par cet auteur sur le seul *eupatorium ageratoides*, mais auquel.on pourra sans doute attribuer les *eupatorium aromaticum*, *deltoideum*, et plusieurs autres qu'il faudroit examiner, mérite, selon nous, d'être adopté, au moins comme sous-genre ; et on ne doit pas le confondre avec le genre *Mikania*, qui en diffère par le petit nombre déterminé des fleurs de la calathide et des squames du péricline.

Le *dalea* ou *critonia* de Patrice Browne n'est point congénère du *kuhnia*, comme Gærtner le croyoit : mais est-ce bien vraiment un *eupatorium*, comme on en est généralement convaincu ? La description que Swartz a faite de cette plante, dans ses *Observationes botanicæ*, s'accorde assez bien avec celle de Browne, et elle nous inspire des doutes. En effet, selon Swartz, la plante en question auroit le fruit conique-cordiforme, l'aigrette plumeuse, le style long, les stigmatophores réfléchis et roulés comme des vrilles. Ce caractère des stigmatophores semble indiquer que le *dalea* ou *critonia* est une vernoniée, et non pas une eupatoriée. Nous déciderions au contraire, avec beaucoup d'assurance, que c'est une véritable eupatoriée. et même un *eupatorium*, si nous pouvions nous fonder sur la description que M. Kunth a faite de l'*eupatorium dalea ;* mais nous avons tout lieu de croire que la plante décrite par ce botaniste n'est point la même que celle de Swartz et de Browne.

Notre genre *Coleosanthus* a été fondé sur une espèce qui, ayant l'ovaire cylindracé, cannelé, hispide, devoit être attribuée à la section des liatridées, quoique ses feuilles fussent opposées. Depuis, nous avons rapporté au même genre une seconde espèce ayant l'ovaire trigone ou tétragone. glabre, et les feuilles inférieures opposées. Dans cet état, le genre *Coleosanthus* se trouve être fort ambigu, et l'on peut douter s'il appartient aux liatridées ou aux prototypes : mais la seconde espèce est-elle bien réellement congénère de la première ? ou plutôt ne doit-elle pas former un genre distinct, qui seroit très-convenablement placé à la fin de la section des prototypes, tandis que le vrai *coleosanthus* resteroit placé au commencement de la section des liatridées ?

La *kuhnia arguta* de M. Kunth, qui paroît différer des vraies *kuhnia* par le fruit pentagone et par les squames du péricline presque égales entre elles, ne pourroit-elle pas constituer un genre ou sous-genre particulier ?

Notre *carphephorus*, dont l'affinité avec les *liatris* est si évidente, et dont pourtant le clinanthe est garni de squamelles, détruit de fond en comble les liatridées de M. Richard, caractérisées par la nudité du clinanthe ; et il prouve en même temps qu'il faut absolument renoncer, dans l'ordre des synanthérées, à fonder les groupes naturels sur des caractères étrangers à la fleur proprement dite.

Les espèces admises par les botanistes dans le genre *Liatris* doivent, selon nous, être distribuées en trois genres ou sous-genres, distingués principalement par la structure de l'aigrette : le premier, nommé *Liatris*, ayant pour type la *liatris squarrosa*, a l'aigrette barbée, c'est-à-dire, longuement plumeuse ; le second, nommé *Suprago*, ayant pour type la *liatris spicata*, a l'aigrette barbellée, c'est-à-dire, courtement plumeuse ; le troisième, nommé *Trilisa*, ayant pour type la *liatris odoratissima*, a l'aigrette barbellulée, c'est-à-dire, dentée, mais non plumeuse. (Voyez notre article LIATRIS.) On peut remarquer à cette occasion que le petit groupe naturel des liatridées offre des aigrettes simples et des aigrettes plumeuses, des clinanthes nus, des clinanthes fimbrillés, des clinanthes squamellés.

V. Nous invitons le lecteur à consulter nos articles INULÉES, tome XXIII, page 559, et LACTUCÉES, tome XXV, page 59; il y trouvera tous les éclaircissemens qu'il peut désirer sur nos tableaux méthodiques des genres. (H. CASS.)

LIATRIS. *Liatris*. (*Bot.*) Ce genre de plantes appartient à l'ordre des synanthérées, à notre tribu naturelle des eupatoriées, et à la section des eupatoriées-liatridées. (Voyez notre article LIATRIDÉES.) Voici les caractères que nous lui attribuons, d'après nos observations sur plusieurs espèces, et notamment sur la *liatris squarrosa*, considérée par nous comme le vrai type du genre, que nous limitons autrement qu'on n'a fait jusqu'ici.

Calathide incouronnée, équaliflore, multiflore, régulariflore, androgyniflore. Péricline égal aux fleurs, subcampanulé, composé de squames imbriquées, ayant leur partie inférieure appliquée, coriace, et leur partie supérieure inappliquée, appendiciforme, constituant une sorte d'appendice plus ou moins distinct, plus ou moins étalé, plus ou moins grand. Clinanthe plan, fovéolé, absolument nu. Ovaires oblongs, cylindracés, multinervés, hispides; aigrette longue, composée de squamellules égales, unisériées, filiformes, barbées. Corolles à divisions très-longues, très-étroites, linéaires, chargées de glandes sur la face externe, hérissées de longs poils sur la face interne. Styles d'eupatoriée.

LIATRIS RUDE : *Liatris squarrosa*, Willd., Pers.; *Serratula squarrosa*, Linn., *Sp. pl.*, édit. 3, pag. 1146. C'est une plante herbacée, à racine vivace, qui habite, avec les autres *liatris*, l'Amérique septentrionale. La tige de l'échantillon incomplet que nous décrivons, est haute de plus d'un pied, simple, cylindrique, striée, un peu pubescente, garnie de feuilles; celles-ci sont alternes, sessiles, longues de quatre pouces, larges d'environ deux lignes, linéaires, aiguës, très-entières, roides, uninervées, bordées d'une ligne cartilagineuse, et parsemées de quelques petits poils roides ; les calathides, hautes de dix lignes, larges d'environ sept à huit lignes, sont très-courtement pédonculées, solitaires dans l'aisselle des feuilles supérieures, et elles forment une sorte d'épi terminal, très-lâche. Le péricline est égal aux fleurs, subcampanulé, formé de squames imbriquées, interdilatées : les extérieures sont entièrement appendiciformes, très-longues, étalées, foliacées, foliiformes, oblongues-lancéolées, à peine coriaces à la base, et elles forment une sorte d'involucre autour du péricline ; les squames suivantes, qui sont lancéolées, ont leur partie inférieure coriace, appliquée, et la supérieure foliacée. inappliquée, appendiciforme ; les squames plus intérieures sont oblongues, coriaces, appliquées, surmontées d'un véritable appendice étalé, coloré, ovale-lancéolé ; les squames tout-à-fait intérieures sont étroites, presque linéaires, à peine appendiculées. Les squamellules de l'aigrette sont vraiment barbées, très-plumeuses, et quelques-unes sont entregreffées à la base. Les corolles sont purpurines ; leurs divisions sont très-longues, très-étroites. linéaires, chargées de glandes sur toute leur face externe, hérissées de longs poils sur leur face interne. La base du style nous a paru être glabre. Nous avons fait cette description spécifique et celle des caractères génériques sur un échantillon sec de l'herbier de M. de Jussieu.

LIATRIS BORDÉE : *Liatris marginata*, H. Cass. ; *Liatridis cylindricæ varietas glabra*, Michaux, *in Herb. Juss.* ; *An ? Liatris graminifolia*, Willd. Tige herbacée, haute de neuf pouces (dans l'échantillon incomplet que nous décrivons), dressée, droite, cylindrique, striée, glabre. Feuilles rapprochées, alternes, dressées, longues d'environ trois pouces, larges d'une ligne et demie, linéaires-subulées, glabres, roides, coriaces, uninervées, ayant une bordure blanche, cartilagineuse. Calathides peu nombreuses (environ six), disposées en un court épi terminal ; chaque calathide haute de neuf lignes, portée sur un rameau court, pédonculiforme, accompagné de bractées foliacées ; squames du péricline très-larges, arrondies et acuminées au sommet, un peu ciliées, ayant une bordure blanche ; aigrettes très-plumeuses. Nous avons fait cette description sur un échantillon sec de l'herbier de M. de Jussieu.

Liatris monocalathide : *Liatris monocephala*, H. Cass.; *Liatris cylindrica*, Mich., *in Herb. Juss.; An? Liatris pilosa*, Willd.
Tige herbacée, longue de neuf pouces (dans l'échantillon
incomplet que nous décrivons), simple, dressée, droite,
cylindrique, striée, hispide, garnie de feuilles rapprochées.
Feuilles alternes, sessiles, dressées, analogues à celles des
graminées, longues de deux pouces, très-étroites, linéaires-
subulées, très-aiguës au sommet, uninervées, hispides, très-
entières, ayant une bordure étroite, blanchâtre. Calathide
haute de neuf lignes, terminale, solitaire, entourée de bractées ; péricline de squames larges, ciliées, acuminées au sommet ; aigrettes très-plumeuses ; corolles à divisions très-longues.
Nous avons fait cette description sur un échantillon sec de
l'herbier de M. de Jussieu.

Outre les trois espèces que nous venons de décrire, nous
admettons encore la *liatris elegans* et la *liatris scariosa*, comme
étant aussi de véritables *liatris*.

Linnæus confondoit les *liatris* parmi les *serratula*. Ce genre
Serratula, qui devoit avoir pour type la *serratula tinctoria*,
avoit été caractérisé par Linnæus de manière à pouvoir admettre des plantes appartenant à beaucoup de genres différens. Aussi les seize espèces de *serratula* qu'on trouve dans
la troisième édition du *Species plantarum* de Linnæus, doivent
être aujourd'hui distribuées dans six genres au moins. Gærtner
publia, en 1791, un genre *Suprago*, dans lequel il paroît avoir
voulu réunir toutes les *serratula* de Linnæus à clinanthe nu,
et qui comprend les *liatris*. Schreber divisa les *suprago* de
Gærtner en deux genres, qu'il publia aussi en 1791, sous les
noms de *vernonia* et de *liatris*, en les distinguant principalement par la structure de l'aigrette, et en attribuant au *liatris*
l'aigrette plumeuse. C'est encore en la même année 1791
que Necker a publié un genre *Psilosanthus*, qui correspond
évidemment au *liatris* de Schreber. Dans un Mémoire de
M. de Jussieu sur les composées, publié, en 1806, dans le
tome VII des Annales du muséum d'histoire naturelle, on
voit que ce botaniste veut réunir les *liatris* à l'ancien genre
Kuhnia.

En examinant avec soin les différentes espèces rapportées
par Willdenow, Michaux, Persoon, au genre *Liatris* de

Schreber, nous avons reconnu qu'elles n'avoient pas toutes l'aigrette plumeuse, assignée pour caractère à ce genre, et qu'on pouvoit très-bien les distribuer en trois genres ou sous-genres suffisamment distincts par la structure de l'aigrette et par quelques autres caractères. Nous nommons ces trois genres *Liatris, Suprago, Trilisa.* Le vrai *liatris* a pour type la *liatris squarrosa,* et pour caractère essentiel l'aigrette barbée, c'est-à-dire, longuement plumeuse ; il se distingue en outre par son péricline, dont les squames ont leur partie supérieure inappliquée, appendiciforme, et par sa corolle à divisions longues, étroites, velues en dedans : il comprend les *liatris squarrosa, scariosa, elegans, monocephala, marginata.* Notre *suprago,* fort différent de celui de Gærtner, a cependant pour type la *suprago spicata* de ce botaniste, ou *liatris spicata* de Willdenow, et pour caractère essentiel l'aigrette barbellée, c'est-à-dire, courtement plumeuse : il comprend, outre la *liatris spicata,* une autre espèce que nous avons observée dans l'herbier de M. de Jussieu, où elle est nommée *liatris sphæroidea.* Le *trilisa,* que nous avions déjà proposé dans le Bulletin des sciences de Septembre 1818, a pour type la *liatris odoratissima,* et pour caractère essentiel l'aigrette barbellulée, c'est-à-dire, dentée, mais non plumeuse : il doit sans doute comprendre aussi la *liatris paniculata.* (Voyez notre article LIATRIDÉES.)

Cette distribution des *liatris* en trois genres ou sous-genres caractérisés comme ci-dessus, facilite beaucoup la distinction entre les *liatris* et les *kuhnia;* distinction fort douteuse auparavant, et que M. de Jussieu vouloit effacer. En effet, on ne peut plus confondre le genre *Kuhnia,* qui a l'aigrette barbée, avec le *trilisa,* qui a l'aigrette barbellulée, ni même avec le *suprago,* qui a l'aigrette barbellée ; et si le *kuhnia* ressemble au vrai *liatris* par l'aigrette, il en diffère bien suffisamment par le péricline et par la corolle. (Voyez notre article KUHNIE, tom. XXIV, pag. 515.)

Le genre *Liatris* appartient aux corymbifères de M. de Jussieu, et à la syngénésie polygamie égale de Linnæus. Nous ignorons l'étymologie de ce nom générique, que Gærtner avoit d'abord appliqué à la *serratula spicata* de Linnæus, mais qu'il abandonna ensuite, parce qu'il crut que son *liatris* étoit congénère de son *suprago*. Schreber, qui a très-justement séparé les deux genres, mal à propos réunis par Gærtner, auroit bien dû leur conserver les noms de *suprago* et de *liatris*; et nous ne devinons pas pourquoi il a substitué le nom de *vernonia* à celui de *suprago*, qui est ainsi resté sans emploi, et qui nous sert à désigner l'un des trois sous-genres du *liatris*. (H. Cass.)

LIBADION. (*Bot.*) Voyez Lepton. (J.)

LIBANE ou LIVANE (*Ornith.*) : noms sous lesquels on a désigné le Pélican. (Ch. D.)

LIBANIUM. (*Bot.*) Un des noms anciens de la buglose, cité par Ruellius. (J.)

LIBANOTIS. (*Bot.*) Haller, puis Gærtner, ensuite Lamarck et Mœnch, ont séparé du genre *Athamanta* quelques espèces, et entre autres l'*athamanta libanotis*, pour en former un genre caractérisé par les ombelles garnies d'un involucre à plusieurs folioles et par les graines oblongues et tomenteuses. Ces caractères ont paru insuffisans pour admettre ce genre, réuni de nouveau à l'*athamanta* par Willdenow, C. Sprengel, etc. (Lem.)

LIBANOTIS ou LIBANOTOS. (*Bot.*) Dioscoride donnoit ce nom, dit C. Bauhin, à une plante qui avoit une odeur d'encens, et le *libanotis coronaria* de Cordus, son commentateur, est le romarin ordinaire. Matthiole, autre commentateur, nomme *libanotis seu rosmarinum* le *cachrys libanotis*. Le *libanotis minor* de Théophraste, ou *libanotis panaces* de Tabernæmontanus, est l'*athamantha libanotis*. C'est au *laserpitium latifolium* que se rapporte le *libanotis major* du même, ou *libanotis alba* de Gesner ; à l'*athamantha coronaria* se rattache le *libanotis nigra* de Théophraste et de Thalius. Son *libanotis sterilis* est, suivant Tabernæmontanus, le *prenanthes purpurea* des modernes. (J.)

LIBBÆIN. (*Bot.*) Nom arabe, cité par Forskal pour le *helmintia* et pour le *lactuca saligna*, qu'il nomme *libbæin sjajech*. Le laitron, *sonchus oleraceus*, et le *lactuca virosa*, portent le même nom, *libbeyn*, suivant M. Delile. Ces diverses plantes appartiennent à la famille des chicoracées. Le même auteur donne encore ce nom à la scamonée d'Alep, *periploca secamone*. (J.)

LIBBÆIT (*Bot.*), nom égyptien du *corrigiola albella* de Forskal. (J.)

LIBELLA. (*Ichthyol.*) Gaza a traduit par ce mot le mot grec ζύγαινα, dont Aristote s'est servi pour désigner le marteau. Voyez MARTEAU, SQUALE et ZYGÈNE. (H. C.)

LIBELLES ou ODONATES. (*Entom.*) C'est le nom de l'une des trois familles d'insectes de l'ordre des *névroptères*, dont Fabricius a fait une classe, dans son système, sous la seconde dénomination. Ils ont la bouche très-visible, couverte par la lèvre inférieure, comme par une sorte de masque.

Quelques auteurs, comme Link et Laicharting, ont appelé LIBELLOÏDES ou LIBELLULOÏDES tout l'ordre des *névroptères*; M. Latreille a désigné sous le nom de LIBELLULINES, *Libellulinæ*, ceux que Fabricius a nommés ODONATES. Voyez ce dernier nom et les articles LIBELLULE, AGRION et DEMOISELLE. (C. D.)

LIBELLOÏDES. (*Entom.*) Link nomme ainsi tous les insectes de l'ordre des névroptères. (DESM.)

LIBELLULE ou DEMOISELLE, *Libellula*. (*Entom.*) Genre d'insectes névroptères, à bouche très-visible, couverte par la lèvre inférieure; à antennes très-courtes, en soie : de la famille des *odonates*.

Geoffroy croit que le nom de *Libella* ou de *Libellula* vient de ce que la plupart des espèces tiennent leurs ailes étendues comme les feuillets d'un livre, lorsqu'elles sont en repos, ou bien à cause de la manière dont ces insectes planent en fendant l'air. Quant à la dénomination de demoiselle, il est à croire qu'elle a été donnée par le vulgaire à cause des formes sveltes et élégantes de ces insectes, qui ont le corps alongé et orné de couleurs agréablement distribuées, et à cause de leurs ailes de gaze; ce qui les a fait encore appeler des *prêtres* dans quelques contrées, à cause des nervures dont l'étoffe ou la matière légère de leurs ailes se trouve régulièrement maillée, ainsi que le sont les volans ou les ailes des surplis de nos prêtres catholiques.

Le mode de développement, les mœurs et les habitudes des libellules sont à peu près les mêmes que celles de tous les autres névroptères ODONATES (voyez ce mot). Les espèces de ce genre se distinguent des agrions, d'abord par la forme

de la tête, qui est grosse, presque sessile, arrondie, à yeux
très-gros, mais contigus entre eux en arrière, tandis que
les agrions ont la tête courte, large, à yeux globuleux, distans, latéraux; ensuite par la manière dont les libellules
portent leurs ailes étendues et écartées l'une de l'autre horizontalement dans le repos, tandis que les agrions les offrent
alors rapprochées et élevées verticalement sur le corselet.
Les larves surtout sont fort différentes, puisque dans les
agrions l'abdomen se termine par deux lames verticales,
alongées, qui servent comme de gouvernail à l'insecte lorsqu'il nage, tandis que dans les deux autres genres l'abdomen forme à son extrémité une sorte de pointe composée
de plusieurs pièces triangulaires, qui s'écartent, se rapprochent, et deviennent une sorte d'arme défensive. Dans les
œshnes, qui ressemblent d'ailleurs aux libellules, les larves
et les nymphes sont assez différentes entre elles par la forme
de la bouche, dont la lèvre inférieure ou le masque prend,
comme nous allons le dire, des formes très-variées.

Réaumur a très-bien décrit les mœurs de ces insectes
dans le sixième volume de ses Mémoires. Geoffroy et Olivier
ont puisé dans cet ouvrage, comme nous le ferons pour
cet article, la plupart des faits que nous avons souvent vé-
rifiés, en observant par nous-mêmes les mœurs curieuses de
ces animaux et en les étudiant anatomiquement.

On sait que les demoiselles, sous l'état parfait, hab'tent
les lieux humides, sur les bords des marais, des étangs, des
rivières. Toutes, en effet, proviennent de larves qui se développent et ne peuvent vivre que dans l'eau. Il est vrai
que ces insectes agiles et munis d'ailes larges, légères, quoique très-solides, volent avec une rapidité extrême, pour
saisir dans l'air les insectes, qu'ils ont bientôt atteints, et
qu'ils vont ensuite dévorer à loisir en se fixant sur les
corps isolés, comme les feuilles ou les extrémités des branches; ce qui fait qu'on les observe souvent alors dans des
lieux fort éloignés des eaux. Cependant ils s'en rapprochent
à l'époque de la fécondation, qui offre dans son mode une
particularité des plus singulières; car l'accouplement des demoiselles s'opère d'une manière extraordinaire en apparence.
Voici les causes de cette singularité. Chez les mâles, l'organe

qui doit pénétrer dans le corps de la femelle pour y féconder les œufs, se trouve placé à la base de la poitrine en-dessous, tandis que dans la femelle l'orifice externe des organes génitaux existe à l'extrémité de l'abdomen. Il faut donc que la femelle aille porter l'extrémité de son ventre vers l'origine de celui du mâle, et que celui-ci la force à cet acte, en venant la saisir derrière le cou, au moyen d'une sorte de pinces ou de tenailles dont sa queue est armée. Cette femelle, ainsi violentée, se trouve forcée de suivre le mâle partout où il l'entraine ; cédant à la violence qui lui est faite, elle s'élève avec lui dans l'espace, jusqu'à ce que, fatigués tous deux, ils viennent se reposer sur quelque corps solide. Nous ne pouvons résister au désir de citer ici la description laconique que Linnæus a donnée de ce mode de fécondation : *Mas, visâ sociâ, ut amplectatur, caudæ forcipe prehendit feminæ collum ; quo verò illa, vinci nolens volensve, liberetur, caudà suâ vulviferà repellit proci pectus, in quo maris arma latent ; sic unitis sexibus obvolitat propriâ lege.*

La femelle fécondée vient pondre ses œufs en grappes dans l'eau, au fond de laquelle ils tombent par leur propre poids. Il en nait bientôt de petites larves fort raccourcies, à longues pattes, très-vives, très-alertes, sur le corps desquelles la vase et quelques corps étrangers s'attachent de manière à les déguiser sous cet état de larve. L'insecte change plusieurs fois de peau ; et il offre des particularités véritablement curieuses à étudier, et dans la manière dont il prend sa nourriture, et surtout par le mode singulier de sa respiration et de son transport ou de ses mouvemens progressifs, comme nous allons le dire.

L'organisation des parties de la bouche est difficile à distinguer au premier aperçu ; car la lèvre inférieure, énormément développée, se coude deux fois sur la longueur, se prolonge sous la gorge en une sorte de faux menton doublé, et se termine par une portion élargie qui recouvre les mâchoires, les mandibules et toute la bouche, comme un véritable masque. Cette lèvre bizarre a le triple usage, 1.° de se développer, pour se porter en avant à une distance qui dépasse souvent plus de trois fois la longueur de la tête ; 2.° de servir comme d'une sorte de pince, pour retenir la proie après l'avoir saisie, afin de la ramener vers la bouche, et de la soumettre à l'action triturante des mandibules et des mâchoires; 5.° de cacher tout-à-fait l'appareil à l'aide duquel l'insecte carnassier a bientôt dévoré sa victime. Il n'y a pas de doute que l'insecte, qui a la faculté de marcher en tous sens et déguisé, pour ainsi dire, par les corps étrangers qu'il a fixés aux poils dont toute sa surface est couverte, ne profite de cette sorte de pince protractile et articulée pour saisir rapidement sa proie, sans quitter la place où il se tient en embuscade.

Le mode de la respiration et de la locomotion, fonctions qui se trouvent ici liées d'une manière tout-à-fait bizarre, n'est pas moins curieux à connoître que l'appareil propre à la préhension des alimens et à la mastication : voici en quoi consiste cette particularité. Quand on élève des larves ou des nymphes agiles de demoiselles pour en observer les mœurs, on remarque que les pointes qui terminent, comme nous l'avons dit, leur abdomen, s'écartent de temps en temps les unes des autres; et si quelques corps étrangers se trouvent flotter dans l'eau, on les voit bientôt entraînés par un courant et comme par une sorte d'absorption dans l'intérieur du ventre, pour en sortir bientôt par une sorte d'expiration. Lorsque l'insecte veut même changer de place rapidement, on s'aperçoit qu'il fait une plus vive inspiration, une absorption d'une quantité d'eau plus considérable, qu'il chasse beaucoup plus rapidement encore, de manière que le jet d'eau qui sort de son anus, devient une sorte de colonne qui s'appuie sur la masse du liquide environnant, dont les molécules ne se mettent pas aussi rapidement en mouvement. Il résulte de ce choc, que le corps de l'insecte qui le produit, et qui est à peu près de la même pesanteur que l'eau, reçoit lui-même le mouvement en sens opposé, comme une pièce de canon recule par l'effet de la résistance que l'air oppose à l'effet de la dilatation de la poudre. Voilà donc un singulier mode de mouvement, dont on peut rendre la démonstration plus évidente par le procédé que nous allons indiquer. Si, au lieu de placer l'insecte dans l'eau pure, on le fait, pendant quelque temps, respirer ou se mouvoir dans un liquide coloré, soit par une solution d'indigo, d'encre à écrire ou de lait, et si on prend tout à coup cet insecte pour le placer dans un vase qui contient de l'eau très-limpide, on voit à chaque inspiration nouvelle que va faire l'insecte, ou dans chacun de ses grands mouvemens, un jet d'eau coloré qui provient, pour ainsi dire, du lavage que l'insecte opère dans l'intérieur de son intestin; car c'est véritablement dans l'intestin rectum que l'eau pénètre et que la respiration paroît s'opérer.

Réaumur, et surtout M. Cuvier, ont fait connoître la structure de cet intestin, et le dernier de ces deux auteurs a même donné une figure de cette organisation à la page 54 du premier volume in-4.° des Mémoires de la société d'histoire naturelle de Paris, en l'an VII. Quand on ouvre l'intestin rectum de ces larves ou de ces nymphes, on remarque, même à l'œil nu, douze rangées longitudinales de petites taches noires, rapprochées par paires, qui ressemblent à autant de ces feuilles que les botanistes nomment ailées (pinnées); au microscope, ou même à l'aide d'une simple loupe, on voit que chacune de ces taches est composée d'une multitude de petites trachées coniques, qui aboutissent à six grands troncs régnant dans toute la longueur du corps, et desquels partent toutes les branches qui vont porter l'air dans les parties, pour y opérer probablement le même phénomène que produit la respiration dans un point donné.

Il paroît donc démontré que dans ces insectes le mouvement progressif est en partie dû à l'acte mécanique qui est nécessaire à la respiration dans l'eau : c'est un exemple assez curieux d'association de fonctions, que nous ne devions pas passer sous silence, quoique les détails que cette particularité a exigés nous aient un peu écarté de l'histoire du développement des larves des libellules.

Au reste, les nymphes de ces insectes sont assez semblables aux larves dont elles proviennent; elles n'en diffèrent que par les moignons des ailes. Lorsqu'elles doivent subir leur dernière métamorphose, ces larves quittent l'eau pour jamais, elles grimpent sur les tiges des roseaux, sur les berges ou les murailles qui bordent les rivières : la elles s'accrochent solidement la tête en haut, en écartant les pattes. Bientôt l'air, surtout l'action du soleil, à l'ardeur duquel elles cherchent à s'exposer, vient à dessécher leur corps ; on voit une fente longitudinale s'opérer sur le dos du corselet, qui se bombe et se fait jour a travers cette fente : peu après la tête se dégage, puis les pattes, ensuite les ailes ; enfin le tronc sort de son fourreau, qui reste comme une dépouille au lieu où la métamorphose s'est opérée. L'insecte, après s'être éloigné de quelques pas, conserve la plus grande immobilité, de crainte de froisser ses ailes, qui sont encore humides, blanchâtres, opalines, et qui doivent s'alonger, se développer et prendre de la consistance, ce qui, selon l'heure de la journée et l'état hygrométrique de l'atmosphère, demande souvent plusieurs heures.

Les principales espèces du genre Libellule sont les suivantes :

1.° LIBELLULE APLATIE, *Libellula depressa.*

C'est celle que nous avons figurée à la planche 11 de la première livraison de l'Atlas de ce Dictionnaire, sous le n.° 6, et sa nymphe sous le n.° 7.

Cet insecte, qui a plus d'un pouce et demi de long, est la *philinthe* de Geoffroy, qui l'a très-bien caractérisé comme il suit.

Car. Ailes transparentes, jaunes à la base, avec un trait noir au bord externe de leur extrémité ; abdomen couvert d'une poussière cendrée bleuâtre (c'est le mâle).

La femelle, que le même auteur a décrite sous le nom d'*Éléonore*, et qu'il a figurée tom. 2, pl. 13, fig. 1, ne diffère que par la couleur de son abdomen, qui est jaunâtre ou d'un jaune fauve, et non bleu.

2.° LIBELLULE QUATRE-TACHES ; *Libellula quadrimaculata*, Linn.

C'est celle que Geoffroy a nommée la *Françoise.*

Car. Abdomen conique, jaune, brun à l'extrémité ; les ailes ont, toutes, deux taches brunes sur le bord externe, et les inférieures en ont une semblable à la base.

3.° LIBELLULE BRONZÉE ; *Libellula ænea*, Linn.

Geoffroy nomme *Aminthe* cette demoiselle ; Panzer l'a figurée, ainsi que les deux qui précèdent.

Car. Corps d'un vert doré, à l'exception de la lèvre inférieure, qui est jaune ; les ailes sont jaunâtres, avec une tache marginale brune.

Comme nous n'avons pas décrit au genre Æshne les es-pèces de demoiselles que Fabricius a décrites sous ce nom, parce que le lobe moyen de la lèvre inférieure est aussi large que les latéraux, que d'ailleurs ces insectes ont les mêmes mœurs et les mêmes formes, nous allons les faire connoître ici.

4.° Libellule grande ; *Libellula grandis*, Linn.

Geoffroy l'a nommée *Julie.* C'est la plus grande espèce de demoiselle ; car il y a des individus de près de quatre pouces de long. Réaumur l'a figurée dans ses Mémoires, tom. 6, pl. 35, fig. 3.

Car. Jaune fauve-foncé ; ailes jaunâtres avec une tache brune au bord externe ; corselet avec deux bandes obliques, citronées de chaque côté ; tête jaune au devant, à yeux bruns.

5. Libellule a tenailles ; *Libellula forcipata*, Linn.

C'est la *Caroline* de Geoff., dont Réaumur a donné deux fois la figure, tom. 4, pl. 10, fig. 4, et tom. 6, pl. 35, fig. 5.

Car. Abdomen et corselet noirs, avec des taches et des traits jaunes ; ailes transparentes, avec une tache externe, noire, oblongue. (C. D.)

LIBELLULINES. (*Entom.*) Nom donné par M. Latreille à la famille des *libelles* ou *odonates.* (C. D.)

LIBELLULOÏDES. (*Entom.*) Voyez Odonates. Laicharting a aussi donné ce nom à tous les insectes de l'ordre des névroptères. (C. D.)

LIBER ou LIVRET. (*Bot.*) Couche de l'écorce la plus voi-sine du bois. C'est, si l'on peut ainsi dire, une herbe placée à la superficie du corps ligneux des arbres et arbrisseaux dicotylédons. La force vitale des végétaux réside essentiel-lement dans cette partie. Au temps du repos de la végéta-tion, le liber demeure inactif entre le bois et les couches corticales, de même que les racines vivaces dans le sein de la terre ; mais, peu avant le développement des bourgeons, lorsque les nouvelles racines commencent à paroître, l'hu-midité de la terre, aspirée par cette *jeune herbe*, s'élève dans les vaisseaux, avec une force incroyable, quoique le végétal ne transpire point (voyez au mot Succion). Bientôt le liber commence à s'endurcir, et l'humidité, pour monter dans le corps de l'arbre, a besoin d'être aidée par la succion et la transpiration des feuilles et des rameaux.

Si l'écorce se conservoit aussi intacte que le bois, on pourroit compter, sur la coupe de cette portion du tronc, les époques de la croissance de l'arbre aussi sûrement que sur la coupe du bois. Mais les couches les plus extérieures du liber (ce sont celles qu'on désigne sous le nom de couches corticales), toujours repoussées au dehors à mesure qu'il s'en forme de nouvelles, se dessèchent, se confondent et même se déchirent et se détruisent dans les arbres dont le tronc et les branches ne sont plus dans leur première jeunesse.

A la densité près, le liber a la même organisation que le bois.

« J'ai long-temps soutenu que les feuillets du liber se
« transformoient en bois. Parmi les anciens physiologistes,
« plusieurs étoient de cet avis, d'autres le combattoient.
« Parmi les physiologistes modernes on a vu régner la même
« dissidence dans les opinions. Entre ceux qui ont le plus
« fortement combattu l'hypothèse que j'avois adoptée, je
« citerai MM. du Petit-Thouars, Knight, Treviranus et Keiser.
« Ils avoient raison ; j'étois dans l'erreur : je déclare que mes
« dernières observations m'ont fait voir que le liber est cons-
« tamment repoussé à la circonférence, et que, dans aucun
« cas, il ne se réunit au corps ligneux et n'augmente sa
« masse. J'étois trop fortement préoccupé de l'opinion con-
« traire pour y renoncer sur de légères preuves : je suis donc
« maintenant très-convaincu que *jamais le liber ne devient bois.*
« Il se forme entre le liber et le bois une couche qui est
« la continuation du bois et du liber. Cette *couche régéné-*
« *ratrice* a reçu le nom de *cambium.* Le *cambium* n'est donc
« point une liqueur qui vienne d'un endroit ou d'un autre;
« c'est un tissu très-jeune, qui continue le tissu plus ancien.
« Il est nourri et développé par une séve très-élaborée.
« Le cambium se développe, à deux époques de l'année,
« entre le bois et l'écorce, au printemps et en automne.
« Son organisation paroît identique dans tous ses points ; ce-
« pendant la partie qui touche à l'aubier se change insen-
« siblement en bois, et celle qui touche au liber se change
« insensiblement en liber. Cette transformation est percep-
« tible à l'œil de l'observateur.

« Une question qui embarrasse les physiologistes, c'est de
« savoir comment le *cambium* , substance de consistance
« mucilagineuse, a assez de force pour repousser l'écorce,
« et comment, en la repoussant, il ne la désorganise pas
« totalement. Le fait est que le *cambium* ne repousse point
« l'écorce. A l'époque où il se produit, l'écorce elle-même
« tend à s'élargir. Ses réseaux corticaux et son tissu cellu-
« laire croissent; il en résulte qu'elle devient plus ample
« dans tous ses points vivans. Il se développe à la fois du
« tissu cellulaire régulier et du tissu cellulaire alongé. La
« partie la plus extérieure de l'écorce, la seule qui soit désor-
« ganisée par le contact de l'air et de la lumière, et qui par
« conséquent ne puisse plus prendre d'accroissement, se fend,
« se déchire et se détruit. Elle seule est soumise à l'action
« d'une force mécanique; le reste se comporte d'après les
« lois de l'organisation. En s'élargissant, l'écorce permet au
« *cambium* de se développer; il forme alors, entre l'écorce
« et le bois, la *couche régénératrice*, qui fournit en même
« temps un nouveau feuillet de liber et un nouveau feuillet
« de bois. La couche régénératrice établit la liaison entre
« l'ancien liber et l'ancien bois; et si, lors de la formation
« du *cambium*, l'écorce paroît tout-à-fait détachée du corps
« ligneux, ce n'est pas, je pense, qu'il en soit réellement
« ainsi, mais c'est que les nouveaux linéamens sont si foi-
« bles que le moindre effort suffit pour les rompre.

« L'accroissement du liber est un phénomène de toute
« évidence. Dans le tilleul, les mailles du réseau s'élargis-
« sent, mais ne se multiplient point, et le tissu cellulaire,
« renfermé dans les mailles, devient plus abondant. Dans le
« pommier, les mailles du réseau se multiplient et se rem-
« plissent d'un nouveau tissu cellulaire. Les écorces des dif-
« férens genres d'arbres, quoique ayant essentiellement la
« même structure, offrent néanmoins des modifications assez
« remarquables pour qu'elles méritent l'attention des physi-
« ciens. J'ai fait sur ce sujet des recherches très-approfon-
« dies. J'ai disséqué et dessiné le *tilia europæa*, le *castanea*
« *vesca*, le *betula alba*, le *corylus avellana*, le *carpinus betulus*,
« le *populus tremula*, l'*ulmus campestris*, le *fagus sylvatica*, le
« *quercus robur*, le *prunus cerasus*, le *malus communis*, et j'ai

« noté plusieurs différences très-curieuses. » (Mirbel, Bulletin de la société philomatique, 1816, pag. 107.)

Les arbres monocotylédones (palmiers, etc.) n'ont point une écorce distincte du reste du tissu : aussi leur coupe transversale n'offre point, comme dans les dicotylédones, les zones concentriques produites dans ceux-ci par la succession des couches du liber et du bois. (Mass.)

LIBES. (*Min.*) Nom que l'on donne à certains Poudingues. Voyez ce mot. (B.)

LIBIBATTE. (*Ichthyol.*) D'après des vers attribués à Hésiode, mais qu'Athénée attribue plutôt à quelque cuisinier du même nom que ce célèbre poëte, l'auteur du *Diner des savans* parle d'un poisson que les Grecs appeloient λιϐιϐάʃτευς, et avec lequel on faisoit des salaisons. Ce poisson, dont Byzance passoit pour être la patrie, nous est inconnu. (H. C.)

LIBIDIBI. (*Bot.*) Nom du *poinciana coriaria* de Jacquin, à Curaçao et à Carthagène, dans l'Amérique méridionale, où on l'emploie pour tanner les cuirs. (J.)

LIBISTICUM. (*Bot.*) Voyez Levisticum. (J.)

LIBIUM (*Bot.*), nom égyptien du genévrier, suivant Ruellius et Mentzel. (J.)

LIBNEH. (*Bot.*) Celsius, dans son *Hierobotanicon*, qui traite des plantes mentionnées dans l'Écriture sainte, cite sous ce nom le peuplier blanc, qui est le *haur* des Arabes, suivant Rauwolf. (J.)

LIBOT. (*Conchyl.*) C'est le nom sous lequel Adanson, Sénég., p. 27, pl. 2, désigne une espèce de patelle nommée par Linnæus *patella umbella*. Bruguières dit cependant que c'est la *patella angulata*. Voyez Patelle. (De B.) .

LIBRE [Inadhérent]. (*Bot.*) L'ovaire prend cette épithète lorsqu'il n'est attaché à la fleur que par sa base (lis, labiées, etc.); le placentaire, lorsqu'il est totalement détaché du péricarpe (plantain); l'amande de la graine, quand sa surface n'adhère pas à l'enveloppe qui la recouvre (haricot, etc.); le nectaire, lorsqu'il naît sous l'ovaire, sans faire corps avec lui (ményanthès); les étamines, lorsqu'elles ne sont réunies entre elles ni par les anthères ni par les filets, etc. (Mass.)

LIBYCE. (*Bot.*) L'un des noms de la buglose officinale, chez les anciens. (Lem.)

LIBYESTASON, (*Bot.*) La réglisse étoit désignée par ce nom chez les anciens. (Lem.)

LIBYTHÉE. (*Entom.*) Fabricius a indiqué sous ce nom un genre de papillon de jour parmi les nymphales, tels que les *papilio celtis, carinenta.* Voyez Papillon. (C. D.)

LIBYUS. (*Ornith.*) Aristote, liv. 9, chap. 1, se borne à dire de cet oiseau qu'il est en guerre avec le *coureur,* et personne n'a tenté de faire des conjectures sur une pareille désignation. (Ch. D.)

LICA. (*Ichthyol.*) Sur le littoral du département des Alpes maritimes on donne ce nom au centronote lyzan de M. de Lacépède, rapporté par M. Cuvier au genre Liche. Voyez Liche et Scombéroide. (H. C.)

LICADOROS. (*Ornith.*) Selon M. Vieillot c'est le nom grec moderne du milan. (Desm.)

LICAMA. (*Mamm.*) Nom cafre qui paroît appartenir à un antilope; mais l'espèce n'en a pas été exactement déterminée. (F. C.)

LICANIA. (*Bot.*) Voyez Caligni. (Poir.)

LICARI BOIS-DE-ROSE (*Bot.*); *Licaria guianensis,* Aubl., *Guian.,* pag. 313, tab. 121. Arbre de la Guiane, mentionné par Aublet, mais dont il n'a pu observer ni les fleurs ni les fruits; il paroîtroit devoir se rapprocher de la famille des *laurinées,* d'après la forme de son feuillage et son odeur aromatique. Cet arbre s'élève, dans les grandes forêts, à la hauteur de cinquante ou soixante pieds sur un diamètre de trois pieds; son écorce est roussâtre, gercée; son bois jaunâtre, peu compact; son tronc porte, au sommet, de grosses branches divisées en un grand nombre de rameaux grêles, chargés de feuilles alternes, médiocrement pétiolées, glabres, ovales-acuminées, entières. Lorsque cet arbre croît à l'ombre, il s'élève beaucoup moins; son bois est plus lâche, moins jaunâtre. Il répand une odeur de rose, surtout celui des vieux troncs. Les feuilles sont également un peu aromatiques. (Poir.)

LICE. (*Mamm.*) On donne ce nom, en vénerie, à la femelle du chien courant, destinée à propager sa race. (F. C.)

LICEA. (*Bot.*) Genre de plantes de la famille des champignons, établi par Schrader, adopté d'abord par Persoon, et

puis par tous les botanistes. Il est très-voisin des *Tubulina* et
Lycogala, et appartient à l'ordre des champignons *angio-
carpes* de Persoon, ou *gastromyciens* de Link, Nées, Fries,
etc. Ses caractères sont les suivans, d'après M. Persoon : *Péridium* libre, arrondi ou un peu élargi, fragile, s'ouvrant
irrégulièrement au sommet ; point de base membraneuse ;
poussière séminifère, privée de filamens. Link a établi ainsi
le caractère générique : Sporange globuleux ; péridium simple, crustacé, s'ouvrant en deux, comme une boîte à savonnette ; sporidies entassées. Ce caractère réunit au *Licea* le
genre *Tubulina*, chez lequel les péridiums tubuleux sont
groupés, et le plus souvent placés sur une base membraneuse.

Le nombre des espèces de ce genre est très-borné ; on en
connoît environ huit espèces : elles croissent sur les murs des
caves, dans les celliers, et sur l'écorce et le bois mort. C'est
particulièrement en automne qu'on les trouve ; elles forment de petits tapis par la réunion des péridiums.

Le LICEA BICOLOR : *L. bicolor*, Pers. ; *Didymium parietinum*,
Schrad., *Gen.*, tab. 6, fig. 1. Ses péridiums sont arrondis,
d'un vert noir ou d'une couleur olive sombre ; ils contiennent une poussière d'un beau jaune, qui forme une masse
compacte, de manière à imiter une columelle. (Voyez DIDY-
MIUM.) On le trouve dans les celliers et sur les murs des
endroits humides et fermés.

Le LICEA BOÎTE-A-SAVONNETTE : *Licea circumcissa*, Persoon ;
Sphærocarpus sessilis, Bull. Champ., tab. 417, fig. 5. Il offre
des péridiums sessiles, arrondis, un peu déprimés, jaunàtres
ou d'un brun foncé, de plus d'une ligne de diamètre ; ils
s'ouvrent en travers, et contiennent une poussière d'un
jaune doré, sans filamens, ou n'en offrent tout au plus qu'un
ou deux. On rencontre cette espèce, dont les péridiums par
leur réunion ressemblent à des œufs d'insectes, sur le bois
mort, encore recouvert de son écorce.

Le LICEA DES CÔNES ; *Licea strobilina*, Alb. et Schwein., tab. 6,
f. 5. Il forme de petits tapis continus, d'un brun roussàtre,
composés d'un grand nombre de petits péridiums très-serrés,
s'ouvrant en travers, mais un peu irrégulièrement, et contenant une poussière jaunàtre ou blanchàtre. On trouve cette
espèce sur les écailles des cônes pourris du sapin ; elle croit

sur la face interne des écailles. Après l'émission de la poussière elle a quelque ressemblance avec un guêpier.

Nous citerons encore le *Licea flexuosa*, Pers., qui se rencontre sur l'écorce du pin.

Le *Licea stipitata*, Dec., qui est le *diderma squammulosum* d'Albertini et Schweinitz, ne paroît pas devoir appartenir à ce genre. (Lem.)

LICEA. (*Ichthyol.*) Nom nicéen du Centronote lyzan, suivant M. Risso. (Desm.)

LICETTE. (*Ichthyol.*) A Venise, selon La Chesnaye des Bois, on appelle ainsi la fiatole. Voyez Stromatée. (H. C.)

LICHANOTUS. (*Mamm.*) Nom générique donné par Illiger au quadrumane de la famille des makis, que M. de Lacépède avoit décrit long-temps auparavant sous le nom d'Indri. Voyez l'article Maki. (Desm.)

LICHE. (*Ichthyol.*) Poisson du genre des Squales, dont M. Cuvier forme un groupe particulier. (Desm.)

LICHE, *Lichia*. (*Ichthyol.*) M. Cuvier a retiré, sous ce nom, des scombres et des gastérostées de Linnæus et des centronotes de M. de Lacépède, un genre de poissons reconnoissable aux caractères suivans :

Des épines libres en avant de la nageoire du dos ; point de fausses nageoires ; écailles lisses ; plus de quatre rayons aux catopes ; ni carène, ni armure à la ligne latérale ; une ou deux épines libres au devant de la nageoire anale ; corps généralement assez élevé et comprimé.

Le genre Liche appartient à la famille des atractosomes de M. Duméril, parmi les poissons holobranches thoraciques, et à la deuxième tribu de la famille des scombéroïdes de M. Cuvier, parmi les poissons acanthoptérygiens.

A l'aide des caractères indiqués, on le distinguera facilement des Centronotes, dont les côtés de la queue sont saillans en carène ; des Scombres, des Scombéroïdes, des Scombéromores et des Trachinotes, qui ont de fausses nageoires derrière celles du dos et de l'anus ; des Gastérostées, qui n'ont que deux rayons aux catopes ; des Lépisacanthes, qui ont les écailles très-épineuses ; des Cæsions et des Caranxomores, qui n'ont point d'aiguillons au devant de la nageoire dorsale ; des Caranx, des Centropodes, des Pomatomes, qui ont deux nageoires dorsales. (Voyez ces divers noms de genres, et ATRACTOSOMES, dans le Supplément du second volume de ce Dictionnaire.)

Ce genre est d'ailleurs assez peu abondant en espèces, à moins que, à l'exemple de M. Cuvier, on n'y fasse entrer, dans une division à part, les *scombéroïdes* de M. de Lacépède.

Tous les poissons qui le composent, ont un large sac pour estomac et beaucoup de cœcums. Parmi eux nous signalerons les espèces suivantes :

La LICHE VULGAIRE : *Lichia vulgaris* , N. ; *Scomber amia*, Bloch ; *Centronotus vadigo* , Lacép. Huit aiguillons au devant de la nageoire du dos ; ligne latérale tortueuse ; nageoires du dos et de l'anus falciformes ; nageoire caudale fourchue ; première épine dorsale couchée en avant et immobile ; corps alongé et comprimé ; museau arrondi ; mâchoires garnies de petites dents isolées ; yeux grands , à iris nacré ; nuque transparente ; opercules lisses.

Ce poisson a le dos couvert d'un manteau bleu chatoyant, dont les bords descendent en festons sur les côtés, qui resplendissent de l'éclat de l'argent. Son ventre est blanc ; le dessus de sa tête, d'un beau bleu d'outre-mer ; sa nageoire dorsale blanchâtre ; celle de l'anus blanche et pointillée de noir.

La liche habite la mer Méditerranée , sur les côtes de laquelle on la nomme *derbis . lampuga . lecia, luzia*, suivant les lieux. Il paroît bien qu'elle est le poisson nommé γλαυκος par Aristote. Rondelet en a parlé sous le nom de *seconde espèce de glaucus*, dans le 16.ᵉ chapitre de son 8.ᵉ livre ; et quoique Bloch en ait traité sous la dénomination de *scomber amia*, elle ne se rapporte aucunement au poisson que Linnæus et Artédi ont ainsi appelé.

Elle vit de petites espèces de clupées, et pèse de quatre à quarante livres.

Sa chair est, dit-on, préférable à celle du thon.

La LICHE ÉPERON : *Lichia calcar*, N. ; *Scomber calcar*, Bloch , 336 , fig. 2 ; *Centronotus calcar*, Lacépède. Quatre aiguillons au devant de la nageoire du dos ; corps et queue presque alépidotes ; mâchoire inférieure plus longue que la supérieure ; ligne latérale presque droite ; catopes couchés dans un sillon pendant le repos; teinte générale argentée, avec des reflets noirs sur le dos; nageoires bleuâtres.

Ce poisson, de la taille du maquereau, est fort abondant sur la côte de Guinée. Sa chair est d'une saveur agréable.

Le centronote argenté, des rivages de l'Amérique, et qui est regardé par Gmelin comme un gastérostée, est rapporté au genre Liche par M. Cuvier. Voyez CENTRONOTE, SCOMBÉROÏDE et LEICHE. (H. C.)

LICHEN. (*Bot.*) Ce nom étoit donné, par les anciens, à une plante en usage pour guérir les dartres et d'autres affections cutanées. Dioscoride, Pline, Galien, etc., ne la décrivent pas d'une manière satisfaisante, de sorte que l'on est réduit à des conjectures sur son espèce. Dioscoride nous apprend que le *lichen* étoit aussi nommé *bryon*, qu'il croissoit habituellement sur les pierres humides et souvent arrosées. Les commentateurs de ces auteurs sont la plupart du sentiment que le *lichen* des anciens est notre *marchantia polymorpha*, ou même le *marchantia conica* : ils se fondent sur ce que, de leur temps; ces deux plantes hépatiques s'employoient dans les pharmacies aux mêmes usages que le *lichen*, et qu'elles croissent effectivement dans les mêmes circonstances. Cependant quelques-uns d'eux soupçonnent et pensent même que le *lichen* ancien peut très-bien être une de nos espèces de lichen, par exemple, le *lichen pulmonarius*, Linn. (voyez LOBARIA), ou le *lichen parietinus*, Linn. (voyez IMBRICARIA). On doit encore faire remarquer que Pline distingue deux espèces de lichen. La première est, selon lui, une herbe qui pousse, une à une, des feuilles élargies à la base, dont la tige est solitaire et garnie de feuilles pendantes. Cette herbe se plaisoit dans les lieux pierreux. C. Bauhin pense que ce peut être une plante grasse, et même le *saxifraga cuneifolia*, ce qui est bien hasardé. La seconde espèce de Pline croissoit sur les pierres, comme la mousse, et est rapportée au *lichen* de Dioscoride.

Jusqu'à Michéli les botanistes ont désigné par *lichen* des plantes diverses. Dans le *Pinax* de C. Bauhin on trouve réunis, sous ce nom, les hépatiques des genres *Marchantia*, *Targionia* et quelques espèces de *Jungermannia*. C'est aussi la même application de cette dénomination qu'on retrouve dans quel-

ques botanistes contemporains ou postérieurs aux Bauhin.
Plus tard Rai s'est servi de ce nom pour un de ses genres,
qui comprend les *Marchantia*, l'*Hepatica* de plusieurs autres
botanistes, et une partie de nos *Jungermannia*. Dillen, qui
a aussi un genre Lichen, y rapporte les genres *Marchantia*,
Riccia, *Guentheria*, *Targionia* et *Sphærocarpus;* il en exclut
toutes les *Jungermannia* et l'*Andræa*, qui sont ses *Lichenastrum*,
expression par laquelle il a voulu rappeler que ces plantes
ont beaucoup d'analogie avec les précédentes. D'après cela
on peut dire que la famille des *hépatiques* réunit les *lichens*
de ces botanistes.

D'une autre part, Tournefort et Michéli réservèrent le
nom de *lichen* à un genre très-différent des précédens, adopté
par Linnæus, et tellement riche en espèces très-variées,
que, dès son adoption par Linnæus, les botanistes ont cherché à le diviser: maintenant il forme, à lui seul, une famille
contenant un grand nombre de genres. Nous en donnons
les caractères et l'histoire dans notre article *Lichens.* Les
plantes de ce genre méritent d'autant mieux le nom de
Lichen, qui signifie *dartre*, en grec, que beaucoup d'entre
elles forment, sur les rochers, les pierres et les écorces
d'arbres, des croûtes lépreuses, comparables à cette maladie de la peau, à la guérison de laquelle plusieurs ont été
employées. (L.EM.)

LICHEN-AGARICUS. (*Bot.*) Michéli donnoit ce nom à
un genre de la famille des hypoxylées, que depuis on a
adopté sous le nom de *Sphæria.* Il trouvoit que les végétaux
qui le composent, tiennent à la fois des champignons, surtout
dans leur état de fraîcheur, et des *lichens* par leur nature.
Actuellement ils font partie de l'ordre intermédiaire des
hypoxylées, établi par M. De Candolle. Michéli en a décrit un
petit nombre d'espèces, qu'il disposoit en trois sections, qu'il
nomme ordres. La première renferme les espèces droites, rameuses ou simples, qui comprend les *sphæria hypoxylon*,
digitata, militaris; dans la deuxième sont les espèces crustacées
ou tubéreuses, qui portent leurs conceptacles à la surface supérieure ou inférieure : la troisième contient quelques espèces qui ne sont point crustacées, et dont les séminules
sont à la surface. Les espèces de ces sections sont fort difficiles

à déterminer, parce qu'elles rentrent dans des sections du genre *Sphæria*, extrêmement nombreuses en espèces, qui, pour la plupart, sont elles-mêmes très-mal définies. Michéli considère les conceptacles de ces végétaux comme des fleurs apétales, stériles, sans étamines ni pistil ni calice, et adhérentes à des masses gélatineuses. (Lem.)

LICHEN DE GRÈCE. (*Bot.*) Voyez Orseille. (Lem.)

LICHENASTRUM. (*Bot.*) Dillen, dans son *Hist. musc.*, désigne ainsi un genre que Michéli et Linnæus ont nommé *jungermannia*. Voyez Lichen. (Lem.)

LICHENÉES ou LIKENÉES. (*Entom.*) Geoffroy a désigné sous ce nom, avec les épithètes de *rouge* et de *bleue*, deux noctuelles (*noctua sponsa, fraxini*), dont les chenilles se nourrissent principalement de lichens, ou parce que leurs ailes supérieures sont grises et peuvent faire confondre au premier coup d'œil ces insectes avec les lichens. Voyez Noctuelle. (C. D.)

LICHENOIDES. (*Bot.*) Nom de l'un des trois genres qui représentent les lichens dans l'*Historia muscorum* de Dillenius : il comprend les lichens crustacés ou à expansion membraneuse, plane ou rameuse, qui composent les genres *Opegrapha, Graphis, Verrucaria, Pertusaria, Rhizocarpon, Patellaria, Psora, Urceolaria, Squammaria, Placodium, Imbricaria, Collema, Physcia, Lobaria, Sticta, Peltigera, Umbilicaria*. Rai avoit employé cette dénomination de *Lichenoides* dans le même sens que Dillenius : mais, avant lui, Michéli le restreignoit au genre *Verrucaria*, le *Korkir* d'Adanson. Enfin le *Lichenoides* d'Hoffmann représente le genre *Physcia*, ou mieux le *Borrera*, qui n'est qu'une division du *Physcia*. (Lem.)

LICHENOPORE. (*Foss.*) On trouve dans les couches du calcaire coquillier, ainsi que dans les craies, de petits polypiers qui adhèrent quelquefois à des coquilles, et qui paroissent n'avoir point encore été décrits. Ils sont pierreux, orbiculaires, parsemés de pores à leur partie supérieure, sur laquelle on trouve des crêtes élevées ou de petits tubes qui rayonnent du centre à la circonférence, sans former une étoile, comme dans les polypiers à cellule lamellée en étoile.

Je propose d'en former, sous le nom de lichénopore, un genre dont voici les caractères : *Polypier pierreux, fixé, orbi-*

culaire, *avec ou sans pédicule, poreux à sa partie supérieure, où se trouvent des crêtes ou des rangées de tubes rayonnantes.*

Espèces.

Lichénopore turbiné, *Lichenopora turbinata.* (Def.) Cette jolie espèce, figurée dans l'Atlas de ce Dictionnaire, a la forme d'un verre à patte. Elle est lisse extérieurement et sur ses bords ; ses pores sont larges et très-rapprochés les uns des autres. Diamètre trois à quatre lign. ; hauteur à peu près égale.

Lichénopore crépu, *Lichenopora crispa.* (Def.) Cette espèce s'attache sur les corps par toute sa surface inférieure. Elle est un peu moins grande que la précédente, et sa surface supérieure est couverte de petites aspérités formées par le prolongement des pores, qui sont tubuleux. Les bords sont quelquefois relevés et forment un encadrement autour du polypier.

Les deux espèces précédentes se trouvent dans les falunières de Hauteville et d'Orglandes , département de la Manche.

Lichénopore des craies, *Lichenopora cretacea.* (Def.) Cette espèce forme de jolies rosaces sur les échinites et autres corps qu'on rencontre dans les craies. On trouve souvent dans la même substance ces petits polypiers qui ne sont adhérens sur aucun corps ; mais, comme ils portent des traces de leur adhérence, il est très-probable que les corps sur lesquels ils ont vécu ont disparu. Les polypiers de cette espèce diffèrent de ceux des espèces précédentes, en ce que les crêtes dont ils sont couverts, sont plus petites et ne présentent point de petits tubes. Diamètre deux à trois lignes. On les trouve dans les couches de craies de Meudon, de Maestricht et de Nehou, département de la Manche. (D. F.)

LICHENOPS. (*Ornith.*) L'oiseau désigné sous ce nom dans les manuscrits de Commerson se rapporte au clignot ou traquet à lunettes, *motacilla perspicillata*, Gmel. (Ch. D.)

LICHENS et HERPETTES, *Lichenes.* (Bot.) Famille de plantes cryptogames, intermédiaire entre les hypoxylées et les hépatiques, avec lesquelles elle a des affinités, surtout avec les premières, et que Linnæus et ses imitateurs placent dans la famille des algues.

Ce sont des plantes terrestres ou adhérentes aux arbres et aux pierres, fixées par des fibrilles très-déliées, situées à la partie inférieure d'un *thallus,* ou expansion (*réceptacle universel,* Ach.), crustacé ou grenu, ou corné ou coriace, ou membraneux ou foliacé, horizontal ou redressé, sinué, lobé, découpé, ramifié, branchu, coralloïde ou filamenteux, ordinairement subéreux, ou cotonneux, ou spongieux, ou semblable à de l'étoupe à l'intérieur, et recouvert d'une écorce mince plus tenace; portant: 1.° des *conceptacles* ou *apothecium* (*réceptacle propre* ou *particulier,* Ach.), épars ou agglomérés, sessiles ou portés sur une tige ou pédicule propre (*podecium* et *podicellum, pyxis, bacillus*), variables dans leur figure (d'où les noms suivans pour les désigner, *scutella, patellula, lirella, pilidia, orbilla, pelta, trica, thalamia, tubercula, cistula, cephalodia, capitula, globulus, verruca*), communément en forme d'écusson ou de scutelle, composés d'une écorce ou peau extérieure et souvent d'un rebord, produits tous les deux par le thallus, dont ils ne diffèrent pas; d'un disque, d'une couleur differente que le thallus, formé par une peau colorée (*lamina proligera,* Ach.) qui recouvre un noyau (*nucleus proligerus,* Ach.) dans la substance duquel sont les corps reproducteurs ou séminules, renfermés dans des élytres (*gongyli, sporulæ, thecæ,* etc.): 2.° des corps tuberculiformes ou faux conceptacles (*cephalodia, cyphella, pulvinelus, soredia*), farineux ou poudreux, ou fibreux, ou déchiquetés, ou frisés, de même nature que le thallus, qui, comme les vrais conceptacles, concourent à la multiplication de la plante, et que l'on a regardés comme des organes mâles ou des efflorescences dues à la rupture des cellules extérieures du thallus.

Tels sont les caractères de cette famille, qu'Acharius concentre dans un plus petit nombre de lignes. Suivant lui, on peut définir ainsi les lichens.

Réceptacle universel, ou thallus polymorphe, sans racine, sans tige, vivace, contenant des corpuscules infiniment petits ou gongyles, servant à la multiplication de la plante, et épars ou nichés à la surface ou dans la propre substance du thallus, contenus aussi à la fois dans des organes propres, colorés: *réceptacles partiels* ou *apothecium,* semblables à des organes fructifères.

Cette définition tient à ce que ce célèbre lichénographe a été conduit, par des observations multipliées et par un examen sévère de toutes les parties des lichens, à les considérer comme formés d'une seule et même substance diversement modifiée, renfermant, cachées dans toutes ses parties, les séminules reproductrices. L'on doit avouer que les raisons qu'il donne ne sauroient être réfutées. Nous pensons donc avec lui que les lichens n'ont point de fructification bien reconnue, puisque toutes leurs parties servent à la multiplication; et, en outre, que les conceptacles ne sauroient être considérés comme des organes femelles, et les corps tuberculeux ou faux conceptacles comme des organes mâles : opinion émise par des naturalistes plus par système que par conviction.

C'est à la Lichénographie universelle d'Acharius que nous renvoyons le lecteur qui désireroit prendre une connoissance plus particulière de la structure et de la nature des diverses parties des lichens, et étudier plus profondément l'histoire de ces êtres singuliers, qu'on a été tenté de rapprocher du règne animal. Les lichens offrent sur le même pied des conceptacles de structure différente; c'est ce qui établit, selon Acharius, la distinction de cette famille d'avec celles des algues, des champignons et des hépatiques. On peut ajouter encore que le tissu spongieux et blanc des lichens verdit à l'air, ce qui est dû sans doute à un suc propre décoloré par l'action de l'air; enfin, qu'ils donnent de l'oxigène, lorsque, mis sous l'eau, on les soumet à l'action du soleil.

Les genres que nous rapportons à cette famille avec M. De Candolle, ont été d'abord institués ou adoptés par Acharius, et ensuite modifiés par lui, ainsi qu'on va le voir par l'exposition suivante. Nous avons cru devoir ajouter quelques synonymes à la suite de chaque genre, pour faciliter l'intelligence de ce qui a été dit sur chacun d'eux dans ce Dictionnaire.

Genres de la famille des lichens.

* Conceptacles pulvérulens placés sur une croûte peu adhérente.

1. LEPRA, Wigg.; *Lepraria*, Ach.; *Pulveraria*, Hoffm., Ach.; *Conia*, Vent.

2. Coniocarpon, Decand. ; *Spiloma*, Ach.

3. Variolaria, Pers., Ach.

** Conceptacles en tubercules ou en écussons insérés sur des tiges.

4. Isidium, Ach.

5. Sphærophorus, Ach., Decand.

6. Stereocaulon, Ach.

7. Cornicularia, Decand. ; *Cornicularia, Setaria* et *Alectoria*, Ach., *Lichen.*

8. Usnea, Ach., Decand. ; *Everniæ*, Sp., Ach.

9. Roccella, Decand.

10. Cladonia, Hoffm., Ach., *Prod.* ; Decand. ⎫
11. Scyphophorus, Vent., Ach. ⎬ *Cenomyce,* Ach., *Lichen.*
12. Helopodium, Ach., *Prodr.* ; Decand. ⎭

*** Conceptacles en tubercules ou en écussons sessiles ou pédonculés, insérés sur une simple croûte grenue.

13. Bæmyces, Ach., Decand. ; *Tubercularia*, Wigg., Hoffm. ; *Bæomyces* et *Lecideæ*, Sp., Ach., *Lich.*

14. Calycium, Pers. ; *Limboria, Calicium, Cyphelium* et *Coniocybe*, Ach., *Act. Acad. Hol.*

15. Patellaria, Ach., Decand. ; *Scutellaria*, Hoffm. ; *Lecideæ*, Sp., Ach. ; *Lecanoræ*, Sp., Ach.

**** Conceptacles en écusson, placés entre ou sur des écailles foliacées.

16. Rhizocarpon, Ramond ; *Lecanoræ*, Sp. Ach.

17. Psora, Hoffm., Sp., Ach., Decand. ; *Psoroma* et *Lecanoræ*, Sp., Ach.

18. Urceolaria, Decand. ; *Urceolaria* et *Gyalecta*, Ach.

19. Volvaria, Decand. ; *Thelotrema*, Ach.

20. Squammaria, Decand. ; *Psoræ*, Sp., Hoffm. ; *Psoromæ, Placodii*, Sp., et *Lecanoræ*, Sp., Ach.

***** Conceptacles insérés sur des feuilles.

21. Placodium, Ach. ; *Lecanoræ*, Sp., Ach.

22. Collema, Hoffm., Ach.

23. Physcia, Ach., Decand. ; *Lichen*, Hoffm. ; *Borrera, Ramalina, Cetraria* et *Evernia*, Ach.

24. Imbricaria, Ach. ; *Parmelia*, Ach. ; *Lichen*, Hoffm.

25. Lobaria, Ach., Hoffm., Sp.
26. Sticta, Ach.
27. Peltigera, Decand.; *Peltidea, Nephroma* et *Solorina*, Ach.
28. Umbilicaria, Hoffm., Ach.; *Gyrophora*, Ach.; *Gyromium*, Vahlenb.
29. Endocarpon, Hoffm., Ach.
3o. Plocaria, Nees.

Acharius dispose ainsi les genres de cette famille dans son dernier ouvrage sur les lichen, son *Synopsis methodica*.

CLASSE Ire Idiothalames. Conceptacles d'une substance et d'une couleur différentes de celles de la croûte ou expansion du lichen.

Ordre Ier Homogènes. Conceptacles simples, entièrement pulvérulens ou cartilagineux.

* Conceptacles sans rebord.

1. *Spiloma*. 2. *Arthonia*. 3. *Solorina*.

** Conceptacles munis d'un rebord, c'est-à-dire, bordés.

4. *Gyalecta*. 5. *Lecidea* (ici le *Cænogonium*, Ehr.). 6. *Calicium* (depuis divisé par Acharius en quatre genres, et formant une famille, les calycioïdes : *Limboria* (*Schizoxylon*, Pers.), *Cyphelium, Calicium, Coniocybe*). 7. *Gyrophora*. 8. *Opegrapha*.

Ordre II. Hétérogènes. Conceptacles presque simples, solitaires, contenant un noyau renfermé dans un *perithecium*.

* Conceptacles bordés.

9. *Graphis*.

** Conceptacles sans rebord.

10. *Verrucaria*. 11. *Endocarpon*.

Ordre III. Hypérogènes. Conceptacles composés, c'est-à-dire, réunis plusieurs dans un tubercule ou une verrue de même nature.

12. *Trypethelium* (*Bathelium*, Ach., Meth.). 13. *Glyphis*. 14. *Chiodecton*.

CLASSE II. Cœnothalames. Conceptacles en partie de même nature que leur base.

Ordre I.ᵉʳ Phymatodes. Conceptacles dans des verrues formées par le thallus.

15. *Porina.* 16. *Thelotrema.* 17. *Pyrenula.* 18. *Variolaria.* 19. *Sagedia.* 20. *Polistroma.*

Ordre II. Discoïdes. Conceptacles scutelliformes, c'est-à-dire, en forme d'écusson, ayant leur disque d'une nature propre, colorée, et leur bord de couleur différente et de même nature que le thallus.

21. *Urceolaria.* 22. *Lecanora.* 23. *Parmelia.* 24. *Borrera.* 25. *Cetraria.* 26. *Sticta.* 27. *Peltidea.* 28. *Nephroma.* 29. *Rocella.* 30. *Evernia.* 31. *Dufourea.*

Ordre III. Céphaloïdes ou Capitulés. Conceptacles presque globuleux, placés aux extrémités des ramifications du thallus, ou portés sur des pédicules ou podetiums, ou, enfin, épars, sessiles, sans rebord, formés en-dessus et en-dessous par le thallus.

* Conceptacles recouverts en-dessus par une lame proligère.

32. *Cenomyce* (*Capitularia*, Flœrke). 33. *Bæomyces.* 34. *Isidium.* 35. *Stereocaulon.*

** Conceptacles revêtus d'une substance analogue à·celle du thallus, et contenant une masse pulvérulente.

36. *Sphærophoron.* 37. *Rhizomorpha.*

CLASSE III. Homothalames. Conceptacles de même couleur et entièrement de même nature que le thallus.

Ordre I.ᵉʳ Scutellés. Conceptacles scutelliformes, munis d'un rebord, sessiles.

38. *Alectoria.* 39. *Ramalina.* 40. *Collema.*

Ordre II. Peltés. Conceptacles terminaux peltés, c'est-à-dire, en forme de bouclier, à peine rebordés.

41. *Cornicularia.* 42. *Usnea.*

CLASSE IV. Athalames. Lichens dont les conceptacles sont inconnus ou nuls.

43. *Lepraria.*

Nous devons faire remarquer :

1.° Que les genres *Arthonia*, *Graphis*, *Opegrapha*, *Verrucaria*, *Trypethelium*, *Glyphis*, *Chiodecton*, *Porina* (*Pertusaria*, Decand.), appartiennent ou peuvent être rapportés à la famille des hypoxylées ;

2.° Que les genres *Rhizomorpha* et *Calicium*, placés ici par Acharius, sont rapportés aux champignons par M. Persoon, et que le premier paroit plus convenablement placé dans la famille des hypoxylées ;

3.° Que les genres *Pyrenula*, *Sagedia*, *Polistroma* et *Dufourea*, ne sont pas très-distincts, et qu'il faudra peut-être les réunir aux genres *Verrucaria*, *Variolaria* et *Stereocaulon* ;

4.° Que le genre *Biatora*, établi par Acharius dans sa *Methodus*, ne figure plus dans cette famille. L'auteur a reconnu que l'espèce sur laquelle il l'avoit fondé, n'est qu'une variété de son *Lecidea turgida*.

Fries propose actuellement (*Act. Stockh.*, 1821) une nouvelle classification des genres de cette famille ; mais elle ne nous paroit point aussi heureuse que celle d'Acharius : selon l'usage des cryptogamistes actuels, tous les noms des divisions sont changés et de nouveaux genres se présentent à côté des anciens, aux dépens desquels ils sont formés : ces changemens, comme on le conçoit bien, peuvent augmenter la célébrité de l'auteur, mais n'éclaircissent point l'étude de la science. Voici un extrait de ce travail.

I. Coniothalames. §. 1. Lepraires : *Lepraria* ; *Pulveraria* ; *Pityria*, Fries ; *Isidium*.

§. 2. Variolaires : *Spiloma* ; *Conioloma*, Flœrke ; *Coniangium*, Fries ; *Variolaria*.

II. Mazédiates. §. 1. Calicium : *Pyrenotea*, Fries ; *Calicium* ; *Strigula*, Fries ; *Coniocybe*.

§. 2. Sphérophores : *Rhizomorpha* ; *Thamnomyces*, Ehr. ; *Sphærophoron*, Pers. ; *Rocella*.

III. Gastérothalames. §. 1. Verrucaires : *Verrucaria* ; *Thelotrema* ; *Trypethelium*, Spreng. ; *Endocarpon*.

§. 2. Lecidées : *Trachylia*, *Lecidea*, *Opegrapha*, *Gyrophora*. = *Graphis*.

IV. Hymenothalames. §. 1. Discoïdes : *Biatora*, Fries ; *Collema*, *Parmelia*, *Peltidea*.

§. 2. Céphaloïdes : *Bæomyces, Cenomyce, Stereocaulon, Usnea.*

Les genres *Glyphis, Sagedia, Graphis, Porina* et *Dufourea* (*Siphoria,* Fries), d'Acharius, n'ont pas de places déterminées, à cause des affinités qu'ils offrent avec plusieurs sections. Enfin les genres *Gyalecta, Urceolaria, Lecanora, Physcia, Borrera, Evernia, Sticta, Cetraria, Cornicularia* et *Alectoria* sont supprimés ou réunis au *Parmelia.*

L'on peut porter le nombre des espèces de lichens à douze cents environ ; mais ce nombre est loin de la réalité, si l'on fait observer que l'on connoit à peine les espèces étrangères à l'Europe, et que les contrées équatoriales ou australes en sont aussi pourvues que les parties boréales. En général, on n'a bien décrit que les espèces d'Europe, et encore chaque jour en découvre-t-on de nouvelles. Ainsi il est probable que cette famille est destinée à voir augmenter ses genres et ses espèces.

Les lichens se plaisent sur les pierres, les rochers, même les plus durs, sur les arbres et sur la terre stérile ou recouverte de végétaux morts ou de leurs débris. Ils forment la dernière limite de la végétation sur les montagnes alpines et vers les pôles : les espèces crustacées sont celles qui résistent davantage au froid. On ne peut pas dire que chaque espèce affecte particulièrement une même manière de croître ; car un grand nombre viennent indifféremment sur les pierres et sur les arbres, ce qui est un argument très-fort contre ceux qui prétendent que les lichens ont de vraies racines. Les fibrilles qui servent à les fixer, ne sont pas des racines, mais des sortes de crampons ou de crochets. Les lichens ne sont donc pas des végétaux parasites ; ils reçoivent leur accroissement par l'humidité qu'ils pompent par tous les points de leur surface : aussi les vallées profondes, les montagnes, les bois, les lieux ombragés et humides sont leur domaine, et par conséquent les temps de pluie, l'automne, l'hiver et le printemps, sont les époques où ils attirent particulièrement nos regards par les belles plaques ou touffes diversement colorées qu'ils forment sur les rochers, les murailles, la terre, les arbres de nos routes et de nos vergers, et que l'agriculteur se hâte de détruire, sans réfléchir que la nature a cherché à nous cacher la nudité des troncs d'arbres ou l'aridité des rochers, en les revêtissant d'une parure aussi singulière que variée, destinée à devenir un jour le principe d'une végétation successivement plus brillante encore, celle des hépatiques, des arbustes et des végétaux phénogames. Mais, il faut l'avouer, la trop grande multiplication des lichens sur les arbres leur nuit; aspirant sans cesse l'humidité de l'air, ils mettent ainsi un obstacle à la transpiration nécessaire à l'existence de ces grands végétaux.

Les lichens ont une existence variable. Ils sont généralement vivaces. Comme l'humidité est leur élément, on pourroit penser que les chaleurs de l'été ou la grande sécheresse seroient le terme de leur vie ; c'est une erreur : ils se dessèchent, il est vrai, ils deviennent fragiles, ils se réduisent même en poudre si on les froisse ; mais la moindre pluie leur rend toute leur fraicheur et ils continuent à végéter. On a remarqué que des lichens, conservés pendant bien des années en herbiers, ont végété de nouveau, ayant été replacés dans des conditions favorables. Les lichens naissans ressemblent à de petites taches, qui s'étendent insensiblement : on aperçoit bientôt dans le centre des tubercules poudreux très-petits, ou bien les premiers conceptacles ; ils prennent successivement du développement jusqu'à l'état parfait. Ils offrent alors des aspects différens, qui peuvent induire en erreur et conduire à admettre plusieurs espèces différentes. Quelques lichens sont rarement en fructification, et cependant tellement multipliés, qu'on ne sauroit concilier ces deux faits, si l'on vouloit que les conceptacles seuls produisissent les séminules ou les corps reproducteurs : le *physcia prunastri* est dans ce cas. D'autres lichens, qui croissent indifféremment sur les arbres et sur les rochers, ne développent de préférence leurs scutelles que dans cette dernière circonstance (*physcia caperata, perlata*, etc.). Le contraire s'observe aussi pour d'autres espèces. Ainsi tout prouve que dans cette famille il existe une grande variation dans les espèces et beaucoup de difficultés pour les caractériser.

Les lichens ont offert à l'analyse une grande quantité de fécule ou gelée, et plusieurs autres principes. M. Berzelius a analysé particulièrement le *physcia islandica* ; il dit y avoir retrouvé les mêmes principes dans les *usnea barbata,* *physcia fastigiata* et *fraxinea.*

Il a reconnu dans le *physcia islandica* :

1.° Sirop.. 3,6
2.° Bitartrate de potasse avec un peu de tartrate de chaux et phosphate de chaux........... 1,9
3.° Principe amer........................... 3
4.° Cire verte................................... 1,6
5.° Gomme..................................... 3,7
6.° Matière colorante extractive.............. 7
7.° Fécule ou gelée........................... 44,6
8.° *Idem* insoluble........................... 36,6

Les Norwégiens et les Lapons mangent les lichens dans les temps de disette : ils en composent une pâte en les mélangeant avec les pommes de terre ou d'autres alimens. Cette nourriture n'est pas, dit-on, aussi désagréable qu'on pourroit le croire.

Les lichens sont la ressource et la nourriture d'une multitude d'animaux : en quoi il faut admirer l'économie de la nature. Les bêtes fauves se nourrissent en hiver avec les lichens foliacés ou branchus. Qui ne sait que c'est là la nourriture des rennes dans les régions glacées de la Laponie et de la Sibérie? régions qui, pendant la longue durée de la saison des frimas, n'offrent pas d'autre ressource à ces animaux, qui savent très-bien écarter la neige pour se la procurer. Ces lichens utiles sont les principales espèces des genres *Cladonia, Physcia, Stereocaulon, Usnea.* Les hommes ont su tirer parti de ces plantes pour eux-mêmes; quelques espèces sont employées comme aliment : tel est le *physcia islandica,* également en usage dans l'art de guérir, ainsi que le *lobaria pulmonaria,* particulièrement dans les affections pulmoniques, hépatiques et cutanées. Les lichens ont généralement une saveur amère plus ou moins marquée, qui en place plusieurs au rang des médicamens astringens, drastiques, vermifuges, hystériques, antivénériens, utiles contre les graviers des reins et de la vessie, les ulcères, les aphtes, les hémorragies, les affections cutanées, pour arrêter les excoriations, raffermir les hernies, etc.

Les arts tirent de presque tous les lichens, par la macération dans la chaux ou l'urine, une couleur propre à la teinture en rouge ou en brun, surtout de l'*orseille* et de la *parelle*, deux espèces, l'une foliacée, l'autre crustacée, objets d'un commerce assez important. Les lichens conservés longtemps en herbier, ou lorsqu'ils se décomposent, rougissent un peu.

En Égypte, on emploie le *physcia prunastri* pour faire lever le grain et la bière. En Europe, on se sert quelquefois pour ce dernier usage du *lobaria pulmonaria*, etc.

Il nous reste à exposer en peu de mots l'histoire de ces végétaux. Quoique extrêmement abondans, et qu'ils aient dû fixer l'attention des anciens, on ne trouve rien dans leurs écrits qui nous atteste qu'ils les aient remarqués autrement que comme des dégénérescences, ou comme nuisibles à la végétation des arbres. Nous avons exposé, à l'article LICHEN, ce qu'il faut penser de la plante qu'ils désignoient par ce nom. Les botanistes du moyen âge n'en ont signalé qu'un très-petit nombre, confondant sous des dénominations impropres beaucoup d'espèces, de genre et de familles différentes, par exemple, sous les dénominations de *muscus*, *usnea*, *pulmonaria*, et même *lichen*. Plus tard, après les Bauhin, le nom de lichen fut plus généralement employé pour les désigner, et Tournefort (1700) le fixa d'une manière irrévocable, puisque depuis on s'en est servi dans cette acception. Trente ans après, Dillenius adopta le genre de Tournefort, sous le nom de *Lichenoides*, en renvoyant toutefois aux conferves les espèces filamenteuses (*Hort. Gies.*). Il le blâma d'avoir refusé des fleurs à ces plantes; mais dans son *Historia muscorum* il fait trois genres des lichens: *usnea*, ou les lichens filamenteux; *coralloides* ou lichens droits et rameux, et *lichenoides*, ou les lichens crustacés et foliacés. Presque dans le même temps, et avant la publication de l'*Historia muscorum* de Dillen, Michéli publia son *Nova genera plantarum*, excellent ouvrage, où il a figuré un très-grand nombre de lichens, qu'il présente sous les noms génériques, 1.° de *Lichen*, Tourn., où se rangent presque toutes les plantes de cette famille, d'après Acharius, quelques *sphæria*, *hysterium*, etc., et 2.° de *Lichenoides*, type du genre actuel *Verrucaria*. Michéli pensoit que les scutelles ou conceptacles étoient les organes femelles, et que les tubercules poudreux, ainsi que la poussière qui saupoudrent le thallus, faisoient fonctions d'organes mâles.

Linnæus, adoptant le travail de Michéli, présenta les lichens en un seul genre, qu'il divisa en plusieurs sections, que Ventenat proposa d'adopter comme genres, avec les noms suivans: CONIA, LEPRONCUS, LEPROPINACIA, GEISSODEA, PLATYPHYLLUM, DERMATODEA, CAPNIA, SCYPHIPHORUS, THAMNIUM et USNEA. (Voyez ces mots.)

Adanson, avant Ventenat, réunit les lichens aux champignons; mais, avec Hill, P. Browne, etc., il les présente sous les genres GABORA, CLADONA, USNEA, PLATISMA, LICHEN, Mich., KOLMAN, KORKIR, Mart., et GRAPHIS. (Voyez ces mots.)

Wigger et Hoffmann procédèrent aussi, avant Ventenat, à la division du genre Lichen en plusieurs autres, qui représentent également plus ou moins les divisions de Linnæus avec des noms propres. On a pu s'en apercevoir dans la synonymie des genres placés plus haut (voyez aussi PLATISMA, TUBERCULARIA, LOBARIA, LICHENOIDES). Mais leur travail ne fut point adopté par les botanistes, non plus que celui de Ventenat. Acharius vint, qui, plus heureux, réussit à faire adopter un changement devenu absolument nécessaire. Il présenta dans son Prodrome le genre Lichen divisé en vingt-sept tribus, auxquelles il assigna des noms génériques, et dont M. De Candolle fit autant de genres distincts dans la Flore française. Acharius, dans sa *Methodus*, en fit aussi des genres, qui, dans sa *Lichenographia* et son *Synopsis*, reparurent, mais modifiés ou même changés. Son premier travail montroit ces genres dans un ordre naturel, qu'il a tellement modifié ensuite, que sa disposition est devenue totalement systématique et qu'elle offre des rapprochemens qui ne sont pas avoués par la nature, par exemple, celui du *gyrophora* auprès des *opegrapha* et des *calicium*. Mais on doit dire que ses genres sont mieux caractérisés qu'ils ne l'étoient auparavant, étant fondés sur les caractères fournis par les organes qui représentent la fructification. Maintenant les naturalistes s'accordent généralement, comme Acharius, sur la nécessité de diviser les lichens en genres; plusieurs même ont proposé des modifications qui ont été adoptées.

Les ouvrages d'Acharius, comme ceux d'Hoffmann , de Dillen et de Michéli, sont indispensables à ceux qui veulent étudier avec profit la famille des lichens. Les ouvrages de Schmiedel, de Roth, de Leers, de Dickson, de Persoon, de Link, de Flœrke , d'Ehrenberg, de Fries, leur offriront encore des ressources et des occasions de se convaincre qu'il reste beaucoup à faire pour bien connoitre ces végétaux curieux. (LEM.)

LICHESTEN. (*Ornith.*) Nom danois du grimpereau d'Europe, *certhia familiaris*, Linn. (CH. D.)

LICHI. (*Bot.*) Voyez LIT-CHI. (LEM.)

LICHINA (*Bot.*) Une petite espèce de plante marine, déjà décrite dans ce Dictionnaire, à l'article CHONDRE, forme le genre *Lichina* d'Agardh ou *Pygmæa* de Stackhouse. Cette plante est le *chondrus pygmæus* , Lamx. ou *fucus pygmæus* de la plupart des botanistes. Elle ressemble beaucoup à un lichen rameux, d'où lui vient le nom que lui a imposé Agardh. Cette ressemblance est telle que le célèbre Acharius, sur l'autorité d'Hoffmann , avoit placé ce végétal dans la famille des lichens. C'est le *lichen confinis* et le *stereocaulon confine* de son Prodrome et de sa Méthode, qui ne reparoissent plus dans sa Lichénographie ni dans son Synopsis.

Agardh et Stackhouse assignent pour caractère, au genre *Lichina*, d'avoir des tubercules fructifères , d'abord percés au sommet, puis développés en forme de gcdet ou de scutelles. Stackhouse ajoute : fronde coriace , roide , très-raccourcie, à extrémité dilatée et palmée.

L'espèce est nommée *lichina pygmæa* par Agardh. (*Syn. alg.*, p. 9.) C'est le *pygmæa lichenoides* de Stackhouse, et le *gelidium pygmæum* de Lyngbye, que nous avons dit, mais à tort, être le *gigartina pygmæa* de Lamouroux. Il est possible que ce ne soit pas le *fucus pygmæus, English Bot.*, 1332. Voyez CHONDRE. (LEM.)

LICHTENSTEINIA. (*Bot.*) Il existe deux genres de plantes qui portent ce nom : l'un , établi par Wendland, est réuni par quelques botanistes au genre *Loranthus*. Voici ses caractères : Calice double; l'extérieur, comme l'intérieur, 3 — 5 dentées; corolle monopétale, tubuleuse; étamines cinq, réunies à leur sommet et plus longues que la corolle; nectaire inséré sur le calice ; ovaire supérieur, à un seul style ; baie à cinq semences.

L'espèce sur laquelle est fondé ce genre, croît au cap de Bonne-Espérance. C'est un arbrisseau à feuilles opposées, ovales, grisàtres, et à fleurs de couleur rouge, formant de petits bouquets axillaires.

Le second genre *Lichtensteinia* a été décrit par Willdenow dans le premier volume du Magasin des curieux de la nature de Berlin. Il offre pour caractères génériques : Point de calice ; six pétales canaliculés et ondulés ; six étamines insérées sur le réceptacle ; ovaire supérieur portant trois styles ; capsule à trois loges, s'ouvrant à demi ; plusieurs graines attachées à la jonction des valves.

Deux espèces sont mentionnées par Willdenow : ce sont deux plantes vivaces qui croissent également au cap de Bonne-Espérance. Voyez Mém. cur. Berl. I, pl. 1. (LEM.)

LICI, LICHI. (*Bot.*) Voyez LIT-CHI. (J.)

LICIET. (*Bot.*) Voyez LYCIET. (L. D.)

LICINE, *Licinus*. (*Entom.*) M. Latreille a indiqué sous ce nom de genre un groupe de petits carabes, tels que le *cassideus*, l'*emarginatus*, le *depressus*, le *silphoides*, dont le dernier article des palpes antérieurs est en forme de hache. (C. D.)

LICOCHES. (*Malacoz.*) Nom vulgaire des limaces dans quelques provinces de la France. (DE B.)

LICONDO. (*Bot.*) Arbre du Congo, cité dans le Recueil des voyages par Théodore Debry. Son tronc est si gros que six hommes ont peine à en embrasser le contour, et que deux cents hommes armés peuvent se mettre à l'abri sous son feuillage. Dans le pays on creuse ce tronc pour en faire des canots. (J.)

LICOPHRE, *Lycophris*. (*Conchyl.?*) Le petit corps crétacé qui sert de type à ce genre avoit été confondu d'abord avec les nummulites. MM. von Fichtel et von Moll en firent une espèce de nautile, on ne sait trop pourquoi. Enfin, M. Denys de Montfort en a fait un genre distinct, qu'il caractérise à sa manière : il le nomme licophre lentillé, *lycophris lenticularis*. Le fait est que c'est un petit corps lenticulaire, diaphane ; les deux surfaces sont également criblées de petits trous ou cellules rondes. Il conviendroit donc mieux qu'il fût placé près des alvéolites, parmi les polypiers foraminés de M. de Lamarck. Quoi qu'il en soit, ces licophres se trouvent en grande quantité dans les bancs calcaires de la Transilvanie. Von Fichtel figure cette espèce, *Test. mic.*, tab. 7, fig. *a, b.* (DE B.)

LICOPHRE. (*Foss.*) Dans sa Conchyliologie systématique M. Denys de Montfort a donné le nom de Licophreà un genre de coquilles microscopiques fossiles, auquel il a assigné les caractéres suivans : Coquille libre, univalve, cloisonnée et cellulée, lenticulaire; test extérieurement tuberculé ou criblé, sans rides ou rayons, recouvrant la spire intérieure; bouche inconnue; dos ou marge carené; centres bombés et relevés.

La figure qui accompagne la description de l'espèce que cet auteur a décrite pour servir de type à ce genre, et à laquelle il a donné le nom de licophre lentillé, *lycophris lenticularis*, est si mauvaise qu'il est presque impossible de reconnoître qu'elle est celle d'une coquille.

On trouve, dit cet auteur, les coquilles de cette espèce en très-grande quantité dans les bancs de la Transilvanie. Elles sont diaphanes et criblées pour ainsi dire à jour, ce qui rend leurs cellules rondes, et on pourroit regarder chaque trou comme une bouche, d'autant plus qu'elles paroissent s'être fermées successivement. Diamètre, 3 lignes.

D'après cette description on est tout aussi embarrassé que d'après la figure, pour savoir à quelle coquille ces caractères doivent appartenir; mais, comme M. Denys de Montfort indique qu'elle a été figurée dans l'ouvrage de Fichtel et de Moll, *Testac. microsc.*, tab. 7, fig. A B, deuxième variété, nous avons cru reconnoître dans cette figure un genre de coquilles que l'on trouve dans des couches qui paroissent appartenir à la formation crayeuse à Maestricht, à Mirambeau (Charente inférieure) et à Mérignac près de Bordeaux. L'espèce que l'on rencontre dans cette dernière localité, paroît identique avec celle qui se trouve représentée dans l'ouvrage de Fichtel et de Moll, que Montfort a nommée licophre lentillé. Celles qui se trouvent à Maestricht, que Fortis a nommées discolithe lentiforme, et qui ont été figurées dans l'ouvrage de Faujas sur les fossiles de la montagne de Saint-Pierre, pl. 34, fig. 1 — 4, diffèrent de celles de Mérignac et de la Transilvanie, en ce que les tubercules qui les couvrent sont beaucoup plus petits.

Ce genre de coquilles, qui ont dû être recouvertes en entier par les animaux qui les ont formées, ne ressemble pas intérieurement aux nummulites. Au lieu de cloisons, on y trouve, comme sur les orbulites, de petits pores, qui ne forment point une rangée spirale, mais qui sont régulièrement disposés, et chacun d'eux semble occuper la maille d'un treillis.

L'espèce de ces coquilles que l'on trouve à Mirambeau dans une couche analogue, par les fossiles qu'on y rencontre, avec la montagne de Maestricht, au lieu de tubercules, est couverte de très-petits points creux, et est un peu plus grande que les précédentes ; nous lui avons donné le nom de Licophre de Faujas, *Licophris Faujasii*. (D. F.)

LICORNE, *Unicornus*. (*Conchyl.*) M. Denys de Montfort, Conchyl. systém., tom. 2, pag. 455, est le premier qui ait cru nécessaire de séparer du genre Pourpre de M. de Lamarck les espèces qui ont, à l'extrémité antérieure du bord droit, un prolongement considérable en forme de corne, dont on ignore l'usage et le mode de formation, et qui, à cause de cela, sont connues depuis long-temps dans le commerce sous le nom de licorne. M. de Lamarck, depuis la publication de l'ouvrage de M. Denys de Montfort, paroît avoir adopté ce genre, qu'il nomme *monoceros*, en latin. Ses caractères sont : Coquille subglobuleuse, rugueuse ; la spire courte ; le dernier tour beaucoup plus grand que tous les autres ensemble : ouverture ovale, échancrée antérieurement ; les bords très-évasés, réunis ; le droit ayant une sorte de corne ou de dent très-longue, recourbée près de l'échancrure ; le gauche formé par une large callosité recouvrant la columelle et l'ombilic. D'où l'on voit que ce genre est très-rapproché des Pourpres et des Nasses.

M. Denys de Montfort regarde comme le type de ce genre la pourpre-licorne qu'il nomme licorne type, *unicornus typus*, Martini, 3, tab. 89, fig. 761. C'est une coquille qui a quelquefois deux pouces de hauteur ; elle est épaisse, de couleur brune ou roussâtre en-dessus, blanche en dedans ; toute sa surface extérieure est rendue rugueuse par un assez grand nombre de cordons tuberculeux, quelquefois un peu squameux, qui descendent du sommet au bord droit, de manière que celui-ci est comme dentelé à sa lèvre externe. Elle vient de l'extrémité de l'Amérique méridionale. C'est l'espèce que M. de Lamarck nomme *monoceros imbricatum*. Ce dernier zoologiste figure, dans l'Encyclopédie méthodique, pl. 396, n.ºs 1, 3, 4, 5 et 6, quatre autres espèces de ce genre, dont nous ignorons la patrie : 1.° la *licorne striée*, qui semble assez rapprochée de la précédente, mais dont la spire est encore proportionnellement plus petite ou l'ouverture plus grande, et dont les cordons décurrens ne sont pas tuberculés et encore moins squameux ou imbriqués ; 2.° la *licorne cerclée*, dont la spire est. au contraire, plus élevée et les tours sillonnés de cordons aplatis, séparés par des sillons profonds, le bord droit étant tranchant ; 3.° la *licorne glabre*, qui est presque lisse, comme certaines ancilles, seulement avec les stries d'accroissement indiquées, dont l'ombilic est plus découvert et le bord tranchant ; 4.° enfin, la *licorne lèvre épaisse*, qui me paroit avoir beaucoup de rapports avec la précédente, dont elle pourroit bien n'être qu'un individu plus âgé, et dont en effet elle ne diffère guère que par une plus large callosité sur le bord columellaire, et une épaisseur plus considérable, avec des dents intérieures sur le bord droit. (De B.)

LICORNE. (*Foss.*) On trouve dans la vallée d'Andone, en Piémont, une espèce de ce genre, à laquelle Brocchi a donné le nom de *Buccinum monacanthos*, *Conch. foss. Subap.*, tab. 4, fig. 12. Voici les caractères que cet auteur lui assigne : Coquille épaisse, raboteuse, garnie de côtes longitudinales, noduleuses, à columelle ombiliquée ; à bord droit crénelé intérieurement et garni d'une épine conique, à columelle aplatie et portant un sillon transversal à sa base : longueur deux pouces, diamètre quatorze lignes.

Je possède deux coquilles du même genre, qui ont été trouvées dans le Plaisantin : mais elles sont moins grandes, leur forme est plus globuleuse ; elles sont striées transversalement, et elles n'ont point de côtes longitudinales. Cette espèce paroît avoir beaucoup de rapport avec celle à laquelle M. de Lamarck a donné le nom de licorne striée (Anim. sans vert., tome 7, page 251), et dont on voit une figure dans l'Encyclop.. pl. 396, fig. 3. (D. F.)

LICORNE. (*Mamm.*) Les anciens ont parlé de la licorne. Aristote, Pline, Ælien croyoient à son existence, et en ont écrit comme d'un animal de l'Inde et de l'Afrique ; mais ils ne l'avoient point vue.

Depuis on a publié de nombreux volumes pour démontrer que ce n'est point un animal imaginaire, et le peu de résultats de tant d'efforts n'a fait qu'augmenter l'incrédulité. Jusqu'à présent, en effet, tout ce qui concerne l'existence de la licorne, ne repose que sur des rapports obscurs, des observations imparfaites ou sans authenticité, des raisonnemens superficiels, des conjectures hasardées. Nous ne répèterons donc pas plus ce qui en a été dit, que nous ne l'avons fait pour les centaures et les hippogriffes. Nous nous bornerons à rappeler qu'on a dépeint et représenté la licorne sous l'apparence d'un cheval ou d'une grande antilope, ayant au milieu du front une corne longue, droite et aiguë, qui étoit une arme puissante et dangereuse. (F. C.)

LICORNE [PETITE]. (*Ichthyol.*) On a quelquefois donné ce nom au baliste velu. Voyez BALISTE et MONACANTHE. (H. C.)

LICORNE DE MER (*Mamm.*), un des noms du narval. (F. C.)

LICORNE SANS CORNES. (*Conchyl.*) Nom que donnent quelquefois les marchands de coquilles à une petite espèce de buccin, ou mieux de pourpre, très-commune sur nos côtes septentrionales, le *buccinum lapillus* de Linnæus. (DE B.)

LICORNET. (*Ichthyol.*) Nom spécifique d'un poisson du genre NASON. Voyez ce mot. (H. C.)

LICUALE, *Licuala.* (*Bot.*) Genre de plantes monocotylédones, de la famille des *palmiers*, de l'*hexandrie monogynie* de Linnæus, très-rappoché des *corypha*; offrant pour caractère essentiel : Des fleurs hermaphrodites; point de spathe universelle ; un calice à six divisions pileuses en dehors; six étamines ; les filamens réunis en un tube court ; un style; deux stigmates ; un petit drupe oblong à une seule loge, contenant une noix osseuse, monosperme.

LICUALE ÉPINEUSE : *Licuala spinosa*, Thunb., *Act. Holm.*, 1782, pag. 284, et *Nov. plant. gen.*, 5, pag. 70; Willd., *Spec.*, 2, pag. 201; *Licuala arbor*, Rumph., *Amboin.*, 1, pag. 44, tab. 9. Ses tiges sont droites, ligneuses, très-simples, de la grosseur du bras, hautes d'environ six pieds, soutenant, au sommet, des feuilles longuement pétiolées, palmées, à découpures profondes, glabres, étroites, inégales, tronquées, dentées à leur sommet; les pétioles droits, très-longs, triangulaires, épineux sur leurs angles à leur partie inférieure : du centre des feuilles sortent plusieurs pédoncules droits, soutenant une grappe droite, presque en épi, dépourvue de spathe universelle, garnie de spathes partielles, alternes, aiguës. Les fleurs sont petites, alternes, pédicellées, très-rapprochées ; le fruit est un drupe peu charnu, ovale, de la grosseur d'un pois, monosperme, accompagné, à sa base, du calice persistant : l'embryon dorsal. Cette plante croît aux îles Moluques. (Poir.)

LIDBECKIE, *Lidbeckia.* (*Bot.*) Ce genre de plantes, proposé, en 1767, par Bergius, appartient à l'ordre des synanthérées, et à notre tribu naturelle des anthémidées. Voici les caractères que nous lui attribuons, d'après nos propres observations, faites sur la *Lidbeckia pectinata,* qui est le type du genre.

Calathide longuement radiée : disque multiflore, régulariflore, androgyniflore; couronne unisériée, liguliflore, neutriflore. Péricline probablement hémisphérique, un peu supérieur aux fleurs du disque ; formé de squames un peu inégales, irrégulièrement trisériées, appliquées, oblongues-lancéolées, uninervées, coriaces, glabres sur les deux faces, mais bordées par de longs poils mous en forme de cils : les squames intermédiaires plus grandes que celles des deux autres rangs ; les intérieures notablement plus petites. Clinanthe planiuscule, hérissé de fimbrilles inégales, piliformes. *Fleurs du disque :* ovaire oblong, très-probablement cylindracé, muni de côtes longitudinales, et de deux bourrelets, l'un basilaire, l'autre apicilaire ; aigrette nulle ; nectaire très-élevé, épais, cylindracé, interposé entre l'ovaire et le style; corolle d'anthémidée, articulée sur l'ovaire, à quatre divisions extrêmement courtes ; anthères pourvues d'un appendice apicilaire arrondi ; style articulé par sa base sur le sommet du nectaire. *Fleurs de la couronne :* faux-ovaire long, oblong, membraneux, quelquefois surmonté d'un style neutre ; corolle à tube très-court, parfaitement continu avec le faux-ovaire, à languette entière au sommet, parsemée de glandes; point de fausses-étamines.

LIDBECKIE PECTINÉE : *Lidbeckia pectinata*, Berg. , *Descr. pl. ex Cap. B. Sp.*, pag. 3o6, tab. 5, fig. 9 ; *Cotula stricta*, Linn. *Mant.* Tige herbacée, haute d'un pied (dans l'échantillon incomplet que nous décrivons), dressée, presque simple ou peu rameuse, cylindrique, striée, glabre, garnie de feuilles. Feuilles alternes, sessiles, longues d'environ un pouce, larges d'environ six lignes, oblongues, pinnatifides, glabres, parsemées de petites glandes, comme presque toutes les autres parties de la plante; à base subpétioliforme, à sinus arrondis, à divisions très-entières, oblongues, arrondies au sommet, qui est surmonté d'une petite pointe. Calathide ressemblant extérieurement à celle du *Chrysanthemum leucanthemum*, large de plus de quinze lignes, solitaire à l'extrémité de la tige, dont la partie supérieure est nue, pédonculiforme, grêle, point renflée au sommet. Corolles du disque probablement jaunes ; celles de la couronne probablement blanches, à languette longue de six lignes, large de deux lignes. Nous avons fait cette description spécifique, et celle des caractères génériques, sur des échantillons secs de l'herbier de M. de Jussieu et de celui de M. Desfontaines. La Lidbeckie pectinée habite le cap de Bonne-Espérance.

LIDBECKIE QUINQUÉLOBÉE : *Lidbeckia quinqueloba ; Cotula quinqueloba*, Linn. fil. *Suppl.* ; *Lidbeckia lobata*, Willd. *Sp. pl.* Cette seconde espèce a beaucoup d'analogie avec la première, et habite la même contrée. Ses tiges sont presque dressées, simples, un peu pubescentes ; les feuilles sont alternes, pétiolées, divisées en cinq lobes égaux, semi-ovales, mucronés ; leur face inférieure est un peu tomenteuse et blanchâtre ; il y a un ou deux pédoncules longs, dressés, pourvus d'une petite bractée lancéolée, et terminés par une calathide grande comme celle de la matricaire ; le péricline est composé de squames égales entre elles. Nous n'avons point vu cette plante, dont la description est empruntée à Linné fils ; mais sa ressemblance extérieure avec la précédente nous persuade qu'elle offre les caractères génériques que nous avons observés sur l'autre, et qu'ainsi elle peut être attribuée avec confiance au genre *Lidbeckia*.

Thunberg a indiqué, dans son *Prodromus plantarum capensium*, une troisième espèce de *Lidbeckia*, qu'il nomme *bipinnata*. Mais l'autorité de Thunberg suffit-elle pour établir que cette plante appartient réellement au genre dont il s'agit?

Tournefort avoit fait un genre *Cotula*, ayant pour type l'*Anthemis valentina* de Linné, et pour caractères la calathide tantôt radiée, tantôt non radiée, le péricline ordinairement imbriqué, les fruits plans, cordiformes et comme ailés. Il attribuoit à ce genre l'*Anthemis valentina*, les *Anacyclus valentinus* et *creticus*, la *Cotula turbinata* de Linné, et deux autres espéces. Ainsi le genre *Cotula* de Tournefort correspond à peu près au genre *Anacyclus* de Linné.

Vaillant nomma *Santolinoides* un genre correspondant à peu près au *Cotula* de Tournefort et à l'*Anacyclus* de Linné, et il créa, sous les noms de *Cotula* et d'*Ananthocyclus*, deux genres qui méritent d'être ici remarqués. L'*Ananthocyclus*, composé de deux espèces, qui sont les *Cotula coronopifolia* et *anthemoides* de Linné, a pour caractères, selon Vaillant : la calathide à disque composé de fleurons hermaphrodites, et bordé d'un ou plusieurs rangs circulaires de fleurs effleurées, c'est-à-dire d'ovaires sans fleurons ; les ovaires oblongs, un peu aplatis, sans aigrette, bordés de deux ailes ; le clinanthe nu ; le péricline écailleux, c'est-à-dire, imbriqué ; les calathides terminales ; les feuilles alternes, découpées. Le genre *Cotula* de Vaillant, composé aussi de deux espéces, dont la première est la *Cotula turbinata* de Linné, qui a servi de type, a pour caractères : la calathide à disque composé de fleurons hermaphrodites, et entouré de fleurons femelles à pavillon irrégulier, qui se découpe ordinairement en quatre quartiers, dont trois fort courts, presque égaux et disposés en trèfle, le quatrième beaucoup plus grand, étendu en dehors pour former avec ses semblables une couronne rayonnante, qui donne à cette calathide l'apparence d'une calathide radiée ; les ovaires en cœur. un peu aplatis, bordés d'un ourlet, privés d'aigrette ; le clinanthe nu ; le péricline simple, évasé, découpé en plusieurs lobes.

Les genres *Cotula* et *Ananthocyclus* de Vaillant furent établis en 1719. C'est aussi dans cette même année que Pontedera proposa son genre *Lancisia*. Gærtner et la plupart des autres botanistes modernes paroissent être persuadés que l'espèce unique sur laquelle Pontedera a fondé son genre *Lancisia*, est la *Cotula turbinata*, et qu'ainsi ce genre *Lancisia* diffère du *Cotula* de Linné par la radiation de sa calathide. Si cela étoit vrai, le *Lancisia* de Pontedera correspondroit exactement au *Cotula* de Vaillant ; mais c'est, selon nous, une erreur grave de synonymie générique[1] : car il nous semble évident que le genre *Lancisia* de Pontedera est fondé sur la *Cotula coronopifolia* de Linné, que ce genre n'a point du tout la calathide radiée, et qu'il correspond exactement à l'*Ananthocyclus* de Vaillant. Quoique la description de Pontedera soit extrêmement obscure, nous y trouvons exprimés en d'autres termes les caractères génériques suivans : Disque composé de fleurs hermaphrodites, régulières, quadrifides, à ovaire comprimé, nu ; couronne composée de fleurs femelles, petites, tubulées, comprimées, stipitées, à ovaire oblong, aminci aux deux bouts, nu ; péricline formé de squames inégales, imbriquées ; clinanthe nu.

Linné n'avoit rien de mieux à faire que d'adopter sans aucun changement les deux genres *Cotula* et *Ananthocyclus* de Vaillant, exactement caractérisés, bien composés, et convenablement nommés par cet habile synanthérographe. Mais, au lieu de prendre ce sage parti, Linné, après avoir un peu modifié et abrégé le nom d'*Ananthocyclus*, s'en servit pour désigner un genre qui correspond à peu près au *Cotula* de Tournefort et au *Santolinoides* de Vaillant ; et il réunit en un seul genre, sous le nom de *Cotula*, les deux genres *Ananthocyclus* et *Cotula* de Vaillant. Les caractères attribués par Linné au genre *Cotula*, sont : le péricline convexe, égal aux fleurs, divisé en seize parties ovales, dont huit extérieures et huit intérieures ; le disque un peu convexe, composé de fleurs hermaphrodites nombreuses, à corolle quadrifide, ayant la

---

1 Cette erreur est fondée sur une fausse interprétation des expressions de Pontedera, qui dit que la couronne de son *Lancisia* est composée de fleurs semi-flosculeuses. On n'a pas remarqué que, sous la plume de Pontedera, le nom de demi-fleuron n'est pas toujours synonyme de fleur ligulée, et qu'il exprime seulement l'absence des étamines. D'ailleurs Pontedera dit positivement que les demi-fleurons de son *Lancisia* sont tubuleux.

division extérieure plus grande, à fruit petit, ovoïde-trigone, portant une aigrette stéphanoïde ; la couronne composée de plus de vingt fleurs femelles, à corolle presque nulle, à fruit grand, cordiforme, plan sur une face, convexe sur l'autre, entouré d'une bordure obtuse, et portant une aigrette stéphanoïde ; le clinanthe plan, presque nu.

Les caractéres qu'on vient de lire ne peuvent convenir qu'aux *Ananthocyclus* de Vaillant, et non à son *Cotula*, que Linné y a réuni. Néanmoins, comme il existe une très-grande affinité entre ces deux genres, leur réunion seroit tolérable sous beaucoup de rapports. Mais ce qu'on ne peut tolérer, c'est que Linné et ses successeurs aient admis en outre dans le genre *Cotula* une collection d'espèces qui n'ont aucune analogie avec le type de ce genre. Dans la troisième édition du *Species plantarum* de Linné nous trouvons sept espèces de *Cotula*, dont deux ou trois seulement appartiennent réellement à ce genre ; ce sont la première (*Cotula anthemoides*), la troisième (*Cotula coronopifolia*), et probablement la quatrième (*Cotula aurea*) : mais la seconde (*Cotula grandis*) est une *Balsamita* de M. Desfontaines ; la cinquième (*Cotula viscosa*), qui n'est pas suffisamment connue, et que nous ne savons à quel genre attribuer, n'est certainement pas une véritable *Cotula* ; la sixième (*Cotula turbinata*) constitue le genre *Cenia* de Commerson ; la septième (*Cotula verbesina*) appartient au genre *Adenostemma* de Forster.

Adanson adoptoit le genre *Lancisia* de Pontedera, en reconnoissant que ce genre avoit pour type la *Cotula coronopifolia* de Linné, et pourtant il paroit croire que sa calathide est radiée, puisqu'il le place dans sa section des soucis ayant ce caractére. Quoi qu'il en soit, Adanson caractérise ainsi le *Lancisia* : Feuilles entières ; calathides solitaires, terminales ; péricline presque simple, formé de squames obtuses ; clinanthe nu, hémisphérique ; aigrette nulle ; corolles du disque à cinq dents, celles de la couronne entières.

En 1767, Bergius proposa, dans ses *Descriptiones plantarum ex Capite Bonæ Spei*, le genre *Lidbeckia*, dédié à Gustave Lidbeck, botaniste suédois, et fondé sur une seule espèce nommée *Lidbeckia pectinata*. L'auteur attribue à cette plante les caractères génériques suivans : Péricline hémisphérique, divisé en segmens nombreux, presque égaux, imbriqués, parallèles. appliqués, linéaires-lancéolés, aigus, ciliés; calathide radiée; disque composé de fleurs hermaphrodites, à corolle quadrifide; à ovaire subcylindrique, strié-octogone, tronqué aux deux bouts; à style divisé transversalement en deux articles par une articulation située au-dessous du milieu de sa longueur; couronne composée de fleurs femelles, à corolle ligulée, ayant la languette un peu plus longue que le disque, sessile, ovale-oblongue, obtuse, échancrée, nerveuse; à ovaire filiforme, tronqué, un peu scabre; à style et stigmate presque nuls; fruits un peu turbinés, striés-octogones, lisses, portant l'article inférieur persistant du style; clinanthe nu. Bergius remarque que le caractère essentiel de son genre *Lidbeckia* consiste en ce que le style est articulé, et que l'article inférieur persiste sur le fruit.

Linné, dans son *Mantissa plantarum*, a rapporté au genre *Cotula* la *Lidbeckia pectinata* de Bergius, en la nommant *Cotula stricta*. On trouve encore, dans le *Mantissa*, trois autres plantes attribuées à ce même genre, et nommées *Cotula spilanthus*, *Cotula pyrethraria*, *Cotula capensis*. Il est bien évident que la *Lidbeckia* ne doit pas être confondue avec le genre *Cotula*. La *Cotula spilanthus* appartient au genre *Spilanthes* de Jacquin. Quoique nous ne connoissions pas la *Cotula pyrethraria*, nous ne craignons pas d'affirmer que c'est une hélianthée, et qu'elle n'a point d'affinité naturelle avec le genre *Cotula*, qui est de la tribu des Anthémidées: il nous paroit presque indubitable que c'est un *spilanthus*, ou plutôt une *isocarpha*; et nous croyons pouvoir, sans trop de témérité, l'introduire comme une quatrième espèce dans le genre *Isocarpha* de M. Brown, en la nommant *isocarpha pyrethraria*.[1]

---

[1] Ne pourroit-on pas attribuer encore au genre *Isocarpha* les *spilanthus exasperatus* et *albus*, dont les corolles sont blanches? Il faudroit peut-être substituer le nom d'*isocarpha tricephala* à celui d'*isocarpha oppositifolia*, que nous avons donné à la première espèce du genre. Ce genre nous paroît avoir de l'affinité avec le *Melananthera* et avec le *Spilanthus*: mais nous avons des doutes sur ses caractères, sa composition, sa distinction et sa classification, parce que nous n'avons vu aucune des espèces de ce genre, et que M. Brown a négligé d'indiquer ses affinités naturelles, et d'analyser les ressemblances et les différences qu'il peut avoir avec les genres voisins.

(Voyez notre article ISOCARPHE, tom. XXIV, p. 18.) La *Cotula capensis* doit faire partie du genre *Matricaria*.

Linné fils, dans le *Supplementum plantarum*, a introduit dans le genre *Cotula* quelques nouvelles espèces, dont une au moins n'appartient point à ce genre, car c'est la *Lidbeckia quinqueloba*. Depuis cette époque, Willdenow et d'autres botanistes ont encore augmenté la confusion qui régnoit dans le genre *Cotula*, en y admettant les *Grangea* et *Centipeda*. (Voyez notre article GRANGÉE, tom. XIX, pag. 304.)

M. de Jussieu a publié, en 1789, dans ses *Genera plantarum*, le genre *Cenia*, fait antérieurement par Commerson, mais resté jusque-là inédit. Ce genre, fondé sur la *Cotula turbinata* de Linné, a pour caractères, selon Commerson et M. de Jussieu : la calathide radiée, à fleurons quadrifides, à environ vingt languettes très-courtes ; le péricline turbiné, vide sous le clinanthe, à limbe court, octofide ; les fruits comprimés, non aigrettés ; le clinanthe convexe, nu. Ce genre *Cenia* n'auroit pas dû être présenté comme nouveau, car il n'est que la répétition du genre *Cotula* de Vaillant. Néanmoins le nom de *Cenia* doit lui être conservé, parce que le nom générique de *Cotula* se trouve plus particulièrement affecté à d'autres plantes, par suite d'un long usage qu'on ne peut plus changer. M. de Jussieu admet, avec raison, comme trois genres distincts, le *Cotula*, le *Cenia* et le *Lidbeckia*.

Gærtner réduit ces trois genres à deux, dont l'un, nommé *Cotula*, a pour type la *Cotula coronopifolia*; l'autre, nommé *Lancisia*, a pour type la *Cotula turbinata*, et n'est distingué du premier que par la calathide radiée. Gærtner attribue au *Lancisia* les *Cotula turbinata*, *capensis*, *stricta* et *viscosa* de Linné. Nous avons déjà établi que le genre *Lancisia* de Pontedera n'étoit point fondé sur la *Cotula turbinata*, comme le croit Gærtner, mais bien sur la *Cotula coronopifolia*; d'où il suit qu'il correspond exactement au genre *Cotula* de Gærtner, et point du tout au *Lancisia* du célèbre carpologiste. Ce *Lancisia* de Gærtner est le *Cenia* de Commerson, avec cette différence que Gærtner veut y introduire trois plantes qui ne sont point congénères entre elles, et dont aucune n'est congénère du vrai type de ce genre. Ainsi, le genre *Lancisia* de

Gærtner doit être rejeté, comme étant mal nommé, mal composé et mal caractérisé.

Necker disperse les *Cotula* de Linné dans quatre genres, nommés *Athronia*, *Lidbeckia*, *Baldingeria* et *Cotula*. L'*Athronia*, composé, dit-il, de certaines espèces linnéennes de *cotula* et de *spilanthus*, nous semble correspondre à peu près au genre *Acmella* de Richard. Le *Lidbeckia* de Necker est sans doute le genre ainsi nommé par Bergius. Le *Baldingeria* nous paroît être en rapport avec le véritable genre *Cotula*, restreint dans de justes limites. Enfin, le *Cotula* de Necker, dans lequel ce botaniste admet certaines espèces linnéennes de *Tanacetum* correspond évidemment au genre *Balsamita* de M. Desfontaines.

M. de Lamarck, dans ses *Illustrationes generum*, réunit, comme Gærtner, sous le titre de *Lancisia*, les deux genres *Cenia* et *Lidbeckia*, qu'il attribue à la syngénésie polygamie frustranée, quoique le *Cenia* ait la couronne vraiment féminiflore.

Willdenow confond aussi en un seul genre le *Lidbeckia* et le *Cenia*; mais il nomme *Lidbeckia* le genre formé de leur réunion, et il le caractérise ainsi : Clinanthe nu ; aigrette nulle ; fruits anguleux ; article inférieur du style, persistant ; corolles de la couronne nombreuses ; péricline divisé en segmens nombreux. Il admet dans ce genre : 1.º la *Cotula quinqueloba* de Linné fils, dont l'affinité avec l'espèce suivante avoit été précédemment reconnue par M. de Lamarck dans le Dictionnaire encyclopédique et dans les Illustrations ; 2.º la *Lidbeckia pectinata* de Bergius, que Willdenow dit avoir observée vivante, et qui, selon lui, auroit la tige ligneuse, haute de cinq pieds, et le péricline monophylle, divisé en segmens nombreux ; 3.º la *Cotula turbinata* de Linné ; 4.º la *Lidbeckia bipinnata* de Thunberg : mais, à l'égard de cette dernière espèce, Willdenow remarque, qu'ayant le péricline imbriqué, elle est à peine congénère des trois autres qui, selon lui, ont le péricline monophylle.

M. Persoon distingue, comme M. de Jussieu, les deux genres *Cenia* et *Lidbeckia*, confondus par Gærtner, Lamarck et Willdenow : mais il applique au vrai genre *Lidbeckia* le nom de *Lancisia*, qui certes ne peut aucunement lui convenir ; et, ce qui n'est pas moins bizarre, il emploie le nom de *Lidbeckia* pour désigner un sous-genre fondé sur la *Lidbeckia bipinnata* de Thunberg, et distingué par le péricline imbriqué.

Nous considérons le *Cotula*, le *Cenia* et le *Lidbeckia* comme trois genres distincts, appartenant à notre tribu naturelle des Anthémidées.

Le genre *Cotula*, qui est l'*Ananthocyclus* de Vaillant, est fondé sur les *Cotula coronopifolia* et *anthemoides*, que nous avons observées vivantes, et qui nous ont offert les caractères génériques suivans.

Calathide discoïde : disque multiflore, régulariflore, androgyniflore ; couronne unisériée ou plurisériée, apétaliflore, féminiflore. Péricline subhémisphérique, égal aux fleurs ; formé de squames à peu près égales, paucisériées, appliquées, ovales-oblongues, subfoliacées. Clinanthe convexe, stipifère, c'est-à-dire, ayant ses aréoles ovarifères élevées sur des stipes, ou petites colonnes charnues, très-courts dans le milieu de la calathide, et d'autant plus longs qu'ils s'éloignent davantage du centre. *Fleurs du disque :* ovaire petit, oblong, privé d'aigrette ; corolle ordinairement à quatre divisions. *Fleurs de la couronne :* ovaire très-grand, elliptique, obcomprimé, quelquefois pourvu en apparence d'une petite aigrette stéphanoïde, qui n'est réellement qu'un vestige de corolle avortée et continue à l'ovaire ; corolle tantôt absolument nulle, tantôt réduite à un simple rudiment.

Le genre *Cenia*, qui est le *Cotula* de Vaillant, est fondé sur la *Cotula turbinata* de Linné, que nous avons observée sèche, et qui nous a offert les caractères génériques suivans.

Calathide courtement radiée : disque multiflore, régulariflore, androgyniflore ; couronne unisériée, biliguliflore, féminiflore. Péricline supérieur aux fleurs du disque ; formé de squames égales, unisériées, libres, contiguës, courtes, larges, subrhomboïdales, obtuses, foliacées, membraneuses sur les bords, munies de nervures rameuses. Clinanthe conique, peu élevé, nu, stipifère seulement vers ses bords ; les stipes marginaux courts, épais, coniques, étant seuls bien manifestes, et les autres s'abaissant graduellement de la circonférence au centre, et devenant bientôt presque insensibles, puis tout-à-fait nuls. *Fleurs du disque :* ovaire obcom-

primé, obovale, glabre, pourvu d'un très-petit bourrelet
sur ses deux côtés, privé d'aigrette ; corolle articulée sur
l'ovaire, ordinairement à quatre divisions. *Fleurs de la couronne* : ovaire stipité, obcomprimé. obovale, parsemé de papilles, pourvu d'une bordure assez large sur ses deux côtés,
privé d'aigrette ; corolle articulée sur l'ovaire, biligulée,
contenant des rudimens d'étamines. à tube court, à limbe
dilaté, obconique et entier à sa base, divisé du reste en
deux languettes, l'extérieure beaucoup plus longue, radiante,
large, elliptique, entière, l'intérieure beaucoup plus courte,
divisée jusqu'à sa base en trois lobes ovales-lancéolés.

Le genre *Lidbeckia* de Bergius a pour type la *Lidbeckia pectinata*, que nous avons observée sèche, et qui nous a offert
les caractères génériques exposés au commencement du présent article.

En comparant les caractères attribués par nous aux trois
genres dont il s'agit, on reconnoît facilement que le *Cotula*
et le *Cenia* sont immédiatement voisins ; mais que le *Lidbeckia*
s'éloigne beaucoup des deux autres pour se rapprocher du
Chrysanthemum, et que sa réunion avec le *Cotula* et le *Cenia*
étoit monstrueuse, tant sous le rapport des caractères techniques que sous celui des affinités naturelles.

Le genre *Cotula* présente deux caractères remarquables,
qui sont la couronne apétaliflore et le clinanthe stipifère :
le premier de ces deux caractères avoit été signalé par l'excellent observateur Vaillant ; le second avoit été entrevu par
Pontedera, dont la description est du reste fort mauvaise.
Linné a commis une erreur en attribuant à ce genre une
aigrette stéphanoïde (*pappus marginatus*). Le même botaniste
croyoit que le caractère essentiel du genre *Cotula* consistoit
en ce que les corolles du disque n'avoient que quatre divisions ; mais ce caractère, d'ailleurs peu important, n'est
pas toujours bien constant chez les *Cotula* et *Cenia*.

Le genre *Cenia* offre le clinanthe stipifère, à peu près
comme celui du *Cotula*. Les corolles de sa couronne, fort
exactement décrites par Vaillant, dont on a négligé les observations, méritent d'être remarquées ; mais leur structure
singulière s'explique aisément en les considérant comme des
corolles analogues à celles du disque, et dont la division ex-

térieure s'est prodigieusement accrue. Commerson et M. de
Jussieu donnent à ce genre, pour caractère, le péricline
turbiné, vide sous le clinanthe, à limbe court, octofide.
Cela est inexact sous plusieurs rapports : en effet, c'est la
circonférence extérieure du clinanthe qui donne naissance
au péricline, et qui lui sert de base ; d'où il suit que la partie qui se trouve au-dessous du clinanthe, et qui le supporte,
ne peut pas appartenir au péricline, mais bien au pédoncule.
Ce n'est donc pas le péricline, mais le pédoncule du *Cenia*,
qui est enflé ou très-élargi, et turbiné ou obconique ; mais la
forme du pédoncule n'est jamais admise comme caractère générique chez les synanthérées. C'est en prenant le pédoncule
pour le péricline, que les auteurs du *Cenia* semblent croire
que ce péricline est d'une seule pièce et divisé seulement
au sommet, tandis qu'il est réellement composé de plusieurs
squames libres. Willdenow paroît avoir commis une autre
erreur bien plus grossière ; car il décrit un réceptacle turbiné, fistuleux, portant sur ses bords les folioles calicinales,
ce qui semble indiquer qu'il prenoit le pédoncule pour le
clinanthe.

Le genre *Lidbeckia* n'avoit pas été jusqu'à présent caractérisé
avec exactitude, et c'est pourquoi notre description diffère
beaucoup de celles des autres botanistes. Les fleurs de la
couronne, qu'ils croient être femelles, sont certainement
neutres, n'ayant qu'un faux-ovaire membraneux, continu
avec la corolle, ordinairement sans style et toujours sans
stigmate. Le péricline, que Willdenow affirme avec tant
d'assurance être monophylle, est cependant composé de plusieurs squames distinctes, libres, un peu inégales, disposées
irrégulièrement sur trois rangées circulaires concentriques.
Le clinanthe, que Bergius et tous les autres disent être nu,
est réellement hérissé de fimbrilles très-manifestes. Enfin,
Bergius et ceux qui l'ont servilement copié, admettent que
le style est divisé par une articulation transversale en deux
articles qui se séparent spontanément, et dont l'inférieur, plus
court, persiste sur le fruit : cette structure, qui seroit fort
extraordinaire et même unique dans tout l'ordre des synanthérées, est présentée par Bergius comme le caractère essentiel du genre. Mais tout cela se réduit à ce que le nectaire

interposé entre l'ovaire et le style, étant plus grand chez la *Lidbeckia* que chez beaucoup d'autres synanthérées, a été remarqué sur celle-ci par Bergius, qui ne connoissant pas cet organe, négligé avant nous dans cet ordre de plantes par tous les botanistes, a cru qu'il faisoit partie du style et qu'il en constituoit l'article inférieur. Il n'est peut-être pas tout-à-fait hors de propos de noter ici une autre erreur commise par Bergius, Linné, M. De Candolle, M. Desfontaines, relativement au nectaire du *Tarchonanthus*, et que nous avons réfutée dans notre Mémoire sur cet arbrisseau, lu à la Société philomatique le 13 Juillet 1816, publié par extrait dans le Bulletin des sciences d'Août 1816 (pag. 127) et en totalité dans le Journal de physique de Mars 1817. Il est, en effet, assez remarquable que le nectaire, considéré par Bergius, dans le *Lidbeckia*, comme étant l'article inférieur du style, soit considéré par le même botaniste, dans le *Tarchonanthus*, comme étant un ovaire supère.

Le genre *Lidbeckia* appartient aux Corymbifères de M. de Jussieu, et à la Syngénésie polygamie frustranée de Linné. (H. Cass.)

LIDMÉE. (*Mamm.*) Nom que l'on donne en Barbarie, suivant Shaw le voyageur, à une espèce d'antilope, presque semblable à la gazelle, si ce n'est qu'elle est plus petite et qu'elle a des cornes quelquefois très-longues. (F. C.)

LIÉ [Pollen]. (*Bot.*) Ordinairement les grains qui composent le pollen, sont libres. Dans les orchis, etc., ils sont unis de manière à former une pâte; dans l'*azalea viscosa*, la balsamine, l'*œnothera*, etc., ils sont liés par des fils. (Mass.)

LIEBERKUHNE, *Lieberkuhna*. (*Bot.*) Ce nouveau genre de plantes que nous proposons, appartient à l'ordre des synanthérées, et à notre tribu naturelle des mutisiées, dans laquelle il est intermédiaire entre les deux genres *Leria* et *Leibnitzia*. Voici les caractères génériques du *Lieberkuhna*, tels que nous les avons observés sur des échantillons secs de *Lieberkuhna bracteata*.

Calathide radiée : disque pauciflore, labiatiflore, androgyniflore; couronne subunisériée, liguliflore, féminiflore. Péricline très-supérieur aux fleurs de la couronne; formé de squames plurisériées, imbriquées, oblongues-lancéolées, foliacées-membraneuses, à partie supérieure inappliquée. Clinanthe plan et nu. Fruits très-alongés, un peu amincis graduellement de bas en haut, cylindracés ou obclavés, glabres, sauf la partie inférieure plus courte, hérissée de poils courts, gros et charnus ; aigrette composée de squamellules très-nombreuses, inégales, filiformes, barbellulées. *Fleurs du disque* : corolle un peu variable, ordinairement labiée, à lèvre intérieure divisée en deux jusqu'à sa base, à lèvre extérieure divisée en trois au sommet ou jusqu'à moitié ; tube anthéral pourvu d'appendices apicilaires entregreffés, longs, linéaires, obtus, et d'appendices basilaires libres, longs, subfiliformes ; style de mutisiée. *Fleurs de la couronne* : corolle un peu variable, à tube long, à languette longue, large, elliptique, entière, bidentée ou tridentée, radiante et très-supérieure aux stigmatophores dans presque toutes les fleurs, demi-avortée, non-radiante et très-inférieure au style dans quelques fleurs situées sur un rang intérieur ; point de languette intérieure, ni de fausses-étamines.

Nous attribuons au genre *Lieberkuhna* les deux espèces suivantes.

LIEBERKUHNE BRACTÉIFÈRE : *Lieberkuhna bracteata*, H. Cass. ; *Perdicium piloselloides*, Vahl, *Act. soc. nat. Hafn.*, t. 2, p. 38, tab. 5 (*Auct. herb. Juss.*) ; *Tussilago (Chaptalia sinuata) piloselloides*, Pers., *Syn. pl.*, pars 2, pag. 456. C'est une petite plante herbacée, dont la racine, peut-être vivace, est composée de plusieurs fibres cylindriques, épaisses, noirâtres. Les feuilles sont radicales, nombreuses, longues d'environ deux pouces, y compris le pétiole, larges d'environ quatre lignes ; leur pétiole est long, très-large, surtout à sa base, linéaire, membraneux, scarieux, roussâtre, plurinervé, glabre sur ses deux faces ; le limbe est ovale-étroit ou oblong-lancéolé, entier ou bordé de larges crénelures distantes, peu saillantes, dirigées un peu à rebours, chacune d'elles offrant à sa base une saillie pointue : la face supérieure est glabre et verte ; la face inférieure est tomenteuse et blanche, à l'exception de la nervure médiaire, qui est très-glabre. Les hampes, hautes d'environ un ou deux pouces, sont simples, droites, cylindriques, tomenteuses, blanches, garnies, surtout en leur partie supérieure, de quelques bractées éparses, longues, linéaires-subulées, squamiformes, membraneuses, glabres. Chaque hampe est terminée par une calathide dont la grandeur est variable, et qui nous a paru varier aussi plus ou moins sous d'autres rapports, tels que le nombre des fleurs, la longueur des aigrettes, les caractères des corolles, ceux des ovaires ou des fruits; le péricline est constamment glabre, et dans les plus grandes calathides ses squames intérieures sont longues de neuf lignes; le disque est composé ordinairement d'environ sept ou huit fleurs jaunes, quelquefois un peu rougeâtres au sommet, dont la plupart sont bien labiées, mais dont une ou quelques-unes, probablement centrales, sont souvent presque régulières; la couronne est composée d'environ quinze ou seize fleurs, dont douze ou treize, un peu inégales, ont la languette radiante, jaune, orangée, rougeâtre au sommet, ou entièrement rouge, et dont trois, probablement intérieures, ne sont point radiantes, leur languette étant demi-avortée; les aigrettes sont rougeâtres, roussâtres, ou rousses; les stigmatophores du disque sont plus courts, plus gros et moins divergens que ceux de la couronne.

Nous avons fait cette description spécifique, et celle des caractères génériques, sur plusieurs échantillons secs, recueillis par Commerson aux environs de Montevideo, et qui se trouvent dans les herbiers de MM. de Jussieu et Desfontaines sous le nom de *Perdicium piloselloides*.

Lieberkuhne a hampe nue : *Lieberkuhna nudipes*, H. Cass.; *Tussilago pumila*, Swartz, *Flor. Ind. occid.*, tom. 3, p. 1350; *Tussilago (Chaptalia) sinuata*, Pers., *Syn. pl.*, pars 2, p. 456. Petite plante herbacée, annuelle, sans tige, à racines filiformes. Feuilles radicales, étalées, à pétiole engainant à la base, et comme ailé par la décurrence du limbe; à limbe lyré, denticulé à rebours, aranéeux et vert en-dessus, tomenteux et blanc en-dessous, ayant son lobe terminal oblong, obtus, incisé, et ses lobes inférieurs petits, arrondis; les feuilles extérieures longues d'un ou deux pouces, celles qui entourent la hampe trois fois plus petites. Hampe ordinairement solitaire, dressée, longue de trois à six pouces, filiforme, tomenteuse, blanche, rougeâtre inférieurement, dénuée de bractées, terminée par une petite calathide penchée, à fleurs blanches. Péricline presque imbriqué, étalé, formé de squames lancéolées-linéaires, aiguës, membraneuses, presque vertes, les extérieures plus courtes, subulées, tomenteuses; clinanthe ponctué; disque composé de huit ou dix fleurs hermaphrodites, à corolle tubuleuse, ayant le limbe très-petit, dressé, quinquéfide, à style bifide, ayant les stigmatophores inclus; couronne composée de quatorze ou seize fleurs femelles, à corolle ligulée, ayant la languette un peu dressée, linéaire, entière, à style bifide, ayant les stigmatophores étalés; fruits linéaires, acuminés, à aigrette stipitée, blanche, composée de squamellules nombreuses, filiformes.

Cette plante, que nous décrivons d'après Swartz, habite les terrains calcaires des hautes montagnes de la Jamaïque australe, où elle fleurit en été. Quoique nous ne l'ayons point vue, et que la description de Swartz'ne nous offre pas tous les documens dont nous aurions besoin, il nous paroît presque indubitable que c'est une seconde espèce de notre genre *Lieberkuhna.*

Ce nouveau genre diffère du *Leria :* 1.° en ce que sa calathide n'a qu'une seule couronne, laquelle est radiante et analogue à la couronne extérieure du *Leria,* et que les trois fleurs non radiantes qui s'y trouvent ordinairement, ne peuvent pas constituer un ensemble comparable à la couronne intérieure, non radiante, plurisériée, multiflore, du *Leria;* 2.° en ce que son disque est pauciflore; 3.° en ce que son péricline est très-supérieur aux fleurs radiantes, et que ses squames sont inappliquées; 4.° en ce que ses fruits, au lieu d'offrir, comme ceux du *Leria,* un col très-grêle et bien distinct de la partie séminifère, sont seulement très-alongés et un peu amincis graduellement de bas en haut. (Voyez notre article Lérie.) Le *Lieberkuhna* diffère du *Leibnitzia :* 1.° en ce que son disque est pauciflore; 2.° en ce que les fleurs de sa couronne sont simplement ligulées, et non biligulées; 3.° en ce que les squames de son péricline sont subfoliacées et inappliquées; 4.° en ce que les appendices apicilaires du tube anthéral sont obtus, et que les appendices basilaires sont longs. (Voy. notre article Leibnitzie, t. XXV, p. 420.) On ne doit pas confondre le *Lieberkuhna* avec le *Chaptalia,* dont le disque multiflore est masculiflore intérieurement;

26.   19

qui a deux couronnes, dont l'intérieure n'est point radiante ; qui a le péricline égal aux fleurs du disque ; et dont les fruits ne sont pas très-alongés ni amincis de bas en haut, comme dans le *Lieberkuhna*. (Voyez notre article Chaptalie, t. VIII, , pag. 161.)

Lieberkuhn, à la mémoire duquel nous consacrons le genre dont il s'agit, est un anatomiste connu surtout par ses recherches microscopiques sur la structure élémentaire des intestins, et qui a inventé ou perfectionné une espèce de microscope dont l'usage est très-commode pour les botanistes.

Le genre *Lieberkuhna* appartient aux corymbifères de M. de Jussieu, et à la syngénésie polygamie superflue de Linné. (H. Cass.)

LIEBRE. (*Mamm.*) Lièvre en espagnol. (F. C.)

LIEBRECILLA. (*Bot.*) Nom du bluet, *centaurea cyanus*, Linn., en Espagne. (Lem.)

LIÉGE. (*Bot.*) Espèce de chêne, *quercus suber*, dont l'écorce, très-épaisse et fort légère, est employée à divers usages économiques. Voyez Chêne-liége. (J.)

LIÉGE. (*Chim.*) L'épiderme du *quercus suber*, doit être considéré comme un tissu cellulaire qui est enduit d'un assez grand nombre de substances.

100 parties de liége sec, chauffées à 100 degrés, perdent 4 parties d'eau acide et odorante.

Nous avons analysé le liége, en le traitant successivement par l'eau et l'alcool dans le digesteur distillatoire.

20 gr. de liége, séché à 100 degrés, ont été soumis à vingt lavages aqueux ; dans chaque lavage on employoit 0,8 litre d'eau : le liége a perdu 2,85 gr. de matières solubles.

L'eau volatilisée contenoit un acide et un principe odorant. Les deux premiers lavages ont déposé, par le refroidissement, une matière cristallisée, qui nous a paru analogue à la matière jaune volatile que nous avons découverte dans la noix de galle. (Voyez Substances astringentes naturelles.)

Les lavages ont été concentrés : ils ont déposé des flocons d'un beau pourpre, formés de *gallate de fer*, et d'une combinaison de *matière astringente*, de *matière azotée* et de *chaux*.

L'extrait aqueux a été épuisé par l'alcool.

a. *Partie soluble dans l'alcool.*

Cette solution concentrée s'est réduite, 1.° en un *liquide aqueux*; 2.° en un *liquide orangé*, d'apparence huileuse, qui étoit au-dessous du premier.

Liquide aqueux. Il étoit odorant, brun-orangé, acide et astringent. Il tenoit en dissolution un *principe jaune*, un *principe rouge*, une *matière astringente*, une *matière azotée*, de l'*acide gallique*, et un *acide libre* organique, que nous n'avons pas déterminé.

Matière d'apparence huileuse. Elle n'a pas été dissoute par l'eau bouillânte. Elle l'a été presque en totalité par l'alcool. Cette solution a présenté à l'analyse du *principe colorant jaune*, de l'*acide gallique*, de la *matière astringente*, de la *matière azotée*, de la *chaux*. Nous avons tout lieu de croire qu'elle contenoit en outre un peu d'une substance résineuse; mais, tout en admettant la présence de cette substance, on ne peut pas y rapporter la cause de l'aspect huileux de la combinaison dont nous parlons.

b. *Partie indissoute par l'alcool.*

L'eau l'a dissoute en partie seulement.

Solution. Elle étoit d'un jaune roux : on y a trouvé, 1.° un *acide organique*, qui n'a pas été déterminé; il étoit en partie saturé par la *chaux* et par des *atomes de magnésie et d'oxide de fer*; 2.° une *matière organique*, non azotée, insoluble dans l'alcool; 3.° du *principe colorant jaune*; 4.° du *principe colorant rouge*; 5.° de l'*acide gallique* et de la *matière azotée*.

Matière indissoute. Elle étoit analogue aux *flocons d'un beau pourpre* qui s'étoient déposés par la concentration des lavages aqueux du liége.

Le liége, traité par l'eau, a été soumis à cinquante lavages alcooliques : il a cédé à ce liquide 3^{gr},15 de matières solubles, qui étoient, 1.° une substance qui a de l'analogie avec la cire, mais qui nous a paru en différer; c'est pourquoi nous l'avons nommée *cérine*; 2.° du *principe colorant jaune*; 3.° du *principe colorant rouge*; 4.° de l'*acide gallique*; 5.° de la *matière astringente*; 6.° de la *matière azotée*; 7.° une *matière résineuse molle*.

Les trois premiers lavages alcooliques ont déposé, par le refroidissement, de la *cérine impure;* ces lavages, filtrés et concentrés au sixième de leur volume, ont déposé par un refroidissement lent de la *cérine cristallisée pure* ou presque pure.

Les liqueurs du quatrième au quatorzième lavage inclusivement ont donné, après la concentration, de la *cérine impure.*

Les liqueurs provenant des quatorze lavages, séparées de leur cérine, ont été réunies aux lavages suivans ; on les a distillées, et on a ajouté de l'eau à la fin de l'opération. On a obtenu un liquide aqueux pour résidu, qui contenoit en dissolution, 1.° des *principes colorans,* de l'*acide gallique,* de la *matière astringente* et de la *matière azotée;* 2.° un dépôt de *matière résineuse;* 3.° un dépòt de *matière azotée.* Par la filtration on a séparé le liquide aqueux, et par l'alcool on a séparé ensuite la matière résineuse de la matière azotée.

La matière *résineuse* étoit formée de *cérine,* de *principes colorans,* d'*acide,* et probablement d'une matière grasse, analogue à la résine verte des plantes altérée. Nous croyons qu'un grand nombre de *résines* ont une composition analogue à celle dont nous venons de parler.

Nous allons examiner les propriétés de la *cérine,* et celles du *tissu du liége,* que nous appelons *subérine.*

Cérine.

Elle est sous la forme de petites aiguilles blanches ; lorsqu'elle n'a pas été dissoute plusieurs fois dans l'alcool, elle retient du principe colorant jaune, qui devient sensible quand on la liquéfie.

La cérine, mise dans l'eau bouillante, se précipite au fond du liquide, se ramollit, mais ne se liquéfie pas : en cela elle diffère beaucoup de la cire, qui se fond à 62,75, et qui alors reste à la surface de l'eau.

La cérine, chauffée suffisamment, se fond, se volatilise, en répandant une légère odeur. Distillée dans une petite cornue, elle se fond, jaunit, donne de l'eau acide et de la cérine mêlée à un produit gras empyreumatique, jaunàtre : il reste du charbon.

Elle est un peu plus soluble dans l'alcool bouillant que la

cire. Par le refroidissement la liqueur dépose de petites aiguilles. La solution de cérine n'a aucune action sur la teinture de tournesol.

La cérine, chauffée dans l'acide nitrique à 32 degrés, se fond, se rassemble à sa surface en gouttes huileuses. Peu à peu elle est dissoute ; il y a dégagement de gaz nitreux et dissolution de la cérine. L'acide se colore en jaune, et, si l'on y ajoute de l'eau, il se produit un précipité de cérine altérée et il reste un peu d'acide oxalique dans la liqueur.

La cérine ne paroit pas susceptible d'être dissoute par l'eau de potasse.

Subérine.

Elle a la forme du liége.

Lorsqu'on la distille, elle donne, 1.° un peu d'eau ; 2.° un liquide incolore huileux ; 3.° une huile citrine. Ces produits sont acides : le dernier paroit tout formé dans la subérine, ou provenir d'une huile qui n'a éprouvé qu'une légère altération ; car pendant l'opération on la voit suinter du liége même. 4.° Une huile d'un rouge brun ; 5.° un peu d'ammoniaque ; 6.° une substance grasse, cristallisable, insoluble dans l'eau de potasse ; 7.° des gaz ; 8.° un charbon qui conserve la forme de la subérine, et dont le poids est le quart de celui de la subérine.

La subérine est insoluble dans l'eau et l'alcool, comme le prouve le traitement du liége dans le digesteur.

5 gr. de subérine, traités par 60 d'acide nitrique à 32^d, jaunissent et se réduisent, 1.° en une *matière insoluble dans l'eau*, formée d'une substance résineuse soluble dans l'alcool, et d'une substance qui ne s'y dissout pas et qui m'a paru de nature ligneuse ; 2.° en *matière soluble dans l'eau*, qui consiste en acide oxalique, en acide subérique, et en une substance jaune amère.

La subérine, telle que nous l'avons obtenue, contenoit certainement encore une quantité notable de matières qui se trouvent dans le liége. Nous pensons que c'est à la cérine qu'elle retient, que la subérine doit la propriété de donner la substance grasse cristallisable, lorsqu'on la distille, et la matière résineuse qu'on en obtient lorsqu'on la traite par l'acide nitrique.

· L'acide subérique est le produit qui caractérise la subérine comme corps particulier ; car il s'en forme d'autant plus que le liége a été soumis à un plus grand nombre de traitemens à l'eau et à l'alcool : c'est ce qu'on voit par le tableau suivant, formé des résultats obtenus en traitant par l'acide nitrique, 1.° 5 gr. de liége naturel sec ; 2.° 5 gr. de liége lavé à l'eau ; 5 gr. de subérine.

	Liége naturel.	Liége lavé à l'eau.	Subérine.
Résidu ligneux. . . .	0,009 . . .	0,045	0,050
Résine	0,736 . . .	0,875	0,500
Acide oxalique. . . .	0,800 . . .	0,530	0,380
Acide subérique . . .	0,720 . . .	0,980	1,120
Eau-mère jaune, amère	x . . .	x	x

Le tissu de l'épiderme de bouleau, de cerisier, de prunier, etc., est formé de subérine ; car nous avons obtenu de tous ces épidermes de l'acide subérique, et en d'autant plus grande quantité qu'ils se rapprochoient davantage de l'état de pureté. Cette analogie de nature avoit été soupçonnée par Fourcroy, avant qu'elle eût été démontrée par l'expérience.

L'épiderme du bouleau, outre des principes colorans jaune et rouge, nous a présenté une substance résineuse, dont nous avons exposé les propriétés principales dans une note jointe à un mémoire lu à l'Institut le 10 Janvier 1814. Cette substance, que nous avons nommée depuis *bétuline*, se volatilise en fumée blanche, douée d'une odeur balsamique. Chauffée convenablement, elle se sublime en aiguilles. Lorsqu'on la distille dans une cornue, elle se volatilise en partie seulement, parce qu'une portion s'altère par le contact de l'air : le produit a l'odeur du cuir de Russie ; et, en effet, nous nous sommes assuré depuis que c'est cette substance qui donne au produit de la distillation de l'écorce de bouleau, l'odeur qu'on recherche dans le cuir de Russie, cuir que l'on prépare avec ce produit.

5 gr. d'épiderme de bouleau, préalablement traités par l'eau et l'alcool, soumis à l'action de 60 gr. d'acide nitrique, ont donné :

Matière ligneuse   0,04
Matière résineuse   0,68
Acide subérique   1,43

L'eau - mère de cet acide étoit jaune, visqueuse, amère; elle ne contenoit pas d'acide oxalique, car elle ne précipitoit pas par l'eau de chaux.

La moelle de sureau, que M. Link a dit se convertir en acide subérique par l'acide nitrique, ne nous en a pas donné de traces sensibles, quoique nous l'ayons soumise au même traitement que le liége. (Cʜ.)

LIÉGE DES ANTILLES. (*Bot.*) Voyez Liége de Saint-Domingue. (Lem.)

LIÉGE DE SAINT-DOMINGUE. (*Bot.*) Cet arbre, décrit précédemment sous les noms de bois de fléau ou cotonnier siffleux, avoit été rapporté au genre Fromager, *Bombax;* mais sa description, faite par Nicolson, quoique très-incomplète, convient beaucoup mieux à l'*ochroma lagopus* de Swartz, qui, en effet, dit que sa plante est le cotonnier siffleux. (J.)

LIÉGE FOSSILE et LIÉGE DE MONTAGNE. (*Min.*) Voyez Asbeste entrelacé. (B.)

LIE-HAST. (*Ornith.*) Un des noms que porte en Norwége le grand pic noir, *picus martius*, Linn. (Cʜ. D.)

LIEN. (*Erpét.*) Nom spécifique d'une couleuvre de la Caroline, *coluber constrictor*, que nous avons décrite dans ce Dictionnaire, tom. XI, pag. 181. (H. C.)

LIÈRE. (*Ornith.*) On nomme ainsi, en Norwége, le pétrel puffin, ou puffin cendré, *procellaria puffinus*, L. (Cʜ. D.)

LIERNE. (*Bot.*) Nom vulgaire de la clématite des haies. (L. D.)

LIERRE; *Hedera*, Linn. (*Bot.*) Genre de plantes *dicotylédones*, de la famille des *caprifoliacées*, Juss., et de la *pentandrie monogynie*, Linn., dont les principaux caractères sont les suivans : Calice campanulé, adhérent à l'ovaire, terminé par cinq petites dents; corolle de cinq pétales élargis à leur base; cinq étamines; ovaire turbiné, surmonté d'un style court, et terminé par un stigmate simple; baie globuleuse, à cinq loges monospermes.

Les lierres sont des arbrisseaux à feuilles alternes, et à fleurs disposées en ombelle ou en grappe. On en compte aujourd'hui six espèces, qui, excepté une, sont toutes exotiques : nous ne parlerons ici que de celle qui est indigène, les autres étant encore peu connues.

Lierre grimpant : *Hedera helix*, Linn., *Spec.*, 292 ; *Hedera corymbosa communis*, Lob., *Icon.*, 614. C'est un arbrisseau sarmenteux, dont la tige principale peut acquérir avec le temps un pied et plus de circonférence : cette tige rampe à terre ou le plus souvent grimpe et s'étend fort loin, ainsi que les nombreux rameaux qu'elle produit, en s'appuyant sur le tronc des arbres, sur les rochers, les murailles, et en s'y attachant par des vrilles très-nombreuses, d'une nature particulière, ressemblant à de petites racines et naissant du corps même de la tige ou des rameaux, sur le côté qui s'appuie aux corps environnans. Les feuilles sont alternes, pétiolées, persistantes, glabres, luisantes, d'un vert foncé, d'une forme très-variable ; celles qui viennent sur les jeunes pieds ou sur les rameaux rampans et stériles des vieux, sont échancrées à leur base et partagées en trois ou cinq lobes, tandis que celles qui accompagnent les rameaux qui doivent donner des fleurs, sont entières, à peu près ovales ou ovales-lancéolées. Ces variations dans la forme des feuilles ne peuvent nullement caractériser des variétés distinctes, comme quelques botanistes les ont établies, puisque le même pied de lierre porte souvent en même temps de toutes ces différentes feuilles. Les fleurs sont petites, verdâtres, disposées à l'extrémité des rameaux sur plusieurs ombelles globuleuses, portées sur des pédoncules particuliers et assez écartés les uns des autres. Ces fleurs paroissent en Septembre et Octobre, et elles sont remplacées par des baies peu succulentes, d'un vert très-foncé, presque noirâtres, qui mûrissent au printemps : elles devroient être partagées en cinq loges, contenant chacune une graine ; mais le plus souvent une ou deux des loges avortent et on n'en trouve plus que trois ou quatre.

Le lierre croit spontanément dans presque toute l'Europe et dans plusieurs parties de l'Asie et de l'Afrique. On le trouve dans les bois et dans les haies, surtout aux lieux frais, ombragés et exposés au nord. On en cultive dans les jardins une variété à feuilles panachées de blanc, une autre à feuilles panachées de jaune, et une dont les baies sont jaunes.

Le lierre a été célébré et honoré dès la plus haute anti-
quité : en Égypte il étoit consacré à Osyris, et en Grèce à
Bacchus; on en couronnoit le dieu des jardins comme celui des
buveurs, et ce fut, selon Plutarque, ce dernier qui enseigna
à ceux qui étoient pris de fureurs bachiques, à s'en faire des
couronnes, parce qu'il avoit la propriété d'empêcher de
s'enivrer.

Le lierre partage avec le laurier l'honneur de servir de
prix aux talens poétiques :

Accipe jussis
Carmina cœpta tuis ; atque hanc sine tempora circum
Inter victrices ederam tibi serpere lauros.

VIRG., *Eclog. VIII.*

Le bois du lierre est grisâtre, léger, poreux, quoique ses
fibres soient serrées et qu'il ait assez de dureté. Il est rare d'en
trouver de gros morceaux; on en cite un de sept pouces de
diamètre comme quelque chose de peu ordinaire. Les anciens
croyoient, et on l'a souvent répété d'après eux, que les vases
faits de bois de lierre avoient la singulière propriété de séparer l'un de l'autre l'eau et le vin qu'on y versoit. Selon Caton
et Pline, l'eau est retenue dans le vase, et le vin seul trans-
sude à travers les pores du bois; selon d'autres, c'est le vin
qui demeure dans le vase. Wormius, ayant répété cette expérience, vit les deux liquides rester mêlés et s'écouler ensemble à travers les pores du bois.

Dans les pays chauds, les vieux troncs de lierre donnent
par incision ou naturellement un suc gommo-résineux, qui se
durcit à l'air et qui est connu sous le nom de gomme de
lierre. Cette substance est d'un rouge brunâtre, demi-trans-
parente, d'une saveur amère, un peu astringente. Presque
inodore dans son état ordinaire, elle répand, quand on la
brûle, une odeur assez analogue à celle de l'encens. Dans
ces derniers temps les chimistes lui ont donné le nom d'hé-
dérée. Elle a été quelquefois employée en médecine comme
résolutive, emménagogue et astringente ; elle a aussi passé
pour dépilatoire. Aujourd'hui elle est à peu près inusitée,
si ce n'est dans quelques onguens et emplâtres. Dans la peinture on s'en sert pour la fabrique des vernis. C'est de l'Orient

que nous vient la plus grande partie de la gomme de lierre qui est dans le commerce.

On a employé autrefois la décoction des feuilles de lierre dans l'eau ou dans le vin, et en lotions, contre les maladies de la peau et les ulcères anciens. On a aussi attribué à cette décoction la vertu de noircir les cheveux. On faisoit encore avec ces mêmes feuilles des cataplasmes qu'on regardoit comme propres à dissiper les engorgemens laiteux. Sous tous ces rapports, les feuilles de lierre sont à peu près hors d'usage maintenant; mais on en emploie une grande quantité pour le pansement des cautères et des vésicatoires : entières, ainsi qu'on s'en sert, il ne paroit pas qu'elles contribuent à augmenter la suppuration; elles entretiennent seulement les parties dans un état de fraîcheur salutaire.

Les fruits du lierre passent pour être émétiques, purgatifs, et même pour agir avec assez de violence; mais on manque d'expériences positives pour les apprécier sous ce rapport. Plusieurs espèces d'oiseaux les mangent.

Le lierre se multiplie de graines, de drageons et de marcottes; mais la facilité avec laquelle on peut se le procurer en arrachant de jeunes pieds dans les bois ou dans les haies, fait que les jardiniers se donnent rarement la peine de l'élever de graines ou autrement; il n'y a que ses variétés, soit celle à baies jaunes, soit celle à feuilles panachées, qu'on propage par la voie des marcottes. La verdure perpétuelle de cet arbrisseau le rend d'un effet très-pittoresque dans les jardins paysagers : il est propre à tapisser les grottes, les rochers, les vieilles murailles; souvent aussi on peut le placer d'une manière très-agréable en associant ses rameaux à de vieux troncs d'arbres. Lorsque le lierre est d'un certain âge, et qu'on a eu le soin de le tailler et de supprimer une partie de ses rameaux, il peut se soutenir seul et former une sorte de petit arbre.

Le lierre n'épuise point les arbres sur lesquels il s'attache : ses vrilles, en se fixant dans les fentes de leur écorce, n'en tirent aucune nourriture; mais, lorsqu'il embrasse étroitement de ses nombreux rameaux les tiges des autres arbres, celles-ci se trouvent avec le temps trop resserrées, étranglées, comme étouffées, et alors elles périssent par suite de cet étranglement. (L. D.)

LIERRE DES ANTILLES. (*Bot.*) On donne dans les Antilles ce nom au *marcgravia*, arbrisseau grimpant, qui s'élève le long des grands arbres jusqu'à leur sommet, et laisse ensuite retomber ses rameaux chargés de fleurs. (J.)

LIERRE AQUATIQUE. (*Bot.*) C'est une espèce de lenticule, *lemna trisulca*. (L. D.)

LIERRE EN ARBRE. (*Bot.*) Voyez Lierre. (L. D.)

LIERRE DU CANADA. (*Bot.*) C'est une espèce de sumac, *rhus toxicodendron*. (L. D.)

LIERRE D'EUROPE, LIERRE GRIMPANT. (*Bot.*) C'est le lierre commun. (L. D.)

LIERRE TERRESTRE. (*Bot.*) Nom vulgaire du *glecoma hederacea*, qui est aussi la terrête, l'herbe de Saint-Jean. (J.)

LIEU. (*Ichthyol.*) Un des noms vulgaires du merlan jaune, *gadus pollachius* de Linnæus. Voyez Merlan. (H. C.)

LIEURE. (*Ornith.*) Nom que porte en Norwége le grand coq de bruyère, *tetrao urogallus*, Linn. (Ch. D.)

LIÈVRE. (*Entom.*) On a donné ce nom vulgaire à la chenille de l'écaille martre ou hérissone (*bombyx caja*), et à celle du *bombyx lubricipeda*, qui vit sur le pommier. V. Bombyce. (C. D.)

LIÈVRE ou LEVREAU. (*Conchyl.*) C'est une espèce de porcelaine, *cypræa testitudinaria* ou *caurica*. Voyez Porcelaine. (De B.)

LIÈVRE, *Lepus*. (*Mamm.*) Ce nom, dérivé du nom latin du même animal, de particulier est devenu commun, et sert non-seulement à désigner le lièvre d'Europe, mais encore le groupe dont cet animal peut être considéré comme le type.

Le genre Lièvre, l'un des plus naturels de la classe des mammifères, est remarquable par la fixité de certains caractères secondaires, qui, par cela même, s'assimilant aux caractères génériques, laissent peu de points propres à distinguer les espèces entre elles, et font que la détermination de celles-ci offre les plus grandes difficultés : tout le monde connoît en effet le lièvre et le lapin, et l'embarras que l'on éprouve à les distinguer l'un de l'autre ; or, il en est à peu près de même de toutes les autres espèces.

Ces animaux ont des molaires sans racines, six de chaque côté à la mâchoire supérieure, et cinq à l'inférieure ; leurs incisives inférieures sont au nombre de deux , comme chez les autres genres de cet ordre , larges , plates à leur face antérieure , et taillées en biseau à la face postérieure ; les supérieures sont au nombre de quatre chez l'adulte , deux antérieures , larges , divisées , à leur face externe , par un sillon assez profond , en deux faces arrondies , et taillées en biseau à leur partie interne ; viennent ensuite deux postérieures , petites , cylindriques , un peu comprimées en avant et en arrière , et à couronne plate.

A la mâchoire supérieure , les molaires sont en ovale transversal et à peu près d'égale grandeur , excepté la dernière , qui est très-petite. La première de ces molaires a la couronne simple et seulement garnie à son bord antérieur de trois festons formés par deux replis de l'émail à moitié remplis de cortical. Les quatre suivantes ont leur couronne divisée en deux parties par une arête transversale , formée par deux replis de l'émail qui enveloppe toute la surface de la dent; l'interne est le plus profond et va sans doute se joindre à l'externe un peu au-dessous de la couronne , puisqu'on n'aperçoit plus sur celle-ci le signe de séparation qui devoit se trouver entre eux. L'émail s'usant moins vite que la substance corticale , il en résulte que ses bords sont relevés en crête comme le milieu. La dernière molaire diffère des précédentes par l'absence des crêtes et des replis.

A la mâchoire inférieure les molaires sont à peu près aussi longues que larges : toutes ont la couronne divisée en deux parties inégales par une crête formée , comme dans les molaires supérieures , par deux duplicatures de l'émail , mais dont l'externe est beaucoup plus profonde. La première molaire diffère des autres , en ce que sa partie antérieure est échancrée au bord externe par un sillon presque aussi profond que le second ; ce qui fait que la face externe de cette dent , au lieu de n'avoir qu'un sillon comme les autres , en porte deux. Dans les trois suivantes la couronne n'est divisée que par une crête formée par deux replis , dont l'externe forme un sillon beaucoup plus profond que l'interne. La dernière molaire , plus petite que les autres , a sa couronne composée de deux parties elliptiques , inégales ; la postérieure est beaucoup plus petite que l'antérieure.

Dans le très-jeune âge les dents ne diffèrent de celles de l'adulte qu'en ce que, au lieu de quatre incisives supérieures, il s'en trouve six, disposées par paires l'une derrière l'autre ; mais les plus internes tombent bientôt par l'accroissement des quatre antérieures, de sorte que l'adulte ne conserve, comme nous l'avons vu plus haut, que ces quatre dernières incisives.

Les membres antérieurs, beaucoup plus courts que ceux de derrière, sont grêles et terminés par cinq doigts, courts, forts, entièrement libres et armés d'ongles cylindriques, robustes et légèrement arqués; le troisième est le plus long; le second et le quatrième, plus courts que celui-ci, sont d'égale longueur ; le premier ou l'externe est moins long que ces derniers, et l'interne ou le pouce est petit, placé vers le haut du métacarpe et peu apparent. Aux pieds de derrière le pouce manque, et il ne reste plus que quatre doigts semblables aux analogues des pieds de devant. Ces doigts sont velus, ainsi que la paume et la plante, qui sont entièrement recouvertes d'un poil soyeux, mais plus dur que celui des doigts; et les ongles sont protégés et cachés par un pinceau de longs poils naissant du dessous des doigts.

La queue est très-courte, très-velue et ordinairement relevée.

Les yeux ont une pupille susceptible, en se contractant, de prendre une forme légèrement ovale ; la paupière interne est assez développée, et les externes sont garnies de cils nombreux et serrés. Les narines sont étroites, plus larges en dehors du museau que vers le point où elles se rapprochent, sans mufle proprement dit, mais à peu près nues à leur contour et garnies à leur bord interne ou cloisonnaire de deux bourrelets ou saillies, qui paroissent glanduleuses; elles ont au-dessus d'elles un fort repli transversal, déterminé par le museau, qui forme une large surface convexe, velue, susceptible de recouvrir les narines en s'abaissant, et jouissant d'un mouvement vif, précipité et presque continuel de haut en bas. La lèvre supérieure est entièrement fendue, et la langue est épaisse et douce. Les oreilles sont très-mobiles, grandes, alongées en cornet, très-ouvertes, simples et remarquables seulement par une cavité en forme de cul-desac, placée au-dessus du conduit auditif : elles sont presque nues en dedans, et revêtues de poils courts et ras en-dessus.

Le pelage est très-fourni et se compose en général de longs poils soyeux très-nombreux, et de poils laineux, plus courts, plus nombreux encore et d'une très-grande finesse. Ces deux sortes de poils sont mêlées sur la plus grande partie du corps ; mais le tour du museau n'a ordinairement que des poils courts, ras et soyeux : la tête en général a plus de poils soyeux que de laineux, et ces poils sont moins longs que ceux du corps ; la nuque et le dessus du cou, à partir d'entre les deux oreilles, ne sont couverts que de poils laineux, très-doux et très-épais ; le dessus de l'oreille n'a que des poils très-courts et soyeux, et le bord antérieur est garni de longs poils soyeux assez rudes, et disposés sur une ligne parallèle et serrée, tandis que le bord postérieur a un liséré de poils soyeux, ras et très-courts ; les poils des membres sont courts et soyeux, et ceux de la queue sont très-épais, longs et presque tous laineux, principalement en-dessous.

Les diverses teintes du pelage semblent elles-mêmes participer à cette tendance vers un type commun, et les différences qui les distinguent ne sont presque que le résultat des diverses modifications d'un même fond de couleurs. La tête et le corps sont toujours d'une teinte de gris-brun ou roussàtre, tiquetée ou lavée, c'est-à-dire, variée ou de points ou de lignes interrompues, entrecoupées, et comme hachées de diverses teintes de gris, de brun et de roussàtre, résultat du mélange des couleurs des poils soyeux qui présentent un anneau de chacune de ces teintes ; le dessous du corps est d'une couleur uniforme ; la région labiale, sur laquelle sont placées les moustaches, est ordinairement en tout ou en partie d'une teinte particulière. L'œil est toujours placé dans une région plus pàle que le reste des parties environnantes ; les oreilles ont le bord antérieur de leur partie postérieure plus foncé que le reste du derrière de l'oreille, et il est tiqueté ; le bord de l'oreille est ordinairement d'une teinte foncée, et les lisérés de ses bords sont plus pàles ; la partie laineuse de la nuque est toujours d'une couleur pure et différente de celle des parties voisines. Les membres ont une teinte uniforme , et la queue est plus foncée en-dessus qu'en-dessous.

La verge, dirigée en arrière, se termine par un gland conique; chaque testicule a un petit scrotum particulier et peu saillant, et dans l'espace qui se trouve entre eux et la verge se remarque un enfoncement dans lequel il se verse une sécrétion épaisse, jaunâtre et fort puante.

Les femelles sont sujettes à une sorte de superfétation, ce qui tient à ce que, les deux cornes de la matrice ayant chacune un orifice particulier dans le vagin, il arrive que l'une peut être fécondée après l'autre, et qu'alors la femelle met bas les fœtus qui se sont développés dans l'un de ces organes, tandis que ceux de l'autre corne restent encore en gestation.

Les petits naissent couverts de poils et les yeux ouverts.

Les lièvres sont tous des animaux presque nocturnes et chez lesquels l'ouie paroît être le sens le plus développé; ils sont extrêmement craintifs et fuient au moindre danger. Leur marche consiste en une suite de sauts, et leur course n'en diffère que par plus de rapidité. Ils habitent les bois, les taillis, les rochers, viennent quelquefois dans la plaine, et se nourrissent de substances végétales qui modifient le goût de leur chair, selon qu'elles sont plus ou moins aromatiques : l'on sait en effet que telle est la cause de la différence que l'on remarque entre la saveur d'un lapin élevé en domesticité et celle d'un lapin qui, dans les bois, s'est nourri de thym , de serpolet, etc. Les uns pourvoient à leur sûreté personnelle et à celle de leurs petits, en se creusant de profondes retraites, ou en habitant les fentes et les creux des rochers ; tandis que d'autres se contentent d'un sillon , d'une souche, d'un taillis, ou d'un tronc d'arbre excavé.

Les lièvres sont communs dans l'ancien et dans le nouveau monde, et partout ils peuplent les contrées froides comme les parties chaudes du globe; mais partout aussi ils se montrent, comme nous l'avons dit, avec des caractères spécifiques si constans qu'il est très-difficile de distinguer nettement leurs espèces : l'on peut cependant, en s'aidant de l'examen des têtes osseuses, trouver des caractères assez certains, quoiqu'en général peu saillans, et l'on est déjà parvenu à en caractériser dix espèces ; mais il est probable qu'il en reste encore beaucoup d'inconnues.

Le LAPIN : *Lepus cuniculus*, Linn. ; Buffon, tom. VII. Cette espèce, connue de tout le monde, est en général d'un gris brun-jaunâtre pâle ; la tête est d'un gris roussâtre tiqueté, le menton et le dessous de la gorge sont blancs ; les yeux sont placés au milieu d'une tache d'un gris fauve-pâle, et entourés d'une teinte d'un blanc grisâtre ; le bout du museau et la région labiale sont roussâtres ; le dessus des oreilles est d'un gris pâle avec le bord antérieur d'un gris brun pointillé ; le bord supérieur légèrement bordé de noir, et le tour de l'oreille liséré de blanchâtre ; la région laineuse de la nuque et du dessus du cou est d'un fauve pâle et pur ; le corps est d'un gris brun jaunâtre lavé, résultant de lignes hachées de fauve pâle, de brun et de noirâtre ; le dessous du corps est blanc ; les membres sont roussâtres et d'une teinte uniforme ; le dessous des doigts est d'un jaune fauve ; la queue est noire en-dessus et blanche en-dessous.

Cette espèce, originaire d'Espagne, et réduite en domesticité, offre des variétés assez nombreuses, parmi lesquelles on distingue plus particulièrement *le lapin d'Angora*, à cause de ses longs poils soyeux ; et *le riche*, remarquable par la belle teinte d'un gris argenté de ses poils. Le lapin domestique ordinaire ne diffère du sauvage que par des couleurs plus pâles ; mais il a beaucoup varié dans ses teintes, et il s'en trouve qui sont entièrement d'un beau blanc de neige, avec l'iris rouge, et les parties à demi nues de la peau, telles que le museau et les oreilles, d'un rose pâle, ce qui est un effet de la maladie albine.

Cette espèce se creuse, dans les terrains secs, un profond terrier, à une ou plusieurs issues, où chaque famille se retire et dans lequel les femelles élèvent leurs petits. La gestation est d'environ un mois, et la portée de quatre à huit petits, qui ne sortent du terrier commun qu'au bout de deux ou trois mois, lorsqu'ils sont en état de chercher seuls leur nourriture, de se creuser une retraite et bientôt après d'élever une autre famille ; mais ils s'établissent le plus souvent auprès de leur première demeure, et cette habitude, jointe à la fécondité de ces animaux, fait que, si l'on n'y apporte aucun obstacle, le terrain dans lequel ils se sont établis est bientôt excavé de toute part. A l'état domestique les lapins sont beaucoup plus féconds, et deviennent des objets d'économie aussi importans par leur pelage, dont on fabrique le feutre, que par la consommation qui se fait de leur chair.

Quoiqu'ils aient entre eux les plus grands rapports, les lièvres et les lapins ne peuvent produire ensemble, et ils paroissent même avoir l'un pour l'autre un éloignement tel qu'on ne trouve point ou presque point de lapins dans les lieux ou les lièvres se sont établis, et que ces derniers évitent les cantons peuplés par les lapins.

Le LIEVRE: *Lepus timidus*, Linn.; Buffon, tom. VI, pl. 38. Il est en général d'un gris roussâtre. La tête est d'un gris brun, plus foncé à son sommet et sous l'œil, et plus pâle sur les joues ; le menton et le dessous de la gorge sont d'un blanc roussâtre ; les yeux sont placés dans une tache blanchâtre, qui, partant du bout du museau, se continue jusqu'à l'origine de l'oreille; la région labiale est d'un fauve pâle ; le dessus des oreilles est d'un gris jaunâtre, avec le bord antérieur d'un gris brun, la pointe noire, et les bords de l'oreille lisérés de blanchâtre; la région laineuse de la nuque et du dessus du cou est d'un fauve pur. Le corps est d'un gris roussâtre, lavé de brun, résultant de lignes hachées de gris, de noir et de fauve ; il prend une teinte plus fauve sur les épaules et les côtés; la partie antérieure de la poitrine est fauve, le reste du dessous du corps d'un blanc roussâtre ; les membres sont d'un fauve roussâtre uniforme ; la queue est noire en-dessus et blanche en-dessous.

Quoique le lièvre ait en général les mêmes besoins que le lapin, il les satisfait d'une manière toute différente : il ne se creuse point de terriers, et se contente d'un gîte, dont il change la position selon les saisons. La portée dure trente jours et se compose de deux à cinq ou six petits. Dès qu'il ne tette plus, le levraut cherche un gîte ; mais il n'établit pas sa demeure, comme les jeunes lapins, auprès de celle qu'il vient de quitter. Le lièvre est solitaire ; il vit dans l'isolement, et ne recherche la compagnie des individus de son espèce qu'au temps du rut, qui se fait sentir en Février et en

26. 20

Mars. C'est peut-être à cet instinct que l'on doit attribuer la liberté dont jouit son espèce entière, tandis que le sociable lapin est devenu partout domestique. Il dort le jour, ne prend sa nourriture que la nuit, et habite, comme le lapin, toutes les contrées tempérées de l'Europe; mais il paroît s'avancer plus au nord que ce dernier. Les voyageurs ayant presque tous appelé *lièvres* les diverses espèces de ce genre qu'ils observoient, l'on a beaucoup trop étendu les limites de la demeure du lièvre ordinaire; ce qui explique l'erreur d'Erxleben et de Gmelin, qui le donnent comme propre à l'Europe, à l'Asie, à Ceilan, à l'Égypte, à la Barbarie et à l'Amérique septentrionale. On a débité plus d'une fable sur cette espèce, que l'on a regardée tour à tour comme hermaphrodite, ruminante et susceptible d'acquérir des cornes.

Lièvre variable : *Lepus variabilis*, Pall.; Schreb., 234, *B.* Le dessus de la tête est d'un brun fauve; la partie supérieure des côtés de la tête est canescente, tandis que la partie inférieure, le menton et le dessous de la gorge sont blancs ; l'œil est bordé en-dessus d'une ligne blanche ; la région labiale et le dessus du museau sont d'un blanc roux ; le derrière de l'oreille est blanchâtre, avec le bord antérieur d'un gris jaune et le bout noir ; les bords de l'oreille sont garnis, jusqu'à la moitié de leur longueur, d'un liséré blanc; la région laineuse de la nuque et du dessus du cou est d'un roux blanchâtre pur ; les côtés du cou sont d'un gris roussâtre clair, et le dessous d'un blanc roussâtre ; le dessus du corps est d'un brun fauve, résultant de lignes hachées de noir, de brun et de fauve jaunâtre ; les côtés et les cuisses sont d'un gris roussâtre clair ; le dessous du corps est blanc ; les membres sont d'un roux pâle uniforme ; le dessous des doigts est jaunâtre, et la queue blanche en-dessous et noire en-dessus.

Il est plus fort que notre lièvre ordinaire, et, dans son pelage d'hiver, le corps, la tête, les oreilles, les membres et la queue sont blancs, avec seulement le bout des oreilles noir. Telle est la description de deux individus conservés dans les galeries du Muséum ; mais, selon les auteurs, le lièvre variable diffère du premier individu que nous avons décrit, en ce qu'il a la queue entièrement blanche pendant toute l'année : du reste la description que Pallas en donne s'accorde en tout point avec la nôtre. Un individu du Muséum, indiqué comme venant de la Valachie, différoit du premier en ce qu'il avoit la tête roussâtre, la gorge et le menton blancs, le tour des yeux d'un blanc fauve pâle, les oreilles blanches avec la pointe noire, le dos d'un roux vineux très-pâle, et les côtés et le dessous du corps d'un blanc roussâtre.

Cette espèce habite tout le Nord de l'Europe, la Sibérie et le Groenland ; on la trouve aussi en Pologne, dans les montagnes d'Écosse, et même, dit-on, dans nos Alpes. Pallas a de plus trouvé dans la partie méridionale de la Russie un lièvre qu'il nomme *lepus hybridus*, et qu'il regarde comme une race particulière, ou même comme le produit de l'accouplement de notre lièvre et du lièvre variable ; ce qui pourroit porter à penser que ces deux espèces n'en font qu'une. Quoi qu'il en soit, cette race ne diffère du lièvre variable, tel que Pallas l'a décrit, qu'en ce qu'elle ne blanchit qu'incomplétement en hiver et que le dessus de sa queue est noir.

Le Moussel ; *Lepus nigricollis*. (Cab. du Mus.) Cette espèce, due aux recherches de MM. Leschenault, Diard et Duvaucel dans l'Inde, est la plus remarquable et la mieux caractérisée de ce genre.

Le dessus de la tête est d'un fauve roux tiqueté, et ses côtés sont d'un gris aussi tiqueté ; le dessous du menton et la gorge sont blancs ; une bande d'un blanc grisâtre, allant du museau a l'oreille, passe sur l'œil et s'y teint de jaunâtre ; la région labiale est d'un fauve uniforme ; la base de la partie postérieure des oreilles est blanche ; le derrière de l'oreille est d'un gris roux blanchâtre, avec la partie antérieure d'un brun pâle et la pointe noire ; le bord antérieur est liséré de roussâtre, et le postérieur de blanc ; la région laineuse de la nuque et du dessus du cou est d'un beau noir, descend sur les côtés du cou presque sous la gorge, et se termine en pointe sur l'épaule ; les côtés et le devant du cou sont d'un fauve pâle ; le dessus du dos est d'un roux fauve lavé, provenant du mélange de lignes hachées de fauve et de brun ; les parties supérieures et latérales des épaules, les côtés du corps, la croupe

et la cuisse sont d'un gris de perle roussâtre , résultant d'une
tiqueture de gris, de noirâtre et de jaunâtre, où le gris perlé
est la couleur dominante ; le dessous du corps et l'intérieur
des membres postérieurs sont d'un beau blanc ; le bas de
l'épaule est d'un fauve gris tiqueté ; les membres antérieurs
sont d'un fond uniforme , et les postérieurs d'un fauve très-
pâle; les quatre pieds sont roux , et le dessous des doigts
est marron ; la queue est blanche en-dessous et brune en-
dessus. Ce lièvre est de la grandeur d'un lapin. M. Leschenault
l'a le premier indiqué, en 1818, dans son catalogue manuscrit
des animaux du Malabar, et en a donné une courte description
sous le nom malabar *moussel*, et M. Diard l'a depuis envoyé de
Java.

LIÈVRE D'ÉGYPTE; *Lepus ægyptiacus*, Geoff. (Mémoires sur
l'Égypte). D'un roux grisâtre ; la tête est roussâtre-tiqueté ;
le bout du museau est teint d'un fauve uniforme ; le menton
et le dessous de la gorge sont d'un blanc légèrement teint
de fauve ; une large bande d'un blanc fauve très-pâle va
des côtés du museau à l'origine de l'oreille et passe sur l'œil ;
la région labiale est fauve en arrière et blanchâtre en avant;
le derrière des oreilles est d'un roussâtre brun tiqueté ,
avec le bord antérieur un peu plus foncé et la pointe
brune ; le bord antérieur de l'oreille est liséré de roussâtre
et le postérieur de blanchâtre ; la région laineuse de la nuque et du dessus du cou est d'une pure teinte de roux
pâle ; le devant du cou est d'un roussâtre pâle ; le corps est
d'un roussâtre gris, résultant du mélange de lignes confuses
d'un brun pâle et d'un roux pâle ; le dessus du corps est
un peu plus foncé que les côtés, le dessous est d'un blanc
roussâtre; les jambes et l'intérieur des membres sont d'un
roux pâle uniforme ; le dessous des doigts est brun ; la queue
est blanchâtre en-dessous et d'un brun noir en-dessus. Il est
de la grandeur d'un lapin et habite l'Égypte, d'où il a été
rapporté par M. Geoffroy Saint-Hilaire.

LIÈVRE DU CAP; *Lepus capensis*, Linn. Il est en général d'un
gris roux ; la tête est d'un gris roux tiqueté, avec le dessus
du museau d'un gris roux pur ; le menton et la gorge sont
roussâtres ; l'oreille est placée dans une bande d'un blanc
roussâtre , et une bande brunâtre se trouve au-dessous ; la

région labiale est d'un roux uniforme; la partie postérieure des oreilles est roussâtre, avec le bord antérieur d'un gris brun tiqueté, et la pointe d'un brun noir; le bord antérieur est liséré de roux, et le postérieur de blanc pur; la région laineuse de la nuque et du dessus du cou est d'une teinte pure de gris-brunâtre, et divisée en deux par une ligne de poils soyeux, d'une teinte lavée et plus foncée; le devant du cou est d'un gris roux uniforme; le dessus du corps est d'un gris brun lavé, provenant du mélange de lignes interrompues de brun, de gris et de roussâtre, et plus foncé que les côtés du corps, qui sont, ainsi que la croupe et la cuisse, d'un gris lavé plus roussâtre; l'arrière-poitrine et le ventre sont blancs, tandis que les jambes, l'intérieur des membres et la partie antérieure de la poitrine sont d'un roux fauve vif et uniforme; le dessous des doigts est d'un brun foncé, et la queue est blanche en-dessous et noire en-dessus.

Quelques auteurs ont pensé que ce lièvre ne différoit pas du précédent. Il est aussi grand, mais moins fort, que le lièvre variable, et se trouve en grand nombre dans les dunes du Cap et dans le pays des Hottentots. Linnæus, d'après Burrmann, dit qu'il fouit, tandis que, selon Pennant, qui, je crois, le confond avec le suivant, il habite les contrées qui se trouvent à trois journées au nord du cap de Bonne-Espérance, où il est nommé *mountain hare*, parce qu'il demeure seul et solitaire dans les rochers des montagnes : il ne creuse point de terrier. Il est difficile de le tirer, parce qu'à l'instant où il voit quelqu'un il rentre dans les fissures des rochers. Pennant, *Synopsis*, p. 375 : *Cape-hare.*

Lièvre des rochers, *Lepus saxatilis.* (Cab. du Mus.) Il est d'un gris roux; la tête est d'un gris roux tiqueté, assez foncé en-dessus, et d'un gris plus pâle et moins roux sur les côtés; le menton et le dessous de la gorge sont d'un gris presque blanc; l'œil est placé dans une ligne peu sensible d'un gris cendré, et la région labiale est d'un gris noirâtre; l'oreille est roussâtre par derrière, à son bout antérieur d'un gris-brun tiqueté, et à la pointe d'un brun noir; son bord antérieur est liséré de roux, et le postérieur de blanc; la région laineuse de la nuque et du dessus du cou est d'un roux fauve

pur, et le dessous du cou est d'un gris brun lavé ; le dessus
du corps et la croupe sont d'un gris brun lavé, résultant
de lignes hachées brunes, rousses et noires, et plus foncé
que sur les côtés du corps, qui ont une teinte plus grise ;
le dessous du corps et l'intérieur des membres sont blanchâtres ; les membres sont d'un gris roux uniforme ; le dessous des doigts est d'un marron foncé ; la queue est blanche
en-dessous et d'un noir brun en-dessus.

Cette espèce est de la grandeur du lapin, et habite les
montagnes du Cap, où elle se trouve rarement, selon M. de
Lalande, qui l'en a rapportée avec la précédente.

Le Tapeti : *Lepus brasiliensis* ; *Tapiti* d'Azara, Quadrupèdes
du Paraguay. Il est en général d'un brun fauve ; le dessus
de la tête est d'un roux foncé presque uniforme, et les côtés
sont d'un brun fauve ; le menton et la gorge sont d'un beau
blanc, et cette couleur, se prolongeant jusque sous l'oreille,
forme un demi-collier blanc sous la gorge ; le tour des
yeux est roussâtre ; la région labiale est d'un blanc fauve-pâle ;
le derrière de l'oreille est d'un brun gris chez l'adulte, et
tout noir chez le jeune ; la région laineuse de la nuque et
du dessus du cou est d'un roux uniforme ; le devant du cou
est d'un brun fauve-pâle ; le corps est d'un brun fauve lavé,
résultant de lignes entrecoupées de fauve et de brun foncé ;
le dessous du corps et l'intérieur des membres sont blancs ;
les membres sont d'un roux uniforme ; la queue est si courte
qu'elle paroît nulle et se confond avec le poil des cuisses ;
elle est blanche en-dessous et brunâtre en-dessus ; les oreilles
sont assez courtes. Il est plus petit qu'un lapin, habite l'Amérique méridionale, où il demeure dans les bois et gîte, sans se
faire de terriers, sous les troncs d'arbres et entre les débris
de végétaux.

Le Lièvre d'Amérique ; *Lepus hudsonius*, Pallas, *Gl.*, p. 30.
D'un roux brun ; la tête est d'un roux brun tiqueté ; les côtés
inférieurs de la tête, le menton et la gorge sont d'un gris
blanc ; l'œil est placé dans une région blanchâtre ; la région
labiale est d'un blanc roussâtre ; la face externe des oreilles
est brune, avec l'extrémité noire, et leurs bords sont
lisérés de blanc-roussâtre ; la région laineuse de la nuque et
du dessus du cou est d'un roux vif et pur ; les côtés du cou

sont d'un roux fauve tiqueté, tandis que le dessous est d'un blanc roussâtre ; le corps est d'un roux brun, résultant de lignes entremêlées de roux et de brun, et plus foncé sur le dos et la croupe que sur les autres parties ; le dessous du corps et l'intérieur des membres sont d'un blanc roussâtre ; les pattes antérieures sont d'un roux uniforme, et les postérieures ont une teinte plus pâle ; le dessous des doigts est d'un jaunâtre pâle ; la queue est blanche en-dessous et d'un brun roux en-dessus ; les oreilles sont un peu plus courtes que celles du lapin. Cet animal blanchit en hiver.

Cette espèce, de la grandeur d'un lapin de moyenne taille, habite l'Amérique septentrionale, et on la voit quelquefois, selon Forster, dans le Nord de l'Europe, principalement en hiver : elle recherche les lieux secs, et habite sous les souches et dans les arbres excavés, sans se creuser une retraite comme le lapin.

Nous avons observé les neuf espèces précédentes au Muséum, et c'est d'après leurs dépouilles que nous avons composé nos descriptions ; mais, n'ayant pu rien voir du *tolaï*, et Pallas étant le seul auteur qui ait parlé d'une manière complète de cette espèce, nous nous sommes servi de son travail pour la description suivante.

Le Tolaï : *Lepus tolai*, Gmel., Pall.; Schreb., pl. 234. La tête et le dos sont mêlés de gris pâle et de brun ; le dessous du corps et la gorge sont blancs ; le dessous du cou est jaunâtre, ainsi que la nuque et les oreilles, qui ont leur bord supérieur noir ; il y a du blanc autour de l'œil et du museau, et les membres ont une teinte jaunâtre ; la queue est blanche en-dessous et noire en-dessus.

Cette espèce ne change point très-sensiblement en hiver. Elle habite la Sibérie, la Tartarie, la Mongolie et la Daourie. Sa taille égale au moins celle du lièvre changeant. Elle aime les lieux découverts, et recherche les saules et les robinia qui font sa principale nourriture, ne creuse point de terriers, et se réfugie au moment du danger dans les fentes des rochers.

On a encore rapporté au genre Lièvre quelques animaux d'une tout autre nature, et qui paroissent être des animaux peu connus.

La Viscache (voyez ce mot), et

Le Cvy qui, avec la grosseur d'un petit rat, de petites oreilles pointues et velues, a un museau alongé et des dents de lapin, quatre doigts aux pieds de devant et cinq à ceux de derrière, et une queue presque nulle. Selon Molina, il seroit domestique au Chili, et par conséquent de couleur variable. La seule conjecture qu'on puisse se permettre, tant qu'on ne connoîtra pas mieux ce rongeur, est de le rapprocher des lagomys.

Aux lièvres proprement dits Erxleben et Gmelin joignirent trois animaux très-remarquables, dont Pallas, à qui en est due la découverte, avoit fait une section particulière du genre sous le nom de *Lepores ecaudati* : M. G. Cuvier donna à ce nouveau genre, dans son Tableau élémentaire du règne animal, le nom de *Lagomys* (lièvre-rat).

Ces trois espèces forment un petit groupe très-rapproché de celui des lièvres; cependant leurs caractères sont assez tranchés et reposent sur des points d'organisation d'un ordre assez élevé.

Les Lagomys, quoique ayant en général les mêmes organes de mastication que les lièvres, en diffèrent cependant sous ce point de vue par quelques modifications. Ils ont, à la mâchoire supérieure, quatre incisives comme les lièvres, deux antérieures, et deux autres placées immédiatement derrière celles-ci ; mais les premières sont divisées par un sillon en deux parties si distinctes que chacune d'elles paroit double et se trouve bifide à la pointe : les postérieures sont petites, comprimées sur les côtés, et leur couronne est plate, en ellipse très-alongée et longitudinale; les molaires de cette mâchoire ne sont qu'au nombre de cinq[1] de chaque côté, et semblables à celles des lièvres, si ce n'est que le sillon interne est beaucoup plus profond que l'externe et que la dernière a sa face interne marquée de deux sillons au lieu d'un seul. C'est la petite dent postérieure des lièvres qui manque ici. Les dents de la mâchoire inférieure diffèrent

---

[1] Illiger et M. Desmarest (Nouv. Dict., art. *Pika*) disent six. Nous n'avons, il est vrai, observé que le crâne de l'ogoton ; mais nous pouvons assurer qu'il n'a que cinq molaires de chaque côté à la mâchoire supérieure.

seulement en ce que les crêtes de la couronne sont plus marquées et plus tranchantes, et en ce que la dernière molaire
postérieure ou la cinquième n'a sa couronne formée que
d'une seule surface elliptique et qu'elle est simplement prismatique, sans aucun sillon.

Les membres sont plus courts, plus épais, que ceux des
lièvres, et les postérieurs ne sont pas plus longs que les antérieurs : les pieds de devant sont terminés par cinq doigts,
armés d'ongles grêles, arqués et aigus, presque entièrement
cachés par des poils; ceux de derrière n'en ont que quatre,
munis d'ongles semblables. La queue est nulle. Les organes
génitaux sont en général semblables à ceux des lièvres ; la
verge est dirigée en arrière, et le scrotum est simple et
saillant.

Les yeux sont petits et saillans. Le nez est velu ; le bord
cloisonnaire des narines est nu, et la lèvre supérieure est
profondément fendue. La langue est courte et épaisse. Les
oreilles sont courtes, larges, arrondies, assez simples et à
grande ouverture, et la paume, ainsi que la plante, est couverte d'un poil doux, épais et serré. Les moustaches sont
de longueur moyenne et peu épaisses, et le pelage est long,
lisse et fourni.

En résumant ces caractères, nous trouvons que les lagomys
diffèrent principalement des lièvres par la forme des petites
incisives supérieures, par le nombre des molaires supérieures, par les deux sillons de la face interne de la dernière
de ces dents, et par la composition de la dernière molaire
inférieure; par l'égalité de longueur des quatre membres, par
la forme des ongles et par le peu de longueur des oreilles :
ils en diffèrent encore par la présence de clavicules parfaites,
tandis que les lièvres n'ont que des os claviculaires rudimentaires. Ils en diffèrent aussi par les mœurs et les habitudes.

L'Ogoton ; *Lepus ogotona*, Pallas, *Glires*, p. 5, 39, pl. 3.
D'un gris pâle; oreilles ovales, légèrement pointues, unicolores.

Le pelage est lisse et composé de poils longs, fins et épais.
La couleur du corps est en-dessus d'un gris pâle, les poils
étant bruns à la base, d'un gris fauve au milieu, et blanchâtres vers la pointe, entremêlés de poils légèrement fauves,

en plus grand nombre le long du dos; le dessous du corps est blanc; les membres sont d'un blanchâtre fauve; les cuisses sont bordées de fauve, ainsi que le talon; il se trouve une tache triangulaire de même couleur sur le nez; le cou est légèrement cendré en-dessous; le tour de la bouche est blanc et la base des oreilles est garnie de poils blanchâtres. La longueur est de six pouces sept lignes.

Pallas, dont nous avons emprunté cette description, ainsi que les suivantes, nous apprend que cette espèce se rencontre dans les contrées montagneuses au-delà du lac Baïkal, où elle est assez commune, ainsi que dans les déserts de la Mongolie, mais que nulle part on ne la trouve aussi répandue que dans les montagnes pierreuses de la Selenga.

L'ogoton aime les lieux sablonneux; mais il établit sa demeure dans les rochers et les tas de pierres : son terrier se compose de deux ou trois entrées, qui conduisent à un canal oblique, terminé par un nid de graminées, sur lequel la femelle met bas en Avril, et ses petits sont déjà bien formés à la fin de Juin.

Il ne sort guère que la nuit : il mange des écorces d'aubépine et de bouleau nain; mais sa principale nourriture consiste dans les plantes qui croissent dans le sable et en une espèce de véronique qui végète même sous la neige, dont il emplit son terrier, et dont il sait aussi former des provisions pour l'hiver. Il entasse cette plante avec des graminées et d'autres herbes, après les avoir coupées, et en avoir fait de petits amas hémisphériques hauts et larges d'un pied, qu'il place aux environs de sa demeure, et auxquels il a recours lorsque la provision qu'il a cachée dans son terrier se trouve consommée. Son cri est un sifflement très-aigu, mais qui cependant n'égale pas pour la force celui du lagomys sulgan.

Ce petit animal est souvent la proie des petites espèces d'oiseaux carnassiers diurnes, qui l'épient de dessus les arbustes placés aux environs de sa demeure, et des chouettes, qui s'en emparent sur le soir; il fait de plus la principale nourritures du chat manul de Pallas, qui est très-commun dans les déserts de la Mongolie, et il a encore pour ennemis les petits carnassiers de la famille des martes.

Le Sulgan : *Lepus pusillus*, Pall., *Gl.*, pl. 1, p. 37; *Sulgan*,

Vicq d'Az., Syst. anat. des anim., p. 584. Mélangé de brun et de gris; oreilles à peu près triangulaires, bordées de blanc.

Le pelage est composé de poils très-doux, épais, lisses et assez longs; sous la première couche des poils se trouve une laine épaisse, longue, droite, très-fine et d'un fauve grisâtre; les poils sont de cette couleur sur la plus grande partie de leur longueur, puis gris avec la pointe noire, de sorte que les teintes du dessus de la tête, du dos et des membres, sont semblables à celles d'un jeune lièvre, seulement un peu plus noires; l'extrémité des pieds est d'un fauve pâle; le dessous du corps est d'un blanc grisâtre, et la gorge, le nez et la bouche sont blancs. Sa longueur est de six pouces neuf lignes.

Il vit solitaire et retiré dans les parties australes de la chaîne des monts Ourals, sur les collines fertiles et dans les vallées découvertes; il aime la lisière des bois, et se trouve de préférence dans les régions découvertes, où croissent le cyste couché, le *robinia frutescens* et le cerisier nain, dont il mange les fleurs, les feuilles et l'écorce. Il creuse, dans des terrains secs et ombragés d'arbrisseaux, un terrier oblique, à une ou plusieurs ouvertures, si bien caché qu'on auroit peine à le découvrir s'il ne se déceloit lui-même par une voix particulière qu'il fait entendre après le coucher du soleil et à la première aurore; voix aiguë qu'on ne peut comparer qu'à celle de la caille, et si forte qu'elle peut s'entendre à un demi-mille. Du reste c'est un animal à peu près nocturne et de la plus grande timidité.

Le Pika; *Lepus alpinus*, Pall., *Glires*, pl. 2, p. 45. Roussâtre, à plante brune et oreilles rondes. Le pelage est assez long et un peu rude; il est fauve sur la tête et le dos, mêlé de longs poils noirs, plus obscur sur le sommet de la tête; les côtés de la tête et du corps sont, ainsi que les cuisses, d'un roux fauve sans mélange; le dessous du corps est d'un fauve pâle et le tour de la bouche cendré. Sa longueur est de neuf pouces sept lignes.

Cet animal, très-commun dans toutes les montagnes escarpées de l'est de la Sibérie, habite les trous des rochers et ne sort que la nuit, ou dans les temps sombres et de brouillard : il se trouve dans les parties les plus élevées et les plus froides des montagnes sur lesquelles la neige ne reste pas toute l'année ; il habite le plus souvent, solitaire , les lieux les plus sauvages et les environs des torrens , se creuse un terrier, ou se contente d'une retraite pratiquée dans les fentes des rochers, et se fait surtout remarquer par l'instinct qui le porte à former, vers le milieu d'Août, un amas d'herbes qu'il a eu d'avance la précaution de faire sécher au soleil, après les avoir coupées. Cet amas, pour la formation duquel il s'associe quelquefois un ou deux individus de son espèce, plus ou moins grand selon le nombre des coopérateurs, et qui a de trois à sept pieds de diamètre, est composé du foin le plus pur; placé sous quelque abri à portée du terrier, il lui sert l'hiver, lorsque la neige ne lui permet plus d'aller chercher une nourriture fraîche et nouvelle. Sa voix est un sifflement très-semblable à celui du moineau.

Lièvre des Alpes. Voyez Lièvre pika, p. 315.

Lièvre blanc. Variété du lièvre d'Europe, qui diffère du lièvre variable en ce qu'il n'a point les oreilles noires.

Lièvre du Brésil. Voyez Lièvre tapeti, p. 310.

Lièvre cornu. Voyez Lièvre commun, p. 305.

Lièvre fossile. On a trouvé dans des brèches en Corse, à Gibraltar, à Cette, à Nice , etc., des débris fossiles qui ont été rapportés au lagomys pika.

Lièvre des Indes. Aldrovande parle sous ce nom du Gerbo. Voyez Gerboise.

Lièvre des montagnes. Voyez Lièvre pika , p. 315.

Lièvre nain. Voyez Lièvre sulgan, p. 314.

Lièvre noir. Variété du lièvre commun ou du lièvre variable.

Lièvre [Petit]. Voyez Lièvre sulgan, p. 314.

Lièvre-rat. Voyez Lagomys, p. 312.

Lièvre sauteur. Voyez Helamis.

Lièvre volant. On a donné ce nom à l'alagtaga. Voyez Gerboise. (F. C.)

LIÈVRE D'EAU. (*Ornith.*) Voyez Lepus aqueus. (Ch. D.)

LIÈVRE MARIN, *Lepus marinus.* (*Malacoz.*) C'est le nom que les anciens et la plupart des auteurs modernes depuis la renaissance des lettres ont employé pour désigner des animaux mollusques fort gros, qui se trouvent assez communément sur nos côtes de l'Océan et de la Méditerranée, où le peuple le leur a encore conservé, et que les auteurs systématiques appellent aujourd'hui LAPLYSIES ou mieux APLYSIES, dont il eût été, par conséquent, plus convenable de faire l'histoire à l'un de ces mots. Linné les désigna, dans les huit ou neuf premières éditions de son *Systema naturæ*, sous la dénomination de *lernæa*; aussi est-ce sous ce nom que Bohadsch a donné une anatomie aussi détaillée qu'exacte de l'une des espèces les plus communes, dans son Traité sur quelques animaux marins. Plus tard, c'est-à-dire, dans sa dixième édition, Linné en fit une espèce de théthys. Enfin, dans la dernière édition, Gmelin a préféré le nom d'*Aplysia*, mot grec, qui veut dire *ce qu'on ne peut laver*, et qui a été adopté par plusieurs zoologistes modernes, entre autres par M. G. Cuvier, tandis que d'autres, par une raison assez difficile à concevoir, comme Bruguière, MM. Bosc, De Lamarck, etc., ont employé la dénomination de *laplysia*, laplysie. Ce genre d'animaux, comme il sera possible d'en juger d'après ce que nous allons dire de leur organisation, appartient à l'ordre des monopleurobranches, section des hermaphrodites, dans la classe des malacozoaires céphalophores. M. G. Cuvier, qui a publié une anatomie nouvelle de ces animaux, en fait le genre principal de sa famille des tectibranches dans l'ordre des gastropodes. Pour M. de Lamarck c'est le type d'une petite famille, les laplysiens, de la division des gastéropodes. Les caractères du genre de Mollusques que forment les laplysies, peuvent être exprimés ainsi : Corps épais, charnu, ovale, pourvu en-dessous d'un pied ovale, assez mince; d'un appendice membraneux natatoire de chaque côté; en-dessus et en arrière, d'une sorte de bouclier operculaire, soutenu par une pièce membrano-calcaire, recouvrant une seule grande branchie située sur le côté droit. Deux paires de tentacules fendus et auriformes, l'une labiale et l'autre occipitale; les yeux sessiles en avant de celle-ci; l'anus très-reculé et à l'extrémité postérieure de la fente branchiale; les orifices du double appareil de la génération très-distans, et communiquant entre eux par un sillon extérieur. D'après ces caractères, il est évident que c'est un genre extrêmement voisin des Dolabelles, dont il ne diffère guères que par la forme du bouclier qui recouvre

les branchies, et par celle de l'ouverture de la cavité branchiale.

Le corps des aplysies est ordinairement ovale et fort épais;
mais dans la marche de l'animal il s'alonge et s'aplatit : dans
l'état de grande contraction, il ressemble à une masse charnue assez informe; dans l'extension, la partie qui joint la
tête à l'abdomen s'alonge beaucoup, et simule une espèce
de cou; il en est de même de la postérieure, qui forme une
petite queue par l'extension du pied.

La peau qui enveloppe le corps des aplysies est comme
gélatineuse, du moins en dehors; car, à l'intérieur, elle est
toujours tapissée par une couche de fibres musculaires dirigées dans tous les sens : à l'extérieur elle est quelquefois
parsemée, sur les appendices surtout, d'espèces de petits tubercules arrondis, très-saillans dans l'état de vie, mais qui
s'effacent, à ce qu'il paroît, presque complétement après
la mort. Bohadsch dit qu'il en sort une sorte d'humeur blanchâtre. Le même auteur ajoute que les aplysies rejettent
de toutes les parties de la peau une quantité considérable
d'une humeur limpide, aqueuse, quand elles sont abandon-
nées tout-à-fait à elles-mêmes, et qui est beaucoup plus
épaisse, glaireuse, filante, quand elles se contractent, par
irritation surtout.

Dans l'épaisseur du bouclier dorsal on trouve une véritable
coquille libre, si ce n'est à un endroit où s'attache une sorte
de muscle de la columelle. Cette coquille est en grande partie membraneuse, transparente; on trouve cependant que
quelquefois elle est solidifiée en-dessous par une couche calcaire fort mince et qui ne s'étend pas jusqu'aux bords. Sa
forme est aplatie, plus ou moins ovale, le bord gauche étant
plus long que le droit, qui offre à sa partie postérieure une
échancrure, plus ou moins large, se terminant au sommet
celui-ci, assez peu évident, l'est cependant assez pour indiquer que l'enroulement de la spire est normal ou de gauche à droite. Cette coquille, quoique fort mince, laisse très-
bien voir les stries d'accroissement transverses et longitudinales : sa couleur est d'un blanc jaunâtre, du moins en dehors,
car en dedans la partie calcaire est un peu nacrée; Bohadsch
y a même observé des rudimens de perles sur un individu.

Les deux paires de tentacules dont la tête est pourvue, sont très-dissemblables et très-protéiformes. Les antérieurs ou labiaux composent une espèce de crête dirigée verticalement et qui borde de chaque côté l'orifice buccal : ils sont plus épais dans leur bord supérieur : les postérieurs sont les véritables tentacules; ils sont plus coniques, assez courts, et fendus plus ou moins profondément à leur bord externe et antérieur.

Les yeux sont tout-à-fait sessiles, et situés au fond d'un petit enfoncement placé au milieu de l'espace qui sépare les deux paires de tentacules.

Les aplysies, dont toute la peau est extrémement contractile, se meuvent assez peu en rampant; aussi le derme qui forme la partie inférieure du corps, a-t-il moins d'épaisseur qu'en d'autres endroits; le pied est cependant bien circonscrit, plus large en avant, rétréci en arrière, et l'on y voit des faisceaux musculaires longitudinaux, comme dans les vrais gastropodes.

La petitesse du pied de ces mollusques est compensée par le développement de deux larges expansions musculo-cutanées qui se portent sur les parties latérales du corps, depuis le cou jusqu'à la queue, à la région supérieure de laquelle elles se réunissent plus ou moins entre elles. Celle du côté droit m'a toujours paru moins large que celle du côté gauche : on y remarque des faisceaux musculaires transverses assez considérables, et en outre la structure ordinaire des autres parties de l'enveloppe.

L'appareil de la digestion diffère assez peu de ce qu'il est dans les autres mollusques hermaphrodites. La bouche, située au milieu de la racine des tentacules labiaux, est formée par un orifice très-grand, à plis convergens, mais cependant à peu près vertical ; elle conduit dans une cavité buccale assez étroite, mais qui est entourée de muscles puissans : ce qu'ils offrent de plus singulier, c'est qu'une couche des fibres transverses est de couleur rouge, tandis que les autres sont blanches; c'est du moins ce que dit Bohadsch de l'espèce qu'il a disséquée toute fraîche sur les bords de la mer. A la partie supérieure de la cavité est un follicule médian, membraneux, enveloppé de vaisseaux, et contenant une humeur blanche, salée et un peu épaisse : Bohadsch en fait une glande salivaire, tandis qu'il regarde comme de simples ligamens deux longs filamens bruns qui, de chaque côté de la masse buccale, se portent en arrière, le long du canal intestinal, jusqu'à l'estomac, où ils se terminent. Sont-ce les véritables glandes salivaires, comme le pense M. Cuvier? A la partie inférieure de la cavité buccale est la masse linguale ; c'est une petite saillie, ovale ou cordiforme, partagée en deux par un sillon longitudinal, et dont la surface est garnie de très-petites dents cornées dirigées en arrière.

L'œsophage, qui naît de la partie supérieure de la masse buccale, est assez long et fort mince ; il se renfle bientôt en un premier estomac longitudinal, ou en une espèce de sabot considérable, et dont les parois sont très-peu épaisses : vient ensuite une sorte de gésier ou un second estomac court, de la même grosseur à peu près que le jabot, mais dont les parois, formées de fibres annulaires, sont extrêmement épaisses. La membrane qui le tapisse intérieurement est subcartilagineuse, et elle est en outre armée de douze à quinze petits corps cartilagineux, tétraèdres, croissant par couches comme les coquilles, et assez peu adhérens à la membrane. On peut regarder comme un troisième estomac une autre partie, peu distincte à l'extérieur, et qui, à l'intérieur, est garnie d'une zone de petits crochets dirigés en avant ou vers le gésier.

Le canal intestinal, qui suit la série des estomacs, est d'un diamètre beaucoup moins considérable que le leur ; il forme d'abord une sorte de duodénum distinct. C'est dans cette partie que le foie, qui est fort volumineux et partagé en un grand nombre de lobes, verse la bile par plusieurs pores biliaires, au moins quatre ou cinq. Le reste du canal intestinal est assez peu compliqué ; il fait trois circonvolutions enveloppées par les lobes du foie, et il se rend à l'anus, que nous avons dit plus haut être situé à la partie postérieure de la cavité branchiale, sous une espèce d'élargissement membraneux qui termine le bord operculaire au-delà de la pièce calcaire.

Le système circulatoire est aussi à peu près disposé comme dans les autres mollusques gastropodes. Les ramifications veineuses rapportant tout le sang des diverses parties du

sorps, et celles qui proviennent du foie et de tous les autres viscères (et qui offrent cela de remarquable que leurs
parois sont percées d'ouvertures ovales assez grandes, du
moins dans l'état de mort, et béantes dans la cavité abdominale), aboutissent dans deux gros troncs qui interceptent
entre eux une espèce de triangle fibreux situé à la racine
de la branchie. Ceux-ci sont évidemmemt entourés de fibres
musculaires, appartenant à l'enveloppe cutanée ; leur point
de réunion en arrière du triangle forme une sorte d'oreillette ou de ventricule pulmonaire, d'où sort l'artère de ce
nom : celle-ci se porte ensuite d'arrière en avant tout le
long de la racine de la branchie, et se subdivise dans les
ramifications de celle-ci.

La branchie est attachée de chaque côté d'une sorte de
diaphragme ou cloison triangulaire, qui se porte horizontalement du bord antérieur de la cavité à son bord postérieur ; c'est sur les deux faces de cette cloison que sont
appliquées les lames branchiales, qui sont triangulaires et
groupées deux à deux. Chacune d'elles est composée, comme
à l'ordinaire, de lamelles ou plis parallèles, disposés obliquement et décroissant de la base au sommet. L'ensemble de ces
lames branchiales adossées forme une masse fortement recourbée, la concavité en arrière, dont une pointe est en dedans, et dont l'autre peut dépasser en dehors le bouclier
operculaire et saillir plus ou moins en arrière.

Des lamelles branchiales naissent des veinules qui s'ouvrent
successivement dans une grosse veine qui suit le bord d'attache de la branchie et se termine dans l'oreillette du cœur,
située à la partie postérieure du ventricule. Le cœur lui-
même est piriforme ; il est contenu dans une cavité particulière plus grande que lui.

Du cœur naît, en se recourbant, une aorte fort considérable, qui, après une sorte de renflement bulbeux, est garnie
de chaque côté de crêtes vésiculeuses fort singulières et dont
l'usage est inconnu ; après quoi elle se porte en avant, forme
des rameaux qui se recourbent en arrière le long du premier ventricule, et se termine en se subdivisant aux différentes parties de la tête ; une autre branche aortique postérieure fournit des rameaux au foie, au testicule, etc.

26.   21

L'appareil de la dépuration urinaire ne diffère pas non plus beaucoup de ce qu'il est dans les animaux de la même classe ; il est cependant dans une connexion moins immédiate avec la terminaison du canal intestinal. L'organe sécréteur forme une petite masse réniforme située à droite, au milieu environ de l'espace qui sépare l'anus de la vulve : il est composé d'un très-grand nombre de follicules piriformes, dont le fond regarde la face externe de l'organe, et dont le sommet intérieur se prolonge en un petit canal excréteur. C'est de la réunion de tous ces petits canaux particuliers que résulte le canal excréteur commun ; il est fort court et s'ouvre par un orifice arrondi à peu près à la même place. L'humeur que cette glande fournit, est blanchâtre et paroît être venimeuse, d'après Bohadsch.

Quant aux organes de la génération, les deux sexes sont distincts, mais réunis sur le même individu.

L'ovaire est tout-à-fait à la partie postérieure de la cavité viscérale ; il est subglobuleux : il en naît un oviducte très-replié, qui s'élargit d'abord, pour se rétrécir ensuite, quand il entre en connexion avec le canal déférent de l'appareil mâle.

Celui-ci est composé de plusieurs tours d'un corps glanduleux entièrement composé de vaisseaux extrêmement fins, tous parallèles entre eux, et aboutissant dans un canal commun ou déférent, qui fait le tour du testicule : il y a une espèce d'épididyme dont le canal se réunit à celui de l'ovaire.

Au point de leur réunion est une petite vésicule formée par une membrane extrêmement mince, qui s'ouvre par un canal plus gros et court. Bohadsch dit qu'elle est remplie d'une quantité innombrable de petits corps bruns, oblongs, nageant dans une liqueur verdâtre.

Le canal commun fait ensuite quelques flexuosités sur la vessie, et s'ouvre à l'extérieur par un petit orifice arrondi, situé à droite, presque au bord antérieur de l'ouverture branchiale.

De là il part un sillon extérieur, bordé par deux lèvres cutanées assez saillantes, et qui, se prolongeant le long du côté droit du cou, se termine à la racine de l'organe excitateur : celui-ci est formé par une masse épaisse, contractile, assez alongée, amincie à son extrémité antérieure, et creusée dans toute sa longueur par un sillon extérieur; il sort par un orifice approprié, immédiatement au côté externe de la racine du tentacule labial du côté droit, d'une sorte de gaine formée par une membrane musculaire, épaisse, glabre en dehors, en partie lisse et en partie granuleuse et glanduleuse en dedans, et qui a à sa base deux muscles rétracteurs, assez courts, mais épais, qui viennent des parties latérales du cou. Ce pénis, dont la couleur générale est brune, si ce n'est à l'extrémité, qui est d'un beau jaune, a offert à Bohadsch un phénomène bien remarquable : c'est qu'après la mort de l'animal, quand le cœur n'avoit plus aucun mouvement, non plus qu'aucune autre partie du corps, le pénis en conservoit encore; bien plus, arraché de l'animal mort, il se contractoit au contact d'un corps quelconque.

Le cerveau des aplysies se compose de quatre petits lobules rougeâtres, enveloppés de tissu cellulaire blanchâtre : il en part deux filets qui vont se réunir à un ganglion placé sur la bouche, deux autres filets qui vont aux ganglions sous-œsophagiens, et enfin un autre inférieur qui se porte au ganglion abdominal ; celui-ci est fort gros et fort évident. C'est de ces différens ganglions que sortent les nerfs qui vont animer les parties, et qui sont toujours proportionnés à leur développement.

Les aplysies ont à peu près les mêmes habitudes, les mêmes mœurs, que les autres mollusques; leur sensibilité de toucher est exquise. Nous ne savons rien sur leur faculté d'odorer ; mais il est probable que leur goût est assez développé; leur vision doit être plus obtuse. Elles rampent assez lentement sur les corps sous-marins, à la manière des limaces et à l'aide du disque abdominal ; mais elles nagent fort bien, et surtout les véritables aplysies, à l'aide des appendices locomoteurs ou des espèces de nageoires dont leurs flancs sont pourvus, à peu près sans doute comme le font les bulles et les bullées, c'est-à-dire, le dos en bas et le pied en haut: dans l'état de repos, elles relèvent sur le dos les expansions latérales, de manière à en être enveloppées, comme dans les deux pans d'un manteau. Leur nourriture consiste, suivant la plupart des auteurs, en thalassiophytes ou plantes marines;

Bohadsch dit cependant qu'elles mangent de petits mollusques, et M. Bosc, de petits crustacés. Ce sont des animaux littoraux, c'est-à-dire, qui se tiennent sur les rivages, et surtout sur ceux qui sont rocailleux. Quelques auteurs disent qu'ils recherchent les lieux vaseux, ce qui me paroît peu probable. On ne sait rien de leur mode d'accouplement; il est cependant fort probable, comme l'a fait observer Bohadsch, que, pour se réunir, les deux individus doivent se placer tête à queue, afin que les sexes différens se correspondent. Je n'ai trouvé, dans les auteurs qui sont venus jusqu'ici à ma connoissance, aucun détail sur le produit de la génération des aplysies.

Ces animaux, quoiqu'ils forment une masse charnue souvent assez considérable, ne sont pas employés à la nourriture de l'espèce humaine, et cela, à ce qu'il paroît, surtout à cause de l'odeur extrêmement fétide qu'ils répandent. On ne peut même douter, d'après ce que dit Bohadsch de l'aplysie dépilante, que l'humeur qui sort des tubercules de la peau et surtout de l'organe de dépuration urinaire, ne soit assez fétide pour déterminer des nausées et même le vomissement. L'auteur que nous venons de citer regarde la matière de l'organe dépurateur comme venimeuse, et en effet, toutes les fois qu'il avoit observé attentivement ou manié de ces animaux vivans, les mains et les joues lui enflèrent; mais il n'ose affirmer si cet effet a été produit par une simple exhalation de l'humeur venimeuse, ou bien par un contact immédiat : ce qu'il assure, c'est que quelques poils de sa barbe tombèrent après qu'il eut touché volontairement son menton avec le doigt humecté de l'humeur blanche. Aussi Bohadsch, convaincu par ces expériences, paroît fort porté à croire tout ce que plusieurs anciens auteurs, et entre autres Dioscoride et Aétius, ont rapporté sur les qualités extrêmement mal-faisantes de l'aplysie, et il lui semble même peu douteux que l'humeur qu'elle produit ne puisse empoisonner; et ce que quelques historiens ont dit, que Domitien et Néron s'en servoient en effet comme poison, et que Titus a péri par la même cause, lui paroît également probable.

Les aplysies paroissent ne pas exister dans les mers de la

zone boréale, ni en Europe, ni en Amérique ; on en trouve
sur nos côtes de l'Océan, et principalement sur tout le littoral
de la Méditerranée : je n'en ai pas encore vu qui auroient été
rapportées de l'Amérique. Dans l'Inde, il semble que les aplysies véritables sont représentées par les dolabelles, qui en
sont, il est vrai, fort voisines ; ce qui me fait supposer que
ce sont aussi des dolabelles qui existent sur les côtes du Brésil.

Les espèces d'aplysies ont été jusqu'ici fort mal déterminées. Les caractères qui peuvent servir à les distinguer entre
elles, me paroissent devoir être tirés de la proportion, de
l'origine et de la terminaison postérieure des expansions latérales ; de la forme et peut-être de la nature du rudiment
de coquille, et du bouclier operculaire de la cavité branchiale ; enfin, il paroit que la considération de la couleur
peut aussi fournir quelques caractères spécifiques assez bons,
quoique moins importans que les précédens. En ayant égard
à ces considérations, on voit que les espèces d'aplysies peuvent être partagées en deux sections, aussi distinctes entre
elles que les dolabelles le sont réellement des aplysies, et qui
paroissent en effet jouir de propriétés différentes : je nom-
merai les unes les aplysies ordinaires, et les autres les aplysies venimeuses.

Sect. A. Espèces dont le corps est en général plus alongé, plus
limaciforme, surtout en arrière, à cause de la prolonga-
tion pointue du pied ; dont les expansions latérales sont
très-grandes, la gauche plus que la droite, et presque séparées l'une de l'autre en arrière au-dessus de celle-ci,
en sorte qu'elles peuvent s'abaisser de chaque côté de
l'animal dans sa locomotion, recouvrir complétement le
bouclier dans le repos ; enfin, celui-ci étant plus grand
et pourvu, en avant et en arrière, d'une sorte d'oreille
arrondie. (Les APLYSIES ORDINAIRES.)

Les espèces de cette section nagent très-bien à l'aide de
leurs expansions latérales ; elles n'ont rien de vireux ni
dans l'odeur ni dans l'action de l'humeur qu'elles rejettent.

L'A. COMMUNE ; *A. vulgaris.* D'un brun presque noir, uniforme sur toutes les parties du corps ; le lobe gauche du
manteau beaucoup plus large que l'autre. Quoique la plus

commune des espèces de ce genre, du moins sur nos côtes de l'Océan, je ne la crois pas indiquée par les auteurs : elle atteint une grande taille ; j'en ai vu des individus qui avoient près de cinq pouces de long.

Il se pourroit que ce fût celle que M. G. Cuvier a nommée A. CHAMEAU, *A. camelus*, figurée dans les Ann. du Mus. t. 3, p. 296, pl. 1, et dont il ne parle plus dans son Règne animal : c'est très-probablement la seconde espèce de lièvre marin de Rondelet.

L'A. FASCIÉE ; *A. fasciata*. Gmel., d'après M. Poiret, Voyage en Barbarie, tome 2, pag. 2. Toute noire ; les tentacules, la bouche et les expansions latérales, bordés d'un liséré rouge-carmin : de la grandeur de la précédente, puisque M. Poiret dit que, quand les lobes de son manteau étoient étendus, elle auroit eu peine à entrer dans son chapeau. Elle a été vue sur les côtes de la Barbarie.

L'A. MARGINÉE ; *A. marginata*, Bv. Corps ellipsoïde, du moins dans l'état de contraction ; les expansions latérales aussi longues que dans les espèces précédentes, mais beaucoup plus étroites ; couleur générale d'un blanc jaunâtre, parsemé de quelques taches rondes, rares, ocellées, d'un brun noirâtre ; le bord supérieur des expansions orné d'une série de taches carrées, régulières et alternativement brunes et blanchâtres.

J'ai vu de cette espèce plusieurs individus, de deux à trois pouces de long, dans la collection du collége des chirurgiens à Londres : on en ignoroit la patrie.

L'A. MARBRÉE ; *A. marmorata*, Bv. Le corps ovale, à peu près de la grosseur de celui de la précédente ; le pied assez épais ; les lobes du manteau assez largement réunis en arrière, mais ne bridant pas le bouclier ; l'oreille postérieure du bouclier formant un tube bien évident ; la coquille ovale, alongée. Couleur générale d'un brun noirâtre, marbrée, surtout sur le bord des appendices natatoires, de taches irrégulières d'un blanc verdâtre.

Cette espèce se trouve dans la mer océane. J'en ai vu, dans la collection de M. Brongniart, un individu qui venoit de Bayonne, et MM. Adolphe Brongniart et Audouin en ont rapporté deux autres des côtes de la Rochelle. Ces derniers avoient fort bien distingué cette espèce des aplysies commune et dépilante, qu'ils ont aussi trouvées dans la même localité. Elle est, d'abord, toujours plus petite, et ensuite, dans l'état frais, les lobes du manteau sont couverts d'une grande quantité de petits tubercules sphériques qui disparoissent dans l'état de conservation.

Sect. B. Espèces dont le corps est moins alongé, comme tronqué obliquement à sa partie postérieure; le pied plus large, plus obtus en arrière; les lobes du manteau beaucoup plus courts, plus étroits, réunis largement derrière le bouclier, qu'ils entourent d'une manière serrée; le lobe droit un peu plus grand que le gauche; le bouclier plus pointu en avant, sans auricule antérieure; le postérieur se repliant en canal de la cavité branchiale; la coquille plus ou moins à découvert au milieu du dos. (Les APLYSIES DÉPILANTES.)

L'A. DÉPILANTE : *A. depilans*, Linn., Gmel.; *Lernæa*, Boh. La première espèce de lièvre marin de Rondelet. Le corps lisse, de couleur d'un brun rougeâtre, uniforme, quelquefois presque rouge.

C'est cette espèce qui a fait le sujet des excellentes observations de Bohadsch; elle se trouve communément dans la mer Méditerranée et sur les côtes de l'Océan.

L'A. PONCTUÉE; *A. punctata*, G. Cuvier, Ann. du Mus., 3, pag. 295, pl. 1, fig. 2. Le corps est orné de petites taches pâles, arrondies, sur un fond noir pourpré.

Cette espèce, qui n'est peut-être qu'une variété de la précédente, a été trouvée sur les bords de la Méditerranée près de Marseille.

L'A. UNICOLORE, *A. unicolor*, Bv. Le corps épais, gibbeux, de couleur uniforme blanc-roussâtre; les lobes du manteau entourant d'une manière assez serrée le bouclier, qui est plus antérieur que dans les autres espèces, et dont la coquille est mieux formée, plus large, plus arrondie et surtout beaucoup plus bombée.

J'ai vu de cette espèce, qui paroît n'avoir guères que dixhuit à vingt lignes de longueur, plusieurs individus dans la collection de M. Brongniart : l'un venoit de Bayonne et les autres de Toulon. La forme de sa coquille la distingue très-bien.

L'A. LIMACINE; *A. limacina*, Bv. Corps limaciforme, plat et large en-dessous, convexe en-dessus, et qu'on ne sauroit mieux comparer qu'à celui de la testacelle; le pied par conséquent fort large, débordant; les branchies sans opercule ou bouclier, mais à découvert dans l'excavation formée par les deux lobes du manteau, qui sont courts, serrés, de manière à offrir une fente latérale par où entre l'eau dans la cavité branchiale : couleur toute blanche.

Cette espèce, qui atteint à peine la longueur d'un pouce et qui pourroit fort bien être le type d'un nouveau genre, m'a paru du reste offrir tous les autres caractères des aplysies; les tentacules labiaux sont cependant plus cylindriques. J'en ai vu cinq à six individus de la même taille dans la collection de M. Brongniart, qui les avoit rapportés de Toulon.

L'A. BLANCHE; *A. alba*, G. Cuv., Ann. du Mus. . l. c., fig. 6, me paroît aussi appartenir à cette section. Elle est toute blanche, comme l'indique son nom. Mais cela ne dépendroit-il pas de l'état de conservation prolongée dans l'esprit de vin?

L'A. VERTE; *A. viridis*, Bosc, Hist. nat. des vers, et Nouv. Dict. d'hist. nat., pl. 5, fig. 23. Les lobes du manteau de couleur verte, finement ponctués de rouge, et toujours repliés en-dessus.

M. Bosc ajoute que ce mollusque n'a que deux tentacules, et cependant il décrit deux membranes transversales à la tête et deux tentacules auriformes en arrière. Le dos n'a pas de pièce cartilagineuse. Les yeux sont en arrière des tentacules.

Toutes ces différences porteroient à penser que cet animal n'est pas une véritable aplysie; aussi M. Bosc dit-il qu'il lie ce genre à celui des Doris. La description et la figure sont trop incomplètes pour qu'on puisse rien décider.

Ce mollusque a été trouvé dans la baie de Charleton, Amérique septentrionale. (DE B.)

LIÈVRE DE MER. (*Ichthyol.*) On a quelquefois donné ce nom au cycloptère lump. Voyez CYCLOPTÈRE. (H. C.)

LIÉVRITE. (*Min.*) M. Le Lièvre, en voulant associer aux sciences une circonstance glorieuse, mais d'une gloire passagère et qui leur est très-étrangère, a donné à une espèce minérale qu'il a découverte, le nom d'*yénite*. Il devoit être à peu près impossible que les minéralogistes allemands adoptassent un nom qu'ils pouvoient regarder comme propre à perpétuer un souvenir qu'il étoit peu convenable de leur rappeler. En se mettant à leur place, on voit qu'on auroit fait comme eux : ils ont donc changé ce nom, les uns en celui d'*ilvaïte*, et les autres en celui de Liévrite; dédicace noble et convenable, que les minéralogistes les plus distingués, Werner, Hoffmann, Jameson, Léonhard, se sont empressés d'adopter. C'est aussi sous ce nom que nous décririons cette espèce, si elle ne l'avoit déjà été à l'article Fer, sous celui de *Fer silicéo-calcaire*, que M. Haüy lui avoit donné. Voyez Fer, tome XVI, p. 406. (B.)

LIFT. (*Bot.*) Nom arabe du navet, cité par M. Delile. (J.)

LIGAMENS. (*Chim.*) Organes composés de fibres réunies en faisceaux, qui se trouvent autour des articulations osseuses ou cartilagineuses.

Ils paroissent avoir une composition chimique analogue à celle des tendons; cependant, pour les convertir en gélatine par l'action de l'eau bouillante, il faut un temps plus long, et toute leur substance ne paroît pas susceptible d'éprouver ce changement.

Les ligamens doivent leur flexibilité à l'eau qu'ils contiennent : celle-ci fait un peu plus des trois quarts du poids des ligamens frais. (Ch.)

LIGAN. (*Entom.*) Nom donné à une abeille à miel, aux Philippines. (C. D.)

LIGANS. (*Erpét.*) Barbot nomme ainsi un saurien d'Afrique, long d'environ quatre pieds, et dont les Nègres recherchent avidement la chair, la préférant à leur meilleure volaille. Il est difficile de déterminer au juste à quel animal ces détails se rapportent. (H. C.)

LIGAR. (*Conchyl.*) Adanson, Sénég., pag. 158, pl. 10, nomme ainsi l'espèce de coquille dont Linnæus fait son *turbo terebra*, qui est une espèce de vis. Bruguière la rapporte au *turbo variegatus*, du même genre, des conchyliologistes modernes. Voyez Vis. (De B.)

LIGATULE, *Desmatodon*. (*Bot.*) Genre de la famille des

mousses, établi par Bridel, dont les espèces ont été considérées par Hedwig, Weber, Mohr, etc., comme des espèces de *dicranum*; par Smith et Schwægrichen, comme des espèces de *trichostomum* ou de *barbula*, mais qui en diffèrent par leur péristome à seize dents, fendues jusqu'à la base et rapprochées ou enchaînées par une membrane mince basilaire, comme l'exprime le nom de *Desmatodon*, en grec. La coiffe est cuculiforme.

Ce genre ne comprend que trois espèces, dont voici les deux les plus connues.

Le Desmatodon a larges feuilles : *Desm. latifolius*, Bridel, Suppl., 4, p. 86; *Dicranum latifolium*, Weber et Mohr, *Taschenb.*, tab. 7, fig. 14. Il est caulescent, presque simple; ses feuilles sont ovales, spathulées, concaves, munies d'une pointe, et sa capsule est cylindrique, droite. On le rencontre partout en Europe, selon Bridel, et en Amérique, selon Hedwig.

Le Desmatodon a tige courte : *D. brevicaulis ?* Brid.; *Trichostomum piliferum*, Smith? Sa tige est fort courte, très-simple; ses feuilles sont ovales, concaves et pilifères; sa capsule est ovale et droite. On le trouve en Suisse. (Lem.)

LIGHTFOOT, *Lightfootia*. (*Bot.*) Genre de plantes dicotylédones, à fleurs complètes, de la famille des *campanulacées*, de la *pentandrie monogynie* de Linnæus, offrant pour caractère essentiel : Un calice à cinq divisions; une corolle à cinq divisions très-profondes, presque à cinq pétales; cinq étamines portées sur cinq écailles au fond de la corolle; un ovaire inférieur; un style; un stigmate à trois ou cinq divisions. Le fruit est une capsule à trois ou cinq loges, et autant de valves; les semences sont nombreuses.

Ce genre, confondu d'abord avec les campanules, en a été séparé par l'Héritier, à cause de sa corolle presque polypétale, et quelques autres caractères moins importans. On trouve dans Vahl et Swartz un autre genre de ce nom, qui appartient aux *prokia*. Quelques auteurs l'ont encore employé pour le *crambe aspera*.

Lightfoot oxicoccoïde : *Lightfootia oxicoccoides*, l'Hérit., *Sert. angl.*, tab. 4; Smith, *Bot. exot.*, tab. 69; *Lobelia tenella*, Linn., *Mant.* Ses tiges sont grêles, filiformes, couchées, un peu

ligneuses, légèrement pubescentes ; les rameaux simples,
alternes, nombreux ; les feuilles petites, ovales-lancéolées,
aiguës, presque sessiles, glabres, pourvues de deux dents ;
les fleurs terminales, pédicellées ; les pédicelles d'abord à
peine plus longs que les feuilles, puis alongés et presque
dichotomes ; le calice a cinq dents droites, subulées, aiguës ;
les pétales sont lancéolés ; l'ovaire est à demi inférieur ; le
style plus long que la corolle ; le stigmate à trois divisions ;
la capsule à trois loges, à trois valves, contenant un grand
nombre de semences ovales, obtuses. Cette plante croît au
cap de Bonne-Espérance.

Lightfoot subulée : *Lightfootia subulata*, l'Hérit., *Sert.
angl.*, 4, tab. 5 : *Campanula capillacea*, Linn. fil., *Suppl.* 139.
Cette espèce, également originaire du cap de Bonne-Espérance, paroît être la même que le *campanula capillacea* de
Linnæus fils. Ses racines sont vivaces ; ses tiges droites, herbacées, garnies de feuilles alternes, sessiles, subulées, glabres à leurs deux faces, très-entières ; les fleurs sont alternes,
disposées en une sorte de panicule terminale ; le calice est
glabre, à cinq divisions ; la corolle composée de cinq pétales
linéaires. (Poir.)

LIGHTFOOTIA. (*Bot.*) Sous ce nom l'Héritier a fait un
genre du *campanula tenella* de Linnæus fils, dont la corolle
est divisée profondément, et l'ovaire adhérent seulement par
le bas. Un autre *lightfootia* est celui de Schreber, qui est
réuni au *rondeletia* dans les rubiacées. Un troisième, établi
par Swartz, a la plus grande affinité avec le *prockia*, dont
il diffère cependant par l'absence d'un style, existant dans
ce dernier. Le genre de Swartz sera probablement adopté.
(J.)

LIGHVAL (*Mamm.*), nom norwégien du narwal. (F. C.)

LIGIE, *Ligia*. (*Crust.*) Voyez l'article Malacostracés.
(Desm.)

LIGNE (*Géogr. phys.*), c'est-à-dire, *ligne équinoxiale*, dénomination équivalant à celle d'Équateur. Voyez ce mot.
(L. C.)

LIGNEUX. (*Chim.*) Nom que Fourcroy a donné au principe immédiat qui forme la plus grande partie de la masse
du bois des différentes espèces d'arbres.

Composition.

MM. Gay-Lussac et Thénard ont trouvé le bois

	de chêne,	de hêtre
formé d'oxigène	41,78	42,73
de carbone.......	52,53	51,45
d'hydrogène	5,69	5,82
ou		
de carbone.......	52,53	51,45
d'eau.............	47,47	48,55 ;

composition que M. Gay-Lussac considère comme étant la même que celle de l'acide acétique. Il pense qu'un arrangement de particules différent dans les deux corps est la cause des propriétés qui les distinguent l'un de l'autre.

Propriétés physiques.

Le ligneux est incolore, insipide, inodore. Il est en filamens ou fibres, plus ou moins ténues, qui sont très-flexibles. Il est plus dense que l'eau. On ne l'a jamais observé sous forme de cristaux.

Il a beaucoup de ténacité : c'est pourquoi il est propre à un grand nombre d'usages.

Propriétés chimiques.

a) Cas où le ligneux n'est pas altéré.

Il est insoluble dans l'eau froide et dans l'eau chaude. C'est une substance très-hygrométrique, et pour le dessécher à l'extrême on éprouve de grandes difficultés.

Il est insoluble dans l'alcool, dans l'éther hydratique, dans les huiles fixes et volatiles.

Il est insoluble dans les alcalis foibles, au moins quand il est privé du contact de l'air.

Le chlore foible ne lui fait éprouver aucune altération.

b) Cas où le ligneux est altéré.

Le ligneux humide, exposé dans un air humide, se couvre de moisissure.

Quand le chlore en excès est en contact avec l'eau et le ligneux, celui-ci perd beaucoup de sa ténacité.

Action de l'acide sulfurique.

L'acide sulfurique concentré convertit le ligneux en une matière soluble dans l'eau et insoluble dans l'alcool, et cette matière peut être convertie ultérieurement, par l'action du même acide, en sucre de raisin : c'est ce qui résulte des observations de M. Braconnot, que nous allons rapporter.

Ce chimiste a mis dans un mortier de verre 24 gr. de chiffons de toile de chanvre desséchée et coupée en petits morceaux. Il a versé peu à peu dessus 34 gr. d'acide sulfurique concentré, et continuellement il agitoit la matière avec une forte baguette de verre : de cette manière il a évité l'effet qu'un vif dégagement de chaleur auroit produit. Il ne s'est pas manifesté d'acide sulfureux. Un quart d'heure après que le mélange fut fait, il l'a broyé avec un pilon de verre, et il a obtenu une masse mucilagineuse, ténace, qui ne paroissoit pas contenir de matière charbonneuse, et qui a été dissoute dans l'eau, excepté $2,^{gr}5$ de ligneux légèrement altéré. Il a ensuite neutralisé l'acide sulfurique par la craie, séparé le sulfate de chaux au moyen de la filtration et de l'évaporation. La liqueur, évaporée à siccité, a laissé $26^{gr},20$ d'un résidu formé de

Matière soluble dans l'eau........ $21^{gr},9$
Acide et chaux................. $4,3$

$\overline{}$
$26,2$

$21^{gr},4$ de ligneux, en fixant $0^{gr},5$ d'eau, ont donc produit $21^{gr},9$ d'une matière soluble dans l'eau, que M. Braconnot appelle *gomme artificielle*, mais à laquelle nous ne pouvons donner ce nom, par la raison qu'elle ne produit pas d'Acide sacholactique. (Voyez ce mot.)

Pour avoir cette matière aussi pure que possible, M. Braconnot conseille de neutraliser l'acide sulfurique, non par la craie, mais par la litharge ; de soumettre ensuite la liqueur filtrée à un courant d'acide hydrosulfurique, puis de la faire évaporer à siccité.

Cette matière, à l'état sec, ressemble à la gomme arabique ; elle est inodore, fade, légèrement acide au tournesol ; elle brûle en donnant de l'acide sulfureux, parce qu'il est impossible de la dépouiller d'un acide du soufre que M. Thénard soupçonne être l'hyposulfurique. Sa dissolution dans l'eau ne précipite pas le nitrate de baryte. L'acide nitrique la convertit en acide oxalique.

La matière dont nous parlons, bouillie pendant dix heures dans l'acide sulfurique étendu, se convertit en *sucre de raisin*, et en un acide que M. Braconnot a appelé *végéto-sulfurique* et que M. Thénard présume être de l'acide hyposulfurique uni à une matière organique. Pour isoler le sucre de l'acide végéto-sulfurique, on neutralise par la litharge la liqueur qui la tient en dissolution ; on filtre, afin de séparer le sulfate de plomb ; on fait passer de l'acide hydrosulfurique dans le liquide filtré, pour précipiter l'oxide de plomb qui a été dissous. Le liquide évaporé laisse un résidu sucré : en le traitant par l'alcool déphlegmé, on dissout seulement l'acide végéto-sulfurique avec un peu de sucre.

On fait évaporer la solution alcoolique en consistance de sirop ; on l'agite avec de l'éther, on décante : ensuite l'acide est dissous ; le sucre ne l'est pas : l'éther évaporé laisse un acide déliquescent, incristallisable, qui est l'acide végéto-sulfurique.

A. *Acide végéto-sulfurique.* Cet acide brunit à une température peu élevée au-dessus de la moyenne. A 100 degrés il est noir ; alors, si l'on y met un peu d'eau, des flocons d'une matière organique charbonneuse se déposent, et la liqueur précipite le nitrate de baryte. Au-dessus de 100 degrés il se produit de l'acide sulfureux.

L'acide végéto-sulfurique ne précipite pas le nitrate de baryte, ni le sous-acétate de plomb ; il paroît former des sels insolubles dans l'alcool, incristallisables, déliquescens avec tous les oxides métalliques. Il dissout le fer et le zinc avec dégagement d'hydrogène.

Cet acide nous paroît avoir les plus grandes analogies avec l'acide que nous avons obtenu dans le traitement du camphre par l'acide sulfurique. (Voyez Substances astringentes artificielles.)

B. *Sucre.* Il est fusible à 100 degrés ; il est cristallisable en petites lames réunies en globules ; il a une saveur fraîche et franche ; il se dissout dans l'alcool bouillant, et cristallise par le refroidissement ; il se dissout dans l'eau ; il se convertit en alcool par l'action de la levure : il a, en un mot, toutes les propriétés du sucre de raisin.

Il nous semble que la matière soluble dans l'eau que M. Braconnot a prise pour une gomme, a beaucoup d'analogie avec la matière insoluble dans l'alcool que donne l'amidon traité par l'acide sulfurique foible, avant d'être converti en sucre de raisin.

100 parties de ligneux en donnent 114,7 de sucre.

Suivant M. Braconnot, l'acide sulfurique, étendu de la moitié de son poids d'eau, produit avec le ligneux, à une douce chaleur, une pâte très-homogène, qui, délayée dans l'eau, donne une bouillie blanche, semblable à l'empois. Cette bouillie, étendue d'eau, forme une émulsion qui dépose une substance blanche cristalline, représentant presque la totalité du ligneux. Il reste dans la liqueur un peu de cette substance que M. Braconnot appelle gomme.

Action de l'acide nitrique.

M. Braconnot a vu que le ligneux, imbibé d'acide nitrique et exposé dans un bain d'eau bouillante jusqu'à ce qu'il y ait dégagement de gaz nitreux, se convertit en une substance blanche, insoluble dans la potasse, et qui ressemble à la précédente.

J'ai observé que l'acide nitrique, à 45 degrés, gardé, pendant un mois, à la température de 15 à 18 degrés, sur le ligneux, le convertit en une matière gélatineuse transparente, légèrement jaunâtre. J'ai vu encore, que par la chaleur toute la matière est dissoute, et qu'alors, en faisant concentrer, on n'obtient que de l'acide oxalique, mais beaucoup moins qu'on n'en obtient avec le sucre et l'amidon.

L'acide hydrochlorique a de l'action sur le ligneux, car on sait qu'il perce la toile sur laquelle on en a versé.

Action de la potasse.

Si l'on chauffe, dans un creuset d'argent, parties égales de potasse caustique et de sciure de bois avec un peu d'eau, et que l'on ait soin d'agiter continuellement le mélange, il y a un moment où la sciure se ramollit, et se dissout presque instantanément, en se boursouflant beaucoup. La matière refroidie se dissout en totalité dans l'eau, excepté des traces de matière organique, de silice, de sous-carbonate et de sous-phosphate de chaux. La liqueur filtrée est brune. Elle contient, suivant M. Braconnot, de l'*ulmine artificielle* et de l'*acide acétique*, en combinaison avec la potasse. Si on verse de l'acide sulfurique dans cette liqueur, on précipite l'*ulmine artificielle*; et si on fait évaporer la liqueur filtrée, après avoir neutralisé par le sous-carbonate de potasse l'excès d'acide qu'elle pourroit contenir, et qu'on applique l'alcool au résidu, on dissout de l'acétate de potasse.

L'ulmine artificielle, bien lavée, puis séchée, est noire comme le jayet : elle est très-fragile ; elle est peu sapide, inodore ; elle est insoluble dans l'eau froide, quoiqu'elle soit légèrement soluble lorsqu'elle vient d'être précipitée de sa dissolution alcaline.

L'ulmine artificielle, fraîche, traitée par l'eau bouillante, se colore en brun foncé. Cette solution précipite les nitrates de plomb et de mercure. Elle précipite également, mais à la longue, le nitrate d'argent, le sulfate de peroxide de fer, le nitrate de baryte, l'hydrochlorate de chaux, le chlorure de sodium. Enfin l'ulmine artificielle se conduit avec les bases salifiables comme un acide foible ; quand elle est fraîche, elle rougit le tournesol.

Elle est dissoute par la potasse, la soude et l'ammoniaque.

Elle est soluble dans l'alcool concentré : la solution se trouble par l'eau.

L'acide sulfurique concentré la dissout ; mais l'acide sulfurique foible ne la dissout pas.

L'acide nitrique, à 38 degrés, convertit l'ulmine, 1.° en une matière soluble dans l'eau froide, qui paroît tenir de l'acide nitrique en combinaison ; 2.° en acide oxalique ; 3.° en une matière soluble dans l'eau froide, qui précipite la gélatine.

M. Braconnot a obtenu 1 partie d'ulmine artificielle sèche de 4 parties de ligneux. Il pense que le ligneux se convertit en ulmine, en perdant de l'oxigène et de l'hydrogène, dans la proportion où ces élémens forment de l'eau ; mais, d'après ce que j'ai reconnu, qu'un grand nombre de substances organiques [1], mises en contact avec la potasse, absorbent très-rapidement l'oxigène atmosphérique, j'ai été conduit à faire les expériences que je vais rapporter.

J'ai chauffé dans une cornue, dont le bec plongeoit dans une cloche pleine de mercure, parties égales de sciure de bois blanc et de potasse à l'alcool préalablement fondue ; il s'est dégagé beaucoup d'hydrogène carburé, et la sciure altérée s'est unie à la potasse. Cette combinaison étoit jaune ; mise en contact avec l'eau bouillie, elle a coloré ce liquide en jaune, et dès que la dissolution a eu le contact du gaz oxigène, elle est devenue brune, en absorbant ce gaz : ce n'est qu'après cette absorption que le ligneux, déjà altéré par le contact de la potasse, a été converti en *ulmine*.

Le ligneux s'unit à beaucoup d'oxides métalliques, notamment à l'oxide de fer. Il s'empare de l'alun qui est dissous dans l'eau froide ; mais il cède ce sel à l'eau qui est bouillante.

Action de la chaleur.

Le ligneux, distillé dans une cornue, donne, 1.º beaucoup d'eau, dont une quantité notable étoit à l'état d'eau hygrométrique ; 2.º de l'acide acétique ; 3.º de l'huile empyreumatique jaune, dont une portion est dissoute par l'acide acétique ; 4.º de l'huile empyréumatique brune, épaisse comme du goudron ; 5.º du gaz acide carbonique ; 6.º de l'hydrogène carburé ; 7.º un charbon qui a la forme du ligneux, et dont la quantité, pour 100 parties de ligneux, est de 18 à 19 parties.

Pour la conversion du bois en charbon, voyez le mot CHARBON.

Le ligneux pur, qui est chauffé avec le contact de l'air, se réduit en acide carbonique et en eau, si la combustion est complète : dans ce cas il y a, suivant Rumford, un peu

---

1 Telles sont l'acide gallique *, l'hématine, le carmine, la couleur de bois de Brésil, la couleur jaune des écorces textiles, la couleur des violettes, la matière colorante du sang, etc.

* Quand le gallate est neutre, l'oxigène le fait passer au vert, et l'acide gallique est changé en une matière astringente ; quand le gallate est avec excès de base, l'oxigène le fait passer au rouge.

plus des deux tiers de la chaleur produite qui proviennent de la combustion du carbone, tandis que le reste provient de celle de l'hydrogène.

État, préparation, usages.

Le ligneux se trouve dans les végétaux sous forme de faisceaux fibreux plus ou moins épais, qui, tantôt, sont symétriquement distribués dans un tissu cellulaire, tantôt sont adhérens les uns aux autres et forment des espèces de cônes qui s'emboîtent les uns dans les autres.

C'est avec les faisceaux de ligneux des plantes herbacées, qui sont longs, flexibles, faciles à séparer du tissu cellulaire au milieu duquel ils se trouvent, que l'on prépare les filasses qui servent ensuite à faire du fil et des cordes.

C'est avec des faisceaux ligneux fortement adhérens les uns aux autres, qui constituent le bois des arbres dicotylédones, que l'on fait des poutres, des solives, des planches, etc.

Les bois sont extrêmement variés dans leurs propriétés : ils sont colorés en jaune, en rouge, en orangé, en brun, ou absolument incolores; ils sont odorans ou inodores; leur dureté, leur densité, leur ténacité, sont très-différentes, suivant les espèces : mais on se tromperoit beaucoup si l'on pensoit que ces différences sont dues à la nature même des corps ligneux.

Les couleurs, les odeurs proviennent de principes immédiats, qui se trouvent entre les fibres ligneuses, tantôt simplement interposés, tantôt unis, au moins en partie, par cette affinité que j'ai appelée *capillaire* (tom. XX, p. 527). parce qu'elle est exercée par des particules contiguës qui forment un corps solide d'une nature définie. Il en est de même des principes résineux. On peut enlever aux bois la plus grande partie des principes colorans et résineux qu'ils peuvent contenir, en les traitant successivement par l'eau et l'alcool; mais on ne parvient jamais par ce moyen à séparer la totalité de ces principes. (Voyez mon analyse du bois de Campéche. Annales de chimie, et Suppl. du tome V, p. 12.)

Les différences de densité que présentent les bois, tiennent au rapprochement plus ou moins grand des faisceaux ligneux : lorsque les interstices qui se trouvent entre les fibres ligneuses sont assez grands, et qu'ils contiennent de l'air, soit naturellement, soit parce que les bois ont perdu leur eau de végétation pendant leur exposition à l'atmosphère, ceux-ci flottent sur l'eau ; mais, dans le cas contraire, ils sont submergés, parce que la densité du ligneux pur est toujours plus grande que celle de l'eau.

Plus les bois sont denses, moins ils présentent de surface à l'air ou à l'humidité, et moins ils contiennent de sels déliquescens, comme l'acétate de potasse, moins les bois sont disposés à *travailler* par les changemens qui surviennent dans l'état hygrométrique de l'atmosphère où ils se trouvent.

L'eau hygrométrique que les bois peuvent perdre ou acquérir, a une grande influence sur leur volume, et par suite sur leur forme. En effet, leur volume augmente, s'ils acquièrent de l'eau, et il diminue s'ils en perdent. Dès-lors, si une planche mince est exposée à absorber de l'eau par une de ses surfaces seulement, cette surface deviendra convexe, et l'autre surface deviendra concave. C'est en exposant à la chaleur de la flamme la surface des douves qui doivent former la surface intérieure d'un tonneau, qu'on leur donne le degré de courbure convenable pour cet usage.

On conçoit, d'après ce que nous venons de dire, combien il est nécessaire d'employer des bois secs pour les ouvrages de menuiserie. On conçoit encore l'utilité des peintures à l'huile appliquées sur le bois sec. Il est évident que cette couche s'oppose au contact de l'humidité atmosphérique, qui pourroit faire gonfler le bois privé de son eau de végétation, surtout si ce bois est en planches minces.

On peut étudier les propriétés du ligneux sur la filasse de l'agavé, sur la batiste bien lavée, sur la pâte du papier. Ces matières doivent être préalablement lavées à l'acide hydrochlorique très-foible et à l'eau, afin d'en séparer de l'oxalate de chaux, du sous-carbonate de chaux, de l'oxide de fer. Le sous-carbonate de chaux ne se trouve jamais dans les bois qui sont en pleine végétation.

Le bois est employé comme combustible. Si la combustion étoit complète, il ne se produiroit que de l'eau et de l'acide carbonique ; mais dans nos cheminées et nos fourneaux cette circonstance ne se présente jamais : il se développe toujours de l'acide acétique, des huiles empyreumatiques et du gaz hydrogène carburé. Les cendres qui restent après la combustion, proviennent des principes immédiats inorganiques qui se trouvent dans le bois. Quant aux sous-carbonates de potasse et de chaux des cendres, ils sont le résultat de la décomposition d'acides organiques qui étoient unis à ces bases. (CH.)

LIGNIPERDE. (*Entom.*) C'est le nom spécifique d'un petit coléoptère du genre BOSTRICHE. (C. D.)

LIGNITE. (*Min.*) Nous avons appliqué ce nom spécifique à un combustible charbonneux, d'origine végétale, qu'on a confondu très-souvent et pendant long-temps avec la houille, et qu'on n'en distingue encore que difficilement.

C'est à M. Voigt que l'on doit la distinction réelle de cette espèce géologique. C'est lui qui, le premier, en a bien fait ressortir les caractères, et qui a par conséquent donné des moyens, aussi précis que le sujet le comporte, de distinguer dans un grand nombre de cas ces deux combustibles, souvent si semblables en apparence, mais si différens néanmoins par leur origine, leur position, leur nature et même leur usage.

Cette espèce minérale, telle que nous allons la limiter, renferme non-seulement tous les combustibles charbonneux nommés *Braunkohle* par les minéralogistes allemands, mais encore plusieurs autres charbons bitumineux fossiles (*Stein-kohle*), comme nous l'expliquerons à l'article de chaque variété.

§. 1.er *Caractères minéralogiques, divisions et usages des lignites.*

Le LIGNITE, considéré minéralogiquement[1], est quelque-fois noir foncé, brillant, à cassure résineuse, ou conchoïde,

---

1. Cette distinction est très-importante. Le lignite, considéré comme espèce minérale d'origine organique, ne peut pas avoir d'autres caractères que ceux que nous lui assignons et qui dérivent de sa composition *actuelle*; mais la formation ou le terrain de lignite, c'est-à-dire, le terrain déposé à l'époque et dans les circonstances géologiques où ont paru les lignites, peut renfermer bien d'autres combustibles que le lignite, comme le terrain gypseux renferme bien d'autres minérais que des gypses; et, pour nous borner aux combustibles charbonneux, nous savons

ou droite, à texture homogène, tantôt sans aucune apparence de structure ligneuse; tantôt cette structure est visible sans que le combustible ait perdu de sa couleur noire; mais quelquefois aussi il passe au brun, même au brun peu foncé, en conservant une structure fibreuse tellement distincte, qu'on ne peut méconnoître l'origine végétale et ligneuse de ce combustible fossile; ou bien il perd entièrement cette structure et prend une texture terreuse.

Exposées à l'action du feu, à une assez haute température, toutes les variétés de lignite brûlent avec une flamme assez claire, assez longue, souvent peu fuligineuse, sans se boursoufler ni se coller comme la houille, sans couler comme les bitumes solides. Lorsqu'on le distille, le lignite le plus compacte fait presque toujours reparoître sa structure ligneuse, et prouve ainsi son origine. Le lignite qui ne renferme pas de pyrites, répand une odeur fétide, âcre, piquante, qui n'est point aromatique, comme l'est celle de la houille et du bitume dans la même circonstance de pureté; car la présence des pyrites, dans l'un et l'autre combustible, produit une odeur sulfureuse différente et due aussi à une cause différente de celle qui donne à la fumée des lignites l'odeur piquante qui lui est propre.

Il reste après la combustion une cendre pulvérulente assez semblable à celle du bois, mais souvent plus abondante, plus terreuse, plus ferrugineuse et par conséquent plutôt rougeâtre que grisâtre, et qui renferme quelquefois jusqu'à trois pour cent de potasse, suivant M. Mojon.

On n'a encore aucune analyse propre à faire connoître la nature essentielle du lignite, et en quoi ce combustible diffère de la houille et des bitumes. On ne peut donc présumer

---

déjà que le terrain de lignite renferme de l'anthracite, c'est-à-dire, du charbon sans bitume, du bitume de diverses variétés, du succin, des résines succiniques, du mellite. Il pourroit donc aussi renfermer de la houille, c'est-à-dire, une autre espèce minéralogique, d'origine organique, mais d'une composition chimique autre que celle du lignite, brûlant avec boursouflement, etc. Le terrain de lignite doit donc être soigneusement distingué du lignite, espèce minéralogique : c'est de ce dernier seul qu'il est question dans la première partie, ou partie minéralogique, de cet article.

ces différences que par ce qu'en dit M. Vauquelin, et par ce qu'indiquent les analyses suivantes :

	Lignite terreux de Schralpen, par Klaproth.	Lignite fibreux de Bovey, par Hatchett.	Lignite piciforme comm. de Lobsann, par Hecht et Branthome.
Charbon	20	45	27
Eau et acide pyroligneux	12	30	=
Bitume huileux épais	30	10,5	=
Gaz hydrogène carboné	59 po. cub.	14,5	=
Gaz acide carbonique	8,5 *id.*		
Soufre (provenant des pyrites)	......		18
Sulfate de chaux	2,5	=	=
Sable	11,5		
Oxide de fer	1	....	23
Chaux	2		
Alumine	0,5		

Nous pourrions faire mention de quelques autres analyses : mais elles nous en apprendroient encore moins que les précédentes, parce qu'on n'a eu en vue dans ces analyses, faites sur des variétés impures et mal déterminées, que de connoître à peu près la proportion du charbon et des bitumes renfermés dans les échantillons analysés ; tandis qu'il falloit chercher dans quel état de combinaison étoient les principes organiques, ou dans quelle proportion étoient les principes éloignés, et par conséquent quels produits ils devoient donner. Les trois analyses que nous venons de rapporter, faites sur des lignites provenant de lieux très-éloignés, indiquent déjà ces principes, en faisant voir que l'un et l'autre ont fourni un acide analogue à l'acide pyroligneux ou pyroacéteux, et confirment les soupçons de M. Vauquelin sur la formation de cet acide par la combustion des lignites. Ces soupçons sont encore confirmés par les résultats des expériences de M. Mac-Culloch sur les propriétés des produits comparés de la distillation du bois, de la tourbe et des lignites connus sous les noms de jayet, de *bovey-coal* et de *suturbrand*. Tous ces produits renfermoient plus ou moins d'acide pyro-acéteux, tandis qu'on ne reconnoît pas cet acide dans les produits de la distillation des bitumes, qui renferment au contraire de l'ammoniaque, etc. Ces analyses font donc voir que, quoique les lignites et les houilles soient composés des mêmes principes éloignés, de carbone, d'hydrogène, etc., cependant les produits de ces principes, combinés d'une autre manière par l'action de la chaleur, sont différens dans ces deux combustibles, et pourront amener à faire connoître la véritable différence minéralogique qu'il y a entre eux. —

La pesanteur spécifique des lignites s'étend de 1,10 à 1,50; mais on ne doit avoir égard qu'à celle du lignite piciforme jayet, toutes les autres variétés étant ou impures ou imparfaites.

La proportion de la partie éminemment combustible, soit le charbon, soit l'hydrogène, avec la masse apparente du combustible, paroît être encore un des caractères distinctifs des lignites et des houilles. Le combustible réel semble être beaucoup moins condensé dans les premiers que dans les secondes, ce qui ne se déduit pas du rapport des pesanteurs spécifiques, qui sont à peu près les mêmes dans les deux combustibles, mais des résultats énoncés par M. Voigt. Ainsi il paroît qu'un mètre cube de lignite donneroit autant de chaleur que trois mètres cubes de bois de pin, mais qu'il faudroit sept mètres cubes de lignite de Leipsic pour produire autant de chaleur qu'un mètre cube de houille. On sait que ces résultats ne sont que des approximations très-éloignées, et qu'il est telle qualité choisie de lignite qui donneroit au moins autant de chaleur que certaines qualités impures de houille; mais il est probable que M. Voigt, qui donne ces rapports, a eu égard à ces circonstances, et qu'il suppose les qualités et les autres circonstances à peu près égales.

VARIÉTÉS.

1. LIGNITE PICIFORME [1]. D'un noir luisant; texture compacte; cassure conchoïde, d'aspect de résine ou de poix; structure tantôt massive, tantôt un peu schistoïde, quelquefois fragmentaire.

---

[1] *Pechkohle*, WERN., BROCH., VOIGT. Cette première variété renferme le jayet comme sous-variété; mais elle renferme aussi d'autres sous-variétés auxquelles on ne pourroit appliquer ce nom, qui a, dans les arts, une application fixe et qu'on ne doit pas détourner.

La structure ligneuse est quelquefois apparente, surtout à l'extérieur des morceaux ; plus souvent elle a entièrement disparu.

C'est la variété qui brûle le mieux, avec la flamme la plus claire, l'odeur la moins désagréable, et qui laisse le moins de résidu terreux.

a. *Lignite piciforme commun.*[1] D'un noir luisant ; texture d'une densité inégale ; structure schistoïde, quelquefois fragmentaire ; structure ligneuse apparente.

Pesanteur spécifique, 1,28. (WIED.)

Il forme des bancs souvent assez puissans, susceptibles d'une exploitation facile et avantageuse dans plusieurs cas, et se rapproche tellement de la houille qu'il n'est presque pas possible de l'en distinguer extérieurement ; il faut, pour y parvenir, avoir recours aux caractères chimiques que nous avons indiqués, aux caractères techniques de brûler sans se boursoufler et sans se coller, et s'aider même de quelques circonstances géologiques.

La plupart des grands dépôts de lignites dont nous donnerons plus bas l'énumération, présentent cette variété. On la remarque plus particulièrement dans les couches de lignites des environs d'Aix, de Marseille et de Toulon en Provence ; de Vaucluse, dans le département de ce nom ; de Ruette, dans le département des Ardennes ; de Lobsann près Wissembourg dans le Bas-Rhin ; d'Ottweiler, bailliage de Löwenberg, pays de Berg ; de Saint-Saphorin près Vevay ; de Paudex près Lausanne, et de Kæpfnach, sur la rive gauche du lac de Zurich en Suisse : ces lignites piciformes communs ont tout-à-fait l'aspect de la houille schisteuse ; du Meisner en Hesse ; des vallées d'Unstruth près d'Arten en Thuringe ; du district de l'Inn en Autriche ; de Cadibona dans le golfe de Gênes, et de Sarzane près celui de la Spezzia en Ligurie. Ces lignites sont aussi tellement semblables à la houille, que, sans les circonstances chimiques, techniques et géologiques, rapportées plus haut, il seroit presque impossible de

---

1 *Gemeine Braunkohle :* WERNER, dans BREITHAUPT, qui cite aussi comme exemple celui du lac de Zurich et du Meisner, ce qui assure cette synonymie.

les en distinguer ; néanmoins la texture ligneuse est souvent apparente dans celui de Sarzane.

b. *Lignite piciforme.* — JAYET.[1] D'un noir luisant, pur, très-foncé ; texture dense, d'une densité égale ; susceptible de poli ; structure massive ; solide, mais facile à casser.

Pes. spéc. 1, 26 Brisson.

1, 74? Leonardi.

Le jayet se trouve en lits interrompus, ou en nodules, dans les bancs de la variété précédente et de quelques-unes des suivantes. Il ne constitue jamais de couches ou de dépôts à lui seul, et souvent même il se montre sous un assez foible volume, au milieu des lits de lignite terne, ou des troncs de lignite fibreux noir. Son gisement précis n'a pas encore été parfaitement déterminé. Le trouve-t-on dans tous les dépôts de lignites, même dans ceux qui sont au-dessus de la craie? ou ne le trouve-t-on que dans les dépôts qui ont été placés sur des terrains plus anciens que la craie, ou peut-être même au-dessous de ce calcaire?

Le jayet, étant très-homogène, d'un beau noir, susceptible de se laisser tailler et polir, a été recherché et exploité comme objet d'ornement. Mais, la mode ayant varié encore plus à son égard qu'à celui des autres minéraux d'ornemens, les mines et les fabriques de jais ont été soumises à des vicissitudes encore plus nombreuses que les autres.

Nous ne citerons ici que les lieux où on le trouve en quantité assez notable pour qu'on les ait mis en exploitation, ou qu'on ait au moins tenté de le faire.

En France : dans quelques mines de charbon de terre de la Provence, dans les environs de Roquevaire, Marseille et Toulon, notamment dans celle de Peynier ; à Belestat dans les Pyrénées ; près le village des Bains, à six lieues au sud de Carcassone, dans le département de l'Aude, et dans le même département, à Sainte-Colombe, Peyrat et la Bastide près de

---

[1] *Gagas*, WALLER. — Jayet compacte, HAÜY. — *Pitch-coal* ou *jet*, JAMES. — *Vulg.* Jai, Jais, Jayet, *quelquefois* Succin noir. — Azabache, dans les Asturies.

Tous les savans s'accordent à dire que le nom de *jayet* vient de *gagas*, nom d'une rivière ou d'une ville de l'Asie mineure.

Quilian ; il est situé à dix ou douze mètres de profondeur, en couches obliques, dans des bancs de grès. Ces couches ne sont ni pures ni continues. Le jayet proprement dit, c'est-à-dire celui qui est susceptible d'être taillé, se montre en masses dont le poids atteint rarement 25 kilogrammes. Le produit de ces mines se tailloit et se polissoit dans le pays même.

L'Espagne a offert aussi des mines de jayet assez célèbres dans les provinces des Asturies, de Galice et d'Arragon : on cite particulièrement, dans ce dernier pays, celles d'Utrillas, Escucha et Palomar près Montalban. Elles furent découvertes vers le milieu du 18.e siècle, et leur exploitation étoit très-facile. Le jayet en est pur et ce que les ouvriers appellent doux au travail. Il est transporté en France, dans les départemens de l'Aude et de l'Arriége, pour y être taillé et poli. Nous reviendrons plus bas sur les procédés employés dans cet art.

En Allemagne, près de Wittemberg en Saxe, on le taille et on le polit dans cette ville : en Hesse, au mont Meisner ; le banc puissant de lignite qu'on y exploite, renferme des masses assez volumineuses de jayet, qui forment quelquefois le centre des troncs de lignite fibreux cylindroïde.

En Angleterre, près Whitby, dans une argile schisteuse et bitumineuse.

En Prusse ducale, dans un gîte où se trouve le succin en abondance et depuis un temps très-éloigné, on extrait aussi du lignite-jayet qu'on taille et qu'on met dans le commerce sous le nom d'*ambre* ou de *succin noir*, nom qui n'a aucun rapport avec sa nature, mais qui semble indiquer une communauté de gisement.

On fait avec le jayet, employé comme objet d'ornement, des boutons : on le façonne en poires ou grains plus ou moins gros, taillés à facette pour pendans d'oreilles, colliers, garnitures de robes ou de bonnets et autres ajustemens de deuil ; on en fait des rosaires, chapelets et croix. C'est principalement à Sainte-Colombe sur l'Hers, dans le département de l'Aude, que se font ces différens objets, non-seulement avec le jayet tiré des mines de France, mais avec celui qu'on extrait des mines d'Espagne. On commence par réduire le jayet en petits morceaux par le moyen d'un gros couteau, avec lequel on donne à ces morceaux à peu près la forme qu'ils doivent avoir; on les perce ensuite au foret aux points où cela est nécessaire, et on les taille à facettes sur une meule horizontale, semblable à celle des lapidaires. Cette meule est en grès assez grossier, et continuellement mouillée. On produit la facette en plaçant la pièce vers la circonférence de la meule, où la pierre est rude et *dévore* (c'est l'expression technique) le grain de jayet. On polit la facette produite en portant le morceau de jayet vers le centre de la pierre, qui est lisse et tenue constamment dans cet état au moyen d'un silex qu'on y passe de temps en temps avec une forte pression. Ce procédé est ingénieux, en ce que, sans changer de place ni d'outil, l'ouvrier taille et polit de suite la même pièce.

Le jayet, étant très-tendre en comparaison de la meule sur laquelle on le travaille, se façonne avec une grande facilité : un ouvrier ébauche en un jour de 1,500 à 4,000 pièces, suivant leur grosseur; les perceurs font de 3 à 6,000 trous par jour, et on peut évaluer à 15,000 le nombre de facettes qu'un lapidaire peut faire dans un jour.

Les ouvrages fabriqués se distribuoient en 1806 à peu près comme il suit : un dixième en Allemagne, un dixième en Afrique ou en Turquie, deux dixièmes en France, et six dixièmes en Espagne et dans les Colonies. Il y a eu dans ce commerce d'objets de mode peut-être encore plus de variations que dans tout autre. En 1806, l'activité des fabriques de Sainte-Colombe employoit 150 ouvriers et un capital d'environ 50,000 fr., et dans le milieu du 18.ᵉ siècle on évaluoit l'activité de ces mêmes fabriques à 1,000 et même 1,200 ouvriers et à un capital de 250,000 fr. [1]

    c. *Lignite piciforme candelaire.* [2] D'un noir brunâtre, lui-

---

[1] La plupart de ces renseignemens sont extraits d'un mémoire de M. Thomas Viviès, fabricant à Sainte-Colombe, en 1806.

[2] *Cannel-coal*, KIRWAN, JAMESON. — *Kennelkohle*, WERN., BROCH. Suivant l'évêque de Llandaff, ce nom vient du mot *candle*, chandelle, parce qu'il est employé dans quelques endroits par le peuple pour produire de la lumière : on le nomme en Écosse *parrot-coal*. (JAMESON.)

sant; texture d'une densité égale; susceptible d'un poli peu brillant; structure massive, solide; assez facile à casser.

Pes. spéc. 1,23. Kirw.

Tant qu'on n'aura pas examiné d'une manière comparative et convenable les caractères chimiques de ce combustible, tant qu'on ne se sera pas assuré de son véritable gisement et s'il est vrai qu'il se trouve dans les couches du terrain houiller de Newhaven, il ne sera pas possible d'assigner définitivement la place du *cannel-coal*, soit parmi les houilles soit parmi les lignites, et il oscillera d'une espèce à l'autre, comme il a déjà fait. M. Voigt, dont le nom fait autorité dans cette matière, l'a placé parmi les lignites; nous suivons ici son opinion.

2. Lignite terne.[1] D'un noir brunâtre, terne, et quelquefois d'un noir de velours; cassure raboteuse ou imparfaitement conchoïde; texture compacte ou terreuse; structure massive, schistoïde ou fragmentaire, mais point ligneuse : ses fragmens sont généralement cuboïdes ou trapézoïdaux; brûlant plus ou moins facilement, avec fumée abondante et souvent fétide; laissant un résidu assez abondant et souvent rougeâtre.

Se désagrégeant facilement, et se décomposant en sulfates.

a. *Lignite terne massif* : en masse assez volumineuse, sans structure apparente, provenant de couches assez puissantes.

Celui-ci est souvent l'objet d'une exploitation active, parce qu'il se présente en bancs puissans et continus; il est quelquefois accompagné de lignite piciforme commun, mais il en accompagne plus rarement les bancs. Il paroit même appartenir à des dépôts un peu plus nouveaux, ou formés dans des circonstances un peu différentes de la première variété.

Nous citerons comme exemples principaux : Sainte-Marguerite près Dieppe; celui qu'on emploie en Westphalie sous le nom de terre de Cassel; celui de l'île de Bornholm; le Soissonnois en général; et notamment Putschern près Carlsbad.

b. *Lignite terne schisteux*, à structure schistoïde imparfaite.

Cette modification accompagne souvent la variété précé-

---

[1] *Braunkohle* et *Moorkohle*, Voigt.

dente et quelquefois la suivante. Ce sont, l'une et l'autre, parmi les lignites qui forment des bancs continus, les variétés les plus communes.

Les mines de lignite qui paroissent les présenter en quantité dominante sur les autres variétés, et le plus abondamment, sont : en France, celles de Piolenc près d'Orange, dans le département de Vaucluse ; de Ruelle, dans les Ardennes, avec le lignite piciforme commun : en Allemagne, celles des environs de Leipsic ; en Bohême, celle de Tœplitz et celle de Putschern près Carlsbad ; dans le Groenland, où il renferme des grains de succin ; il se montre enfin dans presque tous les lieux où se trouve la variété précédente.

c. *Lignite terne friable.* [1] Structure massive ou schistoïde, mais toujours fragmentaire, se divisant en très-petits morceaux.

Aspect quelquefois un peu luisant.

Il est encore plus facilement décomposable que les autres, et ne se conserve que très-difficilement dans les collections.

Les exemples les plus authentiques et les plus remarquables que nous puissions donner de cette variété, sont les dépôts très-étendus de lignites du Soissonnois et du Laonois, dans le département de l'Aisne ; ceux de Montdidier, dans le département de la Somme ; ceux de Dieppe, dans le département de la Seine-Inférieure. On voit que le lignite friable accompagne plus fréquemment les lignites ternes que les lignites piciformes.

Les lignites ternes servent à deux usages spéciaux : lorsqu'ils sont en masses solides, et assez purs, qu'ils renferment peu de pyrites, on les emploie comme combustibles pour cuire de la chaux, chauffer des chaudières où sont des liqueurs

---

1 C'est encore plus particulièrement le *Moorkohle*, et surtout l'*Erdkohle*, WERN.

La *tourbe pyriteuse.* Ce n'est pas une tourbe, comme je l'avois cru en 1807 (Tr. de min., t. 2, p. 45) avec beaucoup de minéralogistes, et comme le croient encore quelques personnes. J'ai reconnu depuis (voyez BUCKLAND, sur l'argile plastique du bassin de Londres, Trans. de la Soc. géol. de Londres, 1817, tom. IV, p. 298), que c'étoit un véritable lignite, et qu'il n'y avoit pas de tourbe pyriteuse dans l'acception qu'on doit attacher au mot *tourbe.* Tous les géologistes conviennent maintenant de cette distinction.

destinées, soit à être portées à l'état d'ébullition, comme dans les fabriques où l'on dévide les cocons de vers à soie, soit à être évaporées, comme les dissolutions salines de toutes sortes.

Lorsqu'ils appartiennent aux variétés schistoïdes et friables, et qu'ils n'ont pas de cohérence, ou qu'ils la perdent aisément, ce qui est ordinairement dû à la présence des pyrites, ils sont trop impurs et trop décomposables pour fournir un combustible avantageux. On y produit, par diverses manipulations chimiques, des sulfates de fer et d'alumine, qu'on en retire par lixiviation, évaporation, etc. : c'est l'usage général qu'on fait des lignites friables dans les lieux que nous venons de citer.

d. Lignite terne-terreux.[1] Aspect terne et terreux; friable et même pulvérulent; couleur noire brunâtre ou brun de girofle.

La variété précédente, en se désagrégeant complétement, passe quelquefois à celle-ci; mais le lignite terreux existe aussi par lui-même et avec des caractères particuliers très-différens de ceux que présentent le lignite friable tout-à-fait désagrégé.

D'abord, il ne renferme presque point de pyrites, n'est susceptible de donner ni alun ni couperose, et fournit au contraire un combustible assez bon et une matière colorante peu employée. Il est brun de girofle ou noir de suie, et se trouve principalement à Brulh près de Cologne. C'est ce dernier qui paroît porter plus particulièrement le nom de terre de Cologne. Il se trouve aussi près Château-Thierry, à Wolfseck en Haute-Autriche, etc. : ceux de ces derniers lieux ne sont pas pulvérulens.

3. **Lignite fibreux.**[2] Noir ou brun; aspect luisant ou terne; structure fibreuse, plus ou moins serrée, faisant toujours voir celle des végétaux dont il tire son origine.

a. Lignite fibreux noir : d'un noir pur, d'un aspect luisant, analogue a celui du jayet; structure serrée.

* *Cylindroïde :* en tige ou tronc cylindroïde ou comprimé;

---

1 *L'Erdkohle*, Wern., et le *braune bituminöse Holzerde* de Voigt; la terre de Cologne.

2 *Bituminöses Holz*, Wern., Broch.

assez droit ; d'un volume supérieur à celui d'une plume d'oie ;
le milieu est souvent en lignite piciforme.

A Riestædt en Saxe, à Wolfseck en Haute-Autriche, dans
l'île de Bornholm.

** *Bacillaire :* en petites baguettes très-déliées, contournées,
entrelacées.

A Kæpfnach près d'Horgen, sur la rive occidentale du
lac de Zurich. On peut le considérer comme les fibres de
la racine d'un arbre de la famille des palmiers.[1]

b. *Lignite fibreux brun :* d'un brun de girofle plus ou moins
foncé ; aspect terne ; structure ordinairement lâche, laissant
voir parfaitement celle du bois.

Peu dur, mais tenace et se laissant entamer par les instrumens tranchans plutôt à la manière d'un bois dur que
d'une pierre.

* *Cylindroïde :* en tige, ou tronc cylindroïde ou comprimé,
assez droit, et d'un volume supérieur à celui d'une plume
d'oie.

Cette variété est très-répandue et se trouve dans presque
tous les gîtes de lignites. Elle a frappé de tous temps les ouvriers comme les naturalistes, et est un des indices les plus
sûrs de l'origine des lignites : parmi les exemples innombra-
bles qu'on pourroit donner, nous citerons

Les mines de lignite terreux et brun de Brulh près de
Cologne, où le nombre des tiges et des troncs est prodigieux,
et où il s'en trouve également de dicotylédons et de mo-
nocotylédons.

L'Habichtswald et le mont Meisner en Hesse ; Wolfseck en
Haute-Autriche.

** *Bacillaire.* En petites baguettes ou fibrilles très-déliées, à
peu près parallèles ou entrelacées.

Il n'y a presque point de doute que ce ne soient des tiges
ou des racines d'arbres de la famille des palmiers. Ceux de
Cologne ressemblent à ceux d'Horgen, à la couleur près. Ces
variétés bacillaires sont assez rares.

---

[1] Voyez le Mémoire de M. Adolphe Brongniart, sur les végétaux
fossiles (Mém. du Mus. d'hist. nat., tom. 8).

§. 2. *Géognosie et gisement général des lignites.*

Toutes les variétés de lignites qu'on vient de décrire, se trouvent ensemble, et ont, à très-peu de nuances près, le même gisement. Seulement quelques variétés sont dominantes dans certains terrains, tandis que les autres sont généralement subordonnées : tel est le cas des lignites jayet et fibreux, qui se trouvent dans presque tous les gîtes des lignites et ne forment presque jamais à eux seuls, surtout le premier, des couches entières.

C'est le Lignite terne, massif, schisteux, friable ou terreux, qui est toujours la roche principale et dominante de la formation, celle qui se trouve sous le plus d'épaisseur et avec le plus de continuité. Ce lignite se présente : tantôt en lits réguliers d'une épaisseur toujours à peu près la même, mais variant d'un à quinze décimètres au moins ; ces lits sont plus souvent horizontaux qu'inclinés : tantôt en amas qui semblent avoir rempli de vastes cavités ; tel est celui des environs de Cologne : tantôt, enfin, en amas lenticulaires, parallèles aux couches ; à Langenbogen près Halle, en Saxe.

Le lignite, comme roche principale, c'est-à-dire, se présentant en couche puissante et continue sur une grande étendue, ne paroît se trouver que dans un seul terrain. Le lignite, comme minéral subordonné, se présentant pour ainsi dire en échantillons ou même en masses de quelque volume, mais ordinairement en amas interrompus et non en banc continu, se rencontre dans des formations ou terrains assez différens, depuis les terrains houillers proprement dits, jusqu'aux terrains les plus superficiels.

Nous allons l'examiner dans ces deux positions ou circonstances, et nous commencerons par son gîte réel et principal.

1.° *Le lignite considéré comme roche principale, et se présentant en banc continu,* auquel nous donnerons le nom géognostique de *lignite soissonnois* [1], appartient aux terrains de sédi-

---

[1] On ne peut devenir *clair* que par des définitions exactes, et *précis* que par des noms qui soient le *signe* de ces définitions. C'est par ce moyen que la nomenclature linnéenne a eu, en histoire naturelle,

mens supérieurs, c'est-à-dire, comme je l'ai exposé dans

un si grand succès et une si grande utilité. Le nom doit être *le signe*, *mais non l'expression* de l'objet en question, parce qu'il doit toujours le représenter, et pour cela ne jamais changer, tandis que la définition doit changer quand elle cesse de convenir uniquement à la chose définie. C'est par ces motifs que la nomenclature chimique, qui a paru si séduisante qu'on a voulu l'appliquer à la minéralogie, a, comme nomenclature, deux graves inconvéniens, celui de changer à mesure que la science fait des progrès, et celui d'être trop longue comme nom, ou trop courte et par conséquent insuffisante comme définition. Gardons-nous donc de l'appliquer à la minéralogie : il nous suffira, pour le prouver dans cette digression, de faire remarquer, par exemple, que le sel marin n'a plus de nom.

Nous reviendrons sur ce sujet à l'article MINÉRALOGIE ; je dois me borner ici à dire pourquoi je donne au lignite en question le nom de *lignite soissonnois.*

Le lignite, considéré comme terrain ou formation, n'est plus un minéral, mais un assemblage de roches et de minéraux qui ont une certaine position relativement aux autres roches de l'écorce du globe. Il y a plusieurs de ces assemblages. Aucun n'a de caractère tranché et unique, et, quand il en auroit un, qui est-ce qui pourroit assurer qu'il seroit constant et toujours le plus saillant ? Il faut donc, par ces deux motifs, dont le premier suffiroit seul, se garder de vouloir désigner la formation de lignite par un nom significatif, lors même qu'on seroit assez heureux pour en trouver un qui fût *univoque* et *caractéristique*, ce qui est presque impossible dans toute méthode naturelle. Et encore faudroit-il que ce nom parût bon à la majorité des géologues, non pas seulement aux maîtres de la science, mais surtout à ceux qui n'ont rien de mieux à faire que de donner des noms.

La nécessité de désigner chaque formation de lignite par un signe, c'est-à-dire, par un nom, et de prendre ce signe indépendamment de toute hypothèse, m'a fait préférer celui qui est tiré des lieux où la formation est la plus claire, où on l'a bien observée, si ce n'est pour la première fois comme lignite, au moins comme lignite supérieur à la craie et inférieur au calcaire grossier ; qui puisse par conséquent servir de point de comparaison pour les lignites que je croirai pouvoir rapporter à la même formation. Cette nomenclature géographique univoque et linnéenne, déjà proposée et employée par M. de Humboldt, a encore cet avantage qu'on peut la changer sans inconvénient, et que, du moment où il sera prouvé, par exemple, que le lignite de l'île de Shepey, de Cologne, du Meisner, de Wolfeck, etc., sont exactement les mêmes que celui du Soissonnois, on pourra toujours s'entendre très-bien, en donnant ces divers noms de lieu à cette formation.

26.   23

d'autres lieux [1], aux terrains supérieurs et par conséquent postérieurs à la craie.

Sa position précise dans cette formation, qui est elle-même composée de parties ou membres assez distincts, celle qui est le plus généralement reconnue comme la plus commune, si elle n'est pas l'unique, est de se présenter, dans les parties les plus anciennes de ce terrain, toujours au-dessous des couches les plus inférieures du calcaire grossier et dans le dépôt d'argile plastique, de sable, quelquefois de cailloux roulés, qui est, comme lui, postérieur à la craie, et qui sépare presque toujours ces deux terrains.

Il est possible qu'il y ait un second dépôt de lignite dans les terrains de sédiment supérieurs, entre le gypse et le terrain marin, calcaire et sablonneux qui l'a recouvert : cela paroît présumable d'après quelques indices de végétaux fossiles observés dans cette position, et d'après certaines circonstances qui accompagnent les dépôts de lignite dans des pays où la distinction de ces sous-formations n'est point claire. Mais ce second dépôt n'est pas encore assez bien prouvé pour être admis et pour être le sujet d'une histoire particulière ; nous en parlerons donc seulement à l'énumération géographique, lorsqu'il sera question des lieux où on croit l'avoir reconnu.

Ainsi, en revenant au dépôt principal de lignite, la couche la plus ancienne du terrain de sédiment supérieur qui paroît lui être constamment postérieure, c'est celle que nous avons nommée *glauconie grossière*. On ne l'a jamais vue avec tous les caractères géologiques que nous allons y reconnoître au-dessus de cette couche, ni par conséquent au milieu de celles qui ont été déposées sur elle et après elle. Sa position la plus supérieure, ou son époque de formation la plus moderne, peut être assez bien déterminée par cette roche. Il n'est donc pas postérieur à la glauconie grossière ; mais il peut être recouvert immédiatement par tous les terrains différens qui lui sont postérieurs. Ainsi on peut le voir recouvert immédiatement par le gypse à ossement et en

---

1 Mémoire sur le gisement des ophiolites dans les Apennins ; Ann. des Min., 1821, tom. VI, p. 177. — Descr. géolog. des envir. de Paris, édit. de 1822, p. 8, 17 et 107.

admettre les débris organiques, par le terrain marin supérieur à ce gypse, par le terrain d'eau douce qui le surmonte,
enfin par le terrain de transport ; circonstance assez ordinaire, qui a souvent trompé, et qui a fait regarder ce lignite
comme appartenant au terrain de transport et par conséquent aux formations les plus nouvelles : il est aussi recouvert, et surtout dans beaucoup de parties de l'Allemagne,
par le terrain basaltique, et par toutes les roches d'apparence cristalline et ancienne qui font partie de ce terrain.

La présence des lignites sous le basalte et dans presque
tous les terrains basaltiques, comme on l'observe en Hesse,
en Saxe, en Franconie, en Bohème; dans l'Italie septentrionale; en France, dans l'Alsace, le Vivarais, l'Auvergne, etc.,
est une circonstance des plus remarquables : elle contribue
à faire rapporter le dépôt du basalte à l'une des dernières
révolutions du globe, et nous force de regarder cette roche,
en partie cristalline, souvent même accompagnée de roches
entièrement cristallisées, comme postérieure à des terrains
que l'on considéroit autrefois comme terrain d'alluvion ; mais
cette circonstance ne prouve pas, comme l'a voulu une célèbre
école, que le basalte ne pouvoit être que d'origine aqueuse
ou neptunienne.

Nous ne pouvons pas non plus admettre, avec M. de Schlotheim [1], que les lignites appartiennent à la formation des trapp,
si on entend par cette dénomination les terrains basaltiques
dont nous venons de citer des exemples : nous considérons
les lignites, non-seulement les lignites marins de l'ile d'Aix,
mais les lignites soissonnois, comme étant antérieurs à cette
formation, et surtout comme en étant absolument indépen-
dans, puisqu'il existe un grand nombre de gîtes puissans et
étendus de lignites sans aucun indice de terrain trappéen.

Sa position la plus inférieure est plus difficile à déterminer,
surtout depuis qu'on a eu connoissance d'un autre dépôt de
lignite qu'il n'est pas encore possible de distinguer nettement, lorsqu'il se trouve indépendant, parce que ce nouveau lignite, ne s'étant fait voir clairement que dans un seul
endroit, n'a pu encore être caractérisé d'une manière générale.

---

1 Dans Leonhard's *Taschenbuch*, etc., 7.ᵉ année, p. 120.

La position la plus inférieure ou la plus ancienne du lignite soissonnois est immédiatement postérieure à la craie : on peut néanmoins le trouver placé *sur* des terrains beaucoup plus anciens ; mais, pourvu qu'il ne se trouve pas *dans* ces terrains avec les caractères que nous lui reconnoissons, cette position immédiatement *sur eux* n'infirme pas ce que nous venons de dire sur l'époque la plus ancienne de son dépôt, et nous pouvons établir que le lignite soissonnois n'est pas antérieur à la craie.

Ce lignite offre dans cette position les caractères géologiques suivans, que nous réunissons tous ici, mais en avertissant qu'ils ne se trouvent presque jamais ensemble dans le même lieu.

Les roches qui l'accompagnent sont :

Le sable quarzeux pur, très-blanc et très-tenu.

Le sable ferrugineux, à gros grains anguleux (Paris, vallon de Sèvre à Bellevue).

Les poudingues siliceux, à cailloux de silex pyromaque et de grès, et à ciment de grès ferrugineux.

Le grès quarzeux, le grès friable (Soissonnois) ; l'argile plastique jaune, rougeâtre, bleuâtre, brunâtre, noirâtre, presque partout, mais rarement en contact immédiat avec lui : c'est plutôt l'argile sablonneuse (Soissonnois, Meisner) ; la marne argileuse, beaucoup plus rarement qu'on ne le pense.

La glauconie sableuse (grains de fer chlorité, ou fer silicaté verdâtre et sable), et peut-être aussi la glauconie calcaire (c'est très-douteux) ; le calcaire grossier (encore plus douteux.)

Les minéraux et minérais qui l'accompagnent, et qui s'y trouvent, ou disséminés, ou en nodules, ou en lits, ou en druses, sont :

Le quarz hyalin cristallisé en druse.

Le silex agate, en infiltration dans ses fissures et cavités, mais principalement dans celles qui étoient les canaux percés, habités ou parcourus par des larves, des vers ou des mollusques.

La strontiane sulfatée en cristaux bleuâtres (Auteuil près Paris).

Le calcaire spathique.

Le gypse sélénite (Vernex près Genève, etc.).

Le fer sulfuré, disséminé en petites parties souvent à peine visibles, ou en nodules cristallisés : caractère constant, non-seulement pour le lignite soissonnois, mais pour les lignites inférieurs.

Le fer oxidé-hydraté; le fer carbonaté lithoïde, disséminés en lits interrompus, en nodules impurs et aplatis.

Le zinc sulfuré, disséminé, jusqu'à présent en très-petite quantité, et seulement à Auteuil près Paris.

Parmi les minéraux combustibles, de composition analogue à celle des matières organiques, on y trouve :

Le succin proprement dit, c'est-à-dire celui qui, renfermant de l'acide succinique en quantité notable, a d'ailleurs tous les autres caractères du succin borussique : c'est probablement son véritable et unique gisement (le bassin de Paris, Auteuil, Gisors, etc. ; le Soissonnois ; les côtes de la Baltique, le Groenland, etc., etc.)

Les résines succiniques ou fossiles, jaunes, friables, sans acide succinique (Highgate près Londres).

Le mellite (les environs de Halle).

Le bitume pétrole ?

Les corps organisés fossiles qui appartiennent à ce lignite, ne sont pas encore parfaitement déterminés, c'est-à-dire qu'on ne sait pas encore parfaitement distinguer ceux qui vivoient dans le temps où ces dépôts se sont formés, de ceux qui y ont été enfouis par des révolutions postérieures, ou qui y ont été amenés par des causes étrangères à sa formation.

Parmi les végétaux, on remarquera d'abord des tiges de plantes ligneuses provenant d'arbres dicotylédones et d'arbres monocotylédones, offrant très-bien la structure de ces végétaux, et changées tantôt en lignite fibreux brun, tantôt en lignite piciforme, tantôt en silex, et quelquefois partie en silex et partie en charbon fossile.

Beaucoup d'empreintes de feuilles de plantes et d'arbres dicotylédones, et de fruits ou semences de ces deux grandes classes de végétaux. Nous ébaucherons une liste de ces végétaux fossiles d'après les travaux de MM. de Schlotheim, de Sternberg, Parkinson et Adolphe Brongniart.

Énumération des végétaux fossiles qui se trouvent dans la formation des lignites soissonnois.

NOM SYSTÉMATIQUE.	OBSERVATIONS.	LOCALITÉ.	Ouvrages où ils sont décrits ou figurés.
Genres déterminables.			
Cocos Parkinsonii, Ad. B.	Fruit très-voisin du *cocos lapideus.*	Isle de Sheppey.	Park., *Org. rem.,* I, pl. 7, fig. 1 à 3.
— *Faujasii,* Ad. B. (*Carpolithes arecæformis?* Schl.)	Fruit indiqué par Faujas comme un fruit d'arec, mais ayant trois trous à la base, comme les cocos.	Liblar près Cologne.	Faujas, Ann. Mus. I, pl. 29 (figure mauvaise).
Parties qu'on ne peut rapporter à aucun genre.			
Carpolithes Dactylus, Ad. B.	Fruit semblable au noyau de la datte.	Sheppey.	Park., tom. I, pl. 6, fig. 9.
Carpolithes phœnicoides, Ad. B.	Paroîtroit appartenir à une espèce de dattier.	*Id.*	*Id.* tom. I, pl. 6, fig. 4.
Carpolithes bactriformis, Ad. B.	Ressemble au fruit du *bactris major.*	*Id.*	*Id.* l. c., fig. 6.
Carpolithes euterpeformis, Ad. B.	A quelque analogie avec le fruit de l'*euterpe glob.,* Gærtn.	*Id.*	*Id.* l. c., fig. 10, 12.
Carp. Oculum, Ad. B.	Peut-être un fruit d'arec.	*Id.*	*Id.* l. c., fig. 20, 26.
	Ressemble aussi un peu à quelques espèces d'*areca.*	*Id.*	*Id.* l. c., fig. 2.
Carp. venosus, Ad. B	. . . .	*Id.*	*Id.,* l. c., fig. 3.
Carpolithes navicularis, Ad. B.	. . . .	*Id.*	*Id.,* l. c., fig. 8.
Carpolithes arecæformis, Schl.	Peut-être la même chose que le *cocos Faujasii.*	Cologne.	Schloth., Petref., p. 420.
Carp. pistaciæformis, Schl.	Peut-être la même espèce que le *carpolithes thalictroides,* Ad. Br. M. Mus.	Kaltnordheim.	*Id.,* l c., p. 420.

NOM SYSTÉMATIQUE.	OBSERVATIONS.	LOCALITÉ.	Ouvrages où ils sont décrits ou figurés.
Carpolithes amygdalæformis, Schl.	. . . .	Osberg près Erpel.	*Id.*, l. c., p. 421 ; *Nachtr.*, tab. 21, fig. 7.
Carp. pisiformis, S.	. . . .	Osberg.	*Id.*, l. c., p. 421.
— *cocoiformis*, Sch.	. . . .	Lignite de Cologne.	*Id.*, *Nachtr.*, tab. 21, fig. 1.
— *rostratus*, Schl.	. . . .	Du lignite d'Arzberg, en Bavière.	*Id.*, l. c., fig. 8.
— *pomarius*, Schlot.	. . . .	D'Osberg.	*Id.*, l. c., fig. 11.
— *lenticularis*, Schl.	. . . .	*Id.*	*Id.*, l. c., fig. 12.
— *Strobilus*.	. . . .	Corvey, sur le Weser ; Glücksbrunn.	Stifft, Schloth.
Phyllites multinervis, Ad.B.	. . . .	Mont-rouge.	Géol. env. Paris, p. 369, t. 10, fig. 2.
Phyllites cinnamomifolia, Ad.B.	. . . .	Habichtwald.	*Ib.* p. 361, tab. 11, fig. 12.
Phyll. abietina, Ad.B. (*pteris*, Sternb.).	. . . .	*Id.*	*Ib.*, tab. 11, fig. 3. Sternb., fasc. II, tab. 24, fig. 2.
Phyllites comptoniæfolia, Ad.B. (*asplenium difforme*, St.)	. . . .	Lignite de Bohème.	Sternb., fasc. II, tab. 24, fig. 1.
Lycopodiolithes cæspitosus, Schl.	. . . .	Hæring.	Schloth., Petref., p. 416.
Palmacites raphifolia. — (*Palm. flabellatus*, Schl. — *flabellaria raphifolia*, Sternb. — *Palm. Lamanonis?* Ad.B.)	. . . .	*Id.*	*Id.*, Petr., p. 394. Sternb., fasc. II, tab. 21, fig. 1.
Endogenites? bacillaris, Ad. B.	Tige ?	Cologne, Horgen.	Géol. des env. de Paris, p. 355.
— *echinatus*, Ad.B.	Tige.	Soissons.	*Ib.*, pl. 10, fig. 1.

Nous n'avons point admis dans cette liste les dépôts de charbon fossile qui n'appartiennent pas évidemment au lignite, ni même ceux des lignites que nous présumons ne pas appartenir à la formation du lignite soissonnois, tels que ceux de Frankenberg en Hesse.

Cette énumération n'indique pas tous les végétaux dont les restes sont enfoncés dans les couches de lignites, mais seulement ceux qui s'y trouvent le plus communément : elle n'est donc pas complète. Elle n'a pas non plus le degré d'exactitude et de précision, sous le rapport de la dénomination des espèces, de leur rapprochement des genres connus, ni même de leur situation géologique, qu'on doit désirer, qu'on peut même espérer obtenir, lorsque ce sujet aura été traité convenablement. On peut cependant en tirer déjà des résultats très-remarquables, et dont on n'avoit pas la moindre idée, il y a vingt ans. 1.° On y remarque beaucoup de plantes dont les familles analogues ne vivent plus dans les cantons où gisent les lignites qui en renferment les débris ; 2.° on n'y remarque pas plus de végétaux aquatiques que d'autres : voilà pour les faits positifs. Voici maintenant pour les négatifs, qui, sans être aussi sûrs que les autres, ont une assez grande probabilité, à raison du grand nombre d'exploitations de lignite connues et des recherches qu'on y fait depuis que l'attention des géologues est portée sur les débris organiques, et enfin qui, lors même qu'ils ne seroient pas généraux ou absolus, amèneront toujours pour résultats que les végétaux suivans y sont extrêmement rares; ainsi :

1.^{ment} On n'y a encore observé aucune plante marine, et nous allons voir tout à l'heure qu'elles sont susceptibles de se conserver aussi bien que les autres.

2.^{ment} On n'y cite encore aucune fougère évidente, ni aucune des feuilles ou tiges de plantes de cette même famille qui se trouvent si abondamment dans les lits de houilles.

Cette circonstance a lieu d'étonner, et M. Ad. Brongniart cherche, si on ne pourroit pas l'attribuer à la nature même des végétaux enfouis, plutôt qu'à l'absence des fougères de la surface de la terre à l'époque de la formation des terrains de lignites. Les végétaux, suivant lui, ne peuvent avoir été enfouis dans le terrain où on les trouve, que dans deux circonstances :

Ou bien ils ont cru sur le sol même qui les recèle au moment où celui-ci a été recouvert par des dépôts terreux ou pierreux de diverse nature, répandus sur ce sol par des causes qui peuvent être très-variées, que nous ignorons et qu'il n'est pas de notre sujet de rechercher. Tel paroît être le cas des algues dans les terrains marins, des fougères dans les terrains tourbeux des mines de houilles, qui n'étoient ni aquatiques, ni marins; tel est le cas des arundos, potamogétons, nymphæa, etc., dans les terrains lacustres et fluviatiles : or, les terrains de lignites appartenant à ces derniers, comme nous l'exposerons bientôt, et les fougères n'étant point des plantes aquatiques, elles pouvoient bien végéter à la surface de la terre, dans le temps où les terrains de lignites se formoient, sans cependant se trouver dans ces terrains.

Ou bien les végétaux enfouis ont cru hors du terrain où on les trouve à l'état fossile, et dans ce cas ils ne s'y présentent que parce qu'ils y ont été amenés, entraînés par les vents et le cours des rivières qui se rendoient dans les lieux où se formèrent ces terrains : soit dans les mers, et alors ces végétaux se trouvent mêlés avec des productions marines; soit dans des lacs ou étangs, et alors les parties de végétaux terrestres sont mêlées avec des productions lacustres.

Mais, pour être ainsi entraînés, il faut qu'ils aient pu, ou être arrachés facilement du sol, ou détachés aisément de leur tige, comme peuvent l'être les feuilles simples ou composées, et les semences des arbres dicotylédones; tandis que ni les fougères fortement attachées au sol, ni leurs frondes inarticulées, mais continues à la tige, ne peuvent, que dans des circonstances très-rares, être séparées et entraînées par les eaux.[1] Dans cette hypothèse, les troncs d'arbres qu'on trouve dans les terrains de lignites peuvent avoir appartenu ou à des arbres qui ont cru sur ce sol, parce que plusieurs espèces d'arbres monocotylédones et dicotylédones croissent dans les lieux aquatiques, ou à des troncs et branches qui y ont été chariés par les eaux.

---

[1] Voyez le développement de cette hypothèse dans le Mémoire de M. Adolphe Brongniart sur les végétaux fossiles (Mém. du Mus. d'hist. natur., tom. VIII, Paris, 1822, p. 85).

Ces observations donnent une idée des circonstances très-différentes dans lesquelles se sont formés les terrains de houilles et les terrains de lignites, composés tous deux d'une accumulation immense de matières végétales : cette idée paroît assez bien s'accorder avec les autres faits géologiques. La masse des premiers est composée de végétaux terrestres enfouis sur place ; la masse des seconds est composée de végétaux aquatiques, également enfouis sur place. Dans les premiers il n'y a presque point eu de végétaux étrangers, transportés et mélés ; cependant il peut s'y en trouver, et il paroît même qu'il s'en trouve quelquefois. Dans les seconds, au contraire, la masse des végétaux étrangers au sol et transportés est souvent plus considérable que la masse indigène. On n'y a encore vu ni végétaux fortement adhérens aux sols terrestres, c'est-à-dire non aquatiques, ni feuilles adhérentes aux tiges, pour les raisons que nous avons données plus haut : on pourroit néanmoins en rencontrer ; mais l'observation prouve déjà que c'est une circonstance très-rare. Ces considérations, qui ont été présentées pour la première fois, à ce que je crois, dans le Mémoire que je viens de citer, sont d'une assez grande importance pour la théorie géologique, en ce qu'elles nous font entrevoir, si elles ne nous les montrent pas nettement, les causes des différences organiques si singulières qu'on observe entre les terrains de houille et les terrains de lignite.

La manière dont les débris végétaux se présentent dans les dépôts de lignite, contribuera encore à faire connoître les circonstances dans lesquelles ces dépôts se sont faits.

Les végétaux n'y sont pas couchés dans une direction constante, comme on l'a avancé autrefois ; ils se croisent dans tous les sens : ils ne sont même pas tous couchés, et on cite des troncs *d'arbres* dans une direction verticale, ou à très-peu de chose près, comme on en connoit, et en si grand nombre, dans les terrains houillers. M. Nöggerath, qui s'est occupé de cette question, cite au Pützberg un arbre vertical qui avoit plus de 3 mètres de diamètre, et sur lequel on pouvoit compter 792 couches concentriques.[1]

---

[1] La distinction géologique des lignites et des houilles commence seulement à être admise, et encore ne l'est-elle pas généralement.

Ce que nous allons dire sur les restes d'animaux enfouis dans ces terrains, contribuera à éclaircir cette question.

Des débris animaux qui se trouvent dans les lignites.

La distinction des animaux qui ont vécu dans le milieu même où se sont formés les terrains à lignite, et de ceux qui y ont été amenés d'ailleurs et qui se sont mêlés avec les premiers, est encore plus difficile à établir que pour les végétaux. Il est, par exemple, impossible de tracer une ligne de démarcation réelle entre les débris d'animaux vertébrés qui appartiennent en propre à ce dépôt, et ceux qui se trouvent dans des terrains à peu près de même époque, mais qui sont d'une nature tout-à-fait différente. Nous devons donc nous borner, quoique cette limitation soit tout-à-fait artificielle et par conséquent arbitraire, à ne citer que ceux qui se sont trouvés dans le terrain de lignite proprement dit.

Mammifères.

Anthracotherium , genre établi par M. Cuvier (Recherches sur les ossemens fossiles, édit. de 1821, t. III, p. 398), 3 espèces.	Dans les lignites de Cadibona, golfe de Gênes. De Lobsan, près de Wissembourg, département du Bas-Rhin.
Mastodontes? suivant M. Meisner.	Dans le lignite de Kæpfnach, près d'Horgen, rive occidentale du lac de Zurich.
Castor?	Dans le même lignite.

Je l'ai établie, depuis 1810, dans mes Leçons de géologie, en la fondant sur une partie des caractères que je viens d'énoncer, et j'ai indiqué cette différence dans le Bulletin des sciences par la Société philomatique, année 1812, tom. III, p. 89. M. Keferstein a rassemblé les caractères géologiques des lignites dans une notice insérée dans le *Taschenbuch*, etc., de M. Léonhard, 1821, p. 494, sous le titre d'*Aphorismes sur la formation des lignites.* L'auteur pense que les roches au milieu desquelles le lignite s'est déposé, ont une grande influence sur ses caractères minéralogiques; que celui qui est accompagné de gypse, est généralement brun et terreux, et ne donne pas d'alun, tandis que celui de l'argile plastique est plus noir, en couches plus puissantes, et qu'il donne plus généralement de l'alun. Il pense que le gypse qu'on trouve dans ces couches, s'y forme journellement; que le soufre s'en sépare quelquefois très-pur, etc.

Oiseaux.

On n'en connoît pas encore.

Reptiles.

Crocodiles......................	Dans le charbon de terre qui se rapporte au lignite des mines de Roquevaire, en Provence.

Poissons.

On n'en cite pas encore, quoiqu'on ne puisse douter qu'il n'y en ait eu. Les lignites de Monte - Viale, dans le Vicentin, en offrent une preuve.

Mollusques testacés.

On en cite généralement qui appartiennent, les uns à des espèces qui doivent avoir vécu dans l'eau douce, les autres à des espèces qui appartiennent à des genres marins. Nous allons en donner l'énumération sous ces deux points de vue ; nous examinerons ensuite les circonstances de cette association.

1.° Dépouilles solides de mollusques qui vivent dans les eaux douces ou à la surface du sol.

	Exemples pris de quelques lieux où on les a observés.
Planorbis rotundatus , A.Br.......	Soissons ; environs de Paris.
— *incertus*, De Férussac....	Bassin d'Épernay.
— *punctum* , De Fér........	*Idem.*
— *prevostinus*, De Fér.....	Environs de Paris.
— *regularis*, Marcel de Serre.	Lignite de Cezcuon près Beziers.
Physa antiqua , De Fér..	Bassin d'Épernay.
Limneus longiscatus , A. Br......	Environs de Paris.
Paludina virgula , De Fér......	Bassin d'Epernay.
— *indistincta*, De Fér....	*Idem.*
— *unicolor*, Oliv.........	Soissons ; Headenhill, île de Wight.
— *Desmaresti*, Prevost....	Environs de Paris.
— *conica*, Prev..........	*Idem.*
— *ambigua*, Prev.........	*Idem.*
Melania triticea, De Fér........	Bassin d'Épernay.
— *Escheri*, A. Br., non encore décrite ni figurée.	Lignite de Kæpfnach.
Melanopsis buccinoïdes, De Fér...	Bassin d'Épernay ; Soissons ; Cuiseaux dans le Jura ; Headenhill ; Grèce, Italie, etc.
— *costata*, Oliv..........	Italie , Sestos.

Nerita globulus, De Fér.........	Bassin d'Épernay.
— *pisiformis*, De Fér......	Soissons.
— *sobrina*, De Fér.......	*Idem.*
Ampullaria Faujasii, A. Br. (Ann. du Mus., tom. XIV, p. 314, pl. 19, fig. 1—6.)	Lignite de Saint-Paulet (Gard).
Ancylus, Lam. (ou Patelle fluviat.)	Thuringe, suivant M. de Schloth.
Cyrena antiqua, De Fér........	Soissons; Sainte-Marguerite près Dieppe.
— *tellinoides*, De Fér.....	Soissons.
— *cuneiformis*, De Fér.....	Soissons, Headenhill.

2.° Coquilles marines du mélange des couches supérieures.

Cerithium	Bassin d'Épernay ; Auver près Pontoise.
— *funatum*, Sow..........	Environs de Paris; Sainte-Marguerite près Dieppe.
— *melanoides*, Sow.......	*Ibid.*, et Beauvais.
Ampullaria depressa, Lam., var. minor.	Environs de Paris; Headenhill.
Ostrea bellovaca, Lam..........	Bassin d'Épernay, Beauv., Soiss.
— *incerta*, De Fér........	Bassin d'Épernay, Dieppe.

Crustacés et insectes.

Débris de *silpha* et de *carabus* dans les lignites de Glücksbrunn, suivant M. de Schlotheim.

Les animaux distincts par le milieu qu'ils habitent, dont on vient de donner l'énumération, ne sont ni aussi exactement séparés que ces listes les présentent, ni mêlés sans ordre, comme on pourroit le croire.

Le nombre des êtres organisés, terrestres, fluviatiles et lacustres, l'emportant de beaucoup sur celui des animaux marins (quoique généralement ceux-ci, quand ils se trouvent dans leur élément, soient bien plus nombreux en espèces que les autres), et ces êtres non marins indiquant la plupart, par leur nombre, leur nature et leur mode de conservation, qu'ils ont vécu dans la place où on en trouve la dépouille, il étoit présumable que le terrain de lignite soissonnois n'avoit pas été formé sous la mer, mais sous des eaux douces. Il falloit donc, sinon expliquer, du moins se rendre un compte exact de la position de ces animaux marins dans les terrains lacustres.

C'est dans le bassin de Paris et dans celui d'Épernay que cette association s'est présentée le plus souvent, et qu'elle a été le mieux observée par M. Poiret autrefois, et plus récemment par MM. Prévost, Héricart-Ferrand, de Férussac et par nous; c'est donc sur lui que doivent porter nos remarques, qu'il sera facile d'appliquer ensuite à tous les lieux qui présenteront la même association avec les mêmes circonstances.

Or, on remarquera que c'est dans ces cantons (et c'est même ici une particularité de la structure du sol) que le terrain de lignite, souvent peu épais, ayant été formé constamment par voie de sédiment et même de transport, n'ayant par conséquent ni solidité ni limites supérieures nettes, a été recouvert par des terrains marins également sédimenteux, grossiers même, dont les roches et les coquilles ont pu se mêler avec les parties spongieuses et pénétrables des terrains de lignite, et que c'est dans ce point de contact que le mélange a pu et dû avoir lieu; et c'est en effet ce qui se voit fréquemment, c'est ce que nous avons observé à Sainte-Marguerite près Dieppe, ce que M. Prévost a vu près Bagneux, au sud de Paris, et ce qui s'est vu au contraire très-rarement ailleurs, parce que rarement aussi un terrain marin aussi riche en débris organiques a recouvert un terrain de lignite aussi peu agrégé.

Mais, dans quelques parties de ces bassins, il n'y a pas seulement mélange aux points de contact; il y a, suivant M. de Férussac, alternance réelle de lits minces de lignites et de coquilles d'eau douce, et de lits minces de calcaire et de coquilles marines : c'est dans les environs d'Épernay que s'est présentée cette singulière alternance.

Sans chercher à expliquer cette disposition qui est peut-être locale, sans chercher même à l'examiner de nouveau, pour en apprécier toutes les circonstances, nous remarquerons, avec tous les géologues qui ont observé ces terrains, que c'est ordinairement dans la partie inférieure et moyenne des dépôts de lignites que se présentent tous les débris de corps organisés dont l'origine terrestre ou fluviatile n'est pas douteuse; tandis que c'est aux limites supérieures de cette formation d'eau douce que se montrent le plus *ordinairement* le mélange et même l'alternance des animaux marins, et des animaux et végétaux terrestres ou d'eau douce ; et qu'enfin, à mesure qu'on s'élève dans le mélange, les corps organisés lacustres ou terrestres diminuent en nombre, tandis que les corps marins deviennent tellement dominans qu'ils se montrent bientôt seuls : et nous conclurons, avec la plupart des géologues modernes qui se sont occupés de cette question, que les lignites soissonnois sont de formation d'eau douce ou lacustre.

Le niveau très-élevé de ce lignite, dans quelques parties de l'Europe, offre une considération assez importante. C'est M. Héricart de Thury[1] qui, le premier, a appelé l'attention des naturalistes sur ce sujet, en faisant remarquer qu'on trouvoit du vrai lignite fibreux, comme faisant partie d'anciens fonds de marais desséchés, au lieu dit *le grand plan de la belle étoile*, entre les deux lacs du grand glacier du mont de Lans, sur la rive droite de la Romanche, dans les montagnes de l'Oysans en Dauphiné, à 2145 mètres au-dessus du niveau de la mer, tandis qu'actuellement la limite des bois, dans ces montagnes, est au plus à 1600 mètres.

2.° *Le lignite en amas épars et en fragmens*, ou *considéré comme roche subordonnée*, se présente dans les terrains suivans.

Le premier terrain dans lequel on croit l'avoir observé, est le terrain houiller ancien ou filicifère, c'est-à-dire qu'on dit avoir rencontré, dans des couches de houilles ou des terrains qui font partie de cette formation, des portions de bois dicotylédones ayant l'aspect et les autres propriétés du jayet. Ce fait n'est nullement constaté[2] : ce qu'il y a de certain, c'est qu'on remarque dans beaucoup de terrains houillers, sur les couches mêmes de la houille, de petits morceaux d'un charbon brillant, friable, même pulvérulent, en tout semblable au charbon de bois, mais très-différent du lignite tel que nous l'avons défini. Le fait de la présence du lignite dans la houille est donc encore très-incertain pour nous.

---

1 Journal des mines, tom. 33, n.° 193, p. 58.

2 M. Gibbs cite du lignite-jayet dans le terrain houiller de *South Hadley*, en Massachusetts, dans l'Amérique septentrionale.

Le terrain le plus profond où il se présente indubitable-ment, est le calcaire marneux, inférieur à l'oolithe, supé-rieur au calcaire alpin, et qu'on peut rapporter au *lias* des Anglois ou au *Muschelkalk*[1] des géologues allemands. Il y est en petits amas disséminés dans les lits de marne argileuse; des coquilles fossiles, propres à ce terrain et bien différentes de celles du lignite soissonnois, y adhèrent souvent: ce sont principalement de grandes huîtres, des ammonites, qui y sont liées par les pyrites communs à ces deux corps, etc. Ce dépôt de lignite s'étend presque sans interruption, depuis le calcaire alpin proprement dit et le grès bigarré qui le re-couvre, jusqu'au-dessous du calcaire jurassique oolithique, comme on l'observe sur les côtes de France, de Honfleur à Dives et au-delà, et sur les côtes d'Angleterre.

Le calcaire jurassique, compacte, oolithique, etc., paroît n'en renfermer aucune trace; mais au-dessus, entre ce cal-caire et la craie inférieure, composée principalement de glau-conie crayeuse (*green sand* des géologues anglois), reparoit le lignite, en indices dans certains lieux, en amas assez puissans dans quelques autres. C'est à cette formation que nous rapportons le dépôt de lignite de l'île d'Aix en face de Rochefort, reconnu par M. Fleuriau de Bellevue, qui, sans en avoir encore publié la description, l'a fait connoître à tous les géologues, et à nous particulièrement, par des ren-seignemens et des échantillons nombreux. Nous désignerons ce lignite par le nom géographique de *lignite de l'île d'Aix*[2],

---

1 Le *lias* des géologues anglois est une formation calcaréo-argi-leuse, clairement définie, sur la position et les rapports de laquelle il ne peut plus rester de doute : c'est un nom insignifiant, court, assez facile à prononcer dans toutes les langues. Le *Muschelkalk* des géologues allemands a encore pour nous une position incertaine, quoique je ne doute guère qu'il ne puisse se rapporter au lias: c'est un nom com-plexe, ayant, si on veut le traduire, une signification vague, trop gé-nérale et tout-à-fait impropre, et si on veut le laisser tel qu'il est, en oubliant ce qu'il veut dire, il devient pour beaucoup de monde très-difficile à employer. Nous pensons donc qu'on pourroit prendre le nom de *lias* pour désigner la formation argilo-marneuse que les géologues anglois ont définie suivant toutes les règles de la géognosie.

2 C'est le lieu où il se trouve le plus distinctement; on le voit aussi à la pointe de Fouras, sur la terre ferme.

et nous en établirons les caractéres géognostiques de manière à les rendre comparables avec ceux du lignite soissonnois.

Il est inférieur à la craie ancienne ou *glauconie crayeuse*, et probablement supérieur au calcaire jurassique oolithique. Cette position n'est pas encore clairement démontrée, parce qu'on n'a pas pu voir directement quel est le terrain qui le porte.

Il ne paroît pas former de lits ou couches homogènes puissantes et continues; mais le dépôt est composé de troncs, de tiges et de rameaux accumulés les uns sur les autres.

Les roches qui l'accompagnent sont le sable vert, qui n'est pas la glauconie crayeuse ; la marne argileuse ; des silex cornés, remplaçant divers corps organisés, etc.

Les minéraux qui se trouvent avec lui, sont :

Le quarz hyalin en druse ou traversant dans toutes sortes de directions les morceaux de lignite.

Le silex agate calcédonieux, infiltré dans les cavités de lignite, et surtout dans celles qui ont été pratiquées par les larves et les vers marins.

Le fer sulfuré en grande quantité, en nodules, en petits amas, en petits cristaux, disséminés, et disposant ce lignite à une décomposition prompte et complète.

Les résines succiniques en nodules, quelquefois de la grosseur de la tête, souvent plus petits, bruns, jaune-brun, jaune-orangé, tendres et très-friables, s'y présentent en abondance, disséminées dans l'amas de lignite, principalement dans le lignite tourbeux, et dans les couches sableuses et marneuses qui l'accompagnent et le recouvrent. Ces résines ont été examinées par M. Berthier, qui n'y a trouvé que des traces à peine sensibles d'acide succinique : par conséquent il n'y auroit pas de succin proprement dit, comme dans les lignites soissonnois et borussiques.

Les débris végétaux qui s'y trouvent, sont d'abord le lignite lui-même, appartenant au lignite fibreux et ne montrant que des tiges de dicotylédones. Je ne sache pas qu'on ait vu, ni dans ces dépôts, ni dans les dépôts inférieurs dont il vient d'être question, de tiges de monocotylédones qu'on puisse rapporter à la famille des palmiers. On y trouve aussi le lignite jayet en morceaux assez volumineux, et de nombreux et gros troncs d'arbres changés en silex.

26.   24

On y rencontre en outre un grand nombre de débris de végétaux noirs, cassans, en feuilles alongées, etc., qu'il n'est pas possible de méconnoître pour des *fucus*[1], caractère remarquable de cette formation.

Les débris d'animaux qu'on y observe, appartiennent tous, jusqu'à présent, aux mollusques et aux zoophytes ; mais il est présumable, d'après quelques indices d'ossemens et d'après la position, qu'on en trouvera de la classe des reptiles et de celle des poissons.

Les coquilles sont toutes marines et offrent aussi une association assez caractéristique. Nous ne pouvons en indiquer que quelques-unes[2] ; elles sont plutôt dans le terrain supérieur au lignite, que dans le lit de lignite lui-même.

Bélemnites très-rares et même incertaines :

Nautilus triangularis, BELLEV.

Sphærulites bellœvisus, A.B. — individus gigantesques et d'une forme qui indique une espèce toute particulière.

Les ichthiosarcolites, décrits par M. Desmarest, et qui ne sont que les moules intérieures d'une coquille très-singulière.

Caprina opposita (d'ORBIGNY), également gigantesque.

Gryphœa aquila, A.B.?

Gryphœa columba, LAM.

Pecten quinquecostatus, très-grand.

Turbinolia, également gigantesque.

Spatangus cor-anguinum, LAM.

Presque tous ces soutiens d'animaux marins, et notamment les sphærulites, les caprines et les turbinolies, sont changés en silex calcédoine ou en silex corné, et couverts de ces orbicules siliceuses si remarquables par la généralité de leur forme et de leur position, et cependant si peu remarquées.

Tels sont les caractères du lignite de l'île d'Aix, inférieur

---

1 M. Adolphe Brongniart a réuni la description de ces fucus dans une Monographie des fucus fossiles qu'il est sur le point de publier.

2 Nous devons à M. Fleuriau de Bellevue, qui a découvert et étudié ce gîte curieux, sa description détaillée et celle des fossiles qu'il renferme. Nous tenons de lui, comme nous l'avons déjà dit, tout ce que nous en rapportons ici.

à la formation entière de la craie, et se distinguant essentiellement du lignite soissonnois, non-seulement par sa position et sa manière de se présenter, mais parce que le lignite soissonnois est de formation d'eau douce, tandis que celui de l'île d'Aix est entièrement de formation marine. Dans le premier, les corps terrestres, coquilles, arbres, feuilles, fruits, etc., ont été entraînés et amenés dans un lac ou marais d'eau douce, se sont mêlés avec les végétaux et les animaux qui vivoient dans ce milieu. Dans le second, les troncs et parties d'arbres et d'autres végétaux terrestres ont été chariés dans la mer, se sont mêlés avec ses habitans, et ont été enveloppés avec eux dans le même ciment argileux et siliceux qui les a réunis en altérant si notablement leur nature.

On ne connoît pas de véritables dépôts de lignite, ni continus ni en masses isolées, au milieu même des formations crayeuses.

La rencontre des lignites dans les filons ne peut établir d'époque précise de formation pour ceux qu'on y découvre. Cependant on doit observer les circonstances dans lesquelles ils se trouvent, parce qu'elles peuvent servir à nous apprendre s'ils ont été enfouis à l'époque où le filon se remplissoit des substances minérales cristallines qu'on y observe. Tel est, à ce qu'il paroît, le cas du tronc d'arbre bituminisé qu'on a trouvé dans un amas transversal qui coupe le filon métallifère à Joachimsthal en Bohème.

Enfin, une circonstance fort remarquable dans l'histoire géognostique du lignite, c'est la présence de ce charbon fossile dans la masse même du sel gemme de Wieliczka, dans celui qu'on nomme *Spiza* : il y est tantôt à l'état de lignite jayet, tantôt à celui de lignite fibreux, bitumineux ; dans ce dernier état, il répand une odeur très-forte, même nauséabonde, analogue à celle de la trufle, et encore plus à celle que répandent certains mollusques marins et notamment les aplysies en se putréfiant. Les dépôts sableux qui recouvrent le terrain salifère, renferment aussi des lignites qui sont accompagnés de mellites. Ces circonstances, rapportées par M. Beudant, lui ont fourni un des argumens dont il s'est servi pour rapporter le terrain salifère du pied des Carpathes à la formation de sédiment supérieur, vulgairement nommée *tertiaire*.

On trouve encore des dépôts de lignites en amas assez puissans, sous le rapport de la masse et de l'étendue, au-dessus de la formation principale de lignite que nous avons désignée sous le nom de lignite soissonnois, et dans des terrains meubles qui paroissent appartenir aux terrains de transport antédiluviens ou diluviens, par conséquent dans des terrains formés ou plutôt *déposés* bien après les sables marins supérieurs au gypse, et après même les terrains d'eau douce, solides, calcaires et siliceux, et par conséquent formés chimiquement au-dessus de ces sables.

Ces amas sont composés de lignites fibreux bruns, de bois à peine altérés, accumulés les uns sur les autres, au milieu d'un terrain meuble, sablonneux et limoneux. Ils sont accompagnés de coquilles d'eau douce, de débris d'insectes aquatiques et d'animaux terrestres, assez semblables, quelques-uns même parfaitement semblables à ceux qui vivent encore à la surface du sol; cependant ces dépôts paroissent être encore en tout, ou au moins en grande partie, antérieurs aux temps historiques. On n'a souvent eu aucune connoissance des espèces de vallées ou de bassins dans lesquels sont rassemblés ces amas, ni des cours d'eau qui peuvent les y avoir amenés; mais, bien plus, ils sont accompagnés de débris de grands mammifères, qui non-seulement n'existent plus dans les pays où on en recueille les dépouilles, mais qui, d'après les notions historiques les plus anciennes, n'y ont jamais été connues; et, ce qui établit encore bien plus puissamment leur existence antédiluvienne, c'est qu'ils diffèrent presque tous des grands animaux du même genre qui sont connus ou ont été connus vivans à la surface du globe dans les climats chauds. Cette circonstance donne à ces lignites, modernes en comparaison des autres, un degré d'ancienneté qui les fait appartenir à l'histoire géognostique du globe. Nous les appellerons lignites superficiels, parce qu'ils ne sont recouverts d'aucune couche solide, et nous en citerons des exemples dans l'énumération géographique que nous allons donner des gîtes de lignites remarquables par quelques particularités.

Nous aurons donc à indiquer, dans ce tableau, des lignites de quatre époques différentes, que nous désignerons par les dénominations suivantes :

Lignite du lias ;

Lignite de l'île d'Aix ;

Lignites soissonnois ;

Lignites superficiels.

Mais, avant de présenter cette énumération, nous devons faire remarquer la singulière analogie qu'il y a entre les roches et les minéraux qui composent le terrain de lignite, et les roches et les minéraux qui entrent dans la composition des terrains houillers, malgré les différences d'âge et de position de ces deux terrains.

Ainsi, en prenant l'objet qui nous occupe pour premier point de comparaison, nous verrons le grès quarzeux, les psammites mollasse et micacé, et les poudingues siliceux du lignite, représentés dans les terrains houillers par les psammites micacé et granitoïde et par les poudingues quarzeux.

L'argile plastique et l'argile sablonneuse et micacée du lignite trouveront leurs analogues dans les argiles schisteuses et les phyllades pailletés des terrains houillers.

Les minérais de fer ochreux et argileux, dans le minérai de fer carbonaté lithoïde.

Les sulfures de fer sont communs aux deux terrains.

Le sulfure de zinc, très-rare dans la houille, est aussi très-rare dans la formation de lignite, mais s'y trouve quelquefois.

Les débris de végétaux sont très-communs dans les deux formations ; mais les familles de plantes auxquelles ils appartiennent sont, comme on l'a vu, extrêmement différentes.

Les débris d'animaux, assez communs dans les lignites, sont très-rares dans la houille ; mais on ne voit dans la masse de l'un ni de l'autre aucun habitant des eaux marines.

Les circonstances essentielles de formation paroissent donc avoir eu beaucoup de ressemblance, et les mêmes phénomènes s'être représentés dans le même ordre, mais avec des différences qui tenoient plutôt à celles que présentoit, dans ces deux époques, la surface de la terre, qu'à celles qui pouvoient provenir des causes de formation de ces deux terrains.

§. 3. *Géographie et particularités géognostiques des lignites.*

En France. Un dépôt de lignite, l'un des plus remarquables par son étendue et la constance des particularités qu'il présente, est celui qui recouvre immédiatement la craie dans beaucoup de parties des départemens de la Seine, aux environs d'Auteuil, Marly, Bagneux ; de Seine et Oise, près Mantes ; de la Seine-Inférieure, à Dieppe ; de la Somme, à Rollot près Montdidier ; de l'Oise, dans les environs de Compiègne ; de la Marne, près d'Épernay ; de l'Aisne, près de Château-Thierry ; de Laon, et surtout aux portes de Soissons et dans tous les environs de cette ville, circonstance qui nous a fait donner à ce lignite le nom géologique et géographique de *lignite soissonnois*. Il appartient aux variétés ternes et friables ; il est pénétré de pyrite, et il est exploité sur beaucoup de points de ces départemens (il ne l'est pas néanmoins dans celui de la Seine), non pas comme combustible, mais comme propre à fournir, par la décomposition des pyrites, des sulfates de fer et d'alumine, et par la combustion, des cendres qui sont regardées comme un puissant amendement. Les lieux où on l'exploite plus particulièrement, sont situés dans les communes de Mézy et Passy, près Château-Thierry, aux environs de Beaurieux au S. S. O. de Laon, où l'on a trouvé, il y a long-temps, des ossemens fossiles ; au N. O. de Soissons, à Blérancourt et dans la commune de Suzy.

Dans le Midi de la France ils ont un autre caractère : ils sont plus puissans, souvent moins abondans en pyrites. Ils appartiennent aux variétés piciforme commun et terne massif ; ils sont plutôt employés comme combustible que comme minérai d'alun ou de couperose, et ont souvent une position qui paroît tellement différente de celle des lignites du Nord, qu'on a regardé la plupart d'entre eux comme de véritables mines de houille. J'ai partagé long-temps cette opinion, et ce n'est que depuis le voyage que j'ai fait sur les lieux, en 1820, que j'en ai pris une toute autre idée et que je les ai reconnus pour de véritables lignites.

Parmi ces dépôts puissans de lignites, plusieurs cependant ont été considérés pour tels depuis très-longtemps : ce sont ceux qui se trouvent dans des sables de la forêt de Saon près de Crest, dans le département de la Drome; celui de Nyons, en bancs puissans, également dans un terrain de sable; celui de Piolenc, au S. O. d'Orange, en bancs horizontaux de près d'un mètre d'épaisseur, aussi dans un terrain de sable; aux environs de Sisteron et de Forcalquier, toujours dans des lits de sables, et accompagné ici de véritable succin, qu'on y a autrefois exploité.

Tous ces terrains de lignite, bien caractérisés, sur lesquels on n'a jamais élevé aucun doute, sont appuyés sur un calcaire compacte fin, qui n'est pas la craie, mais qui appartient à une formation un peu plus ancienne qu'elle, et qui m'a paru semblable en tout au calcaire compacte et oolithique du Jura : vérité qui est maintenant généralement reconnue. Je ne me rappelle pas avoir vu aucune coquille dans ces lignites, ni ouï dire qu'on en ait trouvé.

Mais, de l'autre côté du Rhône, dans le département du Gard, à Saint-Paulet près du pont Saint-Esprit, on exploite un gîte de lignite très-abondant et remarquable par la résine succinique qu'il renferme, et par les coquilles qui l'accompagnent et qui ont tous les caractères des coquilles lacustres : ce sont celles que j'ai désignées sous les noms d'*ampullaria Faujasii*, de mélanie et de cyrène.[1] Il est accompagné d'argile plastique et recouvert de calcaire grossier à cérithes. Le lignite de Cezenon près Beziers, dans le département de l'Hérault, qui a été décrit par M. Marcel de Serre, est situé sous un calcaire grossier à cérithes, accompagné d'argile et de coquilles d'eau douce, et notamment de l'espèce de planorbe que ce naturaliste a nommée *Pl. regularis*.

Le lignite qu'on a trouvé près de Bordeaux, dans le département des Landes, est dans un sable que je crois pouvoir rapporter à celui qui recouvre la craie.

Enfin, je rappellerai les dépôts de lignites sous le basalte et sous les autres produits des volcans éteints de l'ancien monde, que j'ai déjà indiqués à l'histoire générale du gise-

---

1 Voyez-en les figures accompagnant le Mémoire que M. Faujas a donné sur ce lignite. (Annales du Mus., tom. XIV, p. 314, pl. 19, fig. 1 à 12.)

ment de ce combustible fossile, et qu'on trouve dans le Vivarais et dans le Haut-Vélay. Leur position au-dessous des basaltes et des autres roches volcaniques est évidente ; mais celle qui est relative aux terrains qui paroissent leur être inférieurs, ne l'est pas également. M. Bertrand-Roux, qui a si bien étudié ces terrains, qui les a décrits avec une grande clarté dans un ouvrage dont il m'a donné communication et qui va être publié, croit ces lignites, ou au moins plusieurs d'entre eux, supérieurs au gypse à ossemens de ces mêmes contrées.

On peut encore rapporter aux lignites placés sous les terrains basaltiques, les empreintes de végétaux, et notamment celles qui sont si nombreuses et si variées en espèces, et qu'on trouve dans une marne sablonneuse et même dans une brecciole marneuse à structure schistoïde, près de Roche-Sauve, dans le département de l'Ardèche, au milieu d'un terrain trappéen. Ce gîte et les débris de végétaux qu'il renferme, ont été décrits par Faujas.[1]

Je passe sous silence d'autres petits gîtes de lignite soissonnois du Midi de la France, pour arriver aux dépôts de charbons bitumineux fossiles qu'on exploite dans le département des Bouches-du-Rhône, entre Marseille, Aix et Toulon, dont la ville de Tret est presque le centre. Les mines les plus remarquables de cet arrondissement sont celles de Mimet, Saint-Savournin, Gréasque, Gardannes, la Cadière, Fuveau, Peynier, Belcodène, Peypin, Roquevaire et les Martigues.

Ce sont des dépôts souvent très-puissans de combustibles fossiles, qui ont, dans certains lieux, tout-à-fait l'aspect de la houille, et même de la houille de bonne qualité, quoique jamais on ne puisse les employer aux mêmes usages qu'elles, c'est-à-dire, pour le forgeage et le soudage du fer ; ou du moins c'est avec tant de difficulté, que les forgerons n'emploient celle qu'on regarde comme de qualité supérieure que quand ils ne peuvent se procurer de la véritable houille.[2]

---

1 Annales du Muséum d'histoire naturelle, tom. II.

2 Notice sur la constitution géologique du bassin houiller du département des Bouches-du-Rhône, par M. Blavier, ingénieur en chef des

Ces couches, au nombre d'environ vingt-huit, dont six seulement peuvent être exploitées, sont en stratification parallèle avec un calcaire marneux, noirâtre ou brunâtre, quelquefois schistoïde, souvent bitumineux et fétide, qui n'a ni la couleur, ni la compacité, ni le grain fin, ni la cassure esquilleuse du calcaire du Jura. Quelques couches de marne schisto-bitumineuse séparent les précédentes, et forment avec elles une épaisseur totale de 130 mètres. Les bancs de ce calcaire et les lits du combustible charbonneux qui y sont interposés, sont plus ou moins inclinés; mais ils n'offrent ni les sinuosités ni les flexions des lits de houille ancienne.

Les lits de charbon fossile, alternant avec le calcaire marno-bitumineux, renferment, en minéraux disséminés ou implantés, des pyrites, du fer oxydé lithoïde (dans beaucoup de lieux, et principalement aux Martigues), du fer oxidé ocreux, et même de l'ocre, dans la mine de la Cadière; du calcaire spathique, quelquefois un peu de gypse; du lignite piciforme jayet, et du lignite fibreux noir, compacte, très-bien caractérisé et très-reconnoissable pour avoir appartenu à des végétaux arborescens dicotylédones. On y trouve, mais fort rarement, quelques empreintes de feuilles qui appartiennent à l'espèce que M. Adolphe Brongniart a décrite et figurée sous le nom de *phyllites cinnamomifolia*. On y rencontre, mais très-rarement aussi, des ossemens fossiles mal conservés, au milieu du charbon même, de celui qui ressemble le plus à la houille : M. Cuvier croit qu'ils ont appartenu à un animal du genre des crocodiles. Enfin, on voit dans le calcaire bitumineux qui est interposé entre les derniers lits de charbon, une multitude de coquilles, mais presque toutes si comprimées, si brisées, si altérées, que pendant long-temps on n'a pu en reconnoître exactement ni les espèces ni même les genres. On peut actuellement présumer que les grandes coquilles bivalves, épaisses, sont des *unio* ou des *cyrènes*, et l'examen que j'ai fait de la charnière d'une de ces coquilles, rapportée dernièrement par M. Bertrand-

mines. (Mém. de la soc. acad. d'Aix, 1822, p. 22 de la notice.) — Statistique des Bouches-du-Rhône, par M. le comte de Villeneuve, tom. I.ᵉʳ, p. 338, 397 et 471.

Geslin, ne me laisse pas douter qu'on n'y trouve des *unio ;* les petites bivalves, striées parallèlement au bord, qui ressemblent à des corbules, sont rapportées aux cyclades par M. Toulouzan. Parmi les coquilles univalves, les unes, assez grandes, offrent toute l'apparence d'une mélanie ; d'autres, moyennes et striées, celle d'une autre mélanie, d'une potamide ou d'une cérithe ; et les autres, petites, extrêmement déliées et alongées, ressemblent, à s'y méprendre, mais à l'extérieur seulement, au *bulimus acicularis* de Lamarck. (Ann. du Mus., tom. VIII, p. 59, pl. 11, fig. 12.) Enfin M. Blavier a remis dans la collection du Muséum d'histoire naturelle un échantillon du calcaire brun de ces mines, qui renferme de grandes paludines parfaitement caractérisées.

On ne voit donc dans ces terrains charbonneux et bitumineux aucun des caractères minéralogiques de la houille, mais bien la fétidité des lignites dans leur combustion. On n'y voit aucune empreinte, ni de filicites, ni d'astérophyllites, ni de calamites, ni de syringodendron, ni de sigillaria, ni de clathraria, ni de sagenaria, ni enfin d'aucun de ces végétaux si remarquables et si communs dans les terrains houillers anciens. M. Toulouzan indique dans les parties inférieures de la formation une feuille ailée, semblable à une fougère ; mais cette indication est encore trop vague pour qu'on puisse admettre ce fait comme parfaitement établi. On n'y voit aucune coquille marine évidente, et ce naturaliste en convient ; celles qu'on a pu déterminer, sont des coquilles d'eau douce, et les autres ont généralement plus de ressemblance avec les coquilles lacustres qu'avec aucune autre.

Tous ces caractères paroissent rattacher cette formation à l'une de celles des lignites, et, malgré les différences d'aspect et surtout de solidité des couches calcaires recouvrantes, je soupçonne encore qu'elle appartient à celle des lignites soissonnois.

Il n'y auroit donc que la position relative avec les roches environnantes qui pourroit infirmer ou confirmer ce rapprochement : si elle ne le prouve pas sans replique, elle ne le rejette pas non plus.

D'après la position de ces dépôts calcaréo-charbonneux dans des vallons, l'inclinaison de leur couche, qui ne concorde pas avec celle des couches des montagnes qui forment ces vallons (disposition que les mineurs reconnoissent eux-mêmes en disant que, dès que la couche de charbon vient *butter* contre la montagne, elle se perd ; disposition que j'ai eu occasion de voir assez bien dans la mine et dans le vallon de Roquevaire), je ne doutai point que les terrains puissans de lignites, et les roches calcaires de sédiment qui les accompagnent, n'eussent été déposés dans les vallons creusés au milieu du calcaire jurassique qui forme le sol principal de cette partie de la Provence, et que ces terrains n'appartinssent aux terrains de sédiment supérieurs et à la formation de lignite et d'argile plastique qui en est la partie la plus inférieure. Cette présomption, acquise en 1820 par l'examen de la mine de Roquevaire, annoncée dans la seconde édition de la Description géologique des environs de Paris[1], est confirmée par la coupe que M. Toulouzan, professeur à Marseille, a faite de ces terrains, et qui les représente en effet en stratification contrastante avec celle du calcaire jurassique des collines contre lesquelles ils sont appliqués.

Les conséquences que ce naturaliste tire de cette position, ne sont pas cependant conformes aux nôtres : non-seulement il n'établit aucun rapport entre ces combustibles charbonneux fossiles, qu'il nomme constamment *houille*, et les lignites ; mais il leur assigne une position qui les placeroit dans un terrain plus ancien même que la craie, et par conséquent très-différent de celui auquel nous le rapportons. Ce n'est pas ici le lieu de discuter cette question ; nous prendrons nos caractères pour établir la position que nous attribuons à ces dépôts de charbon bitumineux fossile, non-seulement dans ce que nous avons vu nous-mêmes, mais dans les propres données qui nous sont fournies par M. Toulouzan dans la Statistique des Bouches-du-Rhône.

Les collines, quelquefois très-hautes, qui bordent les val-

---

1 Édition de 1822, p. 111. J'ai pris un grand nombre des faits qui m'ont conduit à ce résultat dans les notes et les échantillons qui m'ont été remis par MM. Herault et Blavier, ingénieurs des mines dans le département des Bouches-du-Rhône, et dans ceux que j'ai recueillis autrefois, en 1794, et dernièrement en 1820.

lées dans lesquelles sont situés ces dépôts charbonneux, sont composées d'un calcaire compacte, fin, gris-jaunâtre, à cassure esquilleuse, etc., qui a, dans les lieux où je l'ai vu, et comme je viens de le dire, tous les caractères du calcaire jurassique.

Le dépôt charbonneux n'est pas ordinairement appliqué immédiatement sur ce calcaire compacte; il en est séparé par des roches qui paroissent appartenir, les unes aux assises supérieures du calcaire jurassique, ou a celles du terrain de craie, les autres aux lits les plus inférieurs du terrain dont la formation charbonneuse fait partie. M. Toulouzan en désigne plusieurs sous les noms de *calcaire chlorité* et *calcaire argileux-fissile*, qui renferme des ammonites; de *calcaire sableux*, renfermant des grains de sable quarzeux, de *calcaire siliceux* et de grès brun, nuancé de diverses couleurs. Ces diverses roches, dont nous sommes forcé d'abréger beaucoup la description, pourroient être regardées comme les analogues de la glauconie crayeuse et sableuse (craie chloritée et *green-sand*), de la craie-tufau ou sableuse qui surmonte le calcaire du Jura et qui forme les assises inférieures du terrain de craie : cela est d'autant plus vraisemblable, qu'on voit au S. E. de la montagne de Sainte-Victoire, qui est de calcaire alpin, et dans une autre partie de la Provence, dans le bassin de Saint-Remi, le calcaire du Jura dans le premier lieu, et le calcaire alpin dans le second, surmontés immédiatement par la série suivante : *calcaire siliceux, calcaire horizontal* ou coquillier, dont la détermination est bien incertaine, et *formation crayeuse*.

Mais la présence du terrain crayeux au-dessous du terrain charbonneux qui nous occupe, quoique très-utile pour déterminer sa *moins ancienne* formation, n'est cependant pas tellement importante à notre objet, que nous devions entrer dans les longs détails qu'il seroit nécessaire de donner pour établir cette présence; d'ailleurs je ne sache pas qu'on l'ait jamais vu *directement* au-dessous du terrain charbonneux : arrivons donc à la roche qui forme le fond de ce terrain. C'est une argile schisteuse, très-tenace, contenant beaucoup de pyrites, et que les savans auteurs de la description minéralogique du terrain houiller de la Provence comparent eux-mêmes à l'*argile plastique*, roche accompagnant si constamment, comme on vient de le voir et comme on le remarquera plus loin. les dépôts de lignites, principalement dans leur *partie inférieure.* C'est au-dessus de cette argile que commence le terrain houiller, ou, comme nous persistons à l'appeler, le terrain de lignite.

Mais il ne suflit pas, pour mettre un terrain dans sa place géognostique, de déterminer l'époque de formation de ceux, sur lesquels il repose ; il faut, et c'est même un des points les plus importans et en même temps des plus difficiles, déterminer celle du terrain qui le recouvre.

Or, cette condition n'est souvent diilicile à remplir que parce qu'elle est rare; c'est précisément ici le cas. Le terrain charbonneux est rarement recouvert par d'autres terrains que par les bancs calcaréo-schisteux et bitumineux de sa propre formation. Cette circonstance, que j'ai eu occasion de remarquer, résulte aussi des descriptions rapportées par M. Blavier et par M. Toulouzan lui-même, et surtout des coupes qu'il donne de ce terrain et qui ne font voir aucun autre terrain étranger au-dessus de lui.

Cependant il en admet un premier et, par induction géologique, un second : le premier est celui qu'il nomme calcaire horizontal, auquel il applique le synonyme allemand de *Muschelkalk*, qu'il traduit par *calcaire coquillier;* le second est le terrain crayeux.

Il nous est impossible d'entrer dans les détails de discussion nécessaires pour savoir ce que l'on doit entendre ici par *calcaire coquillier;* si le terrain crayeux est bien de la craie normande; si, en supposant qu'on ait vu le calcaire coquillier en place sur le terrain houiller de Provence, on y a jamais vu la craie du bassin de Saint-Remi. J'essaierai de traiter ces questions avec les développemens qu'elles exigent dans un autre écrit; je dois me contenter de consigner ici les conséquences que je crois pouvoir déduire de l'examen que j'en ai fait.

Or, 1.°, on ne cite aucun lieu où l'on ait vu directement le calcaire horizontal ou coquillier (c'est le même), placé en couche régulière, c'est-à-dire, en position primitive, sur le terrain charbonneux. L'auteur dit bien qu'il y est; mais on a lieu de croire que c'est plutôt par induction géologique que d'après l'observation d'une superposition immédiate.

Cependant, au plan d'Aups, la formation charbonneuse est recouverte; cela paroît évident : elle l'est par un calcaire que M. Toulouzan rapporte au calcaire coquillier; mais ce calcaire est ici en fragment et forme une brèche, et ce géologue le désigne toujours sous le nom de la *brèche coquillière du plan d'Aups.*

Or, c'est un principe de géologie, que les brèches, les poudingues et tous les autres terrains clastiques ou de transport, peuvent être de beaucoup postérieurs aux roches qui les composent ou dont ils renferment des débris.

Les auteurs de la Géognosie du département des Bouches-du-Rhône ont donné une énumération des corps organisés fossiles renfermés dans le calcaire coquillier et dans la brèche du calcaire coquillier. Le premier ne s'étant point encore montré en couche étendue sur le terrain charbonneux, nous ne nous occuperons pas ici de ses fossiles; mais nous rapporterons la liste de ceux qui ont été observés dans la brèche coquillière, comme un des faits les plus importans pour établir l'époque de formation des fragmens de cette brèche, du terrain qu'elle compose, et de ce terrain lui-même dans le cas où il ne seroit pas aussi complétement de transport que le nom et la description donnés par M. Toulouzan doivent le faire présumer.

Corps organisés fossiles de la brèche coquillière du plan d'Aups, qui recouvrent le lignite brun de ce lieu, d'après MM. Toulouzan et Negrel-Feraut.

DÉSIGNATION DES GENRES ET ESPÈCES, D'APRÈS LAMARCK	LIEUX ET TERRAINS où ON LES CONNOÎT FOSSILES.
Dentalium elephantinum...	Terrains de sédiment supérieurs de l'Italie.
— *aprinum*........	*Ibid.*
— *striatum*.......	*Ibid.*
— *entalis*	Dans les terrains de même formation de Grignon et de Dax.
— *coarctatum*.....	L'Italie et Dax.

DÉSIGNATION DES GENRES ET ESPÈCES, D'APRÈS LAMARCK.	LIEUX ET TERRAINS où ON LES CONNOÎT FOSSILES.
Balanus pustularis	Des terrains de sédiment supérieurs d'Italie.
Solen vagina	Grignon.
— *strigilatus*	Environs de Bordeaux et de Dax.
Lutraria solenoides	L'Italie.
Mactra deltoides	Bordeaux et Grignon.
Crassatella tumida	Grignon.
— *sinuata*	Environs de Bordeaux.
— *striatula*	Saint - Brieux.
— *compressa*	Grignon et Courtagnon.
— *trigonata*	Grignon.
Erycina cardioides.	
Corbula gallica.	Grignon.
— *rugosa*	Grignon et Bordeaux.
— *striata*	Grignon.
Petricola chamoides	Terrains de sédiment supérieurs d'Italie.
Venericardia lævicosta	Mêmes terrains dits faluns de Touraine.
— *elegans*	Grignon.
Cerithium tuberculatum . . .	Terrains de Paris ; Grignon, Courtagnon, Bordeaux, etc.
— *mutabile*	*Ibid.*
— *petricolum*	*Ibid.*
— *turgidum.*	

Les géologues qui se sont occupés du rapport des espèces de corps organisés fossiles avec les époques de formation des terrains, ne trouveront pas dans cette énumération une seule espèce des calcaires auxquels les géologues allemands donnent le nom de *Muschelkalk* et qui font partie des assises inférieures de la formation du Jura. Ils y trouveront, au contraire, les coquilles les plus caractéristiques du calcaire grossier, supérieur à la craie, de celui qui fait partie des terrains qu'on nomme tertiaires.

MM. Toulouzan et Negrel n'ayant point dit comment ils ont déterminé les espèces, dont les noms spécifiques sont nouveaux pour nous, nous ne pouvons tirer aucune conséquence de la présence de ces espèces, qui, au reste, se réduisent à deux : mais le nombre des espèces connues est plus que suffisant pour établir une identité de formation presque incontestable entre le terrain du plan d'Aups et les terrains tertiaires de Paris et de l'Italie. Enfin, si nous comparions cette énumération avec celles que donnent les mêmes naturalistes des coquilles du calcaire coquillier *en place*, on remarqueroit avec nous qu'il n'y a que très-peu d'espèces qui soient communes à ces deux terrains, et qu'il est par conséquent peu probable que ce soit le même terrain dans des circonstances différentes.

Le placement des terrains charbonneux de Provence dans la formation des lignites supérieurs à la craie, étant une opinion qui ne me paroît pas avoir encore été émise, et cette opinion devenant douteuse d'après les résultats qu'ont tirés de leurs observations des géologues qui ont étudié ce pays beaucoup mieux que je n'ai pu le faire, je n'ai pas cru pouvoir l'admettre ici, sans donner, avec quelques développemens, les raisons et les faits sur lesquels je la fonde.

Ainsi, si je ne me suis pas trompé, les prétendus terrains houillers de la Provence appartiendroient à la formation des lignites, probablement à celle du lignite soissonnois ou du terrain de sédiment supérieur ; car, s'ils n'en présentent pas tous les caractères, on remarquera qu'ils ne présentent non plus aucun de ceux qui paroissent propres à la formation du lignite de l'île d'Aix ou inférieur à la craie.

L'inclinaison des couches de lignite de la Provence, la solidité des roches qui les accompagnent, les grandes coquilles bivalves qu'on y trouve, l'aspect de bonne houille qu'on y voit souvent, nous conduisent à un autre gîte de charbon bitumineux fossile qui offre tous ces mêmes caractères, mais d'une manière encore plus tranchée : c'est celui d'Entreverne, non loin d'Annecy en Savoie.

Il est situé presqu'au milieu des Alpes, vers le sommet d'une montagne élevée de 1060 mètres au-dessus du niveau de la mer, en couches extrêmement inclinées ; des poudingues analogues au poudingue polygénique (*Nagelflue*) et des psammites molasses l'accompagnent. La roche, qui est évidemment en stratification concordante avec les lits de charbon, est un calcaire gris bleuâtre marneux, ou un calcaire brun bitumineux traversé d'une multitude de veines de calcaire spathique.

Ces dernières roches renferment des coquilles absolument étrangères à celles qu'on trouve ordinairement dans le calcaire compacte fin, gris-pâle, à cassure esquilleuse, ayant toute l'apparence du calcaire alpin le plus homogène et le plus fin, et qui fait la masse des montagnes sur lesquelles est située la mine d'Entreverne.

Ces coquilles, qui n'ont pas encore été déterminées et qui sont en général dans un état qui rendroit une détermination exacte presque impossible, sont: 1.º de grosses coquilles turbinées qui, par la forme et la disposition des ornemens, ont beaucoup de ressemblance avec le *cerithium margaritaceum* de BROCCHI; 2.º de grosses coquilles bivalves épaisses, dont on voit bien la forme, mais dont on ne peut pas voir la charnière, et qui ont la plus grande ressemblance avec les mulettes de nos rivières (*unio pictorum*, LAMARCK); 3.º enfin, des coquilles discoïdes écrasées, qui paroissent être ou des hélices ou plutôt encore des planorbes. Celles-ci sont dans les lits mêmes de charbon; et c'est principalement sur ce caractère positif, sur la fétidité du combustible, et sur l'absence de tout autre caractère opposé, que j'établis la présomption que le dépôt charbonneux d'Entreverne appartient à la formation d'eau douce des lignites probablement postérieurs à la craie. M. Beudant partage cette opinion.

Le charbon que renferme cette mine y forme des lits; il a quelquefois l'apparence de la meilleure houille; il est noir, luisant, friable; il brûle bien et avec boursoufflement; mais il répand une odeur très-fétide : il y en a d'autre d'une bien moins bonne qualité, qui est brun, fissile, et qui a l'aspect du lignite terne.

La position élevée de ce gîte, son inclinaison même, ne peuvent être apportées comme une objection aux rapports de formation que nous présumons. J'ai tâché de faire remarquer ailleurs[1], que, dans les Alpes, les terrains de la plaine avoient été comme portés à une grande élévation, et paroissoient avoir éprouvé des dérangemens et des altérations qui pouvoient être regardés comme une suite des causes qui les

---

[1] Mémoire sur les terrains de sédiment supérieurs calcaréo-trappéens. Introd., et texte, p. 41. Paris, chez Levrault, 1823.

avoient mis dans cette position élevée et toute particulière.

D'autres lieux vont nous présenter des faits qui ne laisseront plus dans l'isolement ceux que nous venons de rapporter.

Dans le Nord et le Nord-est de la France, et dans les pays flamands et allemands qui s'y lient géographiquement, on connoît des mines nombreuses de lignites, célèbres par le produit de leur exploitation.

En remontant la vallée du Rhin, on a, en Allemagne :

Dans les environs de Cologne, les masses immenses de lignite terreux de Bruhl et de Liblar, renfermant des troncs énormes de lignite fibreux, qui proviennent, les uns d'arbres dicotylédones, les autres d'arbres monocotylédones et des fruits de ces derniers arbres, qu'on ne peut méconnoître pour ceux d'un palmier cocotier. M. Faujas et d'autres naturalistes ont remarqué qu'on ne trouvoit dans cet amas ni racine, ni rameau, ni feuille : ce qui sembleroit indiquer, non pas précisément comme ils le pensent, que les arbres qui y sont enfouis appartenoient aux familles qui n'ont que des tiges simples ; mais plutôt, selon nous, qu'ils n'ont point vécu dans ce lieu, et que les parties faciles à transporter, comme les troncs et les fruits, y ont été amenées par des courans d'eau. On trouve dans les environs l'argile plastique employée dans les fabriques de poterie de Cologne, et très-probablement au-dessous la craie tufau, qui est la roche fondamentale du pays.

Au Putzberg, au S. S. O. de Bonn, il y a encore un autre gîte de lignite fort remarquable qui a été décrit par M. Nöggerath, et qui semble être une dépendance de celui de Bruhl.

Le sol fondamental qui fait la base du Putzberg, paroit appartenir à la formation de transition. Les lits de lignite, au nombre de six à sept, sont interposés dans des couches d'argile sableuse, d'argile plastique, dont les couches supérieures renferment des cailloux roulés de jaspes schisteux, de calcaire noirâtre, de fer oxidé géodique. On trouve dans ce lignite des fruits qui ressemblent à des cônes de pin ou de mélèze, et un grand nombre de petits grains arrondis et pyriteux, des empreintes de feuilles, etc. Les pyrites qu'il contient ont donné lieu à l'établissement de quelques fabriques d'alun. On assure aussi y avoir trouvé des ossemens, ce qui se lie avec ce que nous allons rapporter du Bastberg.[1] On trouve des lignites, à peu près avec les mêmes circonstances, sur la rive droite du Rhin, dans le pays de Berg.

Quand la vallée du Rhin se rélargit au-dessus de Worms, on retrouve d'autres puissans dépôts de lignite, dont l'époque de formation est établie par les nombreux débris de corps organisés qu'ils renferment : c'est au mont Bastberg, au pied des Vosges, et non loin de Bouxviller en Alsace, que s'exploite une puissante couche de lignite alumineux, accompagné d'argile plastique, bitumineuse, et qui est placée sous un calcaire d'eau douce, renfermant un grand nombre de coquilles fossiles d'eau douce, notamment des paludines gigantesques, des limnées, des planorbes, tous d'une grande dimension, et des os de lophiodon. Ce lignite a enveloppé au milieu de ses couches des os de l'animal que M. Cuvier avoit déjà reconnu dans les dépôts charbonneux de la côte de Gênes, et qu'il a nommé *anthracotherium*.

Le tout paroît être recouvert de calcaire marin, de la formation de sédiment supérieur, sans que ce rapprochement soit encore parfaitement constaté.

Mais le lignite de Lobsann près Wissembourg, qui n'est pas loin du précédent, et qui est accompagné de minérais de fer en grains et de bitume, est situé, suivant M. Calmelet, dans un terrain tertiaire dont un grés coquillier fait partie. On trouve dans la masse de ce lignite la variété bacillaire noire, absolument semblable à celle de Kæpfnach, sur le bord du lac de Zurich.

Par conséquent ces lignites paroissent, par tous leurs caractères, être de même formation que le lignite soissonnois.

En Angleterre, il y a plusieurs gîtes de lignite remarquables, soit par leur exploitation, soit par les particularités géologiques qu'ils présentent.

Nous citons, parmi ces derniers, le dépôt qui forme l'île

---

1 C'est en rendant compte de ce mémoire dans le nouveau Bulletin des sciences (tom. III, Juin 1812, p. 89), que j'ai émis formellement l'opinion de la différence considérable qu'il y a entre les houilles et les lignites, et celle de la formation de ce dernier combustible dans les eaux douces.

de Sheppey à l'embouchure de la Tamise; la quantité de fruits de toutes sortes qu'on y trouve, rend ce lieu très-instructif pour l'étude des végétaux fossiles. Malgré leur apparence de parfaite conservation, il est très-difficile de les déterminer avec certitude. Nous avons indiqué plus haut ceux qui sont le mieux caractérisés; ils sont presque tous pénétrés de pyrites, et la vase qui les enveloppe a beaucoup de rapport avec l'argile plastique. Ce sont là les seuls caractères géologiques qu'offre ce gîte; mais tous les géologues anglois le regardent comme supérieur à la craie, et par conséquent comme appartenant à la même époque de formation que les lignites soissonnois. Néanmoins se sont-ils formés, comme eux, dans des eaux lacustres? C'est ce dont on pourroit douter, quand on considère la quantité considérable de crabes marins qui sont fossiles et même pétrifiés au milieu de cette même argile, et l'absence de tout corps organisé connu pour avoir dû vivre dans les eaux douces.

Le terrain sur lequel est situé la ville de Londres, et qu'on peut rapporter, par les coquilles fossiles qu'il renferme, aux assises inférieures du calcaire grossier parisien, présente quelques débris de lignite, et les résines succiniques qui en sont le compagnon ordinaire.

L'île de Wight renferme plusieurs lits de lignite terreux, mêlés de parties distinctes de végétaux. A Newhaven, sur la côte de Sussex, le lignite est accompagné de fruits qui paroissent avoir appartenu à des arbres de la famille des palmiers, et recouvert d'un terrain marin, caractérisé par les cérithes, les cithérées et les huîtres qu'on y observe; enfin on retrouve près de Poole Harbour, en Dorsetshire, encore à peu près le même lignite terreux, dans la même position géognostique, et accompagné de psammites qui paroissent avoir de l'analogie avec les psammites molasses de la Suisse.

Il y a dans le Devonshire, à Bovey près d'Exeter, un dépôt de lignite puissant de deux à trois mètres, connu sous le nom de charbon de Bovey, et qui a fourni à M. Hatchett le sujet d'une analyse que nous avons rapportée. Ce dépôt est principalement composé de troncs d'arbres qui sont aplatis; il est d'un brun foncé, et composé de lignite fibreux et de lignite piciforme qui fournit un très-bon combustible.

On y trouve une résine particulière, très-différente du succin, que M. Hatchett a nommée *retinasphalte*, et qui représente les résines succiniques de cette formation. Il est placé sur de l'argile et recouvert par du sable.

En Suisse, tous les lieux dans lesquels on a cité pendant long-temps des mines de charbon, et que quelques géologues modernes[1] indiquent encore comme renfermant de la houille (*Steinkohle*), ne présentent que des dépôts de lignite; et cette formation, établie par des caractères tranchés, avoués de la plupart des géologues, nous disposera à admettre plus facilement celles de Provence et d'Entreverne.

Parmi ces dépôts, les uns sont au pied N. O. des Alpes, dans ce bassin, alongé en forme de grande vallée, qui sépare les Alpes du Jura.

Les autres sont sur des points élevés dans des hautes vallées du Jura ou des Alpes, et ceux-ci, beaucoup plus rares, se réduisent jusqu'à présent, pour les Alpes, à la mine de charbon d'Entreverne, si on veut l'admettre pour lignite, et pour le Jura à celui du Locle dans la principauté de Neufchatel. Ce dernier n'a donné que des indices de lignites dans un terrain d'eau douce bien caractérisé, placé dans le vallon du Locle, à neuf cent cinquante mètres au-dessus du niveau de la mer. Il se présente en couches inclinées et contournées, et nous fait voir, dans un terrain de formation très-nouvelle, un exemple de contournement et d'inclinaison de couche qui nous indique l'influence des mouvemens des terrains inférieurs sur les terrains superficiels et récens en comparaison d'eux.[2]

Tous les autres dépôts de lignite sont dans la grande vallée qui s'étend du lac de Genève au lac de Constance. On trouve, en la suivant dans cette direction et en pénétrant quelquefois dans l'ouverture des vallées transversales des Alpes, les lignites :

---

1 Keferstein, Carte géologique de la Suisse. Weimar, 1821.

2 J'ai décrit avec quelques détails ce terrain et la plupart des gîtes de lignites de la Suisse, cités plus bas, dans la Description géologique des environs de Paris, éd. de 1822, p. 112 et 305.

De Vernier près Genève, décrits par M. Soret, et qui offrent des exemples de gypse.

De Paudex près Lausanne, dont les lits sont remplis de limnées, de planorbes et d'anodontes.

De Saint-Saphorin près Vevay, où ces coquilles sont moins abondantes, mais où le lignite approche par son aspect de celui de la houille.

De Moudon, au N. de Lausanne, remarquable par la puissance et l'étendue des couches.

De Kæpfnach près d'Horgen, sur la rive occidentale du lac de Zurich. Celui-ci a tout-à-fait l'apparence d'une mine de houille : la couche est noire, brillante, puissante ; le combustible est d'assez bonne qualité. Cette couche est accompagnée de mélanies, de limnées, de planorbes en grand nombre et de lignite bacillaire noir, qui est probablement une racine de monocotylédon ; il renferme des débris de mammifères, parmi lesquels M. Meisner a reconnu des dents de mastodonte et de castor.

D'Œningen près du lac de Constance Les couches qui le surmontent, sont célèbres par la quantité considérable de débris organiques qu'elles renferment, et qui ont appartenu à des végétaux, à des mammifères, à des reptiles, à des poissons, à des mollusques testacés, à des crustacés ; mais tous, sans aucune exception, étoient les habitans de la surface du sol ou des eaux douces : par conséquent, tous les caractères d'une formation lacustre non mélangée se trouvent réunis ici. Les lits de lignites sont très-peu puissans, et ont été bientôt abandonnés.

Tous ces dépôts de lignites ont la même position ; ils sont tous situés dans cette roche d'agrégation que l'on apelle à Genève *molasse*, et que j'ai désignée par le nom méthodique de *psammite molasse*. J'ai cherché à établir[1] que cette roche étoit de même époque de formation que les couches inférieures du calcaire grossier parisien ou de l'argile plastique ; car leur position précise, par rapport aux autres parties du terrain de sédiment supérieur, ne me paroît pas encore par-

---

1 Descript. géol. des envir. de Paris, éd. de 1822, p. 186.

faitement déterminée. Cette opinion est assez généralement
admise, et notamment par MM. Buckland, Beudant, de
Humboldt, Merian de Bâle, etc. Les lignites qui y sont renfermés, ont la même position géognostique que le lignite
soissonnois, et peuvent y être rapportés, quelle que soit leur
position, basse ou élevée, superficielle ou profonde, et quoiqu'ils soient, comme auprès de Vevay, recouverts par une
roche (le poudingue polygénique, *nagelflue*) qui, dans quelques parties des Alpes, forme des montagnes de deux mille
mètres d'élévation (le Rigi, etc.).

En Allemagne les gîtes de lignites sont tellement nombreux, que je me contenterai d'en citer quelques-uns.

En commençant par la Hesse, deux des plus remarquables
sont ceux de l'Habichtswald près Cassel, et du mont Meisner; l'un et l'autre sont recouverts de terrain basaltique,
circonstance que nous avons annoncée dans les généralités de
gisement des lignites, et dont nous allons trouver de nombreux exemples depuis la rive droite du Rhin jusqu'en Hongrie.

A l'Habichtswald près Cassel le lignite se présente en lits
puissans, d'une exploitation assez facile et avantageuse, alternant avec des lits d'argile plastique très-bien caractérisée,
et des bancs de grès. Il renferme beaucoup de tiges ligneuses,
et une grande quantité de feuilles d'arbres dicotylédons;
mais il ne contient aucune véritable fougère, malgré la ressemblance extérieure que quelques-unes de ces empreintes
semblent avoir avec ces plantes : il est recouvert de breccioles volcaniques et de basalte.

Au mont Meisner se voit un des gîtes de lignites les plus
puissans que l'on connoisse, et l'un des plus remarquables
par toutes les particularités minéralogiques et géologiques
qu'il présente; aussi a-t-il été décrit un grand nombre de
fois, mais plus souvent comme houille que comme lignite,
et ce n'est que depuis très-peu d'années qu'on le considère
comme tel (c'est-à-dire, non plus comme *Steinkohle*, mais
comme *Braunkohle*).

Le sol fondamental sur lequel est placée cette formation de
lignite, est un calcaire compacte gris de fumée, que je considère comme calcaire alpin (*Zechstein*), et par conséquent
antérieur de beaucoup à la craie.

Ce dépôt de lignite est composé, 1.°, de ce combustible qui présente de nombreuses variétés minéralogiques. On y reconnoît le lignite piciforme commun, le lignite piciforme jayet, le lignite terne massif (il y est rare), le lignite fibreux noir et brun cylindroïde ; on trouve, dans certaines parties supérieures de la couche, de l'anthracite bacillaire et de l'anthracite éclatant, friable (*Glanzkohle*), et, dans les parties inférieures, du bois silicifié. Les lignites piciforme, commun et terne, ont souvent une cassure droite parallélipipédique, et ressemblent tout-à-fait à de la houille ; mais leur liaison avec les lignites fibreux, et surtout leur manière de brûler, les en distinguent suffisamment. On n'y voit aucune empreinte de fougère ni d'autres plantes si communes dans les mines de houille proprement dites.

2.° D'argile plastique, c'est-à-dire, non effervescente et infusible, qui se trouve au-dessous du lignite ; celle qu'on observe entre les lits de lignite est déjà moins pure et sablonneuse, et accompagnée quelquefois de bancs de grès : c'est dans cette argile que se trouve le calcaire spathique nacré (*Schaumerde*), et c'est cette même argile qu'on exploite dans le même terrain au pied de la montagne, près du village de Grossalmerode, pour en fabriquer les célèbres creusets de Hesse.

Mais, ce qui rend ce dépôt très-remarquable, c'est la masse énorme de roche dure, renfermant des minéraux cristallisés, accompagnée d'une roche d'aspect tellement cristallin qu'on pourroit la prendre, qu'on l'a prise même long-temps pour une diabase. Ces roches sont le basalte et la dolérite : dans quelques parties le basalte est en contact immédiat avec le lignite, aucun dépôt ni argileux ni sablonneux ne l'en sépare, et, dans les points que j'ai vus, il a manifesté sur le lignite son état de chaleur incandescente ; il en a volatilisé le bitume, sans permettre au lignite de brûler, en le comprimant même de tout son poids ; et il est résulté de cette espèce de distillation un anthracite assez compacte, et que nous avons désigné sous les noms d'anthracite bacillaire et d'anthracite éclatant.

Ainsi ce lignite ne présente aucun caractère réel qui le distingue *essentiellement* du lignite soissonnois, ni dans sa nature minéralogique, ni dans la présence des corps organisés et des minéraux qui l'accompagnent, ni même dans sa position géognostique.

Le gîte de combustible fossile de Frankenberg en Hesse est remarquable par le minérai de cuivre qu'il renferme assez abondamment pour mériter d'être exploité. Ce gîte est encore pour nous assez problématique. M. Freiesleben, qui l'a décrit, mais à une époque où la distinction entre les houilles et les lignites n'étoit pas encore bien établie, le considère comme appartenant à la formation de houille du grès blanc. Mais précisément ce grès blanc, la marne calcaire, l'argile schisteuse qui l'accompagne, et les débris de végétaux constituant le lignite fibreux, reconnoissable même par des troncs d'arbres à couches concentriques, sont des caractères qui nous font croire, avec M. de Bonnard, que cette couche de combustible charbonneux doit être rapportée à la formation des lignites. Mais à quelle formation? C'est ce qu'il est difficile d'établir, la présence du minérai de cuivre étant une circonstance qui ne s'est point encore présentée dans le lignite soissonnois bien caractérisé, et les végétaux y paroissant plutôt épars, comme dans le lignite de l'île d'Aix, que réunis en couche continue, comme on le remarque presque toujours dans les lignites supérieurs à la craie.

On trouve dans la Thuringe, à Kaltennordheim et à Tann, des dépôts de lignites intéressans par les fruits qu'ils renferment: M. Blumenbach a indiqué les uns comme des semences biloculaires, et M. de Schlotheim a cru reconnoître dans ceux de Tann des gousses de pistachiers.

Le lignite du vallon d'Unstruth, près d'Arten en Thuringe, est devenu célèbre par le mellite qu'on y a découvert; corps fossile remarquable, parce que, étant composé à la manière des corps organisés, il offre cependant une forme cristalline, régulière et constante, comme les minéraux proprement dits.

Le lignite forme une couche puissante, offrant les variétés de lignite terreux, de lignite terne massif, et de lignite fibreux, dans lequel la structure du bois est très reconnoissable. Cette couche a de cinq à douze mètres de puissance, avec plusieurs renflemens et resserremens; elle est posée sur un sable fin, et recouverte de lits alternatifs de marne argileuse grisàtre, noiràtre et de sable grossier, entre lesquels sont d'autres lits de lignites terreux plus ou moins impurs. C'est dans les fissures de ces lits que se présente le mellite, plutôt implanté que disséminé.

On rencontre en outre dans les lits, soit marneux soit charbonneux, de cette formation, du gypse, des pyrites en rognons et du soufre, tantôt friable, tantôt cristallisé sur des morceaux de lignite d'un brun noir.[1]

A Pernitz près de Guttenstein, dans les environs de Vienne, on connoit des couches de lignite dont la partie supérieure renferme des coquilles univalves fluviatiles, et qui contient du succin. (Schütz.)

On exploite près de Wolfseck en Haute-Autriche, au pied du Hausruckwald, montagnes qui séparent le bassin de l'Inn de celui de la Traun, une couche assez épaisse de lignite terne massif, mêlé de lignite fibreux et d'un peu de lignite piciforme. Il est interposé dans une argile plastique fine, qui ne renferme aucun corps organisé; on n'y voit aucune empreinte de feuilles de fougère, ni d'aucune des plantes des terrains houillers. (Bory Saint-Vincent.)

Près de Wandorf on exploite, dans la montagne de Bremberg, sur la route de Vienne à Presbourg, à une lieue et demie d'Œdenbourg, un dépôt de lignite de bonne qualité, quoique un peu pyriteux, en bancs épais et ondulés, séparés par un sable noir, argileux et micacé; il est recouvert par un terrain argileux, jaunàtre ou gris-bleuàtre, renfermant quelques empreintes végétales, et il est situé dans un bassin rempli de roches arénacées : une partie de ce gîte de lignite s'est enflammée, et a réduit les argiles en jaspe porcellanite. (Beudant.)

Il y a encore en Autriche, dans le district de l'Inn, des mines exploitées de lignite, près de Haagen, près d'Ampfelwangen, près de Weilhardten, dans la vallée de Frankenbourg, etc. : ils ont été décrits par M. le conseiller André, de Brunn en Moravie.

La plupart des autres terrains basaltiques de l'Allemagne,

---

[1] Senff, dans Leonhards *Taschenbuch*, etc., 7.e année, p. 187.

et ceux de la Bohème, recouvrent des dépôts charbonneux qui, examinés suivant les règles de la géologie moderne, doivent être rapportés aux lignites, et probablement au lignite soissonnois.

La Hongrie présente un assez grand nombre de dépôts de lignite : la plupart ont été pris pour de la houille; tels sont ceux de la montagne de Dregely, de Cserhat, de Banth, dans le comitat de Nograt, de la montagne de Matro, etc. Cette erreur étoit d'autant plus facile à faire que, dans quelques lieux, les terrains qui les renferment ont une grande ressemblance et une sorte de continuité avec les vrais terrains houillers. M. Beudant, qui les a examinés, y a reconnu les vrais caractères géologiques, non-seulement du lignite, mais même du lignite soissonnois. On y rencontre des minérais ferrugineux; on n'y a pas trouvé de succin : ils renferment souvent du bitume liquide, qui imprègne le psammite molasse, au milieu duquel ils sont souvent placés.

Parmi ces mines de lignite la plus remarquable est celle de Sari-Sap, à quatre ou cinq lieues au N. O. de Bude. Les montagnes environnantes sont calcaires, coniques, séparées par des collines de grès. Le calcaire est magnésifère et un peu saccaroïde; il est recouvert par des calcaires compactes, non magnésiens, qui sont probablement des calcaires jurassiques, s'enfonçant sous le grès à lignite. Il y a à Sari-Sap trois couches de lignite; la plus profonde est la plus épaisse. On ne connoît pas exactement le terrain sur lequel elle repose. Les couches sont séparées par des lits de marne argileuse jaune ou grisâtre. Il y a dans ces couches des lits de lignite piciforme, et entre eux des limnées et des planorbes comprimés. Dans la couche inférieure il y a des moules et des coquilles turriculées, qui paroissent être des cérithes cordonnées. Le lignite est compacte, mais schistoïde; c'est le *lignite testacé*, que M. Haberlé a nommé ainsi à cause de sa cassure schisteuse dans un sens, et largement conchoïde et brillante dans l'autre. Ce lignite est bien évidemment au milieu de la molasse; le calcaire jurassique lui sert de base, et M. Beudant, qui nous fournit ces détails, le compare, à cause des coquilles bivalves striées et des coquilles turriculées qu'il renferme, au charbon fossile de Gardane, etc., en Provence, et d'Entreverne en Savoie; et il pense que ceux-ci sont aussi au-dessus du calcaire du Jura.[1]

Pays danois et suédois. L'île de Bornholm d'une part, et l'Islande de l'autre, renferment des dépôts de lignites abondans et assez connus.

Ceux de l'Islande portent le nom de *suturbrand*, et offrent aux habitans de cette île, tourmentée par les feux souterrains, des ressources en combustibles, que le climat rend si utiles, et dont les révolutions ignées les ont privées en détruisant les forêts ou les empêchant de croître. Les dépôts de lignites sont composés de troncs comprimés, dont la structure ligneuse est très-distincte; ils sont souvent accompagnés, dans la partie occidentale de l'île, de lignite jayet.

L'île de Bornholm, dans la mer Baltique, renferme des lits de lignites exploités, qui sont composés de lignite terne massif, de lignite fibreux, et accompagnés de roches sableuses et ferrugineuses, et de minéraux de fer oxydé lithoïde, brun, jaune, compacte, en nodules ellipsoïdes, aplaties, qui m'ont paru assez semblables à ceux des couches de lignites des Martigues en Provence; mais ils ne renferment pas de coquilles, comme ces dernières.

En Italie. Les lignites du pied des Apennins, qu'on a souvent cités comme des mines pauvres de houille, ne se présentent pas en couches puissantes et très-suivies, et dans presque tous les lieux où on en a reconnu, on en a bientôt abandonné l'exploitation.

Leur position est très-difficile à déterminer, et par conséquent très-incertaine. J'ai eu occasion de visiter l'un de ces gîtes, celui de Caniparola près de Sarzane, sur la côte orientale de Gênes, près du golfe de la Spezzia, et je n'ai pu reconnoître avec certitude qu'une seule chose, c'est que ce gîte de combustible fossile n'étoit pas de la houille. M. Cordier l'avoit à peu près indiqué en l'appelant houille sèche, et faisant remarquer qu'elle ne pouvoit pas être employée seule dans le traitement du fer.

Ce combustible fossile se présente en couches verticales peu puissantes, de cinq à vingt-cinq décimètres d'épaisseur,

---

1 Beudant, Voy. en Hongrie, tom. II, p. 406—409.

coupant le lit d'un petit ruisseau, ce qui permet d'en voir assez facilement la disposition. Il est encaissé dans une marne argileuse, dure, à bancs puissans, suivie de bancs qui lui sont parallèles et qui sont composés de psammite macigno et de marne calcaire grise, très-fragmentaire, présentant des empreintes très-distinctes de fucoïdes (*fucoïdes intricatus,* Ad. Br.). [1] Je n'y ai vu et on n'y indique aucune pétrification.

Cette disposition est bien différente de celle du lignite soissonnois, et la présence des fucus, si elle est liée au dépôt de lignite, comme la stratification presque verticale et parfaitement concordante des deux roches semble l'indiquer, paroît rapprocher ces lignites des lignites marins de l'île d'Aix, plutôt que des lignites lacustres soissonnois. On a tenté d'exploiter cette mine à deux reprises, mais sans pouvoir obtenir aucun résultat avantageux.

Un peu plus loin, à San-Lazaro près Castelnuovo, on trouve un autre gîte de lignite ; il est dans une plaine composée de roches d'agrégation, en couches horizontales. C'est du véritable lignite piciforme en couche horizontale, dans une argile sableuse grise, recouverte quelquefois de sable argileux jaunâtre, mêlé de galets quarzeux et granitiques. On trouve dans cette couche des morceaux de lignite fibreux et des morceaux très-purs de lignite jayet. Suivant M. Poggi, les cendres de ce lignite renferment un trentième de potasse. [2]

On ne peut guères douter, malgré cette courte indication, que ce lignite n'appartienne au lignite soissonnois, et cette circonstance rend encore plus probable que le lignite de Caniparola est d'une formation plus ancienne.

Mais il y a sur la même côte, au lieu dit Cadibona, un gîte de lignite qui est devenu très-intéressant depuis quelque temps par les débris de grands mammifères qu'on y a trouvés. M. Borson, qui les a indiqués, y a reconnu des portions de mastodontes, et M. Cuvier, qui en a examiné plusieurs, y a

---

1 Adolphe Brongniart, Mém. sur les fucoïdes ou fucus fossiles ; Mém. de la Soc. d'hist. nat. de Paris, 1823, tom. I.er

2 Poggi, Ann. de chimie, tom. 45, p. 327. — Cordier, Journal des mines, n.° 176, p. 103.

découvert le nouveau genre auquel il a donné le nom d'*anthracotherium*. Malheureusement, et malgré les renseignemens donnés par MM. Legallois, Borson, etc., le terrain qui renferme ce lignite n'est ni bien connu, ni bien caractérisé : il seroit extrêmement important pour la géologie de voir s'il est de l'époque de celui de Caniparola, ou de celle du lignite de San-Lazaro.

L'Italie septentrionale, offrant des terrains différens de ceux du golfe de Gènes, présente des dépôts de lignites dans une position géologique qui est aussi très-différente, et qui les rapproche de ceux qui, dans l'Allemagne, sont situés sous les terrains basaltiques. C'est principalement dans le Vicentin et dans le Véronois qu'on connoît ces dépôts généralement peu puissans, peu étendus, composés presque uniquement de lignite terne, feuilleté, et placé ou au milieu des breccioles volcaniques qui composent les collines de ces pays, ou dans le terrain calcaréo-trappéen, et même entièrement calcaire et marneux, de ces mêmes collines. Ainsi on trouve dans la bracciole de Montecchio-Maggiore des fragmens de lignite fibreux noir, en grande partie remplis de cristaux de calcaire spathique cuboïde ; à Monteviale, le lignite est en lits minces qui ont quelque continuité, et qui renferment des débris de poissons fossiles : fait assez nouveau dans l'histoire des lignites. Mais c'est au mont Bolca et dans les environs de cette montagne que se présentent les gîtes de lignite les plus abondans et les plus considérables : ils ont été décrits par M. Bevilacqua-Lazise, dans son Histoire des combustibles fossiles du Véronois. Ce lignite, en lits assez puissans pour être susceptibles d'exploitation, se trouve principalement au pied du cône isolé et basaltique qu'on nomme la *Purga di Bolca*. Les couches sont inclinées du N. O. au S. E. ; elles sont recouvertes et même coupées par du basanite compacte, et entourées d'argile blanche, jaunàtre ou bleuàtre, qui a tous les caractères de l'argile plastique. Enfin, ce lignite est souvent recouvert par un schiste bitumineux, et paroit reposer, dans ce lieu, sur le calcaire à ichthyolites. Il offre donc les caractères tirés de la position et de la nature des roches accompagnantes qui appartiennent aux gîtes de lignites, avec les différences que la nature des autres roches et des circonstances dans lesquelles elles se sont répandues sur la surface de la terre, doivent y avoir apportées. [1]

Nous bornerons à ces citations les exemples de gîtes de lignites de l'Europe. Il y a tout lieu de croire que, lorsqu'on connoîtra mieux et avec plus de détail la géognosie des autres parties du monde, on y trouvera des formations de lignites, comme on y a déjà reconnu presque toutes les autres formations de l'Europe : nous pouvons même déjà citer un gîte de combustible observé dans l'AMÉRIQUE SEPTENTRIONALE et qui offre avec ceux d'Europe les plus grandes analogies. C'est à M. G. Foost qu'on en doit la description : il l'a observé au lieu dit le Cap-Sable, sur la rivière Magothy, dans l'état du Maryland.

En lisant la notice qu'il a rédigée sur ce sujet, on voit paroître successivement tous les caractères des terrains de lignite.

D'abord du sable; ensuite de l'oxide rouge de fer agglutinant le sable en grès ferrugineux; ensuite du sable et des bancs de lignite de toutes les variétés, pénétré de fer sulfuré; puis le succin, dans toutes ses modifications de couleur et de transparence. Il s'y présente en grains, depuis la grosseur du millet jusqu'à celle d'une sphère de douze à treize centimètres, qui sont placés sur le lignite et dans ses masses mêmes, et accompagnés de branches d'arbres changées en pyrites, mais ayant conservé la structure du bois.

Au-dessous de ces lits de lignite, de pyrite et de sable, reviennent encore le sable et les pyrites, et ici commence l'argile grisàtre en couches avec des cailloux roulés de quarz hyalin. Cette argile est placée sur un grès argileux, superposé lui-même à une masse d'argile blanche de douze à quatorze décimètres d'épaisseur.

On indique encore quelques lieux où le lignite s'est rencontré dans ce continent : tels sont Gayhead sur Martha's Wineyard, dans le Massachusets, et South-Hadley, dans la même province ; mais dans un terrain houiller, suivant M. Gibbs : circonstance assez remarquable.

---

[1] Voyez, pour le développement des circonstances de gisement, le mémoire que je viens de publier sur les terrains de sédiment calcaréotrappéens du Vicentiu, etc. Paris, Levrault, 1823.

Ces citations, et les descriptions qui les ont accompagnées, nous ont fourni des preuves des généralités et des principes de gisement que nous avons posés au commencement de cet article, et nous ont fait voir que les mêmes circonstances ont accompagné sur presque tout le globe, ou au moins dans tous les points connus, la formation du terrain d'argile plastique, de sable quarzeux et de lignite. (B.)

LIGNIVORES ou XYLOPHAGES. (*Entom.*) C'est le nom francisé sous lequel nous avons établi parmi les coléoptères tétramérés une famille qui correspond au genre des *capricornes*. Voyez Xylophages. (C. D.)

LIGNONIA. (*Bot.*) Scopoli, suivi par Gmelin, substitue ce nom générique à celui de *paypayrola*, un des genres d'Aublet, que nous nous étions contenté de nommer *payrola*, de même que M. de Lamarck. C'est le *wibelia* de M. Persoon. (J.)

LIGNYDIUM. (*Bot.*) Genre de la famille des champignons, établi par Link, voisin de ses *pittocarpium*, *strongylium*, et de la série des mycétodéens, de l'ordre des gastromyciens, de sa Méthode, près des genres *Licea*, *Physarum* et *Lycogala* de Persoon. Il comprend de petits champignons, formés de conceptacles globuleux, portés sur une membrane étalée, simples, membraneux, se déchirant irrégulièrement, et contenant des flocons adhérens, distincts des sporidies ou séminules, qui sont entassées.

Link fait connoître les espèces suivantes; elles naissent sur le bois et les végétaux. Ce sont

Le Lignydium jaune (*Lig. flavum*, Link, *Berl. Mag.*, 3, p. 24, tabl. 2, fig. 37), dont les conceptacles sont d'un gris jaunâtre à l'extérieur, les flocons intérieurs jaunes, et les séminules brunes.

Le Lignydium des mousses (*L. muscicola*, Fries, *Obs. mycol.*) est une seconde espèce, qui diffère de la précédente par la couleur grise de ses conceptacles, et la couleur noire des séminules; elle forme, sur les mousses, particulièrement sur l'*hypnum proliferum*, de petites taches blanc-grisâtre, de quatre à six lignes de large.

Près du *Lignydium* viennent se placer deux nouveaux genres, établis par Ehrenberg. Ce sont l'*Enteridium* et le *Diphtherium*.

L'Enteridium se distingue par ses conceptacles inégaux, transparens, membraneux, ponctués, plissés, en forme de petites outres minces, se déchirant irrégulièrement, contenant un réseau filamenteux et membraneux peu abondant, et des séminules un peu luisantes, agglomérées en petits paquets. Ils sont situés sur une membrane étalée.

L'Enteridium olivatre (*Ent. olivaceum*, Ehr., *Jahrb. der Gew.*, 1819, vol. 1, part. 2, p. 57, pl. 1, fig. 5) est d'un brun sale, par l'effet de la couleur du réseau filamenteux, contenu dans les conceptacles. Les séminules sont olivâtres. On le trouve en hiver à la surface interne de l'écorce de l'aune glutineux. Il forme de petites taches de quelques lignes.

Le *Diphtherium* offre des conceptacles en forme d'outre, d'abord très-mous, puis membraneux, épais, roides, placés sur une membrane de même nature. Le réseau intérieur est ascendant, fixé à tous les points des conceptacles, inégalement rameux et appendiculés, et à appendices en forme de massues, qui s'anastomosent. Les séminules sont petites et rassemblées.

Le Diphthérium jaune-brun (*D. flavo-fuscum*, Ehr., *Sylv. Mycol.*, p. 28, fig., 3) forme sur le bois mort des mamelons qui ont un pouce et plus de largeur, d'abord blancs, puis jaunes ou jaunâtres; les conceptacles sont jaune-brun, quelquefois tachetés de gris. (Lem.)

LIGTU. (*Bot.*) Nom que porte au Pérou ou au Chili, suivant Feuillée, la plante qui est l'*alstroemeria ligtu*, Linn. (J.)

LIGULAIRE, *Ligularia*. (*Bot.*) Ce genre de plantes, que nous avons proposé dans le Bulletin des sciences de Décembre 1816 (pag. 198), appartient à l'ordre des synanthérées, et à notre tribu naturelle des Adénostylées, dans laquelle nous l'avons placé entre les deux genres *Senecillis* et *Celmisia*. (Voyez notre article Liatridées.)

Le genre *Ligularia* présente les caractères suivans, que nous avons observés sur un échantillon sec de l'herbier de M. de Jussieu, étiqueté *Cineraria sibirica*, et sur un individu vivant, cultivé au Jardin du Roi sous le même nom.

Calathide radiée : disque multiflore, régulariflore, androgyniflore; couronne unisériée, liguliflore, féminiflore. Péricline cylindracé, égal aux fleurs du disque; formé de squames

26.   26

égales, unisériées, contiguës, libres, appliquées, oblongues-lancéolées, aiguës au sommet, membraneuses sur les bords ; une ou deux bractées opposées, nées de la base du péricline, aussi longues que lui, dressées, linéaires-subulées. Clinanthe plan, absolument nu. Ovaires pédicellulés, oblongs, cylindracés, striés, glabres, pourvus d'un bourrelet apicilaire ; aigrette composée de squamellules nombreuses, plurisériées, inégales, filiformes, barbellulées. Styles d'Adénostylée, ayant leur partie supérieure hérissée de papilles, ainsi que la face extérieure des stigmatophores, dont le sommet est arrondi et nu, et dont les bourrelets stigmatiques sont confondus en une seule masse, sauf un petit sillon médiaire qui n'est apparent qu'à la base. Corolles du disque à tube court, à limbe long, subcylindracé, élargi de bas en haut, à dix nervures, dont cinq surnuméraires, à cinq divisions demi-lancéolées, étalées. Corolles de la couronne à languette longue, tridentée au sommet, portant à la base de sa face interne quelques longs filets, qui sont des rudimens d'étamines avortées.

Ligulaire de Sibérie : *Ligularia sibirica*, H. Cass. ; *Cineraria sibirica*, Linn., *Spec. plant.*, édit. 3, pag. 1242. C'est une plante herbacée, glabre, dont la tige, haute d'environ dix pouces, est dressée, simple, très-garnie de feuilles d'un bout à l'autre ; ces feuilles sont alternes, à pétiole long de trois pouces, ayant sa partie inférieure élargie, semi-amplexicaule, à limbe long d'un pouce et demi, large de deux pouces, subdeltoïde, denté ou crénelé sur ses bords latéraux ; les feuilles radicales sont très-grandes, très-longuement pétiolées, presque sagittées ; les calathides sont disposées en une grappe, ou plutôt en un épi, terminal, court, composé d'environ sept calathides rapprochées, courtement pédonculées, nées chacune dans l'aisselle d'une grande bractée ; chaque calathide, large de quinze lignes, haute de six lignes, a les corolles d'un beau jaune, et les anthères brunes ; le péricline est accompagné d'une ou de deux bractées.

Nous avons fait cette description spécifique sur un individu vivant, cultivé au Jardin du Roi, où il fleurissoit au commencement de Juin.

Cette espèce, qui paroît jusqu'à présent être la seule du genre, habite la Sibérie, le Levant, les marais des Pyrénées et d'autres montagnes de la France méridionale ; elle est vivace par sa racine.

La *Cineraria caspica* de Marschall, que nous n'avons point vue, est probablement une seconde espèce de *Ligularia ;* et nous soupçonnons que, sous le nom de *Cineraria sibirica*, l'on confond deux espèces ou au moins deux variétés très-notables ; car notre description spécifique, faite sur la plante du Jardin du Roi, ne s'accorde pas exactement avec celles de plusieurs auteurs. La plante de Sibérie, celle du Levant et celle des Pyrénées, seroient-elles autant d'espèces distinctes ?

Notre genre *Ligularia* se distingue des vraies *Cineraria* par les deux longues bractées accompagnant le péricline, par les rudimens d'étamines dans les fleurs femelles, et surtout par les caractères du style ; il se distingue du *Senecillis* de Gærtner par les caractères de l'aigrette, et de notre *Celmisia* (t. VII, pag. 356) par les caractères du péricline. (H. Cass.)

LIGULARIA. (*Bot.*) On trouve sous ce nom, dans l'*Herb. Amb.* de Rumph, l'*euphorbia neriifolia* de Linnæus. (J.)

LIGULE. (*Bot.*) Dans les graminées, les feuilles, à la ligne de jonction de la lame avec la gaine, sont garnies intérieurement d'une petite membrane, tantôt entière (*poa pratensis*), tantôt déchirée (*milium lendigerum*), tantôt tronquée (*avena fatua*, etc.). C'est cette espèce d'appendice qu'on a nommée ligule. (Mass.)

LIGULE, *Ligula*. (*Entomoz.*) Genre de vers intestinaux, établi par Bloch pour des animaux d'un assez grand volume, mais très-probablement encore incomplétement connus, et qui n'ont été trouvés jusqu'ici que dans la cavité abdominale des poissons, et dans le canal intestinal des oiseaux. Le premier animal qui a servi à l'établissement de ce genre, est un ver mou, alongé, déprimé, presque également obtus aux deux extrémités, sans traces d'articulations, quelquefois marqué d'un sillon longitudinal, et sans bouche ni anus distincts. Il atteint quelquefois cinq pieds de long. Dans un individu que j'ai observé, il y avoit évidemment quelques indices d'articulations très-fines vers l'extrémité, où existoit aussi une fente verticale ; mais dans l'intérieur on ne voyoit, comme l'a déjà fait observer Bloch, nulle trace de canal intestinal, le tissu étoit seulement un peu plus mou dans le milieu qu'à la circonférence. M. Rudolphi, dans son grand Traité sur les vers intestinaux, définit vingt-une espèces de ligules, mais dont plusieurs n'étoient réellement pas suffisamment connues pour qu'on fût certain même si elles appartenoient à ce genre. Il les divisoit en deux sections, d'après les ovaires distincts dans la ligule unisériale, par exemple, et cachés, comme dans la ligule des poissons. Depuis la publication de cet ouvrage, M. Bremser, l'helminthologue le plus praticien, découvrit la tête dans la ligule du pélican, et M. Rudolphi les organes mâles ou au moins quelque chose d'analogue et les ovaires, mais toujours dans les ligules d'oiseaux ; car, dans celles des poissons, on n'a rien trouvé de semblable, pas même d'ovaires, en sorte que M. Rudolphi paroît être porté à penser aujourd'hui qu'elles naissent réellement dans les poissons, où elles restent jusqu'à leur premier degré d'organisation, et qu'ensuite, après avoir été avalées par les oiseaux qui se nourrissent de poissons, elles parviennent, dans le corps de ceux-là, à leur dernier degré d'organisation. Cela ne cadreroit-il pas assez bien avec l'observation que les ligules ne se trouvent dans les poissons qu'en automne et en hiver, et qu'elles les quittent en perçant les parois de l'abdomen et périssent dès qu'elles sont dehors ? Quoi qu'il en soit, M. Rudolphi, dans son *Synopsis*, caractérise ce genre d'animaux avant et dans son état complet. Dans le premier cas le corps est déprimé, continu, très-long, avec un sillon médian longitudinal, la tête et les organes de la génération sont invisibles ; et dans le second le corps a encore la même forme, mais la tête est pourvue de chaque côté d'une fossette ou suçoir simple, et les ovaires forment une série simple ou double avec des lemnisques dans la ligne médiane. Cependant M. Rudolphi établit, comme espèces distinctes, les ligules des oiseaux ; mais il n'en décrit plus que six, qui sont :

Dans la première section.

1.º La L. UNISÉRIALE ; *L. uniserialis*, Rud., *Entoz.*, tab. 9, fig. 1. dont le corps, rugueux et un peu épaissi en avant, s'amincit dans la partie postérieure. Les ovaires ne forment qu'une série régulière. Elle a été trouvée dans le faucon fauve, *falco fulvus*. Sa longueur est d'au-moins deux pieds.

2.º La L. ALTERNANTE, *L. alternans*, Rud., *loc. cit.*, fig. 2, 3.

Cette espèce, qui a été trouvée dans la mouette à trois doigts, *larus tridactylus*, ne diffère guère de la précédente qu'en ce que les ovaires forment une double série alternante.

3.° La L. INTERROMPUE; *L. interrupta*, Rud., *loc. cit.*, fig. 4. Elle se trouve communément dans le grêbe cornu, *colymbus auritus* : elle se distingue de la précédente en ce qu'elle est obtuse en avant comme en arrière, et surtout parce que les deux ovaires sont opposés et interrompus.

4.° La L. ÉPARSE; *L. sparsa*, Rud. Dans cette espèce le corps est déprimé, presque d'une largeur égale, si ce n'est en avant, où il est un peu plus épais, et en arrière, où il se termine par une pointe très-fine; les ovaires forment une série double, mais irrégulière. Elle a été trouvée dans la cigogne, mais aussi dans le grêbe et dans le plongeon; car M. Rudolphi lui rapporte ses *L. colymbi, cristati et immeris.*

. 5.° La L. NOUEUSE; *L. nodosa*, Rud. Une ligne de points noirs se voit dans toute la longueur du corps, qui est linéaire; la pointe de l'appendice caudal est noueuse. Dans la cavité abdominale de plusieurs espèces de saumons.

Dans la seconde section il n'y a plus qu'une espèce, la L. TRÈS-SIMPLE, *L. simplicissima*, qui est la ligule ordinaire, que l'on trouve dans beaucoup de poissons fluvicoles, et surtout dans les espèces de cyprins. M. Rudolphi y réunit la *L. contortrix, cingulum, constringens, acuminata, cobitidis, salvelini, Wartmani, cyprina, carpionis, tincæ, gobionis, alburni et leuscisci,* de ses Entozoaires. J'ai décrit cette espèce au commencement de cet article : elle a quelquefois cinq pieds de long sur un demi-pouce de large et trois lignes d'épaisseur.

Linnæus rangeoit la ligule des poissons parmi les fascioles; la plupart des auteurs qui ont précédé M. Rudolphi, ne faisoient qu'une seule espèce de celles des oiseaux. Peut-être la ligule des oiseaux n'est elle qu'un bothriocéphale ? (DE B.)

LIGULÉE [COROLLE]. (*Bot.*) Corolle unilabiée, particulière aux synanthérées flosculeuses et radiées. Le limbe de cette corolle s'alonge d'un seul côté et forme une espèce de languette. (Pissenlit, rayons de l'*helianthus*, etc.) (MASS.)

LIGURINUS. (*Ornith.*) Nom latin du tarin, *fringilla spinus*, Linn. (CH. D.)

LIGURITE. (*Min.*) Il paroît que le minéral que M. Vi-

viani a remarqué disséminé dans une roche talqueuse des bords de la Stura en Ligurie, et qu'il a décrit sous le nom de *ligurite*, est une modification particulière de l'anatase (titane silicéo-calcaire); du moins des recherches ultérieures de M. Vauquelin semblent avoir assez bien établi cette identité. Voyez Titane. (B.)

LIGURIUS, LIGYRIUS. (*Min.*) Il n'est question de cette pierre sous ce nom que dans la Bible, au chap. 28, vers. 19, de l'Exode, répété mot à mot au chap. 39, vers. 12. C'est la première pierre du troisième rang des douze pierres précieuses qui composoient le rational du grand-prêtre Aaron. Vouloir déterminer une pierre sur un nom qui n'a plus pour nous aucune signification, paroît une chose presque impossible. Cependant, d'après la traduction de ce nom en grec dans la version des Septante, et son analogie avec le *lyncurius gemma*, on croit pouvoir regarder le *ligurius* comme la même chose que le *lyncurius* : or, nous verrons, à l'article de ce mot, qu'on a quelques moyens de présumer quelle espèce de pierre il pouvoit désigner dans Théophraste. Par conséquent, si on ne se trompe pas sur la pierre que désignent Théophraste et Pline par le nom de *lyncurius*, si le *lyncurius* et le *ligurius* sont la même chose, ce qui est très-incertain, on peut par cette voie présumer, que le *ligurius* étoit une variété de topaze différente de celle du premier rang du rational, ou que celle-ci n'étoit pas une topaze électrique. Voyez Lyncurius. (B.)

LIGUSTICUM. (*Bot.*) Voyez Livêche. (L. D.)

LIGUSTROIDES (*Bot.*): premier nom donné par Linnæus, dans l'*Hort. Cliff.*, à son genre *Volkameria*. (J.)

LIGUSTRUM. (*Bot.*) Ce nom, consacré maintenant au troëne, avoit aussi été donné au henné, *lawsonia*. Césalpin nomme le lilas *ligustrum orientale*. Le cornouillier sanguin est un *ligustrum* pour Brunfels. C. Bauhin, d'après quelques auteurs, cite le *ligustrum nigrum* de Columelle comme nom spécifique du *nil* des Arabes, *convolvulus nil* : il auroit peut-être plus d'affinité avec l'indigo, qui est le nil de Camerarius, ou avec le pastel *isatis*, indiqué comme le *nil* d'Avicenne. On trouve encore le nom *ligustrum* donné à l'olivier du Cap, à l'*ophioxylon* et à un *volkameria*. (J.)

LIGUUS. (*Conchyl.*) C'est le nom latin du genre de coquilles que M. Denys de Montfort a cru devoir établir, avec une espèce d'agathine, sous la dénomination françoise de Ruban. Voyez ce mot. (De B.)

LILA. (*Bot.*) Nom du gattilier, *vitex agnus castus*, dans l'île de Crête, suivant Belon. C'est le *lygos* des Grecs et de Dioscoride. (J.)

LIKKA. (*Bot.*) Adanson cite ce nom américain du savonier, *sapindus*. (J.)

LIKKA. (*Ornith.*) Nom que porte, en Laponie, l'eider, *anas mollissima*, Linn. (Ch. D.)

LILACÉES. (*Bot.*) Ventenat, voulant diviser en deux la famille des jasminées, d'après le fruit charnu ou capsulaire, a donné le nom de lilacées à la division des capsulaires dans laquelle est compris le lilas. Cette séparation n'a pas été adoptée : on préféreroit celle de M. R. Brown, en oléinées, qui ont l'embryon à radicule montante, enfermé dans un périsperme charnu, et en jasminées, qui ont la radicule descendante et sont dépourvues de périsperme, auxquelles il ne rapporte que le *nyctanthes*, le *mogorium* et le *jasminum*, laissant tous les autres genres parmi les oléinées. Mais, comme quelques oléinées manquent de périsperme, et que Gærtner croit en avoir trouvé un dans un jasmin, on peut sans inconvénient laisser dans la même famille les deux divisions, en se contentant d'en former deux sections; ce qui revient au même dans l'ordre naturel. (J.)

LILÆA. (*Bot.*) Voyez Lilée. (Lem.)

LILALITHE. (*Min.*) Nom donné à une variété de lépidolithe, à cause de sa couleur. Voyez Lépidolithe. (B.)

LILAS; *Syringa*, Linn. (*Bot.*) Genre de plantes dicotylédones, de la famille des *jasminées*, Juss., et de la *diandrie monogynie*, Linn., dont les principaux caractères sont les suivans : Calice monophylle, très-petit, persistant, à quatre dents peu sensibles; corolle monopétale, infundibuliforme, à tube plus long que le calice, et à limbe partagé en quatre découpures ovales; deux étamines à filamens très-courts, insérés à l'orifice du tube de la corolle, et portant des anthères ovales; ovaire supère, oblong, surmonté d'un style de la longueur des étamines, terminé par un stigmate un peu épais et bifide ; une capsule alongée, pointue, comprimée, à deux valves opposées à la cloison, et à deux loges contenant chacune une ou deux graines oblongues, comprimées, bordées d'une aile membraneuse.

Les lilas sont des arbrisseaux à feuilles opposées, et à fleurs disposées en grappes paniculées, d'un aspect fort agréable. On en connoît quatre espèces.

Lilas commun : *Syringa vulgaris*, Linn., *Spec.* 11; *Lilac*, Matth., *Valgr.*, 1237; *Lilac vulgaris*, Lamk., Dict. enc., 3, p. 512.; Duham., nouv. éd., 2, p. 206, t. 61. C'est un grand arbrisseau qui, lorsqu'on le force à pousser sur une seule tige, atteint à la hauteur de quinze à vingt pieds, sur un tronc qui, avec les années, peut acquérir quinze à dix-huit pouces de tour ; mais si on le laisse croître en liberté, il pousse du pied une multitude de drageons qui le transforment en un épais buisson, haut de huit à dix pieds tout au plus : dans le premier cas il se ramifie toujonrs dans sa partie supérieure, et forme une tête étalée, garnie d'un beau feuillage. Ses rameaux sont opposés, cylindriques, revêtus d'une écorce grisàtre, et garnis de feuilles pareillement opposées, pétiolées, presque cordiformes, pointues, d'un vert gai et très-glabres. Ses fleurs sont fort nombreuses, agréablement odorantes, pédicellées, disposées, au sommet des rameaux de l'année précédente, en grappes paniculées et pyramidales : ces fleurs sont bleuàtres dans une variété, purpurines dans une seconde connue sous le nom de lilas de Marly, et enfin blanches dans une troisième. Il leur succède des capsules ovales, pointues, un peu comprimées, dépourvues de lignes saillantes sur leur dos et sur leurs côtés. Outre les variétés formées par la couleur des fleurs, on en connoît plusieurs autres, mais qui sont en général peu répandues : il y en a une à feuilles ternées; une autre à feuilles panachées de blanc ou de jaune; il y en a une à feuilles couvertes de pustules, et, enfin, dans une dernière variété les fleurs sont doubles.

Le lilas commun est originaire du Levant et de la Perse; mais il est aujourd'hui naturalisé dans une grande partie de l'Europe, en France, en Allemagne, en Suisse, etc., où il croît et se propage de lui-même dans les haies et les buissons. Il fleurit en Avril ou Mai. C'est à Augier Ghislen de Busbecq,

ambassadeur de Ferdinand I.ᵉʳ, empereur d'Allemagne, auprès de Soliman II, que l'Europe doit ce charmant arbrisseau,
dont l'introduction dans les jardins remonte à 1562, époque
à laquelle l'ambassadeur de Ferdinand I.ᵉʳ quitta Constantinople. Ceux qui ne datent l'introduction du lilas que de 1597,
se trompent ; car Clusius, dans son Histoire des plantes, imprimée en 1601, en parle comme étant déjà répandu dans
la plupart des jardins de l'Allemagne. D'un autre côté, c'est
trop l'avancer que de la placer en 1556 ou 1557, Busbecq
n'étant parti pour son ambassade qu'en 1555 et ayant, selon
le témoignage de Matthiole, rapporté la plante après un séjour
de sept ans auprès de l'empereur des Turcs. Au reste, le
même Matthiole, dans ses Commentaires sur Dioscoride, en
fit le premier mention et en donna la première figure en 1565.

Peu de plantes peuvent le disputer au lilas ; à la beauté
du feuillage il réunit des fleurs d'une jolie forme, disposées
de la manière la plus élégante et douées de l'odeur la plus
suave : aussi, quoique commun dans les jardins, il n'y paroît
jamais trop multiplié ; on ne peut se lasser de le voir, on ne
peut assez respirer son doux parfum. D'autres fleurs le de-
vancent et nous annoncent le réveil de Flore ; mais, lorsqu'il
étale enfin à nos yeux l'éclat de ses grappes empourprées,
déjà les beaux jours du printemps sont arrivés : partout, dans
les champs, dans les bois, dans les jardins, la douce haleine
des zéphirs fait éclore les corolles de mille espèces diverses,
qu'il surpasse toutes ; la rose qui pourroit lui disputer l'em-
pire, même le lui ravir, la rose ne doit que plus tard em-
bellir les bosquets.

On peut multiplier le lilas par ses graines, par marcottes,
par la greffe et par drageons ; mais la quantité de ces derniers qui pullulent chaque année sur les racines des vieux
pieds, dispense pour l'ordinaire d'avoir recours aux trois premiers moyens. Il est à croire que, si on semoit plus souvent
ses graines, on pourroit en obtenir d'autres variétés que
celles que nous possédons déjà. Les pieds venus de semis
poussent moins de rejets que ceux qui proviennent de drageons.

Le lilas n'est pas délicat sur la nature du terrain : il vient
presque également bien partout, dans les terres les plus mau-

vaises et les plus arides ; nous en avons même vu plusieurs pieds pousser et vivre plus de trente ans dans les fentes des vieux murs d'anciennes fortifications. On peut en faire des palissades, des haies. Ces palissades souffrent bien la taille aux ciseaux ; mais elles fleurissent rarement, car cet arbrisseau ne veut être que très-peu taillé : il ne faut que retrancher les sommités des rameaux qui ont fleuri, sans jamais couper ses jeunes pousses, du haut desquelles doivent sortir les fleurs l'année suivante. Les haies de lilas sont de peu de défense contre les hommes ; mais elles sont très-bonnes pour arrêter toutes espèces d'animaux, parce qu'elles sont toujours très-touffues. Le lilas commençant à pousser de bonne heure au printemps, il faut, quand on le transplante, que ce soit en automne ou au commencement de l'hiver.

Les feuilles du lilas sont très-amères et elles ne sont broutées par aucun quadrupède herbivore ; il paroit aussi qu'aucune larve d'insecte n'en fait sa nourriture : elles ne sont sujettes à être attaquées que par les cantharides, qui parfois les dévorent comme celles des frênes ; mais cela est assez rare.

Le bois de lilas est grisâtre, très-dur, susceptible de prendre un beau poli, et il répand une odeur agréable quand on le travaille. Il seroit propre à faire de jolis ouvrages de tour ; mais il a le défaut de se fendre et de se tourmenter beaucoup. Les Turcs font des tuyaux de pipe avec les jeunes rameaux vidés de leur moelle.

La poudre et la décoction des graines de lilas passent pour astringentes ; mais on n'en fait pas d'usage.

Lilas moyen, vulgairement Lilas varin : *Syringa media; Syringa chinensis*, Willd., *Spec.* 1, p. 48 ; *Lilac rothomagensis*. Poit. et Turp., Fl. Paris., p. 10, t. 6, inéd. Cette espèce est intermédiaire entre le lilas commun et le lilas de Perse : elle se distingue de l'un et de l'autre par ses feuilles ovales-alongées, et par ses panicules moins serrées que dans le premier et moins lâches que dans le second ; mais si, comme tout semble l'attester, elle est née des graines du lilas de Perse, elle doit plutôt être regardée comme une variété de ce dernier que comme une espèce distincte. Willdenow et plusieurs botanistes anglois la regardent comme originaire de la Chine, d'où, selon les derniers, elle auroit été introduite en Angleterre en 1795 ; mais il paroît hors de doute, d'après le témoignage de Varin, habile cultivateur, qui fut long-temps chargé du jardin botanique de Rouen, que c'est d'un semis de graines de la variété de lilas de Perse à feuilles découpées, et fait par lui à Rouen, en 1777, qu'est provenu un individu auquel on a donné le nom de lilas Varin. Cette nouvelle espèce fut long-temps rare, parce qu'on ne la multiplioit que par la greffe, et c'est probablement alors que, les Anglois l'ayant reçue, on la fit passer chez eux pour une plante de la Chine, afin de lui donner plus de prix. Mais depuis ce temps le lilas Varin est devenu plus commun, et on le multiplie facilement, soit de drageons, qu'il pousse abondamment comme les autres lilas, soit de marcottes, qui reprennent facilement.

LILAS DE PERSE : *Syringa persica*, Linn., *Spec.*, 11 ; *Lilac persica*, Duham., nouv. éd., 2, p. 207, t. 62. Cet arbrisseau s'élève moitié moins que le lilas commun ; il n'a ordinairement que cinq à six pieds de haut : ses rameaux sont effilés, revêtus d'une écorce brunâtre, divergens de toutes parts ; ses feuilles sont alongées en fer de lance, moitié moins grandes ; ses fleurs sont plus petites, à peine odorantes, disposées en grappes plus courtes, mais plus nombreuses, souvent opposées dans la partie supérieure des rameaux ; enfin les capsules sont plus étroites, moins comprimées, moins pointues, chargées de lignes saillantes sur leur dos et sur les côtés. Cette espèce passe pour être originaire de Perse, d'où elle a été apportée en Europe environ cent ans plus tard que le lilas commun : cultivée depuis ce temps dans les jardins, elle n'y est pas encore aussi bien naturalisée ; car, lorsqu'il arrive des hivers rigoureux, ses rameaux gèlent quelquefois dans le climat de Paris. Elle ne fleurit qu'en Mai ou au commencement de Juin, selon la chaleur de la saison.

Les fleurs du lilas de Perse sont ordinairement de la même couleur purpurine que l'espèce commune ; il y en a une variété à fleurs très-pâles, presque blanches, mais non entièrement de cette teinte ; il y en a aussi une dans laquelle les divisions des corolles, au lieu d'être étalées, sont un peu roulées en dedans ; mais la plus jolie variété est celle dont les feuilles sont découpées et pinnatifides, à peu près comme celles du jasmin commun.

Le lilas de Perse se cultive et se multiplie comme le lilas ordinaire ; il est seulement moins robuste et ne s'accommode pas aussi bien de toutes sortes de terrains : il craint ceux qui sont trop humides. Sa petite taille le rend plus propre à l'ornement des parterres, et, comme il supporte bien la taille, il est facile de lui faire prendre une forme régulière et de lui faire une tête bien arrondie : il produit de cette manière un très-bel effet. Les pieds nombreux de cette espèce qui décorent le jardin du palais du Luxembourg à Paris, peuvent être cités comme des modèles, et tous les ans au printemps ils font pendant quinze jours à trois semaines un effet vraiment enchanteur.

La quatrième espèce de lilas, *Syringa villosa*, Vahl, *Enum.* 1, p. 58, n'est encore connue que dans les herbiers ; elle croît à la Chine. Le *Syringa suspensa* de Thunberg et de Willdenow est aujourd'hui le genre *Forsythia*. Voyez vol. XVII, p. 253. (L. D.)

LILAS DE NUIT. (*Bot.*) Jacquin dit qu'à Saint-Domingue on donne ce nom à son *chiococca nocturna*, dont les fleurs exhalent une odeur agréable pendant la nuit.

Le lilas des Indes est l'azedarach, *azedarach melia*. (J.)

LILAS DE TERRE. (*Bot.*) Les jardiniers donnent ce nom à une variété du muscari chevelu. (L. D.)

LILÉE, *Lilæa*. (*Bot.*) Genre de plantes monocotylédones, à fleurs glumacées, monoïques, de la famille des *joncées*, de la *monoécie monandrie* de Linnæus ; offrant pour caractère essentiel : Des fleurs monoïques, imbriquées ; les mâles séparées des femelles sur des épis particuliers. Chaque fleur munie d'une écaille à sa base ; point de calice, point de corolle ; une étamine ; dans les fleurs femelles, point d'écailles ; les unes solitaires, sessiles près de la racine, d'autres réunies sur un épi pédonculé ; un ovaire supérieur ; un style court dans les fleurs en épi, très-long dans les solitaires et sessiles ; un stigmate en tête ; une semence entourée d'une enveloppe coriace.

LILÉE SUBULÉE : *Lilæa subulata*, Humb. et Bonpl., *Pl. æquin.*, 1, pag. 222, tab. 63 ; Kunth *in* Humb., *Nov. gen.*, 1, pag. 244 ; Poir., *Ill. gen.*, *Suppl.*, tab. 993. Plante herbacée, annuelle, sans tige ; ses racines sont simples et fibreuses ; ses feuilles, toutes radicales, longues de quatre à huit pouces, droites cylindriques, d'un beau vert, subulées au sommet, vaginales à leur base ; les fleurs sont monoïques, réunies en épis à l'extrémité de pédoncules radicaux, un peu plus courts que les feuilles ; les épis mâles alongés, composés d'un grand nombre de fleurs imbriquées, munies chacune, à leur base, d'une écaille lancéolée ; une étamine plus courte que l'écaille ; une anthère droite, à deux loges. s'ouvrant latéralement ; les fleurs femelles dépourvues d'écailles, composées d'un ovaire ovale, comprimé, d'un style court, d'un stigmate en tête ; la semence linéaire, aiguë, revêtue d'une membrane mince, renfermée dans un péricarpe coriace, strié, indéhiscent ; les fleurs, sessiles, axillaires, solitaires, ont leur ovaire surmonté d'un style très-long, filiforme ; le péricarpe denté au sommet. Cette plante croît sur le bord des fossés et des étangs, à Santa-Fé de Bogota. (Poir.)

LILIACÉES. (*Bot.*) Ce nom collectif étoit donné à des plantes dont les fleurs avoient quelque rapport avec celles du lis, et on entendoit par fleur, dans ces plantes, l'enveloppe unique et colorée, nommée corolle par beaucoup de botanistes anciens, calice par nous, et périgone par M. De Candolle. C'est d'après cette définition trop vague que Tournefort réunissoit dans sa classe des liliacées beaucoup de plantes rapportées dans les diverses familles de la classe des monopérigynes ou monocotylédones à étamines insérées au calice, faisant partie de l'une des trois grandes divisions principales dans la méthode fondée sur les affinités. Cependant, malgré cette définition incomplète, sa classe seroit assez naturelle, au moyen d'un petit nombre de retranchemens, et du rapprochement de quelques genres reportés ailleurs, parce que ce rapport, indiqué par lui, se lie naturellement à plusieurs autres énoncés dans le caractère général des monopérigynes.

Ces dernières peuvent être subdivisées en plusieurs familles, d'après la considération de l'ovaire libre ou adhérent, du nombre des étamines. de la structure du fruit, de la situation des graines, de l'insertion des feuilles, et surtout du développement de l'embryon dans la germination. Ainsi,

en rappelant que les plantes de cette classe sont monocotylédones et par suite dénuées de corolle, et que leurs étamines sont insérées au calice, nous ajouterons que l'une des
familles, jouissant de ces principaux caractères, renferme
les genres qui se groupent autour du lis, et qui, pour cette
raison, constituent la famille spéciale des liliacées.

On la distinguera des autres familles monopérigynes par
la réunion des caractères suivans : Un calice infère, coloré,
d'une seule pièce, mais à six divisions profondes, ordinairement égales et régulières; six étamines insérées au bas de
ces divisions; un ovaire libre et simple; un style simple,
manquant quelquefois; un stigmate à trois lobes; une capsule à trois loges, s'ouvrant en trois valves qui portent une
cloison dans leur milieu; chaque loge contenant plusieurs
graines aplaties et disposées sur deux rangs, insérées sur le
bord des cloisons au centre de la capsule; un embryon situé
dans la cavité d'un périsperme corné près de l'ombilic de
la graine; le cotylédon de l'embryon restant, pendant la germination, enfermé dans la coque de la graine, qui est sub-
sistante, sessile, et rejetée sur le côté. Tige ordinairement
herbacée. Feuilles radicales sessiles, ou formant une gaine à
leur base; feuilles de la tige sessiles, ordinairement alternes,
quelquefois presque verticillées. Fleurs tantôt nues, tantôt
accompagnées d'une spathe ou d'une feuille florale qui en tient
lieu. Il faut observer que, dans ces plantes, le style et le
stigmate étant souvent beaucoup plus élevés que les étamines,
la nature donne à leurs fleurs une direction penchée ou pen-
dante, pour faciliter la projection des poussières fécondantes
des étamines sur le stigmate; après la fécondation le fruit se
relève et prend une direction droite.

On réunit dans cette famille les genres *Tulipa, Erythro-
nium, Methonica* (*Gloriosa* de Linnæus), *Uvularia, Fritillaria,
Imperialis, Lilium, Yucca.* (J.)

LILIAGO. (*Bot.*) Cordus donnoit ce nom à une plante
désignée par beaucoup d'auteurs, et postérieurement par
Tournefort, sous celui de *phalangium*. Linnæus la nommoit
anthericum liliago; mais la nécessité de diviser l'*anthericum* en
deux genres de familles probablement différentes, a déterminé le rétablissement du *phalangium* de Tournefort (voyez

Phalangère). Césalpin nommoit aussi *liliago* les deux espéces primitives d'*hemerocallis* ou lis-asphodèle. (J.)

LILIASTRUM. (*Bot.*) Ce genre de Tournefort, réuni par Linnæus à son *anthericum*, fait maintenant partie du *phalangium* de l'auteur françois, que nous avons détaché de l'*anthericum* à cause de ses feuilles planes et non fistuleuses, de ses filets d'étamines non velus, et surtout de la germination de ses graines semblable à celle des asphodélées, pendant que celle de l'*anthericum* et de l'*aloès* se développe à peu près comme dans les asparaginées, dont ces genres doivent se rapprocher. Le *liliastrum* ne diffère du *phalangium* que par ses racines rassemblées en faisceau ou botte, comme dans l'asphodèle. (J.)

LILIE-HUAL (*Mamm.*), nom norwégien de la baleine nord-caper. (F. C.)

LILIUM. (*Bot.*) Voyez Lis. (L. D.)

LILIUM LAPIDEUM. (*Foss.*) C'est l'encrine lis-de-mer. Voyez au mot Encrine. (D. F.)

LILLAK et LILLACH (*Bot.*) : noms arabes du lilas. (Lem.)

LILLE. (*Ornith.*) Nom norwégien du petit épeiche, *picus minus*, Linn. La nonnette cendrée, *parus palustris*, Linn., se nomme en danois *lille musvit*. (Ch. D.)

LILLOIS. (*Mamm.*) Buffon rapporte ce nom à une petite race de chiens domestiques, nommée aussi Chiens issois ou d'Artois, qu'il dit provenir du croisement du roquet et du doguin. (Desm.)

LIMA. (*Ichthyol.*) En Sardaigne on appelle ainsi la Limande. Voyez ce mot. (H. C.)

LIMACE, *Limox.* (*Malacoz.*) Genre d'animaux mollusques, de la famille des pulmobranches, ordre de la section des hermaphrodites, classe des céphalophores, établi par Linnæus et admis depuis par tous les zoologistes systématiques ou méthodistes. Ses caractères sont : Corps ovale, oblong, plane en-dessous et pourvu dans toute son étendue d'un disque charnu, propre à ramper, convexe en-dessus, et ayant à la partie antérieure une sorte de bouclier charnu, contenant souvent dans son épaisseur un rudiment de coquille ; tête peu distincte, munie de deux paires de tentacules, dont la postérieure, plus longue, porte les yeux à l'extrémité ; la cavité respiratoire sous le bouclier s'ouvrant à l'extérieur par un orifice arrondi, percé au bord droit du bouclier; l'anus du même côté sous l'ouverture pulmonaire; l'orifice commun des organes de la génération en avant et au-dessous de la base du tentacule antérieur droit.

Le corps des limaces, quoique extrêmement variable par la grande contractilité dont toutes ses parties sont susceptibles, est ordinairement ovale, alongé, plus épais et plus obtus en avant qu'en arrière, où il se termine en pointe carenée ou arrondie. La partie supérieure, ou le dos, est bombée, arrondie surtout transversalement et en avant, où l'on remarque un espace ovalaire, recouvert par une sorte de· bouclier ou de disque ovale, dont le bord est à peine séparé du reste de la peau, si ce n'est en avant, où il fait une saillie plus ou moins grande, sous laquelle la tête peut se mettre à l'abri. Toute la face inférieure, au contraire, est tout-à-fait plane et forme un plan locomoteur, étendu dans toute la longueur de l'animal, et qui déborde un peu de chaque côté du corps, surtout en avant, où un sillon le sépare de la tête proprement dite. Celle-ci, quoique peu distincte, est cependant un peu plus renflée que la partie qui la joint au corps, et qui forme ainsi une sorte de cou; elle offre en avant et en-dessous une ouverture infundibuliforme à peu près ronde et dont les bords sont plissés dans tout son contour : c'est la bouche. Au-dessus sont deux paires de tentacules éminemment et entièrement rétractiles à l'intérieur par un mécanisme que nous allons expliquer. Ils sont également cylindriques et plus ou moins renflés en bouton à l'extrémité. Ce renflement est translucide aux tentacules antérieurs, qui sont plus courts et insérés un peu plus bas; les postérieurs, plus longs et plus dorsaux, sont terminés par un petit espace circulaire noir: ce sont les yeux. Au côté droit de la partie antérieure du corps se voient trois ouvertures. La plus antérieure, petite, comme bordée de blanc, est percée au milieu d'une sorte de bourrelet peu saillant à la base externe du tentacule droit. La seconde, beaucoup plus grande, circulaire, est percée au fond d'une échancrure au côté droit du bouclier : elle conduit dans la cavité pulmonaire. Enfin, sur le bord antérieur même de celle-ci est la troisième, qui est beaucoup plus petite et qui est la terminaison du canal intestinal.

L'organisation des limaces a beaucoup d'analogie avec celle des hélices. L'enveloppe dermo-musculaire, fort épaisse, surtout en-dessous, forme une longue et unique cavité, dans laquelle sont contenus les viscères. Le derme, qui ne peut être séparé de la couche contractile sous-posée, offre à sa superficie un plus ou moins grand nombre de tubercules, ordinairement alongés et séparés par des sillons ou rigoles souvent assez profondes, surtout dans les limaces rouges, sur le bord du pied desquelles ils forment une série assez régulière. Le réseau vasculaire et la couche nerveuse doivent y être très-développés. Le pigmentum colorant, qui est à sa superficie, est souvent fort épais ; l'épiderme est, au contraire, fort mince. Si l'on ne peut distinguer les cryptes muqueux de cette peau, on y voit très-bien un grand nombre de pores qui versent une grande quantité de mucosité à sa surface : elle paroît surtout sortir plus abondamment d'une espèce de sinus blanc peu profond, entouré de tubercules, et qui existe à la partie postérieure du dos des limaces rouges. Dans l'épaisseur de cette peau, la dessiccation démontre qu'il entre un assez grand nombre de molécules calcaires ; mais elles s'accumulent en plus grande quantité dans le bouclier, de manière à y former, surtout dans les limaces grises, un rudiment de coquille, il est vrai, fort mince.

L'extrémité des tentacules antérieurs est renflée, translucide et comme gélatineuse.

Celle des tentacules postérieurs offre un petit disque tout-à-fait noir, qui forme l'organe de la vision. L'œil, fort petit, est à peu près sphérique ; on y reconnoît évidemment une enveloppe fibreuse, fort mince, et laissant percer à travers, la couleur noire de la choroïde : en arrière, la sclérotique est appliquée contre le ganglion nerveux ; en avant elle se continue avec la cornée transparente, qui semble aussi être la continuation de la peau : la choroïde, très-colorée, est percée par une pupille extrêmement petite, suivant l'analogie, et l'observation directe de Swammerdam, qui décrit aussi un crystallin.

L'appareil de la locomotion des limaces est, comme dans

tous les animaux du type des mollusques, en grande partie
cutané, c'est-à-dire que les fibres musculaires qui le composent sont restées très-adhérentes à la peau, confondues
avec le derme et dirigées dans tous les sens. Sous le ventre,
cependant, où existe le disque locomoteur, elles sont beaucoup plus épaisses et dirigées suivant la longueur de l'animal;
elles sont du reste fort courtes, et il en naît successivement
de nouvelles depuis une extrémité jusqu'à l'autre. On a aussi
remarqué qu'elles forment trois bandes longitudinales assez
distinctes, une médiane et les autres latérales.

Quant aux muscles propres, il n'y a que les muscles de la
masse buccale, ceux des tentacules et le rétractateur de la
verge. Nous exposerons la disposition des premiers et du
dernier, quand il sera question de la bouche et des organes
de la génération. Les tentacules sont creux dans toute leur
longueur et formés par un prolongement de l'enveloppe der-
moïde, d'où il suit que des fibres musculaires tapissent la
face interne du cylindre : ces fibres sont en grande partie
annulaires, et par conséquent leur contraction suffit pour
alonger l'organe. A l'intérieur de ce cylindre est un muscle
longitudinal, au milieu duquel est le nerf optique, ou le
nerf olfactif, et qui, de la partie inférieure et postérieure du
muscle diaphragmatique, se porte à la circonférence du renflement terminal du tentacule; une division du même muscle
va à la première paire de tentacules, et envoie aussi quelques fibres au bourrelet labial.

L'appareil de la nutrition est presque en tout semblable à
ce qui se remarque dans les hélices. La cavité buccale, qui
suit la bouche, forme une petite masse pourvue à son bord
supérieur d'une dent arquée, mais non dentée; à la partie
inférieure, d'un renflement lingual, assez épais, assez alongé,
et dont la surface est garnie d'une plaque épidermique tout-
à-fait lisse : de chaque côté est la terminaison du canal excréteur de la glande salivaire correspondante; elle est beaucoup
moins longue que dans les hélices. Enfin, la cavité buccale
est entourée de fibres musculaires, épaisses, dont les antérieures, très-courtes, se portent de la marge de l'orifice au
bord antérieur de la masse. De la partie supérieure de la
cavité buccale naît un œsophage fort étroit qui, après avoir

traversé le collier nerveux, s'élargit subitement et se prolonge assez loin en arrière, en conservant une grosseur considérable : ce renflement cylindrique peut être regardé comme
un premier estomac ; c'est, en effet, à sa terminaison, avant
qu'il se continue avec le second renflement stomacal, que
trois gros canaux biliaires, provenant des lobes droits du
foie, viennent s'ouvrir largement dans le canal intestinal.
Cette partie de l'estomac, un peu plus renflée que l'autre,
mais beaucoup plus courte, et dont la membrane muqueuse,
qui la tapisse, forme des plis longitudinaux assez prononcés,
se recourbe de droite à gauche et d'arrière en avant, et
donne naissance au véritable intestin qui revient en avant pour
se terminer par un orifice fort petit au bord de l'orifice de la
cavité pulmonaire. Il est accompagné, dans presque toute sa
longueur, par des lobes du foie qui se collent contre lui, et
dont les canaux excréteurs, bien visibles, se réunissent en
deux autres gros troncs, dont nous venons de parler. Un
autre porc biliaire, très-gros, situé au côté gauche, verse
la bile provenant des lobes hépatiques gauches, et surtout
postérieurs, au milieu desquels se trouve l'ovaire. Les orifices de ces canaux biliaires dans l'estomac sont si grands,
qu'en insufflant celui-ci, on gonfle tous les lobes hépatiques
avec la plus grande facilité.

Le système veineux est beaucoup plus difficile à voir que
le système artériel, d'abord parce que les parois des veines
sont beaucoup plus minces que celles des artères, et qu'elles
sont translucides. La principale veine, qu'il faut considérer
comme une veine cave, occupe la ligne médiane supérieure ;
plus petite en arrière, elle augmente en grosseur à mesure
qu'elle devient plus antérieure et qu'elle reçoit les autres
ramifications veineuses. Arrivée au bord postérieur du bouclier à peu près, elle se partage en deux gros rameaux, qui
embrassent le péricarde dans leur écartement, et qui se subdivisent ensuite, en formant le plan supérieur du réseau pulmonaire.

Ce réseau occupe le plancher d'une cavité respiratoire, à
peu près arrondie et située immédiatement au-dessous du
bouclier dorsal conchifère. Sa paroi supérieure est formée
par la face inférieure de ce bouclier, et l'inférieure par une

sorte de diaphragme ou de cloison musculeuse, qui sépare la cavité pulmonaire de la cavité viscérale. C'est au côté droit, et plus ou moins en arrière de la jonction du bouclier avec le manteau ou le reste de l'enveloppe cutanée, qu'existe l'orifice par lequel cette cavité communique avec le fluide ambiant. Cet orifice, dans le repos, est susceptible d'être complétement fermé ou prodigieusement agrandi par la contraction ou la dilatation de la peau contractile dans laquelle il est percé, de manière quelquefois à laisser voir la plus grande partie de la cavité.

Les veines pulmonaires, qui naissent des artères, forment un réseau à peu près de même forme que celles-ci, mais qui est sur un plan plus inférieur. La veine unique, qui résulte de leurs réunions successives, est assez grosse et courte; elle se termine à l'extrémité d'une oreillette ovale, qui s'ouvre elle-même dans un ventricule pyriforme, de la pointe duquel sort l'aorte. Le cœur, ainsi composé, est renfermé dans une loge particulière, située entre la lame membraneuse et le bouclier, plutôt que dans un véritable péricarde.

L'aorte se porte d'abord en arrière, mais presque aussitôt elle se partage en deux grosses branches qui se dirigent en sens opposé ; l'antérieure se recourbe sous l'extrémité du rectum et se divise en deux troncs : l'un postérieur, qui envoie des ramifications à l'oviducte et même à l'estomac antérieur, et l'autre, plus gros, qui, parvenu vers la masse buccale, se subdivise de nouveau. Une grosse branche va aux tentacules, à la bouche et aux parties environnantes, et l'autre, après avoir passé sous le canal intestinal, se porte d'avant en arrière, se bifurque, et distribue assez symétriquement ses ramifications à la partie inférieure de l'enveloppe musculo-cutanée et par conséquent au pied. Quant à la bifurcation postérieure de l'aorte, elle distribue d'abord quelques petites branches au rectum; puis elle se subdivise en deux gros troncs : l'un, qui va à l'estomac, en avant et en arrière, et l'autre aux différens lobes du foie, ainsi qu'à l'ovaire.

On trouve dans les limaces, comme dans les hélices, ce singulier organe que l'on a successivement nommé le sac calcaire et l'organe de la viscosité, et que nous pensons appartenir à l'appareil de la dépuration urinaire. Il est situé vers le péricarde, où il entoure le cœur, en formant un cercle presque complet : réuni à son intérieur par un grand nombre de lames verticales, son canal excréteur, qui suit la même courbe que l'organe, s'ouvre à l'extérieur par un très-petit orifice arrondi, tout près de celui de la cavité respiratoire.

L'appareil de la génération a sans doute beaucoup de ressemblance avec celui des hélices : il y a cependant des différences assez notables. L'ovaire, tout-à-fait granuleux, forme une masse plus ou moins considérable, qui est presque cachée dans les lobes postérieurs du foie. On en voit bien clairement naître, par des ramifications très-fines et nombreuses, l'oviducte postérieur, d'abord très-petit, et qui se replie sur lui-même un très-grand nombre de fois, en augmentant un peu de calibre à mesure qu'il se rapproche du testicule ou, mieux, de la seconde partie de l'oviducte : celle-ci, beaucoup plus grosse, a ses parois épaisses, boursoufflées ; sa cavité présente des cellules ou loges un peu irrégulières, pleines de beaucoup de viscosité. Après plusieurs inflexions ou replis assez grands, elle se change presque brusquement en un canal cylindrique, à parois lisses, épaisses, qui se renfle un peu de nouveau, avant de se terminer dans la poche commune de l'appareil de la génération. Peu auparavant ce canal reçoit le cou très-court d'une petite bourse ovale à parois épaisses, et qui contient, dans son intérieur, un fluide jaunâtre assez épais.

L'appareil du mâle est encore plus compliqué que celui de la femelle : il se compose toujours d'un testicule de grosseur variable, suivant l'époque de l'année à laquelle on dissèque l'animal ; son tissu est aussi plus ferme, plus compacte après le temps de l'accouplement qu'avant. Il n'est pas aussi aisé d'y voir les radicules du canal déférent que celles de l'oviducte dans l'ovaire. Arrivé vers le point où la première partie de cet oviducte se joint à la seconde, il y a une connexion intime du testicule, du canal déférent, avec l'appareil femelle. L'on commence alors à voir, le long du second oviducte, une bande grésillée blanche, qui lui forme comme une sorte de mésentère en retenant ses plis, et qui augmente d'épaisseur et de largeur à mesure que, en acccompagnant toujours le second oviducte, elle se porte plus en avant.

De cette espèce d'épidydyme, qui s'est prolongé au-delà de la partie boursoufflée de l'oviducte, naît un canal cylindrique assez grêle, qui se recourbe et se porte assez loin en arrière : il se termine à l'origine d'un organe cylindrique considérable, auquel on a donné, je ne sais trop pourquoi, le nom de pénis. Cet organe, plus renflé en arrière qu'en avant et qui s'est aminci peu à peu, est creux dans toute la longueur et forme un long sac. Ses parois, assez épaisses, sont évidemment musculaires et composées de fibres, surtout annulaires. A l'intérieur, la membrane interne forme un grand nombre de petites rides ou plis transverses, disposés sur plusieurs rangs longitudinaux. A son origine postérieure ce sac est attaché par un muscle épais, mais assez court, à la lame musculaire diaphragmatique dont il a été parlé plus haut. A son extrémité antérieure il s'ouvre par un orifice arrondi dans le vestibule commun des appareils de la génération, au côté droit, un peu en arrière des tentacules de ce côté.

Le système nerveux diffère extrêmement peu de celui de l'hélice. Le cerveau est formé d'un ganglion transverse supérieur à l'œsophage, se réunissant à droite et à gauche avec le ganglion locomoteur inférieur, de manière à comprendre entre eux celui-là, comme dans un anneau : du cerveau sortent successivement les filets qui vont au bourrelet labial, à la masse buccale, à la première paire de tentacules et à la seconde. Celui-ci, le plus gros, forme le nerf optique, qui, après avoir fait plusieurs flexions dans l'intérieur du tentacule, se termine au ganglion optique, sur lequel l'œil est immédiatement appliqué. C'est du ganglion sous-œsophagien que sort de chaque côté un gros nerf, qui se porte en arrière en se subdivisant successivement dans le pied et dans le reste du derme. On trouve un petit ganglion viscéral situé sous l'œsophage, et qui communique à droite et à gauche avec le cerveau par un filet assez fin. Il y a aussi un ganglion de l'appareil de la génération, formant une sorte de petit plexus, communiquant avec le côté droit du cerveau par un filet, et en envoyant deux ou trois à la gaine de la verge et à cet organe lui-même.

Les limaces ont le sens du toucher encore plus délicat peut-être que les hélices, et surtout dans les parties antérieures et sur les bords du manteau. Leur goût, leur odorat et même leur vision, doivent ne différer que fort peu de ce qui existe dans les hélices. Elles goûtent et elles odorent, puisqu'elles recherchent et préfèrent certainement plusieurs substances à d'autres. Elles ne paroissent pas apercevoir réellement les corps, quoiqu'elles soient pourvues d'un organe de vision. Elles sont certainement sourdes.

Leur locomotion se fait, à peu près comme celle des hélices, par la contraction successive des fibres musculaires du pied, et surtout de celles de la bande médiane. Mais elle est plus vive, plus rapide, surtout quand elles cherchent à s'échapper d'un lieu où elles étoient retenues.

Leur nourriture consiste essentiellement en substances végétales : ce sont surtout les jeunes plantes, les fruits, les champignons, le papier, le bois pourri, que les limaces recherchent. Elles se nourrissent assez bien aussi de quelques substances animales, comme de fromage, de viande et de matières en putréfaction. Ce sont des animaux évidemment voraces, qui mangent plus le soir qu'à aucune autre époque de la journée. Leur manière de manger est une sorte de mastication, la plaque linguale s'opposant à la mâchoire supérieure et poussant ensuite la matière vers l'œsophage. Comme dans tous les animaux mollusques, la digestion paroit être fort lente ; aussi les limaces peuvent-elles supporter un jeûne trèsprolongé. Elles le peuvent cependant moins que les hélices, à moins qu'elles ne se trouvent dans des circonstances trèsfavorables, à cause de la nudité de leur peau, qui leur rend la sécheresse de l'air, ainsi que l'action solaire, très-pernicieuses.

Ce sont, en effet, des animaux qui ne sortent des trous de vieux murs, de dessous les pierres ou les feuilles à demi pourries, des anfractuosités des écorces, des champignons, et même de l'intérieur de la terre, où ils se retirent habituellement, qu'à l'époque de la journée où il y a en général plus d'humidité dans l'air, c'est-à-dire, le soir et de grand matin. On les voit surtout plus abondamment après les pluies douces et chaudes du printemps et de l'été.

Comme les hélices, les limaces craignent le froid ; mais, quoiqu'elles ne puissent que se mettre très-incomplétement à l'abri sous leur bouclier, elles paroissent le craindre moins que celles-là : aussi entrent-elles plus tard dans l'état de torpeur de l'hibernation ; elles s'enfoncent cependant, pour passer l'hiver, dans les excavations de la terre. Elles m'ont paru surtout rechercher pour cela l'humus qui se forme dans le tronc des arbres pourris. En effet, j'ai plusieurs fois trouvé des individus à plus d'un pied de profondeur dans cette substance. Dans cet état de torpeur, les limaces se contractent autant que possible dans le sens de la longueur, en sorte qu'elles sont presque hémisphériques.

Leur activité générale s'augmente avec la température : c'est en effet à la fin du printemps et pendant l'été que ces animaux se recherchent dans le but de se reproduire. On n'a pas encore de détails bien certains sur la manière dont ils s'accouplent. D'après les Observations nouvelles de M. Werlich, insérées dans l'Isis de M. Ocken, faites sur la limace grise au mois de Juin, les deux individus se placent d'abord de manière à former un cercle, la tête à la queue l'un de l'autre ; la queue s'avance ensuite peu à peu le long du côté droit jusque vers l'orifice de la respiration : alors les deux individus se touchent, se flattent, se chatouillent réciproquement avec la bouche ; toutes les parties antérieures entrent dans une espèce de mouvement convulsif, et l'on voit sortir du cloaque l'organe excitateur sous forme d'une petite corne blanche. Le contact entre les deux individus devient plus grand, plus serré ; la partie postérieure de leur corps s'entortille l'une avec l'autre, en même temps que l'organe excitateur, qui s'est considérablement alongé. L'entortillement de ce dernier organe devient si serré que les deux semblent n'en former plus qu'un. Sa couleur, d'abord d'un blanc bleuâtre transparent, devient jaunâtre. Pendant ce rapprochement intime, qui dure à peu près une demi-heure, l'agitation convulsive, les chatouillemens réciproques continuent d'avoir lieu. Cependant les organes excitateurs ne sont plus entortillés, mais seulement fortement serrés l'un contre l'autre. Pénètrent-ils alors l'un dans l'autre, comme paroît le supposer M. Werlich, ou bien chacun d'eux dans l'organe femelle de son congénère, comme cela a lieu dans les hélices ? c'est ce qui ne paroît pas probable, mais ce qui a besoin d'être éclairci. Cependant l'état convulsif diminue peu à peu ; les chatouillemens réciproques cessent, les parties postérieures du corps se séparent, et enfin peu de temps après les organes excitateurs en font autant. On voit alors qu'ils avoient plus d'un pouce et demi de long. Les deux limaces, dans un état plus ou moins complet d'affoiblissement, se quittent ensuite et s'en vont chacune de son côté.

Assez peu de temps après l'accouplement, et généralement aux mois de Mai et de Juin, les limaces pondent des œufs plus ou moins globuleux, et dont la grosseur varie suivant les espèces. Ils sont déposés isolément, par petits tas plus ou moins nombreux, dans des lieux humides et à l'abri des rayons solaires, sous des pierres, dans le fumier, dans des trous de mur, etc. D'abord parfaitement transparens, ils deviennent peu à peu, par l'épaississement de leur enveloppe, opaques et de couleur jaunâtre ; enfin, ils éclosent au bout d'un temps qui paroit un peu varier suivant la température extérieure. Les jeunes limaces sont alors extrèmement molles, presque muqueuses ; mais elles rampent, les tentacules étendus, aussitôt qu'elles sont sorties naturellement ou même artificiellement de l'œuf. On n'a pas encore de connoissances suffisantes sur le temps qu'elles sont à devenir adultes, ni sur la durée de leur vie.

Les limaces ne sont presque en aucune manière utiles à l'espèce humaine. Anciennement on a attaché plus ou moins de vertus imaginaires à la petite coquille des limaces grises, à la mucosité qui sort de toutes les parties de leur peau ; mais on est, avec juste raison, revenu depuis long-temps de ces idées. Il est malheureusement plus certain que les limaces sont très-nuisibles dans nos jardins, dans nos potagers surtout, et même dans nos champs. Ces animaux recherchent principalement pour leur nourriture les jeunes pousses des plantes potagères ; aussi s'est-on souvent occupé de trouver quelque moyen de les détruire. Les meilleurs sont à peu près les mêmes que ceux que nous avons indiqués pour la destruction des hélices : ne souffrir que le moins possible d'anfractuosités dans les murs des jardins, point d'arbres morts, de buis, d'arbres verts en touffe serrée, d'amas de pierres, ni, en général, de tous autres corps qui laissent entre eux des interstices assez profonds pour que ces animaux puissent s'y mettre à l'abri du froid et de la sécheresse ; ou bien ne conserver qu'un petit nombre de ces dispositions favorables, de manière à les bien connoître et à y chercher les limaces qui pourroient s'y être retirées, pour les tuer, ou les donner à manger à la volaille, qui les aime beaucoup. Telles sont les précautions générales à prendre, sinon pour détruire, au moins pour diminuer considérablement le nombre des limaces dans nos jardins : pour les empêcher de se porter vers un lieu déterminé et circonscrit, comme un semis, une plante, un arbre, il faudra aussi, comme pour les hélices, entourer ce lieu de sable, de poussière, de substances très-agglutinantes, qu'elles ne puissent pas dépasser.

Les limaces paroissent se trouver dans toute la zone septentrionale des deux continens, de même que dans toute la zone tempérée : ainsi l'on trouve des limaces en Norwége, dans la Laponie, en Suède, dans toute la Russie, en Danemarck, en Angleterre, dans toutes les parties de l'Allemagne, en Grèce, en Italie, en France, en Espagne, et même dans tout le versant méridional de la Méditerranée. Je ne voudrois pas assurer qu'il y en eût dans le reste de l'Afrique ; dans l'Amérique septentrionale, il paroît certain qu'il existe de véritables limaces, du moins M. Rafinesque en cite. Il ne me semble pas non plus hors de doute, que les animaux mollusques terrestres limaciformes que l'on trouve dans le versant du golfe du Mexique, dans l'Archipel américain et dans tout le reste de l'Amérique méridionale, soient de véritables limaces ; peut-être sont-ce des espèces de véronicelles. Il me semble aussi que les limaces véritables n'existent pas non plus dans tout le versant de la mer des Indes, ni dans la Polynésie, ni même dans l'Australasie : ce seroit un sujet assez curieux de recherches de s'assurer de ce fait.

La distinction des espèces de limaces est extrêmement difficile, et aucun zoologiste n'est encore parvenu à quelque chose d'un peu satisfaisant sous ce rapport. Cela tient à ce que la forme du corps et les couleurs sont extrêmement variables dans les différens individus de chaque espèce. D'après ce que j'ai pu observer à ce sujet, les différences spécifiques ne pourront être clairement établies que sur la différence de l'organe excitateur mâle ; mais malheureusement nous connoissons assez peu l'accouplement des différentes espèces présumées, et leur anatomie n'est pas non plus bien avancée. On les partage très-bien en deux groupes distincts, comme nous l'avons établi d'après Swammerdam, les limaces grises et les limaces rouges, ou les limaces domestiques et les limaces agrestes, que M. de Férussac a encore précisées davantage, en leur donnant des dénominations particulières ; mais il n'est pas aussi aisé d'aller plus loin. Nous allons cependant donner les caractères de chaque espèce proposée.

Les limaces rouges offrent réellement quelques différences dans plusieurs points de l'organisation avec les limaces grises ou tachetées ; mais, comme ces différences n'offrent pas d'indication de dégradation, et qu'elles n'ont qu'une légère influence sur les mœurs et les habitudes, elles ne nous paroissent pas devoir déterminer la formation d'une coupe générique distincte.

Dans le premier groupe de limaces, la peau du corps est en général plus rugueuse, plus profondément sillonnée que dans le second ; à l'extrémité postérieure du dos existe une excavation assez profonde, où la peau n'est pas colorée, et d'où sort une matière ordinairement blanche, mais qui ne se répand pas dans les sillons de la peau : on en ignore la nature et l'usage. Dans les limaces grises, au contraire, la fin du corps est plus ou moins carenée. Le bouclier thoracique est beaucoup moins libre à sa partie antérieure que dans les limaces grises, où il forme une avance souvent considérable ; il ne contient à l'intérieur que quelques grains crétacés, qui ne se réunissent pas en forme de coquille, au contraire de ce qui a lieu dans les limaces grises. Enfin, l'orifice de la respiration est toujours plus antérieur que dans l'autre groupe. On remarque de plus dans les limaces rouges que le disque locomoteur est uniforme dans toute son étendue, et que son bord est comme partagé en un grand nombre de petites crénelures verticales, souvent assez régulières. On trouve aussi quelques différences plus profondes, non pas évidemment dans les appareils de la digestion, de la circulation et de la respiration, mais dans celui de la génération : ainsi les limaces rouges n'ont pas cette espèce de long tentacule excitateur que nous avons décrit dans les limaces grises, ce qui porte à penser qu'il y a quelques différences dans le mode d'accouplement.

Nous devons ajouter aux différences que nous venons de noter dans l'organisation des limaces, que les unes sont toujours à peu près uniformement colorées et souvent en rouge, tandis que les autres sont presque toujours tachetées ou marbrées de noir sur un fond gris : d'où sont tirés les noms de limaces rouges et de limaces grises, que l'on emploie quelquefois pour les désigner.

Il paroît aussi que les limaces grises recherchent plutôt les habitations que les autres, d'où Swammerdam a tiré leur séparation en limaces domestiques et en limaces agrestes.

A. *Espèces qui ont l'extrémité du dos avec un sinus aveugle :* les L. ROUGES OU AGRESTES; Genre *Arion* de M. de Férussac.

La L. ROUGE : *L. rufus*, Linn.; *A. empiricorum*, de Fér., Moll. terrest. et fluv., pl. 1 à 3. Le corps épais, assez alongé, de couleur extrêmement variable, depuis le jaune clair presque blanc jusqu'au rouge foncé et au brun presque noir; les bords du pied striés verticalement par des lignes noires; les tentacules ordinairement de la même couleur.

Cette espèce, qui se trouve communément dans toutes les parties de l'Europe, est tellement susceptible de varier de couleur, qu'il est presque impossible de trouver deux individus qui soient complétement semblables sous ce rapport. La teinte la plus ordinaire est cependant le rouge brun.

Il faut donc rapporter à cette espèce les *L. ater, rufus, succineus, luteus, marginellus, subrufus,* des auteurs.

Il en est de même, à ce qu'il me semble, du *L. albus* de Gmelin, d'après Muller : elle ne paroit en effet différer de la variété jaune, qu'en ce que la teinte générale est encore plus claire; car il y a toujours les lignes verticales noires des bords du pied.

Je n'ose rien assurer positivement des quatre espèces suivantes; mais je crois extrêmement probable que ce ne sont également que des variétés de la limace rouge commune.

La L. brunatre; *L. subfuscus*, Drap., pl. 9, fig. 8. De couleur brunâtre, avec une bande brune plus foncée de chaque côté; l'orifice de l'organe respiratoire au milieu du bord du bouclier, ou un peu plus antérieur que dans la précédente.

Si ce dernier caractère étoit certain, il est probable qu'il suffiroit pour distinguer cette espèce; mais il est, je crois, permis d'en douter.

La L. a tête noire; *L. melanocephalus*, Faure-Biguet, De Fér. Le corps assez peu profondément sillonné, de couleur jaune citron, et plus souvent jaunâtre, réticulée de gris; la tête et les tentacules de couleur très-foncée.

Cette espèce, qui a été observée par M. Faure-Biguet, habite les montagnes subalpines du Dauphiné : elle paroît moins craindre le froid que les autres espèces, car elle sort et rampe dans les beaux jours de l'hiver.

La L. rembrunie; *L. fuscatus*, De Fér., Moll. terr. et fluv., pl. 2, fig. 7. Couleur générale brunâtre en-dessus, grisâtre sur les côtés; une ligne plus obscure de chaque côté du bouclier; les bords du pied blanchâtres avec de petites lignes verticales noires.

Elle habite les bois des environs de Paris.

La L. des jardins; *L. hortensis*, De Fér., Moll. terrest. et fluv., pl. 12, fig. 4, 6. Le corps subcylindrique, comme tronqué en arrière, de couleur en général noire foncée, avec des bandes longitudinales grisâtres sur le bouclier et le reste du corps; les bords du pied de couleur orangée.

Très-commune aux environs de Paris.

Je regarde encore comme appartenant à cette section, et peut-être même comme une simple variété de la L. rouge : La L. brune ; *L. brunneus*, Drap., dont la couleur est noirâtre, le bouclier plus pâle et comme jaunâtre à sa partie postérieure; les tentacules courts; la peau peu ridée; le cou plus long que le bouclier : elle se trouve dans les lieux très-humides de Montpellier.

B. *Espèces qui ont l'extrémité postérieure du corps carenée et sans sinus aveugle :* les Limaces grises ou domestiques ; Genre *Limax*, De Fér.

Nous ferons la même observation sur les espèces assez

nombreuses, établies dans cette section, que sur celles de la section précédente : il est extrêmement probable qu'on les a beaucoup trop multipliées ; du moins les caractères qu'on a donnés pour les distinguer sont très-insuffisans.

La L. CENDRÉE : *L. cinereus*, Linn., Gmel.; *L. antiquorum*, De Fér., *loc. cit.*, pl. 4.

Corps alongé; le bouclier un peu appointi en arrière; la couleur d'un gris blanchâtre, avec des lignes noires interrompues, quelquefois assez serrées pour que l'animal paroisse noir.

Cette espèce, qui est commune dans les bois sous les écorces d'arbres pourris, est celle qui atteint la plus grande taille; c'est sur elle que M. Werlich a fait les observations que nous avons citées plus haut.

Je rapporte à cette espèce celle que M. de Férussac a nommée *L. alpinus*, pl. 5, A, fig. ? qui a été trouvée sous les écorces de vieux sapins des Alpes; ainsi que la L. MARGINÉE, *L. marginatus*, Mull. et Drap., pl. 9, fig. 7. Celle-ci, qui est commune dans le Sorezois, a la couleur générale cendrée, avec de petits points noirs, qui se rapprochent assez sur le bord du corps et du bouclier pour former une sorte de bande.

La L. DES CAVES, *L. flavus*, Linn., Gmel.; *L. variegatus*, Drap., de Fér., pl. 5, fig. 1 — 6.

Le corps moins alongé que dans la précédente; de couleur ordinairement roussâtre, quelquefois jaune ou verdâtre, avec des lignes brunes longitudinales; le bouclier arrondi postérieurement.

Cette espèce est très-commune dans nos habitations et surtout dans les caves; c'est celle que Swammerdam a disséquée : elle a été trouvée non-seulement dans toute l'Europe septentrionale ou méridionale, mais même encore en Amérique, à Philadelphie, par M. Say.

La L. AGRESTE; *L. agrestis*, Linn., de Fér., pl. 5, fig. 7—10.

Très-petite espèce, ordinairement toute grise, rarement roussâtre, avec de très-petites lignes noirâtres, que l'on trouve communément dans les champs, les jardins, et qui rejette de toute la partie de sa peau et surtout de la postérieure une grande quantité de viscosité, à l'aide de laquelle elle se suspend quelquefois à l'extrémité des branches. C'est cette faculté qui lui a valu le nom de L. FILANTE, *L. filans*, de la part de plusieurs auteurs anglois, et entre autres de Hox, de Shaw et de Latham.

Elle est bien distincte par la forme du tentacule excitateur, qui est assez court et conique.

M. De Férussac rapporte à cette espèce le *L. reticulatus* de Muller. Je crois qu'il en faut faire autant des espèces suivantes : 1.º La L. BILOBÉE ; *L. bilobatus*, De Fér., pl. 5, fig. 11, établie sur un individu unique trouvé aux environs de Paris, et dont le bouclier étoit inégalement divisé en avant, sans doute par accident. 2.º L. DE VALENCE ; *L. valentianus*, De Fér., pl. 8, A, fig. 5, 6, qui est de couleur rousse variée de fauve ; le dos et le bouclier avec une bande longitudinale noire de chaque côté, et qui a été trouvée dans les jardins de Valence en Espagne. 3.º la L. SYLVATIQUE, *L. sylvatica*, Drap., pl. 9, fig. 11, de couleur violette sans taches.

Cette espèce, quoique fort petite, est cependant celle qui nuit le plus à l'agriculture, à cause de sa grande multiplication. M. Leechs, qui en a donné une histoire encore plus complète que celle que l'on doit à Schirach, a fait l'observation, que deux individus, après leur accouplement, ont pondu sept cent soixante et seize œufs, et que ces œufs peuvent être desséchés jusqu'à huit fois de suite sur un fourneau sans perdre la propriété d'éclore.

La L. JAYET ; *L. gagates*, Drap., pl. 9, fig. 2, De Fér.

Forme générale et grandeur de la limace agreste, dont elle n'est peut-être encore qu'une variété ; la carène dorsale se prolongeant plus loin ; le bouclier plus petit, et ayant un sillon marginal qui semble dessiner le rudiment de la coquille : couleur quelquefois toute noire et d'autres fois plus grisâtre.

De la France méridionale, de Malte, etc.

La L. TENDRE ; *L. tenellus*, Mull., Drap. D'un pâle verdàtre, avec une légère teinte noire en-dessus ; la tête noire, ainsi que les tentacules, d'où partent deux lignes longitudinales qui se prolongent sur le cou.

Elle habite le Danemarck, d'après Muller, et la France méridionale, d'après Draparnaud.

La L. A GRAND BOUCLIER ; *L. megaspidus*, Bv., J. de ph., t. 95, pag. 444, pl. 11.

Espèce qui appartient indubitablement à cette section, et dont le bouclier m'a paru plus grand que celui des autres limaces que j'ai observées, mais qu'il est impossible de caractériser assez complétement pour assurer qu'elle est distincte.

La L. LISSE; *L. lævis*, Gmel., d'après Muller. Le corps très-lisse, de cinq lignes de long, tout noir, en-dessus comme en-dessous, si ce n'est dans la bande médiane du pied.

Cette espèce, qui est probablement un jeune individu de la *L. ater*, variété de la L. rouge, est, dit Muller, toujours plus étroite qu'elle ; elle ressemble à une fasciole terrestre.

La L. GRÊLE; *L. gracilis*, Rafin., *Ann. of. nat.* 1. Le corps grêle, d'un pouce de long; le bouclier d'un brun foncé: le dos et la queue carenés de la même couleur; la tête et les tentacules inférieurs fauves, les supérieurs bruns.

Des bois de Kentucky dans l'Amérique septentrionale.

Espèces dont la section est inconnue.

La L. BRUNE; *L. brunneus*, Draparn. Couleur noirâtre; le bouclier plus pâle et comme jaunâtre à sa partie postérieure; les tentacules courts; la peau peu ridée; le cou plus long que le bouclier: c'est une limace rouge.

Lieux très-humides des environs de Montpellier.

La L. BRUNE; *L. fuscus*, Gmelin, d'après Muller. Couleur roussâtre en-dessus; une tache oblongue brune de chaque côté du bouclier et du corps; une ligne noirâtre bordant le bouclier; les tentacules noirs.

Cette espèce, qui me paroît n'être qu'une variété de la L. rouge, a huit lignes de long. Muller, qui en a trouvé plusieurs individus de la même grosseur dans les bois au mois de Décembre, présume qu'ils étoient jeunes.

La L. JAUNE : *L. flavus immaculatus*, Mull.; *L. aureus*, Gmel. Elle me paroît encore n'être qu'une variété de la limace rouge, et dont la couleur, surtout celle du bouclier, étoit entièrement jaune sans aucune tache.

Elle a été trouvée dans les lieux frais et ombragés du Danemarck et de la Norwége.

La L. CEINTE, *L. cincta*, Gmel. d'après Muller, est probablement dans le même cas; sa couleur est d'un jaune de succin avec une bande cendrée autour du bouclier et du dos.

Assez rare : dans les bois ombragés du Danemarck.

La L. HYALINE, *L. hyalinus*, Gmel., petite espéce, probablement une variété de l'agreste, hyaline, avec une ligne
brune à la base des tentacules.

Trouvée par Scopoli dans les mousses.

La L. DES ROCHERS; *L. scopulorum*, Fab., Voy. en Norwége.
Couleur générale cendrée, plus foncée et presque noire sur
le bouclier; quatre points noirs ocellés sur la partie antérieure du corps : c'est probablement encore une variété de
la L. AGRESTE.

La L. PHOSPHORESCENTE; *L. noctiluca*, De Fér., d'aprés d'Orbigny, pl. 11, fig. 8. Cette espèce fort singulière n'est connue que d'après une description et une figure assez incomplètes, données par M. d'Orbigny à M. de Férussac, et que
celui-ci a publiées dans son ouvrage sur les mollusques. Elle
paroit surtout remarquable, parce que vers l'extrémité postérieure du bouclier existe un petit disque ou pore couvert
d'une matière qui est lumineuse dans l'obscurité : la couleur
générale est d'un brun clair, assez uniforme; le bouclier étroit,
mais assez long, contient un rudiment de coquille, et cependant l'extrémité du corps n'est pas carenée. Cette limace, qui
n'a que quinze lignes de long sur sept de large, a été trouvée
sous les pierres dans l'ile de Ténériffe.

Quant à l'espèce de limace que M. Bosc a décrite et figurée
sous le nom de L. *carolinianus* dans l'histoire des vers, du
Buffon de Deterville, il paroît probable qu'elle appartient
à un nouveau genre de limacinés que M. Rafinesque a établi
sous le nom de *Phylomicus* : il paroit, en effet, qu'elle n'a pas
de bouclier distinct. (DE B.)

LIMACE GORGE-DE-PIGEON. (*Bot.*) Espèce d'agaric de
la famille des *glaireux* de Paulet (Traité, 2, p. 193, pl. 86,
fig. 1 — 3), qui paroit voisine de l'*agaricus clypeatus*, Linn.
Son chapeau est un mélange de roux et de bleu ou de violet,
confondus ensemble, mais distincts à la partie inférieure;
car les feuillets sont roux, et le stipe est lavé de bleu ou de
violet. Ce champignon a trois pouces de hauteur sur deux de
largeur; il doit son nom à ses feuillets couleur de limace
rousse, et au dessus de son chapeau, qui est de couleur
gorge de pigeon. On le trouve dans les bois des environs de

Paris ; il n'est point mal-faisant. Il offre une variété à feuillets blancs. Voyez LIMAX. (LEM.)

LIMACE DE MER [LIMACES MARINES]. (*Malacoz.*) Les anciens auteurs d'histoire naturelle, et même aujourd'hui les personnes étrangères à la science, emploient ce nom pour désigner les mollusques nus qui rampent au fond de la mer, à peu près comme les limaces : tels sont les doris, les tritonies, et surtout les aplysies ou lièvres marins, etc. (DE B.)

LIMACE A PLANTES. (*Malacoz.*) On trouve quelquefois cette dénomination employée par plusieurs auteurs, et entre autres par l'abbé Dicquemare, pour désigner les doris, à cause des ramifications de leurs branchies. (DE B.)

LIMACELLE, *Limacella.* (*Malacoz.*) Genre de mollusques de la famille des Limacinés, établi par M. de Blainville pour un petit animal qu'il a observé dans la collection du Muséum britannique, et qui lui a paru différer des véritables limaces, dont il a la forme, en ce que le disque locomoteur est séparé du manteau par un sillon qui fait le tour du corps, et surtout parce que la terminaison de l'appareil de la génération femelle est à une extrémité du côté droit, tandis que celle de l'appareil mâle est auprès de la racine du tentacule droit, et que ces deux orifices communiquent entre eux par un sillon. Ce petit genre ne renferme qu'une seule espèce, la L. LACTESCENTE, *L. lactescens,* figurée dans le Journ. de phys., tom. 85, pl. 2 : elle est entièrement lisse ; quant à sa couleur blanche, elle est indubitablement due à son état de conservation dans l'alcool. On ignore sa patrie ; il est cependant probable que ce mollusque vient d'Amérique. (DE B.)

LIMACIA. (*Bot.*) Ce genre, fait par Loureiro dans sa *Fl. Coch.*, et appartenant aux ménispermées, a été réuni par M. De Candolle à son genre *Cocculus.* (J.)

LIMACINE, *Limacina.* (*Malacoz.*) M. G. Cuvier, dans son Règne animal, a formé sous ce nom un genre particulier du *clio helicina* de Gmelin. M. de Blainville avoit cru devoir également l'établir dans son Mémoire sur les ptéropodes, et il lui a donné la dénomination de SPIRATELLE. Voyez ce mot. (DE B.)

LIMACINÉS, *Limacinea.* (*Malac.*) Famille de MALACOZOAIRES céphalophores, hermaphrodites, de l'ordre des PULMOBRANCHES

(voyez ces différens mots), et qui tire sa dénomination du
genre principal qu'elle contient. Ses caractères sont : Corps
ovale, alongé, très-contractile, avec ou sans coquille, pourvu
d'un large disque locomoteur, et de deux paires de tentacules
contractiles ou rétractiles, dont les postérieurs portent les
yeux à leur extrémité. Elle contient un assez grand nombre
de genres, qui peuvent être partagés en deux sections, suivant que les tentacules sont contractiles seulement ou complétement rétractiles. Dans la première sont les genres On-
chidie, Véronicelle et Vaginule ; et dans la seconde , les
genres Testacelle, Parmacelle, Limacelle, Limace, Phylo-
mique, Eumèle et tous les Limacinés recouverts d'une coquille, qui constituent le genre Hélice et ses subdivisions
nombreuses. Voyez Malacozoaires et chacun de ces noms.
(De B.)

LIMACIUM. (*Bot.*) L'une des tribus du genre *Agaricus* de
Fries, qui renferme des espèces à voile fugace, visqueux,
à feuillets adhérens et décurrens, et à sporidies blanches.
Cette tribu rentre dans le *gymnopus* de Persoon et comprend
une douzaine d'espèces. Les unes sont suspectes ou mal-faisantes, tel est l'*agaricus rubescens*, Pers. ; d'autres sont bonnes
à manger, par exemple, l'*agaricus eburneus*, Pers. Les espèces
de cette tribu sont terrestres, automnales et de moyenne
grandeur. Les feuillets sont ordinairement blancs, rarement
jaunes, et très-entiers. (Lem.)

LIMAÇON. (*Malacoz.*) On donne assez souvent dans le langage ordinaire ce nom aux animaux dont nous avons traité
sous la dénomination de limaces; mais quelquefois aussi on
l'applique aux hélices. Un certain nombre des conchyliologistes françois, qui ont écrit sur la fin du dernier siècle,
employoient cette dénomination, comme un nom presque
classique, pour désigner toutes les coquilles univalves, operculées ou non. C'est ce qu'a fait Adanson, par exemple,
tandis que d'autres, comme d'Argenville, n'ont compris sous
ce nom que les coquilles operculées, ou non, dont l'ouverture est entière et sans prolongement tubuleux. Ils les divi-
soient ensuite en espèces terrestres et marines, et celles-ci en
trois genres, suivant que la bouche est ronde, semi-ronde
ou ovale. Ce nom provient du mot latin *limax,* dérivé lui-

même de *limus*, qui signifie limon, parce qu'on supposoit que ces animaux étoient engendrés dans le limon. (De B.)

LIMAÇON A CLAVICULE RETOURNÉE. (*Malacoz.*) On a donné ce nom et celui de lampe antique à l'*helix ringens* de Linnæus, dont Denys de Montfort a fait le type de son genre Tomogère, et M. de Lamarck le genre Anostome. (Desm.)

LIMAÇONNE ou CHENILLE LIMAÇONNE. (*Entom.*) La chenille du Bombyce agathe (*Bombyx fascelina*, Fab.) a reçu ce nom de Goedaert. (Desm.)

LIMAÇONS A BOUCHE APLATIE. (*Conchyl.*) D'Argenville, de Favanne, etc., appellent ainsi les espèces du genre *Trochus* de Linnæus. (De B.)

LIMAÇONS A BOUCHE DEMI-RONDE. (*Conchyl.*) Ce sont les espèces de coquilles du genre *Nerita* de Linnæus. (De B.)

LIMAÇONS A BOUCHE RONDE. (*Conchyl.*) Ce sont les espèces du genre *Turbo* de Linnæus, et par conséquent des sous-genres que les conchyliologistes modernes en ont séparés. (De B.)

LIMACULE. (*Foss.*) Luid a donné le nom de limacule à une sorte de dent fossile marquée de veines. *Lithop. Britann.*, n.° 1487. (D. F.)

LIMANDE. (*Ichthyol.*) Nom spécifique d'un poisson du grand genre des pleuronectes et de la division des plies. Voyez Pleuronecte et Plie. (H. C.)

LIMANDELLE. (*Ichthyol.*) Nom spécifique d'un Pleuronecte. Voyez ce mot. (H. C.)

LIMANDOÏDE. (*Ichthyol.*) Nom d'un pleuronecte que M. Cuvier rapporte à la division des flétans. Voyez Flétan et Pleuronecte. (H. C.)

LIMAS. (*Malacoz.*) Vieux mot françois, sous lequel on entend le plus ordinairement les limaces rouges, mais quelquefois aussi l'hélice vigneronne, et même les coquillages univalves en général. M. de Férussac le restreint aux limaces grises. (De B.)

LIMAX. (*Bot.*) Sterbeeck figure sous ce nom, qui signifie *limace*, en latin, deux champignons. Il nomme l'un, *grande limace* ou *pilon de limace*, parce qu'il a la couleur et la viscosité de la grande limace, et à peu près la forme d'un pilon ;

c'est une espéce d'agaric bon à manger, que Paulet rapporte, peut-être à tort, à l'*agaricus bulbosus* de Pallas : il
ajoute que cette espéce est connue, dans quelques provinces
de France, sous le nom de *loche* ou *grande limace*. L'autre
champignon, ou petite limace, est une espéce de *bolelus*, difficile à déterminer. (Lem.)

LIMAX. (*Malacoz.*) Nom latin du genre Limace. Voyez ce
mot. (De B.)

LIMBARDE, *Limbarda*. (*Bot.*) Ce genre, proposé, en 1763,
par Adanson, dans ses Familles des plantes, appartient à
l'ordre des synanthérées, à notre tribu naturelle des inulées,
et à la section des inulées-prototypes, dans laquelle nous
l'avons placé entre les deux genres *Inula* et *Duchesnia*. (Voy.
notre article Inulées, tom. XXIII, pag. 565.)

Le genre *Limbarda* nous a offert les caractères suivans :

Calathide radiée : disque multiflore, régulariflore, androgyniflore ; couronne subunisériée, multiflore, liguliflore, féminiflore. Péricline subhémisphérique, inférieur aux fleurs
du disque ; formé de squames nombreuses, imbriquées, entièrement appliquées, nullement appendiculées, linéaires-
lancéolées, subcoriaces, uninervées. Clinanthe large, plan,
fovéolé ou papillé. Ovaires oblongs, cylindriques, hérissés de
longs poils ; aigrette composée de squamellules inégales, subunisériées, filiformes, barbellulées. Corolles de la couronne à
languette largement linéaire, tridentée. Anthères pourvues
de longs appendices basilaires subulés, découpés. Styles d'inu-
lée-prototype.

LIMBARDE A TROIS POINTES : *Limbarda tricuspis*, H. Cass. ;
Inula crithmoides, Linn., *Sp. pl.*, édit. 3, pag. 1240 ; Desf.,
Hist. des arb., tom. 1, pag. 306. C'est un arbuste entièrement glabre, à très-longs rameaux simples, cylindriques,
rougeâtres, garnis de feuilles ; celles-ci sont alternes, sessiles, longues de six lignes, larges d'une ligne, linéaires,
épaisses, charnues, très-entières sur les bords, terminées au
sommet par trois dents ; chacune de ces feuilles a dans son
aisselle un faisceau de petites feuilles disposées en rosette, et
appartenant à un rameau non développé ; les calathides,
larges de douze à quinze lignes, et composées de fleurs jaunes, sont solitaires au sommet des rameaux, dont la partie

apicilaire est dépourvue de feuilles, garnie de petites écailles, et épaissie de bas en haut.

Nous avons fait cette description spécifique, et celle des caractères génériques, sur un individu vivant, cultivé au Jardin du Roi, où il fleurissoit au mois d'Août. La limbarde se trouve en France, le long des bords de la mer; elle conserve ses feuilles en hiver; elle se multiplie très-facilement de drageons, de boutures et de graines: on mange ses feuilles confites dans le vinaigre; elles sont apéritives.

Nous croyons, sans pouvoir l'affirmer, que l'*Inula viscosa* de M. Desfontaines peut être attribuée au genre *Limbarda*.

Ce genre, fondé par Adanson sur l'*Inula crithmoides* de Linné, étoit caractérisé par l'auteur de la manière suivante : Feuilles entières; calathides solitaires, terminales et corymbées; péricline formé de squames imbriquées, droites, menues; clinanthe nu, plat; aigrette dentée, longue; corolles du disque à cinq dents, celles de la couronne à trois dents; un seul stigmate dans les fleurs du disque, deux stigmates dans celles de la couronne. Adanson attribuoit ensuite à son *Helenium*, qui est le véritable *Inula* de Linné, les mêmes caractères qu'au *Limbarda*, si ce n'est que les squames du péricline sont larges et divergentes, au lieu d'être droites et menues.

Nous avons établi (tom. XXIII, pag. 557), dans notre article INULE, que toutes les espèces d'*Inula* qui ont les squames extérieures du péricline terminées par un appendice étalé, foliacé, sont congénères de l'*Inula helenium*, de sorte qu'en adoptant pour cette plante le nom générique de *Corvisartia* proposé par M. Mérat, presque toutes les *Inula* deviendroient des *Corvisartia*, et le genre *Inula* se trouveroit réduit au *Limbarda* d'Adanson, ce qui n'est pas admissible. Pour éviter les répétitions, nous renvoyons à l'article précité, en nous bornant à rappeler ici que le genre *Limbarda* d'Adanson, adopté par nous, diffère du genre *Inula*, tel que nous l'avons circonscrit, par le péricline formé de squames absolument inappendiculées, et par conséquent entièrement appliquées, tandis que, dans les vraies *Inula*, les squames extérieures du péricline sont surmontées d'un appendice étalé, foliacé. (H. CASS.)

LIMBARDE. (*Bot.*) Nom vulgaire de l'*inula erithmoïdes* dans quelques provinces de France. Adanson en a fait son genre *Limbarda*, qu'il distingue de l'*inula* par les écailles du périanthe ou calice commun, menues et droites. Voyez ci-dessus Lim-barde. (J.)

LIMBE DU CALICE, DE LA COROLLE. (*Bot.*) Lorsque ces organes sont d'une seule pièce, la partie inférieure, plus ou moins rétrécie, est le tube, et la partie supérieure, plus mince et étalée, est le limbe. (Mass.)

LIMBITE et LIMBILITE. (*Min.*) Quand on se hâte de faire des espèces de tout ce qu'on ne connoit pas, tandis qu'il ne faut, dans les sciences naturelles, et surtout en minéralogie, ériger en espèce que ce qui est bien connu, on risque d'élever à ce rang des minéraux qui ne sont que des variétés dues à l'altération d'une espèce déjà déterminée. C'est ce qui est arrivé au péridot, qui, prenant, en se décomposant, des aspects très-différens, a donné lieu d'établir les espèces *Chusite* et *Limbilite*, et notamment cette dernière. C'est De Saussure qui a commis cette faute, et, en nous permettant de le faire remarquer, nous avons pour but de donner une preuve de plus de la nécessité de ne s'écarter jamais des règles établies pour la bonne circonscription des espèces.

Lorsque De Saussure nomma ainsi des minéraux presque sans caractères, qu'il observa dans les roches volcaniques du pays de Limbourg, les règles que nous rappelons et qui ont été principalement établies par M. Haüy, n'étoient pas encore connues ou n'avoient pas eu la sanction de la pratique et de l'assentiment d'un grand nombre de minéralogistes. Ce célèbre naturaliste avoit donc, par l'époque où il travailloit, une excuse pour les méconnoître, et par ses nombreux travaux quelques droits pour s'en écarter. Ce n'étoit pas aux minéraux décrits par les autres qu'il donnoit des noms ; c'étoit à ceux qu'il avoit découverts lui-même, et qu'il avoit fait connoitre par tous les moyens qui étoient alors en son pouvoir.

Le limbilite de De Saussure paroîtroit donc n'être, d'après les observations de MM. Brard et Laisné, confirmées par celles de M. Cordier, qu'une modification du Péridot altéré. Voyez ce mot. (B.)

LIMBORCHIA. (*Bot.*) Scopoli nomme ainsi le *contoubea* d'Aublet, genre de la famille des gentianées, qui est le *picrium* de Schreber, et il le rapproche mal à propos du *nacibea*, genre de celle des rubiacées. (J.)

LIMBORIA. (*Bot.*) Genre de la famille des lichens, établi par Acharius, très-voisin des genres *Calicium*, *Verrucaria* et *Sphæria*, et qui s'en distingue essentiellement par la forme de ses conceptacles, dont le bord est découpé et irrégulier, semblables à une couronne. Ces conceptacles, généralement noirs ou gris, prennent naissance sur une croûte très-mince, quelquefois un peu membraneuse, plane, uniforme, adhérente aux bois et aux écorces des arbres. Ce genre, comme ceux que nous venons de citer, ainsi que le *Cyphelium* d'Acharius, tient le milieu entre les champignons et les lichens proprement dits. Ses espèces ont le port des *sphæria* et des *calicium* ; plusieurs même ont été placés dans le premier de ces deux genres. Acharius en décrit, dans les Actes de l'académie de Stockholm pour l'an 1814 et suivans, sept espèces, presque toutes du Nord de l'Europe, excepté le *limboria constellata*, qui croît dans les Indes occidentales, et dont les conceptacles imitent, par leur disposition, des constellations. Nous ne ferons remarquer que les deux suivantes.

LIMBORIA DES HAIES : *L. sepincola*, Ach., *Act. Stockh.*, 1814, p. 246, pl. 6, fig. 2; *Schizoxylum sepincola*, Pers. *in Act. Vetter.*, 1810, p. 11, tab. 10, fig. 2. Il consiste en une croûte blanchâtre, à peine sensible, sur laquelle sont épars et enfoncés des conceptacles, d'abord urcéolés, puis d'un gris givreux, s'élevant en se déchirant et s'aplanissant ; munis d'un rebord mince, d'abord entier, puis libre, étalé et fendu çà et là. Cette espèce, dont on avoit fait aussi un *calicium*, croît sur les planches et sur le bois dont on fait des clôtures à la campagne. On la trouve en France.

L. FRONCÉ : *L. corrugata*, Ach., *l. c.*, fig. 5; *Lecidea corrugata*, Ach., *Syn.*; *Lichen granitiformis*; *Engl. Bot.*, tab. 464. Sa croûte est blanchâtre, cartilagineuse, lisse, un peu tuberculeuse ; ses conceptacles sont sessiles, épars, entiers, noirs, luisans ; leur disque est plan, et se fronce ou se ride avec le temps. Cette espèce croît sur le vieux bois.

Les genres *Limboria*, *Cyphelium*, *Calicium* et *Coniocybe* d'Acharius, formoient d'abord le genre *Calicium* ; à présent Acharius en fait une petite section dans la famille des lichens : comme elle a été publiée par Acharius dans le temps où le volume de ce Dictionnaire renfermant la lettre *C* étoit déjà publié, nous n'avons pu indiquer les genres *Cyphelium* et *Coniocybe;* nous allons les faire connoître, afin de ne pas renvoyer le lecteur à un supplément éloigné.

Le *Cyphelium*, comme le *Limboria*, offre des conceptacles sessiles, mais en diffère par ces mêmes conceptacles en forme de coupes très-régulières, persistantes, à bord très-entier, noires, remplies par une substance un peu consistante, de même couleur, représentant un disque un peu aplani, recouvert d'une poussière floconneuse, et de niveau avec le bord.

Ce genre comprend les espèces de *Calicium* à conceptacles sessiles, qui forment la première section du genre *Calicium*, du *Synopsis* d'Acharius, nommée *Acolium*. Les espèces pédicellées forment, en partie, le nouveau genre *Calicium* d'Acharius, qui en comprend trente-huit, et qui répond à la deuxième section, ou *Phacotium*. Le *Cyphelium* offre seize espèces, dont neuf sont décrites dans le *Synopsis lichenum* d'Acharius. En voici les noms : *Calicium tympanellum*, *leucomelas*, *adspersum*, *tigillare*, *cambrinum*, *strigonellum*, *turbinatum*, le *verrucaria byssacea*, et le *pyrenula leucocephala*, Ach. Les autres sont nouvelles.

Le genre *Coniocybe* représente la troisième section du genre *Calicium* du *Synopsis*, ou *Strongylium*, qui se distingue par ses conceptacles (stipités comme dans le nouveau *Calicium*), presque globuleux, mous ou subéreux, entièrement recouverts d'une poussière colorée, fixés sur des apophyses petites, dures, dilatées, aplanies, qu'ils couvrent, et situées sur des stipes grêles, filiformes. Acharius en décrit cinq espèces, dont trois se trouvent déjà décrites dans le *Synopsis* sous les noms de *Calicium cantherellum*, *C. capitellatum*, auquel il réunit le *C. aciculare;* enfin le *C. gracilentum*. (LEM.)

LIME. (*Bot.*) Nom donné dans les jardins au *phalaris aspera*, espèce d'alpiste. Voyez aussi LIMON. (J.)

Plusieurs variétés de citronniers, ou leur fruit, portent le nom de *lime*. Voyez vol. 9, pag. 502 et 503. (L. D.)

LIME , *Lima*. (*Malacoz.*) Genre de mollusques lamelli-branches, de la famille des subostracés , proposé par Bru-guières dans les planches de l'Encyclopédie méthodique, mais définitivement établi par M. de Lamarck dans la première édition de ses Animaux sans vertèbres, et qui a été adopté par tous les zoologistes subséquens. Poli , auquel la science doit l'anatomie de la principale espèce de ce genre, la réunit avec l'avicule ordinaire pour former le genre qu'il nomme Glaucoderme. Linnæus, Gmelin, et la plupart des zoologistes de son école, ne distinguoient pas les limes, non plus que les peignes, du genre des huitres. Les caractères de ce genre sont les suivans : Corps médiocrement comprimé, subsymétrique , enveloppé dans un manteau fendu dans presque toute sa cir-conférence, très-finement frangé sur ses bords et sans aucun indice de siphon ; bouche entourée de lèvres frangées, et de deux paires d'appendices labiaux; un appendice abdo-minal, rudimentaire, avec un byssus; coquille subéquivalve, inéquilatérale, subauriculée, ovalaire, bâillante inférieure-ment à son extrémité antérieure pour le passage du byssus; charnière sans dents, céphalique; ligament subextérieur; les sommets médians écartés; une seule large impression muscu-laire, subdivisée en trois portions bien séparées. D'après ces caractères et les détails anatomiques donnés par Poli, il est évident que ce genre de mollusques a beaucoup de rapports avec les peignes , et surtout avec certaines espèces qui ont un petit byssus et une échancrure à la coquille pour son pas-sage, et qu'il est intermédiaire à ces animaux et aux avicules régulières : il diffère en effet des peignes, en ce que la bouche est pourvue d'appendices labiaux, et que les bords du man-teau sont au contraire dépourvus des petits tubercules nacrés qu'on voit dans ce dernier genre. La coquille est en général plus alongée d'avant en arrière; chaque valve est moins symé-trique, les oreilles sont moins prononcées, moins égales, ce qui lui donne une forme ovale plus ou moins oblique; enfin, sa surface extérieure est aussi moins régulièrement sillonnée, et les côtes sont le plus souvent un peu hérissées d'écailles, ce qui rend la coquille rude au toucher, et lui a valu le nom de lime. Quant aux différences qui séparent ce genre des avicules rondes ou régulières , elles consistent essentiellement dans la forme plus régulière de la coquille moins squameuse, et en ce que l'appendice abdominal est moins développé et moins byssifère. Les limes paroissent se trouver dans toutes les mers, où elles vivent assez profondément, et cependant aussi sur les rivages. D'après les observations de Draparnaud, les filets de leur byssus leur servent à réunir des fragmens de coquilles, de gros grains de sable, de manière à se former une sorte de loge, dans laquelle cependant l'animal peut se mouvoir un peu. Les espèces sont :

1.º La LIME COMMUNE : *Lima squamosa*, Lamk.; *Ost. lima*, Linn.; Encycl. méth., pl. 206, fig. 4; vulgairement la LIME-Coquille de couleur blanche, ayant vingt à vingt-deux côtes assez élevées et hérissées d'écailles arrondies sur chaque valve.

C'est l'espèce la plus commune dans les collections : elle se trouve en effet dans la Méditerranée. Elle a été le sujet des observations anatomiques de Poli. On la mange.

2.º La LIME SUBÉQUILATÉRALE : *Lima glacialis*, de Roissy ; *Ost. glacialis*, Linn., List., tab. 176, fig. 13; vulgairement la LIME DOUCE. Les valves de cette espèce, remarquable en ce qu'une des oreilles est plissée inégalement, sont sillonnées par cinquante stries très-fines, relevées par des écailles imbriquées, fort petites. Elle est des mers d'Amérique.

3.º La LIME LINGUATULE : *Lima hians*, de Roissy ; *Ost. hians*, Linn.; Schrot., *Einl. in Conch.*, 3, tab. 9, fig. 4. Coquille très-blanche, d'un pouce et demi de long, sur neuf lignes de large, fort mince, oblique, bâillante des deux côtés, ayant les rayons peu marqués, avec des stries transverses, arrondies. Mers de Norwége. M. G. Cuvier rapporte à cette espèce la figure *FFG*, tab. 88, de Gualtieri, que Gmelin cite à l'*Ost. fasciata*. M. de Lamarck la dit de la terre de Diémen.

4.º La LIME ÉTROITE : *Lima fragilis*; *Ost. fragilis*, Linn.; Chemn., *Conch.*, 7, tab. 68, fig. 650. Petite coquille de quinze lignes de long sur la moitié de large, mince, fragile, équivalve, ayant vingt-cinq rayons à la surface, le bord très-entier, les oreilles aiguës, presque égales. De la mer qui baigne les îles de Nicobar et les Barbades.

5.º La LIME EXCAVÉE : *Lima excavata*: *Ost. excavata*, Linn.; Chemn., *Conch.*, 7, tab. 68, fig. 654. Cette espèce est la plus grande de toutes, puisqu'elle a cinq pouces de long sur trois et un quart de large ; elle est épaisse, blanche, avec une seule oreille, ornée de stries longitudinales, onduleuses, avec de petites élévations transversales. Elle se trouve sur les côtes de Norwége, où elle est très-rare.

M. de Lamarck ajoute la L. ENFLÉE, *L. inflata*, qui est oblique, très-bombée, bâillante des deux côtés, et la L. ANNELÉE, *L. annulata*, qui est sub-ovale, avec des stries longitudinales très-fines, traversées par des stries d'accroissement bien marquées. La première est d'Amérique, et la dernière de l'Ile-de-France. L'*ostrea fasciata* de Gmelin diffère-t-elle de la lime commune ? (DE B.)

LIME. (*Foss.*) Les coquilles du genre des limes ayant beaucoup d'analogie avec les peignes, non-seulement pour leur forme, mais encore pour leur insolubilité dans les couches où les coquilles solubles ont disparu, il arrive qu'on en rencontre avec ces dernières dans les couches antérieures à la formation de la craie, dans cette dernière, et dans les couches plus nouvelles du calcaire coquillier grossier.

Celles qu'on trouve dans les couches les plus anciennes étant souvent empâtées dans une gangue qui ne permet pas de saisir tous leurs caractères, il est possible qu'un grand nombre de coquilles qui ont été prises pour des limes, doivent entrer dans le genre des plagiostomes.

LIME SPATULÉE ; *Lima spathulata.*, Lam., Ann. du Mus. d'hist. nat., Vélins du Mus. n.° 39, fig. 4. Coquille ovale-oblongue, subdéprimée, couverte de côtes longitudinales, imbriquées d'écailles courtes, à bords plissés, bâillante sous l'oreillette antérieure, à charnière droite. Longueur, 14 à 15 lignes ; largeur, 10 lignes.

Les coquilles de cette espèce que l'on trouve à Grignon (département de Seine et Oise), sont un peu inéquilatérales.

On trouve dans le même lieu, ainsi que dans la falunière de Hauteville (Manche), une variété de la même espèce, dont l'intervalle entre les côtes est finement treillissé.

Dans des couches quarzeuses du département de l'Oise on rencontre une autre variété de la même espèce, ou une autre espèce, qui est un peu plus grande : ses côtes sont plus nombreuses, et leurs écailles sont plus rapprochées les unes des autres.

Lime bulloïde ; *Lima bulloides*, Lam., *loc. cit.*, Vélins, n.° 39,
fig. 9.; *Ostrea nivea*, Brocchi, *Conch. foss. Subap.*, pl. XIV,
fig. 14, *a*, *b*. Coquille oblongue-ovale, très-renflée, non bâillante, à valves minces et transparentes, à oreillettes petites
et presque égales, à ligne cardinale à peu près droite. Les côtes longitudinales dont elle est couverte, ne sont bien apparentes que sur le milieu des valves. Longueur, 3 à 4 lignes.
Cette espéce a les plus grands rapports dans ses formes avec
la lime étroite, *lima fragilis*, Lam. (Anim. sans vertèbres,
n.° 6; Encyclop.. pl. 206, fig. 6), qui habite aux iles de Nicobar; mais celle-ci est beaucoup plus grande. On trouve la
lime bulloïde à Grignon et dans la vallée d'Andone en Piémont.

Lime oblique : *Lima obliqua*, Lam., *loc. cit.*, Vélins, n.°39, fig.
7 ; *Ostrea strigillata*, Brocchi, *loco cit.*, même pl., fig. 15, *a*, *b*.
Coquille ovale, oblique, enflée, à côté postérieur bombé,
très-inéquilatérale, à ligne cardinale oblique. Les stries longitudinales dont elle est couverte, sont très-fines, serrées sur
le dos et sur le côté antérieur des valves, mais plus écartées vers le côté postérieur. Ses valves sont minces, fragiles
et transparentes. Longueur, 4 lignes. Lieu natal, Grignon et
la vallée d'Andone.

Cette espéce a les plus grands rapports pour la forme avec
la lime linguatule, *lima linguatula*, Lam. (Anim. sans vert.,
n.°6), qui habite les côtes de la Terre de Diémen ; mais celle-ci
a 15 lignes de longueur.

Lime plissée ; *Lima plicata*, Lam., Anim. sans vert., espéces
foss., n.° 3. Coquille ovale, inéquilatérale, tronquée à son
sommet, couverte de côtes ou plis longitudinaux un peu écailleux. Lieu natal, les faluns de la Touraine. M. Lamarck regarde
la lime oblique ci-dessus comme une variété de cette espèce.

Lime dilatée; *Lima dilatata*, Lam., *loc. cit.*, n.° 5, Vélins du
Mus., n.° 39, fig. 7. Coquille inéquilatérale, suborbiculaire,
aplatie, oblique, couverte de stries longitudinales très-fines.
Chaque valve est mince, transparente, et ressemble à une
écaille ou à un ongle oblique et irrégulier. Les deux oreilles
sont petites et inégales. Longueur, cinq lignes. Lieu natal,
Grignon et la falunière de Hauteville.

Lime vitrée : *Lima vitrea*, Lam., Anim. sans vert., esp. foss.,
n.° 4; *Lima fragilis* du même auteur, Ann. du Mus., 8, p. 464,

n.º 5. Coquille oblongue, inéquilatérale, à valves très-peu convexes, minces, fragiles et transparentes, couverte de 25 à 28 côtes longitudinales, lâches et très-fines. La ligne de la charnière est oblique; les oreillettes sont inégales. Longueur, 7 lignes. Lieu natal, Grignon.

Cette espèce a les plus grands rapports avec le *pecten fragilis* de Chemnitz (Conch., vol. 7, p. 349), qui vit dans les mers voisines de la Nouvelle-Hollande, et dont la longueur est de 13 lignes.

LIME MUTIQUE; *Lima mutica*, Lam., Anim. sans vert., esp. foss., n.º 2. Coquille ovale-oblique, inéquilatérale, bâillante des deux côtés et couverte de côtes longitudinales, lisses et un peu tranchantes. Lieu natal, l'Italie.

LIME CUNÉIFORME; *Lima affinis*, Def. Coquille ovale, déprimée, tronquée sur l'un de ses côtés; à côtes longitudinales presque lisses; à bords plissés, à oreillettes petites. Longueur, cinq lignes. Cette espèce, qu'on trouve à Thorigner (Maine et Loire), a les plus grands rapports pour les formes avec la lime commune, que l'on trouve dans la Méditerranée; mais celle-ci est beaucoup plus grande.

LIME VOUTÉE : *Lima arcuata*, Def.; *Ostrea arcuata*, Brocchi, *Conch. foss. Subap.*, tab. XIV. fig. 11, *a*, *b*. Coquille oblongue, considérablement voûtée, bossue, à sommets très-recourbés, couverte de 20 côtes longitudinales, à oreilles très-courtes et égales, et à bords plissés. Longueur, 10 à 11 lignes.

Cette espèce a été trouvée à la Rochetta, près d'Asti, en Piémont. Il paroît qu'elle n'est pas bâillante et qu'elle a beaucoup d'analogie avec les peignes.

LIME BOSSUE; *Lima gibbosa*, Sow., *Min. conch.*, pl. 132, et Hist. nat. des foss. de la montagne de Saint-Pierre de Maestricht, par Faujas, pl. XXVII, fig. 2. Cette espèce a de très-grands rapports avec la lime bulloïde; mais elle est inéquivalve et beaucoup plus grande : comme elle, elle porte des côtes longitudinales plus marquées sous le milieu des valves. On la trouve dans une couche à oolithes antérieure à la formation crayeuse, près de Caen, près de Bayeux, à Cotswold en Glocestershire et dans la montagne de Saint-Pierre de Maestricht. Longueur, un pouce.

Dans l'ouvrage de M. Sowerby ci-dessus cité, on trouve les

figures et la description de trois espèces de limes. L'une (*Lima antiquata*, pl. 214, fig. 2, et que l'on trouve à Fretern en Glocestershire), paroît dépendre du genre des limes; mais celle à laquelle cet auteur a donné le nom de *Lima rudis*, que l'on trouve à Calne et dont il a donné une figure, même pl. n.° 1, et la *Lima proboscidea*, que l'on trouve dans les couches anciennes près de Weymouth et qui est figurée pl. 264, paroissent dépendre d'autres genres. La première pourroit être un plagiostome, et l'autre une tridacne ou une peintadine.

Je possède une coquille qui paroîtroit se rapporter au genre des limes; mais la gangue dont elle est remplie, ne permet pas de lui assigner sa véritable place : on en voit la figure dans l'ouvrage de Knorr, *Petrif.*, part. 2, pl. 176, fig. 4. Je lui ai donné provisoirement le nom de *Lima dubia*. Elle est enflée, inéquilatérale et chargée de côtes longitudinales. Longueur, 3 pouces et demi; largeur, 3 pouces. J'ignore où elle a vécu; mais il est extrêmement probable qu'elle provient des couches antérieures à la formation de la craie. (D. F.)

LIMEBOIS. (*Entom.*) C'est le nom françois du genre Lymexylon, dont M. Latreille a fait une tribu parmi les coléoptères pentamérés. (C. D.)

LIMÉOLE, *Limeum*. (*Bot.*) Genre de plantes dicotylédones, à fleurs complètes, polypétalées, régulières, de la famille des *portulacées*, de l'*heptandrie digynie* de Linnæus; offrant pour caractère essentiel : Un calice persistant à cinq folioles; cinq pétales égaux, un peu onguiculés, plus courts que le calice; sept étamines, ou moins ; les filamens dilatés et connivens à leur base; un ovaire supérieur, chargé de deux styles; les stigmates obtus : le fruit est sphérique, à deux semences connivantes.

Liméole a feuilles oblongues : *Limeum africanum*, Linn. fils, *Suppl.*, pag. 224; Gærtn., *de Fruct.*, pag. 367, tab. 76; Lamk., *Ill. gen.*, tab. 275. Cette plante a le port d'un telephium; ses tiges sont herbacées, foibles, couchées, anguleuses, nues, longues de sept à huit pouces, persistantes à leur base; les feuilles sont alternes, distantes, petites, un peu pétiolées, oblongues ou linéaires-lancéolées; les fleurs disposées en corymbes nus, solitaires, terminaux, ramifiés; les pédoncules un peu longs; la corolle plus courte que le calice ; les filamens subulés, plus courts que la corolle ; les anthères ovales ; les styles plus courts que les étamines ; les semences scabres en dehors, concaves à leur face inférieure. Cette plante croît dans l'Éthiopie et au cap de Bonne-Espérance.

On cite encore une autre espèce, sous le nom de *Limeum aphyllum*, Linn. fils (*Suppl.*, pag. 214), que Thunberg a nommée *Limeum capense* (*Prodr.*, pag. 68) : ses feuilles sont ovales, sessiles, un peu lancéolées, si petites que la tige en paroît dépourvue ; elle croît, comme la précédente, au cap de Bonne-Espérance. Le *Limeum humile* de Forskal est, sous un autre nom, la même plante que son genre *Eraclissa*, qui, d'après Vahl, doit être rapporté à l'*andrachne telephioides* de Linnæus. (Poir.)

LIMETTE, LIMETTIER. (*Bot.*) Variété de citronnier. (L. D.)

LIMEUM. (*Bot.*) Anguillara et C. Bauhin croient que la plante ainsi nommée par Pline, laquelle passe pour un poison actif, est notre *ranunculus thora*. Quelques auteurs penchent pour le *doronicum pardalianches*. C. Bauhin rapporte ailleurs l'opinion de Guilandinus, qui dit que la plante nommée *limeum* par les François ne diffère pas de la varaire, *veratrum*. Linnæus a employé ce même nom pour un genre conservé, qui se rapproche des portulacées. (J.)

LIMIA. (*Bot.*) Genre de M. Vandelli, qui présente, suivant Richard, les caractères du *vitex*, dans la famille des verbénacées. (J.)

LIMICOLÆ. (*Ornith.*) Les oiseaux qui vivent dans les terres limoneuses, comme les courlis, les bécasses, les barges, etc., composent la famille à laquelle Illiger a donné ce nom, et qui a pour caractères : Un bec ordinairement plus long que la tête, étroit, grêle, droit ou arqué ; la face emplumée ; les pieds munis de quatre doigts, dont les trois antérieurs sont entièrement séparés, ou réunis par la base, et dont le postérieur est petit, court, et touche à terre par l'extrémité seulement, ou point du tout. (Ch. D.)

LIMICULA. (*Ornith.*) M. Vieillot a substitué, pour le genre Barge, ce nom à celui de *limosa*, qui lui a été donné par Brisson. (Ch. D.)

LIMIER. (*Mamm.*) Nom particulier du chien qui sert au veneur à découvrir ou à détourner le cerf. (F. C.)

LIMIRAVEN. (*Bot.*) Flacourt dit que l'arbre de ce nom, qui croît dans l'île de Madagascar, a les feuilles cinq à cinq et semblables à celles du châtaignier, lesquelles sont cordiales. Cette indication est insuffisante pour déterminer son genre. (J.)

LIMNADIE, *Limnadia*. (*Crust.*) Genre de crustacé lophyropes, établi par M. Adolphe Brongniart. Voyez l'article MALACOSTRACÉS. (DESM.)

LIMNANTHEMUM. (*Bot.*) Voyez LIMNANTHUS. (LEM.)

LIMNANTHUS. (*Bot.*) Necker nomme ainsi le *nymphoides* de Tournefort, que Linnæus avoit réuni au *menyanthes*, et qu'on a cru devoir en séparer de nouveau et même placer dans une famille différente. On n'a pu conserver le nom de *nymphoides*, contraire aux principes introduits pour la nomenclature des genres. Gmelin lui a substitué celui de *villarsia*, adopté par Ventenat, M. De Candolle et plusieurs autres. Ce genre a été encore nommé *limnanthemum* par Gmelin, *limnanthus* par Necker, et *waldschmidia* par Wigg. Il appartient aux gentianées, ou doit du moins en être rapproché, tandis que le *menyanthes* reste à la suite des primulacées. (J.)

LIMNÉE, *Limnæa*. (*Malacoz.*) Genre de mollusques, établi par M. de Lamarck pour un assez grand nombre de malacozoaires céphalés, hermaphrodites, pulmobranches, dont Linnæus faisoit des espèces d'hélices, et que Bruguières, en ne considérant que la coquille, rangeoit parmi ses bulimes. Klein avoit indiqué cette coupe générique, à sa manière, sous les noms d'*auricula* et de *neritostoma*, et Muller beaucoup plus complétement sous celui de *buccinum* ; mais ils l'avoient à peine caractérisée. Tous les zoologistes modernes ont adopté ce genre, et avec beaucoup de raison ; car il en est peu d'aussi naturels et d'aussi nettement circonscrits, surtout en considérant l'animal. Les caractères que nous lui assignons sont les suivans : Animal spiral, trachélipode ; la tête pourvue de deux tentacules aplatis, triangulaires, auriformes, contractiles, avec des yeux sessiles au côté interne de leur base ; la bouche accompagnée d'appendices buccaux, larges, triangulaires, et armée d'une dent supérieure. L'orifice de la cavité pulmonaire, en forme de sillon, est percé au côté droit, et bordé inférieurement par une sorte d'appendice

26.

auriforme, pouvant se plier en gouttière ; les organes de la génération mâle et femelle portés sur le même individu ; la terminaison de l'oviducte dans le fond de la cavité qui sépare le corps du collier, ou du bord du manteau ; celle de l'appareil mâle au côté externe de la racine du tentacule droit. Coquille oblongue ou renflée, mince, lisse, à spire pointue ; l'ouverture ovale d'avant en arrière bien entière, plus large en avant, à bords désunis, le droit toujours tranchant ; un pli très-oblique à la columelle, qui est bien loin de former tout le bord gauche ; point d'opercule. Ce genre bien distinct, quant à l'animal, de tous les autres, si ce n'est peut-être des physes, offre pour la coquille quelques rapports, non-seulement avec ce dernier genre, mais même avec les bulimes, les ambrettes et les auricules. Il se distingue des premiers par le pli oblique de la columelle et par le bord droit, tranchant ; des secondes, par ce premier caractère, et parce que la columelle n'est pas arquée ; enfin, des troisièmes, parce que le bord est tranchant, et que le pli de la columelle est moins marqué. Quant aux physes, on ne peut nier qu'il y a encore plus de rapports ; cependant l'élévation et l'acuité de la spire, et surtout l'égalité d'avance des deux bords, suffisent pour les en distinguer.

La forme générale des limnées ressemble beaucoup à celle des mollusques gastropodes : le corps est assez gros pour la coquille, ovalaire, contourné en spirale dans la masse des viscères, et pourvu d'un pied large, ovale, attaché sous le cou ; le manteau qui l'enveloppe se termine autour du pédoncule, qui joint la masse spirale au pied, en prenant un peu plus d'épaisseur en avant : la tête, large, peu distincte, arrondie en avant, est pourvue en-dessus de deux tentacules triangulaires, aplatis, contractiles dans tous les points et ne se ridant pas dans la contraction. Les yeux sont très-petits, sessiles, et situés au côté interne de la base des tentacules ; de chaque côté de la tête, ou mieux de la bouche, est un appendice large, triangulaire, très-extensible.

La peau des limnées est comme translucide, de couleur ordinairement foncée, noire ou verdâtre, sans stries ni tubercules ; elle est très-visqueuse. Les tentacules sont absolument de la même structure qu'elle. Les yeux ne sont que des points qui semblent de peu d'utilité. Les muscles du pied sont comme dans les autres gastropodes.

La bouche est tout-à-fait antérieure, très-mobile, et en forme de T au milieu de ses deux appendices. La masse buccale est assez considérable, plus large en arrière qu'en avant : son ouverture antérieure offre supérieurement une dent presque noire, transverse, un peu convexe à son bord inférieur, qui est divisé en deux dents mousses par une échancrure moyenne ; de chaque côté tombe perpendiculairement, vers le bord externe de la dent, une lèvre peut-être un peu cartilagineuse et attachée à la moitié supérieure de la dent ; enfin, le bord inférieur est transverse : il en résulte que l'ouverture interne de la bouche est, quand elle est ouverte, à peu près quadrilatère. Dans son intérieur on voit inférieurement un tubercule arrondi, servant de langue, et supérieurement l'ouverture de l'œsophage. La langue est très-épaisse, charnue, et jusqu'à un certain point semblable à celle d'un perroquet ; elle occupe les deux tiers inférieurs de la cavité buccale, en formant la plus grande partie de la masse buccale : excavée dans son milieu, ses deux masses latérales sont tout-à-fait musculaires, d'un brun rougeâtre, au contraire de tous les autres muscles, qui sont d'un blanc satiné ; au fond de l'excavation est la véritable langue, aplatie, ovalaire, supportée en arrière par une espèce de pédicule cartilagineux ou osseux. L'œsophage suit la partie supérieure de la masse buccale, et se dilate un peu en arrière ; il est accompagné, dans la moitié au plus de sa longueur, par les glandes salivaires, qui sont d'un très-beau jaune : leurs canaux excréteurs s'ouvrent sur les parties latérales de la masse buccale. Au-delà, l'œsophage continue son trajet dans plus des deux tiers de la cavité viscérale, et pénètre, sans s'être renflé, dans un petit estomac enveloppé par deux muscles épais, ou dans un gésier formé comme dans les oiseaux. Le canal intestinal qui en naît, après deux ou trois circonvolutions dans le foie, se recourbe en avant et se termine à l'anus. Le foie, de même couleur que l'ovaire, est composé de petits grains alongés, très-aisés à séparer ; il occupe la moitié de la coquille, tant il est considérable. Les vaisseaux biliaires, après s'être réunis, s'ouvrent dans le canal intestinal, tout près du pylore.

Les appareils de la respiration et de la circulation n'offrent rien de bien remarquable. Le premier se compose d'une cavité pulmonaire, à peu près formée comme dans les hélices, mais plus reculée, occupant une partie de l'avant-dernier tour de la spire, et précédée par une grande cavité formée par une avance du manteau, comme s'il eût dû y avoir des branchies. La cavité pulmonaire est du reste transversale, dirigée de gauche à droite, et un peu obliquement d'arrière en avant : ses parois offrent peu la disposition vasculaire ; sa communication à l'extérieur se fait par une fente courte, formée par une sorte d'avance au-dessous du manteau, qui la déborde évidemment.

Le système veineux réunit les différens rameaux, qui reviennent des parties, dans une artère pulmonaire unique, dont les subdivisions se ramifient dans la membrane pulmonaire ; de leurs radicules naît la veine pulmonaire ou branchiale, qui s'ouvre dans l'oreillette du cœur situé au côté postérieur de la cavité respiratrice ; du ventricule naît ensuite l'aorte, qui se subdivise à peu près comme dans les autres mollusques de cet ordre.

L'appareil de la dépuration urinaire se compose toujours d'un petit amas glanduleux, situé près de la cavité pulmonaire, et d'un canal qui s'ouvre par un très-petit orifice près de l'anus. Le fluide qu'il produit paroît jaune, ou du moins je l'ai vu de cette couleur dans le canal excréteur.

L'appareil de la génération est presque aussi compliqué que dans les hélices.

L'ovaire occupe les premiers tours de la spire en arrière du foie ; sa couleur est jaune, comme celle de celui-ci : en enlevant une membrane assez épaisse qui le recouvre, on voit qu'il est composé d'un grand nombre de grains assez gros, plus jaunes que l'ovaire en totalité, et fort adhérens entre eux, au contraire de ceux qui composent le foie. Dans son intérieur naît l'oviducte, qui, d'abord assez large, se rétrécit ensuite, forme quelques zigzags, traverse les lobules du foie, devient extrêmement fin, se colle immédiatement contre le testicule, passe à travers sa substance, en sort et s'ouvre dans un renflement considérable cylindroïde : c'est la partie où les œufs séjournent quelque temps et se re-

couvrent d'une humeur glaireuse. Cet organe semble formé
par un grand nombre de rondelles, surtout à son bord externe; ce sont des plis qui, sans doute, disparoissent quand
les œufs le remplissent. L'extrémité antérieure de ce renflement se prolonge en un canal beaucoup plus étroit, qui,
après avoir reçu celui d'une petite vessie ovale à col assez
long, s'ouvre à l'extérieur par un orifice situé, comme il a
été dit plus haut, peu avant l'orifice pulmonaire, dans la
profondeur de la cavité trachélienne, à la réunion du pédoncule qui joint le tronc au pied. Cette vessie est appliquée
à la partie inférieure de la cavité abdominale, et retenue
dans cette position par des fibres qui m'ont semblé musculaires.

Le testicule est assez petit et comme formé de deux parties, l'une plus grosse, ovale, dont le canal semble s'ouvrir
dans la partie postérieure de l'oviducte, et l'autre qui enveloppe d'une manière serrée la terminaison de cette partie
dans la seconde; on voit à sa surface plusieurs stries : il en
naît un premier canal déférent, fort court et assez large,
qui se dilate bientôt en une espèce de poche cordiforme,
fort grande, plissée, de couleur noirâtre. De cette sorte de
vésicule séminale naît la seconde partie du canal déférent,
qui est fort longue, fort grêle; elle se porte d'une manière
assez directe vers l'endroit de la sortie de l'organe excitateur,
pénètre dans l'enveloppe musculo-cutanée du corps, se porte
d'avant en arrière en suivant le côté droit, sort de la peau,
se recourbe en avant, et vient se terminer à l'extrémité
postérieure de l'organe excitateur, dans lequel son orifice
fait une petite saillie en forme de bouton. L'organe excitateur est fort considérable, subcylindrique, placé au côté
droit de l'œsophage, la base en avant, le sommet en arrière.
Sa couleur est d'un blanc sale, et sa surface striée transversalement; en le fendant longitudinalement, on trouve que
ses parois fort épaisses forment un long canal, bordé de
chaque côté par un corps alongé-ovale, strié en travers dans
toute sa longueur : à l'extrémité postérieure on trouve un
petit anneau cartilagineux qui semble être la terminaison du
canal déférent ; l'extrémité antérieure se termine par un
orifice situé à la racine du tentacule droit. Cette espèce de

pénis s'alonge par l'action des fibres musculaires annulaires qui la composent, et elle est rétractée par trois petits muscles provenant du faisceau commun.

Le cerveau forme une sorte de couronne de ganglions autour de l'œsophage, et tous ces ganglions sont rouges. Les deux supérieurs, symétriques, sont réunis entre eux par une bande transverse; les inférieurs sont aussi divisés chacun en trois.

Les limnées paroissent avoir encore un toucher plus sensible que les autres mollusques, ce qui tient sans doute à la nature plus gélatineuse, moins tuberculeuse, de leur peau. Elles rampent assez vite à l'aide du disque musculaire fort large dont elles sont pourvues, non-seulement sur les corps solides, immergés ou non, mais encore à la surface de l'eau; dans ce cas, elles sont renversées, la coquille en bas et le pied en haut. Il paroît que la contraction du pied prend son point d'appui sur une très-légère couche d'eau qu'elles laissent au-dessus. Leur force ne doit cependant pas être très-grande, et en effet le moindre vent suffit pour accumuler les limnées ainsi flottantes vers le côté opposé à celui où il souffle. Au moindre danger, elles retirent toutes leurs parties dans la coquille, deviennent d'une pesanteur spécifique plus grande, et tombent au fond. Pour revenir à la surface, elles sont obligées de ramper sur le sol jusqu'au bord, ou bien de suivre la tige des plantes aquatiques. Ce n'est en effet que dans l'eau, et dans l'eau douce seulement, que l'on trouve les limnées; et comme ce fluide ne peut servir à leur respiration, elles sont obligées de venir de temps en temps à la surface pour respirer l'air en nature. Quelquefois on les trouve tout-à-fait hors de l'eau, sur les plantes aquatiques, mais jamais à des distances un peu considérables. Elles se nourrissent seulement de substances végétales, et surtout de feuilles de plantes aquatiques, qu'elles coupent, à la manière des limaces, avec la dent dont leur bouche est armée. Pendant l'hiver, du moins dans nos climats, elles tombent dans une sorte de torpeur, et s'enfoncent plus ou moins profondément dans la vase qui est au fond des étangs, des marais, des rivières ou des ruisseaux qu'elles habitent. C'est à la fin du printemps que, leur ac-

tivité devenant plus grande, elles s'occupent de leur repro-
duction. Quoique portant les deux sexes réunis, comme les
limaces et les hélices, le mode d'accouplement n'est cependant pas le même. En effet, dans celles-ci nous avons vu
que deux individus agissent réciproquement l'un sur l'autre,
comme mâle et comme femelle ; dans les limnées, il en faut
au moins trois, dont celui du milieu est le seul dont le
double appareil soit à la fois en action, le premier individu
n'agissant que comme mâle, et le dernier que comme femelle. Mais, comme de nouveaux individus peuvent se joindre à ce groupe primitivement accouplé, il en résulte un
cordon souvent fort long dans lequel tous les animaux intermédiaires au premier et au dernier agissent et pâtissent à
la fois comme mâles et femelles. Au bout d'un certain temps
d'accouplement, dont on ignore au juste la durée, les individus fécondés déposent, sur les corps morts ou vivans existant dans l'eau, de petites masses glaireuses, translucides,
ovalaires, composées d'une plus ou moins grande quantité
d'œufs. Ces œufs, d'abord nullement distincts, le deviennent
peu à peu ; on distingue très-bien dans chacun le petit animal pourvu de sa coquille, qui, en assez peu de temps, se
sépare des autres, et va à la recherche de sa nourriture.

On ignore la durée de la vie de ces animaux et le temps
qu'ils mettent à devenir adultes. Ils sont dans certaines localités accumulés en grande abondance.

Les limnées ne sont d'aucune utilité directe à l'espèce humaine : elles servent à la nourriture des oiseaux aquatiques,
et surtout des poissons, qui en font une grande destruction.

Les espèces de ce genre paroissent, avec les physes, les
planorbes et les cyclostomes paludines et ampullaires, se
trouver dans les eaux douces de toutes les parties de la terre.
On en connoît, en effet, dans la zone boréale, en Europe,
en Asie et en Amérique. La zone tempérée en contient indubitablement aussi dans les trois parties du monde. La zone
tropicale ou torride en renferme en Amérique, en Afrique
et en Asie. Enfin, si nous n'en connoissons pas encore dans
la zone antarctique ou méridionale, il est probable que cela
tient à ce que les observations directes nous manquent.

Les espèces de limnées, de l'aveu de tous les conchyliologues, sont fort difficiles à caractériser : en effet, les caractères ne peuvent se tirer que des différences de proportion dans l'ouverture, dans la grosseur et la longueur des tours de spire, et ces différences, qui tiennent souvent à l'âge et à la localité, se nuancent d'une espèce à l'autre, d'une manière presque insensible ; aussi n'est-il pas de genre où l'on crée aussi aisément des espèces fossiles et perdues. Nous allons disposer les espèces qui sont décrites et figurées dans les auteurs, dans l'ordre de la dégradation de la spire et de l'augmentation proportionnelle du dernier tour et de l'ouverture, sans penser cependant qu'on doive former des extrêmes des genres distincts.

La L. COLUMNAIRE : *L. columnaris*, Lamrk., Enc. méth., pl. 459, fig. 5 *a b*; *Helix columna*, Gmel. Coquille gauche, très-longue, fauve-pâle, ornée de flammes longitudinales plus foncées ; à spire turriculée ; le sommet obtus ; l'ouverture petite ; de fines stries se coupant à angles droits sur les tours de spire, qui sont tous fort grands et aplatis.

Cette coquille, fort rare, est terrestre, d'après M. de Férussac, et vient de la Guinée : aussi la range-t-il parmi les agathines, ainsi que M. de Lamarck (An. sans vert., tom. 6, Errat., p. 678), en faisant remarquer que la columelle est en effet tronquée.

La L. LEUCOSTOME : *L. leucostoma*, Poiret, Prodrom.; *L. elongatus*, Drap., Moll., pl. 3, fig. 3, 4. Coquille alongée, subturriculée, très-finement striée longitudinalement d'un brun noirâtre en dehors ; les bords de l'ouverture, qui est petite, épaissis en dedans et de couleur blanche : sept tours de spire. L'animal est noirâtre, avec une tache blanche au devant de chaque œil.

Cette espèce, qui a 10 à 16 millimètres de longueur sur un diamètre de 4 millimètres, paroît exister dans toute l'Europe, on la connoît du moins dans toute l'Allemagne et dans les différentes parties de la France.

La L. BRUNE : *L. fusca*, Pfeiffer, Coq. terr. et fluv. d'All., pl. 4, fig. 25 ; *L. palustris*, var. β, Drap., Moll., pl. 111, fig. 2. Coquille oblongue, elliptique, sans traces d'ombilic : spire médiocre, aiguë ; l'ouverture ovale, elliptique ; couleur toute brune. Longueur, six lignes ; diamètre, trois et demie.

L'animal est d'un brun noirâtre ; les yeux noirs, entourés d'un petit tubercule blanc.

Cette espèce, que l'on trouve en France et en Allemagne, est-elle réellement distincte de la suivante, dont Draparnaud pensoit que ce n'étoit qu'une variété? Cela est assez peu probable.

La L. DES MARAIS : *L. palustris*, Drap., Moll., pl. 2, fig. 40, 42 ; *Helix fragilis* et *Helix palustris*, Linn., Gmel. Coquille ovale, oblongue, striée par les stries d'accroissement, conique, assez solide, à spire aiguë, d'un brun plus ou moins foncé ; l'ouverture ovale, un peu moindre que la moitié de la longueur totale. Spire de six tours.

L'animal est noirâtre, parsemé de petits points d'un jaune pâle.

Cette espèce est commune dans les eaux stagnantes et dans les rivières de toute l'Europe.

La L. NAINE : *L. minuta*, Drap., Moll., pl. 3, fig. 5, 7 ; *Helix truncatula*, Gmel. Très-petite coquille ovale, conique, mince, transparente, cendrée ou cornée ; cinq tours de spire convexes ; l'ouverture ovale, à peine aussi grande que la moitié de la coquille en totalité, et à bords un peu renversés : 5 à 6 millimètres de long, sur 2 à 3 de large.

L'animal est noirâtre, ponctué de jaune. Il se trouve dans les ruisseaux, les fossés, les mares de la France et de l'Allemagne.

La L. STAGNALE : *L. stagnalis*, Lam., Enc. méth., pl. 459, fig. 6, *a b* ; Drap., Moll., pl. 2, fig. 38, 39 ; *Helix stagnalis*, Gmel. Coquille fort mince, ovale-oblongue, à spire très-aiguë de sept tours, le dernier très-grand, ventru ; l'ouverture grande et un peu anguleuse à sa partie supérieure ; couleur brun-cendrée : 36 à 40 millimètres de longueur, sur 12 à 14 de largeur.

C'est l'espèce la plus commune dans les étangs et les rivières de France, ainsi que la plus grande. L'animal est plus ou moins fauve.

La L. VOYAGEUSE : *L. peregra*, Drap., Moll., pl. 2, fig. 34 à 37 ; *Helix peregra*, Gmel. Coquille cornée, ovale-oblongue ; la spire médiocre, aiguë, de quatre tours et demi, le dernier beaucoup plus grand que les autres pris ensemble ; l'ouverture ovale, plus grande que la moitié de la coquille. L'ombilic assez souvent visible.

L'animal de cette espèce est grisâtre ou brunâtre, marqué de points dorés et de taches noires. qui paroissent à travers la coquille. Il habite les rivières, les fontaines de la France et de l'Allemagne.

La L. INTERMÉDIAIRE ; *L. intermedia*, Lamrk, d'après M. de Férussac. Coquille ovale, très-mince, diaphane, très-finement striée, d'un brun corné; quatre tours à la spire, qui est courte et aiguë. Quatre lignes et demie de longueur.

Dans les eaux douces du Quercy en France.

La L. OVALE : *L. ovata*, Drap., Moll., pl. 2, fig. 3o, 3i ; *Bulimus limosus*, Poir.; *Hel. teres*, Linn., Gmel. Très-petite coquille de vingt millimètres de longueur, sur dix à douze de largeur, subampullacée, ovale, à cinq tours de spire, dont le dernier est au moins quatre fois plus long que tous les autres ; l'ouverture ovale-oblongue, subétalée ; l'ombilic assez marqué.

L'animal de cette espèce est grisâtre, et sa coquille ordinairement couverte de boue. Dans les ruisseaux, en France et en Allemagne.

La L. VULGAIRE : *L. vulgaris*, Pfeiff., *loc. cit.*, pl. 4, fig. 22 ; *L. ovatus*, var. β. Drap., Moll., pl. 2, fig. 33. Cette espèce, établie par M. Pfeiffer, ne paroît réellement différer de la précédente, même d'après les caractères que lui assigne cet observateur, que parce que l'ombilic est peu ou point apparent ; elle est aussi généralement plus petite (six lignes de long sur quatre de large), et son dernier tour est un peu moins ampullacé. On la trouve en France et en Allemagne.

La L. GLUTINEUSE : *L. glutinosa*, Drap. ; *Bulim. glutinosus*, Poir. ; *Helix glutinosa*, Gmel. Petite coquille ampullacée, d'un jaune pâle, diaphane, luisante, extrêmement mince et fragile ; trois tours de spire obtuse au sommet, et dont le dernier est très-grand.

L'animal, jaunâtre ou blanchâtre, parsemé de points dorés et de taches noires, offre cela de remarquable que les bords du manteau peuvent se dilater et sortir de la coquille, de manière à la recouvrir presque en entier. C'est ce qui, d'après l'observation de M. Millet (Moll. terr. et fluv. des dép. de Marne et Loire), a fait croire qu'elle étoit couverte d'un enduit visqueux.

Cette espèce se trouve en France.

La L. VENTRUE : *L. auricularia*, Drap., Moll., pl. 2, fig. 28, 29; *Helix auricularia*, Linn., Gmel. Coquille souvent assez grosse (seize à vingt-quatre millimètres de long, sur dix à quatorze de large), ovale, très-ventrue, fort mince, translucide, de couleur jaunàtre; la spire très-pointue, composée de quatre tours, dont le dernier, six ou sept fois plus grand que les trois autres, offre une large ouverture très-évasée.

L'animal est noirâtre, quelquefois gris, tacheté ou non. Draparnaud dit qu'il est pourvu de quatre filamens ou tubes rétractiles, qui partent de la partie supérieure du cou, près du manteau, et qu'on ne voit bien qu'à la loupe. Leur surface est, ajoute-t-il, ridée et leur extrémité un peu renflée, et l'animal, qui les fait sortir à volonté, un, deux, trois ensemble, les agite et les contourne dans différens sens, ce qui les feroit prendre pour de petits vers. Draparnaud pense que ce sont des espèces de trachées : qu'entend-il par là ? Aucun autre observateur ne parle de ces filamens ; je ne les ai pas vus non plus.

Cette espèce de limnée est commune dans les eaux douces de la France et de l'Allemagne : c'est le type du genre *Neritostoma* de Klein, que M. Denys de Montfort a nommé *Radix*.

La L. BLONDE ; *L. luteola*, Lamrk, Anim. sans vert., tom. 4, 2.ᵉ part., p. 160. Coquille d'un pouce de long, ovale, ventrue, renflée, extrêmement mince, transparente, d'un jaune d'or, avec trois lignes transverses blanchâtres peu apparentes ; cinq tours de spire, dont le dernier est plus long que les autres ; le péristome évasé.

Eaux douces du Bengale.

La L. ACUMINÉE ; *L. acuminata*, Lamrk., *loc. cit.* Coquille de la grandeur de la précédente, et venant du même pays, mais encore plus mince, plus ampullacée, hyaline, presque blanche ; la spire très-pointue et très-courte, de manière que le dernier tour fait presque toute la coquille.

La L. DE VIRGINIE ; *L. virginiana*, Lamrk., *loc. cit.* Ovale, ventrue, très-mince, diaphane, marquée de rugosités longitudinales, de couleur grise ; cinq tours de spire, le dernier plus long que tous les autres ensemble ; le péristome évasé. Longueur, treize lignes.

Eaux douces de Virginie.

On trouve, à ce qu'il paroît, un assez grand nombre d'espèces de ce genre dans les eaux douces de l'Amérique septentrionale ; malheureusement elles n'ont été qu'indiquées par les zoologistes de ces contrées, et même ils rangent dans ce genre des espèces qui ne lui appartiennent pas, puisque ce sont des animaux operculés : ainsi M. Thomas Say, dans l'édition américaine de l'Encyclopédie de Nicholson, me paroît avoir appelé limnées de véritables paludines ou cyclostomes aquatiques. Il y a peu de doute pour sa *L. vivipara*, puisqu'il cite la *cochlea vivipara fasciata*, tab. 126, fig. 26, de Lister. Sa *L. decisa* doit être quelque mélanie, ainsi que sa *L. subcarinata*. Je n'ose aussi bien l'affirmer pour la *L. virginica*, parce qu'il ne parle pas d'opercule ; mais la forme des tentacules, qui sont sétacés, l'existence d'une sorte de mufle, porte aussi à penser que c'est à un genre voisin qu'elle appartient. Enfin, ses *L. catoscopium* et *heterostropha* paroissent plutôt être des physes que de véritables limnées : il parle cependant de deux tentacules larges, pyramidaux pour la première, et plus longs et sétacés pour la seconde. Il ne resteroit donc que sa *L. jugularis*, qui seroit une vraie limnée, et, en effet, il la rapproche de notre Limnée stagnale : elle a environ six tours à la spire, qui est pointue ; l'ouverture en dedans est souvent brune, les lèvres blanches et la columelle un peu contractée en dedans.

M. Rafinesque Schmaltz paroît aussi avoir observé des espèces de ce genre ; mais il en parle si brièvement, en citant seulement les noms qu'il leur a donnés, sous les subdivisions génériques qu'il a formées, qu'il est impossible de tirer d'autre parti de ce qu'il dit à ce sujet, que d'assurer que l'Amérique septentrionale renferme des limnées. (De B.)

LIMNÉE. (*Foss.*) L'étude des différentes couches du calcaire d'eau douce, à laquelle on s'est livré depuis quelques années, a procuré la découverte de différentes espèces de limnées à l'état fossile : c'est surtout dans les ouvrages de M. A. Brongniart sur la géologie, que nous avons puisé une grande partie de cet article.

Limnée effilé : *Lymneus longiscatus*, Brong., Ann. du Mus. d'hist. nat., tome 15, pl. 22, fig. 9 ; *Lymnea longiscata*, Sow., *Min. conch.*, tab. 345. Coquille composée de cinq tours de spire peu renflés ; sa bouche est ovale et alongée : longueur, quinze lignes. Cette espèce se trouve aux environs de Paris, à Belleville, à Saint-Ouen, et dans la forêt de Fontainebleau, dans la première formation d'eau douce ; on la trouve aussi sur la colline de Headon en Angleterre.

Limnée élancé : *Lymneus strigosus* ; Brong., *loc. cit.*, pl. 22, fig. 10. Cette espèce a beaucoup de rapports avec la précédente ; elle en diffère cependant, parce qu'elle est moins alongée, et parce qu'il se trouve sur la columelle un petit renflement qu'on ne voit pas sur l'autre. On la trouve à Pantin, département de la Seine, dans le terrain d'eau douce de première formation.

Limnée pointu ; *Lymneus acuminatus*, Brong., *loc. cit.*, pl. 22, fig. 11. Coquille dont la spire, composée de six tours, est alongée et pointue ; mais dont le dernier tour est très-renflé, et le pli de la columelle fort marqué. On trouve cette espèce à Pierrelaie, département de Seine et Oise, dans le sable qui recouvre le grès marin inférieur, et il est quelquefois mêlé avec des coquilles marines. M. Brongniart soupçonne que ce lymnée appartient à la première formation d'eau douce.

Limnée corné ; *Lymneus corneus*, Brong., *loc. cit.*, pl. 22, fig. 12. Coquille composée au plus de cinq tours de spire : le dernier est très-grand et renflé ; son bord antérieur est un peu dilaté et légèrement recourbé extérieurement. On le trouve dans les hauteurs de Milon, près de Versailles, à Palaiseau, département de Seine et Oise, avec beaucoup d'autres coquilles d'eau douce et terrestres, et à Louastre, près de Soissons. Il appartient à la deuxième formation d'eau douce.

Limnée ovoïde ; *Lymneus ovum*, Brong., *loc. cit.*, pl. 212, fig. 13. Coquille ovale, un peu ridée, à six tours de spire. Il ressemble un peu au *lymneus pereger* de Drap. ; mais il est moins renflé et a plus de tours que lui. On trouve cette espèce dans le sable de Pierrelaie.

Limnée des marais ancien ; *Lymneus palustris antiquus*,

Brong., *loc. cit.* Il n'y a entre cette coquille et le *lymneus palustris*, actuellement vivant, qu'une légère différence de forme, et elle n'est peut-être pas réellement fossile, quoiqu'elle soit blanche et remplie de sable de Pierrelaie.

LIMNÉE FÉVEROLE ; *Lymneus fabulum*, Brong., *loc. cit.*, pl. 22, fig. 16. Coquille qui n'a que quatre tours de spire, dont le dernier est très-grand ; la spire est courte et pointue ; l'ouverture n'a pas les deux tiers de la longueur de la coquille : longueur, dix lignes. Elle a beaucoup de rapport avec le *lymneus pereger*, Drap. On la trouve dans les meulières de la deuxième formation d'eau douce, dans la forêt de Montmorency, et au-dessus de Saint-Leu, département de Seine et Oise.

LIMNÉE VENTRU ; *Lymneus ventricosus*, Brong., *loc. cit.*, pl. 22, fig. 17. Cette espèce ne diffère de la précédente que parce que la spire est beaucoup plus courte ; l'ouverture est plus grande que les deux tiers de la coquille. Je l'ai trouvée sur la colline de Maurepas, près de Pontchartrain, département de Seine et Oise.

LIMNÉE RENFLÉ ; *lymneus inflatus*, Brong., *loc. cit.*, pl. 22, fig. 18. Coquille dont les tours de spire sont très-arrondis : longueur, dix lignes. Elle ressemble beaucoup au limnée ovale de Draparnaud, fig. 33. L'ouverture est à peine plus grande que la moitié de la longueur de la coquille. Elle est très-commune dans les meulières du terrain d'eau douce, au-dessus de Saint-Leu et à Sanois, département de Seine et Oise.

Dans l'ouvrage ci-dessus indiqué, M. Sowerby a donné la description et la figure (pl. 169) de deux espèces de limnée qui ont été trouvées dans la formation d'eau douce de l'île de Wight : l'une, à laquelle il a donné le nom de *Lymnea minima*, n'a que quatre à cinq lignes de longueur, et l'autre, qu'il a nommée *Lymnea fusiformis*, a plus de dix-huit lignes de longueur.

M. d'Audebard de Férussac a annoncé, dans un Mémoire inséré dans les Ann. du Mus. d'hist. nat., tome 19, p. 242 et suivantes, que dans le calcaire secondaire du Quercy et de l'Agenois il a trouvé six espèces du genre Limnée à l'état fossile, dont il n'a point donné la description : 1. *L. Auri-*

cularius, var. ; 2. *L. intermedius*, d'Audeb. ; 3. *L. peregrum*, Müll. ; 4. *L. rivale*, d'Audeb. ; 5. *L. amphibius sive truncatulum*, Müll. ; 6. *L. Geofrasti*, d'Audeb.

On trouve des limnées fossiles dans presque tous les endroits où l'on trouve le terrain d'eau douce, et entre autres à Beauchamp, près de Pontoise ; dans le Bastberg, département du Bas-Rhin ; près d'Alaire, département du Gard ; près de Bruyère, département du Cher ; à Béard et à Thiaux, département de la Nièvre ; auprès de Neufchâtel, en Suisse ; à Oeningen, à Miranda de Duero et Pancorvo en Espagne, etc. (D. F.)

LIMNÉENS. (*Malacoz.*) M. de Lamarck forme, sous cette dénomination, une petite famille du sous-ordre des trachélipodes, qui comprend les genres Planorbe, Physe et Limnée, à laquelle il assigne pour caractères d'avoir une coquille univalve, le plus souvent lisse, ayant le bord droit toujours aigu, et d'être trachélipodes, amphibiens, sans opercule, et, par inadvertance sans doute, d'avoir les tentacules aplatis ; car il n'y a que les limnées véritables qui les aient ainsi. (DE B.)

LIMNESIUM. (*Bot.*) Suivant C. Bauhin, ce nom est donné par Cordus à la gratiole. *gratiola officinalis*, probablement parce qu'elle habite des terrains marécageux. Daléchamps cite les noms de *limnesion*, *limnæum* et *limnites* pour la petite centaurée, *erythræa*, qui paroît être aussi le LEPTON de Pline (voyez ce mot). Un *limnesium* plus récent est celui de Sigesbeck, qui substituoit ce nom à celui de *lychni-scabiosa*, donné par Boerhaave à une plante voisine de la scabieuse, qui est maintenant le *knautia* de Linnæus. (J.)

LIMNETIS. (*Bot.*) Ce genre de plante graminée de M. Persoon est le même que le *trachynotia* de Michaux et le *spartina* de Schreber. (J.)

LIMNIA. (*Bot.*) La plante décrite sous ce nom dans les Actes de Stockholm, année 1746, est le *claytonia sibirica* de Linnæus. (J.)

LIMNIAS. (*Polyp.*) M. Ocken, tom. 1, pag. 47 de son Système de zoologie, établit sous ce nom un petit genre de polypiaires. Ses caractères sont : Corps pourvu de deux roues, et contenu dans une longue cellule opaque et mince. La seule espèce qu'il place dans ce genre, et qu'il nomme la LIMNIE DE

LA CORNIFLE, *L. ceratophyllæ*, est constituée par un petit animal brun, qui, à la vue simple, a un quart de ligne de long, et qui se trouve dans les eaux douces sur la cornifle (*ceratophyllum*). (DE B.)

LIMNITES. (*Min.*) Pierres sur lesquelles sont des dendrites noires, qui, par leur direction sinueuse, imitent les lignes d'une carte de géographie (Léman, Dict. d'hist. natur.); nous ignorons par qui et dans quel ouvrage ce nom a été employé. (B.)

LIMNIUM. (*Conchyl.*) M. Ocken (Syst. gén. de zool., t. 1, p. 236) distingue sous ce nom générique une espèce d'unio, l'U. *pictorum*, la MOULETTE DES PEINTRES, des autres espèces de ce genre, et lui donne pour caractère principal d'avoir les dents de la charnière plus petites que les autres, ce qui paroît faire un passage aux anodontes. Voyez MOULETTE. (DE B.)

LIMNOBION. (*Bot.*) Genre de plantes monocotylédones, à fleurs incomplètes, monoïques ou dioïques, de la famille des *hydrocharidées*, de la *monoécie dodécandrie* de Linnæus; offrant pour caractère essentiel : Des fleurs à sexes séparés, renfermées dans une spathe : les mâles composées d'une corolle à six divisions; les trois intérieures plus larges, pétaliformes ; point de calice ; environ neuf étamines attachées à une colonne charnue. Dans les fleurs femelles, une corolle peu différente ; trois filamens extérieurs ; un ovaire inférieur, court, surmonté de six stigmates; une capsule ovale, alongée, à six loges, renfermant un grand nombre de semences nichées dans une pulpe gélatineuse.

Ce genre a été établi par Richard pour une plante que Bosc avoit rapportée aux *hydrocharis*. J'ai présenté les caractères que le premier lui attribue ; ils diffèrent, en quelques parties, de ceux observés par Bosc. Je les ferai connoître dans la description de l'espèce suivante. Il est possible, ou que ces caractères varient, ou qu'il soit question, dans Richard, d'une plante un peu différente.

LIMNOBION A ÉPONGE : *Limnobium spongia*, Rich., Mém. de l'Inst., an 1811 ; *Hydrocharis spongia*, Bosc, Annal. Mus. Par., vol. 9, pag. 336, tab. 50. Plante très-remarquable par la surface inférieure de ses premières feuilles, garnies d'une espèce de coussinet spongieux, formé par le tissu cellulaire plus dilaté, évidemment destiné à soutenir les feuilles au-dessus de l'eau. Ses racines sont fasciculées ; ses tiges rampantes, stolonifères, spongieuses ; les feuilles sont toutes radicales, à longs pétales, ovales, presque rondes, en cœur ; les premières, qui poussent dans l'hiver et au printemps, sont nageantes, garnies en-dessous d'une saillie spongieuse ; les autres en sont dépourvues.

D'après Bosc, les fleurs sont monoïques ; les mâles, au nombre de sept à huit, renfermées dans une spathe à quatre folioles inégales dont les deux antérieures longues de plus d'un pouce, souvent striées en rouge ; le pédoncule radical est mince et fragile ; chaque fleur offre un calice à trois folioles, d'un vert pâle ; une corolle blanche, petite, à trois pétales ; huit à douze étamines, insérées sur une colonne formée par la réunion des filamens. Les fleurs femelles sont solitaires, renfermées dans une spathe à deux folioles ; à pédoncule radical, courbé dans l'eau après la fécondation, et formé par un ovaire surmonté de six styles profondément bifurqués et velus. La capsule est ovale, striée en rouge, à six loges ; les semences sont ovales, nombreuses, logées dans une pulpe gélatineuse. Cette plante croît dans les fossés bourbeux de la Basse-Caroline. (POIR.)

LIMNOCHARE. (*Entom.*) M. Latreille désigne sous ce nom de genre quelques espèces d'aptères rhinaptères, qui diffèrent des hydrachnes, parce que leurs palpes sont simples ou qu'ils n'ont pas d'appendice mobile : tel est le *trombidium aquaticum* d'Hermann fils. (C. D.)

LIMNOCHARIS. (*Bot.*) Genre de plantes monocotylédones, à fleurs complètes, polypétalées, de la famille des *alismacées* (*butomées*, Rich.), de la *polyandrie polygynie* de Linnæus ; offrant pour caractère essentiel : Un calice à trois folioles ; trois pétales ; des étamines nombreuses, dont plusieurs stériles ; un grand nombre d'ovaires ; autant de styles, de stigmates et de capsules uniloculaires, polyspermes.

LIMNOCHARIS A FEUILLES ÉCHANCRÉES : *Limnocharis emarginata*, Humb. et Bonpl., *Plant. æquin.*, tab. 34; *Alisma flava*, Linn.; *Limnocharis Plumieri*, Rich., *Mem. mus.*, 1, pag. 374; *Damasonium maximum*, *l. c.*, Burm., *Amer.*, tab. 115. Cette

26. 3o

plante est pourvue d'une racine composée de fibres blanchâtres, menues; elle pousse de son collet plusieurs pétioles longs d'environ un pied et demi, fongueux, anguleux, ovales en cœur, légèrement échancrés au sommet,
longs au moins de six pouces, munis de nervures longitudinales qui se réunissent au sommet en un point ombiliqué
et noirâtre : les hampes sont nues, de la même forme et de
la même grandeur que les pétioles; elles se terminent
par une ombelle simple, composée de huit à dix fleurs pédicellées, larges au moins d'un pouce : les trois folioles du
calice vertes et concaves; les pétales jaunes, d'une odeur
de bouc; les semences réniformes, roussâtres et velues.
Cette plante croît sur le bord des ruisseaux, à Saint-Domingue et autres lieux de l'Amérique méridionale.

Limnocharis de Humboldt : *Limnocharis Humboldtii*, Rich.,
Mem. mus., 1, pag. 369, tab. 19 ; Kunth *in* Humb. et
Bonpl., *Nov. gen.*, 1, pag. 248; *Stratiotes nymphoides*, Willd.,
Spec., 4, pag. 821. Ses tiges sont glabres, rameuses, cylindriques, articulées, garnies de feuilles pétiolées, ovales
en cœur, arrondies au sommet; les pétioles très-longs, articulés; les fleurs pédonculées, solitaires, axillaires; une spathe oblongue, très-mince, trois fois plus courte que le pédoncule; les folioles du calice lancéolées, un peu aiguës,
d'un vert luisant; les pétales une fois plus longs, en ovale
renversé; une fossette à leur base; les filamens pourpres,
dilatés; les anthères noirâtres; six à sept stigmates épais,
réfléchis; autant de capsules rapprochées, un peu comprimées, ovales-lancéolées, terminées en bec ; les semences
nombreuses, presque planes, attachées à la paroi interne
des capsules. Cette plante croît dans les eaux, aux environs
de Caracas. (Poir.)

LIMNŒUM. (*Bot.*) Voyez Limnesium. (Lem.)

LIMNOPEUCE. (*Bot.*) Ce nom, qui signifie pin de marais,
a été donné par Cordus à la pesse d'eau, *hippuris vulgaris*. (J.)

LIMNOPHILA. (*Bot.*) Genre de Rob. Brown, qui a été
mentionné à l'article Hydropityon. Voyez ce mot. (Poir.)

LIMNORIE, *Limnoria*. (*Crust.*) Genre de crustacé établi
par M. le docteur Leach dans sa famille des Cymothoadées.
Voyez tome XII, p. 353. (Desm.)

LIMODORE, *Limodorum.* (*Bot.*) Genre de plantes mono-cotylédones, à fleurs incomplètes, irrégulières, de la famille des *orchidées*, de la *gynandrie diandrie* de Linnæus ; offrant pour caractère essentiel : Une corolle à six pétales étalés, trois extérieurs, trois autres intérieurs, dont l'inférieur est concave, prolongé en bosse ou en éperon, non adhérent avec le style ; le stigmate placé à la partie antérieure du style ; l'anthère terminale, à deux ou quatre loges ; les paquets de pollen globuleux, pédicellés ; une capsule ovale, à trois ou six faces.

Ce genre, quoiqu'il ait éprouvé beaucoup de réformes, n'en est pas moins très-nombreux en espèces. Il diffère des *epidendrum* par ses fleurs munies d'un éperon ; des *orchis*, par son style non adhérent au pétale inférieur ; des *cymbidium*, par son éperon. Il comprend des plantes herbacées, dont la tige est très-ordinairement garnie de feuilles simples, alternes, vaginales ou amplexicaules ; les fleurs disposées en épis ou en grappes terminales. Peu de limodores sont cultivés dans les serres de l'Europe. On y trouve cependant le limodore de Chine et quelques autres, que l'on multiplie par le déchirement des vieux pieds, ou mieux par la séparation des tubercules à l'époque de leur dépotement annuel. Ces plantes exigent une terre un peu légère, et des arrosemens fréquens.

LIMODORE DE CHINE : *Limodorum Tankervillæ*, Ait., Hort. *Kew.*, 3, pag. 302, tab. 12 ; *Phajus grandifolius*, Lour., *Flor. Cochin.*, 2, pag. 647. Cette espèce est une des plus belles de ce genre : sa racine est composée de longues fibres cylindriques, qui partent d'un collet un peu bulbeux ; elle produit de larges feuilles ovales, lancéolées, vaginales à leur base : la hampe est cylindrique, de l'épaisseur du petit doigt, munie de gaines courtes et alternes ; elle soutient de grandes fleurs éparses, pédonculées, formant une belle grappe terminale : les pétales sont lancéolés, d'un brun roux en dedans, d'un beau blanc en dehors ; le sixième pétale, d'un pourpre brun, est concave, à bords recourbés en dedans, ondulé ou presque lobé à son sommet, à peine éperonné à sa base. Cette plante croît à la Chine ; on la cultive au Jardin du Roi.

Limodore a feuilles de varaire : *Limodorum veratrifolium*, Willd., *Spec.*, 4, pag. 122; *Flos triplicatus*, Rumph., *Amb.*, 6, pag. 115, tab. 52, fig. 2. Cette plante a des racines composées de fibres charnues et fasciculées; elles produisent plusieurs feuilles droites, pétiolées, amples, ovales, nerveuses, aiguës, assez semblables à celles du *veratrum*.

Limodore en carène : *Limodorum carinatum*, Willd., *Spec.*, 4, pag. 124 ; *Katoukaida Maravara*, Rheed., *Malab.*, 12, tab. 26. Ses racines sont fibreuses et blanchâtres : les feuilles forment à leur base une sorte de bulbe ovale, dont quelques-unes plus alongées, linéaires, presque ensiformes, longues de trois pieds : les hampes sont droites, simples ; elles soutiennent une longue grappe de fleurs assez grandes, d'un vert brun, un peu rougeâtres en dehors, blanchâtres ou d'un rouge pâle en dedans, traversées par des veines purpurines, marquées de taches d'un blanc jaunâtre, d'une odeur agréable; le pétale inférieur concave, spatulé, courbé en dehors à son sommet; l'éperon court, épais, courbé en hameçon. Cette espèce croît sur les côtes du Malabar.

Limodore bidenté : *Limodorum bidentatum*, Willd., *l. c.*, pag. 124; *Epidendrum bidentatum*, Retz, *Observ.*, 6, p. 54. Plante parasite des Indes orientales : elle croit sur les arbres. Ses racines sont très-longues, filiformes; elles produisent trois ou quatre feuilles ensiformes, longues de trois à quatre pouces, terminées par trois petites dents aiguës : l'éperon cylindrique, plus court que l'ovaire.

Limodore faux-angrec : *Limodorum epidendroides*, Willd., *l. c.*; *Serapias epidendracea*, Retz, *Obs.*, 6, pag. 65. Sa bulbe est placée au-dessus de la terre; il en sort plusieurs feuilles linéaires, membraneuses, ensiformes, mucronées, presque longues d'un pied; la hampe est droite, très-simple, ponctuée, avec des gaines aiguës; les fleurs disposées en une grappe simple, terminale ; la corolle d'un brun verdâtre, traversée par des stries d'un rouge obscur; les pétales lancéolés, recourbés à leur sommet; l'inférieur concave, en cœur renversé, replié à ses bords; l'éperon court, comprimé, un peu recourbé. Cette plante croît aux environs de Madras et de Tranquebar, aux lieux arides, sur les montagnes.

Limodore en massue : *Limodorum clavatum,* Willd., *l. c.,* pag. 126 ; *Epidendrum clavatum,* Retz, *Obs.,* 6, pag. 5o. Plante des Indes orientales, qui croît sur le tronc des arbres : ses racines sont fibreuses ; ses tiges pendantes, cylindriques ; ses feuilles étalées, glabres, planes, linéaires, bidentées à leur sommet ; les fleurs disposées en grappes ou épis courts, très-étalés, presque opposés aux feuilles ; le pédoncule roide, en massue, ponctué ; les bractées en cœur ; la corolle jaune, pédicellée ; les pétales linéaires-lancéolés, presque égaux, connivens à leur base ; l'inférieur renflé, en casque, couvert de poils blancs ; l'éperon droit, alongé ; les capsules filiformes, longues de trois pouces.

Limodore obscur : *Limodorum triste,* Willd., *Spec.,* 4, pag. 124 ; *Satyrium triste,* Linn. *Suppl.,* 402. Cette plante, originaire du cap de Bonne-Espérance, a ses racines pourvues de bulbes entières, d'où sortent des feuilles droites, ensiformes ; la hampe est un peu rameuse ; les fleurs disposées en grappes, accompagnées, à la base des pédoncules et des ramifications, d'écailles en forme de spathe, lancéolées, aiguës : les pétales de couleur verte ; les deux intérieurs plus pâles ; l'inférieur une fois plus court, concave à sa base munie d'un éperon obtus.

Limodore cordeau : *Limodorum funale,* Willd., *Spec.,* 4, pag. 127 ; Swartz, *Flor. Ind. occid.,* 3, pag. 1521. Ses racines sont simples, épaisses, longues de deux ou trois pieds, adhérentes au tronc des arbres sur les montagnes de la Jamaïque ; elles produisent un grand nombre de tiges grêles, filiformes, alongées, souvent radicantes à leur sommet, munies de quelques gaines alternes ; il s'élève des racines un pédoncule portant deux grandes fleurs blanches ; les pétales lancéolés, réfléchis, longs d'un demi-pouce ; l'inférieur à deux lobes arrondis, prolongé en un éperon subulé ; les capsules sont cylindriques, un peu anguleuses, longues de deux pouces.

Limodore blanc-d'ivoire : *Limodorum eburneum,* Willd., *l. c.,* pag. 125 ; *Angræcum eburneum,* Bory-Saint-Vinc., *Itin.,* pag. 359, tab. 19. Très-belle espèce de l'île Bourbon, remarquable par la blancheur et la dimension de ses fleurs, par l'odeur suave qu'elles répandent : les tiges sont grosses, traînantes, radicantes à leurs nœuds; les feuilles ensiformes, d'un beau vert, longues d'un pied et plus; les hampes longues de deux pieds, chargées de fleurs alternes; les pétales un peu réfléchis, quelquefois verdâtres; l'éperon filiforme, très-long.

LIMODORE VERDATRE; *Limodorum virens*, Roxb., *Corom.*, vol. 1, pag. 31, tab. 38. Cette plante a des bulbes ovales, écailleuses; les feuilles sont toutes radicales, concaves, élargies à leur base, puis alongées, linéaires, aiguës; les hampes droites, ponctuées, ramifiées vers leur sommet; les rameaux garnis de fleurs d'un blanc verdâtre; les pétales lancéolés, aigus; l'inférieur plus court, concave, un peu arrondi, obtus; l'éperon plus court que la corolle. Cette plante croît au Coromandel.

Parmi les autres espèces qui complètent ce genre, on peut distinguer le *limodorum flexuosum*, Willd., *l. c.*, qui est l'*helleborine aphyllos*, *flore luteo*, Plum., *Spec.*, 9, et *Amer.*, tab. 183, fig. 2. Ses tiges sont dépourvues de feuilles; ses fleurs jaunes, disposées en grappes flexueuses; le pétale inférieur en cœur renversé; l'éperon de la longueur de l'ovaire. Les hampes sont simples, cylindriques, hautes d'environ deux pieds, munies de quelques écailles distantes, très-aiguës, soutenant à leur extrémité une grappe de fleurs un peu lâche; chaque pédoncule est chargé de trois fleurs blanches; le pétale inférieur alongé, à cinq découpures inégales, prolongé à sa base en un éperon filiforme. Cette plante croît dans les Indes orientales. (POIR.)

LIMODORUM. (*Bot.*) Suivant C. Bauhin, Théophraste nommoit ainsi l'orobanche, *orobanche major*. Clusius a employé ce nom pour un orchis, *orchis abortiva*, et plus récemment il est devenu celui d'un autre genre de la famille des orchidées. (J.)

. LIMON. (*Min.*) Ce nom s'applique généralement à un terrain principalement marno-argileux, impur, mais à particules fines, susceptible de se délayer facilement dans l'eau, et qui résulte des dépôts opérés par des eaux troubles et bourbeuses. Tous les grands fleuves vers leur embouchure dans la mer ou dans de grands lacs; beaucoup de rivières dans leur confluent avec d'autres rivières, par conséquent dans les parties où la vitesse de leur courant est ralentie par une cause quelconque, déposent une grande quantité de limon, et forment ces vastes étendues, planes et marécageuses, qu'on voit vers leur embouchure, qui l'obstruent au bout d'un certain temps, et qui semblent forcer les fleuves de chercher plusieurs issues pour traverser ces dépôts. C'est ce qui constitue le Delta de l'Égypte et tous les atterrissemens limoneux, auxquels on a donné un nom analogue.

Le limon est un terrain, et non une roche ; sa position, les causes qui l'ont produit, ses rapports avec les autres terrains, sont ses caractères et varient peu : sa composition, au contraire, est extrêmement variable, et dépend principalement de la nature des terrains parcourus par les cours d'eau qui l'ont transporté et déposé. Son seul caractère est d'être composé de parties assez fines pour être tenues quelque temps en suspension dans l'eau douée même d'un foible mouvement ; et comme les matières argileuses et calcaires sont celles qui sont susceptibles de se diviser le plus et d'être portées le plus loin, c'est aussi de ces matières que le limon est le plus ordinairement composé : cependant cette prédominance n'est qu'extérieure, c'est-à-dire que les limons participent généralement plus des caractères argileux que des caractères siliceux, quoique la silice s'y présente toujours en quantité plus considérable.

La couleur dominante des limons est le gris plus ou moins foncé, quelquefois un peu bleuâtre, quelquefois aussi presque vert. Cette couleur est due à deux causes : les débris organiques, principalement végétaux, fournissent la plus ordinaire. Le fer oxidulé titanifère, résultant de la destruction des roches trappéennes ou volcaniques, donne quelquefois une couleur noirâtre au limon des cours d'eau qui traversent ces terrains.

Le limon ne s'observe pas seulement à l'embouchure des fleuves et des autres cours d'eau, mais dans toutes les parties de leur cours où, par un élargissement, un barrage ou un approfondissement, le mouvement de l'eau est ralenti dans la totalité de sa masse, ou seulement dans une de ses parties ; et le limon, présent justement aux points de ce ralentissement, indique, pour ainsi dire, les différentes vitesses de ce cours d'eau dans ses diverses parties.

On l'observe dans le fond de la mer, mais généralement près des côtes et surtout des embouchures de rivières. On le trouve dans le fond des marais et des lacs; mais probablement, pour ces derniers, dans ceux-là seuls qui reçoivent des cours d'eau, et jamais dans ceux qui sont alimentés uniquement par des sources sortant du sein de la terre, ou par les eaux pluviales tombant dans les cratères des volcans éteints, et y formant ces lacs remarquables assez communs dans les pays volcaniques des bords du Rhin, des côtes de Cologne, d'Andernach, etc.

Le limon auquel nous avons donné ailleurs le nom de limon d'atterrissement, considéré comme terrain composé principalement de limon et d'autres matières de transport, peut être formé de roches assez différentes et avoir des positions qui indiquent des époques très-différentes pour sa formation.

Il contient, enveloppe ou réunit seulement des débris plus volumineux, du gravier, du sable grossier et même des cailloux roulés qui, dans certaines périodes du cours des fleuves, ont été transportés plus loin que les lieux où ces gros débris devoient s'arrêter, et qui se sont mêlés avec le limon déposé antérieurement ou postérieurement à ces circonstances.

En le considérant suivant sa position, il est tantôt placé dans le lit des cours d'eau, et il peut être atteint par eux dans leur plus grande hauteur; alors on le regarde comme appartenant à l'époque actuelle du globe, et comme ayant été déposé depuis l'existence des hommes à sa surface : il renferme souvent des restes de leurs monumens, des débris de leurs ustensiles, et notamment de ces pierres dures, taillées en coins tranchans, qu'on appelle CÉRAUNITE. (Voy. ce mot.) Tantôt on le trouve sur les plateaux ou dans des plaines où depuis un temps immémorial on ne connoît aucun cours d'eau qui ait pu l'y déposer; ou dans les vallées où coulent des fleuves, mais à une élévation que, depuis un temps également immémorial, les plus grandes inondations n'ont pu atteindre ou n'auroient pu atteindre sans causer des catastrophes ou des phénomènes dont il seroit resté quelques traces. Il est alors antérieur aux temps historiques, et probablement aux dernières révolutions qui ont donné à nos continens leurs formes actuelles; on remarque que, dans ce cas, il ne renferme plus, au moins dans ses parties inférieures, aucun débris qui ait pu appartenir aux hommes ou à leurs arts, et qu'au contraire il contient des restes d'animaux, de grands mammifères surtout, qui ne vivent plus dans les contrées où l'on trouve ces restes, ou même dont l'espèce n'est plus connue sur la terre.

On distingue d'après cela le limon, que nous avons nommé d'atterrissement pour indiquer qu'il étoit question d'un terrain et non d'une roche, en limon ancien ou antédiluvien, et limon moderne ou postdiluvien, comme l'appelle M. Buckland.

On voit que l'histoire du limon, considéré, soit comme roche, soit comme terrain, se lie entièrement avec celle du terrain d'alluvion et d'atterrissement; aussi y reviendrons-nous au mot TERRAIN, pour donner à son histoire tous les développemens dont elle est susceptible comme article de géologie. Voyez *Terrains de transport, d'alluvion* et *d'atterrissement*, au mot TERRAIN. (B.)

LIMON, LIME. (*Bot.*) *Malus limonia* des anciens; *Limones* de Dodoëns. C'est une espèce du genre *Citrus* de Linnæus, dont Tournefort faisoit un genre distinct, caractérisé par un fruit ovoïde à écorce mince, terminé supérieurement en mamelon, et par des feuilles dont le pétiole est nu. Il est vendu à Paris sous le nom de citron, et cependant la boisson que l'on en retire est nommée plus justement limonade. C'est la même espèce, ou une variété, qui est nommée *lima* ou *limera* dans l'*Hist. plant.* de Clusius. (J.)

LIMON CIMAROU. (*Bot.*) Nom du *citrosma* de la Flore du Pérou, dans le voisinage du mont Quindiù en Amérique. (J.)

LIMON DE MER. (*Zooph.*) C'est la traduction des mots *purgamenta maris*, employés par plusieurs auteurs anciens pour désigner sous un nom très-vague un grand nombre d'animaux marins, qui n'étoient ni des poissons, ni des coquillages, ni des mollusques, ni des vers évidens, et dont ils ne savoient que faire dans leurs travaux zoologiques encore incomplets. (DE B.)

LIMONCILLO. (*Bot.*) On nomme ainsi dans le Mexique, suivant MM. de Humboldt et Bonpland, leur *symplocos limoncillo*. (J.)

LIMONELLIER, *Limonia*. (*Bot.*) Genre de plantes dicotylédones, à fleurs complètes, polypétalées, de la famille des *aurantiacées*, de la *décandrie monogynie* de Linnæus; offrant pour caractère essentiel : Un calice fort petit, à cinq dents; cinq pétales; dix étamines; un ovaire supérieur; un style court, épais, presque à trois lobes : le fruit est une baie globuleuse, à trois loges séparées par des cloisons membraneuses; une semence dans chaque loge.

Ce genre comprend des arbres ou arbrisseaux exotiques. la plupart originaires des Indes orientales; épineux, quelquefois sans épines; à feuilles alternes, simples ou composées, parsemées de points transparens. Les fleurs sont solitaires ou disposées en petites panicules dans l'aisselle des feuilles ; le nombre des pétales, des étamines et des lobes du calice est variable. Ils sont peu cultivés dans les serres de l'Europe, excepté une ou deux espèces.

LIMONELLIER A FEUILLES SIMPLES : *Limonia monophylla*, Linn., Roxb., *Corom*, 1, p. 60, tab. 85; *Limones pusili, etc.*, Burm., *Zeyl.*, tab. 65, fig. 1; *Catu tsjeru-naregam* seu *mal-naregam*, Rheed., *Malab.*, 4, tab. 12. Arbre des Indes orientales et de l'île de Ceilan, dont les rameaux sont cylindriques, garnis d'épines droites, solitaires, axillaires, et de feuilles simples, entières, ovales-oblongues, un peu aiguës, épaisses, veinées, à pétioles courts; les pédoncules sont uniflores, axillaires, fasciculés; les fleurs ont une corolle à quatre pétales, et huit étamines.

LIMONELLIER A TROIS FEUILLES : *Limonia trifoliata*, Lamk., *Ill. gen.*, tab. 353, fig. 2; Andr., *Repos.*, tab. 145. Arbrisseau très-rameux; les rameaux glabres, verdâtres, fléchis en zigzag, garnis de feuilles pétiolées, composées de trois folioles ovales, obtuses, légèrement crénelées; les épines axillaires, au moins aussi longues que les pétioles; les fleurs solitaires ou deux ensemble, blanchâtres. pédonculées; le calice à trois lobes; trois pétales oblongs; six étamines : les baies sont rouges, de la grosseur de celles de l'airelle. Cette plante croit dans les Indes orientales; on la cultive au Jardin du Roi : elle reste toute l'année dans la serre chaude; elle exige une terre forte, des arrosemens peu abondans, des dépotemens tous les deux ans. Sa multiplication, autrement que par graines, est très-difficile. Ses fruits sont employés dans l'Inde, comme ceux de l'espèce suivante.

LIMONELLIER ACIDE : *Limonia acidissima*, Linn., Lamk., *Ill.*, tab. 353, fig. 1; *Tsjeru-catu-naregam*, Rheed., *Malab.*, 4, tab. 14; *Anisifolium*, Rumph., *Amboin.*, 2, tab. 43. Les feuilles de cet arbrisseau, et surtout ses fruits, répandent une odeur assez pénétrante qui approche de celle de l'anis; ses tiges sont hautes de sept à huit pieds; ses feuilles ailées avec une impaire, composées de cinq à sept folioles ovales-obtuses, à peine crénelées; le pétiole ailé sur ses bords et articulé; les épines axillaires et solitaires; les fleurs blanchâtres, disposées en petites panicules plus courtes que les feuilles; les filamens des étamines élargis et lanugineux à leur base. Cette espèce croît aux Indes orientales, où même elle est cultivée, ainsi que dans les îles de l'Amérique, à cause de ses fruits acides, que l'on mange confits au sucre, comme les jeunes citrons : ils sont très-agréables.

Sonnerat, dans son *Voyage à la Nouvelle-Guinée*, pag. 103, tab. 63, a présenté une variété de cette espèce sous le nom de *citrus parva dulcis*; ses rameaux sont dépourvus d'épines; les fruits plus petits, presque point acides. Roxburg, dans ses *Plantes du Coromandel*, pense que le synonyme de Rheede, rapporté par Linnæus à cette espèce, doit en former une nouvelle, qu'il nomme *limonia crenulata*.

LIMONELLIER A FEUILLES DE CITRONIER; *Limonia citrifolia*, Willd., *Enum.*, 1, pag. 448. Arbrisseau dépourvu d'épines, cultivé dans quelques jardins sous le nom de *limonia trifoliata*, dont les rameaux sont un peu anguleux, les feuilles simples ou ternées; les folioles ovales, alongées, acuminées, très-entières; la terminale longue de deux pouces et plus; les fleurs fort petites, pédonculées, solitaires, axillaires; les pédoncules une fois plus courts que les pétioles; la corolle blanche; les baies petites et rougeâtres. Cette plante croît à la Chine.

LIMONELLIER A CINQ FOLIOLES : *Limonia pentaphylla*, Willd.,

Spec., 2, pag. 572; Roxb., *Corom.*, 1, pag. 60, tab. 81. Ses rameaux sont dépourvus d'épines, garnis de feuilles alternes, composées ordinairement de cinq folioles pédicellées, ovales, entières, aiguës; les pédicelles presque ailés par une membrane recourbée; les fleurs sont fort petites, disposées en grappes courtes, rameuses; le calice pourvu de cinq dents à son orifice. Cette plante croît dans les Indes orientales.

Limonellier de Madagascar; *Limonia madagascariensis*, Lamk., *Encycl.* Cet arbre, non épineux, porte à Madagascar le nom de *bois d'anis*, à cause, sans doute, de son odeur aromatique : ses feuilles sont ailées, à quatre ou cinq folioles alternes, glabres, ovales-oblongues ou lancéolées, un peu dentées, longues de trois à cinq pouces; les fleurs disposées en petites panicules serrées, axillaires, plus courtes que les feuilles; les baies globuleuses, grosses comme des baies de raisin.

On distingue encore, outre plusieurs autres espèces, le *limonia arborea* de Roxburg, *Coromand.*, vol. 2, tab. 85, dont les feuilles sont alternes, composées de cinq folioles linéaires, lisses, dentées en scie. Il croît sur les côtes du Coromandel : Forster en a mentionné quelques autres espèces. (Poir.)

LIMONIA. (*Bot.*) Plusieurs des espèces rapportées à ce genre par Linnæus et d'autres, en ont été séparées plus récemment pour former d'autres genres dans la même famille des aurantiacées. M. Corréa, qui avoit travaillé cette famille avec soin, a fait du *limonia monophylla* son genre *Ægle*, et des *limonia pentaphylla* et *arborea* de Roxburg son *glicosmis*. Le *limonia trifoliata* est maintenant le *triphasia* de Loureiro, et le *scolopia* de Schreber et Willdenow étoit le *limonia pusilla* de Gærtner. (J.)

LIMONIASTRUM. (*Bot.*) Voyez Limonium. (J.)

LIMONIATIS. (*Min.*) Pline dit de cette pierre, en traitant par ordre alphabétique de celles sur lesquelles il n'a presque rien à dire : *Limoniatis eadem videtur quæ smaragdus.* Cela ne veut pas dire pourtant que ce soit notre émeraude, car on croit que le *smaragdus* des anciens ne désignoit pas toujours la pierre verte que nous appelons émeraude. On ne sait donc pas réellement ce qu'étoit le *limoniatis*. (B.)

LIMONIE, *Limonia.* (*Entom.*) Nom d'un genre d'insectes diptères, établi par Meigen parmi les tipules, dont ils diffèrent par la position des ailes, qui ne sont pas écartées du corps dans le repos; mais couchées dans sa longueur. Nous avons fait figurer une espèce de ce genre, pl. 51, n.° 2. Voyez Tipule.

Le mot grec λειμονας signifie *prairie.* (C. D.)

LIMONIER. (*Bot.*) C'est une espèce de citronnier. Voyez vol. 9, pag. 300. (L. D.)

LIMONITE. (*Min.*) M. Hausmann a donné ce nom, dans son Manuel de minéralogie publié en 1813, au minérai de fer que nous avons appelé fer oxydé terreux et fer oxydé limoneux, et qui est composé de fer oxydé, d'eau, d'un peu de manganèse et toujours d'une proportion assez notable d'acide phosphorique. Si ce mélange est constant, et si par ses proportions il indique autre chose qu'un mélange fortuit, il demandera à être désigné par un nom univoque, et celui de *limonite,* donné par M. Hausmann, devra être employé. Voy. Fer oxydé brun limoneux. (B.)

LIMONIUM. (*Bot.*) Dioscoride donnoit ce nom à une plante qui, selon lui, croissoit dans des prés et lieux humides, et avoit les feuilles du *beta,* mais plus minces et plus longues, au nombre de douze ou plus : la tige, qui s'élevoit au milieu des feuilles, étoit menue et droite comme un lis; elle portoit beaucoup de graines, qui avoient une saveur astringente, et étoient employées pour arrêter les dyssenteries et les écoulemens sanguins. Cette description convient en partie au *limonium* de C. Bauhin et de Tournefort, qui en diffère cependant par sa tige rameuse et les feuilles plus épaisses que celles de la poirée. Fuchs, Tragus et Lonicer croyoient que la plante de Dioscoride étoit le *pyrola rotundifolia,* que Cordus nommoit *beta sylvestris,* suivant C. Bauhin, et dans une édition de Dioscoride par Ruellius, en 1516, à l'article du *limonium,* nous trouvons le nom *beta sylvestris,* écrit en écriture du temps. Cependant la pyrole a les feuilles plus arrondies, et la tige, à la vérité, simple, mais basse et grêle. La description convient moins encore soit au trèfle d'eau, *menyanthus,* que Cordus assimiloit au *limonion,* soit au *senecio doria,* rapproché par Daléchamps, soit enfin à la bistorte et à la valériane des jardins, qui étoient des *limonium* de Gesner. On est obligé d'en revenir, mais avec doute, au *limonium* de Tournefort, qui avoit joint à cette plante beaucoup d'autres espèces. Linnæus a supprimé ce genre pour le réunir au *statice*, et il nommoit l'espèce principale *statice limonium*. Adanson a rétabli le genre de Tournefort sous son nom primitif. Necker le séparoit également, mais sous le nom de *taxanthemum*. Willdenow, dans son *Hort. Berol.*, lui laisse le nom de *statice*, et nomme *armeria* le *statice* de Tournefort. Mœnch admet la même séparation, en suivant Tournefort, et de plus il fait d'un *limonium*, qui est le *statice monopetala* de Linnæus, son genre *Limoniastrum*.

Dioscoride dit que son *limonion* est appelé *nevroides* par quelques-uns, et Ruellius, son éditeur, ajoute que dans divers lieux il portoit les noms de *rapionion*, *lycosemphyllon*, *heleborosemata*, *scyllion*; *meuda*, dans la Syrie; *dacina*, chez les Daces; *jumbarum*, en France; *viartum nigrum*, chez les Romains; *mendruta* dans la Mysie.

Le *limonium peregrinum* de C. Bauhin, cité d'après Clusius, qui n'en connoissoit pas la fructification et n'en a figuré que les feuilles, est évidemment le *sarracenia purpurea*. (J.)

LIMOSA. (*Ornith.*) Nom générique donné aux barges par Brisson. Voyez Limicula. (Ch. D.)

LIMOSELLE ; *Limosella*, Linn. (*Bot.*) Genre de plantes dicotylédones, de la famille des *primulacées*, Juss., et de la *didynamie angiospermie*, Linn., dont les principaux caractères sont les suivans : Calice quinquéfide, persistant ; corolle monopétale, très-petite, campanulée, à cinq lobes presque réguliers ; quatre étamines didynames ; un ovaire supère, à style simple, terminé par un stigmate globuleux ; une capsule ovale, à deux valves, à une loge contenant plusieurs graines attachées à un placenta central.

Les limoselles sont de très-petites plantes herbacées, à feuilles simples, radicales, fasciculées, et à hampes uniflores et axillaires. On en connoît quatre espèces, dont trois sont exotiques. Comme elles ne présentent aucune espèce d'intérêt, nous ne parlerons ici que de celle qui est indigène.

Limoselle aquatique : *Limosella aquatica*, Linn., *Spec.*, 881; *Plantaginella palustris*, Moris., *Hist.*, 3, p. 605, s. 15, t.

2 , fig. 1. Sa racine est annuelle, fibreuse ; elle produit un faisceau de feuilles elliptiques, longuement pétiolées, et des rejets rampans qui donnent naissance à de semblables faisceaux de feuilles. Les fleurs sont petites, blanchâtres, portées sur des hampes grêles, uniflores, beaucoup plus courtes que les feuilles. La plante entière a rarement plus de deux pouces de hauteur et s'étale à trois ou quatre pouces en largeur : elle croît en Europe, dans les lieux humides et dans ceux qui ont été inondés pendant l'hiver. (L. D.)

LIMULE, *Limulus*. (*Crust.*) Genre de crustacés branchiopodes de la famille des Limulidées. Voyez l'article Entomostracés, tome XIV, page 536, de ce Dictionnaire, où ce genre est décrit. (Desm.)

LIMULE. (*Foss.*) Il est rare de trouver des limules à l'état fossile, et il paroît que jusqu'à présent on n'en a trouvé que dans le calcaire fossile de Solenhofen et de Pappenheim. Il existe dans la collection du Musée d'histoire naturelle des débris d'une espèce à laquelle M. Desmarets a donné le nom de limule de Walch, *Limula Walchii*, Hist. nat. des crustac. fossiles, pag. 139, tab. XI, fig. 6 et 7 ; *Cancer perversus*, Knorr et Walch, Monum. du déluge, tom 1.er, page 136, pl. 14, fig. 2.

Elle a de très-grands rapports avec les espèces vivantes : mais elle en diffère en ce que le rebord intérieur de la première pièce de la carapace est arrondi, au lieu de former un angle aigu devant la bouche ; en ce que les bords latéraux de la seconde pièce ont chacun cinq grandes pointes, entre lesquelles sont de petits aiguillons mobiles, tandis que ce nombre est plus considérable dans les espèces vivantes, et que souvent les pointes du test sont moins grandes que les aiguillons mobiles. (D. F.)

LIN ; *Linum*, Linn. (*Bot.*) Genre de plantes dicotylédones, de la *pentandrie digynie* du système sexuel, dont les principaux caractères sont les suivans : Calice de cinq folioles persistantes ; corolle de cinq pétales ; dix filamens soudés inférieurement en anneau, cinq d'entre eux stériles, les cinq autres portant des anthères sagittées ; un ovaire supère, surmonté de cinq styles ; dix capsules conniventes, paroissant n'en former qu'une seule, s'écartant à l'époque de la maturité, s'ouvrant longitudinalement par leur partie interne, et chacune d'elles contenant une seule graine.

Jusqu'à présent la place que doivent occuper les lins dans l'ordre des familles naturelles n'a pas encore été parfaitement déterminée. Linnæus, dans ses Fragmens de méthode naturelle, les avoit réunis, dans son ordre des succulentes, à plusieurs genres, avec lesquels ils n'ont presque point de rapports, si ce n'est avec les *geranium*. Adanson, qui ne publia ses Familles des plantes que quelque temps après le botaniste suédois, plaça les lins avec les amaranthes, rapprochement qui paroîtra bien extraordinaire aujourd'hui. Bernard de Jussieu, au contraire, les réunit aux caryophyllées. Mais cette réunion ne fut qu'imparfaitement adoptée par M. A. L. de Jussieu, lorsqu'il perfectionna la méthode de son oncle ; car il ne les plaça qu'à la fin de cette dernière famille, et seulement comme ayant des affinités avec les véritables caryophyllées. Depuis ces tentatives pour placer plus ou moins convenablement les lins dans l'ordre naturel, M. De Candolle, dans la série des familles qu'il publia en 1813 (dans sa Théorie élémentaire de botanique), en forma, sous le nom de *linées* un ordre distinct à la suite de celui des caryophyllées. En adoptant cette nouvelle famille dans notre Manuel des plantes indigènes, nous avions cru d'ailleurs qu'au lieu de placer les linées près des caryophyllées, il convenoit de les rapprocher des malvacées, avec lesquelles elles ont beaucoup de rapports par la connexion de leurs étamines et par la forme de leur fruit ; mais depuis lors, ayant fait un nouvel examen des linées, et ayant comparé leurs caractères avec ceux de différens ordres, nous croyons avoir trouvé que c'est avec les géraniacées qu'elles avoient le plus d'affinité ; et cette affinité nous paroît même si grande, qu'on pourroit, selon nous, les réunir dans une seule et même famille, qui présenteroit les caractères suivans : Calice de cinq folioles persistantes ; corolle de cinq pétales onguiculés ; dix filamens réunis en anneau par leur base, souvent plusieurs stériles ; un ovaire supère à cinq styles ou au moins à cinq stigmates ; cinq à dix coques monospermes, conniventes, s'ouvrant à leur maturité par leur angle interne.

Les lins sont des plantes herbacées ou suffrutescentes, à

feuilles simples, nombreuses, le plus souvent alternes ou
éparses, plus rarement opposées ou verticillées; leurs fleurs,
souvent assez grandes, d'une jolie couleur et d'un aspect
agréable, sont axillaires et terminales, éparses ou rapprochées
en une sorte de corymbe. On en connoît une cinquantaine
d'espèces, qui toutes, excepté six, appartiennent à l'ancien
continent, et plus particulièrement à l'Europe ou aux pays
qui avoisinent le bassin de la Méditerranée; en France seulement, on en trouve seize. Nous nous bornerons ici à parler
des espèces les plus intéressantes.

* *Feuilles alternes; fleurs bleues ou purpurines.*

LIN USUEL, LIN ORDINAIRE OU LIN CULTIVÉ; *Linum usitatissi-*
mum, Linn., *Spec.*, 397; *Linum sativum*, Blackw., *Herb.*, t.
160. Sa racine est menue, annuelle; elle produit une tige
grêle, souvent simple, haute d'un pied et demi à deux pieds,
garnie de feuilles éparses, lancéolées-linéaires, d'un vert
un peu glauque. Ses fleurs sont bleues, pédonculées, disposées au sommet des tiges ou des rameaux. On ne sait pas positivement quel est le pays natal de cette plante; Olivier dit
l'avoir trouvée sauvage en Perse. Quoi qu'il en soit, elle est
depuis un temps immémorial répandue dans une grande
partie de l'Europe, de l'Orient et du Nord de l'Afrique, où
elle est cultivée pour différens usages économiques.

Le principal produit de la culture du lin est la filasse qu'on
prépare avec l'écorce de ses tiges : l'huile qu'on retire de ses
graines pour s'en servir dans les arts, ces mêmes graines ou
la farine qu'on en prépare pour en faire usage en médecine,
ne peuvent être considérées que comme des objets secondaires et beaucoup moins importans. Dans quelques parties
du Midi on emploie aussi dans leur jeunesse ses parties herbacées comme fourrage.

Le lin se sème à la volée dans une terre préparée au moins
par deux labours, amandée avec de bons engrais et ordinairement disposée par planches bombées pour faciliter l'écoul-
lement des eaux. Le semis se fait le plus souvent au printemps, depuis le mois de Mars jusqu'en Mai ; quelquefois
l'automne, en Septembre ou Octobre ; et aussitôt que les

graines sont répandues, on passe la herse par-dessus et ensuite le rouleau.

La terre qui convient le mieux au lin, est celle qui est légère et en même temps un peu fraîche et substantielle; mais cela ne doit pas être regardé comme général, car il est des pays où l'on obtient de très-belles récoltes de cette plante dans des terres fortes et argileuses.

Les cultivateurs distinguent trois principales variétés de lin : la première nommée lin froid ou grand lin; la seconde, lin chaud ou tétard, et la troisième connue sous le nom de lin moyen. Il y a encore dans quelques cantons un lin précoce ou de Mars, et un lin tardif ou de Mai. La première variété, le lin froid, produit des tiges grêles, élevées, et fournit peu de graines; elle mûrit tard : on en retire une filasse longue, fine, avec laquelle on fabrique ces belles toiles, ces superbes batistes, ces magnifiques dentelles, qui font la richesse de la Flandre. La seconde variété, ou le lin chaud, a les tiges peu élevées, rameuses, chargées de nombreuses capsules : elle est plus propre, par cette dernière raison, à être cultivée, lorsqu'on a pour principal but la récolte des graines; car elle ne donne qu'une filasse courte et grossière. Le lin moyen, comme son nom l'indique, tient le milieu entre les deux précédens ; c'est celui qui est le plus généralement répandu. Au reste il est essentiel de ne point mêler les graines de ces différentes variétés, qui ne doivent point, lors des semis, être répandues de la même manière : ainsi la première doit être semée beaucoup plus serrée que les deux autres, tandis que la seconde a besoin d'être plus espacée que la dernière. Ces trois variétés mûrissent d'ailleurs à des époques un peu différentes.

Nous avons dit qu'on semoit le lin au printemps ou en automne. Ce qui doit déterminer à avancer ou à retarder cette opération, c'est la nature du sol et celle du climat. Ainsi, dans les terres très-légères et dans les pays secs et chauds, comme le Midi de la France, il est avantageux de semer le lin au commencement de l'automne, parce que les pluies de cette saison et celles de l'hiver favorisent la végétation de la plante, et lui font acquérir assez de force pour résister à la sécheresse, lorsqu'il arrive qu'il n'y ait que peu ou point du tout de pluie au printemps suivant. Dans les pays froids et humides, au contraire, et dans les terres argileuses, il faut retarder les semis de lin jusqu'en Mars et même jusqu'en Avril ou Mai, parce que la trop grande humidité est nuisible à cette plante.

Les cultivateurs croient généralement que le lin dégénère, lorsqu'il est semé plusieurs années de suite dans le même canton sans changer la semence : aussi est-on dans l'usage en Flandre de tirer tous les ans de nouvelles graines du Nord de l'Europe, et principalement de Riga, qui passe pour fournir celles de la meilleure qualité. Mais, d'après les expériences faites à ce sujet par M. Tessier, la graine de Riga ne donne pas, dans le climat de Paris, de plus beau lin que celle de beaucoup de cantons de la France et des parties méridionales de l'Europe. D'après cela on doit croire que, lorsque l'on voudra faire un choix des graines les plus grosses, les plus lourdes et les mieux nourries parmi celles récoltées dans notre pays, on pourra très-bien se passer de remplacer nos semences indigènes par des exotiques.

Pendant la jeunesse des semis de lin et avant que la plante ait cinq à six pouces de hauteur, il est essentiel de la débarrasser des mauvaises herbes par un ou deux sarclages. On doit surtout veiller à ce qu'elle ne soit pas infectée par la cuscute ; car, lorsque cette plante parasite, que les cultivateurs connoissent sous le nom d'*angure du lin*, vient à se répandre dans un champ, elle fait périr un grand nombre de pieds de lin. Le seul moyen de s'en débarrasser est d'arracher toutes les tiges qui en sont attaquées, et de les brûler, dès qu'on peut reconnoître le mal ; car, en laissant la cuscute s'étendre de proche en proche, elle peut envahir le champ entier et anéantir la récolte.

La maturité du lin a lieu selon l'époque où la graine a été semée, selon la chaleur du climat et selon la nature du sol, en France depuis le mois de Juin jusqu'en Août : en général elle s'annonce par la couleur jaune que prennent les capsules et les tiges, et parce que ces dernières se dépouillent d'une partie de leurs feuilles. Lorsque l'on juge que la plante est suffisamment mûre, on arrache ses tiges à la main, et on les réunit en poignées, dont on fait de petites bottes liées par le sommet, et qu'on laisse ordinairement debout sur le sol, en les écartant par le bas en trois parties, afin d'achever leur dessiccation. Aussitôt que la plante est assez desséchée, on en sépare les graines, soit en battant avec précaution les sommités des tiges sur des draps étendus à terre, soit en les faisant passer entre les dents d'une espèce de peigne de fer fixé sur un banc ou sur une table.

De quelque manière qu'on s'y prenne pour séparer les graines, il est important de ne pas déranger les tiges, de ne pas les entremêler, et d'avoir bien soin de les mettre égales par le bas, en en formant de nouvelles bottes, qui, ainsi préparées, sont de suite mises à rouir, parce que, lorsqu'on laisse trop dessécher le lin, il faut plus de temps pour opérer le rouissage. Cette préparation préliminaire, qu'on lui fait subir comme au chanvre, est nécessaire pour décomposer une sorte de gomme ou de gluten par laquelle les fibres de l'écorce adhèrent, soit entre elles, soit avec les tiges, et pour faciliter leur séparation.

On rouit le lin de trois manières. 1.º Sur terre : les tiges de la plante sont couchées et étalées par rangées sur un pré, pendant environ un mois, lorsque l'opération se fait en Septembre ; et pendant six semaines, lorsqu'elle se fait en hiver. Dans cette dernière saison le lin que l'on obtient n'est pas d'une couleur cendrée, comme celui qui a été roui en Septembre. 2.º En eau dormante : les plantes, réunies en grosses bottes, sont rangées les unes à côté des autres et par lits superposés, dans des fossés ou bassins remplis d'eau, et on les surcharge de pièces de bois et de pierres, afin de les tenir suffisamment submergées. Le rouissage de cette manière ne dure que dix jours ; mais la filasse qu'on obtient est toujours d'une qualité inférieure, et on ne peut jamais la filer fin. 3.º En eau courante : le lin est arrangé par bottes, de même que pour le rouissage en eau dormante ; mais l'opération dure vingt-cinq à trente jours, et l'on a soin de retourner les bottes tous les quatre à cinq jours, de même que lorsqu'on rouit sur terre ou en eau dormante. Le rouissage en eau courante est celui qui produit les lins de la meilleure et de la plus belle qualité, et certaines rivières ont surtout cet avantage : telle est la Lis, qui arrose le

département du Nord et autres pays voisins ; les lins qu'on
y fait rouir, donnent une filasse d'une excellente qualité,
d'une belle couleur jaunâtre claire, avec laquelle on fait du
fil d'une finesse extrême. Le rouissage en eau courante se
fait ordinairement en Septembre.

Lorsque le lin est resté le temps convenable au routoir,
(c'est ainsi qu'on nomme l'endroit où il est à rouir), on le
retire, on le lave et on le fait sécher le plus promptement
qu'il est possible, en l'exposant à l'air libre, si la chaleur
du climat et de la saison le permet, ou en employant la
chaleur des étuves ou des fours. Après qu'il a été bien
desséché, on peut le serrer au grenier jusqu'au moment ou
l'on voudra en retirer la filasse.

Ce travail peut se faire de deux manières. Dans la première, l'ouvrier prend une poignée de lin, la pose sur un
banc ou sur une table en la tenant d'une main, et de l'autre
il frappe dessus avec une sorte de battoir de bois; lorsque
la moitié supérieure est suffisamment brisée, il la retourne
pour frapper de même sur l'inférieure. Celle-ci étant aussi
convenablement battue, l'ouvrier prend la poignée des deux
mains, et il la passe et repasse avec force sur l'angle de son
banc ou de sa table, afin de faire tomber les fragmens des
tiges qui tiennent encore aux fibres menues, qui doivent
rester seules et former la filasse; ensuite il termine en se-
couant d'une seule main ce qui lui reste de cette dernière.
Mais dans beaucoup d'endroits on abrège cette opération en
se servant d'un instrument nommé mâche, mâchoire, braie
ou brayoire. On s'en sert pour le lin absolument comme pour
le chanvre. (Voyez cet article, vol. VIII, à la page 154.)

En Livonie on a des moulins pour la préparation du lin et
du chanvre, qui ont, dit-on, l'avantage de donner une
filasse plus belle, et d'en faire une bien plus grande quantité
en bien moins de temps. En Angleterre et même en France,
on a aussi imaginé des machines qui sont vantées comme très-
expéditives, et dont, à ce qu'on assure, une seule peut suffire pour le service d'un village dont la récolte de lin ou de
chanvre seroit la plus considérable. On ajoute que cette ingé-
nieuse machine n'exige, pour être mise en œuvre, qu'une
femme ou un jeune homme, et qu'elle donnera des millions

de bénéfice aux cultivateurs et à ceux qui emploient la toile faite avec le lin qu'elle aura préparé. Il ne reste plus qu'à trouver une autre machine qui, avec l'aide d'un seul individu, puisse filer cette filasse : et voilà, excepté deux personnes qui pourront encore gagner leur vie en surveillant et faisant marcher les deux machines, et leurs propriétaires qui s'enrichiront, tous les autres individus de ce malheureux village, qui pendant plusieurs mois de l'année et surtout pendant l'hiver, trouvoient, dans les diverses préparations dont le lin a besoin pour être converti en filasse, des moyens d'existence pour eux et leurs familles; voilà, disons-nous, tous ces individus manquant de travail pendant ce temps et par conséquent réduits à la misère.

Après qu'on a séparé la filasse de la chenevotte (c'est ainsi qu'on nomme les débris des tiges) par un des moyens dont il vient d'être parlé, il ne reste plus qu'à la peigner pour la rendre plus douce et plus fine. Cela se fait en la passant à plusieurs reprises à travers une sorte de peigne de fer à plusieurs rangs de dents, et nommée seran ou serançoir. On a de ces instrumens à dents plus grosses et plus écartées, et d'autres à dents plus fines et plus serrées. On commence par faire passer la filasse par les plus gros et on finit par les plus fins, selon le degré de finesse qu'on veut lui donner et les usages auxquels elle est destinée. Lorsque le lin a été peigné, il n'y a plus, pour le livrer au commerce, qu'à le mettre en bottes ou paquets.

Le lin, ainsi façonné, est ensuite filé, et presque généralement à la main, par des femmes qui se servent pour cela d'un instrument nommé *rouet* : dans les pays où cette industrie est très-répandue, elle a été poussée si loin, qu'on tire quatre mille aunes de fil d'une seule once de filasse de lin. Ce fil, selon sa finesse, est employé à fabriquer des dentelles, des batistes, des toiles, ou à entrer dans la composition de plusieurs étoffes. Tout le monde connoît l'emploi général du fil, si nécessaire pour unir et confectionner les différentes pièces de nos habillemens.

L'emploi des machines pour filer le lin est encore rare; M. Desmazières, de la Société des sciences et arts de Lille, qui a bien voulu nous fournir plusieurs renseignemens utiles pour la rédaction de cet article, nous marque qu'il ne connoît, dans le département du Nord, que deux fabriques où l'on file le lin avec de grandes machines. Elles sont établies à Orchie, petite ville entre Lille et Valenciennes, et il paroît que jusqu'à présent elles ne sont pas parvenues à filer fin. Leur fil est plat, poilu, impropre à la fabrication du beau fil à coudre, et seulement assez bon pour faire de grosses toiles.

On ne blanchit la filasse que lorsqu'elle est filée, et lorsque le fil ne doit pas être converti en toile; mais, si l'on veut faire de la toile, on attend que celle-ci soit fabriquée, pour la blanchir par divers coulages de potasse, par des bains d'acide muriatique oxigéné très-affoibli, et surtout par l'exposition sur le pré, exposition que l'on alterne avec ces diverses opérations chimiques.

L'usage du lin pour les vêtemens est si ancien, qu'on ne sait pas précisément l'époque où il a commencé. Les Égyptiens, qui sont un des peuples chez qui l'industrie et la civilisation remontent le plus loin, attribuoient la découverte de cette plante à une de ces divinités qui les avoient fait sortir de l'ignorance, et qui avoient introduit chez eux la connoissance de l'agriculture et des arts. Ce fut Isis qui la trouva sur les bords du Nil, et enseigna aux hommes l'art de la préparer, pour en faire des vêtemens. Aussi les prêtres d'Isis, qu'Ovide (*Metam.* 1.) appelle *dea linigera*, et tous les prêtres en général, en étoient vêtus, ce qui fait que Juvenal leur donne le nom de *linigeri*. Les momies d'Égypte sont presque toujours enveloppées de bandelettes de lin, et cette contrée est encore aujourd'hui un des pays du monde où le lin réussit le mieux. On l'y voit quelquefois, suivant Hasselquist, s'élever jusqu'à quatre pieds et acquérir la grosseur d'un roseau ordinaire. On cultive dans la Basse-Égypte, dit Olivier (Mém. sur l'Égypte), une grande quantité de lin, principalement sur le Delta, et c'est encore la principale récolte de la province de Faïoume. La quantité de toiles qui se fabriquent en Égypte, est immense; les habitans en font presque leur unique vêtement. Elle fournit tout le linge qui se consomme en Syrie, en Barbarie, en Abyssinie, dans le royaume d'Angora. Outre cela on exporte une quantité prodigieuse de lin brut, que les marchands de Constantinople fournissent aux besoins de l'Italie. On sème le lin, dans le pays, vers le milieu de Décembre, et on le récolte en Mars.

L'usage d'employer le lin pour les vêtemens passa de l'Égypte dans la Grèce, et plus tard en Italie. Dans les premiers temps de la république, le lin étoit peu connu; les Romains portoient sous leur toge une tunique de laine, et le lin ne fut employé généralement que sous les empereurs. On en fit alors des tissus d'une blancheur éblouissante, et des voiles légers d'une finesse extrême, que Varron appelle des robes de cristal (*vitreas togas*), et Pétrone, un nuage de lin, du vent tissu :

> *Æquum est induere nuptam ventum textilem,*
> *Palam prostrare nudam in nebula linea.*

L'art de préparer le lin ne fut point introduit chez les barbares du Nord par leur commerce avec les peuples du Midi. C'est une chose remarquable, dit M. de Theis, que des peuples presque sauvages aient connu l'usage du lin, dont la préparation compliquée semble annoncer un long degré de civilisation. Il est reconnu que toutes les nations barbares, sorties des forêts de la Germanie ou de la Scandinavie, étoient vêtues de toile au moment de leur migration.

Non-seulement les tissus de lin nous fournissent des vêtemens agréables, même des parures de luxe ; mais le linge, après avoir plus ou moins servi, est encore utilement employé. Il fournit à la chirurgie la charpie qu'elle emploie avec tant de succès pour le pansement des plaies et les bandages de toute nature, nécessaires dans tant de circonstances. Le linge presque complétement usé, et devenu ce qu'on appelle chiffon, est broyé dans des moulins à ce destinés, réduit en une espèce de pâte et converti en papier : sous cette dernière forme il fournit à l'homme les moyens de transmettre à la postérité les chefs-d'œuvres du génie, les actions héroïques et les découvertes utiles à l'humanité. Tels sont les principaux usages du lin sous le rapport de ses propriétés économiques : passons maintenant à l'emploi qu'on fait de ses graines en médecine.

La graine de lin est mucilagineuse, émolliente, relâchante et résolutive. A l'intérieur on prescrit comme boisson, son infusion légère et préparée à l'eau bouillante, dans les maladies inflammatoires de toute nature, et principalement dans celles du bas-ventre et des voies urinaires. On l'emploie aussi beaucoup en lavemens dans les mêmes cas, et dans les coliques, la dyssenterie, la constipation. La graine de lin, réduite en farine et préparée en cataplasme, est d'un usage au moins aussi fréquent pour combattre les inflammations externes, que l'infusion de la semence entière l'est pour les internes. Cette semence, contenant beaucoup d'huile, rancit facilement, et quand elle a contracté cette mauvaise qualité, elle ne vaut plus rien pour l'usage de la médecine ni de la chirurgie.

En écrasant et en exprimant la graine de lin, on en retire une huile douce, dont on peut se servir pour la cuisine, et dont on fait aussi usage pour diverses préparations pharmaceutiques. Cette huile, lorsqu'elle est fraîche, a toutes les propriétés adoucissantes de la graine elle-même; mais elle devient âcre et irritante lorsque la chaleur ou le temps l'ont fait rancir. Au reste, cette huile est principalement employée pour la peinture : on peut s'en servir pour l'éclairage; mais elle est peu en usage sous ce rapport.

On a essayé, dans des temps de disette, de mêler de la farine de graine de lin à celle de froment, pour en faire du pain; mais ce pain étoit lourd, pesant, difficile à digérer et très-malsain : il a occasioné des maladies graves, et même, dit-on, la mort de quelques-uns des individus qui en avoient mangé en plus grande quantité.

Le lin usuel a exigé, à cause de ses divers usages et de leur importance, que nous nous étendissions beaucoup sur lui; ce que nous aurons à dire sur les autres espèces, sera plus borné.

Lin vivace : *Linum perenne*, Linn., *Spec.*, 397; Mill., Dict., t. 166, fig. 2. Sa racine est vivace; elle produit des tiges plus ou moins nombreuses, étalées, hautes de quatre à huit pouces dans la plante sauvage, et de dix à quinze dans celle qui est cultivée. Ses feuilles sont linéaires, rudes en leurs bords. Ses fleurs sont d'un beau bleu, assez grandes.

portées sur des pédoncules plus longs que les feuilles; les folioles de leur calice sont ovales, obtuses, à cinq nervures, et trois fois plus courtes que la corolle. Cette espèce croît sur les collines et les lieux pierreux en Provence et, dit-on, aux environs de Fontainebleau ; elle passe assez généralement pour être originaire de Sibérie, ce qui l'a fait nommer par quelques auteurs lin de Sibérie. On la cultive dans plusieurs jardins comme plante d'ornement. Comme on peut retirer de ses tiges une filasse propre, de même que celle du lin usuel, à faire du fil et de la toile, plusieurs agronomes ont proposé de la cultiver en grand : quelques-uns même l'ont essayé; mais il ne paroit pas, jusqu'à présent, qu'on puisse prononcer s'il seroit avantageux d'en étendre la culture. Les uns ont dit que la toile qu'ils en avoient fait fabriquer, étoit plus fine que celle du chanvre et plus forte que celle du lin ordinaire; les autres ont assuré tout le contraire.

Lin a feuilles étroites; *Linum angustifolium*, Huds., *Angl.*, 154. Ses tiges sont droites, très-grêles, ordinairement très-simples, hautes de dix à quinze pouces, garnies de feuilles linéaires. Les fleurs sont bleues, de grandeur médiocre, portées sur des pédoncules plus longs que les feuilles; les folioles de leur calice sont ovales, très-aiguës et à trois nervures. Nous croyons que cette espèce est vivace et non annuelle : elle croît dans les prés, en Languedoc, en Provence, en Gascogne, en Bretagne ; on la trouve aussi en Angleterre et dans plusieurs autres parties de l'Europe. Peut-être scroit-il utile d'en essayer la culture ; car il nous a paru qu'elle pourroit donner de la filasse très-fine.

Lin velu : *Linum hirsutum*, Linn., *Spec.*, 598; Jacq., *Fl. Aust.*, t. 31. Sa racine est vivace ; elle produit une tige droite, velue, haute de huit à quinze pouces, garnie de feuilles lancéolées, glabres, à trois nervures. Les fleurs sont bleuâtres, portées sur de courts pédoncules; elles ont les folioles de leur calice velues. Cette plante croît en Autriche, en Hongrie, en Tartarie ; on la cultive dans les jardins de botanique.

Lin sous-arbrisseau : *Linum suffruticosum*, Linn., *Spec.*, 400; Cavan., *Icon.*, 2, p. 5, t. 108. Sa tige est sous-ligneuse, hérissée, rameuse, haute de huit à douze pouces, garnie de feuilles linéaires-subulées, un peu rudes. Les fleurs sont assez grandes, d'une couleur purpurine très-claire, rayées de lignes plus foncées, pédonculées et presque disposées en corymbe; les folioles de leur calice sont ovales-lancéolées, ciliées-glanduleuses en leurs bords et très-aiguës. Cette espèce croît naturellement en Espagne et en France, sur les collines et les lieux stériles, en Provence, en Languedoc, dans le Roussillon. Ce joli arbuste est cultivé comme plante d'agrément dans quelques jardins. On le multiplie de graines, et on le rentre dans l'orangerie pendant l'hiver.

LIN DE NARBONNE : *Linum Narbonense*, Linn., *Spec.*, 398; Barrel., *Icon.*, 1007. Cette espèce est une des plus belles du genre, et elle mérite plus qu'aucune autre d'être cultivée pour l'ornement des jardins. Ses tiges sont droites, hautes de huit à quinze pouces, très-glabres, ainsi que les feuilles, qui sont lancéolées-linéaires, très-rapprochées les unes des autres. Les fleurs, d'une belle couleur bleue, larges de deux pouces, forment des espèces de corymbes au sommet des tiges; leur calice a ses folioles très-aiguës, membraneuses en leurs bords. Cette plante croît naturellement dans le Midi de l'Europe, et en France dans les lieux stériles et arides de nos départemens méridionaux. Elle est vivace, et fleurit en Juin et Juillet. Il faut la rentrer dans l'orangerie pendant l'hiver, ou, si on la met en pleine terre, avoir soin de la couvrir pendant les gelées.

** *Feuilles alternes; fleurs jaunes.*

LIN MARITIME : *Linum maritimum*, Linn., *Spec.*, 400; Jacq., *Hort. Vind.*, 2, t. 154. La tige de cette espèce est droite, presque simple, haute d'un à deux pieds, garnie, dans sa partie inférieure, de feuilles ovales, opposées, et dans la supérieure, de feuilles lancéolées, alternes. Les fleurs sont jaunes, de grandeur médiocre, pédonculées, à folioles du calice ovales et aiguës. Cette espèce est vivace; elle se trouve dans le Levant, en Italie, et dans le Midi de la France, dans les lieux voisins des bords de la mer. Nous croyons, d'après l'inspection de ses tiges, qu'elles sont susceptibles de fournir de la filasse, et qu'il pourroit être utile de rechercher jusqu'à quel point il seroit avantageux de la cultiver sous ce rapport dans les localités où elle croît spontanément.

LIN DE FRANCE : *Linum Gallicum*, Linn., *Spec.*, 401; Ger., *Fl. Prov.*, 421, t. 15, f. 1. Sa racine, qui est annuelle, produit une tige simple ou rameuse dès la base, très-grêle, haute de six à douze pouces, garnie de feuilles linéaires. Ses fleurs sont assez petites, pédonculées, à folioles du calice lancéolées et très-aiguës. Cette espèce croît naturellement dans le Midi de la France et de l'Europe.

LIN CAMPANULÉ : *Linum campanulatum*, Linn., *Spec.*, 400; Lob. *Icon.*, 414. Sa racine est vivace; elle produit plusieurs tiges étalées, hautes de six à dix pouces, garnies inférieurement de feuilles spatulées, et, dans sa partie supérieure, de feuilles oblongues, glanduleuses à leur base. Les fleurs sont grandes, presque sessiles, alternes, quelquefois un peu disposées en corymbe : elles ont les folioles de leur calice lancéolées, près de quatre fois plus courtes que les pétales. Cette espèce croît naturellement dans le Midi de la France ; on la trouve aussi en Italie, en Autriche et dans le Levant. Elle mérite d'être cultivée pour l'ornement des jardins. Elle a besoin des mêmes soins que le lin de Narbonne.

LIN A TROIS STYLES : *Linum trigynum*, Smith, *Exot. Bot.*, 1, p. 51, t. 17 ; Bonpl., Nav. et Malm., 1, p. 45, t. 17. Cette espèce est un arbuste qui conserve sa verdure pendant toute l'année. Sa tige est haute de deux à trois pieds, divisée en rameaux redressés, garnis de feuilles ovales-oblongues, alternes, pétiolées, d'un vert luisant. Ses fleurs, d'un jaune vif et brillant, sont axillaires, portées sur des pédoncules assez courts; elles n'ont que trois styles, et leur calice est muni de petites bractées à sa base. Cette espèce est originaire des Indes orientales, d'où elle a été transportée en Europe vers 1802. On la cultive en serre chaude, où elle fleurit en Février, Mars et Avril. Elle se multiplie facilement de boutures.

*** *Feuilles opposées.*

LIN A QUATRE FEUILLES : *Linum quadrifolium*, Linn., *Spec.*, 402; Curt., *Bot. Mag.*, t. 431. Sa racine est épaisse, un peu ligneuse ; elle produit plusieurs tiges herbacées, presque simples, filiformes, glabres, hautes d'un pied ou environ. Les feuilles, dans la plus grande partie de la longueur des tiges, sont ovales, verticillées quatre ensemble ; mais les supérieures sont ovales-lancéolées, seulement opposées. Les fleurs sont bleues, assez grandes, presque disposées en corymbe terminal. Cette plante est originaire du cap de Bonne-Espérance. On la cultive dans les jardins, et on la met en orangerie pendant l'hiver.

LIN PURGATIF : *Linum catharticum*, Linn., *Spec.*, 401 ; *Fl. Dan.*, t. 851. Sa racine est menue, annuelle : elle produit une ou plusieurs tiges grêles, un peu étalées à leur base, redressées dans tout le reste de leur longueur, hautes de six à huit pouces, et divisées, dans leur partie supérieure, en rameaux dichotomes. Les feuilles sont ovales-oblongues, opposées, glabres, de même que toute la plante. Les fleurs sont petites, blanches, pédonculées au sommet des tiges et des rameaux. Cette espèce est commune dans les prés et dans les bois.

Le lin purgatif a une saveur amère, désagréable et nauséeuse. Il paroît avoir été assez employé autrefois comme purgatif, car la plupart des anciens auteurs qui ont écrit sur les plantes, en parlent sous ce rapport ; mais aujourd'hui il est tombé en désuétude, et n'est plus du tout usité. A haute dose il provoque, dit-on, le vomissement ; il ne faut pas le donner à plus de deux gros en infusion, si on veut qu'il n'agisse que comme purgatif.

LIN RADIOLE : *Linum radiola*, Linn., *Spec.*, 402 ; *Chamælinum vulgare*, Vaill., *Bot. Par.*, t. 4, fig. 6 ; *Radiola linoides*, Gmel., *Syst. veget.*, 1, p. 289 ; *Radiola millegrana*, Smith, *Fl. Brit.*, 1, p. 202. Sa racine est petite, fibreuse, annuelle ; elle produit une tige rameuse dès sa base, dichotome, paniculée, haute de deux pouces ou environ. Ses feuilles sont ovales, sessiles, opposées, très-glabres, comme toute la plante. Les fleurs sont d'un blanc sale, très-petites, pédonculées, terminales ou pour la plupart disposées dans les ramifications de la tige ; les folioles du calice sont tridentées, et il n'y a que quatre pétales, quatre étamines et quatre styles. Cette plante est commune dans les lieux sablonneux, humides et ombragés. (L. D.)

LIN. (*Bot.*) Un genre de ce nom possède plusieurs espèces dont on tire une filasse et un fil employés pour divers tissus et vêtemens. On nomme aussi lin, dans le langage vulgaire, d'autres plantes également textiles, ou ayant le port du lin. L'*eriophorum polystachyum* est le lin des marais. La linaire est un lin sauvage. Le *fucus filum* est un lin de mer ou maritime, ainsi que quelques conferves. Le *linum arboreum* de C. Bauhin est l'*usnée*, espèce de lichen dont les longs rameaux pendent aux branches des arbres. Une lysimachie étoit le *linum stellatum* de Bauhin. Le *polypremum* de Linnæus étoit le *linum carolinianum* de Petiver. Un *gypsophyla* étoit le *linum sylvestre* de Barrelier. Le lin de la Nouvelle-Hollande, qui fournit une bonne filasse, et que l'on a essayé de multiplier dans le Midi de la France, est le *phormium tenax*, genre monocotylédone de la famille des asphodélées. (J.)

LIN AQUATIQUE. (*Bot.*) On a donné autrefois ce nom à diverses espèces de conferves des genres Chantransia. (Lem.)

LIN ÉTOILÉ. (*Bot.*) Nom vulgaire d'une petite espèce de lysimaque, *lysimachia linum stellatum*. (L. D.)

LIN FOSSILE ou INCOMBUSTIBLE. (*Min.*) On a donné ce nom, dans les anciens ouvrages, aux variétés d'asbeste ou d'amyanthe en filamens assez droits, assez déliés et assez flexibles, pour être employés dans certains tissus et à faire des mèches de lampes. Voyez Asbeste. (B.)

LIN DE LIÈVRE. (*Bot.*) Nom vulgaire de la cuscute. (L. D.)

LIN DE MARAIS. (*Bot.*) Voyez Linaigrette. (Lem.)

LIN MARITIME ou LIN DE MER. (*Bot.*) Voyez ce dernier nom. (Lem.)

LIN MAUDIT. (*Bot.*) Un des noms vulgaires de la cuscute. (L. D.)

LIN DE MER. (*Bot.*) Plusieurs espèces de plantes des genres *Chantransia*, *Ceramium* et *Chorda*, portent ce nom. (Lem.)

LIN DE MONTAGNE. (*Bot.*) On donne vulgairement ce nom au lin à feuilles menues, et au lin radiole. (L. D.)

LIN DE LA NOUVELLE-ZÉLANDE. (*Bot.*) Voyez Phormion. (Lem.)

LIN DES PRÉS. (*Bot.*) Voyez Linaigrette. (L. D.)

LIN SAUVAGE. (*Bot.*) Dans quelques cantons on désigne sous ce nom plusieurs espèces de linaire. (L. D.)

LIN SAUVAGE PURGATIF. (*Bot.*) C'est le lin purgatif. (L. D.)

LINAGROSTIS. (*Bot.*) Ce nom , donné par Tournefort et Adanson au lin des marais, nommé aussi linaigrette , a été changé en celui d'*eriophorum*, qui signifie porte - duvet. (J.)

LINAIGRETTE; *Eriophorum* , Linn. (*Bot.*) Genre de plantes monocotylédones, de la famille des *cypéracées*, Juss., et de la *diandrie monogynie*, Linn., dont les principaux caractéres sont les suivans : Glumes oblongues, scarieuses, univalves, uniflores, imbriquées en tout sens, et disposées en tête ou en épi; trois étamines; un ovaire supère, surmonté d'un style filiforme, à stigmate trifide et velu ; une graine ovale, acuminée , environnée à sa base par des soies plus longues que les écailles calicinales.

Les linaigrettes sont des herbes vivaces, graminiformes, très-remarquables lorsqu'elles sont en fruit, parce que leurs épis de fleurs se changent en quelque sorte en houppes de soie blanche qui ont assez d'éclat. On en connoît sept à huit espéces, qui croissent presque toutes en Europe.

LINAIGRETTE A FEUILLES LARGES, vulgairement LIN DES MARAIS : *Eriophorum latifolium*, Hoppe, *Taschenb.*, 1800, p. 108 ; Poit. et Turp., *Fl. Par.*, t. 50; *Linagrostis panicula majore*, Vaill., *Bot. Par.*, t. 16, fig. 2. Sa tige est haute de douze à dix-huit pouces, garnie de feuilles engainantes par leur base, planes en leur limbe, triangulaires à leur sommet ; elle est terminée par cinq à huit épillets ou davantage, portés sur des pédoncules rudes, inégaux et munis à leur base d'une spathe de deux folioles; les écailles calicinales sont d'un vert grisâtre. Cette plante croît dans les prés humides et marécageux, en France et dans toute l'Europe.

LINAIGRETTE DE VAILLANT : *Eriophorum Vaillantii*, Poit. et Turp., *Fl. Par.*, t. 52; *Linagrostis panicula majore*, Vaill., *Bot. Par.*, t. 16, fig. 1. Cette espéce diffère de la précédente par ses feuilles plus étroites, canaliculées et triangulaires ; par ses pédoncules glabres , et parce que les soies de ses graines sont une fois plus longues : elle croît dans les mêmes lieux. Ces deux plantes et les autres espéces voisines font un assez médiocre fourrage dans leur jeunesse ; les bestiaux mangent leurs feuilles sans en être avides. On a cherché à employer leurs soies; mais elles sont trop cassantes pour être filées.

LINAIGRETTE ENGAINÉE : *Eriophorum vaginatum*, Linn., *Spec.*, 76 ; Poit. et Turp., *Fl. Par.*, t. 49. Sa tige est triangulaire en sa partie supérieure, haute de huit pouces à un pied, garnie à sa base de feuilles linéaires, chargée dans sa longueur de deux à trois gaines obliquement tronquées, et terminée par un épi ovale, dépourvu de spathe à sa base, composé d'écailles membraneuses et grisâtres. Cette espèce se trouve dans les marais tourbeux en France, en Europe et dans l'Amérique septentrionale. (L. D.)

LINAIRE; *Linaria*, Tournef., Juss. (*Bot.*) Genre de plantes dicotylédones, de la famille des *scrophulariées*, Juss., et de la *didynamie angiospermie* du système sexuel. Il a pour principaux caractères : Un calice de cinq folioles persistantes; une corolle monopétale, en gueule fermée, tubulée inférieurement et prolongée à sa base en un éperon saillant hors du calice, ayant son limbe partagé en deux lèvres, dont la supérieure bifide et l'inférieure trifide, avec une éminence convexe (palais) fermant l'entrée de la corolle; quatre étamines didynames; un ovaire supère; une capsule ovale, à deux loges, s'ouvrant au sommet en trois à cinq valves irrégulières, et contenant des graines nombreuses, souvent entourées d'une membrane.

Les linaires sont des plantes herbacées, rarement suffrutescentes, à feuilles simples, opposées ou verticillées dans quelques espèces, le plus souvent alternes ou éparses, et dont les fleurs, quelquefois axillaires, sont le plus souvent disposées en grappe terminale. Linnæus avoit réuni les linaires à son genre *Antirrinum*; mais MM. de Jussieu et Desfontaines ont cru devoir rétablir le genre de Tournefort, et beaucoup d'auteurs adoptent aujourd'hui cette dernière manière de voir. Le genre Linaire, ainsi séparé des *Anthirrinum* ou Mufliers, comprend maintenant plus de quatre-vingts espèces qui, à la réserve d'un petit nombre, appartiennent toutes à l'ancien continent, et dont plus de la moitié est indigène de l'Europe; en France seulement on en trouve une trentaine. Les plus remarquables sont les suivantes.

* *Feuilles anguleuses.*

Linaire cymbalaire : *Linaria cymbalaria*, Mill., Dict., n.º 17; *Antirrhinum cymbalaria*, Linn., *Spec.*, 851; Bull., Herb., t. 395. Sa racine est fibreuse, vivace ; elle produit plusieurs tiges grêles, rampantes, glabres, longues de huit à quinze pouces et même plus, garnies de feuilles alternes, pétiolées, arrondies, échancrées en cœur à leur base et découpées en cinq ou sept lobes. Ses fleurs sont d'un pourpre bleuâtre, avec le palais jaune, solitaires dans les aisselles des feuilles, et portées sur de longs pédoncules. Il leur succède une capsule arrondie, contenant des graines ridées. Cette plante est commune et se trouve ordinairement dans les fentes des vieux murs, aux lieux ombragés et un peu humides. On en connoit une variété à fleurs blanches.

Les tiges nombreuses de la linaire cymbalaire, en s'entrelaçant les unes dans les autres, forment souvent des espèces de gazons qui, pendant toute l'année, sont émaillées de jolies fleurs. Ces gazons, lorsqu'ils sont multipliés, font un effet charmant, et décorent d'une manière très-pittoresque les murailles et les rochers sur lesquels ils croissent naturellement. La cymbalaire produira de même d'agréables effets sur les rocailles et les grottes des jardins paysagers, lorsqu'on saura l'y placer convenablement. Il faut qu'elle soit exposée au nord. Autrefois elle fut employée en médecine comme astringente et vulnéraire ; aujourd'hui elle est tout-à-fait hors d'usage.

Linaire batarde, vulgairement Velvote ou Véronique femelle : *Linaria spuria*, Mill., Dict., n.º 15 ; *Antirrhinum spurium*, Linn., *Spec.*, 851, *Fl. Dan.*, t. 913. Sa racine, qui est annuelle, produit une tige rameuse, couchée, longue de six à dix pouces, garnie de feuilles velues, ovales, très-entières ou bordées de quelques dents ; les inférieures opposées, les supérieures alternes. Les fleurs sont jaunes, d'un violet foncé en leur lèvre supérieure, solitaires dans les aisselles des feuilles sur des pédoncules longs et filiformes. Cette plante est commune dans les champs. Elle passe pour émolliente et résolutive ; mais elle n'est que peu ou point en usage.

26. 32

✸✸ *Feuilles entières, les inférieures verticillées*
ou opposées.

LINAIRE TERNÉE **:** *Linaria triphylla*, Mill., Dict., n.º 2 ; *Antir-rhinum triphyllum*, Linn., *Spec.*, 852. Sa racine est annuelle, fibreuse ; elle produit une tige droite, souvent simple, glabre, haute de quatre à huit pouces, garnie de feuilles ovales, lisses, un peu charnues, d'un vert glauque, disposées pour la plupart, excepté les supérieures, trois à chaque nœud. Les fleurs sont blanches, marquées de jaune et de bleuâtre, et disposées en épi terminal. Cette plante croît en Sicile, en Corse et en Saintonge.

LINAIRE DES ALPES : *Linaria alpina*, Decand., Fl. franç., 3, p. 590 ; *Antirrhinum alpinum*, Linn., *Spec.*, 856 ; Jacq., *Fl. Aust.*, t. 58. Sa racine est bisannuelle ; elle produit une tige glabre, couchée sur la terre, divisée dès sa base en rameaux nombreux, étalés, longs de trois à cinq pouces, garnis de feuilles verticillées, un peu charnues, d'un vert glauque ; les inférieures obtuses et presque ovales, les supérieures lancéolées ou linéaires. Les fleurs, d'une belle couleur bleue, avec le palais d'un jaune orangé, sont disposées, au sommet des rameaux, en un épi court, serré et d'un aspect fort agréable. Cette plante croît dans les Alpes et les Pyrénées, aux bords des torrens et dans les fentes des rochers humides.

LINAIRE A FEUILLES D'ORIGAN : *Linaria origanifolia*, Decand., Fl. fr., 5, p. 409 ; *Antirrhinum origanifolium*, Linn., *Spec.*, 852. Sa racine est vivace ; elle produit une tige presque ligneuse à sa base, tortueuse, divisée en plusieurs rameaux étalés et même couchés, garnis inférieurement de feuilles opposées, ovales-arrondies ou quelquefois oblongues. Les fleurs, d'un rouge violet, à éperon court, n'ont point la gorge de leur corolle fermée par un palais, et elles sont alternes dans les aisselles des feuilles supérieures. Cette espèce croît dans les fentes des rochers, dans les Alpes et les Pyrénées.

✸✸✸ *Feuilles entières, toutes alternes.*

LINAIRE A FEUILLES DE GENÊT : *Linaria genistifolia*, Mill., Dict., n.º 14 ; *Antirrhinum genistifolium*, Linn., *Spec.*, 858 ; Jacq., *Fl. Aust.*, t. 244. Sa racine, qui est vivace, donne naissance à une ou plusieures tiges hautes de douze à dix-huit pouces, droites, rameuses dans leur partie supérieure, glabres, ainsi que toute la plante; garnies de feuilles lancéolées, d'un vert glauque. Les fleurs sont d'un beau jaune, disposées, dans le haut des rameaux, en plusieurs épis alongés, formant dans leur ensemble une panicule irrégulière et effilée. Cette plante croît dans les lieux montueux, en France et dans plusieurs parties de l'Europe.

LINAIRE COMMUNE; vulgairement LINAIRE, LIN SAUVAGE: *Linaria vulgaris*, Mœnch, *Meth.*, 524; *Antirrhinum Linaria*, Linn., *Spec.*, 858; Bull., *Herb.*, t. 251. Sa racine est rampante, vivace; elle produit une ou plusieurs tiges, ordinairement simples, hautes d'un pied à dix-huit pouces, glabres, de même que toute la plante, garnies de feuilles linéaires-lancéolées, nombreuses, sessiles, d'un vert glauque. Ses fleurs sont jaunes, assez grandes, rapprochées les unes des autres en un épi terminal. Cette plante est commune sur les bords des champs et dans les terrains incultes.

On rencontre quelquefois sur plusieurs espèces de ce genre, et plus souvent sur la linaire commune, des fleurs différentes de celles qui sont propres à ce genre : ou les individus de cette sorte ont toutes leurs fleurs entièrement changées, ou l'on rencontre de deux espèces de fleurs sur le même pied. Linnæus (*Amœn. academ.*, 1, p. 55) a donné le nom de *Peloria* à cette singulière variété, qui se distingue surtout par sa corolle régulière, infundibuliforme, chargée à sa base de cinq éperons subulés, et ayant son limbe à cinq divisions obtuses. Quoique la corolle soit monopétale, elle ne porte point les étamines, qui sont au nombre de cinq. Les graines avortent, et on ne peut multiplier la plante qu'en divisant les racines ou en faisant des boutures avec la partie inférieure des tiges. On croit devoir attribuer à des circonstances locales, et particulièrement à une trop grande abondance de sucs, cette métamorphose singulière de la fleur des linaires.

La linaire commune a une odeur un peu vireuse et nauséabonde; sa saveur est amère et désagréable : elle a passé autrefois pour purgative, et surtout pour diurétique et résolutive; on l'employoit dans l'hydropisie et dans la jaunisse. Elle a surtout été conseillée à l'extérieur comme émolliente et calmante. Ses feuilles et ses fleurs, cuites dans l'eau ou dans le lait, peuvent s'appliquer sur les hémorrhoïdes gonflées et douloureuses, et l'onguent de linaire a joui autrefois d'une grande réputation pour leur guérison.

On ne cultive guère la linaire dans les parterres ; mais, comme elle fait un assez joli effet, elle est propre à orner les bords des gazons dans les jardins paysagers.

Les bestiaux ne mangent ni la linaire commune, ni les autres espèces du même genre. (L. D.)

LINARIA. (*Bot.*) Ce nom ne remonte pas jusqu'à Dioscoride : on le trouve dans Tragus, Dodoëns, Daléchamps, pour désigner la linaire ordinaire, que Matthiole et d'autres croient être l'*osyris* de Dioscoride, différent de l'*osyris* de Linnæus, qui est le *casia poetica* de Lobel et de Tournefort. Le *linaria* étoit pour Tournefort un genre assez nombreux en espèces, différant du muflier, *antirrhinum*, par l'éperon de sa corolle. Linnæus avoit cependant confondu ensemble les deux genres, qui ont été séparés de nouveau par Gærtner, lequel ajoute aux différences tirées de la corolle celle de la déhiscence de la capsule. Nous avons aussi fait cette séparation des genres, et M. Desfontaines a de plus détaché de la linaire, sous le nom d'*anarrhinum*, une espèce, *linaria bellidifolia*, dont l'ouverture de la corolle n'est pas fermée par un mufle.

Indépendamment des vraies linaires, d'autres plantes ont reçu le nom de *linaria* : le *chenopodium scoparia* est le *linaria scoparia* de C. Bauhin ; le *thesium linophyllum* est le *linaria adulterina* de Tabernæmontanus ; l'*epilobium angustifolium* est le *linaria rubra* de Daléchamps ; le *stellera passerina* est le *linaria botryoides* de Columna ; et une variété du lin ordinaire est nommée *linaria quarta* par Tragus. Voyez LINAIRE. (J.)

LINARIA. (*Ornith.*) Ce nom, employé par Brisson et par Bechstein pour désigner les linottes, a été appliqué par M. Vieillot aux sizerins, comme terme générique. (CH. D.)

LINCE. (*Mamm.*) Un des noms du lynx en Espagne, en Portugal et en Italie. (F. C.)

LINCKIA. (*Bot.*) Michéli et Adanson nomment ainsi le nostoc. Dillen, ayant observé dans cette plante une espèce de tremblement lorsqu'on la touchoit, lui donna le nom de *tremella*, adopté ensuite par Linnæus.

Cavanilles a fait aussi un genre *Linkia*, que M. R. Brown a réuni au *persoonia* de M. Smith, dans la famille des protéacées. (J.)

LINCKIA. (*Bot.*) Ce genre de la famille des algues, établi par Michéli, dédié par lui à Jean Linck, célèbre naturaliste, pharmacien à Leipzig, qui florissoit au commencement du 18.ᵉ siècle, est maintenant adopté sous le nom de *Nostoch* ou *Nostochium* (voyez Nostoc), parce qu'il y a un autre genre *Linckia* : il a pour type cette plante si singulière, le nostoc, dans laquelle Michéli a reconnu que les séminules étoient disposées en forme de chapelet. On l'a confondu aussi avec les *tremella*. (Lem.)

LINCONE, *Linconia*. (*Bot.*) Genre de plantes dicotylédones, à fleurs incomplètes, dont la famille naturelle n'est pas encore déterminée, de la *pentandrie digynie* de Linnæus, offrant pour caractère essentiel : Un calice persistant (corolle, Linn.), à cinq divisions, muni de quatre bractées à sa base ; cinq fossettes creusées dans la base des découpures du calice ; cinq étamines alternes avec les divisions du calice ; un ovaire à demi inférieur ; deux styles. Le fruit est une capsule à deux loges monospermes.

Lincone alopécuroïde : *Linconia alopecuroides*, Linn.; *Herm.*, *Afric.*, 7; Lamrk., *Encycl.* Arbrisseau dont les rameaux sont peu nombreux, inégaux, un peu effilés, garnis d'un grand nombre de feuilles très-caduques, éparses, presque verticillées six par six, luisantes, linéaires, trigones, un peu roides, longues de sept à huit lignes, munies sur leurs angles et à leur sommet de poils blancs, très-fins, écartés les uns des autres. Les fleurs sont sessiles, latérales, formant, par leur ensemble, un épi court, dense, sessile, rougeâtre, très-velu ; leur calice est urcéolé à sa base, avec les découpures scarieuses, persistantes, muni à l'extérieur de quatre bractées opposées par paires ; les filamens des étamines subulés ; les anthères sagittées ; l'ovaire fait corps avec le fond urcéolé du calice ; il est chargé de deux styles filiformes, à stigmates simples ; la capsule à demi inférieure, à deux loges, qui s'écartent comme deux coques et s'ouvrent en dedans ; chaque loge renferme une semence luisante. Cette plante croît aux lieux montueux et aquatiques du cap de Bonne-Espérance.

Joseph de Jussieu en a découvert une autre espèce au Pérou, *linconia peruviana* (Lamk., Encycl.), très-rameuse, offrant le port d'un *cliffortia*, dont les feuilles sont sessiles, linéaires, hérissées, et presque vaginales et conniventes à leur base, disposées dix par dix, ou à peu près, en verticilles; les fleurs sont petites, sessiles, serrées, velues, presque terminales; leur calice urcéolé, à cinq divisions droites. (Poir.)

LINCURIUM. (*Conchyl.*) Il paroît que les anciens donnoient quelquefois ce nom aux bélemnites. (De B.)

LINDEM. (*Bot.*) A Madagascar on nomme ainsi, suivant Rochon, un palmier à feuilles de scolopendre. Dans un herbier de cette île, donné par Poivre, on trouve aussi sous le nom de lindem, espèce de palmier, un échantillon imparfait d'un arbre qui paroît appartenir au genre Frangipanier, *Plumeria*, ayant quelque rapport, par ses longues feuilles, avec le *plumeria longifolia* de M. de Lamarck. Il est probable que dans cette plante les feuilles, longues et étroites relativement à leur largeur, sont rassemblées en tête au sommet d'une tige nue : ce qui a pu lui donner l'aspect d'un palmier. (J.)

LINDERA. (*Bot.*) Nom donné par Adanson au *chærophyllum coloratum* de Linnæus, dont les involucelles sont composés de sept à neuf feuilles, au lieu de cinq, observées dans les autres espèces de *chærophyllum*. M. Thunberg a donné, dans la *Fl. Japon.*, un autre *lindera*, qui a été adopté. (J.)

LINDÈRE, *Lindera*. (*Bot.*) Genre de plantes dicotylédones, à fleurs incomplètes, dont la famille naturelle n'est pas encore déterminée, de l'*hexandrie monogynie* de Linnæus; offrant pour caractère essentiel : Une corolle à six pétales; point de calice; six étamines (insérées sur l'ovaire, *Thunb.*); les anthères fort petites; un ovaire supérieur; un style; deux stigmates réfléchis. Le fruit est une capsule à deux loges.

Lindère a ombelles : *Lindera umbellata*, Thunb., *Flor. Jap.*, pag. 145, tab. 21; Lamk., *Ill. gen.*, tab. 263. Arbrisseau divisé en rameaux lâches, alternes, flexueux, garnis, surtout à leur sommet, de feuilles touffues, pétiolées, ovales-oblongues, aiguës, glabres en-dessus, velues et d'une

couleur pâle en-dessous, longues d'un pouce; les fleurs petites, disposées en ombelles simples, terminales, solitaires,
portées sur un pédoncule un peu velu, ainsi que les pédicelles; la corolle jaunâtre; les pétales ovales, obtus, longs
d'une ligne; les filamens plus courts que la corolle; l'ovaire
glabre, ovale; le style droit, un peu plus court que la corolle; le fruit est une capsule à deux loges. Cet arbrisseau
a été découvert par Thunberg sur le mont *Fa-Kona* au
Japon; il fleurit en Avril et en Mai. Les naturels du pays
font avec son bois des pinceaux souples avec lesquels ils
se nettoient les dents. (Poir.)

LINDERNIE; *Lindernia*, Linn. (*Bot.*) Genre de plantes
dicotylédones, de la famille des *scrophulariées*, Juss., et de
la *didynamie angiospermie*, Linn., dont les principaux caractères sont les suivans : Calice de cinq folioles linéaires, persistantes; corolle monopétale, à deux lèvres, dont la supérieure très-courte, échancrée, et l'inférieure à trois découpures inégales, celle du milieu un peu plus grande; quatre
étamines, dont deux, plus courtes, ont leurs filamens terminés par une dent et les anthères presque latérales; un
ovaire supère, ovale, surmonté d'un style filiforme, terminé
par un stigmate échancré; une capsule à deux valves, à deux
loges, contenant des graines nombreuses.

Les lindernies sont de petites herbes annuelles, à feuilles
opposées, et à fleurs axillaires. On en compte six espèces,
parmi lesquelles la plus commune est la suivante.

Lindernie pyxidaire : *Lindernia pyxidaria*, Linn., *Mant.*,
242; Lam., *Illust.*, t. 522; *Alsinoides paludosa*, etc.; *Lindernia*
Alsat., 152, t. 1. Ses tiges sont menues, couchées, rameuses,
glabres, comme toute la plante; longues de quatre à cinq
pouces, garnies de feuilles opposées, ovales. Les fleurs sont
petites, purpurines, pédonculées, axillaires et solitaires.
Cette plante est, dit-on, originaire de la Virginie; mais elle
est aujourd'hui aussi commune dans certaines parties de l'Europe que si elle étoit indigène : on la trouve dans les marais et les lieux aquatiques, en Alsace, en Bourgogne, en
Bretagne; elle croit aussi en Piémont et en Allemagne. (L. D.)

Le *Lindernia japonica*, Thunb., ne doit point être réuni
à ce genre, d'après M. Rob. Brown; il paroît plutôt appar-

tenir au *Mazus* de Loureiro, et le *lindernia dianthera* de Swartz est rangé, d'après le même auteur, parmi les *Herpestis*. (Voyez ces deux genres.) Nous devons au même auteur la connoissance de quelques autres espèces de *lindernia* découvertes à la Nouvelle-Hollande, telles que : 1.° le *Lindernia alsinoides*, Brown, *Nov. Holl.*, 441, à tige droite, garnie à leur base de feuilles ovales, presque entières, ou pourvues de quelques dents rares; celles des tiges distantes ; les florales très-petites; le tube de la corolle un peu plus long que le calice. 2.° *Lindernia scapigera*, Brown, *l. c.* : les feuilles inférieures sont larges, ovales, presque entières, en touffe; celles des tiges rares, plus petites; les florales très-petites; le tube de la corolle une fois plus long que le calice. Dans le *Lindernia subulata*, les feuilles sont linéaires, subulées, entières.

D'après M. de Jussieu, il conviendroit peut-être de réunir l'*ambulia* aux *lindernia*. M. de Lamarck n'en forme qu'un seul genre avec les *gratiola*. (Poir.)

LINDO. (*Ornith.*) Les oiseaux du Paraguay que M. d'Azara décrit sous ce nom, n.ᵒˢ 92 à 101, sont des tangaras. (Ch. D.)

LINDSÆA. (*Bot.*) Genre de plantes de la famille des fougères, établi par Dryander pour placer quelques fougères exotiques, considérées comme des espèces d'*adiantum* par Aublet, Forster, Willdenow, Lamarck, Swartz; mais qui en diffère par les fructifications formant des paquets ou sores, linéaires, continus, naissant à l'extrémité des veines, près du bord de la fronde, et recouverts par une membrane ou *indusium* continu, qui s'ouvre de dedans en dehors.

Ce genre, adopté par Smith, Swartz, Willdenow, Robert Brown, etc., renferme environ vingt à vingt-une espèces exotiques, qu'on peut partager en quatre sections, d'après la forme des frondes.

§. 1.ᵉʳ *Fronde simple.*

Lindsæa sagittée : *Linds. sagittata*, Dryand., Willd., *Sp.*, 5, p. 420; *Adiantum sagittatum*, Aubl., *Guy.*, 2, tab. 366. Ses frondes sont pétiolées, entières, sagittées. Il croit à la Guyane, dans les fentes des rochers, dans les bois.

§. 2. *Fronde ailée.*

L. LANCÉOLÉE : *L. lanceolata*, Labill., *Nov. Holl.*, 2, tab. 248, fig. 1. Ses frondes sont ailées, à frondules lancéolées, presque alternes, cunéiformes à la base, pointues et dentées à l'extrémité. Il a été découvert par M. de Labillardière à la Nouvelle-Hollande, au cap Van-Diémen.

§. 3. *Fronde presque deux fois ailée.*

L. CUNÉIFORME : *L. cuneata*, Willd., *Sp. pl.*, 5, p. 423. Fronde ailée, à frondules lancéolées, alongées à la pointe, presque ailées ; à découpures cunéiformes, arrondies, très-entières. Cette fougère forme des touffes de huit à dix pouces de hauteur, dans les bois de l'île de Bourbon : elle a été découverte par M. Bory de Saint-Vincent, qui rapporte qu'elle varie beaucoup.

§. 4. *Fronde deux fois ailée.*

L. DÉCOMPOSÉE : *L. decomposita*, Willd., *Sp. pl.*, 5, p. 425. Fronde deux fois ailée ; frondules droites, à découpure oblongue, en forme de croissant, cunéiforme à la base ; la découpure terminale lancéolée. Cette fougère, d'un pied de hauteur, croît dans les Indes orientales.

§. 5. *Fronde presque trois fois ailée.*

L. DÉLICATE : *L. tenera*, Dryand., *Act. Soc. Linn. Lond.*, 3, p. 42, tab. 10. Sa fronde est presque trois fois ailée ; à découpures en ovale renversé, ou rhomboïdales et incisées. Cette espèce, remarquable par la délicatesse de son feuillage, croît dans les îles Nicobar, dans les Indes orientales. (LEM.)

LINÉAIRE. (*Ichthyol.*) Nom spécifique d'un labre que nous avons décrit dans ce Dictionnaire, tom. XXV, pag. 29. (H. C.)

LINÉOLE. (*Ornith.*) Cet oiseau est le bouvreuil-bouveron, *loxia lineola*, Linn. (CH. D.)

LINETTE. (*Ichthyol.*) Sur quelques parties des côtes de France on appelle ainsi la trigle hirondelle. Voyez TRIGLE. (H. C.)

LINETTE. (*Ornith.*) C'est, dans Belon, la linotte commune, *fringilla linota*, Gmel. (Cʜ. D.)

LING. (*Ichthyol.*) Un des noms que l'on donne, dans le Nord, à la morue longue. Voyez Lɪɴɢᴜᴇ et Lᴏᴛᴛᴇ. (H. C.)

LINGALINGAHAN. (*Bot.*) L'arbre des Philippines cité sous ce nom par Camelli et Rai, indiqué comme fragile, ayant des fleurs à trois pétales, disposées en chatons axillaires et assez longs, paroît être un *acalypha*, et probablement l'*acalypha spiciflora*, dont on a pris le calice pour des pétales. (J.)

LINGHIROUTS, VAHON-RANOU. (*Bot.*) Flacourt cite sous ces noms une herbe de Madagascar dont la racine est un oignon, ou peut-être un gros tubercule, et dont la tige, garnie de belles fleurs, s'élève au milieu d'une touffe de feuilles. Il dit que la racine râpée est un bon vermifuge, et que les feuilles broyées sont bonnes pour décrasser les têtes des enfans. Cette plante paroît être une monocotylédone voisine de l'*aloès* ou de l'*agave*. (J.)

LINGO. (*Bot.*) Rochon, dans son Voyage à Madagascar, cite sous ce nom une liane qui s'élève en grimpant jusqu'au sommet des plus grands arbres, et dont les Malgaches emploient les feuilles pour teindre le fil de leurs pagnes en jaune et en rouge. Parmi les plantes de la même île données par Poivre à Bernard de Jussieu, on trouve sous le nom de *lingo*, bois à teindre, un arbrisseau qui a l'aspect d'un royoc, *morinda*, et beaucoup d'affinité avec le *nauclea citrifolia* de M. de Lamarck. C'est la même plante qui est sous le nom de *vacheria* dans l'herbier que Commerson a fait à Madagascar, et l'on peut croire que c'est aussi celle qu'a indiquée Rochon. (J.)

LINGOADA. (*Ichthyol.*) Nom portugais d'un pleuronecte; c'est le *pleuronectes macrolepidotus*. Voyez Fʟᴇᴛᴀɴ. (H. C.)

LINGOT. (*Chim.*) Dans les arts on donne ce nom à un prisme métallique que l'on obtient en coulant de l'or, de l'argent, de l'étain, du plomb, etc., fondus dans des moules appelés *lingotières*. (Cʜ.)

LINGOTIÈRE. (*Chim.*) Cavité prismatique dans laquelle on coule un métal fondu pour en faire un lingot.

Lorsqu'on veut avoir des lingots très-gros, tels que des lin-

gots de fonte, on coule la matière métallique dans des cavités creusées dans le sol, qui ont ordinairement la forme
d'un prisme triangulaire dont l'axe est horizontal. Lorsqu'on
veut avoir des lingots d'un moindre volume, on fait usage
de lingotières de fonte de fer, ou de fer. Dans les deux cas
les moules doivent avoir été parfaitement desséchés ; sans
cela l'eau, en se réduisant en vapeur par la chaleur du
métal qu'on y coule, projetteroit celui-ci au loin. On enduit
les lingotières de fer d'une légère couche de suif, et si la
masse de la lingotière est considérable par rapport à celle
du lingot, il est nécessaire de la faire chauffer avant d'y
verser le métal ; autrement celui-ci se figeroit trop rapidement pour qu'on pût obtenir un lingot bien homogène dans
toutes ses parties. (Ch.)

LINGOUM. (*Bot.*) Rumph nomme ainsi le *pterocarpus draco*
de Linnæus, espèce de sang-de-dragon, qui laisse échapper,
des incisions faites à son écorce, un suc rouge comme du
sang. Son nom malais est *lingoo* et *lingoa*. Rumph en distingue
deux espèces ou variétés, dont la première est le *lingo* de
Ternate, le *pattæne* de Macassar, le *nalit kiri* d'Amboine. La
seconde est le *lingo-puti* des Malais, le *nala-uppur* d'Amboine.
Cet arbre est employé dans ces divers pays pour fabriquer
des meubles, plutôt que comme bois de charpente. On ne le
confondra pas avec le *lingo de Madagascar*, décrit dans un
autre article. (J.)

LINGOUMBAUD. (*Crust.*) L'un des noms du Homard en
Provence et en Languedoc. (Desm.)

LINGUA. (*Bot.*) C'est ainsi que Pline nommoit la grande
douve, *ranunculus lingua :* plusieurs autres plantes portent
le même nom avec un autre additionnel. Ainsi le *lingua avis,*
lingua passeris, lingua anseris, est le fruit alongé et comprimé
du frêne ; le *lingua passerina* de Tabernæmontanus est le *stel*
lera passerina ; le *lingua cervina* est la scolopendre ; le *lingua*
major de Daléchamps est le *senecio paludosus ;* le *lingua ser*
pentina de Césalpin ou *lingua vulneraria* de Cordus est l'ophioglosse. (J.)

LINGUA-BOVINA ou LINGUÆ. (*Bot.*) On trouve, dans
Césalpin et d'autres botanistes de son temps, notre Languede-bœuf, sorte de champignon, désignée par ces noms. Voyez
Fistullina. (Lem.)

LINGUA-CERVINA, c'est-à-dire, *Langue de cerf.* (*Bot.*) Ce nom a été employé très-anciennement, et pendant long-temps, pour désigner la fougère scolopendre, *Asplenium scolopendrium*, L., ou *Scolopendrium officinarum*, Sw., Willd., etc., dont la fronde a été comparée, par sa forme, à la langue du cerf. Gaza, le premier, a employé ce nom pour désigner le *Scolopendrion* de Théophraste, qu'il croyoit être la même plante. Après lui, plusieurs botanistes, Cordus, Lonicerus, Césalpin, Fabius Columna, etc., ont continué à désigner par *lingua cervina* la *scolopendre*, et deux autres espèces voisines, les *Scol. sagittatum* et *hemionitis*. L'on croit aussi que la *phyllitis* de Dioscoride, dont les feuilles avoient la forme de celles de l'oseille, étoit notre scolopendre, ce qui paroit très-probable.

La scolopendre a conservé très-longtemps, dans les pharmacies et chez les droguistes, le nom de *Lingua-cervina*, remplacé aujourd'hui par celui de *Scolopendre*. Nous devons faire remarquer cependant, et d'après Mentzel, que le *Lingua-cervina* des Romains étoit pris, de son temps, pour le *pteris aquilina*. Enfin, nous voyons dans Bauhin que certains botanistes appeloient le *ceterac*, *scolopendria* ou *scolopendrium* : d'où il résulteroit que nous n'appliquons plus exactement ce dernier nom.

Morison, puis Tournefort, enfin Plumier, ont fait un genre *Lingua-cervina*, ayant pour base la *scolopendre*, caractérisé par la fronde simple, et les fructifications en lignes parallèles. Linnæus le réunit à son genre *Aplenium* ; mais depuis il en a été retiré par Smith, qui en fait son genre *Scolopendrium*, adopté par les botanistes, et qu'il ne faut pas confondre avec le *Scolopendrium* d'Adanson, lequel répond à l'*Asplenium* de Linnæus, un peu modifié. On doit faire remarquer ici que Plumier avoit rapporté à son *Lingua-cervina* quantité de fougères qui n'ont point de rapport avec l'espèce type du genre, et qui maintenant sont réparties dans les genres *Danæa*, *Acrostichum*, *Meniscium*, *Tœnitis*, *Polypodium*, *Aspidium* et *Asplenium*. (Lem.)

LINGUA DE GATO. (*Bot.*) Les Espagnols de Cumana et de la Havane nomment ainsi le *thevetia* de Jacquin. (J.)

LINGUA DI NOCE CATTIVA. (*Bot.*) C'est, dans Michéli,

le nom italien de l'Oreille de noyer (voyez ce mot), champignon mal-faisant : il a aussi le *Lingua di moro buona*, qui est bon à manger, et qu'on emploie pour teindre les toiles en jaune. C'est un agaric qui croît sur le mûrier. Michéli indique encore diverses espèces de champignons nommés *lingua* en Italie. Ainsi il a le *Lingua dura* ou *Striglia*, qui est le *Dedalæa labyrinthiformis ;* des *Lingua cattiva* de l'olivier, des *Lingua* de chêne, etc., qui se rapportent à diverses espèces de bolet. Voyez nos articles Oreilles. (Lem.)

LINGUA SERPENTINA. (*Bot.*) Césalpin désigne ainsi l'*ophioglossum serpentinum*, espèce de fougère qui porte encore à présent le nom de *Langue de serpent*. (Lem.)

LINGUADA. (*Ichthyol.*) En Portugal on appelle ainsi le pleuronecte argus. Voyez Pleuronecte et Turbot. (H. C.)

LINGUARD. (*Ichthyol.*) Dans le commerce on appelle ainsi la Lingue. Voyez ce mot. (H. C.)

LINGUATA. (*Ichthyol.*) Nom italien de la sole. Voyez Pleuronecte et Sole. (H. C.)

LINGUATO. (*Ichthyol.*) Nom espagnol de la sole. Voyez Pleuronecte et Sole. (H. C.)

LINGUATULA. (*Ichthyol.*) A Rome on appelle ainsi la pôle, espèce de pleuronecte de la division des soles. Voyez Pleuronecte, Pôle et Sole. (H. C.)

LINGUATULE, *Linguatella*. (*Entomoz.*) Frœlich est le premier zoologiste qui ait imaginé ce nom générique pour un ver intestinal qu'il avoit trouvé dans le poumon d'un lièvre, à cause de la ressemblance de ce petit animal avec une petite langue. Zeder, dans son Système d'helminthologie, crut devoir changer ce nom en celui de *polystoma*, en supposant fort à tort que ce ver avoit plusieurs bouches. M. Rudolphi, après avoir employé long-temps le nom primitif, ce qu'avoit fait également M. de Lamarck, crut devoir préférer, on ne sait trop pourquoi, la dénomination de polystome, en y réunissant une nouvelle espèce que Treutler avoit trouvée sur l'homme, et dont il avoit fait un genre sous le nom d'*Hexatheridium,* parce qu'il avoit vu six pores à son animal. Sur ces entrefaites, M. de Laroche, qui ne connoissoit probablement pas le travail des zoologistes allemands, employa ce nom de polystome pour un autre ver très-voisin, suivant nous, des sangsues, comme nous le verrons à l'article Polystome. Quoi qu'il en soit, M. de Lamarck, adoptant le genre de M. de Laroche, fut encore confirmé dans sa première manière de voir, et conserva toujours le nom de linguatelle pour le ver de Frœlich ; et cependant il adopta le genre Tétragule, établi par M. Bosc pour une véritable espèce de linguatelle, car je ne vois pas qu'elle diffère en rien de la linguatule de Frœlich. M. Cuvier sentit bien, et avec raison, les grands rapports qu'il y a entre ce ver, le prionoderme de Rudolphi, quelques espèces de polystomes de ce même zoologiste, et même le genre Tétragule de M. Bosc : aussi supprima-t-il le nom de linguatule et adopta-t-il celui de prionoderme ; et cependant il conserva le genre Polystome de Zeder, en n'y rangeant pas, il est vrai, l'espèce qui avoit servi à l'établissement du genre. M. de Humboldt avoit aussi, de son côté, sans le savoir, établi un genre de vers intestinaux qui a les plus grands rapports avec les linguatelles, sous la dénomination de porocéphale. Malgré cela, M. Rudolphi, dans son *Synopsis*, n'a pas cru devoir revenir au nom primitif de ce petit groupe ; il lui donne au contraire celui de pentastome, réservant celui de polystome à l'hexatheridium de Treutler, à son *polystoma integerrimum* ; et c'est le polystome de M. de Laroche. Comme cette dénomination de polystome ou de pentastome est erronée, puisqu'elle pourroit faire croire à tort que ces animaux ont cinq bouches ; comme il y a une énorme confusion dans son emploi, et qu'enfin elle n'a pas la priorité, nous suivrons l'exemple de M. de Lamarck, et sous le titre de linguatelle nous entendons un genre de vers intestinaux que nous caractérisons ainsi : Corps alongé, déprimé, plus large en avant qu'en arrière, et traversé par un grand nombre de rides régulières, qui le rendent comme articulé ; bouche inférieure, ronde, accompagnée en dehors de deux paires de crochets rétractiles ; l'orifice des organes de la génération à la partie postérieure, ainsi que celui de l'anus, s'il y en a. L'organisation de ces animaux n'est connue que d'après ce que dit M. Cuvier de la linguatelle tænioïde : le canal intestinal est droit ; près de la bouche sont deux canaux, comme dans les échinorhynques ; les oviductes sont longs et entortillés.

Les espéces qui appartiennent indubitablement à ce genre, sont les suivantes.

1.° La L. DENTELÉE ; *L. serrata*, Frœlich. Le corps plan, subelliptique, élargi et un peu plus épais en avant, plus étroit et mince en arrière ; de deux lignes de long sur trois quarts de ligne de largeur en avant et d'une demi-ligne en arrière.

Il faut rapporter à cette espèce, qui a été trouvée pour la première fois par Frœlich dans la substance du poumon d'un lièvre, le petit ver dont M. Bosc a fait un genre sous le nom de tétragule dans le Bulletin de la société philomatique, et que M. Legallois avoit observé dans le poumon d'un cochon d'Inde ; il paroît cependant encore que ce ver étoit même plus petit que celui de Frœlich. M. Rudolphi en fait une espèce distincte sous le nom de *Polyst. emarginatum.*

2.° La L. DENTICULÉE ; *L. denticulata*, Rudolphi, *Entoz.*, tab. 12, fig. 7. Corps déprimé, plus convexe en-dessus qu'en-dessous ; élargi en avant, terminé en pointe assez fine en arrière : une ligne et demie à quatre lignes de longueur sur un quart ou un tiers de ligne de large.

Cette espèce, qui a été trouvée à la superficie du foie d'un bouc et d'une chèvre américaine, diffère-t-elle de la précédente autrement que par la forme du corps un peu moins déprimé et plus pointu en arrière?

3.° La L. TÆNIOÏDE ; *L. tænioides*, Rudolphi, *Entoz.*, tab. 12, fig.' 8 — 12 ; Tænia lancéolé de Chabert. Corps déprimé, oblong, plus étroit en arrière, à plis transversaux nus, ce qui rend les côtes crénelées, mais sans denticules sur leurs bords.

Cette espèce est bien distincte par l'absence des denticules, mais en outre par sa taille ; elle a en effet cinq pouces de long sur trois ou quatre lignes de largeur en avant. Elle se trouve dans les sinus frontaux du cheval et du chien ; mais il paroît qu'elle n'occasionne aucun accident.

4.° La L. A TROMPE ; *L. proboscidea*, Humboldt, *Obs. zool.*, pl. 26. Cette espèce est le type du genre Porocéphale de M. de Humboldt. Son corps est un peu en massue, inarticulé, et sous une trompe terminale, contractile, sont cinq crochets rétractiles et roussâtres. Elle a été trouvée dans un serpent à sonnettes.

M. de Lamarck regarde encore comme appartenant à ce genre, ainsi que l'a fait anciennement M. Rudolphi, les *Polystoma integerrimum* et *venarum*; mais à tort : ce sont des animaux de la famille des sangsues, du même genre que le polystome de M. de Laroche ; peut-être même le dernier n'est-il qu'une espèce de planaire, comme le fait justement observer M. de Lamarck. Quant au *polystoma pinguicola* de Zeder et de Rudolphi, dont M. de Lamarck fait sa linguatule des ovaires, elle est aussi très-probablement du même genre. Voyez POLYSTOME et PRIONODERME. (DE B.)

LINGUE. (*Ichthyol.*) Nom d'une espèce de LOTTE. Voyez ce mot. (H. C.)

LINGUELLE, *Linguella*. (*Malacoz.*) Dans un mémoire sur les animaux mollusques de l'ordre des inférobranches, dont un extrait a été publié dans le Bulletin de la société philomatique, M. de Blainville a établi le genre Linguelle pour une petite espèce de mollusques voisine des phyllidies, et qui cependant en diffère notablement. Les caractères de ce genre sont : Corps nu, ovale, très-déprimé, linguiforme; le manteau débordant le pied de toutes parts, si ce n'est antérieurement, où la tête est à découvert et pourvue de deux paires de tentacules, dont une supérieure et l'autre labiale ; les organes de la respiration, en forme de lamelles obliques, n'occupant que les deux tiers postérieurs du rebord inférieur du manteau; l'anus inférieur et situé au tiers postérieur du côté droit; l'orifice des organes de la génération dans le même tubercule au tiers antérieur du même côté. Ce petit genre ne comprend qu'une seule espèce, que M. de Blainville nomme la LINGUELLE D'ELFORT, *Linguella Elfortiana* : elle a été observée dans la collection du Muséum britannique, grâce à la complaisance de M. le docteur Leach. Son corps, d'un pouce et demi de long environ, est ovale, très-déprimé, surtout en arrière, car en avant il est beaucoup plus épais; le dos est entièrement lisse et peu bombé; le ventre est occupé par un large disque musculaire, excavé en avant, à bords minces et débordant beaucoup son pédicule, mais en totalité dépassé lui-

même par les bords du manteau : c'est sous la partie saillante de ce manteau que sont les branchies formées par
une série de petites lamelles placées de champ, et fort obliquement, d'avant en arrière et de dedans en dehors, ce
qui fait assez bien ressembler cette partie au dessous du
chapeau d'un champignon. Cette série de lames branchiales
ne commence qu'au tiers antérieur du rebord du manteau,
ce qui établit déjà une différence avec les phyllidies, dans
lesquelles elles font presque tout le tour du corps. Dans le
sillon assez profond qui sépare le pied du manteau, se voit
en outre à droite et en avant, à l'endroit où commence la
série branchiale, un orifice d'où sort une verge filiforme
fort alongée; plus en arrière, au tiers postérieur du même
sillon, se trouve une autre ouverture, percée dans une pa-
pille saillante, et qui est indubitablement l'anus. C'est encore une différence notable avec les phyllidies, dont l'anus
est percé à la partie postérieure et médiane du dos, presque
comme dans les doris. Mais une plus grande différence encore est dans la forme de la tête : elle est en effet très-
grosse, bombée en-dessus, limitée par une ligne demi-cir-
culaire en avant, et coupée obliquement jusqu'à la bouche;
elle saillit entre le pied et le manteau, comme si elle avoit
été poussée en dehors, celui-ci s'arrêtant à sa partie supérieure et n'adhérant que dans la ligne médiane. Au point de
terminaison du manteau en-dessus est, de chaque côté, un
tentacule court, cylindrique, creux à son extrémité et
comme pédiculé; l'espèce de front qui le porte se termine
de chaque côté par une sorte de barbillon ou de tentacule
pointu, d'abord comprimé, puis conique, qui est le tentacule
labial. Enfin, au-dessous de cette espèce de front se voit la
masse labiale, qui est très-saillante; elle est composée supérieurement d'une lèvre épaisse, bombée dans la ligne médiane, dentelée finement à son bord buccal et comme
festonnée au bord postérieur de sa partie latérale externe,
qui se prolonge un peu à la base des appendices labiaux.
Enfin, la bouche ovalaire transversale est percée au-dessous
de cette espèce de lèvre; elle offre de gros plis convergens.
On ignore s'il existe une mâchoire, mais cela est fort probable : on ne connoît rien non plus sur l'organisation inté-

26.   33

rieure de cette espèce de mollusque, ni sur la mer dont elle vient. (De B.)

LINGUISUGES. (*Entom.*) Nom proposé par M. Latreille (Hist. nat. des insectes, tom. 2, p. 107) pour être appliqué aux hyménoptères dont la lèvre inférieure est terminée par une partie aplatie en forme de langue. (Desm.)

LINGULACA. (*Ichthyol.*) Ce mot, dans Plaute, paroît désigner la sole. Voyez Pleuronecte et Sole. (H. C.)

LINGULACA. (*Ornith.*) Voyez Glottis. (Ch. D.)

LINGULE, *Lingula.* (*Malacoz.*) Genre de mollusques acéphalés bivalves, formant, avec un petit nombre d'autres genres, le passage des derniers genres de Céphalés (les patelles) aux premiers de la classe des Acéphalés (les ostracés). Linnæus, qui n'avoit vu qu'une valve de la coquille, n'y trouvant ni charnière ni aucun indice de ligament, la plaça dans le genre Patelle sous le nom de *P. unguis.* D'après ce que dit M. G. Cuvier, Rumph et Favanne paroissent l'avoir regardé comme le bouclier d'une espèce de limace ; et cependant on trouve que ce dernier avoit figuré la coquille complète avec son pédicule parmi les glands de mer, pl. 49, fig. C 1 : elle avoit également été figurée complète par Séba, t. III, pl. 16, n.° 4, et placée de même avec les anatifes. Chemnitz en fit une espèce de jambonneau, sous le nom de *pinna unguis ;* Gmelin, malgré cela, en fit toujours une patelle. Enfin Bruguière se proposoit d'en faire un genre particulier dans l'Encyclopédie méthodique ; mais, la mort l'ayant empêché de continuer son ouvrage, c'est M. de Lamarck qui, le premier, a caractérisé ce genre, d'après la coquille du moins, car la première connoissance de l'animal est due à M. G. Cuvier. Il en a donné une description extérieure et intérieure, malheureusement encore incomplète, dans un Mémoire inséré dans le t. I.ᵉʳ, p. 69, des Annales du Muséum. J'ai eu l'occasion d'observer aussi un individu bien conservé de ce genre dans la collection du Muséum britannique ; mais je n'ai pas pu en faire l'anatomie. La description que je vais donner, est tirée de mes propres observations ; elle diffère en plusieurs points de celle de M. Cuvier. J'aurai soin d'en avertir, afin qu'un nouvel observateur puisse s'assurer de la vérité.

Le corps de l'animal a tout-à-fait la forme de la coquille,

c'est-à-dire qu'il ressemble assez bien à un grand ongle, pointu à une extrémité et, au contraire, évasé à l'autre, qui est presque droite, avec une pointe courte, obtuse et médiane.

La coquille est médiocrement creuse, et n'est pour ainsi dire courbée que dans le sens de sa largeur; du reste, elle est formée, comme toutes les autres coquilles, par couches imbriquées de la pointe à la base; l'extrémité de chaque couche ou strie d'accroissement est d'autant plus large et occupe d'autant plus de l'étendue de la coquille, qu'on se rapproche davantage du bord libre, où les stries paroissent presque droites.

Les deux valves ne sont pas complétement similaires, et doivent être divisées en supérieure et en inférieure.

La supérieure diffère de l'inférieure en ce que, vers son milieu, elle offre un bourrelet interne assez long et assez saillant, qui correspond à une excavation de celle-ci; à sa base sont deux impressions musculaires. On voit en outre qu'elle est disposée, à son extrémité élargie, de manière à indiquer un peu la division en trois de certaines espèces de térébratules.

L'inférieure, un peu plus grande, plus pointue en arrière, donne essentiellement attache au tube ou ligament dans une petite fossette creusée à sa face interne; les impressions musculaires sont du reste assez semblables et disposées de même.

Le tube est fort élastique, comme transparent, strié transversalement dans toute son étendue; il adhère à la valve inférieure par une partie plus mince. Il est creux dans toute sa longueur, et se termine inférieurement par une sorte d'élargissement qui va ensuite en pointe et qui n'est pas creux. Il contient dans son intérieur un corps mou, pulpeux, de même forme que lui. C'est évidemment l'analogue du ligament des coquilles bivalves. Est-il contractile? c'est ce qui me paroît probable.

Il y a un byssus considérable, de la même structure que celui des jambonneaux et des moules; aussi, quoique je n'en sois pas absolument certain, il m'a paru provenir des muscles adducteurs, et non du tube.

Le corps de l'animal remplit exactement les deux valves

de la coquille que nous venons de décrire, et est placé de manière que des deux valves l'une correspond au dos et l'autre au ventre de l'animal.

Vu en-dessus, le corps offre une cavité postérieure ou viscérale, couverte d'une membrane fort mince, transparente, qui naît de tout le contour musculaire ou bord du manteau; en l'enlevant du dos, ou la soulevant, on aperçoit une sorte de figure régulière, antérieure, entourée de lames branchiales, à la partie où les muscles traversent : il y en a une tout-à-fait semblable de l'autre côté.

Le corps proprement dit est compris entre deux lames cutanées formant le manteau, dont toute la circonférence, plus épaisse, plus évidemment musculaire, ne m'a offert aucune trace de papilles ou tentacules. Sur l'individu observé par M. Cuvier, le bord du manteau étoit garni tout autour de petits cils fins, courts, serrés et bien égaux : cette membrane est fort mince et tout-à-fait adhérente sur la masse des viscères qu'elle laisse apercevoir, c'est-à-dire, dans presque toute la moitié postérieure du corps; les bords seuls sont libres, mais fort peu profondément. C'est dans toute cette moitié postérieure que sont les faisceaux de fibres musculaires qui passent d'une valve à l'autre, et qui sont au nombre de cinq, bien symétriquement disposés : l'un impair, postérieur, médian, le plus gros de tous, occupe presque l'extrémité de chaque valve; les quatre autres sont pairs. Les deux premiers, plus antérieurs et plus rapprochés de la ligne médiane, séparent la cavité viscérale de celle que nous allons voir tout à l'heure être branchiale, tentaculaire ou antérieure. C'est de l'un de ces faisceaux musculaires que j'ai vu probablement naître le grand byssus dont il a été parlé plus haut; tandis que de l'autre il sortoit aussi des fibres musculaires, mais qui étoient plus grosses, plus courtes, et dont j'ignore la terminaison : l'autre paire de muscles est tout-à-fait latérale, plus étroite, mais plus longue, et se prolonge assez pour tendre à atteindre à la postérieure, en sorte que, dans tout l'ensemble de ces muscles, il est possible de voir une sorte de fer à cheval, mais qui seroit fort resserré en avant.

Au-delà de la première paire de muscles, les lobes du

manteau, l'un supérieur et l'autre inférieur, bien parfaitement symétriques, et qui m'ont paru tout-à-fait semblables
entre eux, sont entièrement libres ou flottans jusqu'à leur
adhérence au tronc; leur forme est tout-à-fait celle de l'extrémité de la coquille. Leur face externe ne m'a paru rien
offrir de remarquable ; mais à l'interne j'ai vu, d'une manière manifeste, du moins au lobe supérieur, une disposition évidemment branchiale : d'une sorte de pointe triangulaire, mousse, dont le sommet est en avant, partent en
s'irradiant les vaisseaux qui tapissent toute la membrane et
qui sont très-fins. M. Cuvier a vu la disposition des branchies
d'une manière un peu différente. D'abord il en admet sur
chaque lobe : « Sur chacun, dit-il, on voit deux vaisseaux
« artériels venant de l'intérieur du corps, et formant l'un
« avec l'autre une figure de V ; chacun d'eux donne de son
« bord externe des vaisseaux tous parallèles, qui forment
« une belle figure de peigne sur la surface interne du lobe :
« dans les intervalles des premiers, il en revient d'autres
« qui entrent dans un vaisseau veineux parallèle au vais-
« seau artériel. »

En soulevant cette partie importante du manteau d'avant
en arrière, on trouve la bouche et l'appareil tentaculaire.

La bouche est très-petite, mais bien visible, transversale
et à l'extrémité d'une sorte de pointe ou de mamelon aplati,
qui proémine entre les deux tentacules ou bras : elle est très-
visible en-dessus, mais en-dessous elle est cachée par une
petite membrane transversale.

Il y a réellement quatre tentacules : la première paire,
beaucoup plus grande, naît de chaque côté de la paire latérale des muscles; chacun est formé d'une partie principale,
fort longue, conique, comprimée, comme cirreuse, mais
nullement articulée, et qui est garnie dans tout son bord
externe d'une série de filets ou barbules, décroissant de
longueur et de grosseur de la base au sommet. Ce sont les
organes que l'on nomme les bras, d'où l'on a tiré la dénomination de *brachiopodes*. L'autre paire de tentacules est
beaucoup moins grande, et surtout moins évidente; chacun
part de la pointe où se trouve la bouche, au-dessus d'elle,
se recourbe en dehors du grand, presque collé contre lui,

et va ensuite former les barbules que l'on voit à la base antérieure de celui-ci.

Dans ces organes je vois les tentacules ordinaires des
mollusques gastéropodes, et en même temps ceux que j'ai
nommés buccaux, mais qui commencent à prendre cette forme
particulière, comme vasculaire, qui se trouve dans tous les
lamellibranches.

J'ai encore observé dans cette sorte de cavité antérieure
deux orifices qui se trouvent symétriquement placés à la face
inférieure du lobe supérieur, en avant de la bouche, et même
des tentacules ou lèvres supérieures. Ces deux orifices m'ont
paru similaires, l'un à droite et l'autre à gauche d'une espèce
de canal médian. Je ne serois pas éloigné de penser que ces
orifices sont la terminaison des organes de la génération, qui
accompagnent très-probablement celle du canal intestinal ;
mais c'est ce que je ne voudrois pas assurer, parce que, sur
l'individu unique que possède la collection du Muséum britannique, il m'a été impossible d'essayer même d'en faire
une anatomie, quelque superficielle qu'elle fût.

Voici le peu que j'ai vu dans la cavité viscérale, plutôt à
travers la membrane qui la forme, qu'autrement. De chaque
côté, en dehors d'une masse granuleuse qui occupe tout l'intervalle des muscles, se voit, de la pointe de la coquille à la
terminaison de la paire de muscles externes, un corps gélatineux, assez considérable, épais, caché à droite et à gauche
dans un repli de la branchie : ce sont probablement les ovaires ;
mais je n'en connois nullement la terminaison ni la connexion avec les autres organes.

J'ai pu observer en outre un autre organe, beaucoup plus
petit, placé du côté droit : il est formé d'espèces de petits
feuillets joints par un pédicule commun et longitudinal. Est-
ce encore un organe de l'appareil de la génération ?

Enfin, le reste de la cavité viscérale est rempli par une
masse subdivisée en deux, et comme composée de grains, qui
est très-probablement le foie, et à un des côtés de laquelle se
trouve une partie du canal intestinal, peut-être le rectum,
dont je n'ai pas vu la terminaison.

Je crois que le cœur est placé au milieu de la partie antérieure de la masse antérieure des viscères, immédiatement en

arrière de la paire des muscles médians ; je crois même en avoir vu sortir une sorte d'artère aorte médiane, qui se porte effectivement d'avant en arrière, au milieu, pour ainsi dire, du foie.

A ce que je viens de dire d'après mes propres observations, je vais joindre quelques détails anatomiques, extraits du Mémoire de M. Cuvier. La bouche ne contient ni dents ni renflement lingual. Le canal intestinal est formé par un simple tube, sans renflement stomachal ; de la bouche il se rend directement vers le sommet postérieur des valves, où il fait un repli, revient un peu sur lui-même, fait un arc de cercle, un second repli en avant, et se porte sur le côté, où il s'ouvre au dehors, en faisant une petite saillie en cône tronqué entre les lobes du manteau. De chaque côté de l'œsophage est une masse ronde assez compacte, que M. Cuvier pense pouvoir être des glandes salivaires ; mais il n'ose l'affirmer. Une autre masse, plus considérable, divisée en lobes et lobules, remplit tous les intervalles des muscles et des circonvolutions de l'intestin ; sa couleur est d'un jaune orangé : c'est probablement le foie.

Nous avons vu plus haut que M. Cuvier admet qu'il y a une lame branchiale divisée en deux branches pour chaque lobe du manteau ; suivant lui, les deux veines branchiales du même côté, c'est-à dire celui d'un lobe et celui qui lui est opposé dans l'autre lobe, entrent dans un cœur particulier, en sorte qu'il y auroit deux cœurs, l'un à droite et l'autre à gauche. Ils sont très-comprimés et de forme demi-elliptique ; leur grandeur est assez considérable : on remarque dans leur intérieur, qui est teint d'un violet noirâtre, des rides ou colonnes charnues. Les principales branches qui sortent de ces cœurs, se distribuent d'abord dans le foie.

D'après ce que j'ai vu, et d'après l'analogie, je serois assez porté à penser que ce que M. Cuvier nomme ici des cœurs, ne sont que des oreillettes, une à droite et l'autre à gauche, et que ces oreillettes s'ouvrent dans un ventricule unique situé dans la ligne médiane du dos, d'où sortent ensuite les aortes : c'est un point important à vérifier.

M. Cuvier n'a rien vu des organes de la génération.

Le cerveau lui a paru être formé par quelques ganglions qui se font apercevoir vers l'espèce de cou ou d'étranglement situé à la racine des bras ; mais il lui a été impossible d'en suivre les nerfs.

J'ai rapporté ce que j'ai pu voir sur le seul individu que j'ai examiné, fort incomplétement, à la vérité ; mais il semble cependant possible de montrer que l'animal de la lingule a plus de rapport qu'on ne le pense avec les patelles, et qu'il établit une sorte de passage entre les animaux univalves et les véritables bivalves.

D'abord le corps de l'animal est situé entre les valves qui le contiennent, non pas de manière à ce que celles-ci se placent de chaque côté ou sur les flancs, mais au contraire l'une en-dessus et l'autre en-dessous, comme si une patelle, outre sa coquille supérieure, en avoit une autre inférieure ; aussi la supérieure a-t-elle une sorte de petit sommet tout-à-fait médian, postérieur et marginal, que n'a pas l'inférieure.

Ces deux valves n'ont aucun rapport direct entre elles, c'est-à-dire, ne se touchent pas.

De la disposition du corps entre les valves, il résulte que les muscles adducteurs sont verticaux, c'est-à-dire, dirigés du ventre au dos comme dans la patelle, et même, en réunissant tous les faisceaux musculaires, on voit que la forme générale est celle d'une sorte de fer à cheval, dont les branches seroient fort peu ouvertes ; mais ils se portent d'une valve à l'autre, au lieu d'aller du pied à la coquille, comme dans les patelles. Dans tous les véritables bivalves, même dans les premiers, qui sont fixés sur le flanc, la direction du muscle est transversale. L'ouverture des valves en avant, et leur rapprochement en arrière, n'existent jamais dans les véritables bivalves. La direction et la terminaison du canal intestinal en avant ne se trouvent non plus jamais dans ces animaux, chez lesquels le rectum est toujours dorsal, médian et postérieur ; si, dans les lingules, il est certainement comme le dit M. Cuvier, il seroit antérieur, latéral et à droite, comme dans les patelles. Enfin, la disposition des branchies, même dans la manière de voir de M. Cuvier, a évidemment des rapports avec ce qui a lieu dans les patelles, à plus forte raison, en supposant que j'aie bien vu. La disposition singulière de l'appareil d'impulsion dans la circulation offre aussi quelque chose d'intermédiaire à ce qui a lieu dans les patelles et dans les bivalves.

D'après ces considérations, il est évident que le petit groupe dans la composition duquel entre la lingule, qu'on lui donne le nom de brachiopodes, ou celui de palliobranches, comme je l'ai proposé, doit être placé au commencement de la classe des mollusques acéphalés, de même que les patelles doivent terminer celle des céphalés, parce qu'alors on aura une série.

Ce que je viens de dire sur l'animal de la lingule, me conduit à caractériser ce genre de la manière suivante : Corps déprimé, ovalaire, pourvu d'un long byssus, compris entre les deux lobes d'un manteau fendu dans toute la moitié antérieure ou céphalique, et portant des branchies pectinées, adhérentes à leur face interne ; bouche simple, pourvue de chaque côté d'un double appendice tentaculaire, conique, rétractile, cilié dans tout son bord externe, et se roulant en spirale sous le manteau ; la terminaison du canal intestinal antérieure et latérale. Coquille subéquivalve, équilatérale, ou symétrique, dorso-ventrale, comme tronquée en avant ; le sommet postérieur, sans aucune trace de ligament, mais porté verticalement à l'extrémité d'un long pédoncule fibro-gélatineux, qui adhère aux corps sous-marins ; impression musculaire multiple.

On ne connoît encore qu'une espèce dans ce genre : la LINGULE ANATINE, *L. anatina*, Lamarck. Elle vient de l'Océan des Moluques : c'est une coquille mince, verdâtre, d'un pouce de long environ, et que sa forme a fait comparer à un ongle ou au bec d'un canard ; le pédicule cylindrique qui la termine a quatre à cinq pouces de longueur. Elle est assez rare, surtout avec son pédicule. (DE B.)

LINGULE. (*Foss.*) Dans des couches qui paroissent appartenir à la formation de la craie inférieure, on a trouvé de petites coquilles extrêmement minces et luisantes, dont la forme a de si grands rapports avec celle de la lingule, qu'on ne peut douter qu'elles n'appartiennent à ce genre.

Dans son ouvrage sur les fossiles d'Angleterre, M. Sowerby en a décrit trois espèces.

LA LINGULE MYTILOÏDE ; *Lingula mytiloides*, Sow., *Min. conch.* tab. 19, fig. 1 et 2. Coquille ovale, un peu tronquée par le bout antérieur, et à sommet aplati. Longueur, 8 à 9 lignes ; largeur, 5 lignes. On trouve cette espèce dans une couche brune à Wolsingham dans le comté de Durham, et dans une couche bleuâtre à Dursley, Glocestershire, en Angleterre. Un morceau de cette dernière couche, que je possède, est rempli de cette seule espèce de coquille.

La Lingule mince ; *Lingula tenuis*, Sow., *loc. cit.*, fig. 3. Cette espèce est plus petite que la précédente, et se trouve assez abondamment dans un grès dur à Bognor, comté de Sussex, où elle est accompagnée de pétoncles, dont le test paroît changé en spath calcaire, et dont l'intérieur est tapissé de cristaux.

La Lingule ovale ; *Lingula ovalis*, Sow., *loc. cit.*, fig. 4. Coquille déprimée, oblongue-ovale, à bout antérieur circulaire et à sommet très-court. Longueur, 6 lignes ; largeur, 3 lignes. Cette espèce a été trouvée à Pakefield en Angleterre, dans une pierre marneuse.

J'ai trouvé sur le moule intérieur d'une modiole ou d'une moule provenant des anciennes couches de Carentan, département de la Manche, une coquille de ce genre, qui paroît appartenir à cette dernière espèce; mais, les différences entre les trois espèces ci-dessus étant peu considérables et pouvant provenir de modifications occasionées par les localités où vivoient les mollusques qui ont composé ces coquilles, on peut soupçonner que toutes ne sont que des variétés de la même espèce, et d'autant mieux que jusqu'à présent on n'en a trouvé qu'une seule espèce à l'état vivant. (D. F.)

LINKE. (*Ichthyol.*) Nom spécifique d'un crénilabre décrit dans ce Dictionnaire, tome XI, p. 391. (H. C.)

LINKIA. (*Bot.*) Voyez Nostoc. (Lem.)

LINKIE, *Linkia*. (*Bot.*) Genre de plantes dicotylédones, à fleurs complètes, monopétalées, voisin de la famille des *solanées*, de la *pentandrie monogynie* de Linnæus; offrant pour caractère essentiel : Un calice à cinq découpures droites, linéaires, lancéolées; une corolle campanulée; le tube pentagone; cinq étamines, les anthères sagittées; un ovaire supérieur; un style. Le fruit est une baie à cinq loges polyspermes.

Linkie épineuse : *Linkia spinosa*, Pers., *Synops.*, 1, p. 219; *Desfontainia spinosa*, Ruiz et Pav., *Fl. Per.* 2, tab. 186. Arbrisseau de dix à douze pieds, dont les tiges se divisent en un grand nombre de rameaux étalés, presque articulés, garnis de feuilles opposées, coriaces, pétiolées, ovales, luisantes en-dessus, épineuses à leur bord, longues de trois à quatre pouces. Les fleurs portées sur des pédoncules axillaires, solitaires, uniflores, plus longs que les pétioles, ont le calice velu, trois fois plus court que la corolle; celle-ci d'un rouge écarlate, longue d'un pouce, à limbe jaune à son intérieur. Le fruit est une baie blanchâtre, de la grosseur d'une petite prune, contenant des semences brunes et luisantes. Cette plante croît au Pérou, dans les grandes forêts.

LINKIE LUISANTE: *Linkia splendens*, Poir., Encycl., Suppl., et *Ill. gen.*, *Suppl.*, tab. 928; *Desfontenia splendens*, Humb. et Bonpl., *Pl. æquin.*, 1, pag. 157, tab. 45. Cette espèce diffère de la précédente par ses feuilles plus petites, qui ordinairement n'ont que trois dents de chaque côté, rarement quatre, au lieu de sept à neuf; par les divisions du calice glabres et non pubescentes; ses tiges s'élèvent à la hauteur de sept à huit pieds; les feuilles longues d'un à deux pouces, arrondies au sommet avec une pointe aiguë; les fleurs d'un beau rouge; les lobes du limbe ovales, obtus. Le fruit est une baie sphérique, de la grosseur d'une cerise, à cinq loges polyspermes. Cette plante croît sur les hautes montagnes au Pérou. (POIR.)

LINLIBRICIN. (*Bot.*) Ce nom est donné, dans quelques jardins et quelques livres, à un acacia sans épines, à feuilles bipennées et fleurs en tête, que l'on avoit pris d'abord pour le *mimosa arborea* de Linnæus, mais qui est son *mimosa julibrisin*, espèce voisine, maintenant *acacia julibrisin* de Willdenow, nommé aussi arbre de soie. (J.)

LINNÉE; *Linnæa*, Gronov., Linn. (*Bot.*) Genre de plantes dicotylédones, de la famille des *caprifoliacées*, Juss., et de la *didynamie angiospermie*, Linn. Ses principaux caractères sont d'avoir: Un calice monophylle, à cinq découpures égales; une corolle monopétale, campanulée, à limbe quinquéfide et presque régulier; quatre étamines didynames; un ovaire infère, arrondi, chargé d'un style filiforme, à stigmate globuleux; une baie sèche, ovale, à trois loges contenant chacune deux graines arrondies.

Ce genre est consacré à l'un des naturalistes les plus célébres des temps modernes, au prince des botanistes, à Linné. Il n'est formé que d'une seule espèce.

LINNÉE BORÉALE : *Linnæa borealis*, Linn., *Spec.*, 880; *Fl. Dan.*, t. 3. Sa racine est vivace; elle produit des tiges sous-ligneuses, grêles, rampantes, longues d'un pied ou plus, garnies de feuilles toujours vertes, ovales-arrondies, opposées, pétiolées, un peu velues. Ses fleurs sont blanches ou légèrement purpurines, agréablement odorantes, penchées, géminées sur des pédoncules de trois pouces de longueur ou environ, et redressés. Cette plante croit dans les bois et lieux ombragés de la Suède, de la Sibérie, du Canada; on la trouve aussi dans les Alpes de la Suisse, et en France dans les Vosges et les Gévennes. On la cultive dans les jardins de botanique.

La linnée est amère et un peu astringente : on l'a conseillée en infusion contre les rhumatismes chroniques et la goutte; mais elle n'a jamais guère été en usage qu'en Suède et en Norwége. (L. D.)

LINNET. (*Ornith.*) Nom anglois de la linotte, *fringilla linota*, Linn. (CH. D.)

LINOCARPUM. (*Bot.*) Michéli a fait sous ce nom un genre du *linum radiola* de Linnæus, qui étoit le *radiola* de Rai et de Dillen, le *chamælinum* de Vaillant, le *millegrana* d'Adanson, et qui diffère du *linum* par la soustraction d'une cinquième partie dans la fructification. Thalius, auteur ancien, mentionne aussi un *linocarpus*, qui est notre *linum catharticum*, différant de ses congénères par ses feuilles opposées, qui le rapprochent du *radiola*. Voyez LIN. (J.)

LINOCIERA, *Linociera*. (*Bot.*) Genre de plantes dicotylédones, à fleurs complètes, polypétalées, de la famille des jasminées, de la *diandrie monogynie* de Linnæus, et très-rapproché des *chionanthus*; offrant pour caractère essentiel : Un calice à quatre dents; quatre pétales; deux étamines; les anthères sessiles; un ovaire supérieur; un style. Le fruit est une baie sèche, à deux loges monospermes.

LINOCIERA A FEUILLES DE TROÈNE : *Linociera ligustrina*, Vahl, *Enum.*, 1, pag. 46; Swartz, *Flor.*: *Thouinia ligustrina*, Swartz, *Prodr.*, 15. Arbrisseau de la Jamaïque, dont les rameaux sont glabres, parsemés de points saillans, garnis de feuilles opposées, pétiolées, longues de deux ou trois pouces, lancéolées, obtuses, luisantes, sans nervures sensibles; les fleurs sont disposées en une panicule terminale; les pédoncules particls deux et trois fois dichotomes; de très-petites bractées à la base des pédicelles; les dents du calice ovales; les pétales blancs, linéaires, concaves, obtus, réfléchis et caducs. Cette plante croît aux lieux arides, parmi les buissons, à la Jamaïque et à la Nouvelle-Hollande.

LINOCIERA A LARGES FEUILLES : *Linociera latifolia*, Vahl, *l. c.* ; Gærtn. f., *Carpol.*, tab. 215; *Chionanthus domingensis*, Lamk., *Ill.* 1, pag. 30; *An chionanthus incrassata?* Swartz. Cette plante se distingue de la précédente par ses feuilles plus larges, plus fermes, point luisantes, acuminées, elliptiques-lancéolées, munies de nervures fines et distantes; les fleurs sont disposées en panicules terminales, presque en cime; les pédoncules plus courts que les feuilles; les bractées subulées, velues et blanchâtres; les calices presque glabres; les pétales plans, élargis, obtus; les anthères alongées. Le fruit est un drupe oblong, de la grosseur d'un pois, contenant un noyau à deux loges. Cette plante croît à l'île de Saint-Domingue.

LINOCIERA POURPRE : *Linociera purpurea*, Vahl, *l. c.*; *Thouinia nutans*, Linn. fil., *Suppl.*; *Chionanthus Zeylanica*, Linn., *Flor. Zeyl.*, non Lamk., *Encycl.* Arbrisseau garni de rameaux cendrés, comprimés vers leur sommet, parsemés de points noirâtres et saillans. Ses feuilles sont pétiolées, presque ovales, lisses, point luisantes, terminées par une pointe courte, longues d'un pouce et demi : ses fleurs disposées en grappes latérales, solitaires, terminales, opposées, plus courtes que les feuilles, portées sur des pédicelles triflores, inclinés ; à bractées courtes, linéaires ; à pétales courts, un peu épais, et à anthères linéaires. Cette plante croît à l'île de Ceilan.

Le *Chionanthus Zeylanica*, Lamk., n'est point l'espéce de Linnæus : c'est le *linociera cotinifolia*, Vahl, *Enum.*, auquel il faut rapporter le synonyme de Plukenet, tab. 41, fig. 4. Willemet fils a mentionné, dans son *Herbarium mauritianum*, sous le nom de *thouinia flavicans*, une autre espéce, nommée par Vahl *Linociera flavicans* : à feuilles ovales, émoussées;

à panicules axillaires; à pédicelles renflés à leur sommet; à corolle jaunâtre ; à pétales ovales, concaves. (Poir.)

LINOCIERA. (*Bot.*) Schreber , et Swartz dans sa *Flor. occid.*, donnent ce nom à un genre que ce dernier avoit auparavant nommé *thouinia* dans son *Prodromus*. Mais ce genre paroît devoir être réuni au *chionanthus*, semblable pour la fleur, et différant seulement par des anthéres plus longues et une baie remplie de deux graines, au lieu d'une subsistant dans le *chionanthus*, probablement par suite d'un avortement; ce que l'on pourra vérifier en observant l'ovaire avant sa maturité. Voyez LINOCIERA ci-dessus. (J.)

LINODESMON. (*Bot.*) Gesner nomme ainsi la cuscute, suivant Adanson. (J.)

LINODRYS. (*Bot.*) Plante mentionnée par Dioscoride, et qui est peut-être une espèce de germandrée. (Lem.)

LINOGENISTA. (*Bot.*) Nom donné autrefois au genêt des teinturiers, dont les feuilles ont quelque ressemblance avec celles du lin. (Lem.)

LINOÏDES. (*Bot.*) Dillenius a désigné ainsi le *linum radiola*, qui, suivant plusieurs auteurs, ne doit pas faire partie du genre *Linum*. Voyez LINOCARPUM. (Lem.)

LINOPHYLLUM. (*Bot.*) Ce nom a été donné à des plantes qui ont des feuilles semblables à celles du lin. Le *linophyllum collinum* de Pontedera est le *thesium alpinum* de Linnæus, qui a employé le même nom, comme adjectif ou spécifique, pour distinguer un autre *thesium* plus commun, qui est l'*anonymos foliis lini* de Clusius. (J.)

LINOSPARTUM. (*Bot.*) Théophraste donnoit ce nom, et Pline celui de *spartum*, au *stipa tenacissima*, une des plantes graminées employées pour les ouvrages de sparterie. Deux autres plantes, nommées aussi *spartum* par Pline, et servant aux mêmes usages, sont le *lygeum spartum* et l'*arundo arenaria*, appartenant à la même famille. Le *lygeum* est nommé *linospartum* par Adanson. (J.)

LINOSYRIS. (*Bot.*) Nom donné par Lobel au *chrysocoma linosyris* de Linnæus. (J.)

LINOT. (*Ornith.*) Ce nom vulgaire de la linotte proprement dite désigne en Normandie, avec l'épithète *brillant*, le verdier, *loxia chloris*, Linn. Le *linot cabaret* des oiseleurs de Paris est la linotte de montagne, *fringilla montium*, Gmel. (Ch. D.)

LINOTTES et CHARDONNERETS. (*Ornith.*) On a exposé au mot Fringille, tom. XVII de ce Dictionnaire, que, malgré les difficultés que présentoit la division de ce grand genre, ou plutôt de cette famille, en plusieurs genres particuliers, les espèces qu'on y avoit comprises étoient si nombreuses, qu'il paroissoit convenable d'y faire provisoirement des coupures autres que de simples sections. M. Temminck, qui depuis a publié la seconde édition de son Manuel d'Ornithologie, a trouvé qu'il n'existoit point entre les espèces de Gros-Becs et de Fringilles une démarcation suffisante pour y former, à l'exemple de M. Cuvier dans son Règne animal, des genres intermédiaires, que ce savant a, dit-il, plutôt indiqués qu'établis ; et il s'est borné en conséquence à distribuer les Gros-Becs et Fringilles en 3 sections, sous les dénominations de laticônes, brévicônes et longicônes. Nous persistons néanmoins à croire qu'il est bon de profiter des données du naturaliste françois pour isoler dès à présent plusieurs espèces, et que, si les caractères par lui fournis sont encore peu tranchés, l'observation pourra les renforcer quand les nouveaux groupes, détachés du tronc commun, auront appelé plus spécialement sur chacun d'eux l'attention des ornithologistes, habitués à ne les considérer que dans leur ensemble.

On tâchera donc de poser dans ce Dictionnaire le type de quelques genres artificiels et subordonnés, si on le veut, aux caractères communs des fringilles, mais qui faciliteront l'arrangement méthodique, si essentiel pour aider la mémoire, et si propre à faire éviter des confusions, lorsqu'on sera plus avancé dans la connoissance des espèces. Ce seroit à tort qu'on prétendroit trouver ici une contradiction avec les principes qui nous ont portés, dans d'autres circonstances, à blâmer la multiplication indiscrète des genres qu'il n'étoit pas nécessaire de créer, et dont le moindre inconvénient étoit de surcharger la nomenclature de termes nouveaux ; loin de nous, au contraire, toute idée d'innovations, quand nous ne serons pas convaincus de leur utilité.

Comme sous le mot Chardonneret on a renvoyé à l'article

Linotte, il sera ici question, non-seulement des linottes, mais des chardonnerets, dont l'ordre alphabétique ne permet plus de parler ailleurs, ainsi que des serins et des tarins. Tous ces oiseaux ont le bec exactement conique, sans être bombé dans aucune partie. La pointe, plus longue, plus grêle et plus aiguë dans les chardonnerets que dans les linottes, est chez tous un peu comprimée latéralement. Le bord de la mandibule supérieure offre, dans l'espèce commune du chardonneret et du tarin, un angle en forme de dent obtuse à sa base, où le sizerin a deux dents pareilles; et quand cette observation de M. Vieillot aura été étendue à d'autres espèces, il pourra en résulter des données intéressantes, lesquelles aideront à déterminer plus positivement la place qui leur convient le mieux. Mais c'est déjà assez pour motiver l'application du mot *carduelis* aux espèces qu'on va réunir sous cette dénomination commune.

Chardonneret ordinaire : *Carduelis communis*, Linn., *Syst. nat.*, édit. 6; *Fringilla carduelis*, Linn., édit. 10, et Lath.; pl. enl. de Buffon' n.° 4, de Lewin n.° 75, de Donovan n.° 103, et de G. Graves n.° 20. Cet oiseau, plus petit que le pinson, et qui a aussi reçu les noms de *chrysomitris*, *aurivittis*, *astragalinus*, etc., est long de cinq pouces trois lignes depuis le bout du bec jusqu'à celui de la queue, et de quatre pouces huit lignes jusqu'à celui des ongles. Le sinciput, les joues et la gorge sont d'un rouge éclatant; une petite bande noire s'étend, de chaque côté, depuis l'origine du bec jusqu'aux yeux; le dessus de la tête et l'occiput sont noirs; le haut du cou et du dos est d'un brun roux qui s'éclaircit sur le croupion et la poitrine; le ventre et les plumes latérales et anales sont blancs; les petites couvertures du dessus des ailes sont noires; les grandes sont de la même couleur jusque vers la moitié de leur longueur, et le reste est jaune, ce qui forme sur chaque aile une bande transversale de cette dernière couleur. La queue, un peu fourchue, est composée de douze pennes noires, qui, à l'exception de la troisième de chaque côté, ont des taches ou leur bordure blanches. Les pieds sont bruns; le bec, qui est blanc, a l'extrémité noirâtre, et la langue est divisée par le bout en petits filets.

Les couleurs de la femelle sont moins vives que celles du

mâle; le rouge est un peu orangé, et le noir est brunâtre. Les jeunes ne prennent leur beau rouge qu'à la seconde année. Le plumage des chardonnerets est d'ailleurs susceptible de variations. Le rouge est souvent moins vif, et le reste blanchâtre, quelquefois même tapiré irrégulièrement de plumes blanches. Ceux qui, tenus dans l'obscurité, ont été nourris de graines de chanvre, sont même sujets à devenir d'un brun noirâtre.

Le chardonneret, qu'on trouve dans toute l'Europe jusqu'en Sibérie, et dans quelques parties de l'Asie et de l'Afrique, est fort commun en France, où il passe l'année entière, et se nourrit des graines du chanvre, de la chicorée sauvage, de l'éryngium, de diverses autres plantes syngénèses et surtout de celles du chardon, d'où son nom a été tiré. Les vergers sont les lieux où il se plaît davantage, et c'est sur les arbres fruitiers que, dès les premiers jours du printemps, il fait le plus souvent entendre son chant très-agréable, qui, jusqu'au mois d'Août, n'éprouve d'interruption que pendant qu'il est occupé à élever ses petits.

Ces oiseaux font deux ou trois nichées par année. Ils posent ordinairement leur nid sur les arbres, particulièrement dans les vignes, et de préférence sur les branches foibles des pruniers et des noyers, mais quelquefois aussi dans les taillis, sur les lisières des forêts et dans des buissons épineux. Ce nid, d'une forme élégante, est d'un tissu très-solide. Les matériaux qu'ils y emploient sont, en dehors, de la mousse fine, de petites racines, de la bourre des chardons, artistement entrelacés et recouverts de lichens, et, en dedans, des crins, de la laine, des aigrettes soyeuses du saule et du duvet d'autres plantes. La ponte consiste en quatre ou cinq œufs pour la première couvée; elle est moindre pour la seconde, et de deux seulement pour celle qui, dans le cas où la seconde ne réussiroit point, a lieu dans les mois d'Août ou de Septembre. Les œufs sont blancs et tachés, vers le gros bout, d'un brun pourpré. Lewin en a donné la figure dans ses Oiseaux de la Grande-Bretagne, tom. 3, pl. 17, n.° 3.

La plupart des auteurs, entre autres Mauduyt, disent que les vers et plusieurs insectes sont en tout temps un mets friand pour les chardonnerets, qui savent très-bien, dans

26. 34

l'hiver, chercher les chenilles sur les haies parmi les toiles sous lesquelles elles se tiennent alors cachées. C'est aussi avec cette sorte de nourriture que, suivant les mêmes auteurs, ces oiseaux élèvent leurs petits; mais M. Vieillot, qui regarde les chardonnerets comme purement granivores, prétend qu'ils ne portent à leurs petits que les graines encore tendres du mouron, du séneçon, de la laitue; et c'est par cette raison, ajoute-t-il, que leur première couvée n'a lieu qu'au mois de Mai, et plus tard que celles des moineaux, des pinsons, des bruants, qui nourrissent leurs petits d'insectes et leur donnent la becquée sans dégorger aucun aliment, tandis que les chardonnerets et les serins font ramollir dans leur jabot les graines qu'ils leur apportent.

L'attachement des chardonnerets pour leur progéniture est si fort, que rien ne peut distraire de l'incubation la femelle, qui brave les vents les plus impétueux, la pluie, la grêle, pour garantir ses œufs prêts à éclore. Sonnini cite, à ce sujet, au tome 48 de son édition de Buffon, pag. 142, un fait arrivé en 1787, dans les environs de Nancy, où, malgré le danger imminent de perdre la vie, la femelle est constamment restée dans son nid mis en lambeaux par la tempête.

Quoique le mâle ne s'occupe point de la construction du nid ni de l'incubation, il veille à la sûreté de sa compagne pendant les courses qu'elle fait, soit pour se procurer des alimens, soit pour choisir les matériaux dont elle a besoin; et lorsqu'elle couve, il se tient sur un arbre voisin, où il chante jusqu'à ce que la présence d'un objet propre à l'agiter le force à abandonner, pour quelques instans, un poste où il ne tarde pas à revenir.

Ces oiseaux, qui ont le vol bas et filé, comme celui des linottes, se rassemblent en automne et vont, pendant l'hiver, en troupes fort nombreuses. Ils se mêlent quelquefois à d'autres oiseaux granivores. Leur vivacité les fait souvent tomber dans les piéges qu'on leur tend, et qui sont l'arbret. le trébuchet, les filets employés pour les alouettes et les rets saillans à petites mailles; mais, afin de rendre ces chasses plus heureuses, il faut avoir, dans des cages, de bons chanteurs pour appelans. Dans le département de la Meurthe.

on pose sur les têtes des chardons et surtout des chardons à foulon, deux plumes de poulet et de pigeon, que l'on a ébarbées et passées en sautoir l'une dans l'autre, et qui ont été enduites de glu. Les chardonnerets, appelés dans cet endroit par les chants d'un mâle, dont la cage est couverte, viennent se poser sans méfiance sur ces piéges. Mais les mêmes oiseaux ne se prennent point à la pipée, et ils savent aussi échapper à l'oiseau de proie en se réfugiant dans les buissons. Ils vivent seize à dix-huit ans, et l'on en a vu qui, même en captivité, ne sont morts qu'à 23 ans.

Pour élever de jeunes chardonnerets, on ne doit les tirer du nid que quand toutes leurs plumes ont poussé. On peut les nourrir avec une pâte composée d'amandes et d'échaudés pilés avec de la graine de melon ou de noix et de massepain, dont on fait des boulettes de la grosseur d'un grain de vesce, lesquelles se donnent une à une à chaque individu. Cette pâte peut être suppléée par une autre plus simple, et faite avec du chénevis écrasé, de la navette, de la mie de pain et du jaune d'œuf, délayés dans un peu d'eau. - Elle se donne avec une brochette et à la becquée, comme aux serins, et quand les petits mangent seuls, le chénevis peut être remplacé par le millet. On prétend que les jeunes qui proviennent des couvées du mois d'Août viennent mieux, et qu'on doit préférer ceux qu'on a tirés des nids faits dans des buissons d'épines; mais ces circonstances paroissent peu importantes, et, les dernières couvées étant moins nombreuses, ce choix entraîneroit des inconvéniens manifestes. Au surplus, comme on peut se procurer très-aisément des chardonnerets tout élevés, on a moins d'intérêt à se donner la peine de les nourrir à la brochette, et ils sont en général d'une docilité telle qu'on leur apprend à faire le mort, à mettre le feu à un pétard et à faire une foule d'autres exercices, parmi lesquels on remarque celui qui est appelé *galère* et qui exige une sorte de vêtement pour y suspendre deux seaux contenant l'un le manger, l'autre la boisson, et dont le premier descend quand le second monte. Le chardonneret, naturellement laborieux, peut se plier à cette sorte d'éducation; mais, comme il aime beaucoup la société, cela doit exiger de lui un sacrifice bien pénible.

Les oiseleurs appellent *sixains* les jeunes chardonnerets qui ont six pennes caudales terminées de blanc ; *huitains*, ceux qui en ont huit, et *quatrains*, ceux qui n'en ont que quatre : mais, ces taches variant chez les mêmes individus pendant l'été et après la mue, et disparoissant même en grande partie du mois de Juin au mois de Septembre, pendant lequel temps toutes les pennes sont noires, excepté les latérales, ces distinctions n'ont été imaginées par les oiseleurs que dans leur intérêt, et l'on ne doit pas y avoir égard.

Le chardonneret s'accouple plus difficilement en captivité avec une femelle de son espèce qu'avec une femelle étrangère, et l'on parvient plus aisément à l'apparier avec une serine ; mais il est très-rare que l'accouplement ait lieu entre un serin mâle et un chardonneret femelle, et si les unions de la première sorte s'effectuent sans beaucoup de peine, tandis qu'on n'en peut attendre de pareilles avec un pinson, c'est à cause de la dissemblance dans la manière dont celui-ci présente la nourriture à sa femelle et à ses petits.

Les serins, comme les chardonnerets, dégorgent cette nourriture, après lui avoir fait subir une première préparation, un ramollissement, dans leur jabot ; mais les pinsons la portent tout simplement dans leur bec. D'un autre côté, les mandibules du chardonneret sont si effilées et si pointues, que souvent il blesse sa femelle en lui dégorgeant de la nourriture, et que, pour prévenir cet accident, on est obligé de les émousser avec des ciseaux. Cette opération peut même devenir nécessaire pour le mâle dans les cas, peu rares, où, pendant sa captivité, ses mandibules s'alongent inégalement et au point de l'empêcher de saisir sa nourriture.

Quoique les couvées réussissent quelquefois entre une serine et un chardonneret pris au filet, il est convenable de choisir une serine qui n'ait pas encore été accouplée avec un mâle de son espèce, et de les tenir ensemble dans une cage assez grande, où le chardonneret puisse s'accoutumer à la même nourriture, c'est-à-dire au millet, à l'alpiste et à la navette. Celui-ci, plus froid, a besoin d'être excité par les agaceries de la femelle ; mais, quand l'accouplement a eu lieu, il devient plus complaisant qu'un mâle serin et partage tous les travaux du ménage. Les métis qui proviennent de cette union sont plus robustes que les serins, et leur chant a plus d'éclat; ils ressemblent au mâle par la forme du bec, par les couleurs de la tête et des ailes, et à la femelle par le reste du corps. Ces métis sont d'une complexion amoureuse, et s'apparient facilement entre eux ou avec des serins; mais il en résulte rarement des œufs féconds.

Les chardonnerets sont sujets à plusieurs maladies, et surtout à l'épilepsie; souvent même la mue est pour eux une maladie mortelle. Lorsqu'ils sont attaqués de la première, que des auteurs attribuent à l'usage exclusif du chénevis, ils tombent étendus dans leur cage, les deux pieds en l'air et les yeux renversés. Ils périroient bientôt dans cet état, s'ils ne recevoient de prompts secours; et l'on conseille de leur couper alors l'extrémité des ongles, surtout de celui de derrière, et de leur laver ensuite les pieds dans du vin blanc tiède, dont, si c'est en hiver, on leur fait avaler quelques gouttes un peu sucrées. On prétend aussi que, pour les entretenir en bonne santé, il est convenable de suspendre dans leur cage un morceau de plâtre, qu'ils prennent plaisir à becqueter.

CHARDONNERET ACALANTHE OU PERROQUET : *Carduelis psittaceus*, D.; *Fringilla psittacea*, Lath. Cette espèce, que Forster a trouvée dans la Nouvelle-Calédonie, une des îles de la mer du Sud, a été figurée par Latham, tom. 2, pl. 48, de son *Synopsis*, sous le nom de *parrot finch*, et ensuite par M. Vieillot, pl. 32 de ses Oiseaux chanteurs, sous celui d'*acalanthe*. La dénomination de perroquet n'a vraisemblablement été appliquée à cette espèce qu'à cause de la ressemblance que les couleurs rouge et verte de son plumage lui donnent avec une espèce assez commune du genre *Psittacus*. M. Vieillot n'a pas exposé les motifs qui ont déterminé l'emploi de la sienne, tirée probablement des mots *acalanthis* ou *acanthis*, par lesquels le chardonneret est désigné en latin. Le plumage de cet oiseau, qui n'est pas plus grand que le sénégali rayé, consiste en deux couleurs, le rouge écarlate et le vert. La première règne sur la tête, les joues, la gorge, le croupion, et elle occupe aussi la totalité des deux pennes intermédiaires et le côté extérieur de toutes les pennes latérales de la queue, qui est cunéiforme. Le reste du corps est d'un beau vert de perroquet ; le bec et les pieds sont noirs. On ne connoît pas le chant de cet oiseau, qu'il ne faut pas confondre avec le gros-bec perroquet, *loxia psittacea*, Lath., oiseau des îles Sandwich, dont le bec ressemble à celui du perroquet, et dont M. Temminck a fait le genre Psittacin, *Psittirostra*.

CHARDONNERET VERT : *Carduelis melba*, D. ; *Carduelis viridis*, Briss. ; *Fringilla melba*, Linn. Cet oiseau du Brésil est de la grosseur du chardonneret commun ; les Portugais l'appellent *maracaxao*. Edwards a donné, Hist., pl. 128, et Glanures, pl. 272, les figures de la femelle et du mâle. Celui-ci a entre le bec et l'œil un espace nu qui est bleuâtre ; la gorge et le devant de la tête sont rouges ; le derrière de la tête et du cou est, ainsi que le dos, d'un vert jaunâtre ; les couvertures supérieures et les pennes moyennes des ailes sont verdâtres et bordées de rouge ; les grandes pennes sont presque noires ; la queue, composée de douze pennes, et ses couvertures supérieures sont d'un rouge vif ; le dessous du corps a des raies transversales brunes sur un fond qui est d'un vert d'olive à la poitrine, et devient blanc sous le ventre ; son bec est d'un rouge pâle et les pieds sont gris. Chez la femelle le dessus de la tête et du cou est cendré ; le dos, le croupion et la base des ailes sont d'un vert jaunâtre ; les pennes caudales sont brunes et bordées d'un rouge vineux en dehors ; le bec est d'un jaune clair et les pieds sont de couleur de chair.

CHARDONNERET ÉCARLATE : *Carduelis coccineus*, D. ; *Fringilla coccinea*, Gmel. et Lath. Cette espèce, dont le mâle, seul connu, est figuré pl. 31 des Oiseaux chanteurs de M. Vieillot, a le plumage entier d'un orangé foncé très-brillant et tendant à la couleur écarlate. La même couleur forme des franges sur les bords extérieurs des pennes alaires et caudales, qui sont noirâtres ; les pieds sont noirs, et le bec est d'un brun pâle.

CHARDONNERET JAUNE : *Carduelis tristis*, D. ; *Fringilla tristis*, Linn. Cet oiseau, représenté dans les Pl. enlum. de Buffon, n.° 202, fig. 2, sous le nom de Chardonneret du Canada, se trouve dans la Virginie, la Caroline, la Nouvelle-York, au Mexique, où on le nomme *Coztototl*, et en d'autres contrées de l'Amérique. Il n'a que quatre pouces quatre lignes de longueur totale; sa queue, composée de douze pennes égales, noires dessus et cendrées dessous, dépasse les ailes de six lignes. Le mâle, dont le front est noir, a le reste de la tête, le cou, le dos et la poitrine d'un jaune éclatant; les cuisses, le bas-ventre, les couvertures supérieures et inférieures de la queue d'un blanc jaunâtre; les petites couvertures des ailes, jaunes extérieurement, blanchâtres à l'intérieur, et terminées de blanc; les ailes noires et traversées de deux raies d'un blanc brunâtre; le bec et les pieds de couleur de chair. La femelle a le front et tout le dessus du corps d'un vert olive, et le dessous blanc. Le jeune mâle ne diffère de la femelle que par son front noir.

Ce chardonneret fait sur les dernières branches des arbres un nid aussi artistement préparé que celui du nôtre, et dans lequel la femelle pond quatre œufs d'un gris de perle sans aucune tache. Edwards a remarqué qu'une femelle par lui tenue en cage muoit deux fois par an, aux mois de Mars et de Septembre. Pendant l'hiver son corps étoit tout-à-fait brun; mais la tête, les ailes et la queue conservoient la même couleur qu'en été.

Suivant M. Vieillot, les oiseaux représentés dans les Pl. enlum. de Buffon, n.° 292, fig. 1 et 2, sous le nom de tarins de la Nouvelle-York, sont des mâles de l'espèce ci-dessus en plumage d'hiver.

L'*Olivarez*, que Gueneau de Montbeillard range parmi les variétés du tarin, et qui a le dessus du corps olivâtre, le dessous citron, la tête noire, les pennes de la queue et des ailes noirâtres, et ces dernières marquées d'une raie jaune, se trouve aux environs de Buenos-Ayres et du détroit de Magellan. Il paroit que c'est de la même espèce que M. d'Azara a donné une description, n.° 134, sous le nom de *gafarron*, et qui est appelée à Buenos-Ayres *gilguero* et au Paraguay *parachi*. M. Vieillot a placé cet oiseau (*fringilla spinus, var.*, Lath.) parmi les chardonnerets, sous le nom de Chardonneret Olivarez, *Fringilla magellanica*, et il en a donné la figure pl. 30 de ses Oiseaux chanteurs. Gueneau de Montbeillard dit, d'après Commerson, qu'il chante très-bien et qu'il habite dans les bois, qui lui offrent un abri contre le froid et les grands vents.

Les oiseaux qui, dans l'ordre observé par M. Cuvier, suivent immédiatement les chardonnerets, sont des linottes (*linaria*, Bechst.), dont le bec est aussi exactement conique, mais plus court et plus obtus, et qui vivent également de graines de plantain, de lion-dent, de choux, de navette, et surtout de celles du chanvre et du lin. Ce savant ne reconnoît en France que deux espèces de linottes bien caractérisées, le sizerin ou petite linotte, *fringilla linaria*, et la grande linotte, *fringilla cannabina*, Linn. Il pense que ce sont les variations qu'éprouve le plumage des linottes, selon l'âge ou le sexe, qui en ont fait multiplier les espèces, et il ne lui paroît pas qu'on ait encore de bons caractères pour distinguer le *fringilla flavirostris* du *fringilla linaria*, ni les *fringilla montium*, *linota* et *argentoratensis*, du *fringilla cannabina*.

Il y a eu des débats entre MM. Vieillot et Temminck sur les mêmes espèces. Tous deux distinguent la linotte commune, *fringilla cannabina*, de la linotte de montagne, *fringilla montium*; mais, tandis que le naturaliste hollandois regarde le sizerin, *fringilla linaria* et *fringilla flavirostris*, Linn., comme ne formant qu'une seule espèce avec le cabaret, le naturaliste françois établit, sous la dénomination de *sizerin*, un genre particulier, qu'il compose de deux espèces, le sizerin proprement dit ou boréal, et le sizerin cabaret.

Linotte commune; *Fringilla cannabina* et *linota*, Gmel. et Lath., laquelle, en admettant le genre *Carduelis*, deviendroit *Carduelis cannabinus*, D. Cet oiseau, qui a cinq pouces et quelques lignes de longueur, est figuré dans les planches 151.ᵉ et 485.ᵉ de Buffon, n.º 1, et dans les 77.ᵉ et 78.ᵉ de Lewin. Ces doubles figures proviennent de ce que plusieurs auteurs ont cru pendant long-temps à l'existence de deux espèces, par la raison qu'ils voyoient des parties rouges sur la tête et la poitrine d'un grand nombre d'individus, tandis que le plumage des autres ne présentoit que du gris, et qu'ils trouvoient dans la taille des différences qui n'étoient dues qu'à la saison d'hiver, époque où le duvet est plus épais qu'en été. Gueneau de Montbeillard a le premier prouvé l'identité des *fringilla linota* et *cannabina*, c'est-à-dire des linottes grise et rouge, laquelle est maintenant reconnue.

Le vieux mâle, dans son état parfait, a, au printemps,

les plumes du front et de la poitrine d'un rouge cramoisi;
la gorge et le devant du cou blanchâtres avec des taches longitudinales brunes; le sinciput et l'occiput, ainsi que les
côtés du cou, cendrés; le dessus du corps d'un brun châtain,
et les flancs d'un brun rougeâtre. Le milieu du ventre est
blanc; la queue, un peu fourchue, est noire, ainsi que
plusieurs des rémiges, avec une bordure blanche à l'extérieur; les pennes caudales sont aussi terminées intérieurement par un large espace de la même couleur. Les pieds
sont d'un brun rouge; le bec est d'un bleu foncé, et l'iris
brun. La femelle, dont la couleur ne change pas avec l'âge
et qui est plus petite que le mâle, a toutes les parties supérieures d'un cendré jaunàtre et tachetées de brun foncé;
les couvertures des ailes sont d'un brun roux; les parties inférieures, dont le fond est d'un roux clair, sont blanchâtres au
milieu du ventre, et des taches d'un brun noiràtre règnent
sur la poitrine et sur les côtés. La planche enl. de Buffon,
n.° 485, fig. 1, représente, sous le nom de grande linotte
de vignes, le mâle prenant sa parure; la fig. 2 de la pl. 151
est celle d'un très-vieux mâle sous le faux nom de petite
linotte de vignes.

Chez les jeunes mâles, jusqu'au printemps, le sommet de
la tête et le dos sont d'un brun roussàtre, avec des taches
d'un brun foncé en forme de lance; l'occiput et les joues
sont cendrés: tout le dessous du corps est d'un blanc roussàtre : on remarque sur le milieu de la gorge et sur la poitrine des taches longitudinales d'un brun foncé; ces taches
sont larges et d'un brun roussàtre sur les flancs, et elles sont
noiràtres et lancéolées sur les couvertures de la queue. La
base du bec est d'un bleu livide, et les pieds sont de couleur
de chair. Enfin, chez les mâles, après la mue d'automne,
on voit de grandes taches noires au haut de la tête, et d'autres
d'un brun châtain sur le dos, dont le fond est roussàtre.
Les plumes qui couvrent la poitrine sont d'un rouge brun,
lequel blanchit sur les bords, et il y a des taches brunes sur
les flancs; les couvertures supérieures de la queue sont noires,
avec une bordure blanche à l'intérieur et d'un gris roussàtre
a l'extérieur. Lorsqu'on soulève les plumes du front et de
la poitrine, on aperçoit les indices de la belle couleur rouge

dont la tête et la poitrine seront ornées au printemps. C'est dans cet état la linotte ordinaire, *fringilla linota*, Gmel., représentée dans les pl. enlum. de Buffon, n.° 151, fig. 1.

Il y a, parmi les linottes, des variétés accidentelles, d'un blanc pur, ou blanchâtres, avec les ailes et la queue de la couleur ordinaire ; chez d'autres, tout le plumage est noirâtre : on en voit aussi qui ont les pieds rouges ; et tels sont les changemens qui ont fait supposer l'existence d'espèces nouvelles, comme le gyntel de Strasbourg, *fringilla argentoratensis*, Gmel.

On peut remarquer, en général, que les linottes communes sont grises à l'arrière-saison ; que les individus qui, âgés de deux ans, restent gris, sont des femelles, et que les jeunes qu'on élève à la brochette, ou que l'on prend avant leur première mue, n'ont jamais de rouge en cage.

La linotte commune se trouve dans les différentes contrées de l'Europe, où elle habite les plaines, les taillis et la lisière des bois, ainsi que les vignobles. Elle fait souvent son nid dans les vignes, et c'est de là que lui est venu le nom de linotte de vigne. Quelquefois elle le pose par terre ; mais plus fréquemment elle l'attache entre deux perches ou au cep même ; elle niche aussi sur les genévriers, les groseilliers, dans les jeunes taillis, dans les buissons d'aubépine, etc. Ce nid est composé en dehors de petites racines, de feuilles, de mousse, et en dedans d'un peu de plumes, de crin et de beaucoup de laine. La femelle y pond quatre et jusqu'à six œufs, d'un blanc sale, tachetés de rouge brun au gros bout, dont Lewin a donné la figure pl. 18, n.ᵒˢ 1 et 2. Quand il n'arrive pas d'accidens aux couvées, elles ne sont qu'au nombre de deux ; mais dans le cas contraire ces oiseaux font trois et même quatre pontes. La mère dégorge aux petits les alimens qu'elle leur a préparés dans son jabot, et M. Vieillot ne pense pas que ces oiseaux soient entomophages.

Vers la fin d'Août les linottes se réunissent en troupes nombreuses et continuent de vivre en société pendant tout l'hiver ; elles fréquentent alors les champs cultivés et les terres en friche, et, outre les petits grains qu'elles y trouvent, elles piquent les boutons des tilleuls, des bouleaux, des peupliers, pour en manger l'intérieur : elles volent serrées, s'abattent sur les mêmes arbres et se lèvent toutes ensemble. Les chênes et les charmes dont les feuilles, quoiqué sèches, ne sont pas encore entièrement tombées, leur servent d'asile pendant la nuit; elles marchent en sautillant, et ne volent point par élans répétés, comme les moineaux.

Les mâles ont un assez joli ramage, qui commence par une sorte de prélude. Les femelles ne chantent point. Les jeunes mâles, pris au nid, sont susceptibles d'éducation; on les nourrit avec du gruau d'avoine et de la navette broyée dans du lait ou de l'eau sucrée. On les siffle le soir à la lueur d'une chandelle, et quelquefois on les prend sur le doigt et on leur présente un miroir, où ils croient voir et entendre un autre oiseau de leur espèce, ce qui est propre à leur donner de l'émulation. Des personnes prétendent qu'ils chantent mieux dans une petite cage que dans une grande. La nourriture des adultes en captivité consiste dans la graine de millet, de navette, de pavots, de poirée, etc.: ils cassent les petites graines dans leur bec et rejettent les enveloppes. Le chénevis en trop grande quantité leur seroit nuisible. Il faut à ces oiseaux une petite baignoire, et comme ils sont pulvérateurs, le fond de leur cage doit être garni d'une couche de petit sable. En ayant soin de tenir leur manger, leur breuvage et leur volière propres, Olina dit qu'on peut les faire vivre en captivité cinq ou six années, et souvent ils vivent bien davantage, puisqu'on en a vu à Montbard un qui étoit âgé de dix-sept ans. Ils reconnoissent les personnes qui les soignent, et s'y attachent.

Leur mue a lieu dans la canicule et souvent beaucoup plus tard. Le bouton est la maladie la plus dangereuse; on conseille de le percer promptement et d'étuver la plaie avec du vin.

La chasse des linottes se fait à l'arbret, avec une moquette apprivoisée et non en cage, à l'abreuvoir avec des gluaux, aux filets d'alouette et aux rets saillans.

Linotte de montagne : *Fringilla montium*, Gmel. et Lath. ; *Carduelis montium*, D. Cette espèce, figurée pl. 10 de Frisch et 80 de Lewin, a environ cinq pouces de longueur. Le mâle a la gorge, le devant du cou et le tour des yeux, d'un brun jaunâtre ; les plumes du sommet de la tête, de la nuque et du dos, noires au centre et bordées de roux; les côtés du cou, la poitrine et les flancs, d'un roux clair, avec quelques taches noirâtres; la partie inférieure du dos et le croupion, d'un rose foncé. Les couvertures supérieures des ailes sont brunes et bordées de roux, ce qui donne lieu à deux bandes transversales de cette dernière couleur. Les pennes alaires et caudales sont noirâtres et frangées de blanc à l'extérieur. Le bec est d'un jaune sale; l'iris est brun; les pieds sont noirs. Chez les femelles la teinte roussâtre de toutes les parties est plus claire; les taches longitudinales qui occupent le milieu des plumes des parties supérieures, sont d'un brun très-foncé, et il n'y a point de rose au croupion; le bec, d'un jaune plus clair, est taché de noir à la pointe.

Cet oiseau est assez commun en Écosse, en Norwége et en Suède, où on le nomme *riska*. En automne il est de passage périodique dans quelques contrées d'Allemagne et de Hollande; on le trouve en France depuis l'automne jusqu'au printemps. Lewin dit, d'après Willughby, qu'il niche dans les parties montueuses de l'Angleterre, et il donne, pl. 18, n.° 4, la figure de ses œufs. Le même auteur en a rencontré en hiver des volées considérables qui paroissoient venir de France, et se nourrissoient des graines de différentes plantes sauvages qui croissent et mûrissent sur les bords de la mer et des marais, et surtout de celles du chou. Leur chant, suivant M. Vieillot, est presque aussi agréable que celui de la linotte commune; cependant Lewin dit qu'ils ne font que répéter brusquement *twite*. L'auteur françois regarde la *linotte à pieds noirs* de Montbeillard comme un individu de cette espèce.

Sizerin. Cet oiseau, qui est le *fringilla linaria* de Linnæus et de Latham, a présenté à M. Vieillot des caractères suffisans pour l'établissement d'un genre particulier. Ces caractères consistent dans un bec plus haut que large, garni a sa base de petites plumes dirigées en avant, court, conique, dont le dos est rétréci et anguleux, et la pointe grêle et aiguë; la mandibule supérieure entière, l'inférieure bidentée sur chaque bord, vers son origine; les narines rondes, très-petites, cachées par les plumes du sinciput; la langue épaisse et charnue vers son origine, ensuite cartilagineuse et aiguë. M. Vieillot ne s'est pas borné à établir ces caractères génériques; il a formé deux espèces distinctes du sizerin boréal et du cabaret, sous les noms de *linaria borealis* et *linaria rufescens*, tandis que M. Temminck, qui déclare, dans la seconde édition de son Manuel d'ornithologie, tom. 1, p. 373, avoir vu à Turin les individus joints par M. Vieillot à sa dissertation insérée dans les Mémoires de l'Académie de cette ville, année 1816, prétend que ce sont de vrais sizerins, pas tout-à-fait en livrée complète, et que l'oiseau nommé vulgairement CABARET n'est pas une espèce distincte du sizerin.

M. Vieillot fonde son opinion sur ce que, suivant lui, le cabaret est moins long et moins gros que le sizerin proprement dit; qu'il a le croupion roussâtre et brun, avec une légère teinte de brun rougeâtre vers les couvertures de la queue; que la couleur roussâtre qui domine sur son plumage est presque partout remplacée par du blanchâtre chez le sizerin, sur lequel cette teinte est beaucoup plus pure en été qu'à l'automne et pendant l'hiver; que les plumes du croupion sont constamment blanches et d'un gris rembruni chez ce dernier, qui, d'ailleurs, ne vient que tous les trois ou quatre ans en automne et par troupes nombreuses dans nos contrées septentrionales, et se voit alors aux environs de Paris et dans les départemens voisins jusqu'au mois d'Avril: tandis que le cabaret, qui ne se trouve pas, comme l'autre, en Amérique, et qu'on rencontre rarement en France avec le sizerin, se montre presque tous les ans dans ce royaume, où il reste depuis la fin d'Octobre jusqu'au printemps, et vit ordinairement en familles composées seulement de dix à vingt individus.

Il résulte de la description donnée, par M. Temminck, d'une seule espèce de sizerin, dont la longueur est de cinq pouces, et qui seroit le *carduelis borealis*, D., 1.º que les jeunes, après leur première mue, ont un peu de rouge foncé sur la tête, et le dessous de la gorge noirâtre; que les côtés, le cou, la poitrine, les flancs et les parties supérieures sont d'un roux clair, avec des taches longitudinales brunes; qu'ils ont deux bandes rousses sur les ailes, dont les pennes et celles de la queue sont d'un brun noirâtre, bordé de cendré roux; que le milieu du ventre et l'abdomen sont blancs, avec le tour du bec cendré : 2.º que le très-vieux mâle, au printemps, a le front, l'espace qui sépare l'œil du bec et la gorgerette, noirs; le haut de la tête d'un cramoisi foncé; les parties latérales de la gorge, le devant du cou, la poitrine, les côtés du ventre et le croupion d'un cramoisi clair, et le milieu du ventre d'un blanc rose, avec des taches longitudinales noirâtres sur les flancs et les plumes anales, et d'autres plus noires sur les parties supérieures, lesquelles sont d'un cendré roux, couleur qui borde les pennes caudales et alaires, dont le fond est noir; qu'il a deux bandes transversales sur les ailes; que le bec, qui est jaune, a la pointe noire, et que les pieds sont bruns : 5.°, enfin, que la vieille femelle, dont le vertex seul est cramoisi, n'a point de rouge sur le croupion ni sur les parties inférieures; que le milieu de sa gorge est noir, et que les parties latérales. la poitrine et le milieu du ventre, sont blanchâtres, et les flancs, ainsi que l'abdomen, roussâtres, avec de grandes taches longitudinales noires.

M. Temminck cite, dans sa Synonymie, outre le *fringilla linaria* de Gmelin, le sizerin et le cabaret de Buffon, dont la pl. 485, fig. 2, représente le mâle; la petite linotte de vignes, de Brisson, dont la description est celle d'un vieux mâle; la petite linotte ou cabaret du même, qui, sous ce nom, décrit un jeune mâle en hiver ; la pl. 10 de Frisch, qui représente le mâle et la femelle; la pl. 6 de Naumann, où les n.°ˢ 15 et 16 sont les figures exactes de vieux individus mâle et femelle. Le même auteur indique aussi, comme applicables au jeune sizerin, avant la seconde mue, le *fringilla flavirostris* de Linnæus, jeune femelle figurée au frontispice de son *Fauna suecica*, mais non le *flavirostris* de Pallas et de Nilson, qui ont voulu indiquer la linotte de montagne. On peut ajouter à ces figures celle de la pl. 21, tom. 1, de l'Ornithologie britannique de George Graves, sous le nom anglois de *lesser redpole*.

L'oiseau dont il s'agit habite ordinairement les régions du Nord, depuis la Suède jusqu'en Sibérie, au Groenland, au Kamtschatka. C'est là qu'il fait dans les aunaies, au mois de Mai, un nid composé, suivant Othon Fabricius, *Faun. Groenl.*, pag. 121, d'herbes sèches entremêlées de petits rameaux, de plumes, de mousse et du duvet de l'*eriophorum vaginatum*, Linn. La femelle y pond environ cinq œufs, d'un blanc verdâtre, marqués de taches rouges au gros bout. Le sizerin abandonne ces contrées trop froides, au mois d'Octobre, pour se transporter dans les pays plus tempérés de l'Europe, et il se rend aussi dans l'Amérique septentrionale, mais seulement lorsque la terre est entièrement couverte de neige : au mois d'Avril tous les individus sont de retour dans les contrées du cercle arctique. En hiver ils mangent les bourgeons de l'aune, du chêne, d'où leur est venu le nom de *petit-chêne;* et dans l'été les fruits de l'aune, du pin, de la ronce, et les graines de la navette, du lin, etc., forment leur nourriture habituelle.

M. Vieillot décrit, à la suite de la linotte commune et sous le même nom, cinq autres oiseaux, qui sont; 1.º la linotte gris-de-fer, *loxia cana*, Lath., pl. 179 d'Edwards, qui se trouve en Asie, et qui a le dessus de la tête, le cou et le dos gris-de-fer, les parties inférieures d'un gris clair, les pennes alaires et caudales noirâtres, et les pieds de couleur de chair; 2.º la linotte huppée, pl. 29 des Oiseaux chanteurs, dont le mâle a une huppe couleur de feu; 3.º la linotte dite Sénégali chanteur, pl. 11 du même ouvrage, dont tout le plumage est d'un gris blanc; 4.º la linotte vengoline, pl. 179 d'Edwards, et 5.º la linotte tobaque, que le même auteur donne comme le mâle de l'espèce précédente.

Parmi les oiseaux étrangers qu'il seroit difficile de distinguer des linottes par des caractères génériques, M. Cuvier compte aussi 1.º le *fringilla lepida*, Linn. et Lath., oiseau de moitié plus petit que le serin, qui habite les forêts de de l'île de Cuba, et dont les parties supérieures sont verdâtres, la poitrine et le bec noirs; 2.º le *fringilla amandava*, ou bengali piqueté de Buffon, pl. enlum. 113, n.ᵒˢ 2 et 3, et pl. 1 et 2 des Oiseaux chanteurs de la zone torride; 3.º le *fringilla nitens*, mal à propos nommé moineau du Brésil, puisqu'il est d'Afrique, et qu'on a eu également tort de comparer au combasou, puisque son bec est plus haut que large, caréné en-dessus, à pointe grêle, droite et comprimée, tandis que celui du combasou est arrondi en-dessus et qu'on ne voit pas de compression à sa pointe; 4.º le *fringilla senegala*, ou sénégali rouge, pl. enl., n.º 57, fig. 1.

Tarin commun : *Fringilla spinus*, Linn.; *Carduelis spinus*, D., pl. enlum. de Buffon, 485, n.° 3, et pl. 76 de Lewin. Cet oiseau, plus petit que le chardonneret, et qui porte aussi les noms de *ligurinus* et d'*acanthis*, a, depuis le bout du bec jusqu'à celui de la queue, quatre pouces neuf lignes, et sept pouces huit lignes de vol ; son bec, un peu plus court que celui du chardonneret, est noir à la pointe ; le sommet de sa tête est de cette dernière couleur ; l'occiput et le dos sont d'un vert noirâtre ; les joues, la gorge, la poitrine et les plumes anales sont d'un jaune citron ; le ventre est d'un blanc jaunâtre, et le croupion d'un jaune olivâtre. On voit au haut de l'aile une large plaque jaune ; les petites couvertures sont d'un vert olive, et les grandes sont noires ; les pennes alaires sont noires et bordées de jaune ; la queue, qui est fourchue, a les deux pennes intermédiaires noires, ainsi qu'une partie de celles qui les suivent ; les pennes extérieures sont jaunes et terminées de noir : cette dernière couleur est aussi celle des jambes. Chez la femelle, le dessus de la tête est varié de gris, la gorge est blanche, et le plumage est en général d'une teinte moins vive.

Ces oiseaux, très-nombreux dans la Russie méridionale, sont de passage dans nos contrées. Leur vol est si élevé dans leur émigration, qu'on les entend même avant de les apercevoir. Leur passage commence en Octobre, et pendant l'hiver ils se portent vers le Midi, d'où ils reviennent au printemps, pour retourner dans le Nord, et y nicher. On assure que quelques-uns font leur couvée en Franche-Comté, en Suisse, en Hongrie : mais, si le fait est vrai, leur nid est très-difficile à découvrir ; car les auteurs n'en donnent pas la description, et supposent seulement qu'ils le placent à la cime des pins et des sapins. Il paroit cependant qu'il a été trouvé de ces nids en Angleterre. où les tarins ne sont pas rares én hiver ; car Lewin en a figuré, pl. 17, n.° 4, les œufs qui, sur un fond d'un blanc teinté de bleu, sont tachetés de rouge brun.

Les fruits de l'aune sont la nourriture habituelle des tarins, qui recherchent de préférence les lieux humides où croissent ces arbres, sur les branches desquels ils grimpent en tout sens, comme les mésanges ; ils aiment aussi les graines du houblon, et on reconnoît, en Allemagne, les lieux où ils ont passé, à la quantité de feuilles de cette plante dont ils jonchent la terre.

Le chant des tarins n'est pas très-agréable ; mais leur peu de défiance les fait tomber si facilement dans les piéges qui leur sont tendus, comme les gluaux, les filets, les trébuchets, et ils s'apprivoisent si vîte, qu'on se plaît à les tenir dans les volières, où ils ne tardent pas à faire des associations, et où ils mangent du chénevis, de la navette, du millet. Leur docilité est telle qu'on leur apprend sans peine à faire aller la galère, comme le chardonneret.

Il existe une grande sympathie entre les tarins et les serins, et les deux sexes s'apparient très-aisément. A peine le tarin mâle a-t-il plu à une femelle serine, qu'il lui dégorge la nourriture, partage ses travaux, et lui apporte les matériaux propres à la construction du nid, à laquelle il coopère lui-même. Le peu de métis qui proviennent de leur union tiennent du père et de la mère ; mais il arrive souvent que les œufs restent clairs. La durée de leur vie en captivité est d'environ dix ans, et lorsqu'on a soin de les habituer à la navette et au millet, ils sont sujets à peu de maladies. Quand au contraire on leur prodigue le chénevis, on en a vu qui étoient exposés à la *gras-fondure*, et dont le plumage prenoit une teinte noire.

On voit en hiver, dans les plaines de la France méridionale, un oiseau nommé *tarin de Provence*, que l'on regarde comme une race plus grande que le tarin commun : il se retire pendant l'été sur les montagnes.

L'oiseau figuré dans les planches enluminées de Buffon, n.° 292, sous le nom de *tarin de la Nouvelle-York*, étoit aussi considéré comme une variété du tarin ; mais on a reconnu depuis que c'étoit le chardonneret jaune dans son plumage d'hiver.

Wilson a donné, dans son Ornithologie américaine, la description d'un autre tarin sous le nom de *fringilla pinus*, que M. Vieillot a traduit par TARIN PINICOLE, et qui seroit le *carduelis pinus*, D. Cet oiseau paroit, dans le mois de Novembre, au centre des États-Unis, où il se tient jusqu'au mois de Mars sur les bords des ruisseaux plantés d'aunes noirs,

26.　　　　　　　　　　　　35

dont il mange les graines ; mais , quand l'hiver est très-rigoureux, il fréquente les pins dits du Canada. Ce tarin, dont la longueur, n'est que de quatre pouces, a, suivant la description qu'en a faite l'auteur américain, sous son plumage d'hiver, la tête, le cou et le dos d'une couleur sombre avec des raies noires ; deux bandes transversales d'un blanc jaunâtre sur les ailes, dont les couvertures inférieures sont d'un beau jaune, ainsi que le dessous de leurs pennes ; celles de la queue jaunes depuis leur origine jusqu'au milieu ; le dessous du corps varié de stries et de taches noires sur un fond de couleur de lin ; enfin, le bec de couleur de corne, l'iris noisette, et les pieds d'un brun pourpre.

Les naturalistes donnent les noms de tarin du Mexique et de tarin noir du Mexique à des oiseaux de la même partie du monde, dont parle Fernandez sous ceux d'*acathechichictli* et de *catototl*, que Buffon a adoucis en les écrivant *acathéchili* et *catotol*. Le premier, de la taille du tarin, vit des mêmes graines, et a le dessus du corps d'un brun verdâtre et le dessous d'un blanc nuancé de jaune. Le second, dont toutes les parties supérieures sont variées de noirâtre et de fauve, et les inférieures blanchâtres, habite dans les plaines, chante assez agréablement, et se nourrit des graines d'un arbre que les Mexicains appellent *hoauhtli*.

On a aussi donné le nom de Tarin de la Chine, *Fringilla sinensis*, Gmel., et *Fringilla asiatica*, Lath., à un oiseau un peu plus gros que le moineau franc, dont la connoissance est due à Sonnerat, et qui a la tête noire, le dessus du corps d'un vert olive, avec deux bandes transversales noires sur les ailes ; le dessous jaune ; le bec et les pieds noirs.

L'oiseau qu'on nomme *grand tarin* dans le département de la Meurthe, est le bruant commun, et celui que dans le Piémont on appelle *tarin de Mars*, est le sizerin.

Venturon : *Fringilla citrinella*, Linn., pl. enl. 658, n.° 2 ; *Carduelis citrinellus*, D. L'auteur des articles d'ornithologie du nouveau Dictionnaire d'histoire naturelle ayant déclaré, au mot *Venturon* de cet ouvrage, qu'il y rectifioit d'après nature les descriptions fautives données par divers auteurs tant de cet oiseau que du *cini*, tous deux figurés incorrectement dans la 668.ᵉ planche enluminée de Buffon, on croit devoir suivre ici son nouveau texte, d'après lequel l'oiseau dont il s'agit, qui est long de quatre pouces trois lignes, a le bec très-court, renflé, brun en-dessus et blanchâtre en-dessous; le front, la place occupée par une sorte de collier entre l'occiput et la nuque, le croupion et toutes les parties inférieures, d'un beau jaune, qui devient moins foncé en approchant de la queue et est coupé sur les côtés par de petites taches longitudinales brunes; le dos tacheté de brunâtre sur un fond jaune; les petites couvertures des ailes verdâtres; les moyennes noirâtres et terminées de jaune vert; les grandes terminées de même sur un fond verdâtre, couleur dont les pennes alaires et caudales sont frangées sur un fond brun. La femelle, plus petite que le mâle, a aussi les couleurs moins vives.

Cet oiseau, qui est très-commun dans les parties méridionales de l'Europe, en Grèce, en Turquie, en Italie, en Espagne, en Portugal, en Suisse, dans le Tyrol, est de passage accidentel en Allemagne et en France. Il habite de préférence sur les montagnes, dans les taillis de pins et de sapins, et aussi dans les jardins et sur les cyprès, où il place un nid construit de laine, de crins et de plumes, dans lequel la femelle pond trois à cinq œufs blanchâtres avec de grandes taches d'un rouge de brique et beaucoup de petites de la même couleur. Il se nourrit des graines de divers arbres et plantes alpestres, et il forme aisément avec la femelle du serin des Canaries une alliance dont on est parvenu à avoir des métis qui se perpétuent. M. Vieillot regarde même le venturon et le canari, non comme deux espèces distinctes, mais comme deux races sorties de la même souche, dont l'une se sera fixée en Europe et l'autre aux Canaries, et dont les différences tiennent aux localités.

Cini : *Fringilla serinus*, Linn., et *Carduelis serinus*, D., pl. enl., n.° 658, fig. 1. M. Cuvier place cet oiseau avec les linottes ; mais M. Temminck, dans la 2.ᵉ édition du Manuel d'ornithologie, pag. 357, prétend que son bec fort et bombé l'en éloigne. Au reste, le cini, auquel le même auteur ne donne que quatre pouces quatre à cinq lignes, et qui, suivant M. Vieillot, est plus long de trois ou quatre lignes, a, d'après la description de ce dernier, le bec grêle, aigu et d'un gris brun ; le dessus du cou d'un gris verdàtre, un peu cendré sur la nuque, sur les côtés et le devant du cou ; les petites couvertures des ailes d'un vert clair, qui termine aussi les moyennes et les grandes, dont le fond est noirâtre ; les pennes alaires brunes, avec des franges d'un vert clair, dont les autres sont bordées ; le croupion et tout le dessous du corps d'un vert jaunâtre. Selon le même auteur, la femelle seroit un peu plus forte que le mâle, dont elle se distingue par des teintes bien plus pâles : elle a, en automne, le dessus du corps nuancé de cendré, et le dessous d'un blanc jannâtre sale, avec un grand nombre de taches longitudinales.

Cette espèce, connue dans nos départemens méridionaux sous le nom de *serin vert de Provence*, se trouve également en Italie, en Espagne, en Allemagne et en Suisse, où elle vit sur le bord des ruisseaux, dans les saules et les aunes, et souvent aussi sur les arbres fruitiers, sur les chênes et les hêtres, où elle établit son nid, composé de mousse en dehors, de crins et de poils intérieurement, et dans lequel la femelle pond quatre ou cinq œufs blancs, marqués au gros bout de points et de taches d'un brun rougeâtre. Les graines de séneçon, de plantain, de morgeline, etc., forment la nourriture de cet oiseau, qui vit long-temps en cage, et se plait avec le chardonneret, dont il imite le chant. On unit aisément le cini avec la femelle canari, et cet oiseau, qui est le plus vigoureux et le plus ardent pour la propagation, peut suffire à trois femelles canaris.

Serin des Canaries : *Fringilla canaria*, Linn., et *Carduelis canariensis*, D., pl. enl. de Buffon, n.° 202, fig. 1. Cet oiseau, dans l'état de nature et tel qu'on le trouve aux îles Canaries, a le dessus de la tête, le cou et le dos couverts de plumes brunes dans le milieu et grises sur les bords ; le front, les côtés de la tête, le croupion, la gorge, la poitrine sont d'un vert jaune qui, sur les flancs, est varié de traits bruns ; la partie inférieure du ventre, les petites couvertures des ailes et les plumes anales sont blanchâtres ; les grandes couvertures et les pennes alaires et caudales sont brunes, et ont le bord extérieur d'un vert jaunâtre ; le bec est d'une couleur de corne plus foncée à l'extrémité, et les pieds sont bruns. Les teintes du plumage sont moins vives chez la femelle.

Ces oiseaux se tiennent, dans leur pays natal, sur les bords des petits ruisseaux ou des ravines humides. Des amateurs qui en ont assez récemment élevé en cage, n'ont pu parvenir à les accoupler ni entre eux, ni avec des serins domestiques. Au reste, leur chant naturel n'a rien de fort agréable et qui puisse être comparé à celui du musicien de nos chambres. Parmi ces derniers, le canari jaune - citron ou jonquille est le plus connu, et il y en a un si grand nombre de variétés, qu'il est inutile d'en donner la description. Il suffira de remarquer que le serin, qui à Ténériffe est presque aussi gris que la linotte, suivant Adanson, prend en France une couleur blanche qui provient vraisemblablement de la froideur de notre climat; que tous ceux dont les couleurs sont uniformes, les tiennent aussi des climats divers, tandis que les serins panachés sont des variétés factices plutôt que naturelles, et qu'enfin les individus qui ont les yeux rouges, tendent plus ou moins à la couleur absolument blanche.

Avec moins de force d'organe, moins d'étendue dans la voix, moins de variété dans les sons, que le rossignol, le serin a plus d'oreille, plus de facilité d'imitation, plus de mémoire; plus social, il est capable de connoissance et d'attachement : comme il se nourrit de graines, on l'élève plus aisément, et on peut lui apprendre à parler comme à siffler.

Le serin des Canaries peut s'allier avec le venturon et avec le cini, et il résulte de leur union des métis féconds. Buffon dit même que le mélange des canaris avec les tarins, les chardonnerets, les linottes, etc., a de pareils résultats. Mais M. Vieillot prétend qu'on ne peut tirer de nouvelles générations de ces derniers métis, les tarins, les chardonnerets, etc., étant de véritables espèces, et non, comme le venturon et le serin proprement dit, des races sorties de la même souche, dont l'une se sera fixée en Europe et l'autre aux Canaries : observation qui est également applicable aux métis provenant de la poule et du faisan, du coq et de la faisane, de la tourterelle des bois et de la tourterelle à collier, de la cane domestique et du canard d'Inde.

Diverses expériences ont prouvé que la femelle du canari

peut produire non-seulement avec les oiseaux qu'on vient de nommer, mais avec les bruans, les pinsons, les moineaux ; il n'est pas également certain que le serin mâle puisse produire avec les femelles de ces oiseaux.

Buffon a donné les principaux résultats du mélange des canaris entre eux ou avec d'autres espèces. La première variété, qui paroît constituer deux races distinctes dans l'espèce du canari, est composée des canaris panachés et de ceux qui ne le sont pas. Les blancs et les jaune-citron ne sont jamais panachés ; seulement le bout des ailes et la queue deviennent blancs à l'âge de quatre ou cinq ans. Les gris ont des plumes plus ou moins grises, et il s'en trouve parmi eux d'un gris plus clair ou plus foncé : il en est de même des agates et des isabelles, dont la couleur uniforme n'éprouve de changemens que dans les nuances. Il y des canaris panachés dans toutes les couleurs simples qui viennent d'être indiquées ; mais ce sont les jaune-jonquille qui sont le plus panachés de noir. Quand on apparie des canaris de couleur uniforme, les petits qui en proviennent sont de la même couleur ; mais il arrive souvent que, sans employer des oiseaux panachés, on a des individus, bien panachés, qui ne doivent leur beauté qu'au mélange des couleurs différentes de leurs pères et mères ou de leurs ascendans.

Relativement au mélange des autres espèces avec celle du canari, on a remarqué que le cini est celui dont la voix est la plus forte, et qui paroît être le plus vigoureux, le plus ardent pour la propagation : il peut suffire à trois femelles canaris et leur porte à manger ainsi qu'à leurs petits, tandis qu'il n'en faut qu'une au tarin et au chardonneret. Les individus provenant du mélange d'une serine avec un de ces trois oiseaux sont plus forts que les canaris : ils chantent plus long-temps, et leur voix, très-sonore, a plus d'étendue ; mais ils apprennent avec plus de difficulté les airs, qu'ils ne sifflent jamais qu'imparfaitement.

Un serin mâle, élevé seul et sans communication avec une femelle, vit communément treize ou quatorze ans ; un métis provenant du chardonneret, traité de même, vit dix-huit à dix-neuf ans, et un métis provenant du tarin vit, dans le même isolement, quinze ou seize ans : tandis que le serin màle auquel on donne une ou plusieurs femelles, ne vit guères que dix ou onze ans, le métis tarin onze ou douze ans, et le métis chardonneret quatorze ou quinze. Il faut même, pour cela, les séparer de leurs femelles après les pontes, c'est-à-dire depuis le mois d'Août jusqu'au mois de Mars.

On attribue ordinairement à un mauvais naturel l'habitude dans laquelle sont certains màles de casser les œufs de leurs femelles, et de tuer leurs petits ; mais il est probable qu'emportés par leur trop grande pétulance en amour, c'est pour jouir plus tôt et plus pleinement de leur femelle qu'ils la chassent du nid et lui ravissent les objets propres à l'y retenir.

Les matériaux qu'il convient de fournir aux serins pour faire leurs nids, sont de la charpie bien hachée, du linge fin, de la bourre de vache ou de cerf qui n'ait pas été employée à d'autres usages, de la mousse et du foin sec et très-menu. Les tarins et les chardonnerets emploient la mousse de préférence ; mais les serins aiment mieux la charpie et la bourre. Quand ils ont des œufs, on leur donne pour nourriture trois parties de navette sur deux de millet et une de chénevis ; la veille du jour où les petits doivent éclore, on leur donne de l'échaudé et ensuite des œufs cuits durs, sans salade ni verdure, pendant qu'ils alimentent leurs petits. On peut remplacer l'échaudé par un morceau de pain blanc trempé dans l'eau et pressé avec la main ; on y joint de temps en temps quelques graines d'alpiste, mais pàs trop, de peur de les échauffer, et après la naissance des petits on fait bouillir la navette, pour en ôter l'àcreté. Quand on veut élever les petits à la brochette, on les retire du nid le huitième jour, et on leur prépare une pàte de navette bouillie avec du jaune d'œuf et de la mie d'échaudé pétrie avec un peu d'eau : on donne des becquées de cette pàte toutes les deux heures.

Les femelles font ordinairement par année trois pontes, chacune de trois, quatre, cinq, six et quelquefois sept œufs ; il y en a même qui font quatre et cinq pontes.

Les oiseaux de la même nichée ne muent pas tous en même temps ; la mue n'a souvent lieu chez les plus forts qu'un mois après les plus foibles. Ce changement d'état n'est pas une maladie réelle pour les oiseaux libres, puisqu'il est dans l'ordre de la nature ; mais fort souvent, chez les oiseaux nourris en captivité et devenus plus délicats, elle a des suites dangereuses lorsqu'elle n'arrive pas dans une saison favorable.

La durée de l'incubation des serins est en général de treize jours, et le froid ou la chaleur de la saison n'accélère ou ne retarde pas l'exclusion de plus d'un jour. En mirant les œufs au bout de huit ou neuf jours, on peut reconnoître ceux qui sont clairs, et en débarrasser la femelle.

Les serins se tenant, dans leur pays natal, sur le bord des ruisseaux, on ne doit jamais les laisser manquer d'eau tant pour boire que pour se baigner, et comme le pays est fort doux, on doit les mettre à l'abri des rigueurs de l'hiver, quoique, naturalisés en France depuis long-temps, ils se soient déjà habitués au froid de notre pays.

Pour parvenir à distinguer les sexes parmi les jeunes serins, on a observé que le mâle avoit les couleurs plus foncées que la femelle, la tête un peu plus grosse et plus longue, les tempes d'un jaune plus orangé, et sous le bec une espèce de flamme jaune qui descend plus bas que chez les femelles ; ses jambes sont aussi plus longues, et il gazouille presque aussitôt qu'il mange seul. Au reste, après la première mue il n'y a plus d'incertitude, les mâles commençant dès-lors à chanter et à manifester ainsi la passion de l'amour, moins vive chez la femelle, qui ne l'exprime que par un petit cri de satisfaction.

Les serins élevés en chambre ne tombent guères malades avant la ponte ; il y a cependant des mâles qui s'excèdent et meurent d'épuisement. Quand la femelle devient malade pendant la couvée, on donne à une autre ses œufs, qu'elle ne couveroit plus après son rétablissement. Le premier symptôme de la maladie, surtout chez le mâle, est la tristesse ; il faut alors le mettre seul dans une cage et le placer au soleil dans la chambre où réside sa femelle. La bouffissure est un signe annonçant l'existence d'un bouton sur le croupion, que l'oiseau perce souvent avec le bec, mais qu'on peut, lorsqu'il est blanc et que la suppuration tarde trop, ouvrir avec une grosse aiguille, et étuver ensuite avec de la salive, sans y mêler de sel. Le même traitement a lieu, dans un cas pareil, pour la femelle, et l'on peut, à tous deux, souffler, avec un petit tuyau de plume, du vin blanc sous les ailes, et les mettre au soleil.

L'abondance ou la trop bonne qualité de la nourriture étant les causes des maladies les plus fréquentes, soit qu'on tienne les serins en cage ou en cabane, il faut prendre des mesures pour tâcher d'obvier à cet inconvénient. La maladie la plus funeste aux jeunes serins est celle qu'on appelle l'*avalure*, dans laquelle les boyaux semblent avalés et descendus jusqu'à l'extrémité du corps. La diète étant le seul moyen par lequel on puisse alors espérer de sauver l'oiseau, on le met dans une cage séparée, et on ne lui donne que de l'eau et de la graine de laitue. Une sorte de *chancre* qui vient au bec, se guérit par le même moyen. L'*asthme*, qui s'annonce par un petit cri fréquent et paroissant sortir du fond de la poitrine, se guérit en donnant à l'oiseau de la graine de plantain et du biscuit dur trempé dans du vin blanc. Le traitement pour l'*extinction de voix* consiste dans de bonne nourriture, comme du jaune d'œuf hâché avec de la mie de pain, et de l'eau où l'on a fait tremper et bouillir de la racine de réglisse. La mal-propreté leur occasionne quelquefois des *mites* et la *gale*, qui disparoissent en les nettoyant avec soin, en leur fournissant de l'eau pour se baigner, et en lavant bien les graines qu'on leur fournit. Lorsqu'ils tombent d'*épilepsie*, on prétend qu'il faut d'abord regarder s'ils ont jeté une goutte de sang par le bec, et qu'il suffit, dans ce cas, de les relever pour qu'ils reviennent d'eux-mêmes, et reprennent, en peu de temps, les sens et la vie. Il est probable qu'un moyen de guérison employé à l'égard des perroquets, et qui consiste dans une petite blessure aux pattes, leur procureroit une excitation salutaire et d'un effet plus certain et plus général.

Lorsqu'on veut apprendre aux serins à siffler un air de serinette, ou à parler, on recommande de choisir un mâle fort jeune, dont l'éducation doit être commencée aussitôt qu'il est en état de manger seul; de le tenir à part dans une chambre où il n'entende ni le chant des oiseaux de son espèce ni celui d'aucun autre oiseau ; de placer sa cage dans une exposition qui, sans être obscure, ne reçoive pas une lumière fort vive ; de la couvrir quand on veut donner une leçon à l'élève, en sorte qu'il ne voie pas assez clair pour prendre du mouvement, mais que, restant dans l'inaction, il écoute les sons plus attentivement. Le matin, le midi et le soir, au coucher du soleil, sont les heures les plus convenables pour ces leçons, qui ne doivent consister qu'en un seul air, de médiocre longueur, répété neuf à dix fois de suite. Les serins blancs ou gris, à queue blanche, sont plus susceptibles de cette instruction que les serins jonquilles.

Parmi les oiseaux étrangers qui ont rapport aux serins, on compte celui qui est connu sous le nom de serin de Mozambique, pl. enlum. de Buffon, n.º 304, fig. 1 et 2, lequel n'est, suivant Linnæus et Latham, qu'une simple variété du serin des Canaries, dont les couleurs dominantes sont le jaune sur les parties inférieures du corps et le croupion, le brun sur les parties supérieures : l'habesch de Syrie, *fringilla syriaca*, Lath., lequel a la tête rouge ; la gorge, les joues et le dessus du cou d'un brun noirâtre : le worabée, *fringilla abyssinica*, Lath., qui a les côtés de la tête, le dessus des yeux, la gorge, le devant du cou, la poitrine et le haut du ventre noirs, le dessus de la tête et du corps et le bas-ventre jaunes : l'outre-mer, *fringilla ultramarina*, Lath., dont le plumage, gris dans la première année, devient ensuite d'un bleu foncé : le serin de la Jamaïque, *fringilla cana*, Linn. et Lath., qui semble à Buffon d'une espèce différente, et à l'occasion duquel il observe que le premier serin paroît avoir été porté en Amérique en 1556 : le serin jaune à front couleur de safran, *fringilla lineola*, Lath., qui a été vu par Linnæus dans le cabinet de Degéer, et par Latham dans le Muséum lévérian, lequel paroît à ce dernier n'être qu'un métis produit par le chardonneret et le serin des Canaries.

Ce seroit peut-être ici le lieu de parler des VEUVES, *Vidua*, Cuv., oiseaux d'Afrique et des Indes, à bec de linotte, souvent un peu plus renflé à sa base, et qu'on n'en distingue guères que par quelques-unes des pennes caudales, excessivement alongées dans les mâles, qui ne les portent que pendant six mois et qui, dans le reste de l'année, en sont privés comme les femelles ; mais la description de ces oiseaux formera un article séparé. (CH. D.)

LINOZOSTIS. (*Bot.*) Voyez Hermubotane. (J.)

LINSCOTIA. (*Bot.*) Ce genre d'Adanson est le *limeum* de Linnæus, genre rapproché des portulacées. (J.)

LINSCOTTIA. (*Bot.*) Ce genre inédit de Commerson rentre dans le genre *Blackwellia*. (Lem.)

LINTERNUM. (*Bot.*) Voyez Ilatrum. (J.)

LINTHURIE, *Linthuris*. (*Conchyl.*) Genre de coquilles polythalames, établi par M. Denys de Montfort pour une de ces nombreuses espèces microscopiques figurées par von Fichtel et par Soldani, et qui a été trouvée fossile près de Sienne, en Toscane. Elle a un peu la forme de casque, en ce que son sommet seul est un peu contourné en spire à peine latérale : le dernier tour, qui est comprimé, carené, se termine par une cloison fendue dans toute sa longueur, avec une sorte de siphon en étoile, en avant et près d'un enfoncement en fer de lance. La figure que donne Soldani, *Saggio oritt.*, pag. 97, tom. 1, fig. 1, *a*, *b*, *c*, citée par M. Denys de Montfort, n'indique cependant aucune de ces particularités. Le type de ce genre est appelé linthurie casqué, *linthuris cassidatus*, par M. Denys de Montfort : c'est le *nautilus cassis* de von Fichtel. (De B.)

LINTHURIE. (*Foss.*) C'est le nom que, dans sa Conchyliologie systématique, Denys de Montfort a donné à la cristellaire casque. Nous n'avons jamais pu apercevoir dans aucune coquille de ce genre une bouche ou une ouverture pareille à celle qui se trouve exprimée dans la figure de cette espèce qu'en a donnée cet auteur dans l'ouvrage ci-dessus cité, ainsi que Von Fichtel, *Test. microsc.*, tab. 7, fig. *e*, *g*., d'après laquelle a été copiée celle qui se trouve dans l'Encycl., pl. 467, fig. 3, *c*, *d*. Voyez au mot Cristellaire. (D. F.)

LINUM. (*Bot.*) Voyez Lin. (L. D.)

LINZA. (*Bot.*) Espèce d'ulve qui croît dans l'Océan, et surtout dans la Méditerranée. Voyez Ulva. (Lem.)

FIN DU VINGT-SIXIÈME VOLUME.

Strasbourg, de l'imprimerie de F. G. Levrault.